陈修柱 著

建设工程监理 实务范例

JIANSHE GONGCHENG JIANLI
SHIWU FANLI

江苏大学出版社
JIANGSU UNIVERSITY PRESS

图书在版编目(CIP)数据

建设工程监理实务范例 / 陈修柱著. —镇江：江
苏大学出版社，2012.6
ISBN 978-7-81130-344-5

Ⅰ. ① 建… Ⅱ. ① 陈… Ⅲ. ① 建筑工程—监理工作
Ⅳ. ①TU712

中国版本图书馆 CIP 数据核字(2012)第 103887 号

建设工程监理实务范例

著　　者/陈修柱
责任编辑/吴昌兴　段学庆
出版发行/江苏大学出版社
地　　址/江苏省镇江市梦溪园巷 30 号(邮编：212003)
电　　话/0511-84446464
排　　版/镇江文苑制版印刷有限责任公司
印　　刷/丹阳市兴华印刷厂
经　　销/江苏省新华书店
开　　本/787 mm×1 092 mm　1/16
印　　张/31
字　　数/750 千字
版　　次/2012 年 6 月第 1 版　2012 年 6 月第 1 次印刷
书　　号/ISBN 978-7-81130-344-5
定　　价/78.00 元

如有印装质量问题请与本社发行部联系(电话：0511-84440882)

前　言

弹指一挥间，投身建设事业不觉已四十余年。

就像是前天，曾参加过施工管理的一个个建设工程历历在目。

就像是昨天，亲自管理过的一百多家施工队伍，包括部、省级的，也包括市县乡的建设单位，还有那动辄上百万平方的建设工地，又在眼前浮现。

改革开放初期被公派出国进修，回国后参加世界银行贷款项目的城市污水处理工程建设。

……

但始料未及的是，我今生最后的职业岗位却是建设工程监理，而且一干就是十多年！

建设工程监理是建设事业发展的必然要求，也是社会经济繁荣进步的必然要求。这是一个责任重大而又值得奉献的崭新的事业。建设工程监理工程师是全过程、全方位、全接触的工程监督管理者，不仅需要具备较全面的专业学科知识和法律法规意识，而且需要丰富的实际施工经验和较强的组织协调能力，还要具备很高的职业道德素养。

作为一个为建设工程监理事业不遗余力的人，我一直希望将自己的经历和成果、经验与教训、见识和感悟进行总结，与那些已经或者即将跨入工程监理行列的技术同行分享，以共同探讨建设工程监理的科学发展之道。《建设工程监理实务范例》的付梓总算了却夙愿。

然而，建设工程技术不断加速的新旧交替，使得本书某些内容在面世之时就可能面临陈旧过时，加之笔者自身眼界学识所致纰缪难免，恳请同行斧正。大家共同的努力，如同高楼大厦的一砖一瓦，最终成就的是建设和监理事业的蒸蒸日上。

目 录

第四篇　实践篇

第五篇　视野篇

第一篇 理念篇

众所周知，建设工程监理是新兴行业，是建设领域市场化的必然产物。

从局部试点到全面推广，监理业在我国得到迅速发展，对我国城镇建设的日新月异和各行各业的跨越式发展，可谓功不可没。

但是，监理业如何稳步、健康发展，既适应市场的发展需要，又在新时期社会的物质与文化建设中有所作为，特别是在监理从业人员年龄结构已经出现明显断层、社会价值观念发生深刻变化的背景下，这个问题的紧迫性、重要性不言而喻。

当今建设监理面临的另一个现实问题是，要么对建设监理"过分要求"，甚至超出了相关法规所规定的义务；要么事实上被"弱化"，以致变成一种形式。其实质问题，就社会而言是如何正确认识和对待建设监理，即如何正确定位和发挥监理作用的问题；就监理行业而言是如何规范监理行业、规范监理队伍的问题；就监理人而言是如何确定自身发展的方向和途径，即从业务技术方面构建理论和实践能力、从职业道德方面确立自我约束底线的问题。

如此广泛而又深层次的庞杂话题，实非哪个人能一语中的。但共同探索，求得共识，是情势所需，更是监理人的历史责任使然。

本篇基于建设工程监理的基本职能与实践经验进行总结与探讨，初看起来似乎是老声老调，其实只有正确思考并理解它，才能突破监理人所遇到的发展屏障。

建设监理的施工合同管理

根据建设工程监理有关规定,施工合同管理是项目监理的重要内容之一。

一、施工合同的组成

施工合同是工程承发包双方就特定的工程项目的实施,所协商一致并形成的书面的法律性文件。施工合同对当事人双方具有同等约束力,它还是各方维护自身合法权益的直接法律性依据。同时,施工合同也是建设监理对合同双方的履约行为与结果进行监督、管理、协调,以及仲裁的主要依据。

一般来说,施工合同由以下文件共同组成:

① 工程项目合同协议书;

② 合同专用条款;

③ 明确合同双方权利、义务的纪要、协议;

④ 合同通用条款;

⑤ 项目招标文件、投标文件、中标通知书;

⑥ 工程预算书(含工程量清单、材料清单);

⑦ 施工图纸;

⑧ 国家相关建设工程标准、规范,以及与本工程有关的技术文件、技术要求;

⑨ 双方有关本项工程的商洽、变更、承诺等书面的文件。

以上文件,应由合同当事人在开工前正式报送监理,监理列入收文记录。

监理收到的以上文件,应由专人负责进行审查。审查内容包括:文字是否清晰、内容是否完整(包括成文和签约时间)、手续是否齐备(双方单位盖章、责任人签字)等。文件审查后应由专人登记存档。

二、施工合同的管理要点

监理对施工合同的管理主要有以下几方面。

1. 合同标的内容及其界面管理

监理必须十分清楚地了解所监理项目的合同标的是什么,其内涵包括哪些、不包括哪些,其工程项目内容的最终界面是什么。监理对这些内容不可想当然,也不可似是而非,必须严格从对合同文件的解读中得出实实在在的结论。例如,合同约定某建设项目内容是"土建与水电施工",那么,"土建"是否包括土方施工?有桩基础的是否包括桩基施工？如果合同或协议书不明确，则应从招投标文件或工程量清单进行查证。作为监理，绝不能轻听一面之词。工程界面以内的内容，施工承包方责无旁贷；涉及合同工程界面以外的任何作业或施工，必须另行商定并计量、签证。

2. 合同标价管理

合同标价无疑是指工程总价。但作为工程监理，千万不能只看到总价，而忽视了总价的内涵，也不能忽视合同工程预算的各项单价、各项费用或费率，以及工程变更、调价的约定条件等。此外，还要清楚合同标价的附加条件，如完成本项目的工期，竣工质量等级，安全与文明施工要求，工程款支付与相关奖罚的条款，工程变更或调价的认可与签证、计量，还有施工承包方的优惠承诺等，这些都将与合同总价直接相关，监理均不可疏漏。

3. 合同标准与验收方式管理

作为建设项目的建设标准与验收方式，通常在合同文本中都有明确记载。但涉及具体工程内容、工程事项的内容则未必都很明确，如门窗材料、外保温、建筑防水、建筑装修、水电、消防等，不同品牌、规格、型号的价格差别很大。所以，监理必须事前要求合同双方进行商定，并在取得一致的基础上加以确认并记录在案，作为事后执行的依据和标准。尤其是涉及对外采购或委托加工制作的采购物的单价及其使用的材料、规格，以及成品的款式与颜色、附件，还有包装、运输、交货方式与时间地点等，都必须事先经甲方业主和监理认可并封样。只有这样，才能避免合同履行纠纷。

4. 合同变更管理

合同变更原因大致有几种：甲方要求变更；完善设计变更；施工困难要求改变设计；国家相关标准变更等。但无论如何变更，监理应要求各方做好三项工作：一是变更确认；二是变更定价（量）；三是变更计量。为此，监理应运用好几种管理表格：工程变更单、工程量报审表、工程款支付申请表（见附件1～3）。

5. 合同分包管理

建设工程总包方将专业工程分包给其他相关施工单位承担是普遍的情形。但作为工程监理，必须强化对相应分包合同的管理，否则，不仅影响整个合同的管理效果，甚至可能影响大合同的顺利执行，造成不必要的矛盾与纠纷。

目前工程实践中分包合同主要有：劳务合同、大型施工机械租赁或安装与拆除合同、脚手架搭拆合同、防水合同、门窗合同、商品混凝土或预拌砂浆供应合同、桩基施工合同、钢结构工程施工合同、电梯供应与安装合同、消防工程合同、通风工程合同、人防工程合同、深基坑支护合同、沉降（包括总高、垂直度）或移位观测合同、委托工程检测合同等。

对上述任何一项分包合同，监理应要求发、分包方事前将分包对象的企业执照、资质证书、分包合同文本稿报送监理预审，防止并制止将专项工程分包给不具备相应资质的单位或组织。

分包合同与总包合同的顺应延续性，是审查分包合同的另一个关键所在。如审查工期，应充分考虑其后续作业的必要时间能否满足、质量是否与总包合同相一致、工程监管及验收是否违背总包合同的相关约定等。监理应当切实把好关，不可稀里糊涂批准认可。

6. 合同履行管理

合同履行管理主要是针对合同双方是否在履行自己的合同义务，以及在履行自己的义务的过程中是否侵害对方的权益，或者在维护己方的权利时是否损害他方的权利等。其实质就是督促合同各方切实全面、按时间、按约定、适当履行自己所有的责任与义务，它贯穿于项目实施的全过程。尤其在关键时间或工程节点，对于工程合同的监督、协调，监理的责任和作用十分重大。

三、施工合同的管理方法

建设监理对施工合同的管理不外乎三种方法：事前预控法、事中督查法、事后对应责任分析法。

1. 事前预控法

事前预控即监理进行工程开工审批、分包或采购合同稿预审、变更确认审批等工作时，始终坚持以双方总包合同文件为基准，并将任何可能与总包合同相悖的行为或结果制止在发生前。这是监理对施工合同最重要、最主要的控制手段与方法。

2. 事中督查法

事中督查即监理在日常监理工作中，除了自觉执行国家的有关建设工程法律法规、规范标准外，还要牢记合同的基本要求与约定，特别是对违约责任条款的对照与执行。也就是说，监理不能将合同束之高阁，而要始终将工程进展的各个环节控制在合同的框架之内。

3. 事后对应责任分析法

事后对应责任分析即在监理事前不知情的情况下，工程甲方或乙方已经发生、生成与总包合同相悖的行为或结果，应在第一时间以总包合同为准、以适当的方式、以客观公正的原则，对过错方的责任进行科学的分析，并尽可能对其直接结果进行量化与一次性处理。

总之，这一切都是要确保工程自始至终在总包合同的基础上顺利推进。

四、施工合同监理的责任分工

施工合同监理不仅是建设项目监理的主要内容之一，更涉及工程甲乙双方的核心利益。所以，施工合同的监理应以项目总监为主管。这样既便于对内组织协调，也便于对外的管理与协调。

当然，总监主管离不开所有监理人员的配合监管。专业监理是这样，监理员是这样，见证员、资料员也是这样，都需要相互配合。因为总分包合同与每个监理的分管工作都有不可分割的关联。

附件1

工程变更单

工程名称：_____　　　　　　　编号：A9—

致：_____（监理单位）

　由于_____原因，兹提出_____

_____工程变更（内容见附件），请予以审批。

附件：

（附件共_____页）

　　　　　　　　　　　　　　　　　　承包单位项目经理部（章）：_____

　　　　　　　　　　　　　　　　　　项目经理：_____日期：_____

一致意见：

建设单位代表　　　　　　　设计单位代表　　　　　　　项目监理机构

　　　　　　　　　　　　　　　　　　　　　　　　　总监理工程师

签字：_____　　　　　　签字：_____　　　　　　签字：_____

日期：_____　　　　　　日期：_____　　　　　　日期：_____

附件 2

工程计量报审表

工程名称：_____　　　　　　　　编号：A4.1—

致：_____（监理单位）

　　兹申报_____年___月___日至_____年___月___日完成的_____

_____合格工程量，请予核查。

　　类别：□ 合同内工程量

　　　　　□ 变更工程量

附件：

　　1. 计算书和说明共_____页。

　　2. 变更通知单（B25—_____）。

　　3. 设计变更等其他变更依据，共_____页。

　　　　　　　　　　　　　　　　　　承包单位项目经理部（章）：_____

　　　　　　　　　　　　　　　　　　项目经理：_____　日期：_____

项目监理机构 签收人姓名及时间		承包单位签收人 姓名及时间	

专业监理工程师审查意见：

　　　　　　　　　　　　　　　专业监理工程师：_____　日期：_____

总监理工程师审核意见：

　　　　　　　　　　　　　　　项目监理机构（章）：_____

　　　　　　　　　　　　　　　总监理工程师：_____　日期：_____

注：项目监理机构一般应自收到本报审表之日起 7 日内予以计量。

附件 3

工程款支付申请表

工程名称：＿＿＿＿＿＿＿＿＿＿＿＿＿　　　　　　　　编号：A4.3—

致：＿＿＿＿＿＿＿＿＿（监理单位）

　　我方本期完成了＿＿＿＿＿＿＿＿＿＿＿＿＿＿＿＿＿＿＿＿＿＿＿＿＿＿

工作,工程量(款)为＿＿＿＿＿＿＿＿＿＿＿＿＿＿＿＿＿,按施工合同的规定,应扣除＿＿＿＿＿＿

＿＿＿＿＿＿＿＿＿＿,本期申请支付该项工程款共(大写)：＿＿＿＿＿＿＿＿＿＿(小写:

＿＿＿＿＿＿＿＿＿＿)。现报上工程付款申请表及附件,请予以审查并开具工程款支付

证书。

　　附件：

　　1. 工程计量报审表（ A4.1—　　　　）。

　　2. 工程费用索赔报审表（ A4.2—　　　　）。

　　3. 计算方法：

　　　　　　　　　　　　　　　　　　　承包单位项目经理部(章)：＿＿＿＿＿＿＿＿

　　　　　　　　　　　　　　　　　　　项目经理：＿＿＿＿＿＿＿日期：＿＿＿＿＿＿

项目监理机构签 收人姓名及时间	

➡ 建设监理对工程进度的控制

一、建设工程进度与计划

建设工程工期就是完成该项建设所需要的时间,通常以"天"为单位,它是建设工程的主要经济指标之一。在项目任务书中的建设总工期,是指项目正式确定,即列入实施计划后,至建设项目正式竣工交付所设定的总时间。建设总工期在不同项目的实施过程中又分为不同的阶段,如房地产开发项目大致分为前期、施工期、后期三个阶段。前期工作包括项目立项申请、可行性研究与审批、规划定点、征地拆迁、勘察设计等;施工阶段包括施工招标投标、施工、竣工验收与交付、审计与结算等;后期工作主要有综合验收、竣工备案、物业移交、保修期服务等。本书所说的建设工程工期,是指建设项目进入施工阶段以后,从开工到竣工所需要的总时间。建设工程工期在不同场所分别又称为合同工期和施工进度计划工期。在施工合同中约定的工期即为合同工期;在施工过程中编制的施工计划所显示的工期即为施工进度计划工期。一般来说,根据承包施工合同和承包施工单位编制的计划工期应当小于(至多等于)合同工期,合同工期应当大于(至少等于)计划工期。

合同工期有两种:一种是日历工期,一种是绝对工期。

所谓日历工期,即按自然日历天数计算的建设项目施工需要的时间,即俗话所说的"有一天算一天"。所谓绝对工期是在日历天数基础上扣除合同约定的无法施工天数,如天气、法定节假日、灾害等自然因素延误施工的天数,以及外界因素致使工程停工的天数(如政府部门非因施工方责任而强制要求的停工,或因甲供材、设计变更等原因造成的停工等);所以,绝对工期亦即项目应施工且实际能够施工的总天数。

工程进度是单位时间内预定完成或实际完成的工程内容,前者常被称为计划进度或进度计划,后者称为实际工程进度。进度计划是承包施工方根据合同工期、企业实际能力、实际工程内容和现场情况综合编制的、完成本工程合同内容的具体实施计划。

根据工程进度计划时间段的不同,常将其区分为总进度计划(整个工程施工全过程所覆盖的时间)、月进度计划(按自然月份计划)、周进度计划(按日历周计划);根据不同的施工专业,又编制不同的专业工程进度计划,如土方工程进度计划、桩基工程进度计划、土建工程进度计划、水电安装工程进度计划、钢结构工程进度计划、装修工程进度计划、建筑保温进度计划、消防工程进度计划、电梯工程进度计划等。大型建设项目有时按照工程分部项编制工程进度计划,如地下结构进度计划、上部结构工程进度计划、屋面工程进度计划、设备安装进度计划等。

二、建设监理工程进度控制的基本方法与手段

大多数情况下,建设监理的工程进度控制都是从总进度计划—月进度计划—周进度计划入手,视不同阶段、不同工程内容及工程进度控制的必要情况,辅之以专业或分项工程进度计划的控制,既可以保障月度或总进度计划的执行,又能够细化区分不同专业或工种的履约责任。监理进度控制的基本步骤如下。

1. 总进度计划控制

总进度计划(或专业分包进度计划)是总包施工单位(或专业分包单位)开工前必须申报的重要资料之一,是"施工组织设计"的重要内容。应当在正式开工前完成监理审批。很显然,施工方的申报时间必须在监理正常审批"施工组织设计"所需要的必要工作时间之前。

监理是否审批认可施工方的总进度计划,主要是审查对照其是否符合下列要求:

① 总进度计划所需要的工期是否与中标工期相符;

② 总进度计划所需要的工期是否与承包合同相符;

③ 总进度计划与施工组织设计是否相符;

④ 总进度计划是否有相应的劳务计划保证;

⑤ 总进度计划所包括的主要工程内容是否完整;

⑥ 总进度计划安排是否符合工序要求;

⑦ 总进度计划是否考虑到必要的工序或专业施工间隙;

⑧ 总进度计划所列分部项工程内容所需时间是否符合常规;

⑨ 总进度计划是否预留了规定的分部验收、竣工验收或试验所必需的时间;

⑩ 总进度计划及其重要时间节点是否注意避让国家规定的节假日及重要时段,尤其是端午节、夏收夏种、中秋节、秋收秋种、春节等。

否则,监理应要求施工方修改、补充、调整并重报。

2. 月进度计划控制

月进度计划应当于前一个月底前申报监理。监理审批应重点审查以下方面:

① 是否与总进度计划相符;

② 是否与工程实际进度相符;

③ 是否考虑到必要的工序或专业施工间隙;

④ 月度所列分部项工程内容所需时间是否符合常规;

⑤ 月进度计划所列当月完成的分部项工程是否预留了规定的验收或试验所必需的时间。

否则,监理应要求施工方修改、补充、调整并重报。

3. 周进度计划控制

周进度计划应当于前一个周末(本周初)申报监理。监理审批应主要控制以下几点:

① 是否与月进度计划相符;

② 是否与工程实际进度相符;

③ 周进度计划所列本周完成的分部项工程是否安排验收或试验。

否则,监理应要求施工方修改、补充、调整并重报。

4. 监理进度控制的基本方法与手段

(1) 监理进度控制的基本方法:一是事前控制法,二是事中控制法,三是事后控制法。

事前控制,如上述总进度计划、月进度计划、周进度计划审批都是事前控制,即分别是开工前的进度控制、月度计划施工前的进度控制和周计划实施前的进度控制。此外,开工审批也是十分重要的事前进度控制。

事中进度控制,如工地例会、进度协调专题会、月进度计划和周进度计划审批、阶段进度计划调整与审批等都是在工程进行过程中的进度控制。

事后进度控制,如工期分析与报告、施工方工期延长审批、工期索赔。

(2) 监理进度控制的主要手段:一审批、二协调、三分析、四定责、五追溯。

所谓审批,即审批各种进度计划,包括总进度计划、月进度计划、周进度计划,以及调整进度计划。

所谓协调,主要是协调相关专业施工单位,甚至包括大型施工机械设备和施工现场的合理使用、工程材料构件的制作与安装、工程中间交接等。

所谓分析,即分析工程实际进度与计划进度的差别,督促落后专业或工序采取必要措施加速进度。

所谓定责,即在前述基础上,合理认定工程进度延误的原因与责任。

所谓追溯,即对担责的施工方按合同条款提出经济责任追究;对担责的建设单位,批准施工方的延长工期申请、实际损失的索赔受理与批准或施工方必要的赶工补偿核定等。

总之,建设监理进行施工进度控制的核心就是将建设项目施工的全过程掌控在可控状态,不能任其自流、失管,更不能失控,甚至导致进度无计划、工期延误一笔糊涂账和拖延工期责任无法界定,也就是要绝对避免建设监理的过失。

三、进度计划调整的基本程序

任何工程建设项目的实际进度与已制订的总进度计划、月进度计划、周进度计划,都有不同程度的偏差。在非关键性进度计划偏差发生时,监理一般应要求施工方采取适当补救措施,尽可能纠正进度偏差,而不能要求施工方立即调整进度计划。

在下列情况下,建设监理应对工程实际进度作出正式调整的书面通知。

1. 阶段性进度计划实施前的调整

如土方施工、桩基施工、基础施工、主体施工的施工阶段已经结束,除实际进度与原阶段计划进度完全相符,无需对下一阶段施工进度计划进行调整之外,均应对下一阶段施工进度计划和总进度计划作出相应调整与审批。否则,下一阶段施工计划尚未开始,就已处于延误状态,总进度计划必然会出现自流、失管局面。

2. 专业性进度计划实施前的调整

建筑外保温、电梯安装等专业性较强的分部施工开始前,必须进行建设工程中间验收与交接,即对前项施工进行验收。验收应由项目监理和前、后项专业施工方共同认可,即组织前、后专业施工队伍办理工程中间交接手续,并以此作为前项专业施工完成日期、后项专业施工起始日期,同时确认后项专业施工计划完工日期和再次交原前项专业施工单位的计划接续施工日期。监理应对中间验收交接手续以及与之相应的进度计划进行审批。

3. 关键性施工节点进度计划严重滞后的调整

对于桩基验收、基础分部验收、主体分部验收、建筑节能分部验收、消防系统验收、人防工程验收等关键施工节点的验收与交接如有过多的延误,监理应强制要求相关施工方适时作出后续进度计划的调整并进行申报审批。

4. 建设单位由于特殊需要提出的进度计划的调整

如建设单位因配套工程衔接施工的需要,书面要求土建总包单位对建筑外脚手架或塔吊等拆除时间提出期限要求时,建设监理应责令施工方作出该特定时间段进度计划调整并审批,以确保建设单位后期工程进度有必要的时间保障。

5. 非施工方责任造成的长期停工后的复工进度计划的调整

不少建设项目因故停工,尤其是较长时间,甚至是几个月或半年以上的停工,且大多数情况都是非施工方责任所致。作为施工方,除了在正式停工时应书面向监理递交停工申请,还应在具备复工条件后及时向监理递交复工申请和复工后新的进度计划。经监理审批后作为停工期计算的依据和日后双方计算停工损失的依据。

6. 其他必需的进度计划的调整

无论是建设单位还是承包施工单位的任何原因造成的工程实际进度严重延误,建设监理均应要求承包施工方在延误状况基本结束的情况下提出工程进度调整申请和工期延长申请。监理应对施工方的这一申请作出合理的审批。

四、延长工期的申报与审批

延长工期的申报与审批,应符合以下程序和手续:

(1)当工程实施过程中出现进度计划无法正常执行的意外情况时,立即向监理提出书面报告;

(2)当承包施工方确实无法通过内部任何手段继续维持正常的、已获批准的工程进度计划时,应向监理及时提交书面的延长工期申请;

(3)当申报的延误工期因果要素终止时,及时向监理递交工期延长计算书,申报时应注意几点:必须附有事实原始证据或证明,必须在监理规定时限内,必须附监理签收上述报告的手续,必须有"承包方无法通过内部任何手段继续维持正常的、已获批准的工程进度计划"的依据;

(4)在核实事实无误、证据完整齐全、程序手续符合约定、责任认定与工程当事人双方签订的合同相关条款相符的基础上,监理按时予以审批,包括批准依据、理由、具体延长工期的天数的计算方式、延长起止时间等,否则应予以退回并明确拒绝认可的理由、依据与处理意见。

（5）如施工方不服审批意见，监理应及时与施工方解释并认真听取其申诉意见，如申诉依据和理由成立，监理可视情况对原审批意见作出适当修正并及时以书面形式通知建设单位和承包方，否则监理应坚持原审批意见。

如施工方仍坚持己方意见，即不服监理裁定，监理应尊重施工方要求，由其向司法机关提起仲裁或申诉。当司法机关受理后，监理应切实做好应诉准备并尊重司法裁定意见。

五、工期延误的责任分析

工期延误对大多数建设项目而言十分常见，工期延误的原因错综复杂，延期责任的确认有一定难度，但建设监理对此不可推诿。

因此，建设监理在日常工作中形成的各种资料及其完整性、真实性、准确性、有效性、时效性十分重要。如监理日记、监理月报、会议纪要、工序及隐蔽验收记录、监理联系单和通知单、施工方的回复单等，必须做到内容翔实、时间准确、相关签字与盖章齐全。有关资料生成的内容与时间的对应性，包括施工方或监理方、建设方相互往来的文件依据等，都是监理据以进行工程工期延误责任分析的事实基础。

同时，工期延误责任分析绝不只是简单的数字运算，还应在施工过程的诸多复杂情况的基础上综合分析。既要找准第一要因及其责任方并予以量化，同时也要恰当地对第二要因及其责任方加以合情合理的分析与量化，这样才能令人信服、接受，才能确立监理的权威和树立监理的形象，才能面对司法而不败。

总之，延期责任分析不仅要符合实际情况，而且要准确量化，将"误差"掌握在各方能够接受的范围内。延期责任分析既要科学，又要避免人情关系的干扰，真正做到公平、公正。

六、工程工期延误分析实例文件

监理工程师联系单

工程名称：　×××国际花园四期工程　　　　　　　编号：B31—2011—2—28

事由	四期工程主体施工阶段工期延误分析报告	签收人姓名及时间	

致：　某房地产有限公司

　　　江苏某集团公司×××项目部

　　　南京某集团公司×××项目部

　　　×××国际花园四期工程主体施工阶段工期延误较为突出。我部对上述项目主体施工全过程相关资料进行了专门详细分析，现将结果通告如下。甲乙方如有异议，请在本周内书面提出（应附相关依据）。否则，本结果将作为各方按合同结算本工程款项的依据之一。

　　（附件共___1___页）

　　　　　　　　　　　　　　　　　　　项目监理机构(章)：_____

　　　　　　　　　　　　　　　　　　　专业监理工程师：_____

　　　　　　　　　　　　　　　　　　　总监理工程师：_____

　　　　　　　　　　　　　　　　　　　日期：_____

　　注：本联系单分为三联，对建设单位联系单(B31)、对承包单位联系单(B32)、对设计单位联系单(B33)。

×××国际花园四期工程
8#、9#、19#—4楼、10#—3车库及人防主体工期延误分析

延误月数	1	2	3	4	5	6	7	8	9	10	11	12	13	14	15	16
基础土方	甲方因无开工许可证影响3个月															
		因甲方分包土方开挖延迟及天气延误2.5个月														
桩基施工阶段		因人防桩基一标段施工方补劳务经理证书,至2009—11—11验收延误1个月														
			因甲方撤换×××桩基施工单位,人防二标段桩基施工推迟3个月													
				2010-9-30桩基二标段验收;其中因甲方分包二次土方开挖延误2个月,人防二标段桩基施工单位江苏×××公司资料延误验收1个月												
支护许可								因甲方2010-7-8基坑支护设计审查认可和2010-8-20方才办理完施工招标手续,延误施工1.5个月								
支护施工									因施工单位原因,支护工程合同工期30天,实际工期50天,施工延误20天							
人防图纸审图										2010-10-26人防图纸审查认可,延误施工0.5个月						
19#—4开工延误											19#—4楼因无施工场地,不仅要等人防及10#—3车库封顶,且要等9#楼提升机拆除方可开工;加之春节,至此共延迟开工达17个月。					
延误原因综述	1. ×××国际花园四期8#、9#楼工程因甲方急需贷款与预销售,故先行赶工8#和9#楼至主体封顶;但人防工程土方、桩基开工严重滞后,质量监督站又不予同意8#、9#楼主体单独验收,致使8#和9#楼主体完成后不得不长时间停工,等待人防工程主体完成后于2010-12-24再行主体验收; 2. ×××国际花园四期人防工程除因上条原因推迟外,并因实际开工后发生的上述情况进一步延误; 3. 10#—3车库因人防工程影响顺延施工; 4. 19#—4楼因无施工场地,不仅要等人防及10#—3车库封顶,且要等9#楼提升机拆除方可开工。															

×××工程建设咨询有限公司×××项目部

建设工程施工质量控制（提纲）

一、建设工程施工质量控制原则

（1）质量第一、百年大计的原则。
（2）以人为本的原则——实现质量的是人，享受质量的也是人。
（3）事前控制与过程控制相结合的原则。
（4）坚持标准的原则——坚持行业验收标准与职业道德标准。

二、建设工程质量主体及其责任

（1）建设单位——首要责任方，具有工程决定权和选择权。
（2）勘察单位——负责提供真实、准确的建设与设计依据。
（3）设计单位——对设计文件的质量负责（保证规范性、先进性、可行性）。
（4）施工单位——负责保证施工质量和保修。
（5）监理单位——负责验收质量。

三、建设工程施工质量控制依据

（1）施工验收标准——建设工程施工质量验收统一标准、省及企业标准。
（2）经审查合格的设计图纸。
（3）施工合同——总包或分包合同、供货合同、招标投标文件、工程量清单、报价单、预算书。
（4）监理合同。

四、建设工程施工质量控制内容

（1）设计的合理性——是否有专职部门的审图合格通知书（审图整改回复）。
（2）设计交底与图纸会审——正确理解与澄清误会、纠正差错。
（3）施工资格审查——施工质量的企业保证（总、分包商，专业分包商，供货商，租赁企业，劳务企业）。
（4）施工组织体系——施工质量的组织保证（项目部组成及专业岗位人员配置）。
（5）施工技术措施——施工质量的技术保证（施工组织设计和专项施工方案）。

（6）工程材料质量控制——合格证、生产许可证、出厂质量检测报告、见证取样与复试、试块。

（7）施工机械及其安装、操作控制——出厂合格证、维修合格证、安装使用许可证、操作证。

（8）施工准备工作控制——准备会、监理工作交底、约法三章。

（9）开工审批控制——建设单位法定手续包括规划许可证、用地许可证、施工许可证、建设工程安全与质量委托监督通知书；施工单位的开工报批资料包括施工合同、招投标文件、施工组织设计及其企业内部审批表、专项施工方案与审批表、总进度计划、施工现场平面布置图、施工测量放线与复测认可手续、工程主材复试合格报告、钢筋连接试验合格报告、大型施工机械安装使用许可证、施工现场围护与临时设施搭建、加工场地硬化、文明工地标准化。

五、建设工程施工质量控制方法

（1）巡查法。

（2）旁站法。

（3）验收法——隐蔽验收、工序验收、分项工程验收、分部工程验收、单位工程竣工预验收等。

（4）按批次查验法——进场材料、构件、制成品、整套设备。

（5）现场取样与复试法——试块。

（6）平行检测法。

（7）中间验收与交接法。

六、建设工程施工质量控制手段

（1）设置关键点控制与一般控制相结合。

（2）实行事前控制与事中、事后控制相结合。

（3）责令整改与复查或必要的责令停工相结合。

（4）撤换分包队伍或不称职的施工管理人员，与适当的经济处罚相结合。

（5）严控验收标准，与拒绝验收不合格工程材料、构件、制成品、设备，拒绝验收不合格施工工序、分项工程、分部工程、单位工程相结合。

七、建设工程施工质量事故处理

（1）查清事故真相、全貌——真实、全面。

（2）分析判定原因——直接原因、间接原因，或主要原因、次要原因。

（3）商定科学、合理、可行处理方案——设计、业主、施工单位（必要时约请质量监督站）。

（4）监督整改与复查（试验）。

（5）质量事故报告。

实例：某道路工程箱涵下沉质量事故监理处理程序：

① 定期观测下沉直至趋于稳定的全过程并记录（确定下沉是否基本稳定与停止）；

② 加载试验并记录（下沉稳定后承载能力能否满足路面设计载荷要求）；

③ 提请设计人员确认是否需要采取某种加固措施；

④ 按确定的加固方案组织实施并监理；

⑤ 再次进行加载试验并记录（检测加固后承载能力是否确已满足路面设计载荷要求）；

⑥ 质量事故原因与责任分析：查清事故原因，确定事故责任。

⑦ 编写事故报告，包括事故的经济与工期损失及处理意见。

八、建设工程施工质量控制工作的基本要求

（1）高度责任感

——不怕苦（旁站）（无论寒冬酷暑，无论雨雪或无眠深夜）；

——不怕险（登高下低）；

——不怕烦（各种必要的试验）；

——不怕外界无扰（无论来自何方或采用何种手段）；

——不松懈（随时准备识别假冒伪劣材料或构件、制成品）；

——不手软（切实坚持质量不合格一票否决）。

（2）经得起任何形式的检测

——建设单位巡查；

——政府部门抽查；

——司法诉讼或司法机关介入调查；

——各种举报或投诉查证调查；

——业主使用。

（3）科学的检查与验收

——施工质量检查与验收制度（包括施工方自查与监理平行检查）；

——必要的检测；

——必要的试验；

——完整、真实的信息系统；

——符合承发包合同与各种建设法规的必要经济手段。

施工质量控制离不开验收和验收标准

现在人们普遍认同工程监理是确保工程施工安全和质量不可或缺的角色。几乎没有施工单位对此公开反对。一般情况下,对通常程序的监理产生异议或争议的也不多见。但现实工程施工过程中,实际情况往往不那么简单。对普通人或施工单位如此,对监理人员本身也是如此。没有验收就没有施工安全和质量,同样,不坚持标准的验收也没有真正的施工安全与质量。所以,建设工程监理能否勇于坚持验收程序和标准显得格外重要。这既是监理义不容辞的责任,更是对监理力度与水准的现实考验。

以下用一真实的事例,说明坚持验收和验收标准的重要性。

某年7月,南京江宁某工地正进行基础施工。其中先基槽验收、后下砼垫层,这大概是再平常不过的了。不仅施工单位认为是小事一桩,设计单位、甲方业主也大都如此看待,远不像对主体验收、竣工验收那样重视,因此相关人员不到场或委托他人代替、代表的情形屡见不鲜。

该项目的工程地基是强风化岩且处在西高东低的岩坡上,基槽是否达到设计持力层十分重要。然而施工单位觉得无所谓。计划验收时,基槽还没挖到位,听说天气预报有雨,未经各方进行基槽验收,甚至不顾监理的劝阻和停工令,就擅自下了砼垫层。设计和勘察人员既未到现场查看基槽实际情况,也未注意监理还没有签字,就在施工单位送来的基槽验收记录表上签了字。甲方十分在意进度,当然希望越快越好,虽然监理还没有在基槽验收记录表签字,但甲方通常不会拒绝这种签字。

本应最先签批的监理被放在了最后,其实施工方的意图再明白不过,就是认为监理的签字只是不得不走的过场而已。可见,各方应当共同参加的基槽验收显然被空洞化、虚拟化。

监理面对这种情况,有些左右为难:坚持原则,重新进行基槽验收,势必要返工,因为现场实际与验收标准不符,这不仅要得罪施工单位,还可能要得罪设计、勘测单位,甚至得罪甲方,而且各方的关系也将因此搞僵;若是顺水推舟,谁也不得罪,监理似乎也没有明显过失与责任。

但现场的真实情况是:土方大开挖以后,由于连续降雨,基坑积水较深,积水时间长达一个月之久,加上土建单位对被积水浸泡后的强风化岩根本没清除完,多数承台基槽明显两侧高低悬殊。如果任其通过,必然对整个建筑的质量与安全产生无法估量的不良影响与后果。

按程序进行基槽验收,本应由甲方、设计、勘察、监理和施工各方代表共同到现场进行实地勘验,并确认与设计要求相符无误后,再履行验收签字手续。看似十分平常的小事,其实隐藏着重大质量问题。

最终监理不但拒绝在基槽验收记录上签字,而且在正式场合明确反对这种不"验"即

"收"的做法,并以书面形式发给其他各方,声明"对施工单位擅自隐蔽的基槽'验收'不予认可"。

在监理的极力坚持下,设计、勘察、建设单位代表完全转而认同监理意见:对监理已认定不合格的承台垫层立即进行返工凿除;对监理未直接认定不合格的承台垫层按 30%的比率进行钻芯取样,以判定是否达到设计持力层;对钻芯取样判定不合格的一律返工。

施工单位不得不根据监理要求,先对被认定不合格的承台垫层进行了无条件凿除,再对未直接认定不合格的承台垫层按要求的比率进行钻芯取样,钻芯取样后被判定为不合格的继续组织返工。结果总返工量占擅自浇筑砼垫层总数的 50%。

以上事例说明,验收可以发现是否存在问题,验收才是确认质量是否合格的法定程序。验收是监理的职责所在,验收也是对监理自身最好的检测检测。反之,没有验收就无法保障工程的安全和质量,施工安全和质量也就无从谈起。因此,建设监理对施工质量的控制必须坚持验收和验收标准。

➡ 施工质量事故的监理

　　施工质量事故必须防止和避免,但施工质量事故又难以绝对消除。工程监理面对质量事故,必须持积极严谨、科学、认真的态度,最大限度地消除其不良影响。绝不可简单化、想当然,甚至马虎了事。否则,极可能扩大事故,以致造成不可挽救的损失与后果。

　　下面以实例介绍工程一般质量事故的监理。

1. 施工质量事故的发生

　　某住宅楼工程因施工单位一方面盲目追求进度,另一方面又不想增加模板,于是未经监理同意就过早拆除关键结构部位的模板支撑,导致主次梁结合部出现多条贯穿裂缝的施工质量事故。具体情况如下:

　　2009 年 10 月 19 日,××建设集团的某国际花园项目部施工人员,在上层结构继续施工、混凝土龄期仅 7 天半、施工方未做混凝土早强试验、未经申报监理许可的情况下,擅自过早拆除某住宅楼东单元二层结构中包括悬挑构件在内的模板支撑。

　　监理发现后,立即向总监报告,同时召见施工项目经理和施工班组负责人,进一步了解情况,指出问题严重性和可能产生的后果,提出立即恢复模板支撑的要求,并就此下发了监理通知给施工方和甲方建设单位。

　　但施工班组对此认识不足、不以为然,仅象征性地局部敷衍,进行了所谓的恢复支撑,实际作用几乎为零。施工项目部不重视,对监理提出的恢复支撑要求放任不管,不督促检查,而且上层结构仍然照常施工。

　　监理发现上述问题后,立即下发东单元上层主体结构施工暂停令,并要求进一步整改,以防不测。

　　施工方这才不得已执行监理的暂停令。

　　但后来的事实是:工程监理所预料和担心的问题终于出现了。

　　当该部混凝土龄期期满、施工方正式拆模后,项目总监立即巡查该部位并发现:由于过早拆除模板支撑的关键结构部位,主次梁结合部集中出现了多条竖向八字状裂缝。

　　鉴于这一情况,监理果断决定:通知施工方立即派专人观测记录,并再次下达书面通知,要求施工方约请有资质的单位进行检测,以判定裂缝对结构件的损害程度及其对整体结构安全性的影响。监理对该约请检测合同及检测单位资质进行审查,对检测过程全程跟踪,并要求检测报告应向监理备案。

2. 质量事故的检测与鉴定

　　2009 年 12 月 16 日,符合国家规定的、有相应建筑工程质量检测资格的某建设工程质量检测中心有限公司受施工方委托,到该工程工地对该构件发生裂缝的部位用多种仪器进行了实地检测,监理进行了旁站。

2009年12月21日,该检测中心根据实地检测结果分析并正式出具了书面检测报告。该报告结论认为:由于裂缝的数量较多,部分裂缝宽度较宽,裂缝对构件的结构性能和使用功能产生一定影响。建议对该构件采取相应的技术处理措施。

3. 质量事故的处理

根据检测报告,监理要求施工单位在征得原设计单位及其设计人员认可的情况下,委托有资质的结构加固设计单位进行补强加固设计;再依据加固设计图纸,审定有资质的专项加固工程施工单位;加固施工单位订立正式施工合同后,按常规程序专项申报工程开工报告、施工方案、进场施工的人员和材料设备后进行施工。项目监理按规定进行加固全过程旁站和验收。

4. 专项加固补强工程专项验收

补强加固工程施工结束,在施工方自检的基础上向监理进行专项工程竣工申请申报验收。监理在确认具备专项竣工验收条件的基础上,通知建设单位、工程原设计单位、总包单位、专业加固设计单位和专业加固施工单位共同进行本工程质量专项验收。

2010年1月11日,上述单位代表参加了专项工程验收:先到加固工程现场进行查看,再对加固施工资料进行了查阅,各方代表对本项工程施工质量一致评价认可合格。

实践说明:

① 工程质量事故对工程甲乙双方都将造成不同程度的影响和损失;

② 质量事故发生以后,必须要按程序进行处理,既要尽量减少影响和损失,又要科学经济;

③ 在质量事故处理过程中,监理必须严格掌控各个环节,确保质量事故处理的质量和效果。

监理对进场工程材料的质量控制

工程材料的质量好坏,直接影响着整个建筑物的质量等级、结构安全、外部造型和建成后的使用功能。因此,工程材料的质量监理是项目监理工作中一个至关重要的内容。

一、建立健全质量保证体系,加强合同管理

工程材料的质量低劣造成的工程质量事故和损失往往是非常严重并难以弥补和修复的。因此,工程中必须尽量避免发生此类问题,防患于未然。在材料的质量监理中,首先要求施工单位建立健全质量保证体系,在人员配备、组织管理以及检测程序、方法、手段等各个环节上加强管理。同时在施工承包合同和监理委托合同中,要明确材料的质量要求和技术标准,并明确监理方在材料监理方面的责任、权限以及对建设单位的要求。在监理委托合同中有关材料监理的内容大体相似,即监理方有权对材料进行必要的抽检,施工单位要在监理方的监督下,进行取样和试(化)验工作。在项目实施过程中,严格按合同办事,加强合同管理,以合同为依据,始终坚持施工单位自检和监理方独立抽、复检相结合,以施工单位自检为主,以监理方的复检作为评定自检结果的标准。同时坚持目测和检测相结合、抽检和监测相结合、直接控制和间接控制相结合,改变过去只有施工单位自检,而没有第三方监督检测的状况。这样可以防止不合格的材料被用于工程,保证工程建设质量。

二、明确材料监理程序,制定监理细则

首先要编制工程材料监理细则,并在材料监理细则中明确材料监理的职责、工作方法、步骤、手段,以及对材料的质量要求和为保证质量应采取的措施等。

其次在进场材料监理过程中,监理应严格按材料监理程序、细则开展工作,使材料监理工作规范化。

三、审核施工单位材料计划

监理进场后首先了解工程材料清单及其汇总表;掌握施工单位的材料总采购计划,并审核其是否满足施工总进度的要求,对发现的问题提出改进建议,使材料总计划与施工进度相一致。

在此基础上,施工单位每月应向监理方提交下月的材料进场计划,包括进货品种、数量、生产厂家等,材料监理根据工程月进度计划予以审核,使材料进场计划符合工程进度要求。

四、材料采购的质量监理

建筑材料市场品种繁杂、良莠不一,因此凡是计划进场的材料,监理方都要会同施工单位对其生产厂家资质及质量保证措施予以审核,并要求提供产品样品、质保书,根据质保书所列项目对其样品质量进行再检测。样品不符合规范、标准的,不予认可订购。

五、进场材料的质量监理

在材料监理实施细则中,要明确提出加强现场原材料的试(化)验工作。例如:对工程中使用的钢筋、水泥要求有出厂质保书,砂石、砖等要有材质试验单,施工用水要有水质化验报告等,以掌握其技术参数资料。同时在监理委托合同中明确规定:为提高试(化)验数据的可靠性、准确性,确保工程质量,甲方应同意监理方独立对国家建设部颁发的建筑安装工程质量检测评定标准中明确规定的质量保证内容进行必要的检查检测,施工单位的检测工作可在监理方认可的具有省级资质的实验室中进行(主管部门有更高要求的,按主管部门要求执行),也可在监理方监督下由施工方在有临时资质的现场实验室中进行,监理方负责审核,以确认施工单位提供的试(化)验报告。

监理方应尽可能与施工单位同步进行材料的取样和试(化)验工作。当监理方提供的检测结果与施工单位的试验结果不相一致时,以监理方所提供的检测结果作为标准。监理方在对现场材料的质量监理中,应严格遵照材料质量监控流程,严格遵照国家规范、标准和设计文件、合同及材料监理细则办事。

六、几种常见工程材料的质量监理

1. 钢筋、水泥

鉴于钢材市场的复杂情况,施工单位通常难以做到大批量进货。针对来料的多源头、多渠道情况,对进场的每批钢筋、水泥,要求施工单位分批、分品种堆放、贮存,并及时提供出厂合格证。监理同时进行观感检测。在此基础上,对每批钢筋均要求取样做机械性能试验,特殊部位所用钢筋或进口钢筋要另做化学成分分析检测。水泥要求做强度、安定性等试验,并进行现场监督取样。未经检测的材料,不允许用于工程;质量达不到要求的材料,及时清退出场。

2. 钢筋焊接制品

绝大多数进场钢筋均要进行现场加工后方可用于工程,如钢筋焊接、成形、张拉等。钢筋验收合格后,施工单位方可进行加工。在施工之前,要求施工单位提供其内部质量保证体系、技术措施交底、质量监控程序等,监理方进行审核,并要求施焊人员必须具有焊工上岗证,杜绝无证人员上岗施焊。对持有焊接操作上岗证的人员,要求对不同品种、不同焊接工艺的钢筋接头,先做焊接试件,试件经检测合格,方可施焊。

对焊接成品的质量检查是监理工作的重点,除施焊前对试件进行合格检测之外,对成品的质量监理要按监理方确认的监理程序进行。具体做法是：目测和检测相结合，首先从外观上，对轴线位移、弯折角度、裂纹凹坑、烧伤等进行检查；随后做随机抽样，坚持每200根接头取一组样品进行试验，并且始终保持抽测时间与材料加工进度基本吻合；发现不合格焊接头，退回施工单位，分析原因，改进技术措施，然后重新焊接，使之全部达到技术标准的要求，并严格按建筑安装工程质量检测评定标准进行验收。

3. 混凝土

混凝土是工程中使用最为普遍的加工材料，它的质量不仅与各种原材料的质量有关，而且影响建筑物的工程质量。影响混凝土质量的因素很多，诸如各种组成材料的计量、配合比、搅拌、运输、振捣、养护等一系列环节，均是影响混凝土质量的重要因素。因此，材料监理的一大内容便是对混凝土的质量监理。在混凝土的质量监理中，必须保证水泥、砂、石、水、外加剂等均满足质量要求。在此前提下首先审核混凝土的配合比是否正确；用于计量的各种表具、量具等是否俱全、准确；搅拌时间是否适中，运输中是否发生离析；振捣、养护、试块留置等各环节均须由专门施工人员专管。对于大体积混凝土、重要结构必须采用自动计量设备或采用商品混凝土，并严格按照监理方提出的质量监控图进行控制。发现哪一道工序不符合规范、标准要求的，应立即通知施工单位质检人员组织整改。

如在大型建筑工程的浇筑底板混凝土作业时，在连续浇筑几昼夜的过程中监理人员要轮流跟班旁站，甚至对商品混凝土厂家的上料、搅拌、出料质量、现场振捣以及混凝土试块留置等均有针对性管理。根据现场配合比和砂石的含水率，及时调整搅拌用水量，并及时检测计量设备的计量准确度，发现偏差立即通知施工单位加以整改，做到层层把关。

七、实验室资质检查

材料的试（化）验应由具备规定检测（试验）资质的单位进行。在监理方监督下，也可由施工单位在现场（若现场有实验室）进行，或在监理方监督下现场取样，由乙方和监理方同时进行试验。监理方所进行的检测一方面用于平时的随机抽检，另一方面也可以验证施工单位试验数据是否准确可靠。无论采用哪一种方法，重要的是保证实验室的资质和试验数据的准确可靠。

通过监理方审核的检测单位至少要具有省一级实验资质，对其实验资质要检查。对乙方现场实验室同样要审核其临时资质和所用器具的准确性和可靠度，只有在符合要求后，方可开展工作。

在施工开始之前，材料监理人员应亲自与施工单位一起，先与审定的检测单位取得联系，并要求每次检测样品必须在监理方的直接全程监督下完成。

总之，对工程材料的质量监理要目测和检测相结合、抽检和检测相结合、直接控制和间接控制相结合，严格遵循监理程序，加强合同管理，以监为主，监、帮、促相结合，方可确保工程材料质量，为有效地控制工程质量奠定基础。

桩基工程的质量控制

　　基础工程都是任何建设工程的基础,事关其上层建筑的安全与寿命。桩基是最常见的基础形式。控制好桩基工程质量对于每个建设项目工程整体质量而言关系重大。由于桩基施工在地下,无法直观掌控,质量控制比其他部位难度更大。本文就常见的几种桩基工程质量问题预控的方法介绍如下。

一、土(灰土)桩不密实、断裂的质量预控

1. 施工准备

　　(1) 在现场进行成孔、夯填工艺和挤密效果试验,以确定分层填实厚度、夯击次数、夯实后干密度和桩间土的挤密效果,以及合适的桩心距、桩径等。

　　(2) 选用的灰土土料应经过筛选,粒径不宜大于 15 mm,有机质含量不大。用作灰土的熟石灰也应过筛,粒径不宜大于 5 mm,并不得夹有未熟化的生石灰块和含有过多的水分。采用体积比 2:8 或 3:7(石灰:土)进行搅拌,直至均匀。

2. 操作工艺

　　先将基坑挖好,预留 200~300 mm 土层,然后在坑内施工灰土桩,基础施工前再将已搅动的土层挖去。

　　桩的成孔方法一般多采用 0.6 t 或 1.8 t 柴油打桩机将与桩同直径的钢管桩打入土中,拔管成孔。成孔垂直度偏差应小于 1.5%,孔径偏差不大于 50 mm。桩的施工顺序应先外排后里排,同排内应间隔 1~2 孔,以免因震动挤压导致相邻孔产生缩孔或坍孔。

　　成孔达到要求深度后,应立即夯填灰土。填孔前应先清底夯实、夯平,夯击次数不少于 8 次。桩孔应分层回填夯实,每次回填厚度为 350~400 mm。用人力或简易机械进行夯实。施打时,逐层以量斗定量向桩孔内下料,逐层夯实。如果采用连续夯实机,则将灰土用铁锹随着夯实机不间断地、一铲一铲均匀地向桩孔内下料并夯实。成桩顶应高出设计标高约 150 mm,挖土时将高出部分铲除。

　　如果孔底出现饱和软弱土层时,可加大成孔间距,以防由于震动而造成已打好的桩孔内挤塞。当孔底有地下水流入时,可采用井点抽水后再回填灰土或向桩孔内填一定数量的干砖渣和石灰经夯实后再分层填入灰土。

　　灰土挤密桩夯填的质量采用随机抽样检查。其数量应不少于桩孔数的 2%,同时每台班至少检查应一根。

3. 预控措施

　　(1) 桩孔填料前,先夯击孔底 3~4 锤。根据成桩试验测定的密实度要求,随填随夯,

对持力层范围内的夯实质量应严格控制。

（2）回填料拌和均匀,适当控制其含水量。

（3）每个桩孔的用料量应与计算用量基本相符。

（4）夯锤质量不宜小于 100 kg,落距一般应大于 2 m。

（5）如地下水位很高时,可用井点降水后,再回填夯实。

二、碎石挤密桩桩身缩颈或桩灌量不足的质量预控

1. 施工准备

（1）准备碎石填料,使其含泥量小于 5%,粒径 5～50 mm。

（2）选择打桩机具。

（3）挤密试验桩宜为 7～9 根。采用振动法时应根据沉管和挤密情况,确定填碎石量、提升钢管高度与速度、挤压次数和时间、电机工作电流等。

2. 操作工艺

（1）打碎石桩时地基表面会有松动或隆起,碎石桩施工标高要比基础底面高 1～2 m,以便在开挖基坑时消除表层松土。如基坑底仍不够密实,可用人工夯实或机械碾实。

（2）碎石桩的施工顺序,应从外围或两侧向中间进行,如桩距较大,也可逐排进行,以挤密为主的碎石桩同一排应间隔进行施工。

（3）碎石桩成桩工艺有振动法和锤击法两种。

振动法是采用振动沉桩机将带活瓣桩尖的、与碎石桩同直径的钢管沉下,往桩管内灌碎石后,边振动边缓慢拔出桩管;或在振动拔管的过程中,每拔 0.5 m 停拔振动 20～30 s;或将桩管压下然后再拔,以便将落入桩孔内的碎石压实,并可使桩径扩大。振动力以 30～70 kN 为宜,不应太大,以防过分松动土体。拔管速度应控制在 1～1.5 m/min 范围内。

锤击法是将带有活瓣桩靴或砼桩尖的桩管,用锤击沉桩机打入土中,往桩管内灌碎石后慢慢拔出,或在拔管过程中低锤击管,或将桩管压下再拔,碎石从桩管内排入桩孔成桩并使密实。但拔管不能过快,以免形成中断、缩颈,造成事故。对特别软弱的土层,也可采取二次打入桩管灌碎石工艺,形成扩大碎石桩。如缺乏锤击沉桩机,也可用蒸汽锤、落锤或柴油打桩机沉桩管,另配一台起重机拔管。该方法适用于软弱粘性土。

（4）灌碎石时含水量应加以控制,对饱和土层,碎石可采用饱和状态,对非饱和土或杂填土,或能形成直立的桩孔壁的土层,含水量可为 7%～9%。

（5）碎石桩应控制填碎石量,使其实际灌碎石量不得少于设计的 95%。如发现不够或有中断情况,可在原位进行复打灌碎石。

3. 桩身缩颈预控措施

（1）要详细研究地质报告,确定合理的施工方法。

（2）桩管中应保持足够的灌石量,至少有 2 m 高的石料。

（3）采用跳打法克服桩相互挤压现象。

4. 桩灌量不足预控措施

（1）要详细研究地质报告，确定合理的施工方法。

（2）桩管中应保持足够的灌石量，至少有 2 m 高的石料。

（3）严格控制碎石含泥量与粒径大小。

（4）调节沉桩的振动频率，减少碎石间摩擦，加速石料顺利流向管外。

（5）确定实际的充盈系数 K，按规范选用 $K=1.1\sim1.3$（根据不同地质情况选用）。

三、预制桩桩深达不到设计要求及桩身倾斜的质量预控

1. 施工准备

（1）根据设计图纸，工程地质、水文情况，地下探测、试桩和施工条件等资料，认真编制打桩方案，包括施工方法、需用机具、打桩顺序和进度、预制桩的制作、运输、堆放等。

（2）清除现场妨碍施工的上空和地表障碍物，如地面上的电杆、树木、地下管线和旧有基础等。

（3）整平打桩范围内场地，周围做好排水沟。

（4）对邻近原有的建筑物和地下管线，认真细致地查清结构和基础情况，并研究采取适当的隔震、减震措施，如挖防震沟、打隔离板桩、控制打桩方向和打桩进度等。

（5）设置测量控制网、水准基点等。

（6）检查预制桩的质量。桩的弯曲度不大于桩长的 1/1 000，且不大于 20 mm，桩尖中心线偏差不大于 10 mm，桩顶平面对桩中心线的倾斜不大于 3 mm 等。桩顶和桩尖处不得有蜂窝、麻面、裂缝和掉角。

2. 操作工艺

（1）锤击法沉桩。用桩架的导滑夹具或桩箍将桩嵌固在桩架两导柱中，垂直对准桩位中心，缓缓放下插入土中，待桩位和垂直度校正后即可将锤连同桩帽压在桩上，同时应在桩的侧面或桩架上设置标尺，做好记录，方可开始击桩。当桩头不平整时，用麻袋或厚纸板垫平，亦可先用环氧砂浆抹平整。

打桩开始时应起锤轻压或轻击数锤，观察桩身、桩架、桩锤等垂直一致后，即可转入正常施打。开始时落距应较小，入土一定深度待桩稳定后，再按需要的落距进行施打。

沉桩应用适合桩头尺寸的桩帽和弹性衬垫。桩帽用铸钢或钢板制成，锤垫多用硬木或白棕绳圈盘而成，桩垫多用松木或纸垫或酚醛层压塑料、合成橡胶等。桩帽与桩接触的表面须平整，与桩身应在同一直线上，以免打桩时产生偏斜。若桩须深送入土时，应用送桩。送桩用坚硬的木料或钢铁制成，长度和直径视需要而定，使用时，将送桩放于桩顶头上，使之与桩在同一垂线上，锤击送桩，将桩慢慢打入土中。

打桩顺序根据桩的密集程度、基础设计标高、桩的规格、桩架移动的方便性以及现场地形条件等确定。对密集的桩应采取自中间向两个方向对称进行，或由中间向四周或由一侧向单一方向进行。对基础标高不一的桩，宜先深后浅。对不同规格的桩，宜先大后小，先长后短，以使土层挤密均匀和避免位移偏斜。

沉桩过程中，要经常注意桩身有无位移和倾斜现象，如发现应及时纠正。桩将沉至

要求深度或到达硬土层时,落锤高度一般不宜大于1 m,以免打烂桩头。沉桩过程中做好沉桩施工纪录,至接近设计要求时,即可对贯入度或入土标高进行观测,至达到设计要求为止。

(2)振动法沉桩。振动沉桩与锤击沉桩方法基本相同。操作时,桩机就位后吊起桩插入桩位土中,使桩头套入振动箱连接桩帽或液压夹桩器夹紧,便可参照锤击法启动振动箱进行沉桩至设计要求深度。

沉桩宜连续进行,以防停歇时间过长而难以沉入。一般控制最后三次振动(加压),每次10 min或5 min,测出每分钟的平均贯入度,不大于设计规定的数值即符合要求。摩擦桩则以沉桩深度符合设计要求为度。

沉桩时,如发现持力层以上有中密度以上的细砂、粉砂、重粘砂等硬夹层,其厚度在1 m以上时,可能会发生沉入时间过长或穿不过现象,硬性打入较易损坏桩头和桩机,影响质量,此时应会同设计部门共同研究采取措施。需要接桩时,应使接桩的位置对准,可采用焊接、法兰、硫黄胶泥铺接等方法接桩。

3. 桩深达不到设计要求的预控措施

(1)仔细研究工程地质情况,必要时作补勘。

(2)正确选择持力层或标高,合理选择施工机械、施工方法及行车路线。

(3)防止桩顶打碎或桩身断裂。

4. 桩身倾斜预控措施

(1)场地要平整,打桩时应使桩机底盘保持水平。

(2)施工前应清除地下障碍物,尤其是桩位下的,如旧墙基、条石、大砼块等应清理干净。

(3)对桩质量要进行检查,发现桩身弯曲超过规定,或桩尖不在桩纵轴线上时不宜使用。一节桩的细长比控制在不大于30。

(4)在初期发现桩不垂直时应及时纠正。桩打入一定深度发生严重倾斜时,不宜采用移动桩架来校正。

(5)接桩时要保证上下两节桩在同一轴线上,接头处必须严格按设计及操作要求执行。

四、干作业成孔灌注桩的孔底虚土多的质量预控

1. 施工准备

(1)熟悉地质勘察报告,决定施工方案。

(2)准备成孔施工机具和材料。

2. 操作工艺

(1)螺旋钻成孔灌注桩。利用电动机带动钻杆转动,使钻头螺旋叶片旋转削土,土块随叶片上升排出孔口,到设计深度后,进行孔底清理。这种方法要求钻头在到达设计深度处先空转,然后停止转动,再提钻卸土。如坍孔严重,有大量的泥土时,需回填砂或粘土重

新钻孔,或往孔内倒入少量石灰粉;存在少量浮土泥浆不易清除时,可投入 25～60 mm 石料捣实以挤密土体。吊放钢筋时应注意勿碰孔壁,钢筋骨架过长时可分段吊放,然后逐段焊接。钢筋定位后,应立即浇筑砼以免塌孔。砼强度等级不宜低于 C15。砼坍落度宜为 7～10 cm,浇筑时应分层进行,每层高 50～60 cm,用接长软轴的插入式振捣器配合钢钎捣实。

(2) 螺旋钻成孔扩底灌注桩。采用在钻杆上装三片可张开的扩孔刀片的螺旋钻,在设计要求位置扩孔形成葫芦桩或扩底桩,扩张直径为桩身直径的 2.5～3.5 倍,最大可达1.2 m。

(3) 手摇钻成孔灌注桩。用人力旋转钻具钻进,提钻排土成孔。成孔直径 200～350 mm,孔深 3～5 m。

3. 预控措施

(1) 详细研究工程地质条件,尽可能避免易引起大量塌孔的地点施工,如不能避开,则应选择其他施工方法。

(2) 施工过程中经常检查钻头、钻杆,不符合要求的应及时更换。

(3) 钻出的土应及时清理,防止孔口土回落到孔底。

(4) 成孔后尽可能防止人或车辆在洞口盖板上行走,以免扰动孔口土。

(5) 将钢筋笼和砼漏斗放入孔中时,防止把孔壁土碰塌掉到孔底。当天成孔后必须当天灌注砼。

五、湿作业成孔灌注桩断桩的质量预控

1. 施工准备

(1) 平整施工场地。

(2) 桩位放线。

(3) 开挖浆池或浆沟。

2. 操作工艺

(1) 冲击成孔灌注桩。用冲击或钻机或卷扬机悬吊冲击钻头上下往复冲击,将硬质土或岩层破碎成孔,部分碎渣和泥浆挤入孔壁,大部分成为泥渣,用掏渣筒掏出后成孔,然后再灌注砼形成桩。

成孔时应先在孔口设圆形 6～8 mm 厚钢板护筒或砌砖护圈,用以保护孔口、定位导向,维护泥浆面,防止塌方。护圈(筒)内径应比钻头直径大 200 mm,深一般为 1.2～1.5 m,如上部松土较厚,宜穿过松土层,以防止塌孔和保护孔口。然后冲孔机就位,冲击钻应对准护圈(筒)中心,偏差小于±20 mm。开始时以 0.4～0.6 m 低锤密击,并及时加块石与粘土泥浆护壁,使孔壁挤压密实,直至孔深达到护圈 3～4 m 后才加快速度,加大冲程,将锤高提高至 1.5～2.0 m 以上,进行连续冲击,在造孔时要及时将孔内残渣排出孔外,以免孔内残渣太多。冲孔时应随时测定和控制泥浆密度。如遇较好的粘土层,也可采用自成泥浆护壁,即在孔内注满清水,通过上下冲击形成泥浆护壁。每冲击 1～2 m 应排渣一次,并定时补浆,直至设计深度。

在钻进中每 1～2 m 要检查一次成孔的垂直度情况。如发现偏斜应停止钻进而采取措施进行纠偏。成孔后应立即放入钢筋笼,并固定在孔口钢护圈上,检查钢筋笼无误后立即浇注砼。放入钢筋笼之前,还应检查孔深,并清孔,将孔底淤泥、沉渣清除干净。

(2)冲抓锥成孔灌注桩。用卷扬机悬吊冲抓锥,下落时叶瓣抓片张开,钻头下落冲入土中,然后提升钻头,抓片闭合抓土,提升到地面将土卸去,依次循环作业直至形成要求的桩孔。其他的施工工艺与冲击钻成孔灌注桩基本相同。

(3)回转钻成孔灌注桩。用一般的地质钻机,在泥浆护壁条件下,慢速钻进排渣成孔。钻进时如土质良好,可采取清水钻进,自然造浆护壁,并根据土层情况加压,一般土层其压力不超过 10 kN,基岩为 15～25 kN。钻机转速根据钻头材料确定,合金钻头为 180 r/min,钢钻头为 100 r/min。桩孔钻完,用空气压缩机洗井,直至井内沉渣厚度小于 10 mm。然后放入钢筋笼并浇注砼。

(4)潜水电钻成孔灌注桩。潜水电钻机构中的密封的电动机、变速机构直接带动钻头在泥浆中旋转削土,同时用高压泥浆泵泵送高压泥浆,使之从钻头底端射出,与切碎的土混合,以正循环方式不断由孔底向孔口溢出,将泥渣排出。如此连续钻进,直至形成需要深度的桩孔。钻孔深度一般为 20～30 m,钻孔直径可以达到 2.5 m。

3. 预控措施

(1)砼浇注应按规定的操作方法进行。

(2)砼浇注分层、连续。

(3)钢筋笼主筋接头焊牢,相邻焊接位置应错开、不在同一断面。

六、套管护壁成孔灌注桩缩颈的质量预控

1. 施工准备

(1)仔细研究地质资料,确定施工方案。

(2)场地平整。

(3)准备施工机具。

2. 操作工艺

(1)振动沉管灌注桩。将带有活瓣式桩尖或钢筋砼桩预制桩尖的桩管,用振动锤产生的垂直定向振动和锤、桩管自重及卷扬机通过钢丝绳施加的拉力对桩管施加压力,使桩管沉入土中,然后向桩管内浇注砼,边振边拔桩管,使砼留在土中成桩。桩管直径为 220～370 mm,长 10～28 m。砼强度等级不低于 C15。石子粒径不大于 40 mm,砼坍落度为 8～10 cm。

将桩管对准桩位中心,桩尖活瓣合拢,放松卷扬机钢绳,利用振动机及桩管自重,把桩尖压入土中。开动振动箱,将桩管迅速振入土中。沉管过程中,应经常探测管内有无水及泥浆,若有而且较多,应拔出桩管,用砂回填桩孔后重新沉管。若有地下水或泥浆进入管内,一般灌入 1 m 高的砼或砂浆,封住桩尖缝隙。桩管沉到设计标高后,停止振动,将砼灌入桩管内,砼应灌满桩管且略高于地面。

接着可拔管,应先振动片刻,再开动卷扬机拔桩管。用活瓣桩尖时宜慢,用预制桩尖

时可适当快些。一般采用单打法、复打法和反插入法拔管。在拔管过程中,桩管内的砼应至少保持 2 m,可用吊砣探测,不足时应及时补灌。每根桩的砼灌注量,应保证成桩的平均截面积与桩管端部截面积的比值达到 1.1。

成桩的中心距不宜小于桩管外径的 4 倍,相邻桩施工时其间隔时间不得超过水泥的初凝时间。中途停顿时,应将桩管在停顿前先沉入土中,或待已完成的邻桩砼达到设计强度等级的 50% 方可施工。遇有地下水,在桩管尚未入地下水位时,即在桩管内灌入 1.5 m 高的封底砼,然后再沉到要求的深度。对于密实度大、土质较硬的粘土,可用螺旋钻配合,先用螺旋钻钻去部分较硬的土层,然后再用振动沉管将桩管沉入到设计标高。

(2)锤击沉管灌注桩。桩机就位后就吊起桩管,对准预先埋好的预制钢筋砼桩尖,放置麻绳圈垫于桩管与桩尖连接处,然后缓慢放入桩管,套入桩尖压入土中。桩管上端扣上桩帽,先用低击轻击,检查无偏移,再正常施工,直到设计标高为止。如果发现桩尖损坏,应及时拔出桩管。用土或砂填实后安装桩尖重新沉管。检查管内无泥浆或水时,即可浇注砼。砼灌满桩管后即可拔管。拔管速度应均匀,一般可控制在不大于 1 m/min。施工顺序是依次退打,桩中心距在 4 倍桩管外径内或小于 2 m 时均应跳打,中间空出的桩,必须待邻桩砼达到设计强度的 50% 以后,方可施打。

3. 预控措施

(1)施工前应通过试桩,提出切实有效的技术措施。

(2)浇注砼前,要准确计算一根桩的砼总灌入量是否能满足设计计算的灌入量。在拔管过程中,应随时测定砼用量。

(3)认真控制拔管速度,一般拔管速度控制在 2.5 m/min 为宜。

七、爆扩灌注桩砼拒落与缩颈的质量预控

1. 施工准备

(1)仔细研究所有的地质资料,决定施工方法。

(2)准备施工机具和材料。

(3)放线和平整场地。

2. 操作工艺

(1)人工或机械钻成孔爆扩桩。采用人工或机械设备成孔,达到桩孔所要求的直径和深度。爆扩药包用绳子吊入桩孔底部中央,如有水,可加重物稳住。药包表面覆盖 15~20 cm 厚砂子,借以免受砼的冲击。然后第一次灌入砼,其量为 2~3 m 桩孔深,约为爆扩后大头容积的一半以上,过少时引爆会引起砼飞扬,过多则会产生"拒落"。砼粗骨料粒径不宜大于 25 mm,桩孔直径大于 40 cm 时,可用料径 40 mm。砼坍落度按土质决定,粘性土为 9~12 cm,砂类土为 12~15 cm,黄土为 17~20 cm。引爆后浇注的砼宜为 8~12 cm。在不捣实情况下即可引爆。引爆后砼自动坍落到因爆破作用形成的球状孔穴中,并用插入式振动器振捣密实。从浇注砼开始到引爆时的时间间隔不应超过 30 min,以免出现砼"拒落"。振实扩大头底部砼。测定扩大头直径,安装钢筋,第二次连续分层浇注砼,每层厚 50 cm,用插入式振捣器分层捣实,一次连续浇注完砼。

在易塌的软土中采用套管护壁。桩孔有水时,炸药应用玻璃瓶或1～2层塑料薄膜紧密包裹防水,引爆线应绝缘防潮。

相邻爆扩桩的桩距大于爆扩影响间距时,可采用单爆方式,否则采用联爆方式。单爆方式引爆应先浅后深。联爆方式则应先深后浅,即先爆扩深桩大头,插入下段钢筋骨架,浇砼至浅桩大头标高处,然后爆扩浅桩大头,插入上段钢筋骨架,浇注上部砼到桩顶。

(2)爆扩成孔爆扩桩。用手摇麻花钻或钻岩机、触探仪、洛阳铲或钢钎等工具,按设计要求深度先打一导孔,直径应视药条粗细及土质情况而定,土质较好者为4～7 cm,土质较软、地下水位较高且易产生缩颈者为10 cm。导孔上口成喇叭形,深为2倍孔径,上口直径为2～3倍孔径,以免爆扩时孔口土方回落孔内。然后放入不同直径的条形药包。装药可用塑料袋或玻璃管。管与管接头要牢固,炸药要装满捣实,不得有脱空现象。每隔0.5～1.0 m放一个电雷管,药管与孔壁间用干砂填实或用其他粉状材料稳固。引爆后形成30～55 cm直径的爆扩桩孔,其后进行扩大头的爆扩工作,其方法与工艺和机钻成孔桩的爆扩一样。

3. 砼拒落的预控措施

(1)雷管和炸药的质量要好,过期、受潮及受冻的不能使用。

(2)炸药包避免受潮;导线要放松,防止导线折断,不能用导线提放药包;在炸药包上盖以干砂保护,防止被砼冲坏。

(3)最好使用电雷管,其次是火雷管,严格保护导火线。

4. 缩颈的预控措施

采用套管成孔或钻孔成孔后再下套管。

➡ 预控在监理工作中的重要性及其手段（提纲）

一、前 言

（1）监理工作内容：

建设工程监理开始在全国试行与全面推行阶段主要为"三控（质量、进度、投资控制）两管（合同与信息管理）一协调（工程内部关系协调）"；现为"四控（安全、质量、进度、投资控制）两管（合同与信息管理）一协调（工程内部关系协调）"。

（2）监理控制的三种方式：

事前控制、事中控制、事后控制，预控即事前控制。

（3）预控的好处（以脚手架安全监理为例）：

① 预见性——排架、脚手架搭拆是不可缺少的；

② 主动性——搭拆前编报与审批；

③ 可控性——搭设图及荷载计算书；

④ 选择性——形式（落地、悬挑、混合、卸载方式）；

⑤ 和谐性——充分发表意见、优化解决问题方法；

⑥ 效能性——实际搭设、验收的依据。

二、预控的重要性（以质量监理为例）

（1）预控是全局性控制——混凝土施工一旦确定一次性整浇或分段浇筑，中间就不能随意改变施工方案，如大型地下工程结构的柱与梁板混凝土；

（2）预控是根本性控制——如材料取样、混凝土配比试验；

（3）预控是长效性控制——如门窗等构件封样促使制造商履行合同约定的质保义务；

（4）预控是法规性控制——如合同责任条款、质量条款、验收条款、付款条款、违约条款等，既有约束力，又有处罚力。

三、监理预控的基本手段

（1）利用合同咨询服务预控。

① 借助施工总承包合同的咨询服务进行预控（重点是合同责任条款、质量条款、验收条款、付款条款、违约条款等）。

② 通过对分包合同的审查进行预控(重点是企业资质、安全施工许可证、工期、质量、验收方式等)。

③ 通过对采购合同的审查进行预控(重点是企业资质、生产许可证、工期、质量标准与检测、验收方式等)。

④ 合同关系风险预控(特殊合同及其风险)。

(2) 利用合同管理预控。

① 利用合同约定质量条款(如优良工程、文明工地)。

② 利用合同约定安全条款(如执行国家现行安全法规、无事故)。

③ 利用合同约定验收方式、验收标准条款(如甲乙方、监理、质量监督部门,国家标准、行业和企业标准)。

④ 利用合同约定其他条款(如违约责任、工期、质量、配合、售后服务等)。

(3) 利用开工审批预控。

① 开工审批是工程施工之首道控制环节(如合同、营业执照、企业资质、施工(生产)许可证、安全许可证)。

② 审批施工方案,施工组织设计,施工平面布置,深基坑支部方案,混凝土工程,模板工程施工方案,高支模排架、脚手架工程塔拆方案,塔吊起重机装拆、临时用电、安全应急预案等。

③ 审批施工人力与项目管理的组织准备(如项目部组成人员、特殊工种及其岗位证书、质量管理体系、安全管理体系、文明施工管理体系等)。

④ 审批施工物资准备(如大型机械设备、临时用电用水、工程材料)。

⑤ 审批工作准备(如各项施工技术交底、进场三级教育)。

⑥ 专业开工审批(如方案、交底)。

(4) 利用进度计划审批预控。

① 总进度计划:实际形象进度与总进度计划比对(总工期预控)。

② 月进度:调整预控。

③ 周进度计划:工作安排预控。

(5) 利用施工方案审查预控。

① 重点性施工(如钢筋、模板、混凝土施工);

② 专业性施工(如电梯安装、消防安装施工);

③ 危险性施工(如排架、脚手架、塔吊、提升机等安装与拆除);

④ 功能性施工(如给排水、电气、采暖);

⑤ 关键性施工(如建筑防水、建筑保温)。

(6) 利用实体质量检测进行预控。

通过楼层净高、平面尺寸、结构尺寸、板厚、方正度等测量,及混凝土强度回弹检测等,为后续施工质量控制提供依据。

(7) 利用专题技术交底预控。

如建筑节能保温施工前、地暖施工前通过专题技术交底进行设计交底、施工技术交底、质量监理交底、材料与工序验收等申报验收交底进行预控。

(8) 利用停工令预控。

发现重大违规作业或重大安全隐患时,通过及时下达的停工令,把可能发生的安全与质量事故消灭在萌芽状态。

(9)利用工序或分部项工程报验预控。

凡不具备验收条件或一次验收不合格的,不予轻易认可验收。

(10)工程量签证预控。

通过严格审批签证,确立监理在工程施工中应有的地位和权威性。

(11)利用请批工程款预控。

符合合同付款条件、与同期完成的监理验收合格的工程量相当的请款予以支持,否则应予纠正甚至拒绝。

(12)利用验收方式预控。

视施工单位素质、项目部管理力度、施工安全与质量稳定性确定不同的验收方式:

① 单一验收方式:在工程项目初期阶段采取逐项逐一验收的方式;

② 组合验收方式:对实际证明施工单位素质较好、项目部管理力度较强、施工安全与质量较稳定的项目可采取这一较为便捷、有效的验收方式;

③ 捆绑式验收:对施工素质较差、项目部管理力度较弱、施工安全与质量较不稳定的队伍,实行强制捆绑式验收(如主体结构钢筋、模板、混凝土浇筑申请等,必须与排架、脚手架验收捆绑进行,有一项不合格即不批准下步验收与施工)。

(13)利用材料取样封样进行预控。

凡监理对进场材料验收认定为不合格的,不准进行下步施工;凡未经试验或虽经复试但不合格的,不准进行下步施工;凡现场使用的材料与监理取样的封样不同的,不准进行下步施工。

(14)利用监理月报预控。

根据工程总进度情况和总体质量趋向,向工程甲乙双方进行必要的通报,必要时约请双方领导层到场协调。

(15)利用协调手段进行预控。

如工程进度协调、专项工程质量协调、分部项工程或分专业工程中间验收与交接协调等。

(16)利用监理工作制度进行预控。

如安全检查制、材料取样封样制、报验制、报表制、签证或变更核验制等。

建设监理对工程投资的控制

　　建设监理对工程投资的控制是工程监理的三大控制任务之一。由于事关承发包方的切身利益,承发包方对此自然特别在意。监理对工程投资控制的效果,不仅直接关系到监理在项目实施中的地位和形象,而且将对监理与承包方的关系、监理与建设方之间的关系产生重要影响,同时对监理工作的开展也将产生影响。

　　因此,监理对工程投资的控制往往都由总监直接掌控与处理。

一、监理对工程投资控制的基本内容

　　监理对工程投资控制不外乎以下几方面:

　　(1) 对与工程投资直接相关的承包工程内容,工程量,工程材料与设备品牌、规格、型号及数量,合同造价,合同单价,合同价款的支付时间与方法,合同价格调整的相关规定,工程变更及其约定条件,工程索赔及其约定条件,工程风险保证等,监理必须切实做到心中有数并从严审批。

　　(2) 在工程实施过程中,监理要及时对工程实际与形象进度、完成工程量、分部项工程或工序完成后的验收、进场材料与设备等做好相应记载、记录,并做好台账。只有及时、准确、全面掌握工程计量的第一手资料,才能保障监理对工程投资控制的基本信息需要。

　　(3) 对承包合同外的意外应急工程施工内容的控制。这些所谓"应急"或"意外"工程内容是无法避免的。如地下不明障碍物的清除与相应技术处理,地质构造异变形成的地下障碍及由此产生的桩基工程设计变更与施工,因过深、大面积基坑排除障碍形成的"深基坑"和必要的"深基坑处理"等。对此,监理应要求承包方及时向建设方书面提出联系单,或者由建设单位及时下达应急施工书面通知单,作为日后处理这一应急项目的依据。如现场情况紧急或监理及甲方代表不在现场,应将实际情况电话通知各方并按报告的处理意见进行应急处置,且仍需在第一时间以书面形式正式报告监理和建设单位。

　　(4) 对工程任何一方提出的工程变更的控制。工程变更在所难免,但绝不可无规无据,否则势必出现申请不清、审批不明、认可不一、矛盾重重的乱局。一般而言,申请变更方首先应向监理和合同对方书面提出联系单,监理和另一方收到该联系单后应及时回复,表明是否同意变更。当申请变更方得到对方的同意回复后,如在工期、费用等方面任何一方均无增加(或减少)意向,即可立即组织实施;如在工期、费用等方面,一方有增加(或另一方有减少)意向,应立即向监理书面申报延长工期和增(减)工程量以及说明计算方式,监理审核后转交另一方确认并回复,申请变更方得到对方回复后方可实施。

　　此外,还要按规定或监理合同约定及时编报工程报表。一般的监理规范要求监理编报"监理月报"并送交建设单位,但有些建设单位或建设项目,在监理合同中另有约定,要求监理向建设单位提交工程日报或工程周报、工程旬报。如是,现场监理应正常编报。

二、监理对工程投资控制的基本方法

监理对工程投资控制的基本方法,从监理过程来说主要有事前控制法、事中控制法、事后控制法;从监理手段来说主要有查证、签证、量测、精算、审批、协调等。

事前控制法包括:建设工程设计图纸审查、工程施工招投标文件(特别是工程量清单和工程材料清单)审查、承发包合同审查、可预见的工程风险的规避建议等。

事中控制法包括:工程变更审批、变更预算初审、现场签证审批、工程延误责任分析与裁定等。

事后控制法包括:工程索赔受理与审批、变更工程量审核、工程决算审核等。

查证:即对任何涉及工程造价、工程单价及工程款支付的申报(请),必须查证其依据的合法性、有效性、准确性。

签证:即监理对现场实际发生的合同外工程量的证明与核实签认手续。一般应有建设单位代表在场参加并签字。签证必须一式三份,工程甲乙方和监理各执一份。任何签证不应涂改。

量测:监理对分部项工程或特殊工序验收时,对涉及工程量计量的标高、水平尺寸,尤其是隐蔽部位等进行实地量测并将数据如实记录存档。

精算:即对施工方申报的工程量计量、预算、决算等,认真进行逐项审核与细算。做到有错必纠,客观公正。

审批:即监理对涉及工程量计量、工程价款增减、工程款支付等的申报(请),在核实无误的基础上予以及时明确的批复并转送给工程甲乙方。

协调:正因为对工程投资的控制往往与各方切身利益密切相关,所以每每有不同程度的争议,组织工程甲乙方之间的协调也是有效控制方法之一。

三、监理对工程索赔的受理与处理

工程索赔大体可分为两类:一类是工程建设单位向承包方索赔,简称为甲方索赔;另一类是工程承包方向建设单位索赔,简称为乙方索赔。

甲方索赔大多是由工程质量或功能缺失、影响使用造成的经济损失赔偿,以及延误交付使用造成的经济损失赔偿。

乙方索赔大多是由非承包方责任所导致的工程停工损失赔偿,以及建设单位违约、拖延欠付工程款,致使工程无法按时竣工交付造成的损失赔付。

对监理来说,对工程索赔应区别对待,不能千篇一律简单化处置。否则,不仅不能解决问题,反而可能使问题复杂化,甚至使矛盾激化,这是十分忌讳的。

所以,监理对任何索赔要求都必须做好以下几方面工作:

① 先查验索赔文件,确定是否事实清楚、理由成立、证据充分、计赔正确、时效有效、文本完整无缺,否则不应受理,予以退回重报。

② 受理登记。确定索赔文件完整、有效后，立即予以登记，并由专人负责处理。

③ 仔细审查，发现疑点和瑕疵，应进行必要的质疑、求证和核实。

④ 在基本掌握整个案情的基础上，与赔付方进行必要的沟通，并注意和了解双方的分歧和原因，及其协调的可能性、方向和途径，为正式提出监理处理意见和双方第一次见面做好准备。

⑤ 在澄清事实、分清责任、合理定损、充分协商的基础上，确定监理的赔付审批意见，并以书面形式通知当事双方。

⑥ 处置进入司法程序的工程索赔。大部分工程索赔经监理处理后，都能为工程承发包方接受。但也有极少数工程索赔案因工程甲乙双方的争议过大而诉讼至法院的。一旦工程索赔进入司法程序，监理一要将先前受理的全部索赔资料进行集中和整理；二要在司法调查过程中，给予必要的配合；三要在法庭审理时，客观公正、全面准确地说明监理的受理经过和处理依据，明确监理对该索赔的处理结论意见。一般情况下，法庭大多会重视与接受监理的专业性处理意见，但如法庭最终结论与监理不符，监理应尊重司法裁定结果。是接受裁定还是进一步上诉，应由索赔当事人自己决定。

四、监理处理工程索赔必须把握的关键原则

① 合法性。凡工程索赔必须合法，即索赔事项及其所有证据要符合国家现行建设法规的相关规定、工程承发包合同（包括工程招投标文件、补充协议、承诺书）相关条款的约定。监理审查与把关应不折不扣，不容弄虚作假。

② 独立性。监理受理索赔，包括查证、协调，都应独立进行，既不可委托他人也不能轻易采用他人证据，必须自己一一核实。根据监理查证核实结果，对照法规和合同约定作出适当处理意见或结论。绝不可因甲方强势而弱化、淡化承包方的合法权益，也不可无原则地迁就乙方向甲方无理或过度索要。

③ 公正性。监理作为建设工程的第三方，应始终保持公正立场。对索赔双方可能出现的任何拉拢和偏袒一方的图谋，绝不可苟同，也不可默许。

④ 守法性。建设监理身为工程执法卫士，应当身体力行，遵纪守法，排除干扰，秉公处理每项索赔。绝不可因工程发包方出现内外勾结出卖己方利益的"代表"而"开绿灯放行"，也不能明知承发包双方有串通意图欺骗公益投资人而听之任之、甚至同流合污，更不能见利忘义，见钱忘法。否则，监理人不仅违法，也必将受到法律的严惩。

因此，在工程投资控制中，监理人能否严守职业道德、秉持职业操守是监理对工程投资控制能否有效的决定因素。

➡ 建设监理对工程索赔的控制

在工程承包中,工程索赔是经常发生且普遍存在的管理业务,是受损一方维护自身合法利益的权力。许多工程项目通过成功的索赔使工程利润大幅增加,有的工程索赔额甚至超过了工程合同额本身。难怪业内有人说:"中标靠低价,盈利靠索赔。"

由于长期受计划经济的影响,我国工程索赔制度尚未推行,大多数监理工程师不熟悉索赔业务,不懂费用索赔的程序和处理方法。特别是加入 WTO 后,面对国内外建筑市场呈现的全新挑战,职业监理工程师若不学会索赔和如何处理费用索赔,工作就会陷入被动。本文结合工程索赔的通常惯例,以及建设工程施工合同示范文本等,简要介绍处理工程费用索赔的方法。

一、索赔的内容

引起索赔的原因是多种多样的,索赔的内容也比较繁多。常见的索赔原因有:施工条件变化引起的索赔,工程变更引起的索赔,工期延误引起的索赔,赶工施工引起的索赔,工程暂停终止合同引起的索赔,物价上涨引起的索赔,法规、货币及汇率变化引起的索赔,拖延支付工程款引起的索赔,特殊风险和不可抗力引起的索赔,其他承包商干扰(延误、配合不好等)造成的索赔,其他第三方原因(道路延误、港口压港等)引起的索赔等。

常见的反索赔内容有:工期延误(承包商原因)引起的索赔,施工缺陷引起的索赔,承包商不履行保险费用引起的索赔,承包商的超额利润引起的索赔,对指定分包商的付款引起的索赔,业主合理终止合同或承包商不正当放弃工程引起的索赔等。

国际咨询工程师联合会(简称 FIDIC)《合同条件》和我国《建设工程施工合同示范文本》中承包商和业主可引用的索赔条款内容是相当明确和具体的,在实际工作中,监理工程师应给予极大重现。

二、索赔处理程序

监理工程师处理索赔的原则:客观公正、及时合理、协商一致、诚实守信。

(1) 监理工程师审核索赔报告。接到承包商的索赔意向通知后,监理工程师应建立自己的索赔档案,密切关注事件的影响,检查承包商的同期记录并就记录的内容提出意见。

接到承包商的正式索赔报告后,监理工程师应认真研究承包商报送的索赔资料,客观分析事件发生的原因,对照合同有关条款,研究索赔证据,检查同期记录,划清责任界限。如果必要,还可以要求承包商进一步提供补充资料。对承包商索赔的审核工作主要分为判断索赔事件是否成立和审查承包商的索赔计算是否正确合理两个方面,并可在业主授权的范围内作出自己独立的判断。

(2)索赔成立条件。索赔要求的成立必须同时具备以下 3 个条件:① 与合同相对照,事件已造成了承包商施工成本的额外支出,或直接工期损失;② 造成费用增加或工期损失的原因,按合同约定不属于承包商的责任;③ 承包商提交的索赔意向通知和索赔报告在规定的时限内。

(3)监理工程师索赔处理决定。索赔成立后,监理工程师审查承包商提出的索赔补偿要求,分清责任,剔除不合理索赔和索赔中不合理部分,拟定自己计算的合理索赔额。在与承包商、业主广泛讨论协商后,监理工程师应该提出自己的索赔处理决定,简明地叙述索赔事项、理由、事实、合同及法规依据,明确合理和不合理的内容以及列出详细计算过程,建议给承包商补偿的索赔额。如果监理工程师确定的额度超过其权限,则应报请业主批准,方可签发。

FIDIC《合同条件》和我国《建设工程施工合同示范文本》都规定,监理工程师在收到承包商送交的索赔报告和有关资料后 28 天内未予答复或未对承包商作进一步要求,视为该项索赔已经认可。

(4)承包商接受索赔处理决定,索赔即告结束。如果承包商不接受,经监理工程师重新协调,双方协商仍不能达成一致,则可以提交仲裁机构仲裁。

(5)业主也可按合同确定的索赔时限向承包商提出反索赔。

三、监理工程师对索赔报告的审查

监理工程师对索赔报告的审查重点有两项。第一,重点审查承包商的索赔要求是否有理有据,即承包商的索赔要求是否有合同依据,所受损失确属不应由承包商负责的原因所造成;提供的证据是否足以证明索赔要求成立;是否需要提交其他补充资料等。证据是索赔的关键,证据不足或没有证据,索赔要求就不成立。常见的索赔证据有:合同文件、施工组织设计、来往函件、施工现场记录、会议纪要、指令或通知、工程照片、检查和试验记录、汇率变化表、财务凭证、政府发布的法规文件等。第二步,监理工程师以公正的立场、科学的态度,审核承包商的索赔值计算是否正确合理。

四、索赔费用的计算方法

索赔费用的计算方法根据索赔原因的不同,会有很大差异,也比较复杂。一般是先计算与索赔事件有关的直接费用,如人工费、材料费和机械使用费等,然后计算应分摊在此事件上的管理费等间接费用,每一项费用的具体计算方法基本上与工程项目报价计算相似。在这里,主要介绍工程费用索赔比较通行的几种计算方法,具体运用中,要注意其适用范围。

(1)实际费用法。

该法是工程索赔计算时最常用的一种方法,其计算原则是:以承包商的实际开支(成本记录或单据)为依据,向业主要求费用补偿。每项工程索赔的费用,仅限于在该项工程施工中所发生的额外直接费用,以及相应的管理费。在额外直接费用的基础上再加上相应的间接费用和利润,即是承包商应得的索赔金额。

(2)总费用法(总成本法)。

当发生多次索赔事件以后,重新计算该工程的实际总费用,减去投标报价时的估算总费用,其公式为:索赔金额＝实际总费用－投标报价估算总费用。该法只有在难以精确地计算索赔事件导致的各项费用增加额时才应用。使用过程中要注意,实际发生的总费用中可能包括了承包商的原因(如施工组织不善)而增加的费用,同时应注意投标报价估算的总费用可能因为想中标而过低部分。

(3)修正总费用法。

该法是在总费用计算的原则上,去掉一些不合理的因素,进行修正和调整。修正的内容有:计算索赔款的时段仅限于受影响的时间;只计算受影响的某项工作,与该工作无关的费用不列入总费用中;对投标报价费用按受影响时段内该项工作的实际单价进行核算,乘以实际完成的该项工作的工程量,得出调整后的报价费用。其公式为:索赔金额＝某项工作调整后的实际总费用－该项目报价费用。修正的总费用法与总费用法相比,有了实质性的改进,它的准确程度已接近于实际费用法。

五、审查费用索赔要求

首先检查取费项目的合理性,然后审查选用的计算方法和费率分摊方法是否合理、费率是否正确、计算结果是否准确、有无重复取费等。

(1)审核索赔取费的合理性。按我国现行规定,建筑安装工程合同价包括直接工程费、间接费用、计划利润和税金。我国的这种规定同国际上通行的做法不完全一致。按国际惯例,建筑安装工程合同价一般包括直接费用、间接费用和利润。直接费用包括人工费、材料费和机械使用费;间接费用包括工地管理费、保险费、保函手续费、临时设施费、交通设施费、代理费、利息、税金、总部管理费和其他。对不同原因引起的索赔,承包商可索赔的具体费用内容是不完全一样的。监理工程师要按照各项费用的特点和条件进行分析计算,挑出不合理的取费项目或费率。

(2)审核索赔计算的正确性。审核时应主要注意以下几点:

① 在索赔报告中,对方常以自己的全部实际损失作为索赔值。审核时,必须扣除两个因素的影响:一是合同规定对方应承担的风险;二是由对方报价失误或管理失误等造成的损失。

② 索赔值的计算基础是合同报价,或在此基础上按合同规定进行的调整。在实际审查索赔工作中,对方常用自己实际的工程量、生产效率、工资水平等作为索赔值的计算基础,从而过高地计算索赔值。

③ 停工损失中,不应以计日工费计算,通常采用人员窝工费计算。闲置的机械费补偿,不能按台班费计算,应按机械折旧费或租赁费计算,不应包括运转操作费用。

④ 索赔值中是否包含利润损失是经常引起争议的一个比较复杂的问题,一般在以下3种情况下方可允许承包商计算利润损失:一是合同延期(因业主原因造成的);二是合同

解除,如果因业主违约等造成工程未完工的合同解除,此时承包商可就剩余未完成合同的利润损失提出索赔;三是合同变更。

⑤ 正确区分停工损失与因工程临时改变工作内容或作业方法的功效降低损失。凡可改做其他工作的,不应按停工损失计算,但可以适当补偿降效损失。

⑥ 按照国际工程惯例,承包商的索赔准备费用、索赔金额在索赔处理期间的利息和仲裁费等费用不计入索赔金额中。

六、监理工程师对索赔的否决

索赔方都是从维护自身利益的角度和观点出发提出索赔要求,索赔报告中往往夸大损失,或推卸责任,或转移风险,或仅引用对自己有利的合同条款等。因此,监理工程师对索赔方提出的索赔报告必须全面系统地研究、分析、评价,找出问题,并进行明确的否定,这也是衡量监理工程师工作成效的重要尺度。一般监理工程师对索赔要求提出的否决情况有:承包商的索赔要求超过合同规定的时限;索赔事项不属于业主或监理工程师的职责,而是与承包商有关的其他第三方的责任;双方责任大小划分不清,必须重新计算;事实依据不足;合同依据不足;承包商没有采取适当措施避免或减少损失;合同中的开脱责任条款已经免除了业主的补偿责任;索赔证据不足或不成立,承包商必须提供进一步的证据;损失计算被夸大等。

建设工程施工安全监理

一、建设工程安全监理的由来

根据温家宝总理签发的第 393 号中华人民共和国国务院令,《建设工程安全生产管理条例》(下文简称《条例》)自 2004 年 2 月 1 日起施行。该条例第一次从法律层面明确了工程监理在建设工程安全中的地位和责任,全面界定了建设工程安全的主体责任和连体责任。主体责任分为建设项目主体责任和施工行为主体责任,连体责任分为参建连体责任与监管连体责任。

该条例全文主要内容 68 条,其中任务规定条款 4 章 41 条,建设单位 1 章 6 条,各连体单位 1 章 8 条,施工单位 1 章 19 条,政府各级各部门 1 章 8 条;责任条款 1 章 16 条,涉及政府部门的 1 条,建设单位的 2 条,勘测、设计、监理连体单位各 1 条,注册人员个人 1 条,施工机械生产、租赁单位各 1 条,特种、专业单位各 1 条,施工单位 6 条。总承包单位对施工现场的安全生产负总责。

建设部 2006 年 10 月 16 日发布的《关于落实建设工程安全生产监理责任的若干意见》,对建设工程安全监理的主要内容、工作程序、监理责任等作出了细化规定。

二、建设工程安全监理的内容

建设工程安全监理的基本内容如下:

一审查:工程监理单位应当审查施工组织设计中的安全技术措施以及专项施工方案是否符合工程建设强制性标准;

二发现:工程监理单位实施监理过程中,应努力发现工程实施过程中存在的安全事故隐患;

三整改:对于安全事故隐患应当要求施工单位认真整改,情况严重的,应要求施工单位暂时停工整改;

四报告:对于所发现的安全事故隐患应及时报告建设单位;施工单位拒不整改或者拒不停工整改的,应及时向有关主管部门报告。

三、建设工程安全监理的方法与要点

安全监理的主要方法同样有事前控制、事中控制和事后控制,其中重点是事前控制,体现了安全工作重点是以预防为主的根本方针。

1．事前控制

事前控制又可分为事前施工行为责任主体预控和事前施工行为客体预控。

事前施工行为主体预控包括：编制项目监理规划时明确安全监理任务目标、编制项目监理实施细则时明确监理部安全责任措施、安全监理责任制和责任状。

事前施工行为客体预控包括：施工企业资质审查，如企业营业执照、资质证书，主要管理人员职称证书和项目经理、项目技术负责人委托书，特种人员岗位证书，安全组织、安全管理机制，施工技术与方法，施工机械设备状况与性能，施工机械设备安装方案，安全保障措施等。

事前控制在施工准备阶段，监理要做到如下8条：

① 根据要求，编制包括安全监理内容的项目监理规划，明确安全监理的范围、内容、工作程序和制度措施，以及人员配备计划和职责等。

② 对中型及以上项目和《条例》规定的危险性较大的分部分项工程，监理应当编制监理实施细则（包括安全监理职责分工、岗位责任制等）。

③ 审查施工单位编制的施工组织设计中的安全技术措施和危险性较大的分部分项工程安全专项施工方案，是否符合工程建设强制性标准要求。审查的主要内容包括：施工单位编制的地下管线保护措施方案；分部分项工程的专项施工方案；施工现场临时用电施工组织设计或者安全用电技术措施和电气防火措施；冬季、雨期等季节性施工方案的制订；施工总平面布置图，临时设施设置以及排水、防火措施等。

④ 检查施工单位在工程项目上的安全生产规章制度和安全监管机构的建立、健全及专职安全生产管理人员配备情况，督促施工单位检查各分包单位的安全生产规章制度的建立和执行情况台账。

⑤ 审查施工单位资质和安全生产许可证是否合法有效。

⑥ 审查项目经理和专职安全生产管理人员是否具备合法资质，是否与投标文件相一致。

⑦ 审核特种作业人员的特种作业操作资格证书是否合法有效。

⑧ 审核施工单位应急救援预案和安全防护措施费用使用计划。

2．事中控制

事中控制的基本方法是"一监督六检查"。

一监督：监督施工单位是否按照施工组织设计中的安全技术措施和专项施工方案组织施工，及时制止违规施工作业。

六检查：即定期巡视检查施工过程中的危险性较大工程作业情况；检查施工现场自升式架设设施和安全设施的验收手续；检查施工现场各种安全标志和安全防护措施是否符合强制性标准要求；检查安全生产费用的使用情况；督促施工单位进行安全自查工作，并对施工单位自查情况进行抽查；参加建设单位组织的安全生产专项检查。

3．事后控制

事后控制主要是针对发生的安全生产事故的调查与处理。

首先，发生安全生产事故后，监理应当按照国家有关伤亡事故报告和调查处理的规定，及时、如实地向安全生产监督管理部门、建设行政主管部门以及其他有关部门先口头报告。特种设备发生事故的,还应当同时向特种设备安全监督管理部门报告。接到报告的部门应当按照国家有关规定,如实向上一级报告。

实行施工总承包的建设工程,监理应督促总承包单位上报事故。

其次,生产安全事故发生后,监理应监督施工单位采取措施防止事故扩大,保护事故现场。需要移动现场物品时,应当见证所作出的标记和书面记录,监督其妥善保管有关证物。

再次,监理在参加事故调查的基础上,及时、如实、客观、科学地编写事故报告。通常事故报告基本内容应包括:事故发生经过,事故责任初步分析,事故初步处理意见,事故教训、整改计划与今后防范措施。

必要时,监理应协助上级主管部门对事故的调查。

当司法机关介入事故调查时,监理应如实提供证明和证据。

四、建设工程安全监理案例

2007年1月16日某国际花园10号楼塔吊发生钢丝绳断裂、检修人员坠落死亡事故。根据《关于落实建设工程安全生产监理责任的若干意见》监理单位参加了事故的调查,提交了书面报告,协助相关部门对事故责任方进行处理,并切实吸取教训,完善了一系列安全保障措施。

116重大安全事故报告

区安全生产监督局:

现将"116重大安全事故"初步报告如下:

一、事故时间、地点及单位

1月16日上午10时许,在开发区某国际花园10号楼工程因雨停工的工地,塔吊出租方××建筑机械有限公司擅自派人员检修塔吊时发生钢丝绳断裂、检修人员苟某随之坠落死亡的重大安全事故。

二、事故经过

1月16日上午,某国际花园10号楼工程因雨停工。塔吊出租方××建筑机械有限公司在既未向项目总包方申报,也未经总包单位向项目建设单位和监理申报的情况下,擅自派其专职人员吴某、周某某、赵某某、季某某、苟某等5人,到该楼工地对塔吊进行检修。10时许,吊车司机吴某某(××建筑机械有限公司职工、持有效"中华人民共和国特种作业操作证"、专职10号楼塔吊司机)按检修人员要求,起吊一节本吊车提升备用的标准节作为塔吊的配重。苟某不顾他人喝止爬上起吊的标准节。吊车司机吴某某发现后也大声制止。但当苟某仍然打手势要吊车司机起吊时,司机吴某某未能坚持安全操作规程加以拒绝,而进行了起吊。由于心里紧张,又将吊车钩头提升过高,以致主钩钢丝绳断裂。苟某随标准节坠落。吴某等人立即用面包车将苟某送到市第一人民医院抢救。苟某因伤势过重,抢救无效,于当日上午11时半死亡。

三、事故初步处理情况

事故发生前,建设单位的本工程主任、总包单位项目部负责人、项目监理,正在参加总监主持的每周二上午的工程例会。事故发生后,与会人员立即分别到医院参加抢救,通知死者亲属并组织接待和安抚,移送死者遗体,安排人员保护事故现场,向安全主管部门口头报告,向工程各行为责任单位领导报告。区安全主管及有关部门到现场调查时,以上各方及事故单位全力协助,并提供所需要的相关资料。

区安全主管及有关部门现场调查结束后,监理又及时召开事故紧急会议,以组织协调工程内部配合上级进行的事故调查和处理工作。

四、事故原因初步分析

本次重大安全事故是不应发生的。我们初步分析其原因如下:

1. 事故直接原因是吊车司机吴某某作为持证专职操作人员,明知违章而冒险起吊作业,而且又操作不当,造成钢丝绳断裂,直接导致重大死亡事故发生,吴某某应负事故主要直接责任。

2. 事故次要原因是苟某严重违章、不听劝阻、强要起吊的不安全行为,以致丧失自己宝贵的生命。苟某应负事故的次要直接责任。

3. 事故的间接原因是××建筑机械有限公司负责人,在既未向项目总包方申报、也未经总包单位向项目建设单位和监理申报的情况下,擅自派员在阴雨天进行登高检修作业,又未采取任何安全措施,因此对本事故应负主要间接责任。

五、本次重大事故的教训

在本项目监理工作中,监理始终十分重视安全工作:编制了"安全监理方案",审批了14项与安全施工有重大关系的施工方案,确立了"文明安全施工公约",坚持每月全面安全检查和每天现场巡视检查,召开"安全专题会议"2次,及时传达安全主管部门的有关安全文件;坚决制止和处理违章,开工5个月以来,下达安全整改"监理通知"13份,而且能坚持跟踪直至整改合格并回复为止;工程各项规定手续齐全,特种设备获得职能单位颁发的"合格证",特殊工种做到持证上岗等。自2003年介入本项目以来,从未发生任何安全事故,也未被区各次安全大检查批评或点名。因为,安全事关人命、事关国家、单位和人民的财产,事关社会大局的稳定,安全工作是监理的首要任务。正因为这样,现场监理分期分批地全部参加了市有关部门统一组织的安全监理培训。

但即使如此,发生本次重大事故不仅给各主管部门造成极大麻烦和负担,给全区带来不安定因素,对单位产生很不好的负面影响,而且给死者及其亲属带来巨大的精神和经济创伤。

事故教训很多,对监理来说初步总结和吸取的教训主要有如下几方面:

1. 对重大设备供应商的监督,有偏重于看结果(合格证、许可证、资格证等)的倾向,对"过程"监督不够有力,说明监理工作的深度还不够;

2. 对常驻工地作业人员的安全施工技术交底比较重视,但对偶尔、个别、临时进场人员还缺乏有效监督,说明监理工作的广度还不够;

3. 尽管有时对施工方的违章行为进行了严肃处罚,但向有关安全主管部门报告不够,说明监理工作的力度也不够;

4. 有时施工方对监理的安全监督、处理或处罚有公开的抵触,监理虽然也坚持相关法规和约定的原则,但有时效果不理想,说明监理工作还缺乏可控度。

这次事故再次告诫监理,在认真组织好工程内部对本次重大事故的调查处理和有关安全主管部门对本次事故调查处理的基础上,一定要全面总结事故教训,完善现场各方安全工作责任制度,强化管理机制,提高监理工作水平,把施工安全工作进一步搞好,切实杜绝重大死亡事故,最大限度地降低一般事故,真正做到防患于未然。

2007 年 1 月 16 日夜

事故处理结果:经过 2 个多月的停工调查与处理,相关主管部门正式决定对事故责任单位——××建筑机械有限公司予以通报并罚款 3 万元,对总包单位予以通报并吊扣施工许可证 3 个月。

在后续处理过程中,监理一方面主动协助主管部门、协调总包单位和建设单位,按时如数完成 3 万元罚款缴纳;另一方面积极配合总包单位和建设单位报送复工申请,并再次就停工整改情况出具如下书面报告:

塔吊事故整改情况汇报

区安全生产监督局:

某国际花园 10 号楼塔吊 2007 年 1 月 16 日发生钢丝绳断裂、检修人员坠落死亡事故后,我们已责成和监督有关方面认真进行了一系列安全整改工作。现综合汇报如下:

① 制订了《非施工人员进入施工现场安全管理办法》;

② 对本工程全体特殊工种人员进行了岗位证书复查和安全教育;

③ 确立了新的有塔吊安装、拆除资质的单位;

④ 公示了《安全救援应急预案》;

⑤ 强化配置了工程项目副经理,专职管理施工安全和质量工作;

⑥ 明确增加了 7 号楼兼职安全员;

⑦ 指派了专职安全监理工程师;

⑧ 复查了同项目 10＃、12＃楼塔吊;

⑨ 对外脚手架搭设,包括安全网和竹笆片进行了全面整改;

⑩ 全面开展施工中的建筑物临边洞口防护整改;

⑪ 所有模板支撑系统搭设整改并强化了专项报验制度;

⑫ 2007 年春节后,对所有施工人员集中进行了安全教育和施工技术交底,并已登记造册申报;

⑬ 强化执行《工程安全文明施工公约》和对违章作业、擅自拆除现场安全设施行为的处罚力度。

⑭ 坚持月度安全专项检查制度和"先安全后质量、安全质量一起抓"的日巡视检查制度。

⑮ 坚持要求并督促施工单位约请区职能单位对 10＃楼塔吊的复查工作。

⑯ 坚持要求并督促施工单位尽快了结事故处理程序。

特此汇报。

不当之处请指正!

2007 年 3 月 28 日

五、正确认识和把握建设工程安全监理的属性特点

加强建设工程安全监理工作,遏制建设工程安全事故频发、多发的恶性态势,是工程监理单位和从业人员肩负的重大社会责任,对此必须要认真理解和正确认识。

1. 建设工程安全监理工作的属性特点

(1) 安全监理的必要性。安全生产是复杂的系统工程,没有社会各方面的共同努力就不可能取得人们所期待的最佳安全生产效果,也就是最大限度地预防和降低国家与人民的财产损失,最大限度地保护人民的生命安全。

(2) 安全与监理的兼容性。切实做好建设工程安全监理工作,既有利于加快工程施工进度又有助于改善施工质量。

(3) 安全监理的自保性。要切实做好建设工程安全监理工作,必须明确安全第一的监理工作准则。凡是危及安全的施工与作业,监理都要力阻、力拒,确保有所作为,而且要留有证据(如工作联系单、通知单、备忘录、报告等),以确认责任、分清责任、规避责任。

2. 做好建设工程安全监理工作须下大决心、花大工夫、用大力气

(1) 下大决心:

① 应配置专职安全监理——落实人员、到岗到职;

② 应确保责任落实——建立责任制、订立责任状;

③ 应确保工作落实——进行月度例行安全检查,例会必讲安全,严把开工关(审查),施工期间把安全与验收捆绑进行;

④ 应确保措施落实——安全设施(器材)与工程材料一样进行申报、取样、复查,安全费用与工程保险一起管;

⑤ 应确保效能落实——现场与企业上层相结合。

(2) 花大工夫:监理对各项审批工作要从严做到"细、全、真、实、规范",目标是"无疏漏、无失误、无差错",审批的方法是"专审与群审相结合、证审与文审相结合、下审与上审相结合、修改与复审相结合"。

(3) 用大力气:坚持巡查、检查、抽查制度,安全检查在建设监理工作中,无论是时间、人力、精力还是资料等方面,已不再是口头上的"第一"、文字上的"第一",而是实实在在的各项工作中的"第一"。

3. 做好建设工程安全监理工作,必须行动快、准、妥

(1) 快:审批回复及时,发现问题通知及时,回复复查及时,加重处理及时。

(2) 准:抓住问题要害(是否违章、违规、违法,是否存在事故隐患与可能发生不良后果,是否会加重或加速问题发生等)。

(3) 妥:告知或警告应有恰当的方式。常用的有以下几种形式(见附件1~4):

① 一般告知——联系单(无需回复,但为问题可能出现升级后的处理提供了必要的准备);

② 一般制止——通知单(必须回复、强制性制止,防止问题升级,为进一步处理作准备);

③ 强行制止——停工令（必须回复、强行制止问题可能的升级，为进一步处理作准备）；

④ 超级处理——上报并移交建设单位或相关主管部门；

⑤ 冻结或保留处理——备忘录（进行后期或脱责处理，有潜在性严重后果但无重大危险突发的可能）。

4. 做好建设工程安全监理工作，必须协调好各责任方的步调

（1）对建设单位过分抢工期、省投资的不当行为，监理主要进行法规宣传解释，说明监理动机、分析不当作为的危害与后果，重在沟通，争取支持，工作对象主要是甲方现场代表，必要时包括建设单位分管领导。

（2）对总包单位一味赶工期、节省开支、不顾安全与质量的行为，监理尽量宣传施工合同、施工单位的施工方案、国家验收规范，说明监理动机、分析不当行为的责任与后果。重在加强双方的相互理解，工作对象主要是项目经理，必要时包括施工企业分管领导。

（3）对专业单位迷信自己的工程经验、对安全和质量麻木不仁的，主要宣传强制性条款、监理强制性措施。重在加强双方的相互理解与说服接受，工作对象主要是项目负责人，必要时包括总包项目经理和甲乙方分管领导。

（4）对于分包单位对安全、质量的漠不关心，监理依然要宣传强制性条款、强制性措施，告知不当行为后果。重在加强双方的相互理解与说服接受，工作对象主要是项目负责人，必要时包括总包项目经理和甲乙方分管领导。

5. 做好建设工程安全监理工作，必须敢于坚持同时还要善于坚持

（1）准确分析不当行为的性质是违章、违规还是违法。

（2）分析不当行为的危险是可能发生还是即将发生，后果是一般后果还是重大后果。

（3）分析不当行为的根源来自甲方、总包方、分包方还是个人。

（4）分析不当行为诸因素中可争取利用的积极因素在甲方还是乙方，还是在部门或领班负责人员（甲方领导、甲方代表、项目经理、安全员、技术负责人或上层）。

（5）分析对不当行为的处理力度是采用联系单、通知单、处罚、停工令还是专题报告。

（6）分析对不当行为的处理后果，务必要兼顾眼前与长远，尽量不留后遗症。

附件 1:"不具备开工条件"的监理工程师联系单(致建设单位)

监理工程师联系单

工程名称:某国际花园四期工程 编号:B31—20090519

事由	关于四期工程开工许可事宜	签收人 姓名及时间	

致:＿＿＿＿＿＿＿

　　根据贵司要求,某国际花园四期工程桩基即将开始施工。

　　但按国家现行政策法规、地方政府有关文件要求,本工程如开工将构成以下严重违规行为:

　　1. 建设单位尚未领取四期工程的施工许可证;

　　2. 建设单位尚未委托四期工程建设工程质量监督和安全施工监督单位;

　　3. 四期工程设计图纸尚未取得是否符合强制性标准、基础与结构是否安全等审图合格通知书;

　　4. 总分包施工合同尚未签订。

　　以上行为直接违反的国家法律有《中华人民共和国建筑法》、《中华人民共和国安全法》和国务院《建设工程质量管理条例》、《安全生产管理条例》,地方政府规定有《江苏省建设市场管理办法》等,不仅工程将被责令停工,而且相关经济处罚少则几万元多则几十万元,相关参建单位还将因此被列入"黑名单"而不得不停止承接工程业务,或项目负责人证件被暂扣,后果相当严重。特别是刚刚下达的市、区建工部门文件指出"自 2009 年 5 月 11 日至 9 月,是'三大行动'的关键期",如果顶风而上,必将加重处罚。

　　特为此联系,请预先主动与各相关主管部门进行妥善协商,严格履行和兑现承诺,争取政府机关的体谅和理解,否则将不宜开工,谁也承担不起这个责任。

项目监理机构(章):＿＿＿＿＿

专业监理工程师:＿＿＿＿＿　总监理工程师:＿＿＿＿＿

日期:＿＿＿＿＿

注:本联系单分为对建设单位联系单(B31)、对承包单位联系单(B32)、对设计单位联系单(B33)。

附件2:"不具备开工手续"的监理工程师联系单(致总承包施工单位)

监理工程师通知单(进度类)

工程名称:某国际花园四期工程　　　　　　　编号:B21—20090714

事由	开工资料申报通知	签收人 姓名及时间	

致:＿＿＿＿＿＿＿＿＿＿(总包单位)

　　某国际花园四期8#楼等工程已开始实际施工。但贵司承诺的且我部已书面通知的应申报监理的各项开工手续、资料(包括合同)等,至今未按要求报送到我部,这说明你部处于违法违规施工状态。

　　为此特通知如下:

　　1.请对照我部书面通知,在2009年7月16日下班前将应申报的有效手续、资料报给我部审查,施工合同可推迟到下周一上午报送;

　　2.如你部这一施工可能造成的返工或其他一切损失均由你部自己承担责任;

　　3.如继续逾期不报送应申报开工的法定手续、资料,可能随时发生的中断施工或被责令停工,我部不承担任何责任;

　　4.你部在这一状态下施工遇到的任何工程意外风险、纠纷,或因此遭受的处罚、产生的经济损失,均由你部自己承担。

　　附件共＿＿＿＿页,请于×年×月×日前填报回复单(A5)。

　　　　　　　　　　　　　　　　　　　　　项目监理机构(章):＿＿＿＿＿

　　　　　　　　专业监理工程师:＿＿＿＿＿　总监理工程师:＿＿＿＿＿

　　　　　　　　　　　　　　　　　　　　　日期:＿＿＿＿＿

　　注:本通知单分为进度控制类(B21)、质量控制类(B22)、造价控制类(B23)、安全文明类(B24)、工程变更类(B25)。

附件 3:"因施工单位拒绝监理通知"而下发的监理工程师备忘录

监理工程师备忘录

工程名称:某国际花园 7♯、10♯、12♯楼　　　　　　工程编号:B42—20070830

事由	外脚手架不安全	签收人 姓名及时间	

致:＿＿＿＿＿＿＿＿＿＿＿＿＿＿＿＿＿＿＿＿＿＿＿＿＿＿＿＿＿＿＿＿＿＿＿＿＿＿

　　根据监理通知(安全文明类)B24—20070621、20070711、20070821 的外脚手架整改要求,以及施工方回复 20070829,特在 2007 年 8 月 30 日上午由我监理部组织施工单位、建设单位对 7♯、10♯、12♯楼外脚手架进行了复查,现将结果备忘如下:

　　1.7♯楼悬挑脚手架二层槽钢悬挑部分变形严重,加固后的脚手架与申报的脚手架加固方案不符。

　　鉴于上述情况,监理和建设单位对复查结果未予认可。

　　鉴于施工单位及其上层管理部门至今未重视我监理部通知,也未认真作出正面回应,现再次要求施工单位邀请有关安全专家对本工程外脚手架安全可靠性进行评估,并按评估结论处理。

　　如施工单位及其上层管理部门仍不重视检查把关,也不尊重监理意见、倾听安全专家意见,由此产生的一切不良后果只能由其承担全部责任。我部概不承担因此而产生的任何责任事故之责任。

　　抄报:×××房地产有限公司

　　　　　　　　　　　　　　　　　　　　　　项目监理机构(章):＿＿＿＿＿
　　　　　　　　　　　　　专业监理工程师:＿＿＿＿＿　总监理工程师:＿＿＿＿＿
　　　　　　　　　　　　　　　　　　　　　　　　　　　　日　期:＿＿＿＿＿

　　注:1. 本备忘录用于项目监理机构就有关重要建议未被建设单位采纳或监理工程师通知单中的应执行事项未被承包单位执行的最终书面说明,可抄报有关上级主管部门。

　　2. 本备忘录分为对建设单位备忘录(B41)、对承包单位备忘录(B42)、对设计单位备忘录(B43)。

附件4:"因施工单位漠视安全"而向主管部门提交的安全监理报告

安全监理报告

×××建设工程安全生产监督站:

现将××工程施工安全存在问题汇报如下。

××工程现状是已全部进入建筑装修阶段:外墙粉饰已经完成,保温施工基本结束,贴面施工完成约2/5;5♯车库顶部施工完成;6♯车库实行半幅施工,其中已开工部分基础结构施工完成,正在进行柱钢筋绑扎和排架搭设,另半幅即将开始施工准备工作。

该工程施工安全状况是:在用垂直运输机械仅有10♯吊,及7♯、10♯、12♯提升机,外脚手架全部在用;现场施工作业工种较多,出现平面交叉作业与立体交叉作业,安全施工隐患较多。

我监理部不断检查并发现,施工隐患主要有:

1. 安全施工意识不够,麻痹大意思想比较严重,一线作业人员,特别是非土建、非水电安装的其他专业人员格外突出,不戴安全帽的几乎每天都被发现;

2. 由于交叉作业,临边洞口防护设施不断被挪位,或常有不随手关闭提升机铁栏门现象;

3. 时而有人私自乘提升机上下;

4. 外脚手架竹笆片铺设不到位,大部分绑扎不牢,随便拖用,底层未能封闭到边。

针对上述问题,我们要求施工方立即采取如下措施,以确保安全施工、杜绝事故:

1. 下周二召开各施工单位现场负责人专题安全会,进一步明确责任,明确施工安全防范重点,明确安全无事故强制措施,明确不安全施工奖罚处理原则,明确上述隐患整改期限;

2. 把各参建单位现场负责人和专兼职安全人员有效组织起来,从严监督安全施工;

3. 组织全面安全检查,确保整改效果;

4. 加大对违章指挥等违章行为的处罚力度。

特此报告。不当之处请指正。

某国际花园工程监理部(章)

总监:

2007年11月24日

➡ 建设监理的工程信息管理

一、建设工程信息

　　建设工程信息是建设工程实施过程的历史记录,是工程质量的原始证明,是工程交付后使用与维护的重要依据,是社会物质文明特别是城乡建设和建筑技术工艺发展的重要记录佐证。任何建设工程信息,尤其是重点工程的信息资料,都将产生不可或缺、甚至是无法估量的作用。正因为如此,国家和各级政府都特别重视这项工作,投入了大量人力、物力和财力用于建设工程信息的永久性集中分级管理。

　　建设监理在工程实施过程中的特殊地位,决定了它在建设工程信息生成与管理方面,尤其是建设工程信息早期形成阶段发挥独特作用。所以,建设工程信息管理不仅是监理工作的重要内容,而且是建设监理义不容辞的历史责任与光荣义务。每个建设项目监理部、每个监理人员,都应该从每一天工作、每一项监理业务、每一份工程信息做起,不仅要做到经得起竣工验收审查、经得起工程备案审查,而且要做到经得起时间的审查,经得起历史的审查。

二、建设工程信息分类

　　建设工程信息大体分为5大类:建设项目申报与批准文件,建设项目勘察设计文件,建设项目开工报告,建设项目施工与监理资料,建设项目验收、交付、备案资料。

　　(1)建设项目申报与批准文件包括:建设项目立项报告及建设项目立项批准文件、建设项目可行性研究论证及建设项目可行性报告审批文件、建设项目环境影响评估及建设项目环境影响评估报告审批文件、建设项目用地申请及建设项目用地许可证、建设项目规划设计申请及建设项目规划设计许可证、建设项目征地动迁安置资料等。以上应由建设单位负责提供。

　　(2)建设项目勘察设计文件包括:建设项目区域测量、地质勘察资料,从建设项目施工图设计、建设项目施工图设计审查(含消防设计、抗震设计审查)直至审查合格的资料。这些资料文件由建设单位负责提供。

　　(3)建设项目开工报告包括:施工招标投标与评标、定标资料,施工质量监督委托和安全监督委托文件,工程开工报告,施工许可证申领材料等。这些资料均由建设单位或中标承包施工单位负责提供。

　　(4)建设项目施工与监理资料包括:建设项目建筑、安装施工,以及施工监理的全部资料,包含各项工程检测、试验以及专项工程验收资料等。这些资料均由承包施工单位和监理提供。

(5) 建设项目验收、交付、备案资料包括：建设项目竣工验收、建设项目综合验收、建设项目竣工备案、建设项目交付等文件资料。

三、建设工程信息规划

建设工程信息十分庞杂。它涉及面广、时间跨度大、参与人员素质不一，因此事前有否规划以及规划得如何，将直接关系到竣工验收能否顺利通过。特别是大型建设项目或综合性建设项目，工程信息规划显得更加重要。

建设工程信息规划，应当做好以下几点：

(1) 与建设工程图纸的对应性；

(2) 与施工组织设计的对应性；

(3) 与实际施工程序的对应性；

(4) 与现场施工全过程的对应性；

(5) 与建设工程文件归档整理规范的对应性。

建设工程信息规划，应在工程开工前进行，它是监理规划的重要内容。

建设工程信息规划，首先应由专业监理就本专业工程信息提出专业工程信息规划，如子单位子分部项的划分；再由总监加以汇总，包括整个建设项目各子单位、子分部项的信息系统的完整有序的工程信息。总信息系统规划确定后，再由各专业监理和项目部资料员按总信息系统要求和规定程序执行和整理归档。

四、建设工程信息形成过程

建设工程信息形成过程有以下几种：

(1) 施工方每天申报的信息资料→专业监理审批→合格资料交由项目监理部资料员登记并复查→复查合格后归卷登记编目→竣工前整理→按信息规划编卷成册→统一卷号册数→竣工验收→竣工验收合格后备案移交。在此过程中，凡专业监理工程师审批不合格的资料必须限期修改补充，凡归档资料必须完整，尤其是必须回复或整改的，要完成闭合。凡资料员复查不符合要求的，包括纸张规格、书写、用笔、复印件的清晰度、用章、收发文和承办时间不相吻合等，都必须整改。对符合建档要求的应及时按信息规划确定的卷宗分别归档、编目、登记、装订成册。

(2) 监理每天形成的工程信息资料→报总监审批→资料员负责登记与复查→复查合格后归卷登记编目→竣工前整理→按信息规划编卷成册→统一卷号册数→竣工验收→竣工验收合格后备案移交。

(3) 专业监理负责管理的工程信息资料(日记)→定期报总监审批→资料员负责登记与复查→复查合格后归卷登记编目→竣工前整理→按信息规划编卷成册→统一卷号册数→竣工验收→竣工验收合格后备案移交。

五、监理在建设工程信息形成中必须注意的问题

（1）对承包方申报资料的审查要仔细，确保无误，杜绝假证、伪证；

（2）监理审批用语要准确、规范，防止申报与审批不一，或者审批与验收不一；

（3）收发文时间要相应，防止时间倒置；

（4）监理要求整改、返工的，必须有复查验收记录和明确的复查结论；

（5）监理要求承包方回复的，必须切实按要求回复；

（6）隐蔽验收、专项验收或试验，必须附验收或试验记录，包括图像资料；

（7）必须建立监理工作台账，以防信息资料生成过程中发生丢失；

（8）建立监理资料内部转递手续，防止责任不清、相互纠缠。

附件：某国际花园三期工程监理文档目录（含 13♯、14♯、17♯、19－1♯、19－2♯、19－3♯楼，10－1♯、10－2♯车库及三期附属与配套工程）

某国际花园三期工程监理档案总录一

序号	栋号	卷名	总卷数	总册数	分卷数	分册数	卷号	册号
1	14♯、13♯楼	合同文件	30	116	14	63	1	1
2	14♯、13♯楼	勘察设计文件	30	116	14	63	2	2
3	14♯、13♯楼	监理规划、细则	30	116	14	63	3	3
4	14♯、13♯楼	开工审批1	30	116	14	63	4	4
5	14♯、13♯楼	开工审批2	30	116	14	63	4	5
6	14♯楼	质量控制土建质保资料	30	116	14	63	5	6
7	14♯楼	质量控制安装质保资料	30	116	14	63	5	7
8	14♯楼	质量控制土建工序资料	30	116	14	63	5	8
9	14♯楼	质量控制土建工序资料	30	116	14	63	5	9
10	14♯楼	质量控制土建工序资料	30	116	14	63	5	10
11	14♯楼	质量控制土建工序资料	30	116	14	63	5	11
12	14♯楼	质量控制土建工序资料	30	116	14	63	5	12
13	14♯楼	质量控制土建工序资料	30	116	14	63	5	13
14	14♯楼	质量控制建筑节能资料	30	116	14	63	5	14
15	14♯楼	质量控制建筑节能资料	30	116	14	63	5	15
16	14♯楼	质量控制给排水资料	30	116	14	63	5	16
17	14♯楼	质量控制建筑电气资料	30	116	14	63	5	17
18	14♯楼	质量控制建筑电气资料	30	116	14	63	5	18

序号	栋号	卷名	总卷数	总册数	分卷数	分册数	卷号	册号
19	13#楼	质量控制土建质保资料	30	116	14	63	5	19
20	13#楼	质量控制土建质保资料	30	116	14	63	5	20
21	13#楼	质量控制土建质保资料	30	116	14	63	5	21
22	13#楼	质量控制安装质保资料	30	116	14	63	5	22
23	13#楼	质量控制土建工序资料	30	116	14	63	5	23
24	13#楼	质量控制土建工序资料	30	116	14	63	5	24
25	13#楼	质量控制土建工序资料	30	116	14	63	5	25
26	13#楼	质量控制土建工序资料	30	116	14	63	5	26
27	13#楼	质量控制土建工序资料	30	116	14	63	5	27
28	13#楼	质量控制建筑节能资料	30	116	14	63	5	28
29	13#楼	质量控制建筑节能资料	30	116	14	63	5	29
30	13#楼	质量控制给排水资料	30	116	14	63	5	30
31	13#楼	质量控制建筑电气资料	30	116	14	63	5	31
32	13#楼	质量控制建筑电气资料	30	116	14	63	5	32
33	19#-3楼	质量控制土建专业资料	30	116	14	63	5	33
34	19#-3楼	质量控制土建专业资料	30	116	14	63	5	34
35	19#-3楼	质量控制安装专业资料	30	116	14	63	5	35
36	19#-3楼	质量控制安装专业资料	30	116	14	63	5	36
37	19#-3楼	质量控制建筑节能资料	30	116	14	63	5	37
38	10#-2车库	质量控制土建专业资料	30	116	14	63	5	38
39	10#-2车库	质量控制土建专业资料	30	116	14	63	5	39
40	10#-2车库	质量控制安装专业资料	30	116	14	63	5	40

某国际花园三期工程监理档案总录二

序号	栋号	卷名	总卷数	总册数	分卷数	分册数	卷号	册号
41	10#-2车库	质量控制安装专业资料	30	116	14	63	5	41
42	14#、13#楼	电梯分部资料	30	116	14	63	5	42
43	14#、13#楼	旁站记录会议纪要资料	30	116	14	63	6	43
44	14#、13#楼	进度控制资料	30	116	14	63	7	44
45	14#、13#楼	进度控制资料	30	116	14	63	7	45
46	14#、13#楼	联系单通知单来文	30	116	14	63	8	46

序号	栋号	卷名	总卷数	总册数	分卷数	分册数	卷号	册号
47	14#、13#楼	联系单通知单来文	30	116	14	63	8	47
48	14#楼	单位工程竣工验收资料	30	116	14	63	9	48
49	13#楼	单位工程竣工验收资料	30	116	14	63	9	49
50	14#楼	子单位竣工验收资料	30	116	14	63	10	50
51	13#楼	子单位竣工验收资料	30	116	14	63	10	51
52	19−3#楼	子单位竣工验收资料	30	116	14	63	10	52
53	10−2#车库	子单位竣工验收资料	30	116	14	63	10	53
54	14#、13#楼	实体检测记录资料	30	116	14	63	11	54
55	14#、13#楼	实体检测记录资料	30	116	14	63	11	55
56	14#、13#楼	实体检测记录资料	30	116	14	63	11	56
57	14#、13#楼	监理日记	30	116	14	63	12	57
58	14#、13#楼	监理日记	30	116	14	63	12	58
59	14#、13#楼	监理日记	30	116	14	63	12	59
60	14#、13#楼	监理日记	30	116	14	63	12	60
61	14#、13#楼	投资控制资料	30	116	14	63	13	61
62	14#、13#楼	安全监理资料	30	116	14	63	14	62
63	14#、13#楼	安全监理资料	30	116	14	63	14	63
64	17#楼等	合同文件资料	30	116	15	45	1	1
65	17#楼等	勘察设计文件资料	30	116	15	45	2	2
66	17#楼等	开工审批资料	30	116	15	45	3	3
67	17#楼	质量控制土建质保资料	30	116	15	45	4	4
68	17#楼	质量控制土建质保资料	30	116	15	45	4	5
69	17#楼	质量控制土建质保资料	30	116	15	45	4	6
70	17#楼	质量控制土建工序资料	30	116	15	45	4	7
71	17#楼	质量控制土建工序资料	30	116	15	45	4	8
72	17#楼	质量控制土建工序资料	30	116	15	45	4	9
73	17#楼	质量控制土建工序资料	30	116	15	45	4	10
74	17#楼	质量控制土建工序资料	30	116	15	45	4	11
75	17#楼	质量控制土建工序资料	30	116	15	45	4	12
76	17#楼	质量控制实测记录资料	30	116	15	45	4	13
77	17#楼	质量控制建筑节能资料	30	116	15	45	4	14

序号	栋号	卷名	总卷数	总册数	分卷数	分册数	卷号	册号
78	17#楼	质量控制建筑节能资料	30	116	15	45	4	15
79	17#楼	质量控制安装质保资料	30	116	15	45	4	16
80	17#楼	质量控制给排水资料	30	116	15	45	4	17

某国际花园三期工程监理档案总录三

序号	栋号	卷名	总卷数	总册数	分卷数	分册数	卷号	册号
81	17#楼	质量控制建筑电气资料	30	116	15	45	4	18
82	17#楼	质量控制建筑电气资料	30	116	15	45	4	19
83	17#楼	电梯分部资料	30	116	15	45	4	20
84	17#楼等	旁站记录会议纪要资料	30	116	15	45	5	21
85	17#楼等	进度控制资料	30	116	15	45	6	22
86	17#楼等	联系单通知单来文资料	30	116	15	45	7	23
87	17#楼等	单位工程竣工验收资料	30	116	15	45	8	24
88	17#楼等	子单位竣工验收资料	30	116	15	45	9	25
89	17#楼等	监理日记	30	116	15	45	10	26
90	17#楼等	监理日记	30	116	15	45	10	27
91	17#楼等	投资控制资料	30	116	15	45	11	28
92	17#楼等	投资控制资料	30	116	15	45	11	29
93	17#楼等	安全监理资料	30	116	15	45	12	30
94	17#楼等	安全监理资料	30	116	15	45	12	31
95	19#-1楼	质量控制资料	30	116	15	45	13	32
96	19#-1楼	质量控制资料	30	116	15	45	13	33
97	19#-1楼	质量控制资料	30	116	15	45	13	34
98	19#-1楼	质量控制资料	30	116	15	45	13	35
99	19#-2楼	质量控制资料	30	116	15	45	14	36
100	19#-2楼	质量控制资料	30	116	15	45	14	37
101	19#-2楼	质量控制资料	30	116	15	45	14	38
102	19#-2楼	质量控制资料	30	116	15	45	14	39
103	19#-2楼	质量控制资料	30	116	15	45	14	40
104	10#-1车库	质量控制资料	30	116	15	45	15	41
105	10#-1库	质量控制资料	30	116	15	45	15	42

序号	栋号	卷名	总卷数	总册数	分卷数	分册数	卷号	册号
106	10#－1车库	质量控制资料	30	116	15	45	15	43
107	10#－1车库	质量控制资料	30	116	15	45	15	44
108	10#－1车库	质量控制资料	30	116	15	45	15	45
109	附属配套	质量控制资料	30	116	1	8	1	1
110	附属配套	质量控制资料	30	116	1	8	1	2
111	附属配套	质量控制资料	30	116	1	8	1	3
112	附属配套	质量控制资料	30	116	1	8	1	4
113	附属配套	质量控制资料	30	116	1	8	1	5
114	附属配套	质量控制资料	30	116	1	8	1	6
115	附属配套	质量控制资料	30	116	1	8	1	7
116	附属配套	质量控制资料	30	116	1	8	1	8

第二篇 方案篇

　　"理念篇"说明了工程监理在建设领域的定位和社会职能，这同时也就明确了工程监理的工作对象和工作任务。简而言之，工程监理就是对建设工程实施行为的监督管理。

　　建设工程实施过程中，除了建设单位和设计单位以外，承担工作量最大的非总包施工方莫属，这其中包括分包施工以及材料和设备的采购等。其核心就是如何组织、如何计划、如何分工、如何管理、如何保障预定目标实现、如何应对和防范风险，这些工作都通过承包方制订的施工方案或施工组织设计得以具体体现。

　　审批施工方案或施工组织设计是否科学、规范、可行，是建设工程监理的重要任务。这项工作的质量直接关系到建设工程的实施能否顺畅、高效、安全。许多重大事故都从反面证明：无方案随意组织施工、不按批准的方案施工、错误的方案误导施工，这些都是人为酿成重大事故的主要原因。也正因为如此，许多涉及监理责任的案件的判定，往往都从检查监理对施工方案的审批过程入手。

　　所以，建设工程监理熟悉和把握不同种类、不同结构、不同环境条件的工程施工方案，既是本职工作所必须，又是在实践中积累经验和增长技能的必由之路。

➡ 建筑土方工程施工方案

一、工程简介

某住宅建筑工程,建筑面积为 10 165.4 m²。基础为钢筋砼整板基础和局部条形基础。

二、工程部署

本工程的地基土质情况较好:上层为粘土,下层为部分岩石。根据现场实际情况,本工程的土方采用机械开挖、人工清底的方式。土方施工时采用四周明沟排水,集水坑集中排水。

三、施工顺序

测量放线→池塘排水清淤→土方开挖→超深部分处理→人工清底→基槽验收→浇筑砼垫层。

四、施工组织机构

现场项目部对工程施工全过程进行统一指挥、计划和监控。安排专人随测随挖,避免超挖;安排专人指挥机械施工。

五、施工准备

(1)组织施工技术人员熟悉图纸,正确放线,准确开挖。
(2)做好人员的合理配备工作。
(3)编制切实可行的施工技术方案并交底。
(4)办理引测坐标,按业主提供的控制网点将标高和建筑物角点坐标引至施工现场,并设立施工测量控制网,组织有关人员做好控制点保护工作。

六、主要分项工程的施工方法及措施

1. 测量控制

(1) 定位放线。

工程定位放线的依据是规划部门的规划红线及工程总平面图,使用激光经纬仪,通过外引内控法进行定位传递,测定后填写《工程定位放线验收记录》,交请设计、规划、监理等部门验收,验收合格后对控制点进行保护,定期对控制点进行校核,确保施工放线准确。

(2) 高程、轴线与标高的控制:

① 为方便结构施工,在建筑物外围车辆不易碾压和人为不易碰撞的地方,埋设轴线、标高控制桩。

② 在基础灰线外设置四个轴线控制点,同时做好控制点的保护工作。

③ 根据建设单位提供的水准点架设标高控制仪器,对土方开挖边挖边测,认真做好测量记录。

2. 土方开挖

(1) 开挖及控制:

① 开挖前根据基础施工图画出灰线,灰线按基础平面尺寸外加工作面尺寸 500 mm,边坡按 1:0.3 进行放坡,经检查后进行土方开挖。土方工程施工中应经常测量和校准其平面位置、水平标高和坡度等是否符合设计要求,尤其夜间施工时防止挖土超挖。在开挖时派专人进行随挖随测,严控挖深。

② 土方开挖至基底设计标高以上 20 cm 处,其余进行人工修整,以确保基底土方不被扰动。根据设计要求和现场实际情况,确需超深开挖的部位报至建设、监理及设计单位,并根据设计要求回填至设计标高。

③ 基坑开挖过程中,基坑上部周边不得堆放大量材料或土方,以免增加附加荷载。

④ 因施工区内有水塘,水塘处要先施工,排干水后清淤,超深部分报至建设、监理单位及设计单位,根据设计要求采取合理的回填方法。

⑤ 了解施工区域的地下情况,发现异常情况及时会同甲方、监理进行处理。机械开挖时要注意保护地下管线,严禁钯斗碰撞管线。管线间及机械开挖土方不便时,应人工清除土方。

(2) 集水与排水:

考虑到挖土时地下水与雨水的排除,基坑底采用排水明沟和集水井进行排水、降水,排水沟采用 30 cm 宽,40 cm 深,集水井采用砖砌集水井,截面为 80 cm×80 cm,深度低于基坑底标高 30 cm。每个集水井内利用潜水泵将水排出,并排至市政管网(见图 2.1)。

(3) 雨天施工时,应及时排除基坑四周排水沟中的水,同时应经常检查边坡和支护情况,以防止造成事故。

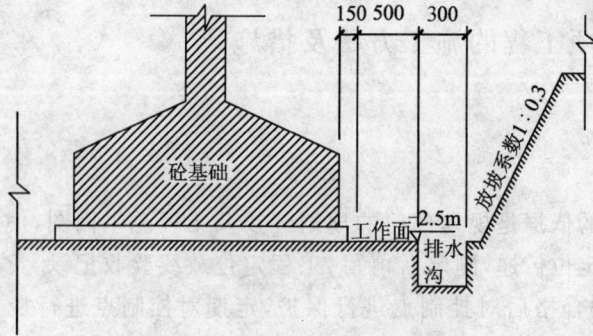

150 500 300

放坡系数1：0.3

砼基础

工作面

2.5m

排水沟

图 2.1　基槽开挖放坡示意图

（4）开挖路线：根据灰线先开挖Ⅰ区基础土方，边开挖边回填泥塘，后进行Ⅱ区基础土方的开挖，按图开挖路线。

（5）人工清理并修整：基槽、基坑边角及挖掘机挖掘不到的地方由人工挖掘，挖掘机开挖后留置 20 cm 厚土方由人工清运至设计标高。基槽及基坑内用小木桩控制标高，将控制点用红油漆涂刷到小木桩上。

3. 验槽

基槽开挖至设计标高后，由建设单位、监理单位、设计单位、勘察单位、施工单位共同验槽，对不满足设计要求与验收的基槽进行处理。

七、安全注意事项

（1）施工人员必须佩带好安全帽；在边、口作业区，要拴好安全带。

（2）施工人员必须听从现场管理人员的安排，不得违章作业。

（3）严禁酒后参与施工。

（4）严禁施工人员在施工区域嬉戏打闹。

深基坑锚杆喷浆支护施工方案

一、工程概述

某大型人防工程，位于南京市江宁区。其上部±0.0 以上为 2 栋 11 层建筑，±0.0 以下为 2 层大型车库。总建筑面积约 57 000 m²，全部为现浇剪力墙结构。

二、编制依据

① 地质勘察院提供的本场地的工程地质勘察报告；
②《建筑地基基础设计规范》(GB 50007—2002)；
③《混凝土结构设计规范》(GB 50010—2002)；
④《建筑基坑支护技术规程》(JGJ 120—99)；
⑤《建筑地基处理技术规范》(JGJ 79—2002)；
⑥《锚杆喷射混凝土施工技术规范》(GB 5086—2001)；
⑦《建筑基坑工程监测技术规范》(GB 50497—2009)；
⑧《土层锚杆设计与施工规范》(CECS22：90)；
⑨《建筑工程施工质量验收统一标准》(GB 50300—2001)；
⑩《建筑地基基础工程施工质量验收统一标准》(GB 50202—2002)；
⑪ 江宁政办发(2007)157 号文件《安全生产、文明施工措施》。

三、工程概况及周边环境

1. 工程概况

工程为某住宅小区四期新建人防工程；建设单位为南京××房地产开发有限公司；××地下工程建筑设计院有限公司设计；支护工程由××地质工程勘察院设计；建筑面积 10 139.00 m²。地下一层，层高 3.85 m；在人防地下室上方，上部建筑高度 40.2 m；人防基础形式为人孔灌注桩独立承台与筏板基础相结合。

2. 周边环境与场貌

人防地下室区域北南各嵌入 8♯楼，9♯楼，8♯楼结构施工已结束；地下室东侧外墙面距施工主入口大门 17 m，西侧地下室外墙面距 9♯楼施工主干道路边水平距离 8.50～9.80 m；东侧自然路面(绝对)标高 12.52～12.93 m，西侧自然路面(绝对)标高 15.70～16.40 m，路面高差大;第四期人防基坑开挖深度西侧 7.0～7.60 m、东侧基坑开挖深度 4.23～4.4 m;基坑地下无煤气、污水、电力等管网。

本工程东临城市干道,南邻已建的 13# 楼,西侧有 9# 楼施工通道。基坑周边载重车出入频繁、场地窄小。

四、工程地质概要

根据南京某大学建筑规划设计院提供的本工程地质勘察报告(工程编号 2008515)可知,基坑开挖深度范围内的土层描述如下。

1. 土层

(1)层素填土:灰色,灰黄色,松散,以粘性土为主,呈软塑至可塑状态,局部夹碎石、碎砖和风化岩块,层厚 0.20～6.80 m,层底埋深 0.20～6.80 m,高压缩性,填龄 1～5 年不等,为新近填土,尚未完成自重固结,工程性质差。渗透系数 $Cm/s=2.80E^{-0.5}$。

(2)—1 层粉质粘土:灰黄色,黄褐色,可塑状态,可见铁锰质斑纹及高岭土条带,干强度中等,韧性中等,稍有光滑,无摇振反应,层厚 0.30～6.00 m,层底埋深 2.00～8.70 m。本层中等压缩性,工程性质一般。渗透系数 $Cm/s=4.25E^{-0.6}$。

(3)—2 层粉质粘土:灰褐色,软塑状态,干强度中等,韧性中等,稍有光滑,无摇振反应,层厚 1.20～3.00 m,层底埋深 6.30～9.50 m。呈中等偏高压缩性,工程性质较差,仅见于 J7—1,J8,J18 孔。渗透系数 $Cm/s=3.04E^{-0.5}$。

(4)层粉质粘土:黄褐色,可塑至硬塑状态,可见铁锰质斑纹及高岭土条带,干强度中等,韧性中等,稍有光滑,无摇振反应,层厚 0.30～9.70 m,层底埋深 0.80～18.80 m,中等压缩性,工程性质较好。渗透系数 $Cm/s=5.25E^{-0.6}$。

(5)层残积土:黄褐色,棕红色,棕黄色,以粘性土为主,粘性土以硬塑状态为主,局部可塑,夹少量风化岩屑及风化砂砾,干强度中等,韧性中等,稍有光滑,稍有摇振反应,层厚 0.40～8.20 m,层底埋深 0.80～18.80 m,本层中等压缩性,工程性质较好。渗透系数 $Cm/s=1.78E^{-0.6}$。

(6)—1 层强风化细砂岩:黄棕色,棕褐色,棕红色,原岩风化剧烈,呈砂状、块状及短柱状,岩石组织结构已基本破坏,可见粘土矿物,层厚 0.30～5.70 m,层底埋深 0.30～21.0 m。属极岩,岩体基本质量等级为 V 级,本层密实性好,工程性质较好。渗透系数 $Cm/s=3.0E^{-0.3}$。

(7)—2 层中风化细砂岩:黄褐色,棕褐色,棕红色,砂质结构,块状构造,局部为含砾细砂岩,砾石在细砂岩中含量约为 10%。岩石裂隙较发育,裂隙多呈闭合状。岩体较完整,属较软岩,岩体基本质量等级为 IV 级,本层岩石较坚硬,工程性质良好。

2. 场区地下水

拟建场地地下水类型为潜水型,主要赋存于 ① 层填土中,地下水水位主要受大气降水及周边水补给影响,地下水稳定水位埋深为 0.10～4.42 m,初见水位为 0.10～4.25 m,地下水位年变幅在 1.0 m 以内。

场地附近无污染源,根据水、土腐蚀性分析资料及地区经验综合判定:场地土对混凝土结构及混凝土结构中钢筋无腐蚀性。

五、支护基土开挖

针对本工程的特点,土方采取放坡分层开挖(如图 2.2 所示),第一层开挖深度为 -2.0 m,坡度为 $1:0.60$;第二层开挖深度为 -4.20 m,坡度为 $1:0.50$(第二层坡度为筏板底标高)。基坑底的宽度为墙外边线外加 1.8 m 作为施工作业面和排水沟用。

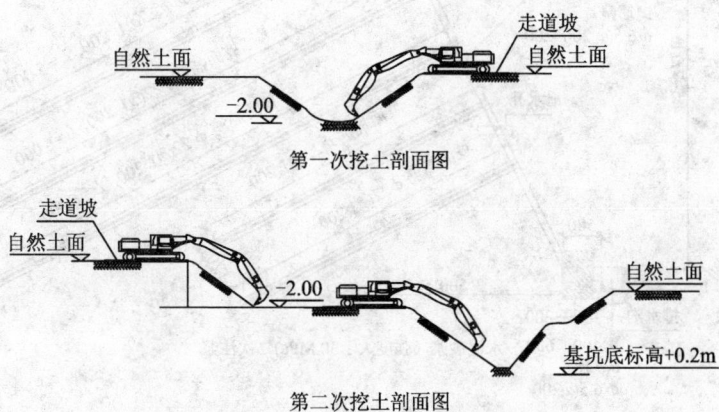

图 2.2　两次挖土剖面图

排水采取基坑外排水和基坑内集中排水。基坑自然地坪处设置 300×300 的排水沟,每隔 30 m 设一集水井,并配置潜水泵,不让地面水流入基坑内。在基坑底距坡角 500 mm 处设 300×300 排水沟,每隔 30 m 设一集水井。这样自然降水通过上层排水沟排至集水井,由潜水泵排至城市污排水管网。

从自然地面为回填土(土壤)处采用 $\phi45\times3.5$ 钢管土钉、第二阶为分化石部位,采用 $\phi22@1200$,$L=5\,000\sim6\,000$ mm 钢筋植入;挂钢筋网片,喷 C20 混凝土 80 厚。具体情况如图 2.3 所示。

1∶0.5 放坡坡面大样 A-A

钢管安全网护栏1 200 mm

排水沟

散水坡度1%
1 000

自然地面

1∶0.5

300   300

坡顶插筋φ22@1 500, L=1 000

泄水孔

坡面挂网喷
细石砼厚100

坡面插筋φ22@1 200, L=5 000

钢筋网片
φ6.5@ 200*200

坡面插筋φ22@1 200, L=6 000

4.5~7.0 m

坡面插筋 φ22@1 200, L=6 000

泄水孔

坡面插筋φ22@1 200

坡面插筋φ22@1 200

−6.00

500

120

300   300

3 500

120

排水沟

梁400×600
6   18
φ6.5@200

水泥砂浆（强度大于30 MPa）二次注浆

锚杆顶部大样图

300~500   300~500

48

(下部大样图)

8 500

500   500   2 220   2 500

500

施工道路

500

3 700

φ45*3.5钢管土钉
@800 L=6 000

0.000

4 800

φ22钢筋土钉

500   1 700

−3.850

钢筋网片φ6.5@200*200

土钉@1 000

φ12连系筋

1 000

1 200

1 000

1 000

200

40

钢筋网片

2φ16连系筋
井字架

2φ16连系筋

200

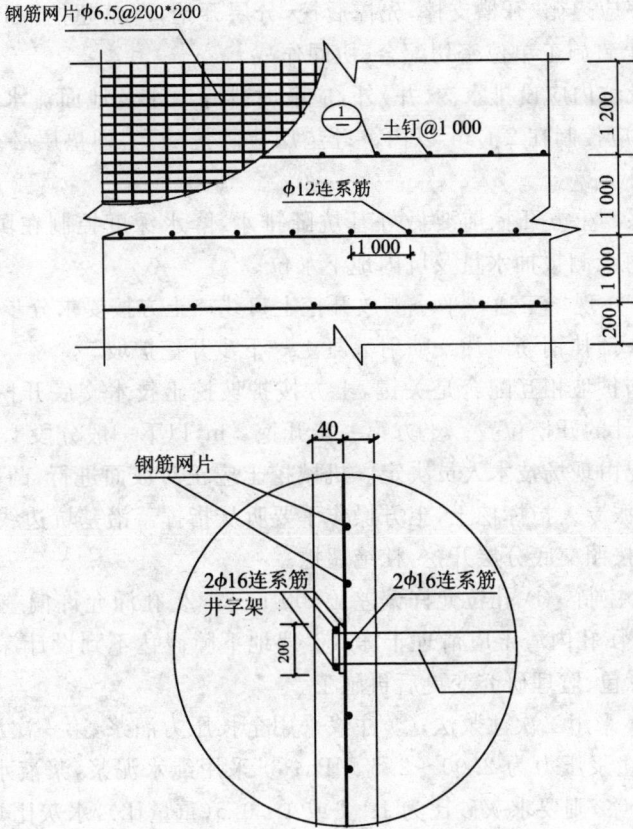

图 2.3 土钉施工示意图

六、支护喷锚施工要求

（1）施工准备。在基坑四周用钢管搭设安全网围挡，并挂警示牌。夜间施工开照明灯和警示灯，如图 2.4 所示。

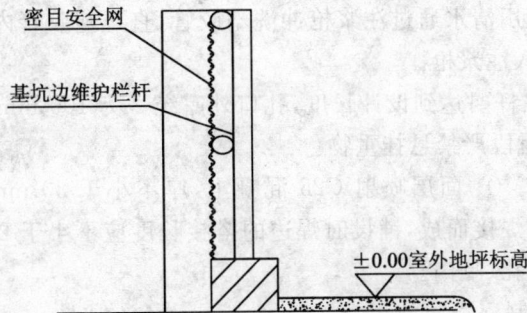

密目安全网

基坑边维护栏杆

±0.00室外地坪标高

图 2.4 施工准备示意图

（2）土钉墙应保证注浆量及注浆压力。临近管线和分化石侧面考虑设置钢筋土钉。

（3）土方开挖。土方开挖前施工单位应编制详细土方开挖的施工组织设计，并取得基坑围护设计单位认可。

（4）施工顺序应遵循"开槽支撑，先撑后挖，分层开挖，严禁超挖"和"分区域开挖"的原则。挖土应与土钉施工单位密切配合，协同作战。

（5）除地面及坑内应设排水沟（井）外，应及时排除雨水及地面流水。基坑边严禁大量堆载，地面超载应控制在 2 t/m² 以内。砼垫层应随挖随浇，即垫层必须在见底后 24 h 内浇筑完成。

（6）降排明水。土方开挖前要做好基坑降排水，降水深度控制在坑底以下 0.5 m。在基坑开挖期间每天测报抽水量及坑内地下水位。

（7）施工程序。现场三通一平→测放开挖上口线→土方按要求分步开挖→定孔位→土钉施工→修坡→铺挂钢筋网片→喷射混凝土→下步开挖护坡。

本工程土方与护坡相互配合是关键，土方按护坡挖土技术交底开挖并修坡，应保证坡面平整，达到设计的开挖位置。土方第一步开挖 2 m，以下一般分段 1.5～2.5 m 一步，开挖时视土质情况由现场技术人员决定。机械挖土应正对坡面进行，凸凹角严格按总包方放线尺寸开挖，派专人指挥挖土，土方操作手要听从指挥。沿基坑边线向内 10 m 范围为作业区，应严格按照交底分层开挖，杜绝超挖。

（8）成孔质量控制：① 孔位允许偏差±100 mm；② 孔深允许偏差±50 mm；③ 孔径不允许负偏差；④ 孔内渣土应清理干净；⑤ 遇地下障碍达不到设计深度应及时上报，经技术人员会同总包、监理研究变更后再施工。

（9）注浆。① 采用二次注浆法；② 注浆采用全长压力灌浆，第一次注浆压力不小于 0.7 MPa；第二次注浆压力为 2.00～2.5 MPa；③ 采用纯水泥浆，浆液水灰比 0.5，水泥 P.O42.5。采用砂浆，则要求灰砂比为 1∶1 或 1∶0.5（重量比），水灰比 0.45～0.5，选用中砂并要过筛。水泥浆液的抗压强度要大于 25 MPa，塑性流动时间要在 22 s 以下，可用时间应在 30～60 min。为加快凝固，提高早期强度，可掺速凝剂，但使用要拌均匀，整个浇注过程须在 4 min 内结束。灌注压力一般为 0.4 MPa 左右，随着水泥浆的灌入，应逐步将灌浆管向外拔出直至孔口，将水泥浆经胶管（或用 1 根 φ30 mm 左右的钢管作灌浆管）推入拉杆孔内，在拉杆孔端注入锚浆。灌浆时，对于靠近地表面的土层锚杆，其灌浆压力不可过大，以免引起地表面膨胀隆起，或影响附近原有的地下构筑物和管道的使用，所以每 1 m 覆土厚度的灌浆压力可按 0.22 MPa 考虑。

每次注浆完毕，应用清水通过注浆枪冲洗塑胶管，直至塑胶管内流出清水为止，以便下次注浆时能顺利插入注浆枪。

（10）制锚。① 锚杆要达到设计长度，孔口外露统一为 100 mm；② 锚杆全长每 2 m 加焊支架；③ 锚杆外露段严禁悬挂重物。

（11）喷射混凝土。① 面层喷射 C25 混凝土，厚不小于 80 mm；② 钢筋网片 φ4@200×200，采用绑扎或焊接而成，铺设时焊边的搭接长度应不小于 200 mm；③ 横竖压筋要双面满焊，不得有气孔、咬肉。

（12）钢筋质量控制：

① 钢筋进货时，必须随车附有质量出厂检测报告，并应进行二次取样材质复试；② 钢筋制作严格按照设计要求及规范要求进行；③ 钢筋制作允许偏差为：间距偏差≤±20 mm。

（13）滞水处理：① 设置排水管；② 设排水沟、集水坑，集水及时外排。

（14）项目施工组织结构图详见图 2.5、图 2.6。

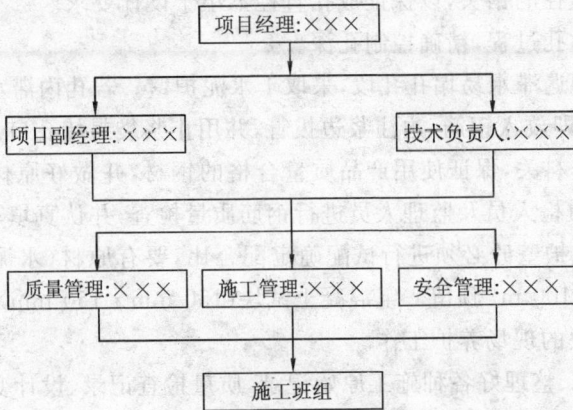

图 2.5　施工组织结构图

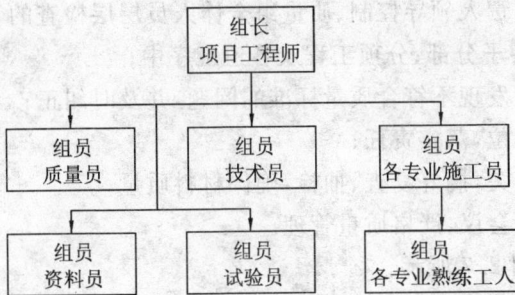

(a) QC小组成员

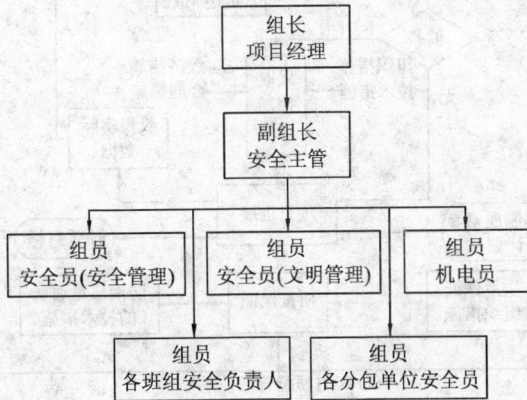

(b) 安全工作小组成员

图 2.6　QC 及安全工作小组组织结构图

七、质量保证措施

1. 质量措施

（1）孔位放线定位后，必须经质检人员、监理人员进行孔位复核。

（2）钻孔钻进过程中随时调整角度。

（3）采用适当直径的钻头，以保证成孔直径不小于设计要求。

（4）详细记录钻孔过程，精确控制孔深。

（5）钻孔过程中遇滞水易塌孔孔段，采取干水泥护壁。若孔内滞水外流，则采用套管跟进护壁，成孔后立即放入钢筋，边注浆边拔管，并用止浆袋封堵孔口。

（6）严把钢筋进料关，保证使用产品质量合格的钢材，并做好原材料试验，锚筋制作成形后必须经有关质检人员及监理人员进行钢筋质量检查，并认真填写隐检记录。

（7）水泥砂浆或护壁砼必须进行试配确定配合比，要有原材（水泥、砂、外加剂）试验报告，现场施工时每 100 m³ 预留一组混凝土试块（150 mm×150 mm×150 mm），并做好试块制作记录和试块的现场养护工作。

（8）做好并收集、整理好各种施工原始记录，质量检查记录、设计变更、现场签证记录等原始资料，并做好施工日志。

2．质量管理体系

（1）建立由项目负责人领导控制、质量组全体人员层层检查的管理系统，以确保各项质量管理措施落实到各子分部、分项工程及各道工序中；

（2）在施工过程中发现不符合质量标准的问题，并及时纠正；

（3）各工序明确岗位，落实责任；

（4）严把材料进场关，搞好复查、抽检，确保材料质量；

（5）定期召开质量会议，严格质量管理。

质量管理体系如图 2.7 所示。

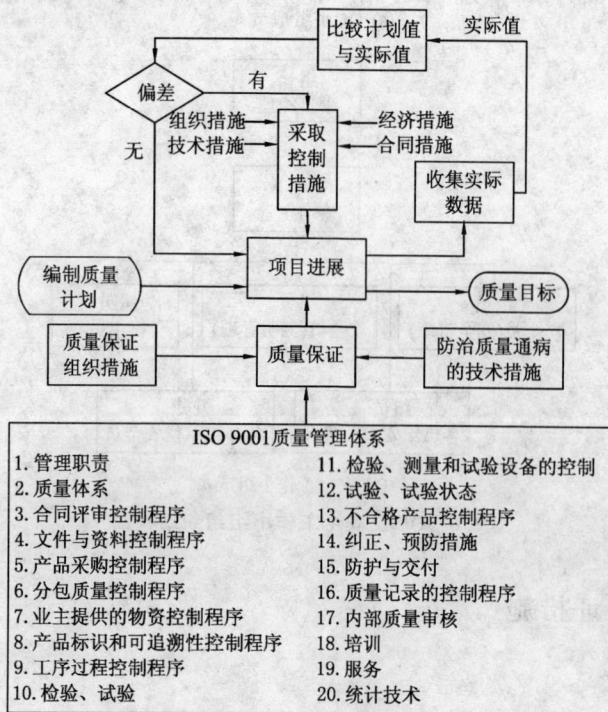

图 2.7　质量管理体系

3. 与总包配合

现场三通一平;制锚场地应固定,不得随意挪动;基坑测量放线;提供周围管线和地下障碍资料;解决扰民和民扰问题;搭设基坑周边防护栏和架设基础照明。

八、安全管理保证措施

严格执行国家及市有关施工现场安全管理条例及办法。制定施工现场安全防护基本标准,如基坑防护标准、临边地带的防护标准、施工临时用电安全防护标准、各类施工机械和设备的安全防护标准;施工现场消防工作管理标准等。

建立严格的安全教育制度,坚持入场教育,每周按班组召开安全工作教育检讨会,增强安全意识,务必使安全工作落实到每个职工的基础上。

强化安全法制观念,严格执行安全工作文字交底、双方签字。坚持特殊工种持安全操作证上岗制度等。

加强管理人员的安全考核,增强安全意识,严禁违章指挥,安全管理网络如图 2.8 所示。

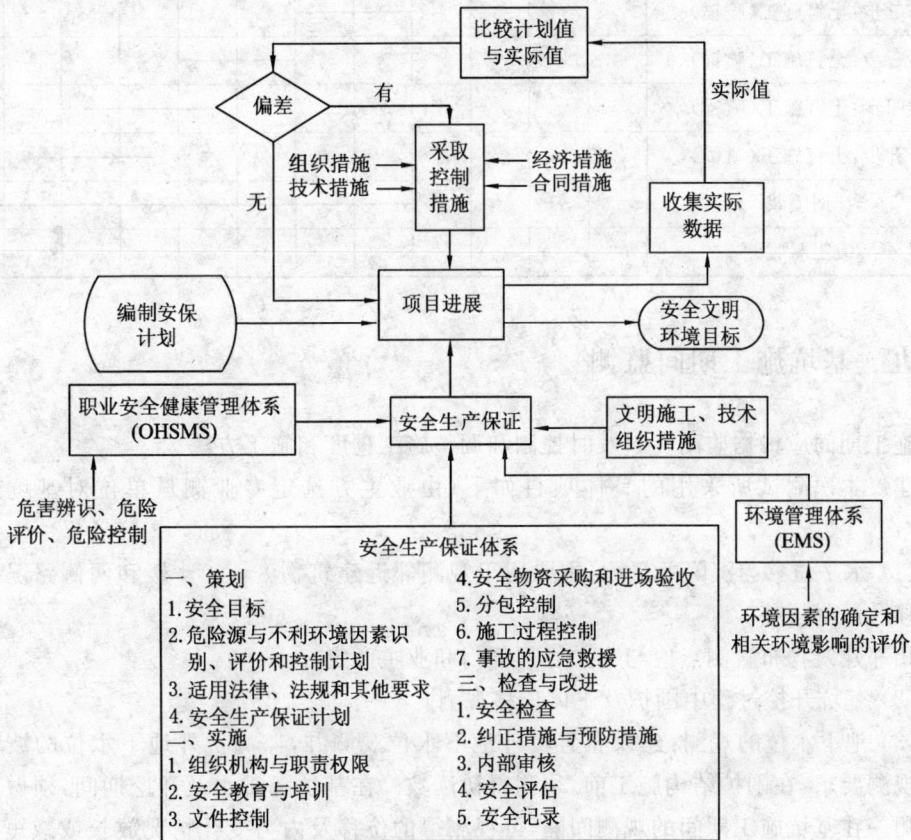

图 2.8 安全管理网络图

工程施工中还需确保文明施工,并采取环保措施。

合理进行施工现场的平面布置,做到计划用料;使现场材料堆放降到最低合理值,保证场内道路通畅。运输散装材料时,车斗或车厢封闭,避免运输途中抛撒。

合理安排作业时间,采用低噪音施工机械,减少噪音扰民。夜间灯具集中照射,避免灯光扰民。

根据文明施工要求,现场施工人员应统一着装。

喷射护壁混凝土时,派专人负责布置挡布,并随喷射工作面移动,将扬尘控制在最低范围。

施工进度计划如表 2.1 所示。

表 2.1　施工进度计划表

时间\项目	8月份						9月份					
	15	18	21	24	27	30	1	3	6	9	12	15
降排明水施工												
护坡土方施工												
砖砌排水沟												
第一步:土钉施工(喷锚)												
第二步:土钉施工(喷锚)												
第三步:土钉施工(喷锚)												
第四步:土钉施工(喷锚)												
第五步:土钉施工(喷锚)												
挂网喷浆												
竣工验收												

九、基坑施工期间监测

施工期间应根据监测资料及时控制和调整施工进度和施工方法。

建议本次测试所采用的具体项目如下(由业主方选定专业测量单位对基坑进行监测):

(1)水平位移与沉降的量测:主要用于观测邻近建筑物 8♯、9♯ 楼和两侧路况的水平位移及沉降位移。

相邻建筑物布置测点应与有关管理部门和业主商定。

(2)基坑开挖过程中围护及土体位移观测。

(3)地下水位的观测:建议布置坑外地下水位观测井,监测坑外地下水位的波动情况。观测要求:在围护结构施工前,须测得初读数。在基坑降排水及开挖期间,须做到一日一测。在基坑施工期间的观测间隔,可视测得的位移及内力变化情况放长或减短。测得的数据应及时上报监理与设计。

(4)报警界限:水平、位移或沉降大于 3 mm/日或累计大于 30 mm;坑外地下水位下降达 500 mm。

十、监测方案

为了确保基坑开挖过程中围护结构和邻近建筑物、道路、地下管线的安全,必须对本基坑围护系统进行原位监测。

基坑的监测内容包括四周土体的深层水平位移监测、地下水位监测、周边地下管线变形监测,以及周边路面的沉降监测。

监测目的是及时获取基坑开挖过程中和周围土体的受力与变形信息,为地下室工程顺利施工提供依据。

十一、安全应急措施

为防止在基坑开挖期间发生突发事故,确保本工程的土方开挖工程顺利进行,在出现突发事故时,必须采取有效的措施来保证基坑的稳定和周边环境的安全:

(1)土方开挖期间,特别是在下雨天,设专人定时检查边坡稳定情况,及时分析监测资料,发现问题及时处理。

(2)现场储备一定抢险物资,如钢管、木板、草包等,出现险情时可作临时应急之用,做到人员、物资、设备三到位。

(3)土方开挖以后,立即通知甲方、监理设计单位组织验槽。若符合要求,即抓紧时间浇砼垫层。此前应首先立好侧模,在基底做好砼水平标志桩。

(4)在土方开挖过程中应注意保护定位桩、水准点等,挖运土时不得碰撞,并应定期复测,检查其可靠性。

十二、工期保证措施

本工程计划工期为 25 天。为确保工程可按时完成,应每天对工程进度进行统计,与计划进度进行比较,发现进度滞后立刻找出影响因素并解决。具体措施如下:

(1)合理分配现场施工作业面,施工作业面平整应有超前计划性。

(2)施工机械要经常维修保养,备足配件,确保机械设备正常运转。

(3)保证材料供应,现场要确保一定的材料储备量。

(4)施工中若遇到特殊土层或其他无法预见的因素而影响工程进度时,可立即增加施工机械设备,确保工期按期完成。

(5)农忙和雨季施工期保证措施:

① 准备预备施工人员,保证施工人员的充足;

② 准备至少 3 天的材料,防止材料短缺;

③ 每天注意收听天气预报,事前做好工作安排,防止误工;

④ 及时做好施工作业面场地平整及操作平台搭设工作,防止影响锚杆钻机的正常施工。

➡ 住宅工程地下结构施工方案

一、编制依据

(1) 某住宅小区施工图;

(2) 某住宅小区地下室结构施工组织设计;

(3)《混凝土结构施工及验收规范》(GB 50204—92)、《普通混凝土配合比设计规程》(JGJ 55—95)、《混凝土质量控制标准》(GB 50164—92)。

二、工程概况

某住宅小区工程位于某市××路与××路交叉口的东北角,占地面积 46 853.2 m²,总建筑面积 170 174.9 m²;为连体住宅小区,地下 2 层,地上 4～15 层,从南至北由依次为 1#～7#楼的七栋连体住宅及 4 个全地下车库组成;1#楼首层为商业用房,二层及二层以上为住宅,其他均为住宅,地下一层为车库及物业管理用房,其上为 2.2 m 夹层。

本工程 1#楼为框架—剪力墙结构,车库部分为框架结构,其余为钢筋混凝土剪力墙或框肢剪力墙结构(局部框架)。现浇钢筋混凝土梁板楼面,筏式基础,一般框架及剪力墙抗震等级为三级,2#～6#楼有框支层的落地剪力墙底部加强部位及 7#楼抗震等级为二级,抗震设防烈度为 8 度,人防等级 6 级。

因地下室占地面积大,施工现场狭窄,地下结构施工采用商品混凝土。商品混凝土用罐车运至现场后改用混凝土输送泵输送到浇筑地点。

地下室结构中工程所用混凝土见表 2.2。

表 2.2　工程所用混凝土

结构部位	混凝土强度等级	工程量/m³	备　注
基础垫层	C10	略	
基础底板(筏梁)	C30	略	抗渗等级 P8
框架柱	C40	略	
附墙柱及墙体	C35	略	外墙抗渗等级 P8
地下室梁、顶板	C40	略	车库顶板抗渗等级 P8

三、施工部署

1. 流水段划分

基础底板及地下结构施工时按现场情况分四大作业区段,其中 1# 楼为第一区段,2# 楼、3# 楼、K1 车库、K2 车库为第二区段,5# 楼、K3 车库为第三区段,4# 楼、6# 楼、7# 楼、K4 车库为第四区段。各区段以设计后浇带为界分二十二段施工,设备夹层分十二段施工。

2. 施工组织及劳动力计划

为确保工期、质量,地下室结构混凝土施工时计划投入劳动力 300 人;四大作业区段同时施工,由各区段负责人负责本区段内部混凝土工程的施工工作(各组间的人员调配、进度及钢筋工程质量、安全文明施工等)。整个工程设混凝土工程负责人一名,负责整个混凝土工程施工的协调与指导等工作。项目质检部负责对整体混凝土工程质量、钢筋工程质量的检查验收。各区段混凝土工程负责人受混凝土工程负责人的统一领导与协调。

3. 进度计划

对于基础底板混凝土浇筑,每段控制在 50 h 内;对于地下结构墙、柱混凝土浇筑,每段控制在 20 h 内;对于梁、板混凝土浇筑,每段控制在 16 h 内。

4. 机具投入

HBT60 混凝土输送泵 6 台,布料机 6 台,ZN-50 型行星式高频插入式振动棒 30 根,圆形吊斗(塔吊)辅助零星混凝土浇筑。

四、混凝土工程施工方法

1. 对商品混凝土的要求

(1) 水泥:水泥应首选普通硅酸盐水泥。施工立面墙、柱及顶板、梁的混凝土,优先选用 P525 以上的普通硅酸盐水泥,基础底板应优先选用低水化热水泥。水泥应有市建设行政主管部门颁发的准用证,出厂合格证、现场复试报告。为达到良好的泵送性能,水泥用量一般不小于 320 kg/m³。对于掺矿粉拌制的混凝土,由于矿粉具有较好的润滑作用,水泥用量可适当减小;用于基础结构混凝土的水泥,应有市技术监督局核定的法定检测单位出具的碱含量检测报告。

(2) 砂:砂应为质地坚硬、级配良好的中、粗砂,含泥量要求小于或等于 2%,泥块含量要小于或等于 1%,应有试验报告单,且符合《普通混凝土用砂质量标准及检测方法》(JGJ 52—92)的规定。

(3) 石子:粗骨料选择 0.5~2.5 的级配碎石,应符合《普通混凝土用碎石或卵石质量标准及检测方法》(JGJ 53—92)的规定。石子的含泥量要求小于或等于 1%,泥块含量要小于或等于 0.5%,针、片状颗粒含量小于或等于 15%,为满足泵送要求,石子的粒径应控制在 5~25 mm (0.3D~0.4D,D 为泵管管径)之间,最大粒径不得超过 25 mm,应有试验报告单。为了有效地预防工程碱集料反应,延长和保持砼工程的正常寿命,保障工程安全,增进社会效益,地下室结构砼进行配合比时,一定要按Ⅱ类工程标准控制砼的碱含量。用于基础结构施工的石子,应有碱集料活性检测报告。

(4)水:采用自来水。

(5)外加剂应备案且有使用说明、出厂合格证及复试报告单,混凝土外加剂的性能和种类必须符合市建委所规定批准使用的品种和生产厂家,并报监理工程师认可后方准使用。用于基础结构施工的外加剂,应有碱含量检测报告。

(6)混合材料:混合材料主要指膨胀剂、粉煤灰等,应有使用说明、出厂合格证及现场复试报告单;用于基础结构施工的混合材料,应有碱含量检测报告。

基础结构混凝土的碱含量和骨料活性指标应符合Ⅱ类工程要求,商品混凝土公司应提供该部位混凝土的碱含量计算书。

(7)混凝土的要求:

商品混凝土应有配合比通知单及各种原材料的必备证件(报告),商品混凝土供应商提供实验证明及现场采集试块,商品混凝土搅拌站根据所选用的水泥品种、砂石级配、粒径、含泥量和外加剂等进行混凝土预配,最后得出优化配合比。商品混凝土搅拌必须在每段混凝土浇筑前,将试配结果提前报送到施工项目部,由现场工程师审核,报监理工程师审查合格后方准使用。

混凝土采用泵送施工,混凝土必须具有良好的可泵性,水灰比宜保持在 0.5～0.6,最小不得小于 0.4,最大不得大于 0.7。水灰比过小,则和易性差,流动阻力大,易引发堵塞;水灰比过大,则易产生离析,影响泵送性能。粗细骨料的级配曲线应连续光滑,细骨料的细度模数应保持在 2.6～2.9 之间,不得采用人工粉碎的细砂。砂率应保持在 45% 以上,一般不宜小于 40%,但亦不得超过 50%。砂率过小,砂量不足,则容易影响混凝土的粘聚性和保水性,且容易脱水,造成堵塞;砂率过大,骨料表面积及孔隙率增大,在一定的水泥浆情况下,混凝土流动性差,泵送性能不好;混凝土的坍落度应控制在 16～18 mm。

混凝土原材料计量要准确,计量的允许偏差不应超过下列限值:水泥和掺和料为 ±1%,粗骨料为 ±2%,水及外加剂为 ±1%。项目部重点对混凝土的质量进行监控,以保证工程质量。

基础底板混凝土初凝时间不小于 12 h,终凝时间不大于 16 h;普通混凝土初凝时间不小于 6 h;终凝时间不大于 12 h。商品混凝土到达现场后应进行质量检查。基础底板施工时,出罐温度不低于 15 ℃;结构施工时,出罐温度不低于 17 ℃,不得出现分层离析现象,不得出现离析现象。商品混凝土应保证均衡连续供应,商品混凝土到场的时间间隔不得超过 3 h,每台泵施工时,场内积压的混凝土罐车不得超过 2 辆。

对不符合上述要求的混凝土,应予以退回,禁止入泵。

(8)混凝土的运输要求。

由于选用商品混凝土,场外运输采用混凝土搅拌运输车。在运输过程中,应考虑混凝土的缓凝措施和途中失水的情况,而且要通过计算来确定所配备的运输车辆台数,以确保现场混凝土浇筑过程要连续正常,避免在施工过程中出现自然的施工缝。

场内混凝土运输考虑采用混凝土输送泵和布料杆完成垂直和水平运输,使混凝土运输到指定的浇筑面。

① 运输时间:混凝土从搅拌机卸出到浇筑完毕的连续时间(见表2.3)。

表2.3　不同砼强度下,混凝土从搅拌机卸出到浇筑完毕的连续时间

砼强度	≤C30	>C30
时间/min	210	180

② 季节施工:冬季运输混凝土时,罐车上应加遮盖保温,以防混凝土浇筑前受冻,并应确保混凝土的入模温度符合冬施要求。相关的具体要求在冬季施工方案中另行表述。

③ 质量要求:混凝土送到浇筑地点时,如混凝土拌和物出现离析或分层现象,应对拌和物进行二次搅拌。同时,应检测其稠度,所测稠度应符合施工要求,其允许偏差值应符合有关标准的规定。

2. 混凝土的泵送

(1) 混凝土泵的选择和定位。

根据本工程特点,为满足泵送速度要求,泵机采用HTB60型混凝土输送泵。

根据本工程场地小、输送面积大、泵送距离长等特点,为满足泵送要求、缩短泵送距离、方便混凝土车的行驶和喂料,泵机的具体设置位置见附图(略)。

泵机的基础应坚实可靠,无坍塌,不得有不均匀沉降。泵机就位后应固定牢靠。

在混凝土输送泵附近需设置沉淀池,以便清洗泵机及暂放废弃混凝土。

(2) 泵管的固定:垂直泵管要搭设专用四方斗脚手架进行固定,水平泵管不得直接支设在钢筋、模板及预埋件上,每隔一定距离用专用支架固定。

(3) 输送管的配管与敷设。

根据泵送要求,输送管选用管径150 mm,壁厚3.6 mm的耐磨锰钢无缝钢管。敷设时应注意以下事项:

① 管接头必须牢靠,管路密封必须良好。为形成有效的密封,接头处泵管采用丁腈橡胶密封圈密封并顶紧。

② 弯管与锥管要匹配,尽可能避免采用曲率半径小于1 m的弯管和较短的锥形管。

③ 管件必须布设在坚实的基础上并固定牢靠,以承受在泵送过程中产生的周期性颤动,防止管道产生漂移和变形并破坏接头的密封构造。

④ 在泵机出口与垂直立管之间应设置一定长度的水平管,其总长应不小于垂直管总高的1/3,以增大混凝土倒流的阻力,防止因垂直管混凝土柱重力作用而产生混凝土倒流,减小分配阀换向阻力,并提高混凝土泵的吸入效率。

⑤ 在泵机出口处应设一段弯曲管路,使混凝土柱能以某一角度流动,以缓减轴向力的不利影响。

⑥ 垂直向上压送的立管应避免采用弯管径直向上安装。

⑦ 在垂直立管的起点处必须设置坚固可靠的竖直支撑,以承受周期性的脉冲作用。

⑧ 输送管不得直接支承在钢筋、模板及预埋件上,水平输送管每隔一定距离应用支架固定,以便排除堵管、拆装和清洗管道;垂直管宜用预埋件固定在楼板预留孔处。

(4) 泵送施工。

① 泵送程序。

泵机端操作程序:试泵→启动料斗搅拌叶片→向料斗中注入润滑浆→打开截止阀→开动混凝土泵→将润滑浆泵入输送管道→将混凝土装入料斗进行泵送→…→停止喂料→停机→清洗。

浇筑端操作程序:用料斗接浆(试泵期间)→正式浇筑。

② 泵送前的准备:在混凝土泵送前,应做好混凝土泵的保养和检查工作,主要包括检查混凝土泵液压油箱及布料杆液压油箱的油位高度是否符合要求,检查油路系统有无泄漏现象,检查水箱中的水量和水泵的工作性能,并按使用说明书中的规定对各部位进行润滑。

正式泵送前,应先试泵并对管道进行润滑,试泵符合要求后方可交付使用,即通过泵水检查,确认管路中没有异物,管路畅通且不漏浆后,用纯水泥浆或 1∶2 的水泥浆进行管道润滑。试泵时的水及稀浆应用料斗承接,严禁注入模内,润滑用水泥浆可用于浇筑,但应分散布料,严禁集中浇筑在一处。

③ 泵送及作业中的检查和维护:开始泵送时,混凝土泵应处于慢速、匀速并随时可能反泵的状态。泵送应先慢后快,逐步加速,待混凝土泵的压力和各系统的工作情况正常,以及各系统运转顺利后,再按正常速度进行泵送。

泵送应连续进行,若出现供料可能跟不上的情形,应减慢泵送速度,以保证管路中的混凝土处于流动状态,或采用慢速间歇泵送;若不得不中断,其中断时间不得超过混凝土从搅拌至浇筑完毕所允许的延续时间(初凝时间),否则必须对泵机及管道进行清洗。当采用慢速间歇泵送时,应每隔 4～5 min 进行四个行程的正泵、反泵。

在泵送作业中,要经常注意检查料斗的充盈情况,不允许出现完全泵空的现象,以免空气进入泵内,形成气锤,影响泵机的使用寿命,防止活塞处于干磨状态。要注意检查水箱中的水位,检查液压系统的密封性,拧紧有泄漏的接头。发现有骨料卡住料斗中的搅拌器或有堵塞现象时(泵机停止工作,液压系统压力达到安全极限),应立即进行短时间的反泵。若反泵不能消除堵塞,应立即停泵,查找堵塞部位并加以排除。

泵送作业期间,应不时用软管喷水冲刷泵机表面,以防溅落在泵机表面上的混凝土硬结而不易铲除。

④ 泵送后的清洗:泵送作业即将结束时,应提前一段时间停止向泵料斗内喂料,以便管道中的混凝土能完全得到利用。泵送完毕后,必须认真做好泵机及管路的清洗工作。清洗时应按泵机使用说明书中规定的方法进行,对缸筒、水箱、料斗、搅拌器、闸板阀外壳、摇管阀摆动机构等均应用清水冲洗干净,清洗要及时。

清洗时产生的废浆、废水应排入沉淀池,进行搅拌分离处理,以防结块。沉淀池应定期清掏。

⑤ 布料机的操作:布料机应搭设专用平台架子,不得直接支承在钢筋骨架上。

布料机的出口应朝安全方向,以防堵塞物飞出伤人。在浇筑竖向结构混凝土时,布料机的出口离模板内侧面的距离不应小于 50 mm,并且不得向模板内侧面直冲布料,也不得直冲钢筋骨架。

浇筑水平结构混凝土时,不得在同一处连续布料,宜在 2～3 m 范围内水平移动布料,且宜垂直于模板。

布料时应由远而近,浇筑过程中只允许拆除管段而不能增设管段。

在浇筑同一区域的混凝土时,应按先竖向结构后水平结构的顺序,分层连续浇筑;当不允许留置施工缝时,区域之间及上、下层之间的混凝土浇筑间歇时间,不得超过混凝土初凝时间;当下层混凝土初凝后,浇筑上层混凝土时应按留施工缝的规定处理。

每台布料机应至少配置4人,其中信号工1人、牵引工1人、摊铺工2人。

⑥泵机堵塞的处理方法:当出现泵机堵塞时,应进行反泵和正泵,逐步吸出混凝土至料斗中,重新搅拌后再进行泵送;或用木槌敲击等方法查明堵塞部位,若确实查明了堵塞部位,可在管外用木槌击松混凝土后重复进行反泵和正泵,排除堵塞。

当上述两种方法无效时,应在混凝土卸压后拆除堵塞部位的输送管,排出混凝土堵塞物后再接通管道。重新泵送前,应先排除管内空气,拧紧接头。

(5)泵送混凝土的浇筑要求。

泵送操作人员必须经过专门培训,方可上岗独立操作。

在浇筑竖向结构混凝土时,布料设备的出口离模板内侧面不应小于50 mm,且不得向模板内侧面直冲布料,也不得直冲钢筋骨架。

浇筑水平结构混凝土时,不得在同一处连续布料,应在2～3 m范围内水平移动布料,且宜垂直于模板面。

(6)泵送时的注意事项。

试泵用水和稀浆以及清洗时的废浆不得注入模内;润滑用水泥浆应分散布料,不得集中浇筑在一处;浇筑完毕后泵机及管路要及时清洗;泵送两端应设有专门的信号工,泵送时泵机处应有专人看管;布料机应搭设专用平台架子,不得直接支承的钢筋骨架上;浇筑方向应与泵送方向相反,即浇筑时应由远而近进行,泵送过程中只允许拆除管段而不能增设管段。

3. 混凝土的浇筑

混凝土浇筑允许间歇时间见表2.4。

表 2.4　混凝土浇注允许间歇时间

砼强度等级	≤C30	>C30
允许间歇时间/min	210	180

(1)在浇筑工序中,应控制混凝土的均匀性和密实性,混凝土拌和物运到浇筑地点后,立即浇筑入模。

浇筑过程中,应经常观察模板、支架、钢筋、预埋件和预留洞的情况,当发现有变形、移位时,应立即停止浇筑,并采取措施在已浇筑的混凝土凝结前修整完好。

在浇筑竖向结构混凝土时,布料设备的出口离模板内侧面不应小于50 mm,且不得向模板内侧面直冲布料,也不得直冲钢筋骨架。

浇筑水平结构混凝土时,不得在同一处连续布料,应在2～3 m范围内水平移动布料,且宜垂直于模板。

对于水平结构混凝土表面,应适时用木抹子磨平搓毛两遍以上,必要时还应先用铁滚筒压两遍以上,以免产生收缩裂缝。

（2）在浇筑前要做好充分的准备工作，如制订施工方案，准备机具，保证水电的供应，掌握天气、季节的变化情况，检查模板、钢筋、预留洞等和隐蔽项目，检查安全设施、劳动力配备是否妥当，能否满足浇筑速度的要求。

浇筑前模板内的杂物和钢筋上的油污等要清理干净，模板缝隙和孔洞要堵严，模板及其支撑、钢筋、预埋件和管线等必须经过检查，做好预检、隐检记录，符合设计及有关要求后方可申请浇筑混凝土。

（3）施工缝的设置。

① 施工缝的位置应设置在结构受剪力较小且便于施工的部位。

② 基础底板垂直施工缝留置在后浇带处，外墙水平施工缝设置在－6.00 m 处（即外墙根部－6.00 m 以下墙体与基础底板同时浇筑）。

③ ±0.00 以下地下室墙体垂直施工缝及楼板施工缝同样设置在后浇带处，墙体水平施工缝设置在楼板底标高处，外墙体垂直水平施工缝采用凸缝，以增强外墙抗渗能力。

④ 梁板施工缝采用垂直立缝的做法，即在预定留施工缝的地方安放一根宽度同楼板厚的木条，在梁板上的木条中间要留切口，以通过钢筋。

⑤ 在施工缝继续浇筑砼时，已浇筑的砼抗压强度不应小于 1.2 MPa，后浇带砼浇筑需待结构封顶后进行，浇筑前应先清除垃圾、表面松动的砂、石和松软的砼层，同时还应加以凿毛，用水冲洗干净，在浇筑砼前刷一层水泥浆。

⑥ 楼梯间休息平台处砼待墙体砼浇筑完毕后再浇，钢筋在绑扎墙体钢筋时预先甩出。楼梯梁处先留出梁窝，后浇处混凝土在浇筑前作施工缝处理。

（4）施工缝的处理。施工缝处须待已浇筑混凝土的抗压强度不小于 1.2 MPa 时才能继续浇筑。在施工缝处继续浇筑时，要把已硬化的混凝土表面的水泥薄膜和松动石子以及软弱混凝土层清除干净，并充分润湿、冲洗干净，且不得积水。在浇筑前，先在施工缝处浇一层与原浇筑混凝土同强度、同配比约 50 mm 厚的水泥砂浆，然后继续浇筑混凝土。地下室外墙水平施工缝底板附近加钢板止水带，其余部分水平施工缝处加膨胀橡胶条。

（5）基础垫层及底板混凝土浇筑。

垫层砼强度等级 C10，厚度 100 mm，利用地泵将砼送至基底，振捣密实，并复验其厚度及标高后用木抹子搓平，铁抹子压光。

本工程基础底板为筏式基础底板，板厚 300 mm，400 mm，800 mm，砼强度等级为 C30，抗渗等级 P8。根据后浇带的设置基础底板分段浇筑。浇筑时，先浇筑底板砼，800 mm 厚底板浇筑时每层厚度不得超过 500 mm，底板砼浇筑一段时间后再浇筑筏梁砼，以免下部砼溢出。同时要保证在下层混凝土初凝前浇筑上层混凝土。抗渗混凝土一定要振捣均匀、密实。地下室外墙根部－6.00 m 标高以下部分与底板一同浇筑。

（6）墙、柱混凝土浇筑。

墙体混凝土浇筑至楼板板底以上约 2 cm 处，墙体浇筑砼前或新浇砼与下层砼结合处，应在底面处均匀浇筑 5 cm 厚混凝土，与墙体砼成分相同的水泥砂浆或减石子砼，砂浆或砼应用铁锹入模，不应用料斗直接灌入模内。砼应分层浇筑振捣，在浇筑时，同样需加设软管并深入墙柱内，以保证砼自由倾落高度小于 2 m，每层浇筑厚度应控制在 50 cm 以内，砼下料点应分散布置，浇筑墙体砼应连续进行。地下室内、外墙交接处、墙体与柱、附墙柱等处混凝土强度等级不同时,应用钢丝网隔离分开浇筑。

在洞口处浇筑砼时,应使洞两侧砼高度大体一致,振捣时,振捣棒应距洞口边 30 cm 以上,最好从两侧同时振捣,以防洞口变形。

浇筑墙、柱混凝土前要先铺 50 mm 厚与原浇筑混凝土同强度、同配比的水泥砂浆,砂浆应用钬锹入模,不应用料斗直接灌入模内。浇筑时应分层浇筑、分层振捣,每层浇筑厚度要控制在 500 mm 以内。布料时要加设软管,并深入墙、柱内以保证混凝土的自由下落高度小于 2 m。本工程采用 ZN-50 型行星式高频振动棒振捣,为避免先将表面混凝土振实而与下面混凝土发生分层离析现象,防止振动棒只浮在混凝土表层和触碰钢筋骨架而使混凝土振捣密实。振捣时要快插慢拔,垂直上下。振动棒插点要均匀排列,间距不超过 500 mm。要掌握好振捣时间,不得过振也不得久振。一般混凝土振捣时间应视混凝土表面呈水平,不再显著下流,不再出现气泡,表面泛出灰浆为准。上层混凝土应确保在下层混凝土初凝前浇筑,浇筑上层混凝土时,振捣棒要插入下层混凝土内 50 mm。

当浇筑一排框架柱时,应从两端开始,向中间推进,以免因在浇筑砼时产生的振动荷载对柱模产生侧向挤压力,使柱模向一侧位移,最后使柱发生弯曲变形。柱子砼应一次浇筑完毕,不留施工缝。

(7)梁板混凝土浇筑。

框架梁与现浇楼板同时浇筑,浇筑时应先将梁根据高度分层浇捣成阶梯形,当达到板底位置时,即与板的砼一起浇捣。随着阶梯形的不断延长,即可连续向前推进。楼面上水平布管采用环式退浇方法,边拆边退,出灰口处用软管作布料端。

当浇筑至梁、柱、板交叉处砼时,由于节点处钢筋较密,特别上部负筋又粗又多,此处砼宜用小直径高频振捣棒振捣。此处砼采用塔吊加料斗运输。

浇筑板的混凝土时,混凝土的虚铺层厚度要略大于板厚,用平板振捣器,顺浇筑方向拖拉振捣,并用铁插尺检查混凝土厚度。振捣完毕用长抹子抹平,铁抹子压光,二遍压光后,表面用扫帚扫毛,以避免表面出现细裂纹。

(8)楼梯混凝土浇筑。

楼梯段混凝土自下而上浇筑,先振实底板混凝土,达到踏步位置时,再与踏步混凝土一起浇捣,不断连续向上推进,并随时用木抹子将踏步上表面抹平。

4. 混凝土的养护

本工程地下室结构施工时处于冬施状态,混凝土采用综合蓄热法养护,具体冬施措施详见《冬期施工方案》,养护措施如下:

(1)基础底板:表面覆盖一层塑料薄膜,并在其上加一层阻燃草帘被,阻燃草帘被用脚手板压牢。

(2)小钢模:模板外挂双层阻燃草帘袋,采用细铅丝固定。

(3)框架柱:模板背后适当刷胶,然后将 50 mm 厚聚苯板仔细锯截后镶入,以便严密结合,固定牢靠。

(4)现浇楼板:在楼板砼浇筑完毕后,表面覆盖一层塑料薄膜,并在其上加一层 100 mm 厚的阻燃草帘被,阻燃草帘被必须用脚手板压牢。

(5)当砼强度达到 4.0 MPa(以同条件养护试块试压为准),经质检员和监理同意后方可拆除保温。

5. 后浇带处理

（1）预防外界水侵入底板后浇带内的措施：

① 为防止外界雨水从侧墙外流入后浇带内，在后浇带两端侧墙处各增设临时挡水砖墙，砌筑高度高于地下室底板高度，墙两侧抹防水砂浆。

② 为防止地下室底板施工积水流向后浇带，在带宽两侧各 50 cm 处用砂浆垒起宽 5 cm、高 3～4 cm 的挡水带。

（2）保持后浇带内清洁。为防止杂物落入后浇带内，给以后清理带来困难，底板混凝土浇筑完毕后，用 1 000 mm×2 100 mm 木模板封盖带面，并在后浇带两侧用砂浆垒起挡水带，这样也可有效地阻止施工用水携带污物流入带内。

（3）后浇带混凝土施工注意事项：

① 后浇带在底板施工前应根据接头形式在堵头板上装凸条。

② 底板后浇带封闭前应重新凿毛。浇水冲刷干净并保持湿润。

③ 后浇带内混凝土浇筑时，将带内残留积水挤压到有集水井的一端，用抽水泵抽去。后浇带混凝土宜提高 1 个等级，采用微膨胀混凝土浇筑，以提高其抗渗性能。混凝土中宜掺入早强剂，施工前先做试配比，拌制要认真配料，精心浇捣密实后还要注意浇水养护。但这种水泥水化放热速度很快，混凝土表面水分蒸发速度也非常迅速，早期易产生塑性收缩裂纹，故须重视早期养护工作。

④ 后浇带跨内的梁板在后浇混凝土浇筑前，两侧结构长期处于悬臂受力状态，在施工期间本跨内的模板和支撑不能拆除，必须待后浇带混凝土强度达到设计值的 75% 后，方可按由上往下顺序拆除。

在支设梁、顶板模板时，将后浇带处模板一同支上，并与其他模板相对脱开，待梁、板混凝土达到一定强度之后，拆除其他地方混凝土模板，留下后浇带处模板及支撑。为避免后浇带内存留垃圾，后浇带上方用木板覆盖，在后浇带混凝土浇筑之前，先将后浇带两侧松动混凝土及浮浆剔除，后浇带模板上每隔一定距离留设清扫口，以便将后浇带内垃圾清理干净。待后浇带两侧混凝土浇筑完两个月后，将后浇带（施工缝）表面清理干净并凿毛，用水冲洗干净并充分湿润后，用比原混凝土强度高一等级的微膨胀混凝土浇捣密实。

6. 试块制作

混凝土试块必须在入模前取样制作，不应在泵车前取样。试块必须设标养试块及同条件养护试块，每 100 m³ 或一个工作台班制作一组标养试块，1～2 组同条件养护试块，抗渗混凝土试块每单位工程不得少于 2 组。

标养试块应在温度为 20±3℃，相对湿度为 90% 以上的环境条件下养护 28 天后试压；同条件养护试块应锁在钢筋笼中，放在实际楼层中养护。同条件养护试块应在拆模前试压，用于掌握拆模强度。

五、质量标准

1. 基本项目

混凝土表面平整,无露筋、蜂窝等缺陷。

2. 保证项目

(1) 混凝土的原材料,外加剂必须符合有关标准的规定。

(2) 混凝土的抗渗等级及抗压强度必须符合设计要求。

(3) 后浇带施工缝构造必须符后设计要求。

3. 允许偏差

混凝土结构允许偏差见表 2.5。

表 2.5 混凝土结构允许偏差表

项 目		允许偏差
轴线位移		5 mm
标高	层高	±5 mm
	全高	±30 mm
柱、墙、梁截面尺寸		±5 mm
柱、墙垂直度	每层	5 mm
	全高	$\leqslant H/1\,000$,$\leqslant30$ mm
预埋管、预留孔中心位置		5 mm
预留孔中心位置偏移		15 mm
电梯井井筒长宽对中心线		0~25 mm
电梯井井筒全高垂直度		$\leqslant H/1\,000$,$\leqslant30$ mm
表面平整度		8 mm

六、成品保护

(1) 为保护钢筋,模板尺寸位置应正确,不得踩踏钢筋,也不得碰撞、改动模板、钢筋。

(2) 在拆模或吊运其他物件时,不得碰坏止水带。

(3) 不得用重物冲击模板,不在梁或楼梯踏步模板吊帮上踩踏,应搭设跳板,保护模板的牢固和严密。

(4) 已浇筑楼板、楼梯踏步的上表面要加以保护,必须待混凝土达到 1.2 MPa 以后,方准在上面进行操作,并安装结构用的支架和模板。

七、应注意的质量问题

（1）严禁在现浇混凝土内加水，严格控制水灰比。水灰比过大将影响补偿收缩混凝土的膨胀率，直接影响补偿收缩及减少收缩裂缝的效果。

（2）止水带位置要固定准确，周围混凝土要细心浇筑振捣，保证密实，止水带不得偏移。

（3）后浇缝在后浇带两侧混凝土浇筑两个月后，用比原设计混凝土强度等级提高一级的补偿收缩混凝土浇筑，浇筑前接槎处要清理干净，浇筑后应加强养护。

（4）混凝土浇筑完毕后，应及时覆盖，混凝土强度达到 1.2 MPa 前禁止站人或堆物。

八、应注意的安全问题

（1）浇筑混凝土的操作工人工作时，应戴好安全帽。

（2）振捣作业人员应戴绝缘手套，工作时两人操作，一人持棒，一人看电机，随时挪动电机。不得拖拉电机。

（3）电源箱内应有漏电保护器，电机外壳做好接零保护，随机用的电缆线不得捆在架管或钢筋上，防止破损漏电。

（4）振捣棒用完后应先断电再盘电缆，电机放在干燥处，防止受潮造成电机烧毁现象。

建筑钢筋工程施工方案

一、编制依据

(1) 工程设计图纸；

(2)《钢筋混凝土结构工程施工及验收规范》(GB 50204—2002)。

二、工程概况

某国际花园 1♯楼工程，由某房地产有限公司开发，某建设集团有限责任公司承建。建筑面积 10 165.4 m²，11＋1 层，建筑高度 38.1 m。

本工程为框架剪力墙结构，安全等级二级，耐火等级二级，7 度设防，结构抗震等级为：剪力墙二级、框架三级。

本工程采用条形基础，基础部分所用的钢筋用量为 110 t，规格有：8,10,12,8,1,12,14,20,22,25。

三、施工部署

1. 钢筋工程控制流程

钢筋工程控制流程如图 2.9 所示。

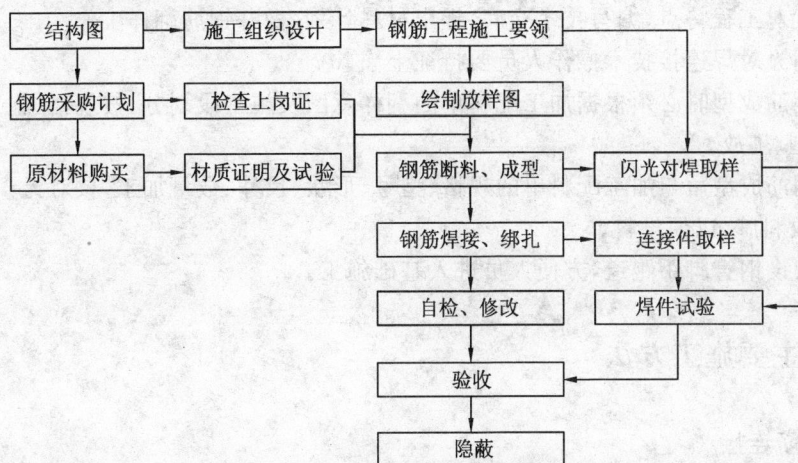

图 2.9　钢筋工程控制流程图

2. 施工方法选择

本工程钢筋现场成型,对直径小于 16 mm 的钢筋,采用绑扎连接;对直径大于等于 16 mm 的钢筋,采用闪光对焊连接。

3. 机械配备

机械配备如表 2.6 所示。

表 2.6　钢筋工程机械配备

名　称	规　格	数　量	备　注
塔吊	QTZ315	1 台	用于水平、垂直运输
闪光对焊设备	UN1-100	1 台	
钢筋切断机	GQ40-Ⅱ	1 台	
钢筋弯曲机	GW40-J	1 台	
卷扬机	JJT	1 台	

4. 劳动力安排及施工组织

基础施工时劳动力投入:25 人;

基础钢筋工程设钢筋工长 1 人,负责钢筋工程施工的人员调配、进度及质量控制、安全文明施工等。

5. 工期

基础钢筋绑扎控制在 13 天内。

四、施工准备

(1)组织有关人员学习施工规范和工艺标准,熟悉施工图纸。

(2)所用钢筋具有出厂合格证、原材检测报告,质量符合《钢筋砼热轧带肋钢筋》的要求。原材进场后,应对其进行复试,并将出厂合格证、原材检测报告及复试结果报监理审核。

(3)针对工程特点,编写技术交底,提出材料计划,做好钢筋翻样工作。

(4)闪光对焊连接技术操作人员要持证上岗。

(5)钢筋成型时必须根据加工配料单的翻样意图及施工段划分,按规格、施工顺序分类加工成型、堆放。

(6)钢筋成型后与加工配料单的规格、型号、形状、尺寸、数量加工,核对无误后,在钢筋端头挂放料牌,以便投料。

(7)架设钢管脚手跑道,方便人员进入基础施工。

五、主要施工方法

1. 钢筋连接

钢筋连接应做到表面顺直、端面平整,其截面与钢筋轴线垂直,不得歪斜、滑丝。

2. 闪光对焊连接

(1) 施焊前的各项准备工作：

① 施焊的焊工须持证上岗操作；

② 进行焊机检查，保证水源畅通；

③ 做好防雨、防风准备。

(2) 施焊操作要点和注意事项：

① 将焊接接头端部 150 mm 范围内的油污和铁锈，用钢丝刷清除干净。钢筋端头如有弯曲的要调直或切除；

② 夹紧钢筋时应使两钢筋端面的凸出部分相接触，以利均匀加热和保证焊缝与钢筋轴线相垂直。

3. 钢筋绑扎

(1) 工艺流程：阀板底层钢筋→底版钢筋→主梁钢筋→次梁钢筋→剪力筋→阀板上层钢筋→柱子插筋。

① 梁钢筋绑扎工艺流程（梁底模支完后即绑梁筋，梁筋绑完后，支梁侧模）：

画箍筋间距线→放箍筋→穿主梁下层纵筋→穿次梁下层钢筋→穿主梁上层钢筋→按箍筋间距绑扎→穿次梁上层纵筋→按箍筋间距绑扎。

② 柱钢筋绑扎工艺流程：

套柱箍筋→接竖向受力筋→画箍筋间距线→绑箍筋。

(2) 钢筋绑扎：钢筋绑扎时采用八字扣，但必须保证钢筋不位移。钢筋绑扎完毕后，根据设计要求的保护层厚度摆放相应的保护层垫块，垫块垫放在钢筋交叉处，中间按 1 m 左右间距梅花型摆放。为防垫块被压坏，可在适当间隔位置增设并固定短钢筋头。

钢筋接头设置：上筋接头在支座处，下筋接头在跨中，同一截面钢筋接头应按 50% 错开，错开距离不小于 $35D$，且不小于 500 mm。接头端部距钢筋弯起点不得小于 $10D$。

4. 保护层控制

基础保护层厚度为 $\geqslant 40$ mm，垫块应绑在受力筋交叉点与模板之间，间距一般 1 000 mm，以保证主筋保护层厚度准确。

六、质量标准

(1) 钢筋的品种和质量必须符合设计要求和有关标准的规定。

(2) 钢筋无老锈，表面应保持清洁。

(3) 钢筋的规格、形状、尺寸、数量、锚固长度、接头位置必须符合设计要求和施工规范的规定。钢筋接头的强度必须合格。

(4) 箍筋的间距数量应符合设计要求，弯钩角度为 135°，弯钩平直长度应大于 $10D$。

(5) 允许偏差见表 2.7。

表 2.7　允许误差

项　目	允许偏差/mm
网的长度、宽度	±10
网眼尺寸	±20
骨架的宽度、高度	±5
骨架的长度	±10
受力钢筋间距	±10
受力钢筋排距	±5
绑扎箍筋、构造筋间距	±20
基础受力钢筋保护层	±10

七、成品保护

（1）进场钢筋用垫木垫好，按规格码放整齐。

（2）成型钢筋应按指定地点堆放，用垫木垫放整齐，防止钢筋变形、锈蚀、油污。

（3）绑扎柱子、墙体钢筋时应搭临时架子，不准踩踏钢筋。

（4）绑扎基础及地梁钢筋时，支撑筋要绑扎牢固，防止操作时踩变形；楼板的负弯矩钢筋绑好后，不准在上面踩踏行走。

（5）绑扎钢筋时禁止碰动预埋件及洞口的模板，模板内的脱模剂不得污染钢筋。

（6）安装电线管、暖卫管线或其他设施时，不得任意切断和移动钢筋。

八、应注意的问题

（1）梁钢筋骨架尺寸小于设计尺寸，配制箍筋时应按内皮尺寸计算，梁主筋进支座长度要符合设计要求，板的负弯矩钢筋位置应准确，施工时不应踩到下面。

（2）梁核心区箍筋加密，箍筋末端弯成 135°，平直部分长度不得小于 10D。

（3）钢筋机械连接切断机、弯曲机的电气控制箱、电缆、插头连接处要注意防潮防水，雨天要遮盖，下雨时如潮气过大，则不宜操作。总电源电缆插头要插在有漏电保护的配电箱的插座上，维修电器要由专业人员进行，钢筋不得碰撞电器、电线、电缆等带电的设备。使用前应空车试运行，确认无异常后，再正式开始工作。

（4）用切断机切断钢筋时，必须将钢筋推紧，待活动的刀片退回后，将钢筋送入刀口切断，禁止加工超过规格的或过硬的钢筋。切断短料时，必须用钳子夹紧后送料，防止末端摆动伤人；切断长料时，应由两人操作，专人指挥，配合协调，不得任意拉拽。

（5）弯曲较长的钢筋时应两人扶持，两人动作一致，不得任意拉拽不直的钢筋，禁止在弯曲机上弯曲。

（6）加工成型的钢筋应码放整齐，工作完毕后将机械四周的钢筋头清理干净，断电、锁好闸箱后方可离开。

建筑模板工程施工方案

一、结构模板与支撑

（1）本工程底层层高 4.8 m，标准层层高 3.0 m，楼板厚 120 mm，梁板模板支撑采用扣件式脚手架体系，梁、板底模板采用 18 mm 厚覆膜胶合板。顶板搁栅采用 50 mm× 100 mm 木方、100 mm×100 mm 木方作为搁栅托梁。

（2）根据本工程结构形式、规模、层次、工期质量要求和公司资源配备情况，考虑主体施工每栋一次配备两个标准层的梁板模板支撑体系，柱墙模板配备一层所需量，施工中进行翻转使用。

（3）本工程的模板支撑力学原理：上两层梁板砼荷载主要由其下的钢管扣件支撑向下传递；而第三层考虑梁板砼的早期强度及未拆的部分钢管扣件支撑或钢管扣件支撑结构柱承受上部传递来的荷载。

（4）在施工过程中，安排人员清理并检查每次拆除后的模板。有破损的应及时更换，所有模板统一加工制作后应编号。

（5）针对创建优质结构的工程目标，要在模板的投入上下硬功夫。一般墙柱、梁板模板均采用防水胶合板模板，木方背楞，钢管扣件支撑，配合采用一定数量的对拉螺栓及定型侧向可调节式拉撑。本工程的一般性模板均在工地事先统一下料加工，并按照细木加工的要求进行模板制作。

（6）模板施工准备工作：

① 进行中心线和位置线的放线。首先用铅垂仪、经纬仪引测建筑物的柱、墙、梁的轴线及边线（或弧线的控制矢高点）。模板放线时，应先清理现场，然后根据施工图用墨线弹出模板的内外边线（或控制点）和中心线（或中心线控制点），墙模板要弹出模板的内外边线（或内外控制点），以便于模板安装和校正。

② 做好标高量测工作。用水准仪把建筑物水平标高引测到模板安装位置。

③ 进行找平工作。模板承垫底部应预先找平，以保证模板位置正确，防止模板底部漏浆。找平方法是沿模板内边线外 100 mm 宽用 1∶2 水泥砂浆抹平抹光，以控制模板标高位置的正确性。

④ 设置模板定位基准。采用角铁定位，即根据构件断面尺寸切割一定长度的角铁，点焊在主筋上（以勿烧伤主筋断面为准），在角铁外侧采用 1∶2 水泥砂浆进行找平，以保证钢筋位置与模板位置高度的准确性。

（7）模板施工要点：

① 模板施工要点。严格按设计的支撑间距、柱箍大小、间距、对拉螺栓间距等参数组

织实施,严禁任意更改;模板必须分类堆放,不得挪作他用而损坏模板;模板表面应涂隔离剂,以利脱模。

② 在模板封闭前应检查预埋管、预埋铁件、防雷接地等施工预埋是否已施工并报验收完毕。

③ 楼梯间制模施工须充分考虑到装修作业的需要,尺寸控制示意图如图 2.10 所示。

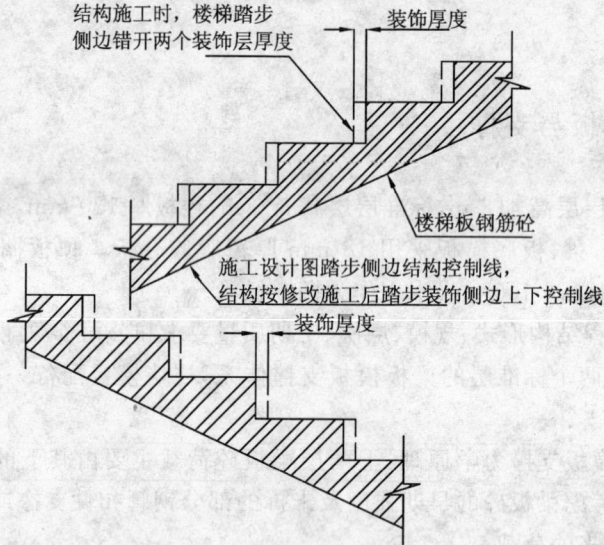

图 2.10 楼梯踏步尺寸控制示意图

(8) 模板的安装控制。

① 主控项目:模板的安装必须按计算所确定的支撑进行支设,在结构层上支设时,下层楼板应有承受上层荷载的承载能力,上下层的立柱应对准并铺设垫板。

在模板安装前必须涂刷脱模剂,以便拆膜及增加模板寿命;脱模剂涂刷时不得污染钢筋和混凝土接槎处。

② 一般项目:模板的接缝不应漏浆,在浇混凝土前应浇水湿润,但模板内不得有积水;使用的脱模剂不得影响结构性能或妨碍装饰工程的施工;对跨度不小于 4 m 的梁、板模板应按照规范要求按 1/1 000~3/1 000 起拱;固定在模板上的预埋件、预留孔洞均不得遗漏,且安装牢固,允许偏差要符合表 2.8 要求。

表 2.8 允许偏差

项 目		允许偏差/mm
预埋钢板中心位置		3
预埋管、预留孔中心位置		3
插筋	中心线位置	5
	外露长度	0~10
预留洞	中心线位置	10
	尺寸	0~10

现浇结构模板安装允许偏差须符合表 2.9 要求。

表 2.9　现浇结构模板安装允许偏差

项　目		允许偏差/mm	检测方法
轴线位置		5	钢尺检查
底模上表面标高		±5	水准仪或拉线、钢尺检查
截面内部尺寸	基础	±10	钢尺检查
	柱、墙、梁	−5～4	钢尺检查
层高垂直度	不大于 5 m	6	经纬仪或吊线、钢尺检查
	大于 5 m	8	经纬仪或吊线、钢尺检查
相邻两板表面高低差		2	钢尺检查
表面平整度		5	2 m 靠尺和塞尺检查

二、一般结构模板与支撑设计

1. 板的模板支撑设计

本工程结构板厚有多种规格,方案设计计算时按板厚 120 mm 计算。

18 mm 厚木胶合板模板抗弯设 计强度 $f_m=23$ N/mm²,抗剪设计强度 $f_v=1.4$ N/mm²,$E=5\,000$ MPa;50 mm×100 mm 木方背楞抗弯设计强度 $f_m=15$ N/mm²,抗剪设计强度 $f_v=1.3$ N/mm²,$E=10\,000$ MPa。钢管采用 $\phi48×3.5$ 普通钢管。

（1）模板支撑的设计与计算。

① 荷载计算。

18 mm 厚木胶合板模板自重 $1.2×300=360$ N/m²;

新浇砼重力 $1.2×0.12×25\,000=3\,600$ N/m²;

钢筋自重荷载 $1.2×1\,100=1\,320$ N/m²;

振捣荷载 $1.4×2\,000=2\,800$ N/m²。

上述荷载合计:8 080 N/m²。

计算模板及模板木方背施工荷载取值 $1.4×2\,500=3\,500$ N/m²;

计算钢管托楞均布施工荷载取值 $1.4×1\,500=2\,100$ N/m²;

计算立柱均布施工荷载取值 $1.4×1\,000=1\,400$ N/m²。

本方案验算与计算均取大值。

② 胶合板模板受力验算。

现浇板木胶合板模板受力计算暂按计算简图 2.11 计算。

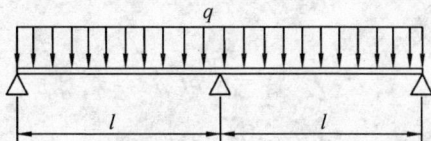

图 2.11　现浇板木胶合板模板受力计算简图

按抗弯强度验算：

取 1 m 宽板带 $q = 8\,080 \times 1 = 8\,080$ N/m，

$$M_{max} = \frac{1}{8} q l^2$$

$$\sigma = \frac{M}{W} = \frac{\frac{1}{8} q l^2}{\frac{1}{6} b h^2} \leqslant f$$

$$l \leqslant \sqrt{\frac{f_m \times 8 b h^2}{6q}} = \sqrt{\frac{23 \times 8 \times 1\,000 \times 18^2}{6 \times 8.08}} = 1\,109 \text{ mm}$$

按剪应力验算：

$$V = \frac{1}{2} q l$$

$$\tau_{max} = \frac{3V}{2bh} = \frac{3ql}{4bh} \leqslant f_v$$

$$l \leqslant \frac{4bh f_v}{3q} = \frac{4 \times 1\,000 \times 18 \times 1.3}{3 \times 8.08} = 3\,861 \text{ mm}$$

按挠度验算：

$$\omega = \frac{5q l^4}{384 EI} \leqslant [\omega] = \frac{l}{200}$$

$$l \leqslant \sqrt[3]{\frac{384 EI}{5 \times 200 \times q}} = \sqrt[3]{\frac{384 \times 5\,000 \times \frac{1}{12} \times 1\,000 \times 18^3}{5 \times 200 \times 8.08}} = 487 \text{ mm}$$

现浇板木胶合板模板跨度（即 50 mm×100 mm 木方背楞间距）取 400 mm。

③ 50 mm×100 mm 木方背楞受力验算。

50 mm×100 mm 木方背楞搁置在钢管大横杆上，现进行木方背楞受力验算。木方背楞受力计算按三等跨梁计算。木方所受线分布荷载为

$$q = 11.88 \times 0.4 = 4.752 \text{ kN/m}$$

按抗弯强度验算：

$$M_{max} = \frac{1}{8} q l^2$$

$$\sigma = \frac{M}{W} = \frac{\frac{1}{8} q l^2}{\frac{1}{6} b h^2} \leqslant f_m$$

$$l \leqslant \sqrt{\frac{8 f_m b h^2}{6q}} = \sqrt{\frac{8 \times 15 \times 50 \times 100^2}{6 \times 4.752}} = 1\,451 \text{ mm}$$

按剪应力验算：

$$V = \frac{1}{2} q l$$

$$\tau_{max} = \frac{3V}{2bh} = \frac{3ql}{4bh} \leqslant f_v$$

$$l \leqslant \frac{4bhf_v}{3q} = \frac{4 \times 50 \times 100 \times 1.3}{3 \times 4.752} = 1\,824 \text{ mm}$$

按挠度验算：

$$\omega = \frac{5ql^4}{384EI} \leqslant [\omega] = \frac{l}{200}$$

$$l \leqslant \sqrt[3]{\frac{384EI}{5 \times 200 \times q}} = \sqrt[3]{\frac{384 \times 10\,000 \times \frac{1}{12} \times 50 \times 100^3}{5 \times 200 \times 4.752}} = 1\,499 \text{ mm}$$

根据以上计算，模板下 50 mm×100 mm 背楞跨度可取 1 400 mm，但考虑到大部分板的模板支撑较早拆除，根据结构设计平面布置，木方背楞下的钢管托楞的间距取 800 mm。

④ 木方背楞下 $\phi48 \times 3.5$ 钢管大横杆受力验算。

作用于钢管横楞上的集中荷载为 $F = q \times 0.4 \times 0.8 = 3.801\,6$ kN，则按三等跨连续梁考虑，最大弯矩可能为

$$M_{max} = 0.175Fl = 0.175 \times 3.801\,6 \times 0.8 = 0.532 \text{ kN} \cdot \text{m}$$

$$\sigma_{max} = \frac{M_{max}}{W} = \frac{532\,224}{5.08 \times 10^3} = 105 \text{ N/mm}^2 < f = 205 \text{ N/mm}^2$$

按挠度验算：

$$\omega = 1.114\,6\frac{Fl^3}{100EI} = \frac{l}{400}$$

$$l \leqslant \sqrt{\frac{100EI}{1.114\,6 \times 400F}} = \sqrt{\frac{100 \times 2.1 \times 10^5 \times 121\,867}{400 \times 3\,801.6 \times 1.114\,6}} = 1\,229 \text{ mm} > 800 \text{ mm}$$

⑤ 钢管支撑立杆受力验算。

支撑立杆步距 1 200 m，采用 $\phi48 \times 3.5$ 钢管扣件连接。

如果立杆根据钢管托楞的间距布置，即按 800×800 的双向间距布置，则立杆最大受力 $F = 13\,980 \times 0.8 \times 0.8 = 8\,947.2$ N < 扣件的抗滑能力值 12 000 N，那么钢管扣件立杆支撑的间距为 800×800，满足扣件抗滑力的要求。

钢管支撑立管的支撑稳定性验算：

$$\lambda = \frac{k\mu \times l}{i} = \frac{1.155 \times 1.7 \times 1\,200}{15.8} = 149$$

查表 $\varphi = 0.312$，则 $\sigma = \frac{N}{\varphi \cdot A} = \frac{13\,980}{0.312 \times 489} = 91.6$ N/mm² < 205 N/mm²。

(2) 第三层留置板带钢管立管支撑承受上两层结构施工荷载计算。

① 荷载计算。

一层施工荷载：8 000×1.6/0.8=16 000 N；

第二层钢管扣件支撑自重：1 200×0.8×1.6×1.2=1 843 N；

第二层、第三层砼自重：25 000×0.15×1.6×0.8×1.2=5 760 N。

合计立杆受力为：23.6 kN。

② 第三层板带立杆支撑的立杆稳定性验算：

$$\sigma = \frac{N}{\varphi \cdot A} = \frac{23\,600}{0.312 \times 489} = 155 \text{ N/mm}^2 < 205 \text{ N/mm}^2$$

同理验算支撑立管下砼抗冲剪能力,及钢筋砼结构板承载能力,均符合要求。

2. 一般梁的模板支撑设计

本工程的一般结构梁的尺寸有多种截面类型。

梁底模、侧模采用防水胶合板模板,钢管扣件支撑。

结构梁的模板支撑设计:

200×400、250×450 梁模板支撑设计,其构造如图 2.12 所示。

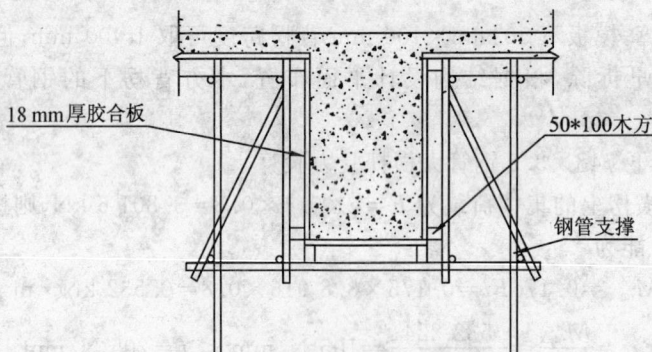

图 2.12 结构梁的模板支撑构造

① 基本计算参数。

18 mm 厚木胶合板模板 $f_m=23$ N/mm², $f_v=1.4$ N/mm², $E=5\,000$ MPa;

胶合板:

$$I=\frac{1}{12}bh^3=\frac{1}{12}\times1\,000\times18^3=48.6\times10^4 \ \text{mm}^4$$

$$W=\frac{1}{6}bh^2=\frac{1}{6}\times1\,000\times18^2=54.0\times10^3 \ \text{mm}^3$$

50 mm×100 mm 木方背楞:

$$f_m=15 \ \text{N/mm}^2, f_v=1.3 \ \text{N/mm}^2, E=10\,000 \ \text{MPa}$$

木方背楞:

$$I=\frac{1}{12}bh^3=\frac{1}{12}\times50\times100^3=416.7\times10^4 \ \text{mm}^4$$

$$W=\frac{1}{6}bh^2=\frac{1}{6}\times50\times100^2=83.3\times10^3 \ \text{mm}^3$$

② 荷载计算。

钢筋荷载:$1\,500\times0.25\times0.45\times1.2=202.5$ N/m;

新浇砼自重荷载:$25\,000\times0.25\times0.45\times1.2=3\,375$ N/m;

振捣荷载:$2\,000\times0.25\times1.4=700$ N/m。

合计:$4\,277.5$ N/m。

计算梁底模板施工荷载取值:$1.4\times2\,500\times0.25=875$ N/m²;

计算钢管托楞均布施工荷载取值:$1.4\times1\,500=2\,100$ N/m²;

计算立柱均布施工荷载取值:$1.4\times1\,000=1\,400$ N/m²。

本方案验算与计算均取大值。

③ 底模胶合板验算按单跨简支梁验算。

由弯矩验算：

$$M_{max}=\frac{1}{8}qa^2,\ \sigma=\frac{M_{max}}{W}\leqslant f_m$$

由挠度验算：

$$a\leqslant\sqrt{\frac{8f_mW}{q}}=\sqrt{\frac{8\times23\times54\,000}{4.277}}=1\,524\text{ mm}$$

$$\omega=\frac{5qa^4}{384\times EI}\leqslant\frac{a}{200}$$

$$a=\sqrt[3]{\frac{384\times EI}{5\times q\times200}}=\sqrt[3]{\frac{384\times5\,000\times486\,000}{5\times4.277\times200}}=602\text{ mm}$$

实际底模背楞布置间距按梁底面尺寸，最大为 200 mm，符合要求。

④ 底模木方背楞验算：

作用于木龙骨上的线荷载 $q=4.277\times0.5=2.14\text{ kN/m}$。

按三等跨简支梁验算弯矩及挠度。

由弯矩验算：

$$M_{max}=\frac{qa^2}{10},\ \sigma=\frac{M_{max}}{W}\leqslant f_m$$

$$a\leqslant\sqrt{\frac{10f_mW}{q}}=\sqrt{\frac{10\times15\times83\,300}{2.14}}=2\,416\text{ mm}$$

由挠度验算：

$$\omega=\frac{0.677qa^4}{100EI}\leqslant\frac{a}{400}$$

$$a=\sqrt[3]{\frac{100EI}{0.677\times q\times400}}=\sqrt[3]{\frac{100\times10\,000\times4\,167\,000}{0.677\times2.14\times400}}=1\,930\text{ mm}$$

实际施工布置木方龙骨间钢管托楞间距为 800 mm。

⑤ 梁下钢管扣件托楞验算：

作用于钢管托楞上的集中荷载（按 1 m 跨度计算）$F=4.277\text{ kN}$，则在托楞可能产生的最大弯矩为：

$$M_{max}=F\cdot a=4.277\times0.185=0.791\text{ kN}\cdot\text{m}$$

按单跨梁验算：

按强度

$$\sigma=\frac{M}{W}=\frac{791\,000}{5\,083}=155.7\text{ N/mm}^2<205\text{ N/mm}^2$$

按挠度

$$\omega=\frac{Fa}{24EI}(3l^2-4a^2)=\frac{4\,277\times185}{24EI}\times(3\times800^2-4\times185^2)=2.2\text{ mm}<\frac{l}{300}$$

符合要求。

⑥ 支撑立管验算：

由上可知，梁上所有荷载为 4.293 kN/m，按立杆间距 800 mm 计，立杆所承受总力为 $4.293\times0.8=3.435\text{ kN}$，分别由两根立杆承担，显然符合要求。

⑦ 梁侧模支撑验算：

新浇砼侧压力：

$$P_{m} = 0.22\gamma_{c}t_{0}K_{s}K_{w}V^{\frac{1}{3}} = 0.22 \times 25 \times \frac{200}{T+15} \times 1.2 \times 1.15 \times 3^{\frac{1}{2}}$$

$$= 65.73 \text{ kN/m}^2$$

$$P_{m} = 25H = 25 \times 0.5 = 12.5 \text{ kN/m}^2$$

取 $P_{m} = 12.5 \times 1.2 = 15 \text{ kN/m}^2$，砼冲击荷载：$2 \times 1.4 = 2.8 \text{ kN/m}^2$。

合计：17.8 kN/m^2。

梁侧胶合板模板验算：按单跨简支梁，不考虑梯形分布荷载，认为均布。

由弯矩验算：

$$M_{max} = \frac{1}{8}qa^2, \quad \sigma = \frac{M_{max}}{W} \leqslant f_m$$

$$a \leqslant \sqrt{\frac{8f_mW}{q}} = \sqrt{\frac{8 \times 23 \times 54\,000}{17.8}} = 747 \text{ mm}$$

由挠度验算：

$$\omega = \frac{5qa^4}{384EI} \leqslant \frac{a}{200}$$

$$a = \sqrt[3]{\frac{384EI}{5 \times q \times 200}} = \sqrt[3]{\frac{384 \times 5\,000 \times 486\,000}{5 \times 17.8 \times 200}} = 374 \text{ mm}$$

实际梁侧模 50 mm×100 mm 木方背楞间距小于 350 mm。

⑧ 梁侧木方背楞验算：

作用于木方背楞上的线荷载为 $q = 16.3 \times 0.35 = 5.705 \text{ N/mm}$，按三等跨梁计算。

由弯矩验算：

$$M_{max} = \frac{qa^2}{10}, \quad \sigma = \frac{M_{max}}{W} \leqslant f_m$$

$$a \leqslant \sqrt{\frac{10f_mW}{q}} = \sqrt{\frac{10 \times 15 \times 83\,300}{5.705}} = 1\,480 \text{ mm}$$

由挠度验算：

$$\omega = \frac{0.677qa^4}{100EI} \leqslant \frac{a}{200}$$

$$a = \sqrt[3]{\frac{100EI}{0.677 \times q \times 200}} = \sqrt[3]{\frac{100 \times 10\,000 \times 4\,167\,000}{0.677 \times 5.705 \times 200}} = 1\,754 \text{ mm}$$

实际施工布置在梁侧木方背楞上的钢管支楞间距为 800 mm。

同理按上述方法进行其他梁的模板支撑设计。

3. 柱模板支撑设计

① 支撑构造概况：

500 mm×500 mm 矩形柱模板采用 18 mm 厚木胶合板模板，50 mm×100 mm 木方竖向背楞，钢管扣件柱箍支撑，柱模板及支撑构造简图如图 2.13 所示，其他柱支撑构造参照 500 mm×500 mm 柱制模支撑方式。

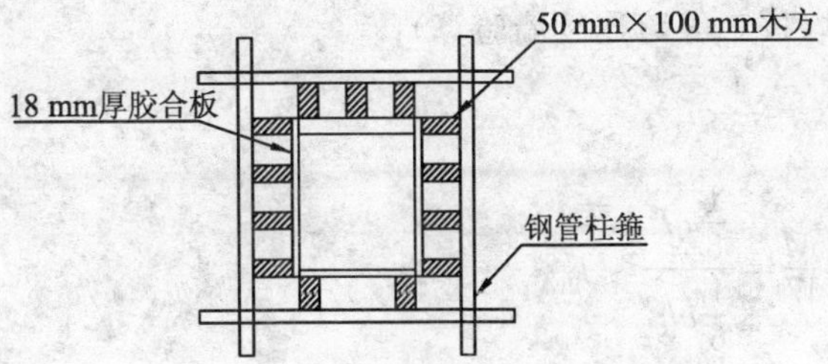

图 2.13　柱模板及支撑构造简图

② 浇筑砼对模板的侧压力：

砼入模温度取 25℃，砼浇筑速度 3 m/h，砼采用商品砼，坍落度 14 cm，插入式振捣器振捣，砼柱浇筑高度约 2.5 m。

$$p_m = 0.22\gamma_c t_0 K_s K_w V^{\frac{1}{3}}$$
$$= 0.22 \times 25 \times \frac{200}{T+15} \times 1.2 \times 1.15 \times 3^{\frac{1}{2}} = 65.73 \text{ kN/m}^2$$
$$p_m = 25H = 25 \times 2.5 = 62.5 \text{ kN/m}^2$$

取最小值，故砼对模板的最大侧压力为 62.5 kN/m²。

③ 胶合板模板的受力验算：

按抗弯强度验算，取 1 m 宽板带 $q = 62\,500 \times 1 = 62\,500$ kN/m，

$$M_{max} = \frac{1}{8}ql^2$$

$$\sigma = \frac{M}{W} = \frac{\frac{1}{8}ql^2}{\frac{1}{6}bh^2} \leqslant f$$

$$l \leqslant \sqrt{\frac{f_m \times 8bh^2}{6q}} = \sqrt{\frac{23 \times 8 \times 1\,000 \times 18^2}{6 \times 62.5}} = 399 \text{ mm}$$

按剪应力验算：

$$V = \frac{1}{2}ql$$

$$\tau_{max} = \frac{3V}{2bh} = \frac{3ql}{4bh} \leqslant f_v$$

$$l \leqslant \frac{4bhf_v}{3q} = \frac{4 \times 1\,000 \times 18 \times 1.3}{3 \times 62.5} = 499 \text{ mm}$$

按挠度验算：

$$\omega = \frac{5ql^4}{384EI} \leqslant [\omega] = \frac{l}{200}$$

$$l \leqslant \sqrt[3]{\frac{384EI}{5 \times 200 \times q}} = \sqrt[3]{\frac{384 \times 5\,000 \times \frac{1}{12} \times 1\,000 \times 18^3}{5 \times 200 \times 62.5}} = 246 \text{ mm}$$

框架柱胶合板模板跨度（即 50 mm×100 mm 木方背楞间距）取 200 mm。

④ 柱箍的间距设计（即木方背楞的受力验算）：

木方背楞承受的线荷载为 62.5×0.2 = 12.5 kN/m。

按抗弯强度验算（按三等跨连续墙验算）：

$$M_{max} = \frac{1}{8}ql^2$$

$$\sigma = \frac{M}{W} = \frac{\frac{1}{8}ql^2}{\frac{1}{6}bh^2} \leqslant f_m$$

$$l \leqslant \sqrt{\frac{8f_m bh^2}{6q}} = \sqrt{\frac{8 \times 15 \times 50 \times 100^2}{6 \times 12.5}} = 894 \text{ mm}$$

按剪应力验算：

$$V = \frac{1}{2}ql$$

$$\tau_{max} = \frac{3V}{2bh} = \frac{3ql}{4bh} \leqslant f_v$$

$$l \leqslant \frac{4bhf_v}{3q} = \frac{4 \times 50 \times 100 \times 1.3}{3 \times 12.5} = 693 \text{ mm}$$

按挠度验算：

$$\omega = \frac{5ql^4}{384EI} \leqslant [\omega] = \frac{l}{200}$$

$$l \leqslant \sqrt[3]{\frac{384EI}{5 \times 200 \times q}} = \sqrt[3]{\frac{384 \times 10\,000 \times \frac{1}{12} \times 50 \times 100^3}{5 \times 200 \times 12.5}} = 1\,086 \text{ mm}$$

根据以上计算，50 mm×100 mm 背楞跨度即柱箍间距可取 600 mm。

⑤ 钢管扣件柱箍支撑计算：

新浇砼的侧压力同上取 65.2 kN/m²，根据扣件的抗滑力为 8 kN，则柱箍的最大间距为

$$l = \frac{2 \times 8 \times 1\,000}{65.2 \times 0.6} = 409 \text{ mm}$$

取柱箍间距 400 mm，即木方背楞跨度也为 400 mm。

4. 剪力墙的模板支撑设计

① 剪力墙模板及背楞概况：

本工程模板采用 18 mm 厚木胶合板模板，内楞采用50 mm×100 mm 木方，外楞采用 2ϕ48×3.5 钢管，M12 对拉螺栓紧固。

18 mm 厚木胶合板模板 $f_m = 23$ N/mm²，$f_v = 1.4$ N/mm²，$E = 5\,000$ MPa；

50 mm×100 mm 木方背楞 $f_m = 15$ N/mm²，$f_v = 1.3$ N/mm²，$E = 10\,000$ MPa；

模板及支撑构造简图如图 2.14 所示。

图 2.14　剪力墙模板支撑构造示意图

② 新浇砼对模板的侧压力：

砼入模温度取 25℃，砼浇筑速度 3 m/h，砼采用商品砼，坍落度 12 cm，泵送输料，插入式振捣器振捣，砼墙浇筑高度约 2.65 m。

$$p_m = 0.22\gamma_c t_0 K_s K_w V^{\frac{1}{2}}$$

$$= 0.22 \times 25 \times \frac{200}{T+15} \times 1.2 \times 1.15 \times 3^{\frac{1}{2}} = 65.73 \text{ kN/m}^2$$

$$p_m = 25H = 25 \times 2.65 = 66.25 \text{ kN/m}^2$$

故砼对模板的最大侧压力为 65.73 kN/m²。

木胶合板模板受力验算：

计算简图如图 2.15 所示。

模板宽度取 1 000 mm 为计算宽度。

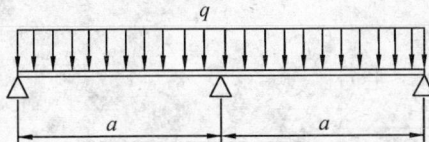

图 2.15　计算简图

$$I = \frac{1}{12}ah^3 = \frac{1}{12} \times 1\,000 \times 18^3 = 48.6 \times 10^4$$

$$\omega = \frac{1}{6}ah^2 = \frac{1}{6} \times 1\,000 \times 18^2 = 54.0 \times 10^2$$

按模板抗弯强度计算：

$$q = p_m \times 1\,000 = 65.73 \text{ N/mm}$$

$$M = 0.084qa^2$$

$$\sigma = \frac{M}{W} = \frac{0.084qa^2}{W} \leqslant f_m$$

$$a \leqslant \sqrt{\frac{f_m W}{0.084q}} = \sqrt{\frac{23 \times 54.0 \times 10^3}{0.084 \times 65.73}} = 474 \text{ mm}$$

按模板允许挠度计算：

$$\omega_a = \frac{0.273qa^4}{100EI} \leqslant [\omega]$$

$$a \leqslant \sqrt[4]{\frac{100EI[\omega]}{0.273q}} = \sqrt[4]{\frac{100 \times 5\,000 \times 48.6 \times 10^4 \times 2}{0.273 \times 65.73}} = 406 \text{ mm}$$

根据以上计算,50 mm×100 mm 木方内楞间距 400 mm。

③ 木方内楞受力验算:

计算如简图 2.16 所示:

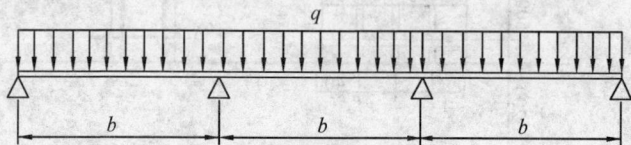

图 2.16　计算简图

$$I = \frac{1}{12}bh^3 = \frac{1}{12} \times 50 \times 100^3 = 416.7 \times 10^4$$

$$\omega = \frac{1}{6}bh^2 = \frac{1}{6} \times 50 \times 100^2 = 83.3 \times 10^3$$

按木方内楞抗弯强度计算:

$$q = p_m \times a$$

$$M = \frac{1}{10}qb^2$$

$$\sigma = \frac{M}{W} = \frac{p_m ab^2}{10W} \leqslant f_m$$

$$b \leqslant \sqrt{\frac{10f_m W}{P_m a}} = \sqrt{\frac{10 \times 15 \times 83.3 \times 10^3}{65.73 \times 10^{-3} \times 400}} = 689 \text{ mm}$$

按允许挠度计算:

$$\omega_a = \frac{qb^4}{150EI} \leqslant [\omega]$$

$$b \leqslant \sqrt[4]{\frac{150EI[\omega]}{p_m a}} = \sqrt[4]{\frac{150 \times 10\,000 \times 416.7 \times 10^4 \times 3}{65.73 \times 10^{-3} \times 400}} = 919 \text{ mm}$$

根据以上计算,$\phi48 \times 3.5$ 钢管外楞间距取 500 mm。

④ 对拉螺栓受力验算:

对拉螺栓采用 M12,$[F]=18\,300$ N,纵向间距即水平方向钢管间距 $b=500$ mm,

$$F = p_m A = p_m bc \leqslant [F]$$

$$c \leqslant \frac{[F]}{p_m b} = \frac{18\,300}{65.73 \times 10^{-3} \times 500} = 557 \text{ mm}$$

根据以上计算,M12 对拉螺栓水平间距 400 mm,竖向间距取 500 mm。

三、模板支撑的拆除

模板的拆除,除了非承重侧模应以能保证砼表面及棱角不受损坏时(大于 1 N/mm²)方可拆除外,承重模板应按规范执行。

模板拆除的顺序,应按照配板设计的规定进行。遵循先支后拆、后支先拆、先非承重部位和后承重部位以及自上而下的原则。拆模时,严禁用大锤和撬棍硬砸硬撬。拆除的模板和配件,严禁抛扔,要有人接应传递,按指定地点堆放。并做到及时清理、维修和涂刷好隔离剂,以备待用。

对于框架柱模板及剪力墙侧模板,可在砼终凝。并养护 24 h 后,砼强度不小于1.2 MPa后拆除。侧模拆除后,柱墙面上立即围盖塑料布保湿,麻布袋保温或围湿草袋(根据气温情况),加强砼的养护。

梁、板底模在与结构同条件养护的试块达到下表规定强度后可拆除。拆模时混凝土强度应能保证其表面和棱角不受损伤,注意不得硬碰。

板、梁、悬臂梁在不同结构跨度下应达到设计标号的百分率见表 2.10。

表 2.10　板、梁、悬臂梁砼拆模强度应达到设计标号的百分率

项次	结构类型	结构跨度/m	达到设计标号的百分率
1	板	≤2	≥50%
		2～8	≥75%
2	梁	≤8	≥75%
3		>8	≥100%
4	悬臂梁	—	≥100%

四、模板与支撑的周转

结构模板支撑拆除后,通过转运平台,采用塔吊吊运运输。部分模板支撑直接吊至楼层施工操作位置,部分模板吊至施工现场平地上进行整理、修整。

(1) 模板支撑转运平台的设计计算:

平台平面尺寸为 1.5 m(宽)×3.0 m(悬挑出),考虑到塔吊本身的起重吊装能力及其臂长吊运能力,平台的允许最大堆载为 2 t。转运平台采用槽钢作为支承梁,一端搁置在楼层,采用 M16 螺栓固定以抗滑移,一端采用钢丝绳悬吊,吊环扣住钢丝绳。

① 转运平台的底板设计验算。

考虑到转运平台的底板,抗堆载的冲击能力及使用寿命,采用 5 mm 钢板,其下与槽钢支楞点焊加铆钉连接。

荷载计算(考虑荷载分项系数):

钢板所受的均布堆载为 $2\,000×9.8×1.4/(1.5×3)=6.1$ kN/m²;

钢板自重荷载为 0.46 kN/m²;

合计均布荷载为 6.56 kN/m²。

按强度计算:

$$\frac{M}{W}=\frac{0.125ql^2}{W}\leq\sigma$$

$$l\leq\sqrt{\frac{\sigma W}{0.125q}}=\sqrt{\frac{205×\frac{1\,000×5^2}{6}}{0.125×6.56}}=1\,020 \text{ mm}$$

按挠度计算：

$$\omega = \frac{0.521ql^3}{100EI} \leqslant \frac{l}{200}$$

$$l \leqslant \sqrt{\frac{100EI}{200 \times 0.521q}} = \sqrt{\frac{100 \times 2.1 \times 10^5 \times \frac{100 \times 5^3}{12}}{200 \times 0.521 \times 6.56}} = 5\ 657\ \text{mm}$$

由上计算可知钢板下槽钢支楞的间距取 600 mm。

② 钢板下槽钢支承梁的设计计算（按单跨简支梁考虑）。

槽钢所受的荷载 $q = 6.56 \times 0.6 = 3.94$ kN/m，

按强度计算：

$$\frac{M}{W} = \frac{\frac{1}{8}ql^2}{W} \leqslant \sigma$$

$$W \geqslant \frac{0.125ql^2}{\sigma} = \frac{0.125 \times 3.94 \times 1.5^2 \times 10^6}{205} = 5\ 405.5\ \text{mm}^3$$

按挠度计算：

$$\omega = \frac{5ql^4}{384EI} \leqslant \frac{l}{400}$$

$$I \geqslant \frac{400 \times 5ql^3}{384E} = \frac{400 \times 5 \times 3.94 \times 1.5^3 \times 10^9}{384 \times 2.1 \times 10^5} = 329\ 799\ \text{mm}^4$$

选用 8# 热轧普通槽钢，$I = 101.3 \times 104$ mm^4，$W = 25.3 \times 103$ mm^3。

③ 转运平台主梁的设计计算（按单跨简支梁计算）。

荷载计算按均布荷载来考虑，堆载形成的均布线荷载：$6.56 \times 1.5/2 = 4.92$ kN/m；

钢板自重荷载形成的均布荷载：0.344 kN/m；

8# 槽钢形成的均布线荷载：0.284 kN/m。

合计线荷载：5.55 kN/m。

按强度计算：

$$\frac{M}{W} = \frac{\frac{1}{8}ql^2}{W} \leqslant \sigma$$

$$W \geqslant \frac{0.125ql^2}{\sigma} = \frac{0.125 \times 5.55 \times 3^2 \times 10^6}{205} = 30\ 457\ \text{mm}^3$$

按挠度计算：

$$\omega = \frac{5ql^4}{384EI} \leqslant \frac{l}{400}$$

$$I \geqslant \frac{400 \times 5ql^3}{384E} = \frac{400 \times 5 \times 5.55 \times 3^3 \times 10^9}{384 \times 2.1 \times 10^5} = 3\ 716\ 518\ \text{mm}^4$$

可选用 14# 槽钢：$I = 563.7 \times 104$ mm^4，$W = 80.5 \times 103$ mm^3。

④ 钢丝绳吊索计算。

钢丝绳所受的拉力 $[F_g] = 5.55 \times 3/2 + 0.22 = 8.55$ kN。

钢丝绳的受力验算：

$$[F_g] = \frac{\alpha F_g}{K}$$

式中 $\alpha=0.85$，$K=7$，则 $F_g=\dfrac{[F_g]K}{\alpha}=\dfrac{8.55\times7}{0.85}=70.42\ \mathrm{kN}$。

选用 $\phi14\ \mathrm{mm}$，$6\times19\ \mathrm{mm}$ 钢丝绳，钢丝绳的公称抗拉强度为 $1\ 550\ \mathrm{N/mm^2}$，钢丝绳的破断拉力总和不小于 $112\ \mathrm{kN}$。

梁上钢筋吊环受力验算：吊环采用圆钢，制作成 Ω 形，钢筋两端锚入砼内深度不小于圆钢直径的 30 倍，且不小于 $800\ \mathrm{mm}$。

吊环强度计算：

$$\sigma=\frac{F}{2A_s}=\frac{F}{2\times\dfrac{\pi d^2}{4}}$$

$$d\geqslant\sqrt{\frac{2F}{\pi\sigma}}=\sqrt{\frac{70\ 420}{\pi\times205}}=10.5\ \mathrm{mm}$$

式中 F 为吊环所受的拉力，即钢绳所受的拉力，A_s 为吊环钢筋的截面积。

抗拔能力计算：

$$N\geqslant K\frac{F}{2}$$

$$N=\pi dl\tau_w$$

$$d\geqslant\frac{KF}{2\pi l\tau_w}=\frac{4\times70.42\times1\ 000}{2\pi\times800\times2}=28\ \mathrm{mm}$$

式中 l 为吊环的锚固长度，τ_w 为砼的握裹力，取 $2\ \mathrm{MPa}$。

显然，如果按选用钢丝绳的设计计算拉力计算吊环直径，则须采用 $\phi30$ 圆钢制作，锚入砼内的深度须不小于 $800\ \mathrm{mm}$，安全系数很大。当然不考虑计算钢丝绳的安全系数与计算吊环安全系数的叠加，则实际计算抗拔力减小，吊环也可采用 $\phi20$ 圆钢制作，锚入砼梁内深度小于 $600\ \mathrm{mm}$。此时为保证安全，保险绳与拉绳的吊环应分开埋设。

（2）转运平台的搭设和使用要点：

钢丝绳两边各设前后两道，现增大钢丝绳的保险系数，当其中一根破裂时，可临时由另一根承担。

钢平台安装时，每根钢丝绳使用不少于 3 个卡子卡牢。梁角或柱角利口应加衬软垫物，并使钢平台外口略高于内口。以使钢丝绳受力延伸后，钢平台挑出段不下挂，保证钢平台正常计算受力效果。

钢平台左右两侧有固定的防护栏杆，在施工中如有损坏，应及时修理。

钢平台吊装需待横梁支撑点固定，接好钢丝绳，调整完毕，经过验收，方可使用。

钢平台吊运时应使用钢平台上的吊环。

钢平台使用时，应有专人进行检查，发现钢丝绳有锈蚀损坏应及时调换，焊缝脱焊时应及时修复。

经过计算，操作平台上应挂牌标明容许荷载为 $2\ \mathrm{t}$，并配备专人加以监督。

转运平面的布置示意如图 2.17 所示。

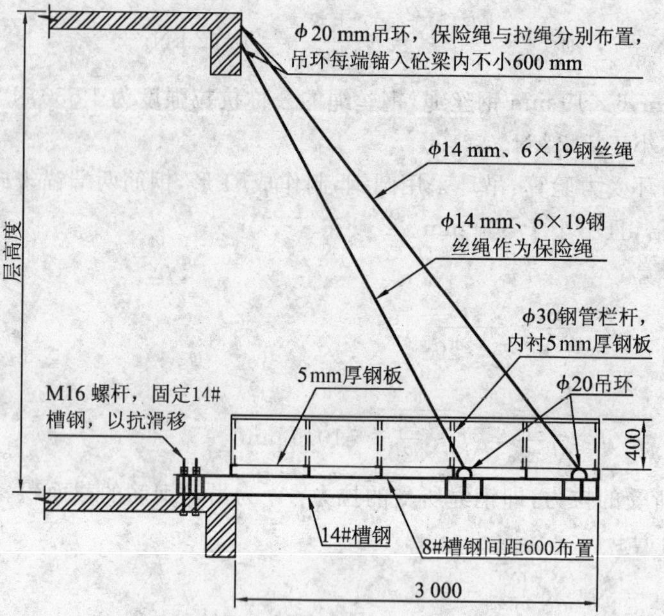

图 2.17　转运平台布置剖面示意图

五、模板施工安全要求

（1）支模板的支撑、立杆应加设垫木，横拉杆必须钉牢。支撑、拉杆不得连接在门窗和脚手架上。在浇捣混凝土过程中要经常检查，如发现有变形、松动等要及时修整。

（2）拆除模板前须经中政监理检查，确认混凝土已达到一定强度后方可实施，且应自上而下顺次拆除，不准一次将顶撑全部拆除。

（3）拆模板时应采用长铁棒，操作人员应站在侧面，不允许在拆模的正下方有行人，或采取在同一垂直面下操作。拆下的模板应随时清理运走，不能及时运走的，要集中堆放并将钉子扭弯打平，以防戳脚。

（4）高处拆除模板时，操作人员应戴好安全带，禁止站在模板的横拉杆上操作。拆下的模板应尽量用绳索吊下，不准向下乱扔。如有施工孔洞，应随时盖好或加设围栏，以防踏空跌落。

（5）已拆除模板及其支架的构件，只有在砼强度达到设计标号后，才允许承受全部设计荷载。当承受施工荷载大于计算荷载时，必须经过核算，加设临时支撑。拆除大跨度梁下支撑时，应先从跨中开始，分别向两端拆除。正在浇筑砼的楼层下一层的梁板支撑不得松动、拆除。

建筑工程见证取样及试验方案

一、编制依据

① 市《房屋建筑工程和市政基础设施工程实行见证取样和送检制度的规定》；

② 施工企业质量管理手册。

二、工程概况

某工程由某房地产开发公司开发，某建筑设计研究院设计，位于某市××路与××路交叉口的东北角，总建筑面积 170 174.9 m²，为连体住宅小区，地下 2 层，地上 4～15 层，从南至北由依次为 1♯～7♯楼的 7 栋连体住宅及 4 个全地下车库组成。

三、试验准备

1. 建立施工现场标养室

由于工程占地面积较大，现场可供施工使用的面积较小，仅在 1♯楼南侧设一个标养室，面积不小于 12 m²，供混凝土试块保温保湿用。标养室派专人值班，保证标养室温度在(20±3)℃范围内，湿度在 90% 以上。

2. 标养室设备配置

标养室设置配置见表 2.11。

表 2.11 试验设置配置

设备名称	规 格	数 量	单 位	备 注
砼试模	150×150	15	组	有鉴定证书
砼试模	100×100	30	组	有鉴定证书
砂浆试模	7.07×7.07	5	组	有鉴定证书
抗渗试模	—	2	组	
坍落度筒	—	2	套	备捣棒、量具
烤箱		1	只	
天平秤		1	台	有计量鉴定

设备名称	规　格	数　量	单　位	备　注
温湿度控制仪		1	台	有计量鉴定
环刀		2	个	
加热器具		1	套	
喷淋设备		1	套	
铁抹子		3	个	

四、主要试验项目

1. 混凝土

本工程面积大、时间紧,根据施工进度计划,需经历两个冬期一个雨期。地下结构施工将大部分处于冬期,为保证工程质量,所用混凝土全部采用商品砼;地上结构施工时采用现场搅拌砼,混凝土试块的留置分栋、分层、分段、分强度分别进行留置。

(1)地下结构商品混凝土为商品混凝土。

混凝土每次进场前,应检查混凝土的温度、坍落度是否合格,检查混凝土配合比单、原材料复试报告和小票是否一致,符合要求后方可浇筑。

(2)地上结构施工时,采用现场搅拌混凝土,配合比由砼公司中心试验室提供。现场搅拌前,混凝土各种原材料的必备资料及配合比应报送监理单位,经监理工程师认可后,方可正式使用。

原材料中水泥、砂、石、外加剂、掺和料进场前检查合格证,并按规定取样送试验室进行复试,复试合格后方可使用。

现场搅拌站挂配合比牌,每次开盘前对所用计量器具进行检查并定磅,校对施工配合比。每天测定砂、石原材料的含水率,如遇雨天则增加测量次数,每隔 2 h 派专人检查混凝土坍落度。

计量偏差控制:① 水泥、外加剂计量允许偏差≤±2%;② 砂石计量的允许偏差≤±3%;③ 水计量允许偏差≤±2%。

现场搅拌混凝土的检查和试验项目:

① 检查混凝土组成材料的质量,每一工作台班至少两次;

② 检查混凝土在拌制地点和浇筑地点的坍落度,每一工作台班至少两次;

③ 在每一工作台班内,若混凝土配合比因外界影响而有变动时,应及时检查;

④ 混凝土的搅拌时间应随时检查。

(3)现场搅拌混凝土原材料试验。

① 水泥取样批量不超过 500 t,随机从不少于 3 个车罐中各取等量水泥,经混拌均匀后再从中称取不少于 12 kg 的水泥作为试样。水泥取样见证数量不少于 30%。

② 砂的取样以 600 t 为一验收批,每一验收批的取样数量为 12 kg。在料堆上取样时,取样的部位均匀分布,取样时先将取样部位表层砂铲除,然后由各部位抽取大致相等

的 8 份(每份 11 kg 以上),拌匀后用四分法缩至 22 kg 以组成试样。砂的含泥量要求不大于 3%,泥块含量不大于 1%。

③ 石子取样以 600 t 为一验收批,每一验收批的取样数量为 40 kg。料堆取样均匀分布,各部位取样 15 份以组成试样。石子的含泥量要求不大于 1%,泥块含量不大于 0.5%。

④ 外加剂应具有"建筑工程材料准用证",每 50 t 为一批量。

⑤ 掺和料取样。掺和料为粉煤灰,每 200 t 为一批量,每批中抽 10 袋,每袋取样不少于 1 kg,混合拌匀后按四分法缩至比试验所需量大一倍的试样。

(4) 混凝土试块的留置。

混凝土的抗压强度应以在温度(20±3)℃和相对湿度 90% 以上的潮湿环境或水中的标准条件下,经 28 d 养护后由试压确定,试件必须在浇筑地点随机取样制作。

① 每拌制 100 盘且不超过 100 m³ 的同配合比的混凝土,取样次数不少于 1 次。

② 每工作台班拌制的同配合比的混凝土不足 100 盘时,取样次数也不得少于 1 次。

③ 每一现浇楼层同配合比的混凝土,其取样次数不得少于 1 次。

④ 每次取样应至少留置一组标准试件,同条件养护试件的留置组数,可根据实际需要确定。正常施工条件下可留置 1~2 组,冬施时,每浇筑一段,每一台班、每一种强度等级的砼不少于 4 组试块,其中一组标准养护,一组同条件养护,一组冬转常,一组备用。

⑤ 预拌混凝土除应在预拌混凝土厂内留置试件外,混凝土运到施工现场后,尚应按上述要求留置试件。

⑥ 地下室抗渗混凝土必须留置抗渗试块。

⑦ 认真做好试件的管理工作,从试模的选择、试件取样、成型、编号以至养护等要有专人负责,以提高试件的代表性,正确反映结构和构件的强度。

2. 钢筋试验

(1) 钢筋原材试验。

钢筋进场时必须有质量证明书,并按批进行检查和验收。每一验收批由同牌号、同炉号、同规格、同交货状态的钢筋组成,每一验收批重量不大于 60 t;对重量不大于 30 t 的冶炼炉冶炼的钢锭和连续坯轧制的钢筋,允许由同牌号、同冶炼方法、同浇铸方法的不同炉罐号组成混合批,但每批不得多于 6 个炉罐号。每炉罐号含碳量之差不得大于 0.02%,含锰量不得大于 0.15%。检查内容包括外观质量检查和力学性能检查。

① 外观质量检查。

从每批钢筋中抽取 5% 进行外观质量检查,钢筋表面不得有裂纹、结疤和折叠,钢筋表面允许有凸块,但不得超过横肋的高度,钢筋表面上其他缺陷的深度和高度不得大于所在部位尺寸的允许偏差,钢筋每 1 m 弯曲度不应大于 4 mm。

② 力学性能试验。

从每批钢筋中任选两根,每根取两个试样分别进行拉伸试验(测定屈服强度、破断拉力、伸长率)和冷弯试验。如有一项试验结果不符合要求,则从同一批中另取双倍数量的试样重做各项试验;如仍有一个试验不合格,则该批钢筋为不合格。

热轧钢筋在加工过程中发现脆断、焊接性能不良或机械性能显著不正常等现象时,应进行成分分析或其他专项检测。

（2）钢筋机械连接接头试验。

根据施工组织设计，本工程 18 及以上钢筋采用机械连接，其中大部分采用镦粗直螺纹连接，局部端头弯折部位的最后一个接头采用冷挤压连接。

连接用套筒进场后应检查由有效资质单位提供的有效型式检测报告与出厂合格证，并抽取包装盒中的套筒进行接头外观检查，外观质量检查合格后，按规定进行工艺检测和接头现场检测。

钢筋接头试验按幢号和接头数量进行试验，现场检测一般只进行接头外观质量检查和单向拉伸试验。

① 取样数量。

按钢筋材料等级、接头型式、规格及施工条件每 500 个钢筋接头作为一个验收批，不足 500 个的也作为一个验收批。对每一验收批，随机抽取 10% 的接头进行外观质量检查，抽取 3 个试样作单向拉伸试验。在现场检测合格的基础上，连续 10 个验收批单位拉伸试验合格率 100% 时，可扩大验收批所代表的接头数量的一倍。

② 外观质量检查。

镦粗直螺纹连接主要检查镦粗头质量（包括镦粗长度、弯曲、偏心等）、螺纹质量（包括牙形、丝牙长度、偏心等）、套筒规格、拧入长度等。冷挤压连接主要检查压痕数量、深度、套筒规格、钢筋伸入长度。

③ 钢筋接头力学性能试验。

连接接头的钢筋母材应进行抗拉强度试验。3 个接头试样的抗拉强度均应满足 A 级要求，接头试样抗拉强度应大于或等于钢筋母材实际抗拉强度的 0.9 倍（计算实际抗拉强度时，应采用钢筋的实际横截面积）。如有一个试验的抗拉强度不符合要求，则应加倍抽样复试。

3. 防水材料试验

防水材料为 SBS 防水卷材。SBS 防水卷材进场后必须有出厂合格证，并进行外观质量检查，检查规格、型号、牌号是否一致。外观质量检查合格后，按规定取样送试验室进行复试，复试合格后方可使用。取样方法为同一类型、同一规格卷材每 10 000 m² 为一批，不足 10 000 m² 的也作为一批，在每批中随机抽取 5 卷进行卷重、面积、厚度和外观质量检查，从卷重、面积、厚度及外观合格的卷材中随机抽取一卷，切除距每卷头 2 500 mm 后，顺纵向切取长度 800 mm 的全幅卷材试样 2 块，一块作物理力学性能检测用，另一块备用。

4. 回填土

基槽采用 2∶8 灰土回填，车库的房心土和车库顶板采用素土回填。土料检测包括干密度、含水率、配合比。回填土分段分层检测干密度、含水率。在夯实层表面下 2/3 处采用环刀取样，基槽回填土每层每 20～50 m 取一组试样，室内回填土每层每 100～500 m² 取样一组；场地平整按每 400～900 m² 取样一组，每层厚度 250 mm。

5. 砂浆

二次结构所用的砂浆采用工地自行搅拌，水泥、砂、外加剂只有经具备资质试验室复试合格、由试验室发出配合比通知单后,方可正式进行搅拌。搅拌时计量要准确。每一楼层或每 250 m³ 砌体的各种强度等级的砂浆试块至少一组。

6. 砌块及其他

砌块进场使用前要有出厂合格证,外观无缺角、损坏,并按规定抽取试样送试验室复试,合格后方可使用。

五、见证管理

必须实行有见证取样和送检的项目如下:
(1) 用于承重结构的混凝土试块;
(2) 用于承重结构的砂浆试块;
(3) 用于承重结构的钢筋及连接接头试件;
(4) 用于承重墙的砖和混凝土小型砌块;
(5) 用于拌制混凝土和砌筑砂浆的水泥;
(6) 用于承重结构的混凝土中使用的掺加剂;
(7) 地下、屋面、厕浴间使用的防水材料;
(8) 国家规定必须实行见证取样和送检的其他试块、试件和材料。

六、附　件

1. 标准养护室管理制度

(1) 标准养护室用于对混凝土试块、水泥试块、砂浆试块的标准养护。
(2) 养护条件:温度(20±3)℃,湿度大于 90%。
(3) 控温方法:用电加热器升温;用自来水喷淋降温。电加热器和电磁阀分别由两台温度控制仪控制。
(4) 室内悬挂干湿温度计定时查看。
(5) 经常检查温度控制仪的工作情况,每两天检查一次电热水器的水位高度,以免干烧。
(6) 进出养护室应随手关门,以免造成室内的温度波动及湿度的损失。
(7) 经常清扫,保持清洁。

2. 现场取样员岗位责任制

(1) 按标准方法成型混凝土、砂浆试块。
(2) 对混凝土、砂浆拌和物进行坍落度试验。
(3) 对混凝土、砂浆试块进行养护。
(4) 现场混凝土查验。
(5) 委托有资质的试验室对混凝土、砂浆试块进行抗压试验。
(6) 现场混凝土、砂浆养护室管理。
(7) 按标准方法抽取砂、石、土壤和过期水泥等试样,委托试验室进行试验。

（8）登记成型台账，记录混凝土施工日志。

3. 取样员技术工作标准

（1）热爱本职工作，遵守职业道德，努力钻研技术。

（2）了解所从事试验岗位的规范、规程，熟练掌握试验操作具体方法。

（3）熟悉安全操作规程和仪器设备的保养制度。

（4）明确各类施工配合比的意义，准确地计量每盘用量。

（5）准确地按照规范要求取样、制作、养护混凝土、砂浆试件。

（6）准确地按照规范要求在现场进行砂、石含水率，混凝土坍落度及回填土取样。

（7）准确地登记混凝土、砂浆成型原始台账。

（8）了解混凝土常用材料、一般外加剂、掺和料和防水材料的外观性能，能够按照标准要求取得试样。

（9）了解现场试验仪器，设备的性能及工作原理，能配合安装调试。

（10）对本工程实行见证取样和送检的要求及数量：

① 用于承重结构的混凝土试块，按施工组织设计中流水段划分的段数，每段取样，送检数量不少于总数的 30%；

② 用于承重结构的钢筋按进场次序、数量取样，送检数量不少于总数的 30%；

③ 钢筋连接接头按流水段，每段取样，送检数量不少于总数的 30%；

④ 用于拌制混凝土的水泥按进场次序、数量取样，送检数量不少于总数的 30%；

⑤ 用于承重结构中的掺加剂取样送检率 100%；

⑥ 地下、屋面、厕浴间使用的防水材料，取样送检率 100%。

（11）见证人职责和要求：

① 本工程须设 1~2 名取样和送检见证人；

② 见证人必须由施工现场监理人员或由建设单位委派具有一定施工试验知识的专业人员担任；

③ 见证人必须已取得"见证人岗位资格证书"或具有"监理工程师资格证书"；

④ 见证人必须向质监站和送检单位递交见证人备案书；

⑤ 因故更换或新增见证人应办理见证人变更手续；

⑥ 施工现场有见证取样和送检必须由见证人员随机确定；

⑦ 现场取样时，见证人员必须在现场见证，并作好签字见证记录；

⑧ 见证人员应对试样进行封志后，送至试验室；

⑨ 见证人员对送检试样的真实性和合法性负法定责任。

（12）见证取样和送检程序：

① 施工负责人和建设（监理）单位双方考察试验室，并确定承担有见证试验的试验室；

② 建设（监理）单位向试验室递交"有见证取样和送检见证人备案书"；

③ 试验人员在现场按有关标准进行原材料取样和试样制作时，见证人必须在旁见证；

④ 见证人应对试样进行监护，并和施工方试验人员共同将试样送至试验室或采取有

效的封志措施送样；

⑤ 承担有见证试验的试验室，在检查确认委托文件和试样的见证标识、封志无误后，方可进行试验，否则应拒绝试验；

⑥ 试验室在有见证取样和送检项目的试验报告上应加盖"有见证试验"专用章，由施工单位汇总后与其他施工资料一起纳入工程技术资料档案；

⑦ 有见证取样和送检的试验结果达不到规定标准要求的，试验室及时通知承担监理工程的质量监督机构和见证单位。

➡ 建筑工程悬挑脚手架搭拆施工方案

一、编制说明

(1) 本方案编制的主要目标：

① 按照施工合同要求施工；

② 按照国家、省市政府的规定，制定完善的安全生产保障措施，保证本工程安全生产目标的实现；

③ 为现场悬挑脚手架搭、拆施工提供指导和依据。

(2) 编制依据：

① 工程图纸及企业、技术标准和管理标准等；

②《建筑施工扣件式钢管脚手架安全技术规范》(JGJ 130—2001)；

③《高层建筑施工手册》；

④《建筑结构荷载规范》(GB 50009—2001)；

⑤《建筑结构静力计算手册》；

⑥《建筑施工脚手架实用手册》。

二、工程概况

某标段工程由 05 栋、07 栋及绿地人防三个单位工程组成。05 栋地上 18 层，地下 1 层，框架剪力墙结构，建筑高度 50.4 m，建筑面积为 7 770.9 m²。地下室层高 3.3 m，第 9 层及第 18 层层高 2.9 m，其他层高 2.7 m。07 栋地上 14 层，地下 1 层，剪力墙结构，建筑高度(含屋顶构架)39.6 m，建筑面积为 15 173.06 m²。地下室层高 3.3 m，第 7 层及第 14 层层高 2.9 m，其他层高 2.7 m。具体参数见表 2.12。

表 2.12　05 栋、07 栋建筑结构表

序号	单位工程名称	结构形式	层数		檐高/m	建筑面积/m²	脚手架形式	备注
			地下	地上				
1	05 栋	剪力墙	1	18	50.4	7 770.9	悬挑脚手架	
2	07 栋	剪力墙	1	14	39.6	15 173.06	悬挑脚手架	

根据本工程结构、建筑高度分段情况及安全文明工地的安全防护要求，为便于绿地人防施工和防止地下室回填土的不均匀沉降，保证工程进度，经各方安全技术经济比较，

采用悬挑钢梁双排钢管全封闭外脚手架,外满挂密目式绿色安全网防护。本工程外脚手架采用槽钢悬挑扣件式外脚手。05栋脚手架搭设高度为50.9 m,07栋脚手架搭设高度为40.1 m,均每8层悬挑一次,05栋、07栋均在第3、11层进行二次挑搭,下段高度分别为19.3 m(07栋)、25.2 m(05栋),上段高度分别为19.8 m(07栋)、25.7 m(05栋)。立柱双排排距为0.85 m,内排距墙0.35 m,柱距1.5 m;连墙件垂直间距2.8 m,水平间距6.0 m;每步的栏杆高度为1.2 m;大横杆高度为1.8 m;剪刀撑倾角为45°,跨距4~5柱距,连续设置,小横杆间距同柱距或0.75 m。加强门洞两侧的立柱(双柱)并在门洞两侧及洞顶处增设斜撑杆件,同时按规定搭设双层防护棚。遇有空调搁板处可不设立杆,但需设置人字斜杆并与相邻杆相连,于搁板中留洞、立柱贯通。

为使部分竖向荷载传递给上部结构楼层,在每一悬挑处向上三层进行卸载,同时每层均应按规范要求用水平钢管硬拉结。在砼浇筑时将索扣预埋在砼柱上,短钢管预埋在砼梁上。外脚手架的骨架部分均采用外径48 mm、壁厚3.5 mm的Q235型无缝焊接钢管。脚手架外侧设腰杆一道、踢脚杆一道,并用红白油漆相间分色标识。连墙杆水平间隔6.0 m,垂直间距2.8 m,各设置连墙杆一道。连墙点采用短钢管插入建筑物外围一周的梁板中,与梁板混凝土浇筑时预埋,当遇墙板处时在墙体内水平预埋50PVC套管,以便与外脚手架连接,确保外脚手架稳定性。随楼层两步满铺竹笆片作为施工脚手板,脚手架每4步满铺竹笆片,并附有0.2 m高的挡脚板。外挂绿色密目式安全网围护。在脚手架与墙体间每隔4层铺通长底笆一次作为隔离层防护。根据结构形式,屋面装饰架外挑1.7 m。如用脚手架支承装饰架荷载不能满足,则考虑在屋面板上设槽钢挑架进行施工。

在05栋和07栋的中间设有一座能容纳上千人的绿地人防工程,最近的部位为07栋13单元西南角,两建筑物距离为3.0 m,采用槽钢悬挑脚手架,故不影响人防基础开挖。

二栋高层在搭脚手架时考虑到装修时垂直运输工具,暂考虑两台施工电梯。在预留施工电梯部位开口脚手架的连墙点纵距应按层高设置,连墙点必须确保刚性连接,能有效传递风荷载。

所有的外脚手架既作为施工期间的防护脚手架,又作为装修期间的外装修脚手架,双排脚手架的施工均布荷载不得超过300 kg/m²。

三、材　　料

(1) 钢管的选型及标准。

在搭设之前,必须对进场的脚手架杆配件进行严格检查,严禁使用规格和质量不合格的杆配件。钢管采用现行国家标准《直缝电焊钢管》(GB/T 13793)或《低压流体输送用焊接钢管》(GB/T 3092)中规定的3号普通钢管,其质量符合现行国家标准《碳素结构钢》(GB 700—88)标准中Q235—A级钢的要求,每批钢管进场时应具有生产厂家的检测合格证,满足抗拉强度、伸长率、屈服点和硫、磷含量的要求。钢管采用外径48 mm,壁厚3.5 mm的钢管,钢管无严重锈蚀、弯曲、压扁和裂纹。立杆、大横杆、斜杆的钢管长度控制在6.0~6.5 m,小横杆长度控制在2.1~2.3 m,以适应脚手架的宽度变化。钢管统一涂刷成橘黄色。

(2) 扣件的选型及标准。

扣件具备出厂合格证,符合《钢管脚手架扣件》(GB 15831—1995)的规定:扣件无裂纹、气孔、砂眼、疏松或其他影响使用性能的铸造缺陷,选用机械性能不低于 KT—33—8 的可锻铸铁制造的扣件。扣件的附件材料符合《碳素结构钢》(GB 700—88)中 Q235 钢的要求,螺纹符合《普通螺纹》(GB 196—81)的要求。确保扣件与钢管的贴合面接触良好;确保扣件夹紧钢管时,开口处的最小距离不小于 5 mm,扣件的旋转部位灵活转动,且旋转扣件的两旋转面间隙小于 1 mm;确保在拧紧力矩达 65 N·m 时不发生破裂。根据具体要求分别使用直角、对接、旋转扣件。

(3) 相关附材选型及标准。

① 脚手板采用 900 mm×1 800 mm 的新竹笆片。

② 槽钢采用符合国家标准要求的 16♯槽钢。

③ 钢丝绳采用符合标准的规格为 6×19 S 的 ϕ12.5 的钢丝绳。

④ 安全网采用密目安全网,选用国家监督检测部门指定许可生产的厂家产品,并具备监督部门批量验证和工厂检测合格证。水平安全网采用 3 m×6 m 的锦纶大眼安全网,立网采用 2 000 目/100 cm² 的安全网。

(4) 主要材料用量见表 2.13。

表 2.13 主要材料用量表

序号	名 称		数 量	备 注
1	[18 槽钢		15t	
2	钢 管		4 000 m	符合 GB 要求 Q235—A 级钢 ϕ48 mm×3.5 mm
3	扣件	直角扣件	7 500 个	符合 GB 要求
		对接扣件	4 000 个	符合 GB 要求
		旋转扣件	2 600 个	符合 GB 要求
4	安全网		16 000 m²	2 000 目/100 cm² 密目绿网
			4 000 m²	3 m×6 m 锦纶大眼网
5	脚手板		1 600 张	900 mm×1 800 mm 新竹笆片
6	ϕ12.5 钢丝绳		350 m	符合标准的 6×19 S

(5) 所有的钢管和型钢均作防腐处理,并统一刷成橘黄色。栏杆按规定刷红白相间的色标。

四、脚手架的搭设

1. 脚手架搭设的技术要求

(1) 在搭设之前,必须对进场的脚手架杆配件进行严格检查,严禁使用规格和质量不合格的杆配件。钢管无严重锈蚀、弯曲、压扁或裂纹,钢管统一涂刷成橘黄色。

(2) 搭设立杆应符合下列要求:

① 外径不同的钢管严禁混合使用。

② 立杆必须按设计规定的纵距和横距搭设。

③ 底部立杆必须采用不同长度的钢管,立杆的连接必须交错布置,相邻立杆的连接不应在同一高度,其错开的高差不得少于 500 mm,并置于不同的构架框格内。

④ 立杆接头除顶层可采用搭接连接外,其余接头必须采用对接扣件连接。搭接连接的长度不应小于 1 m,不少于 3 个旋转扣件固定。固定间距不应小于 300 mm,对接接头中心距纵向水平杆轴心线的距离应小于步距的 1/3。

⑤ 立杆顶端应高出女儿墙顶部不小于 1m,高出檐口上皮不小于 1.5 m。

⑥ 周边脚手架应从一个角开始向两边延伸交圈搭设,"一"字形脚手架应从一端开始并向另一端延伸搭设。在设置第一排连墙件前,每 6 跨应暂设一根抛撑,与地面的夹角呈 45°~60°,直至连墙件搭设好后方可视情况拆除。

(3) 搭设纵向水平杆的要求:

① 纵向水平杆应水平设置,钢管长度不小于 3 跨。

② 接头采用对接扣件连接,内外两根相邻纵向水平杆的接头不应在同步同跨内,上下两个相邻接头应错开一跨,其错开的水平距离不应小于 500 mm,各接头中心距立杆轴心线距离应小于纵距的 1/3;当采用搭接时,其搭接长度不应小于 1 m,不少于 3 个旋转扣件固定,其固定间距不应小于 800 mm,扣件中心至杆端的距离不应小于 150 mm。

③ 纵向水平杆与立杆相交处必须用直角扣件与立杆固定。

④ 沿建筑物周围搭设的脚手架应采用闭合形式,脚手架的同一步纵向水平杆必须四周交圈。

(4) 搭设横向水平杆的要求:

① 立杆与纵向水平杆相交处均必须设置一根横向水平杆,严禁任意拆除。横向水平杆外端伸出纵向水平杆外不应小于 250 mm,内立杆距建筑物外侧不得大于 300 mm,且应隔层封闭。

② 横向水平杆应用直角扣件架设在纵向水平杆的下方。凡立杆与纵向水平杆相交处均必须设置一根横向水平杆,严禁任意拆除。跨度中间的横向水平杆须根据需要设置;脚手架横向水平杆外端伸出纵向水平杆外不应小于 250 mm,靠墙的一端距墙装饰面的距离不应大于 100 mm。

(5) 搭设剪刀撑的要求:

① 架高以内脚手架在整个长度和高度方向上连续设置剪刀撑。

② 每副剪刀撑跨越立杆的根数不应少于 4 根,也不应超过 9 m,与纵向水平杆呈 45°~60°。

③ 剪刀撑应设置在脚手架立杆外侧,并将其用旋转扣件固定在立杆横向水平杆的伸出端上,其交点距主节点的距离不应大于 150 mm。杆件接头采用搭接连接,其搭接长度不应小于 1 m,不少于 3 个旋转扣件固定,固定间距不应小于 800 mm。

(6) 搭设纵向、横向扫地杆要求:

① 每根立杆底座向上 200 mm 处,应设置纵向、横向扫地杆用直角扣件与杆固定。

② 当立杆基础不在同一水平高度上时,必须将高处的纵向扫地杆向低处延长 2 跨,并与低跨立杆固定。

2. 脚手架搭设的验收标准及质量要求

(1) 脚手架搭设的验收标准见表 2.14。

表 2.14　脚手架搭设的验收标准

序号	项目		技术要求	允许偏差/mm	检查方法与工具	备注
1	立柱垂直度	$H=70$ m	$H/600$	±100	经纬仪	
2	间距	步距偏差	±20	±20	钢卷尺	
		柱距偏差	±50	±50	钢卷尺	
		排距偏差	±20	±20	钢卷尺	
3	剪刀撑倾斜角		45°～60°	±0.5°	角尺	
4	脚手板外伸长度(对接)		$100 \leqslant a \leqslant 150$	±20	钢卷尺	

(2) 脚手架搭设的质量要求及检查验收。

① 立杆垂直度偏差:纵向偏差不大于 $H/200$,且不大于 100 mm;横向偏差不大于 $H/400$,且不大于 50 mm。

② 纵向水平杆水平偏差不大于总长度的 1/300,且不大于 20 mm,横向水平杆水平偏差不大于 10 mm。

③ 脚手架的步距、立杆横距偏差不大于 20 mm,立杆纵距偏差不大于 50 mm。

④ 扣件紧固力矩宜在 45～55 N·m 范围内,不得低于 40 N·m 或高于 65 N·m。

⑤ 连墙点的数量设置要正确,连接牢固且无松动现象。

⑥ 脚手架外迎面立杆内侧满挂密目安全网,每步设防护栏杆。

⑦ 脚手架在搭设过程中必须进行同步检查验收,搭设完成后检查安全防护设施、防触电及防雷措施是否到位、可靠。总体完成后进行申报安全监管部分验收,合格后经批准挂牌方可使用。

⑧ 在下列情况下必须对脚手架进行检查:连续使用达到 6 个月;施工中途停止使用超过 15 天,在重新使用之前;在遭受暴风、大雨、大雪、地震等强力因素作用之后;在使用过程中,发现有显著的变形、沉降、拆除杆件和拉结以及安全隐患存在的情况时。

以上检查合格后方可继续使用。

3. 施工部署

(1) 施工准备。

① 材料进场计划:随工程进度,且高出工程进度一层备料。

② 人员培训:所有进场的架子工必须持证上岗(上岗证应报监理审核),且经过进场安全教育。

③ 在三层楼面上预埋 $\phi14$ 圆钢,其间距根据平面槽钢布置图进行预埋(见附图)。间距≤1.5 m。

④ $\phi12.5$ 钢丝绳为悬挑架的拉杆,要求每根槽钢处拉一根。

⑤ 预制:在下好尺寸的槽钢一端 0.1 m 处,采用 0.15 m 长的 $\phi25$ 钢筋进行焊接,施工时将脚手架管套在钢筋上,以免钢管滑落。

⑥ 每个栋号的施工电梯设置在中间阳台处,主体施工至 6 层时进行安装,脚手架搭设暂时预留施工电梯位置,待施工电梯安装时与两侧的脚手架连接(施工电梯位置见平面图)。

(2) 劳动力计划见表 2.15。

表 2.15　劳动力计划表

序号	名　称	人数	备　注
1	架子工	11	持证上岗
2	临杂工	4	

(3) 外脚手架的搭设进度必须和主体同步,且应超过主体不少于一个步架。

4. 双排脚手架搭设方法及顺序

(1) 根据施工要求,脚手架采用双排钢管扣件式脚手架,脚手架宽度为 0.8 m,距建筑物外侧为 0.35 m,立杆间距 1.5 m,大横杆间距 1.8 m,脚手架外侧腰杆一道,加踢脚杆一道。

(2) 脚手架立杆落在悬挑的槽钢上,在浇捣相关楼层底板时用 $\phi14$ 的圆钢进行预埋,以固定槽钢使用(具体施工见大样图)。

(3) 脚手架每一步满铺脚手竹笆一道,脚手竹笆长向铺设,并用 10♯ 铅丝在脚手竹笆的四角在与大横杆扎牢,外侧面挂密目式安全绿网防护。

(4) 脚手架每 4 步应在里立杆与墙面之间铺通长安全底笆,底笆下加两根搁栅绑扎,每竹笆不少于 4 点。

(5) 脚手架搭设应尽量交圈进行,同时要求挂好安全网围护,在施工过程中不得在外脚手架上大量地堆放建筑材料及模板和杂物,操作层施工荷载不得大于 2 kN/m²。必须定期对脚手架清理检查。

(6) 双排脚手架每根钢管的固定扣件不应少于 2 个。脚手架必须配合施工进度搭设,一次搭设高度高出操作层不宜大于一步架。

(7) 搭设顺序:安放槽钢→固定槽钢尾端→吊索→竖内立杆同时安扫地杆和大横杆→小横杆→设置剪刀撑和连墙件→竹笆片→栏杆→安全网。

(8) 搭设 3 层楼面以下的临时工作架,外侧大横杆表面略高于楼面标高。

(9) 按设计要求安装悬挑结构,待第 4 层墙体拆模以后,再安装斜拉钢丝绳,要求松紧一致。

(10) 悬挑结构的构造要求:16♯ 槽钢外伸长度一致,钢丝绳松紧一致,搭设时外端略高于楼面,使其受力后悬挑件保持水平。

5. 连墙杆、件的设置

(1) 为防止外脚手架倾斜,在施工中必须采用能承受拉力的连墙点,具体按"二步三跨"的方法。遇特殊情况可作适当调整,尽量使水平拉杆搭接在脚手架水平横杆上。

(2) 脚手架与墙面连接时脚手钢管预埋在结构梁部位。架子高度在 2 m 以上、水平每隔 4.5 m 设置一道拉结钢管。脚手架设置连墙的自由高度不得大于 5.4 m。当与结构梁的预埋钢管连接时,必须等梁砼达到设计强度的 50%,同建筑物连接必须牢固,连墙点扣件不得采用单个对接扣件,必须采用直角扣件,在主体及装饰施工阶段连墙件不允许拆除。

6. 其他

(1) 脚手架外满挂密目式绿网,以防止高空物体坠落。对结构层外围临边、电梯井门洞口周边等都要用警示钢管围护。施工现场内人员流动的通道要搭设双层防护棚。

(2) 定期对吊索、槽钢、预埋件进行检查,如发现有断裂及松动现象要进行加固处理。

五、脚手架的拆除

1. 拆除前的准备工作

(1) 所有参加脚手架拆除的人员、管理人员、监护人员必须参加本施工方案安全、质量和外装饰保护措施的交底会。

(2) 准备拆除脚手架范围内的外墙装饰已完成了最后修整和清洁工作,其质量已符合要求并经监理验收同意,由项目经理签发拆除申报手续,并被批准。

(3) 安全监督员对拆除脚手架的安全进行检查,确认脚手架周围不存在严重隐患。拆除前应先对脚手架进行修整和加固,以保证脚手架拆除过程中不发生危险。拆除时现场专职安全员全天监督,全权负责处理脚手架拆除过程有关事宜。

(4) 现场设"上空拆除脚手架,严禁行人通过"的警告牌,设专人监护并做防护栏。

(5) 周边通道加固防护,纵横各加覆一层竹片,进出人员一律从中通行。

(6) 合理安排各班组劳动力,外脚手架拆除严禁在垂直方向同时作业,决不允许下部在脚手架上做外墙整修清洁工作,更不允许下部做外饰面和上部拆除脚手架同时进行。

(7) 脚手网片上所有垃圾杂物必须清除干净。

(8) 脚手架拆除人员用对讲机相互联系,设专用频道,所有与拆除脚手架无关人员所持对讲机严禁串用该频道。所有监护人员均应配一台对讲机,以便突发事件时联络使用。

2. 脚手架拆除

(1) 随着脚手架的向下拆除,应及时做好外墙饰面、门窗的清洁和保护工作,每组派两名责任心强的员工参加。脚手架连墙处在饰面前应预先拆除,并要进行相应加固处理。饰面修补经申报监理检测合格,做好清洁和保护工作后方可继续向下拆除脚手架。

(2) 为尽量减少外墙脚手架饰面修补工作量,在拆完上一段脚手架后,应在下一段贴面开始前调整脚手架的斜撑杆及连接杆的数量,做到该段每层连接点每立面不少于3点,且保证两端连接点。斜撑杆在原设斜撑的楼面应调整至每立面不少于3根。

(3) 脚手架的拆除与搭设相反,即后搭先拆,先搭后拆,自上而下进行。不能上下同时作业。连墙点必须等脚手架同步拆除,一般不允许分段、分立面拆除。如因施工需要必须分立面拆除时,应在暂时拆除的两端加设连墙点和水平支撑。

(4) 具体拆除顺序为:安全网→竹笆片→栏杆→剪刀撑、连墙杆件(随每步脚手架拆除)→大横杆→小横杆→扫地杆、立杆→吊索→槽钢。

(5) 拆除剪刀撑时,应先拆中间扣件,再拆两端扣件,所有拆下的扣件应派专人装入袋内,连同竹片从窗洞口传至楼层。

（6）在拆除脚手架与建筑物连接点需要割金属时,应严格遵照现场防火的有关规定,预防火星、熔渣引发火灾和割下的金属物体下落伤人,断埋件防止烧焦外焊饰层。

（7）拆除脚手架告一段落时,应对尚未拆除的脚手架安全状况进行检查,同时还要对周围环境进行检查,如有异常情况应及时处理。确认一切安全后拆除人员方可离场。对扣件已被松开的步架尚未拆完的,则不得中途停止而留下隐患。

（8）拆除的各构配件应及时送至地面,严禁高空抛掷,确保施工安全。拆除的构配件按规定要求进行检查、整修与保养,并按品种、规格随时码堆存放。

六、安　全

1. 脚手架安全操作规定

在施工前除了必须对所有搭设脚手架施工人员进行脚手架搭安全技术交底,外脚手架搭设必须有专业人员完成,必须符合有关安全技术规定,所有操作人员必须经过培训合格持证上岗外,上岗操作人员必须戴好安全帽,系好安全带,穿好防滑鞋。安全带必须高挂低用;所有操作工具必须放在工具袋里,如遇不良气候、不良条件,禁止上架操作;严禁酒后上班作业。外脚手架的检查验收均应按国家现行规范及有关操作技术、规程规定和要求执行。

2. 脚手架使用规定

（1）在架面上设置的材料应码放整齐稳固,不影响施工操作和人员通行。严禁上架人员在架面上奔跑、退行。

（2）作业人员在脚手架上的最大作业高度应以可进行正常操作为度,禁止在架板上加垫器物或单块脚手板以增加操作高度。

（3）在作业中禁止随意拆除脚手架的基本构架。

（4）杆件、整体性杆件、连接紧固件和连墙件确因操作要求需要临时拆除时,必须经专职安全员同意,采取相应弥补措施,并在作业完毕后及时予以恢复。

（5）工人在架上作业中应注意自我安全保护和他人的安全,避免发生碰撞、闪失和落物。严禁在架上戏闹和坐在栏杆上等不安全处休息。

（6）人员上下脚手架时必须走设安全防护的出入通（梯）道,严禁攀缘脚手架上下。

（7）每班工人上架作业时,应先行检查有无影响安全作业的问题存在,在排除和解决后方可开始作业。在作业中发现有不安全的情况和迹象时,应立即停止作业并进行检查,待问题解决后才能恢复正常作业;发现有异常和危险情况时,应立即通知所有架上人员撤离。

（8）在每步架的作业完成后,必须将架上剩余材料物品移至上（下）步架或室内;每日收工前应清理架面,将架面上的材料物品堆放整齐,垃圾清运出去;在作业期间应及时清理落入安全网内的材料和物品。在任何情况下,严禁自架上向下抛掷材料物品和倾倒垃圾。

3. 安全事项

(1) 钢管搭设的双排脚手架,必须安设可靠的避雷措施。

(2) 施工前必须进行安全技术交底,所有架子工必须持证上岗。

(3) 搭设施工用的脚手架材料必须把好材料质量关,严禁使用不符合规定要求的材料。

(4) 脚手架必须随着楼层的施工要求搭设,搭设时应避开立体交叉作业,搭设时严格按规定的构造尺寸进行施工,控制好立杆的垂直度、横杆水平并确保节点符合要求。

(5) 脚手架施工均布荷载不超过 300 kg/m²,必要时要分荷施工,作业层外侧设挡脚板,用 10♯镀锌铁丝与立杆固定。

(6) 施工脚手架的连墙杆及节点扣件不得任意拆除。

(7) 施工过程中应随时观察地基及脚手架的变化情况,大风雪后应观察脚手架有无变化,发现问题及时处理。

(8) 未尽事宜应严格按现行建筑安全操作规程进行施工。

(9) 施工脚手架搭设挑架卸料台时另见卸料平台施工方案。

(10) 脚手架防雷采用 12 圆钢与结构防雷相连接。遥测电阻不大于 10 Ω。

(11) 在施工过程中如遇雷雨天气,钢脚手架板上施工人员应立即离去。

(12) 脚手架上严禁明火作业。

七、悬挑脚手架计算书

本工程外脚手架采用槽钢悬挑扣件式外脚手。05 栋脚手架搭设高度为 50.9 m,07 栋脚手架搭设高度为 40.1 m,均每 8 层悬挑一次。05 栋、07 栋均在第 3、11 层进行二次挑搭,下段高度分别为 19.3 m(07 栋)、25.2 m(05 栋),上段高度分别为 19.8 m(07 栋)、25.7 m(05 栋)。本计算书只需验算 05 栋悬挑脚手架即可(因本工程 05 栋与 07 栋脚手架搭设方式一致,以相等的步距、柱距、排距、连墙件间距搭设。05 栋脚手架相关数值均大于 07 栋,若 05 栋脚手架安全,则 07 栋脚手架亦满足要求)。

1. 脚手架构造设计几何参数及相关计算数据

(1) 脚手架构造设计几何参数:

① 采用焊接钢管,钢管直径 $d=48$ mm;杆件壁厚 $t=3.5$ mm;杆件截面面积 $A=489$ mm²;脚手架搭设总高度:(05 栋)$H_a=50.9$ m;(07 栋)$H_b=40.1$ m。

② 挑梁外伸长度 $a=1.2$ m;挑梁选用 [16 槽钢;用 $\phi11$ 钢丝绳拉结来承受荷载。

③ 立杆步距 $h=1.8$ m;立杆纵距 $l_a=1.5$ m;立杆横距 $l_b=0.85$ m。截面模量 $W=5\,080$ mm³;回转半径 $i=15.8$ mm;连墙杆竖向间距 $h_{连墙}=2.8$ m;水平间距 $l_{连墙}=6.0$ m;钢材抗拉、抗压、抗弯强度计算值 $f=205$ N/mm²;钢材弹性模量 $E=2.06\times10^5$ N/mm²。

(2) 计算数据:

① 荷载标准值:

立杆自重标准值 $G_k=0.124\,8$ kN/mm²;

竹笆片板自重标准值 $G_板=0.35$ kN/m²;

钢管栏杆自重标准值 $G_{栏}=0.14$ kN/m^2；

施工均布荷载标准值 $Q_k=3$ kN/m^2；

安全网加上剪刀撑自重标准值 $G_{网}=0.15$ kN/m^2。

② 材料、构件单位重量：

钢管 0.038 4 kN/m；直角扣件 0.013 2 kN/个；旋转扣件 0.014 6 kN/个；对接扣件 0.018 4 kN/个。

③ 风荷载：

基本风压 $\omega_0=0.4$ kN/m^2；

风压高度变化系数（C 类）查 GB 50009－2001 表 7.2.1，得 $H=30$ m，$\mu_z=1$；$H=40$ m，$\mu_z=1.13$；$H=50$ m，$\mu_z=1.25$；

脚手架风载荷体型系数：查规范表 4.2.4 知，开洞墙 $\mu_s=1.3\phi$，查附录 A-3 知 $\phi=0.089$，$\mu_s=1.3\times0.089=0.115$ 7；

作用于脚手架上的水平风荷载标准值：

$$\omega_k=0.7\cdot\mu_s\cdot\mu_z\cdot\omega_0=0.7\times0.115\ 7\times1\times0.4=0.032\ \text{kN/m}^2。$$

④ 恒载分项系数 $K_{恒}=1.2$；活载分项系数 $K_{活}=1.4$。

⑤ 承载力设计值：

对接扣件抗滑设计值 $R_{对}=3.20$ kN；

直角、旋转扣件抗滑设计值 $R_{直、旋}=8.00$ kN；

底座抗压设计值 $R_{座}=40$ kN。

⑥ 受弯杆件的容许挠度：纵、横水平杆 $[v]=1/150$ 或 10 mm。

⑦ 受拉受压杆件容许长细比：双排脚手架立杆 $[\lambda]=210$。

2. 计算内容

(1) 纵、横向水平杆等受弯杆件的强度和连接扣件的抗滑承载力计算。

本工程采用竹笆片脚手板，施工荷载由纵、横向水平杆传给立柱。

① 纵向水平杆强度核算：每步架中间的纵向杆件受力最大，为总数的 50%。

② 纵向水平杆等受弯杆件的强度计算：

$$\sigma=M/W\leqslant f$$

其中，M 为弯矩设计值，$M=1.2M_{GK}+1.4\sum M_{QK}$（或公式查得 $0.117ql^2$）；M_{GK} 为脚手板自重产生的弯矩；M_{QK} 施工荷载产生的弯矩；W 为截面模量；f 为钢材抗拉、抗压、抗弯强度计算值。

故上式计算得：

$\sigma=M/W=0.117ql^2/W$

$=0.117\times[(0.038\ 4+0.1\times0.8)+3.0\times0.8\times1.4]\times0.4\times1.5^2\times10^6/5\ 080$

$=72.10$ N/mm^2（0.8 为脚手架宽，0.4 为其值的 1/2）$<f=205$ N/mm^2

验算结论：安全。

③ 纵向水平杆的挠度按公式 $v=U=0.99\ ql^4/100\ EJ$ 计算（$E=2.06\times10^5$ N/mm^2，$J=12.19$ cm^4，$q=1.4$ kN/m）。

$v=0.99ql^4/(100\ EJ)=0.99\times1.4\times5.062\ 65\times10^{12}/(100\times206\times10^3\times12.19\times10^4)$

$=2.79\ mm<[\upsilon]=10\ mm$（或为 $1/607<[1/150]$）

计算结论：安全。

④ 横向水平杆强度核算：

由纵向水平杆传来的集中力$=ql_a=1.4\times1.5=2.1\ kN$（小横杆自重忽略不计）。

⑤ 横向水平杆弯矩计算：小横杆按简支梁，中部受集中力计算弯矩，

$$M=Pl_b/4=2.1\times0.85/4=0.446\ kN\cdot m$$

⑥ 横向水平杆强度计算：

$$\sigma_w=M/W\leqslant f$$
$$=0.446\times106\times1\ 000/5\ 080$$
$$=9.3\ N/mm^2<f=205\ N/mm^2$$

计算结论：安全。

⑦ 横向水平杆的挠度按公式 $\upsilon=fc=pl_b{}^3/48EJ$ 计算，

$$\upsilon=f_c=pl_b{}^3/(48EJ)=2.1\times10^3\times850^3/(48\times206\times10^3\times12.19\times10^4)$$
$$=1.07\ mm<[\upsilon]=10\ mm$$（或为 $1/611<[1/150]$）

计算结论：安全。

⑧ 连接扣件的抗滑承载力计算：R 为纵、横向水平杆传给立杆的竖向作用力设计值；R_c 为扣件抗滑承载里设计值（对接扣件 $3.20\ kN$；直角、旋转扣件 $8.00\ kN$）

$$R_{直角、旋转}=(1.4\ W_{k水平}A_w+3.0)+1.4\ W_{k竖向}A_w$$
$$=(1.4\times0.065\times2.8\times6.0+3.0)+1.4\times0.041\times2.8\times6.0$$
$$=4.529+0.96=5.489\ kN<R_{c直角、旋转}=8.00\ kN$$
$$R_{对接}=1.4\ W_{k竖向}A_w=1.4\times0.041\times2.8\times6.0$$
$$=0.96\ kN<R_{c对接}=3.20\ kN$$

计算结论：安全。

（2）立杆稳定性计算：本工程以相等的步距、柱距、排距、连墙件间距搭设，上段高度为 $25.7\ m$（05 栋），且风力较大，以此段进行核算，上段底层柱段所受的压力最大，可作为本工程脚手架的验算部位。

① 计算底层柱的轴向力：

脚手架结构自重产生的轴心力为

$$N_{GK}=H_dG_k=25.7\times0.125=3.212\ 5\ kN$$

脚手板共铺设四层，每段设二层，查得板产生的轴心压力 $N_{Q1K}=0.608\times0.8=0.486\ kN$（系数 0.8，因相关表中的脚手架宽为 $1.0\ m$，本工程为 $0.8\ m$）。

查得脚手架防护材料产生的轴心压力 $N_{Q2K}=0.228\ kN$；

根据施工均布荷载 $Q_K=3\ kN/m^2$ 查得施工荷载产生的轴心压力

$$N_{Q3K}=3.04\times0.8=2.43\ kN；$$

故活荷载产生的轴心压力标准值为

$$\sum N_{QIK}=0.486+0.228+2.43=3.14\ kN$$

底层柱轴向力根据公式计算：

$$N = 1.2N_{GK}/K_1 + 1.4\sum N_{QIK}$$
$$= 1.2 \times 3.2125/0.870 + 1.4 \times 3.14 = 8.83 \text{ kN}$$

其中 K_1 根据 $H_d = 25.7$ 查得 0.870。

② 按全封闭计算风荷载。

地面粗糙度 B 类，基本风压值取 0.4 kN/m^2，密目安全网自重取 0.01 kN/m^2。

立柱风荷载产生的弯曲应力 σ_w 的计算：立网挡风系数及风荷载体型系数按荷载规范取值，

挡风系数 $\mu_s = 1.3\phi = 1.3 \times 0.089 = 0.1157$；

风压高度系数 μ_z：查得 $H = 30.0 \text{ m}$ 时，$\mu_z = 1.0$；$H = 50.9 \text{ m}$ 时，$\mu_z = 1.27$；

$\omega_k = 0.7 \cdot \mu_s \cdot \mu_z \cdot \omega_0 = 0.7 \times 0.1157 \times 1.27 \times 0.4 = 0.041 \text{ kN/m}^2$；

作用于立柱上风荷载标准值 $q_{wk} = \omega_k \cdot h = 0.041 \times 1.8 = 0.0738 \text{ kN/m}$；

风荷载产生的弯矩按下式计算：

$$M_w = 1.4q_{wk} \cdot h^2/10 = 1.4 \times 0.0738 \times 1.8^2/10 = 0.033 \text{ kN} \cdot \text{m}$$

在 50.7 m 高度处立柱风荷载产生的弯曲应力：

$$\sigma_w = M_w/W = 0.033 \times 10^6/5080 = 6.50 \text{ N/mm}^2$$

在 30m 高度处立柱风荷载产生的弯曲应力

$$\sigma_w = 6.50 \times 1.0/1.27 = 5.12 \text{ N/mm}^2$$

以上计算结果表明，风荷载产生的压力，虽在 50.7 m 处稍大，但此处的脚手架自重产生的轴压应力很小，且 σ_w 的绝对值也不大，30 m 高度处的风荷载产生的压应力虽较小，但脚手架的自重产生的轴压应力接近最大，因此，应验算底层立柱段的稳定性。

③ 立柱稳定性验算：

$$\phi A(f - \sigma_w) = 0.243 \times 489 \times (205 - 5.12) \times 10^{-3} = 23.75 \text{ kN} > 8.83 \text{ kN}$$

验算结论：安全。

（3）连墙件的强度、稳定性和连接强度的计算（按立网全封闭双排脚手架计算）。

连墙杆件水平力设计值：

$$N_H = 1.4W_kA_w + 3.0 = 1.4 \times 0.065 \times 2.8 \times 6.0 + 3.0 = 4.529 \text{ kN}$$

立网产生的水平力计算：

$$N_H = 1.4W_kA_w = 1.4 \times 0.041 \times 2.8 \times 6.0 = 0.96 \text{ kN}$$

连墙件承载力计算：

$$N_H = 4.529 + 0.96 = 5.489 \text{ kN}$$

脚手架连墙件水平力（查得 $\phi = 0.941$）：

$$N = \phi Af = 0.941 \times 4.89 \times 10^2 \times 205 \times 10^{-3} = 94.33 \text{ kN} > 5.489 \text{ kN}$$

查得直角扣件抗滑移承载力设计值：

$$R_{c直角} = 8.00 \text{ kN} > 5.489 \text{ kN}$$

计算结论：安全。

（4）悬挑结构核算.

悬挑结构计算简图如图 2.18 所示。

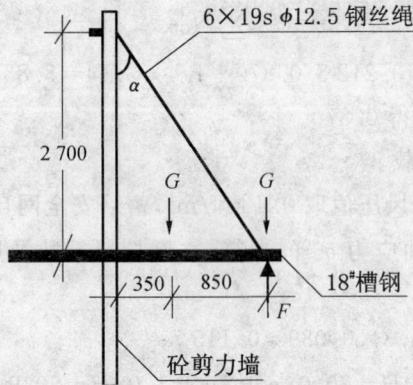

图 2.18 悬挑结构计算简图

$G=8.83\ kN; \tan\alpha=1.2/2.7=0.44; \alpha=23.75°$;

反力 $F=8.83+8.83\times0.45/1.2=12.14\ kN$;

钢丝绳内力 $=F/\cos\alpha=13.29\ kN$;

选用 $\phi12.5(6\times19\ s)$ 的钢丝绳, 破坏力为 $109.834\ kN$;

安全系数: $109.834/13.29=8.26\in[k]=(6,12)$。

验算结论: 安全。

$16^{\#}$ 槽钢强度验算:

$$M=8.83\times0.85\times0.45/1.2=2.81\ kN\cdot m$$
$$W=93.4\ cm^3$$
$$\sigma=M/W=2.81\times10^6/93.4\times10^3=30.09\ N/mm^2$$
$$<[f]=205\ N/mm^2;$$

验算结论: 安全。

当出现钢丝绳意外事故时, 悬挑槽钢的弯矩值为:

$$M=G(0.35+1.2)=8.83\times(0.35+1.2)=13.687\ kN\cdot m;$$
$$\sigma=M/W=13.687\times10^6/93.4\times10^3=146.54\ N/mm^2<[f]=205\ N/mm^2;$$

验算结论: 安全。但为保险起见选用 $18^{\#}$ 槽钢。

(5) 卸载措施及相关验算。

05 栋脚手架工程高度超过 $50\ m$, 分工段搭设, 每段均超过 $25\ m$。经计算虽能满足强度和稳定性的要求, 但按有关要求, 再作如下的卸载措施, 以保证脚手架的安全, 增强安全度, 使其万无一失。

① 在 6,14 层处增设卸载措施, 其构造如图 2.19 所示。

② 两层卸载措施: 在同层内每隔根立杆设置, 不同的层次交替设置。

③ 卸载能力核算:

按 $\phi14$ 圆钢的抗拉强度核算其卸载能力。

查得 Q235 钢的抗拉强度为 $205\ N/mm^2$, $\phi14$ 圆钢承载能力为 $153.9\times205=31.55\ kN$;

$\tan\alpha=1.2/4=0.3$, $\alpha=16.7°$;

每一个装置的最大卸载能力为:

$31.55 \times 0.957\ 82 = 30.22$ kN；

卸载装置处的扣件,均为双扣件,4 只扣件的抗滑力为:

$8.00 \times 4 = 32.00$ kN> 30.22 kN。

结论:安全。

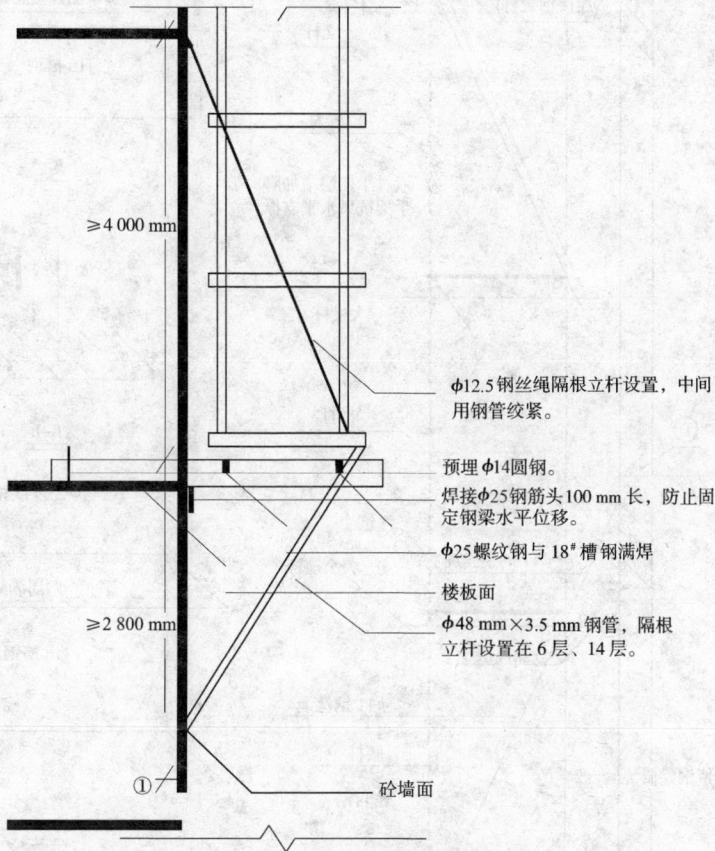

图 2.19　卸载措施设置简图

卸载设置详图见图 2.20 所示。

预埋钢管
遇墙时采用PVC管预埋

竹笆

连接钢管杆

长杆
立杆

腰杆

六、十四层增加脚
手架抗风水平支撑

门窗洞口

大横杆

横杆

Ⓓ

竹笆

φ11的钢丝绳

小横杆

隔离层

φ11钢丝绳

门窗洞口
排列遇墙时预留钢梁洞

腰杆

密目网

13层
6层
落地杆

15 cmφ48钢管与
钢槽焊接

Ⓑ 预埋φ14圆杆

Ⓐ

Ⓒ

φ16槽钢
焊接φ25钢筋头100长
防止固定钢梁水平位移

槽钢悬挑侧面示意

φ14圆钢与槽钢焊接
φ单面焊接必须满足10d

[16槽钢

A—A

单面焊接10d

φ14圆钢预埋

300

B—B

φ25罗纹钢

150

四周满焊

[16槽钢

C—C

每根钢梁端部纲丝绳拉结点
在墙体部位拉结点采用穿墙螺杆洞拉结

D—D

节点大样

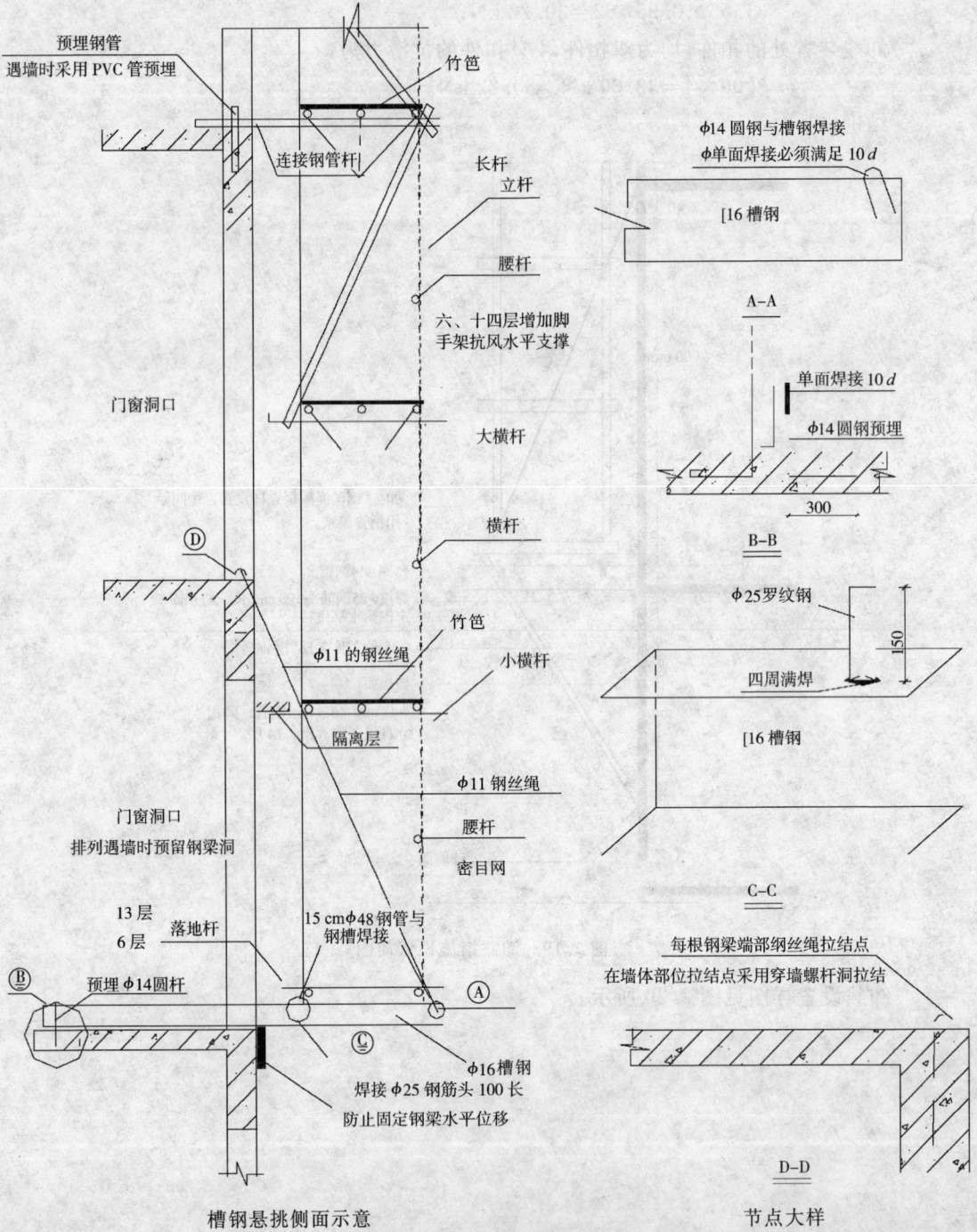

图 2.20 卸载设置详图

八、转料、操作平台搭设

操作平台设计图见图 2.21。

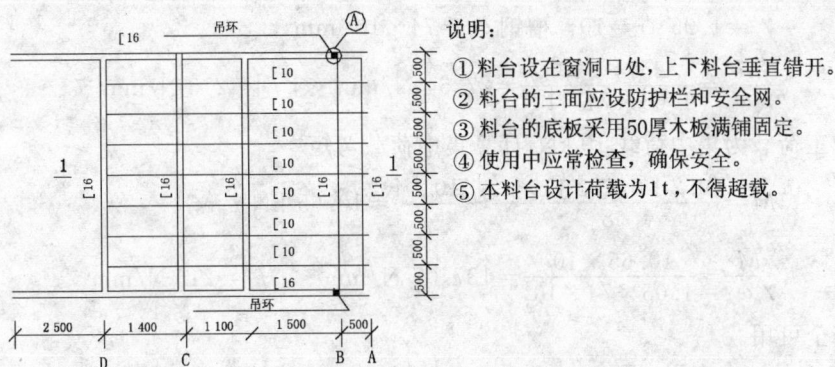

说明：
① 料台设在窗洞口处，上下料台垂直错开。
② 料台的三面应设防护栏和安全网。
③ 料台的底板采用50厚木板满铺固定。
④ 使用中应常检查，确保安全。
⑤ 本料台设计荷载为1t，不得超载。

1-1 剖面图

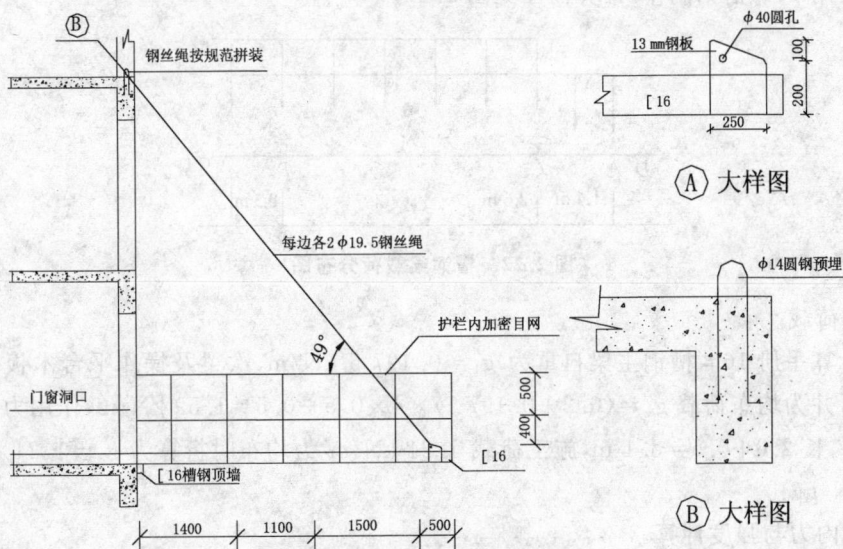

图 2.21　转料操作平台图

1. 平台次梁计算

次梁用 10 ♯槽钢制作，跨度为 4 000 mm，次梁间距为 500 mm。

（1）次梁上受力宽为 0.5 m 的均布荷载，操作平台板 50 mm 厚木板铺设，木板自重 0.4×0.5＝0.20 kN/m；101 次梁自重查计算手册为 0.123 4 kN/m；操作平台上受施工荷载：1.50×0.5＝0.75 kN/m。

总计次梁受均布荷载 $q=0.2+0.123\ 4+0.75=1.07$ kN/m。

（2）内力与强度计算。

次梁作二端简支计算：$M=\dfrac{ql^2}{8}=\dfrac{1.07\times4^2}{8}=2.14$ kN/m，

$$R = \frac{ql}{2} = \frac{1.07 \times 4}{2} = 2.14 \text{ kN},$$

折算成均布荷载:2.14/0.5＝4.28 kN/m。

按钢结构计算受弯构件强度公式 $f = \frac{M}{\gamma_x \omega_x} \leqslant [f]$ 计算:

$\gamma_x = 1.05$ 查 10♯槽钢 $\omega_x = 74 \times 10^3 \text{ mm}^3$,

$$\frac{M}{\gamma_x \omega_x} = \frac{2.14 \times 10^6}{1.05 \times 74 \times 10^3} = 27.54 \text{ N/mm}^2 \lll [f] = 215 \text{ N/mm}^2$$

若施工荷载为集中荷载 10 kN,计算集中荷载弯矩

$$M = \frac{(0.2 + 0.123\,4) \times 4^2}{8} + \frac{10 \times 4}{4} = 10.65 \text{ kN} \cdot \text{m}$$

$$\frac{M}{\gamma_x \omega_x} = \frac{10.65 \times 10^6}{1.05 \times 74 \times 10^3} = 137.07 \text{ N/mm}^2 < [f] = 215 \text{ N/mm}^2$$

故安全可用。

2. 钢平台主梁计算

主梁用 16♯槽钢制作,计算简图见图 2.22。

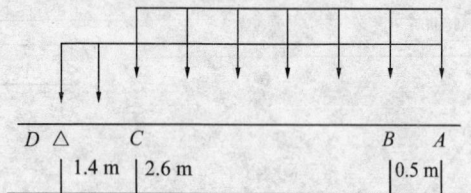

图 2.22 槽钢梁载荷分布图

(1) 荷载。

查计算手册 16♯槽钢主梁自重为 $g_1 = 0.197\,5$ kN/m,次梁及操作平台木板传来的支座力折并为均布荷载 $g_2 = (0.2 + 0.197\,5) \times 4 \times 0.5 \div 0.5 = 1.59$ kN/m,作用力范围为 $A-B-C$,长 2.6+0.5＝3.1 m,施工荷载 1.24 kN/m^2 为均布时折算为 $g_3 = 1.24 \times 1.3 = 1.612$ kN/m。

(2) 内力与强度计算。

当全为均布荷载计算时,

$$M_B = -\frac{(g_1 + g_2)X^2}{2} = -\frac{(0.1975 + 1.59) \times 0.5^2}{2} = -0.223/\text{kN} \cdot \text{m}$$

$$Mc^1 = \frac{1}{2}g_1 lx\left(1 - \frac{x}{l}\right) + \frac{1}{8}g_2 x^2\left(2 - \frac{x}{l}\right)^2$$

$$= \frac{1}{2} \times 0.197\,5 \times 4 \times 2.6\left(1 - \frac{2.6}{4}\right) + \frac{1}{8} \times 1.59 \times 2.6^2 \times \left(2 - \frac{2.6}{4}\right)^2 = 2.81 \text{ kN} \cdot \text{m}$$

当施工荷载为均布荷载时,

$$M_B = \frac{1}{2} \times 1.612 \times 0.5^2 = 0.202 \text{ kN} \cdot \text{m}$$

$$M_C = \frac{1}{8} \times 1.612 \times 2.6^2 \times \left(2 - \frac{2.6}{4}\right)^2 = 2.48 \text{ kN} \cdot \text{m}$$

$$M_{中}=\frac{1}{2}\times 1.612\times 2.6^2\times\left[\frac{2.6}{4}-\frac{(2-1.4)^2}{2.6\times 2.6}\right]=3.25\ \text{kN}\cdot\text{m}$$

当施工荷载为集中荷载时,在 C 点处

$$Mc=\frac{Pab}{l}=\frac{10\times 1.4\times 2.6}{4}=9.1\ \text{kN}\cdot\text{m}$$

在中点处

$$M_{中}=\frac{Pl}{4}=\frac{10\times 4}{4}=10\ \text{kN}\cdot\text{m}。$$

由上可知主梁最不利弯矩:

当为均布施工荷载时,

$$M=4.41+3.25=7.66\ \text{kN}\cdot\text{m}(作用点离 C 点向 B 点 1.2 m 处);$$

当为集中施工荷载时,

$$M=4.41+10=14.41\ \text{kN}\cdot\text{m}(作用点离 C 点向 B 点 1.2 m 处)。$$

由此可知最不利弯矩为集中荷载 10 kN 时,作用于 C 点向 B 点 1.2 m 处,由受弯构件强度计算公式得:

$$\frac{M}{\gamma_x\omega_x}=\frac{14.41\times 10^6}{1.05\times 74\times 10^3}=185.46\ \text{N/mm}^2<[f]=215\ \text{N/mm}^2$$

式中 $\gamma_x=1.05$, $\omega_x=74\times 10^3\ \text{mm}^3$。

计算结论:安全。

3. 吊钩处设计

由上述主梁受荷载计算可计算出支座点 B 处的垂直支座反力为:

$$R=0.197\ 5\times 0.5\times 4+0.197\ 5\times 0.5+\frac{1.59\times 2.6}{2}\times\left(2-\frac{2.6}{4}\right)+1.59\times 0.5+10$$

$$=14.08\ \text{kN}$$

由 B 点到 D 点距离 $l=1.4+2.6=4$ m,D 点到边梁为 0,楼层高为 2.7 m,两层 $2.7\times 2=5.4$ m,得 B 处的受拉钢丝绳与钢平台的夹角 α 为

$$\tan\alpha=\frac{h}{l}=\frac{5.4}{4}=1.35,\ 即\ \alpha=53.47°。$$

钢丝绳受拉力 $N=\dfrac{R}{\sin\alpha}=\dfrac{14.08}{0.804}=17.52$ kN。

采用 6×37 钢丝绳直径 19.5 mm,在 B 点处斜拉,查建筑手册,钢丝绳公称抗拉强度为 1 400 N/mm^2 直径 19.5 的钢丝绳破断拉力为 $F_g\geqslant 197.5$ kN,按 $[f_g]=\alpha F_g/K$,查表得 $\alpha=0.82,K=6$,

$$[f_g]=\alpha F_g/K=\frac{0.82\times 197.5}{6}=26.99\ \text{kN}>17.52\ \text{kN}$$

保险系数不大,为确保安全保险,由此可见须每边加两根钢丝绳即可。

由于 $N=17.52$ kN,钢丝绳吊结点用 $\delta=13$ mm 钢板与 16♯槽钢焊接,焊缝长 $L=160/\sin\alpha=160/0.803\ 5=199$ mm。

钢板吊点连接板两侧均焊接,实际焊缝长为 $(199-10)\times 2=378$ mm,查 $0.7hfl_w f_t^w=0.7\times 8\times 378\times 160=338.688$ kN>17.52 kN。用 $\delta=10$ mm 钢板作吊结板,由抗拉强度公式 $\delta=\dfrac{N}{A_n}\leqslant f$ 得钢板净宽:

$$L = \frac{N}{F\delta} = \frac{17\,520}{215 \times 10} = 8.15 \text{ mm}$$

所以用宽为 13 mm 的 $\delta = 10$ mm 钢板中间钻孔 $\phi 40$,可以满足强度需求。

由于 $N = 17.52$ kN,所以钢丝绳的直径 19.5 mm,钢丝夹用 20 mm,每边 4 个,且每相邻两个朝向相反错开使用并拧紧。

钢平台由于用钢丝绳吊在上二层边梁上,框架边梁上每边预埋两个吊环,吊环用 $\phi 20$ 圆钢制成,吊环拉力为 67.3 kN $\times 1/2 > 17.52$ kN,为保证安全,吊环钢筋在混凝土框架边梁内预埋深度不小于 54 cm。

轻钢结构厂房施工方案

一、编制依据

(1) 本工程的建筑、结构、安装等的施工图纸。

(2) 待建项目的建设用地的环境及现场情况。

(3) 现行的各种施工、验收的规范、规程和质量评定标准。

(4) 现行关于建设工程施工安全技术法规和安全技术标准。

(5) 施工企业的工艺标准、施工方法、施工经验及拥有的技术力量。

二、工程概况

工程建筑面积 30 930 m³,厂房为 2 层,局部 3 层,长 190 m,宽 157 m。最大柱距 10.0 m,檐口标高 12.1 m。结构形式为门式轻钢结构,H 型钢梁、钢柱。设有屋面水平支撑,屋面采用 0.6 mm 角驰Ⅲ型彩钢板加 75 mm 玻璃棉。C 型钢下方托板为 0.5 mm 灰白色彩钢板。独立承台式基础。

钢结构及材料:厂房主体承重结构为实腹式门式钢架,采用焊接 H 型钢柱,变截面 H 型钢人字梁,其材料为 Q345。各种支撑系杆采用角钢或圆钢制作,材料为 Q235,材质要求符合国标规定。屋面檩条及墙梁均采用轧制薄壁 C 型钢。

门式钢架构件连接螺栓采用双螺母大六角头高强度螺栓,螺栓性能等级为 10.9 级,普通螺栓采用 Q235。焊接 Q345 钢采用 E50×× 系列焊条。

钢结构涂装采用抛丸除锈,两遍防锈底漆,两遍面漆。有要求的部位按图纸刷防火涂料。

三、施工方案

1. 施工组织

本工程应选派优秀的管理干部和专业工程技术人员组成工程项目经理部,全权组织施工生产及日常工作。工程项目的工期、质量、安全、预算、材料、财务等由职能部门负责,从施工准备、技术管理、生产组织、质安监控、文明施工、材料供应到竣工验收和工程结算等方面进行全过程管理,并对建设单位全面负责。

为了保质保量地完成任务,优先选派作风扎实,技术过硬,并有丰富施工经验的施工

133

班组来承担项目的分项分部工程施工,由项目部按施工进度要求实行小流水作业,统一协调,并随时调配力量,以免误工。

2. 工程管理目标

本工程计划工期为 300 个工作日,力争提前 30 天完成施工任务。保证工程质量为 100％合格。

3. 施工顺序及前期准备

厂房钢结构的制作拼装在总部基地内完成,施工条件具备后运至施工现场进行钢结构安装。根据建设单位的资料及场地的现场勘察,施工前期准备如下:

① 施工临时设施。为了便于施工管理和成品保护,先在现场设立工地办公室等临时设施,以满足施工需要。

② 施工用电。根据准备进场的主要施工机械用电量及工程必需的照明用电量,按照建设单位提供的电源,结合施工现场的实际机械配备情况,施工用电总容量约 150 kW,现场设总配电箱 1 个,分配电箱 2 个,架设临时电源线约 350 m。各机械闸箱从分配电箱引出,工地施工时的用电设备全部采用质监站认可的设备,以保证施工用电安全。

③ 机械配备。在施工现场设有切割机、电焊机、结构吊装用 16 t 液压汽车起重机等机械设备。施工所用周转材料配足配齐,以保证施工所需。其他机械设备配备情况略。

四、钢结构工程施工方案

1. 钢结构制作

本工程根据施工图纸及业主的各项要求,采用工厂内生产流程制作钢结构构件。钢结构的制作流程:放样、号料、切割→局部矫正成型→边缘加工→制孔→组装→焊接和焊接检测→防锈处理→涂装、编号→构件验收出厂。

(1)放样、号料和切割。

① 放样:核对图纸的安装尺寸和孔距;以 1∶1 的大样放出节点,制作样板和样杆,作为下料、弯曲、铣、刨、制孔等加工的依据。放样时,铣、刨的工件要考虑加工余量。

② 号料:检查核对材料;在材料上刻划出切割、铣刨、弯曲、钻孔等加工位置,打冲点字号标出零件编号。号料时应尽可能做到合理用材。

③ 切割:钢材下料的方法有气割、机剪、冲模和锯切等,切割线与号料线的允许偏差应符合规定:手工切割的零件,其剪切与号料的允许偏差不得大于 2.0 mm,自动、半自动切割的允许偏差不得大于 1.5 mm,精密切割的允许偏差不得大于 1.5 mm。切割截面的零件,其表面粗糙度不得大于 0.03 mm。断口处的截面上不得有裂纹和大于 1.0 mm 缺棱,并应清除毛刺。机械剪切的型钢,其端部剪切斜度不得大于 2 mm。

(2)矫正、弯曲的边缘加工。

① 普通碳素结构钢在高于 -16 ℃、低合金结构在高于 -12 ℃时,可用冷矫正和弯曲工艺。矫正后的钢材表面不应有明显的凹面和损伤,表面划痕深度不宜大于 0.5 mm。

② 零件、部件在冷矫正和冷弯曲时,其曲率半径和最大弯曲矢高应按设计要求进行加工。

③ 普通碳素结构钢和低合金结构钢允许加热矫正,其加热温度严禁超过正火温度(900 ℃),加热矫正后的低合金结构钢必须缓慢冷却。中碳钢一般不用火焰矫正。

(3) 制孔。构件安装时所留孔应具有 H12 的精度,孔壁表面粗糙度 Ra 不应大于 12.5 mm,螺栓孔超过允许偏差时,不得采用刚块填塞,可采用与母材材质相匹配的焊条补焊后重新制孔。

(4) 组装工作的一般规定:组装时必须按工艺要求的次序进行,连接表面及焊缝每边 30~50 mm 范围内的铁锈、毛刺和油污必须先预焊,经检测合格后才可覆盖。

布置拼装胎模时,其定位必须考虑预留焊接收缩量及齐头加工的余量。为减少变形,尽量采取小件组焊,经矫正后再大件组装。胎模及拼装出的首件构件必须经过严格的检测,方可进行大批装配工作。

装配好的构件应立即用油漆在明显部位编号,写明图号、构件号和件数,以便查找。

焊接结构组装常用工具包括:卡兰或铁锲夹具,它可把两个零件定位夹紧在一起进行焊接;槽钢夹紧器,可用于装配板结构的对接接头;矫正夹具用于钢结构装配,拉紧器在装配时用来拉紧,以减小两个零件之间的缝隙;正后丝扣推撑器用于装配圆筒体时的焊缝间隙调整和筒体形状矫正。其他工具还有液压油缸及手动千斤顶。

定位电焊所用的焊接材料的型号,应与正式焊接的材料相同,并应由具备合格资质的工人点焊。

组装钢结构工作的要点:① 无论弦杆、腹杆,应先单肢装配焊接矫正,然后进行大组装;② 支座、与钢柱连接的节点板等,应先小件组焊,矫正后再定位大组装;③ 组装胎模留出的收缩量一般放至上限,$L \leqslant 24$ m 时留 5 mm,$L > 24$ m 时留 8 mm;④ 屋面跨度 15 m 以上,应起拱(1/500)以防下挠;⑤ 屋面梁的大组装有胎模装配法和复制法两种,前者较为精确,适合大型桁架,后者组装速度较快,适合一般中小型桁架。

(5) 焊接和焊接检测。根据所确定的焊接工艺,采用全自动流水线埋弧焊,腹板两侧的焊接分段交叉进行,严禁同一断面腹板两侧焊接工作同时进行,两侧焊缝焊接间隔一小时以上,等冷却后方可施焊。焊接质量标准按Ⅱ级焊缝标准进行验收。

(6) 构件成品采用全自动抛丸除锈,经处理的表面应进行抗滑移系数试验,除锈要求达到"涂装前钢材表锈蚀等级和除锈等级"的规定。经处理的摩擦面,不得有飞边、毛刺、焊疤或污损等。

(7) 涂装、编号。除锈后用防锈漆及时对构件进行喷涂,防止构件腐蚀,涂布均匀,无明显起皱、流挂,附着良好。施工图中注明不涂装的部位不得涂装,安装焊缝处留出 30~50 mm,暂不涂装。涂装完毕后,在构件上标注构件的原编号,大型构件应标明重量、重心位置和定位标记。

(8) 出厂前钢结构须进行验收,具有构件焊接工艺、钢材质量的验收记录方可出厂。包装箱上应标注构件的名称、编号、重量、重心和吊点位置等,并填写包装清单。

(9) 钢构件制作工程的保证资料包括:① 产品合格证;② 施工图和设计变更文件;③ 关于制作技术问题处理的协议文件;④ 钢材、连接材料和涂装材料的质量证明书和试验报告;⑤ 焊接工艺评定报告;⑥ 高强度螺栓摩擦面抗滑移系数试验报告,焊缝无损检测资料;⑦ 主要构件验收记录;⑧ 构件发运和包装清单。

(10) 钢构件制作注意事项:

① 防止物件运输、堆放发生变形,运输堆放时上下垫木应在同一垂直线上;

② 防止发生扭曲,组装时节点与型钢应用夹具夹紧,长构件翻转时应事先进行临时加固;

③ 防止构件跨度不准确,构件制作时量具必须统一,防止读尺错误。

(11) 钢构件制作的主要安全技术措施:

① 使用气割切割钢板时应对场地周围易爆物品进行清除或覆盖隔离;

② 使用剪板机切割时,应放置平稳;剪板时,上剪未复位不可送料;手不得伸入剪板机;不准剪切超过规定厚度和压不到的窄钢板。

(12) 产品保护。构件组装后待转下一工序焊接前,应堆放在平整、干燥的场地,并备足垫木、垫块,以防焊前发生锈蚀和构件变形。

2. 钢结构焊接

(1) 施工准备:

① 材料准备:所使用焊条的规格型号必须严格按照设计要求,并具有出厂合格证明。如改变焊条型号,必须征得设计部门同意。严禁使用过期、药皮脱落、焊芯生锈的焊条。焊接前应将焊条进行烘焙处理。当采用平坡对接时,如需用托板,材料可用 3 号钢。

② 作业条件准备:审阅施工图纸,拟定焊接工艺;准备好所需施焊工具,确定焊接电流;在空旷地区施焊时,应采取挡风挡雨措施;焊工应经过考试并取得合格资质后才可上岗,如停焊半年以上时,应用重新考核上岗;焊前应复查组装焊接质量和焊缝区的处理情况,如果不符合要求,应修整合格后方能施焊。

(2) 操作工艺:

① 焊条使用前,必须按照质量说明书的规定进行烘焙,低氢型焊条经过烘培后,应放在保温箱内随用随取。

② 首次采用的钢板和焊接材料,必须进行焊接工艺性和物理性能试验,符合要求后方可使用。

③ 普通碳素结构钢厚度大于 34 mm 和低合金结构钢厚度大于等于 30 mm,应进行预加热,其焊接预热温度及层间温度宜控制在 100 ~150 ℃,预热区为应焊接坡口两侧各 80~100 mm 范围内。

④ 多层焊接应连续施焊,其中每一层焊道焊完以后应及时清理,如发现有影响焊接质量的缺陷,必须清除后再焊。

⑤ 要求焊成凹面的贴角焊缝,可采用船位焊接使金属与母材间平缓过渡。

⑥ 焊缝出现裂纹时,焊工不得擅自处理,应申报焊接技术负责人查清原因,确定修补措施后才可处理。低合金结构钢在同一处反复不得超过两次。

⑦ 严禁在焊接区以外的母材上引火打弧。在坡口内起弧的局部应熔焊一次,不得留下弧坑。

⑧ 重要的焊缝接头,应在焊件两端配置起弧和收弧板,其材质和坡口形式与焊件相同。焊接完毕用气割切除并修磨平整,不得用锤击清除。

⑨ 要求等强度的对接和丁字接头焊缝,除按设计要求开坡口以外,为了确保焊缝质量,焊接前宜采用碳弧气刨清除焊根,清理根部氧化物后方可进行焊接。

⑩ 为了减少焊接变形与焊接应力必须采用相应的措施：焊接时尽量使焊接缝自由变形，大型构件的焊接要从中间和四周对称进行；收缩量大的焊缝先焊接；对称布置的焊缝应由成双数的焊工同时焊接；长焊缝焊接可采用分中逐步焊法或间跳焊接。

采用反变形法，即在焊接前预先将焊件在变形相反的方向适当弯曲或倾斜，以抵消焊后产生的变形，从而获得正常形状的构件。

采用刚性固焊法，即用夹具夹紧被焊零件能显著减少焊件的残余变形及翘曲。采用锤击法锤击焊缝及其周围区域，可以减少收缩应力及变形。

⑪ 焊接结构变形的矫正可以采用机械矫正和火焰矫正。机械矫正：用机械力的作用去矫正变形，可用锤击焊缝法，也可以用压力机械矫正变形。火焰矫正：利用金属局部加热后的收缩引起的变形去抵消已经产生的焊接变形，常用的气体火焰是氧-乙炔火焰，对低碳钢和普通合金的结构加热温度可控制在 $700 \sim 850\ ℃$ 范围内。

3. 钢结构的高强度螺栓连接

(1) 连接钢板或型钢应平直，板边、孔边无毛刺，以保证摩擦面紧贴。接头处有翘曲或变形时进行校正，且不得损伤摩擦面。

(2) 装配前清除浮锈、油污、油漆（禁用火焰烧，以免产生氧化层）。

(3) 接触面间的间隙处理方法：1 mm 以下的间隙不作处理；1～3 mm 间隙，较厚一侧向较薄一侧过渡缓坡(1:5)；3 mm 以上间隙填入垫板且垫板要与摩擦面做同样处理。

(4) 安装临时螺栓个数不应少于接头螺栓总数 1/3，每个节点至少放 2 个临时螺栓，不允许使用高强度螺栓兼做临时螺栓，以防螺纹损伤。一个安装段完成后，经检查合格后方可安装高强度螺栓。

(5) 结构中心位置经调整检查无误后，及时安装高强度螺栓，垫圈放置在螺母一侧，不得装反。

(6) 高强度螺栓的紧固一般分为两次进行，第一次为初拧，紧固至螺栓标准预拉力的 70%；第二次为终拧，紧固至螺栓标准预拉力，偏差±10%。初拧可用电动扳手、风动扳手或手动扳手；终拧多用电动扳手，如空间窄时，也可以用手动扳手进行终拧。

为使螺栓群均匀受力，应按照顺序进行：对于一般接头，应从螺栓群中间向外侧进行紧固；对箱型接头，应从两面对称轴螺栓群中间依次向轴外侧对称进行紧固；对工字梁接头，应从柱下的一侧上下翼缘向柱下的该侧腹板对螺栓群进行紧固；对于不规则的接头，应从拼接处的螺栓群对称地向对侧顺序进行紧固。

(7) 对螺栓进行自检，用经过检定的扭矩扳手抽查螺栓的紧固扭矩，抽查数量为由节点得出螺栓总数的 10%，并不少于一只，如发现有紧固扭矩不足，则应用扭矩扳手对节点所有螺栓重拧一遍。

4. 钢结构安装

本工业厂房采用分件吊装法吊装构件，由于每次吊装的构件类型基本相同，不需经常更换，并且操作方法也基本相同，所以吊装速度快，能发挥起重机的效率，构件可分批供应，场地平面布置较为简单。施工工序：

安装前构件→轴线控制高标控制引测→立柱吊装前的基础找平→立柱吊装→屋梁的安装→柱间支撑→钢结构的面漆涂刷→墙面板的铺装→屋面板的铺装。

（1）安装前的准备工作如下：

① 应根据基础验收资料复核各项数据，并标注在基础表面；

② 支撑面、支座和地脚螺栓位置，标高等的偏差符合规定，超差者应做好技术处理；

③ 复核安装定位使用的轴线控制点和测量标高的基础点；

④ 钢柱脚下面的支撑构造应符合设计图纸要求，基础面填垫钢板时，每叠不得多于3块；

⑤ 钢柱脚下所填垫钢板与基础面有间隙时，应用掺膨胀剂的细石混凝土浇灌密实；

⑥ 根据所使用的吊装工具，按照施工组织设计的要求搭设操作平台或脚手架；

⑦ 杆件采取临时加固措施以防失稳、变形或损坏；

⑧ 安装时采用的测量工具应进行校核，并取得计量部门的检定证明。

（2）构件运送的顺序，应符合安装程序要求。

一般宜采用扩大拼装和综合安装的方法从建筑物的一端开始，向另一端推进，并注意消除安装中引起的累积误差。

安装的顺序一般是钢柱、钢屋架及连接构件、钢桁条和板墙等，每一独立单元结构安装完毕后，应具有空间刚度和稳定性。

需要利用已安装好的结构吊装其他构件和设备时，应征得设计单位的同意，并采取措施防止损坏构件。

（3）钢结构工程构件的吊装方法与装配式钢筋混凝土工程的吊装方法相似，采用汽车起重机进行。吊装时，把起吊构件吊至设计图纸规定的位置，经初步校正并固定后才松开吊钩。凡是设计要求预紧的节点，相互接触的两个平面，必须保证有70%的面积紧贴，检查时用0.3 mm的塞尺插入的面积之和不得大于总面积的30%，边缘间隙不得大于0.8 mm。

（4）构件的连接和固定。

① 各类构件安装采用电焊或螺栓连接的接头，必须经过检测合格后，方可进行焊接或紧固；每个节点安装临时螺栓的数量应进行计算，不得少于安装孔数的1/3，并且至少安装2个临时螺栓；

② 所有安装螺栓的孔均不得随意采用气割扩孔；

③ 永久性的普通螺栓连接不得垫2个以上的垫圈，或用大螺母代替垫圈；螺栓拧紧以后，外露丝扣不应小于2～3扣并应防止螺母松动；

④ 安装定位焊缝时，需承载荷载者，电焊数量、高度和长度应由计算确定；不需承载荷载者的电焊长度，不得小于设计焊缝长度的10%且大于50 mm；

⑤ 安装焊缝除进行外观检查，重要的对接焊缝还应检查内部的质量；采用高强度螺栓连接的，需在工地处理构件摩擦面的，其摩擦系数值必须符合设计要求；已制作处理好的构件摩擦面，安装前，应逐组复验摩擦系数，合格后方可进行安装；

⑥ 高强度螺栓带有配套的螺母和垫圈，应配套使用，施工有剩余时，应按批号分别存放，不得混放混用；在存储运输和施工过程中应防止受潮生锈、油污和碰伤；安装高强度螺栓时，构件的摩擦面应保持干燥，不得在雨中作业；

⑦ 高强度螺栓应顺畅穿入孔内，不得强行敲打，穿入方向应一致以便于操作，不得使用临时螺栓；安装高强度螺栓必须分两次拧紧，初拧扭矩值不得小于终拧扭矩值的30%，

终拧扭矩符合设计要求,并按 $M=(F+\Delta F)KD$ 计算(M 为终拧扭矩,N·mm;F 为设计预拉力,N;ΔF 为预拉力损失值,一般为设计预拉力的 5%～10%;K 为扭矩系数;D 为螺栓公称直径,mm);

⑧ 当天安装的螺栓应在当天终拧完毕,其外露丝扣不得少于 2 扣;采用转角施工法时,初拧结束后应在螺母和螺杆断面同一处刻划出终拧角的起始线和终止线以待检查;采用扭矩施工法时,工具应在班前和班后进行标定和检查。检查时,应将螺母回退 30°～50°再拧紧至原位,测定终拧扭矩值,其偏差不得超出 ±10%;大六角头高强度螺栓终拧结束后,检查如发现欠拧、漏拧,宜用 0.3～0.5 kg 的小锤逐个敲检。

5. 钢结构涂漆

钢结构的油漆涂刷应分两次进行,底层涂刷应在结构制作完毕组装之前进行;面层涂刷应在钢结构安装完成以后才进行。

涂刷时施工地点的温度为 5～38 ℃之间为宜,相对湿度不得大于 85%;当遇有大雾、雨天或结构表面有结露时不宜作业;涂刷之后的 4 h 内应严防雨水淋湿。

施工图注明不涂刷的部位和安装时连接的接角面应加以遮盖,以防沾污;组装或安装的焊缝处应留出 30～50 mm 宽的范围不涂底层;铣平端和铰制孔的内壁应涂刷防锈剂,铰制孔应加以保护,构件与混凝土接触面涂水泥浆。

施工前,根据设计要求应做样板或样间,并保留到竣工验收后为止。

涂漆的一般操作顺序应该是从上而下,从内到外,先浅后深分层次进行。具体操作方法:

① 组装前的底层涂漆:钢结构件表面的清理工作经现场有关人员复检合格后,即可均匀地涂刷上一层已调制好的红丹防锈漆;红丹防锈漆充分干燥后,将已调制好的腻子抹在构件低凹不平处刮平;打磨腻子时要注意不能磨穿油漆底层,更不可磨穿棱角。

涂刷底层漆时,若设计无明确厚度规定,底层漆一般涂刷 2～3 遍,均要做到横平竖直,纵横交错,厚度均匀。

涂刷完毕后,应在构件上按原编号标注;重大构件应标明重量、重心位置和定位标记。

② 安装完成后的面层涂漆:经检查构件安装均符合施工图的要求及规定后,便可对运输和安装过程中受损的底层漆部分以及预留连接处的焊缝,按组装前底层漆的规定进行补漆。

底层漆的清理工作经有关人员检查合格后,即进行面层涂漆的工作;面层漆的涂刷一般为 2 遍。

最后进行全面的检查,确保做到无漏涂、欠涂或少涂,并且符合设计要求及施工验收标准。

6. 钢柱吊装

(1) 钢柱吊装准备:

① H 型钢柱应先用汽车起重机安装就位;

② 检查厂房的轴线和跨距;

③ 清除基础面的垃圾,在基础上面弹出纵横中线;

④ 在柱身上弹出中线(可弹三面,两个小面和一个大面);

⑤ 根据各柱的实际长度,用高标号的水泥浆或细石混凝土补抹基础面,调整其标高,使钢柱安装后各处的标高基本一致;

⑥ 准备吊装索具及测量仪器。

(2)起吊绑扎:钢柱的绑扎位置和绑扎点应根据钢柱的形状、断面、长度和起重机性能等情况确定。自重 13 t 以下的中小型钢柱,大多绑扎一点。

(3)起吊钢柱过程中,起重机吊起吊钩,钢柱脚沿地面滑行而使钢柱直立。吊放型钢柱时,将起吊绑扎点(两点以上绑扎时为绑扎中心)布置在柱基附近,并使绑扎点和基础中心两点共弧,以便将钢柱吊离地面后稍转动吊杆(或稍起落吊杆)即可就位。为减少柱脚与地面的摩擦力,需在柱脚下设置托板和滚筒,并铺设滑行道。

(4)就位和临时固定。

就位是将钢柱吊起置于柱基面并对准安装中线的一道工序。根据钢柱起吊后柱身是否能保持垂直状况来区分,有垂直吊法和斜吊法两种方式。这两种吊法的就位和临时固定方法有所不同。

垂直吊装时的就位和临时固定的操作顺序:操作人员在钢柱吊至柱基上空后,应各自站好位置,稳住钢柱脚并将其安放在柱位的固定螺栓上;当柱脚接近基面时(约 3～5 cm),刹住车,插入地脚螺栓(每个柱两面各一个),此时指挥人员应目测钢柱两个面的垂直度,并通过起重机操作(回转、起落吊杆或跑车),使柱身大体垂直;用撬杠撬动使柱身中线对准基面中线,对中线时应先对两个小面,然后平移钢柱对准大面;落钩,将钢柱放到柱基,并拧紧地脚螺栓,复查对线(此时必须注意用楔形垫铁垫实柱脚并塞紧,在柱身四面再绑临时斜撑撑牢,否则架空的钢柱在校正时容易倾倒);就位的钢柱临时支撑固定后再落吊杆,落到吊索松弛时再落钩,并拉出活络卡环的销子,使吊索散开。

(5)校正。钢柱的校正有两个内容:平面校正和垂直校正。一般情况下,钢柱的平面位置在插柱时已校正好,所以,钢柱校正主要是校正垂直度。只有在某些特殊情况下(如钢柱被碰撞产生位移,或在校正垂直度中产生位移等)才需要对钢柱进行平面位置校正。

平面位置校正时可用撬杠插入柱底,两边垫以楔形钢板,然后敲打钢板使柱脚移动。

垂直度校正时可利用钢柱两侧的斜撑给柱身施加力矩,使钢柱垂直。

(6)钢柱安装的允许偏差:

钢柱脚底中心线对定位轴线偏差小于 5.0 mm;有吊车梁的柱基准点标高偏差 3.0～5.0 mm;单层柱垂直度偏差小于 10.0 mm;弯曲矢高 $H/10\,000$,15.0 mm。

(7)钢柱吊装注意事项:

① 应先校正偏差大的,后校正偏差小的,如两个方向偏差数相近,则先校正小面,后校正大面。校正好一个方向后,拧紧两面相对的固定螺栓,撑牢两面的临时支撑,再校正另一个方向。

② 钢柱在两个方向的垂直度都校正好后,应再复查平面位置,如偏差在 5 mm 以内,则可拧紧地脚螺栓,并焊牢和灌浆。

③ 校正钢柱的垂直度需用两台经纬仪观测,上测点应设在柱顶;经纬仪的架设位置应使其望远镜与观测面尽量垂直(夹角应大于 75°)。观测变截面柱时,经纬仪必须设在轴线上,使望远镜视线面与观测面垂直,以防止因上、下测点不在一个垂直面上而产生测

量差错。

④ 如果采用给柱身施加力量使钢柱绕柱脚转动的方法校正(敲打楔形钢板法除外),在安装钢柱时,最好对准柱底线,并及时将柱脚螺栓戴上螺帽并拧紧卡住。在柱倾斜一面敲打楔子或顶动钢柱时,可同时配合松动对面垫铁,但绝不可将楔形垫铁拔出,以防钢柱倾倒。

⑤ 在阳光照射下校正钢柱的垂直度,要考虑温差影响。由于温差影响,钢柱将向阴面弯曲,使柱顶有一个水平位移,水平位移的数值与温差、柱长度及宽度等有关。长度小于 10 m 的钢柱可不考虑温差影响;细长柱可利用早晨、阴天校正,或当日初校,次日晨复校,也可采取预留的办法来解决。

⑥ 固定钢柱应在柱基面的空隙内浇灌细石混凝土作最后垫平,灌缝工作在校正后立即进行。灌浆前,应将空隙内的木屑等垃圾清除干净,用水湿润后再灌注。

7. 屋架(梁)的安装

在立柱安装完毕后,进行人字梁的连接安装,安装前先弹出梁的顶面中心线。一般人字梁为变截面梁,每榀梁分为几个部分拼装,然后采用四点绑扎,由起重机吊上。接着根据人字梁的轴线和立柱轴线的投影在一直线上的原则,对梁柱进行连接。如果经纬仪所测两轴线不重合,则应调整,直至重合。

具体安装方法:

① 吊点必须在屋架三汇交节点之上。屋架起吊离地 50 cm 时,应检查无误后继续起吊。

② 安装第一榀屋架时,在松开钩前,作初步校正,对准屋架基座中心线与定位轴线就位,并调整屋架垂直度和屋架侧向弯曲。

③ 第二榀屋架同样吊装就位后不要松钩,用杉篙或方木临时与第一榀屋架固定,接着安装支撑及部分檩条,最后校正固定整体。

从第三榀开始,在屋架脊点及上弦中点安装上檩条即可将屋架固定,同时将屋架校正好。

8. 柱间支撑的安装

在山形门式钢架安装就位后,可进行纵向的连接加固,根据钢柱成品所留的支撑位置进行现场校核后方可进行柱间支撑的螺栓连接与焊接。

五、彩钢板安装

(1) 本工程厂房屋面采用的为角驰 Ⅲ 型彩钢板,产品品种、规格、尺寸等必须符合设计文件及《建筑用压型钢板》(GB/T 2755—91)的要求,其尺寸允许偏差为:波距偏差范围 ± 2.0 mm;波高 $H \leqslant 70$ mm 的偏差范围 ± 1.5 mm,$H > 70$ mm 的偏差范围 ± 2.0 mm;侧向弯曲在测长度的范围内偏差 20.00 mm。

(2) 外观质量:板面平整,无明显凹凸手感;表面清洁,离板边 30 mm 以外无胶痕;除卷边及割边外,其余部位钢板无明显划痕;钢板边缘向内弯曲,无明显波浪形;切口整齐平直。

每批验收批量由同一原板材牌号,同一规格的彩板组成,每批重量不大于 50 t。

（3）安装技术要求：

① 采用较长尺寸的彩钢板，以减少屋面的接缝，防止渗漏和提高保温性能。

② 彩钢板屋面固定，在横坡每块屋面碰头处，上层钢板做翻边防水沿，内用槽形连接螺栓与屋顶檩条固定，在防水沿上盖槽形盖口防水。

③ 彩钢板屋面顺坡长方向搭接，上下两块屋面板均应搭在支座上，其搭接高度 $h \leqslant$ 70 mm，当屋面坡度 $\leqslant 1/10$ 时，搭接长度为 300 mm，屋面坡度 $> 1/10$ 时，搭接长度 200 mm；$h > 70$ mm 时，搭接长度不小于 375 mm，搭接钢板部分用铆钉连接，搭接缝用防水材料密封。

④ 包边角钢、泛水钢板搭接尽可能背风向，搭接长度 $\geqslant 60$ mm，铆钉间距 $\leqslant 500$ mm。

⑤ 彩钢板安装的允许误差：

檐口与屋脊的平行度误差小于 10.0 mm；

波纹线对屋脊的垂直度误差小于 $L/1\,000$，20.0 mm；

檐口相邻两块彩钢板端部错位误差小于 5.0 mm；

卷边板件最大波高误差小于 3.0 mm。

（4）施工注意事项：

① 彩钢板允许短期露天存放，但不准超过一个月，否则需采取加防措施。

② 板材必须放在平整、坚实的场地上，散装板堆放高度不大于 1.5 m，不能用木条或泡沫板铺垫，垫木间距不大于 1.5 m。

③ 施工中应避开利器、工具等，防止擦伤彩钢板表面涂层。若表面划伤或有锈斑时，应采用颜色相同的聚酯漆喷涂。

④ 屋面上人作业时，应尽可能避免集中上人，以免屋面板变形过大而撕裂密封材料，一般每米板上不超过 2 人。

六、钢结构验收的保证材料

（1）钢结构工程竣工图和设计资料；

（2）安装过程中形成的与工程技术有关的文件；

（3）安装所采用的钢材、连接材料和涂料等材料质量证明书或试验、复验报告；

（4）厂制作结构件的出厂合格证；

（5）焊接工艺评定报告；

（6）焊接质量检测报告；

（7）高强度螺栓抗滑移系数试验报告和检测记录；

（8）隐蔽工程验收记录；

（9）工程中间检测记录；

（10）结构安装检测记录；

（11）钢结构安装后涂装资料；

（12）设计要求的钢构件试验报告。

建筑景观工程施工方案

一、编制说明及编制依据

本施工方案是根据某国际花园的合同招标书、景观工程设计图纸、相关工程规范、规程、标准等,通过现场实地考察,并结合本公司实际情况和近几年绿化景观工程施工经验编制而成。

编制依据包括:

① 招标单位提供的施工图、招标文件、答疑纪要;

②《土方及爆破工程施工及验收规范》(GB 50201—2202);

③《砌体工程施工质量验收规范》(GB 50203—2002);

④《地基与基础工程施工及验收规范》(GB 50202—2002);

⑤《混凝土结构工程施工质量验收规范》(GB 50204—2002);

⑥《建筑装饰工程施工及验收规范》(JGJ73—91);

⑦《建筑工程冬季施工规程》(JGJ 104—97);

⑧《建筑给排水及采暖工程施工质量验收规范》(GB 50242—2002);

⑨《建筑电气工程施工质量验收规范》(GB 50303—2002);

⑩《建筑机械使用安全技术规程》(JGJ 33—2001);

⑪《施工现场临时用电安全技术规范》(JGJ 46—88);

⑫《建筑安装工程质量检测评定统一标准》(GB 50300—2001);

⑬《预制混凝土构件质量检测评定标准》(GBJ 321—88);

⑭《地下防水工程施工质量验收规范》(GB 50208—2002);

⑮《建筑地面工程施工质量验收规范》(GB 50209—2002);

⑯ 工程建设标准强制性条文;

⑰ 施工企业制定的质量手册、施工组织设计管理办法、专业施工组织设计编制方法等质量保证体系程序文件。

二、工程概况及特点

某国际花园园林景观工程质量要求:按国家及地方园林绿化行业规范达到合格标准,并保证绿化工程乔木一次性成活率90%以上,灌木95%以上,交付验收时现场无枯树死苗,质保期满验收时绿化保存率、成活率均达100%。

计划开、竣工日期:2011年12月1日开工,2012年5月30日竣工,其中2012年1月

30 日前完成样板区土方造型、中大型乔木种植;2012 年 3 月 30 日全面完成中心区景观工程;2012 年 5 月 30 日全面完成景观工程。施工进度计划见表 2.16。

表 2.16　施工进度计划

项目工序	按工程施工日期进展情况(2011 年 12 月 1 日至 2012 年 5 月 30 日)											
	12 月		1 月		2 月		3 月		4 月		5 月	
	1—15	16—31	1—15	16—31	1—15	16—29	1—15	16—31	1—15	16—30	1—15	16—30
搭临建、人员机械材料进场	━											
清理/外运/平整	━	━										
定点放样/放网格线			━	━	━	━	━	━	━	━	━	
土方开挖/回填/造型		━	━	━								
地下管线预埋				━	━	━	━	━				
水池立模浇筑、砖砌构造物		━	━	━	━	━	━	━				
硬质铺装				━	━	━	━	━	━			
大中乔木种植		━	━									
灌木及草坪种植			━	━								
小品安装及其他地源热泵工程						━	━	━	━	━	━	
竣工自检报验收												

三、工程的指导思想和目标

本工程将工期、质量、安全、标准化文明现场作为四条主线贯穿施工全过程,即:工期必须满足业主的要求,并有所提前;工程质量确保达到设计要求、验收标准;确保不发生重大设备事故、人身伤亡和火灾事故;确保达到文明施工现场标准。

四、承包方项目组织管理机构

项目管理部结构如图 2.23 所示。

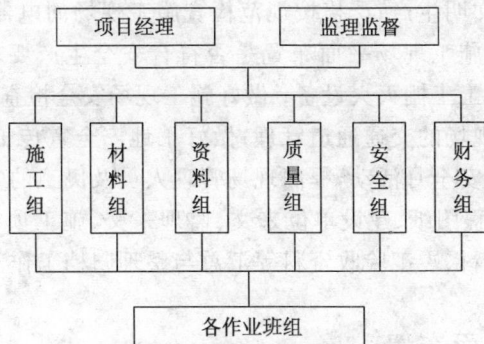

图 2.23　项目管理部组织结构

职责分工：

(1)项目经理：重点抓好工程施工组织和协调工作；抓好工程质量和进度,确保工程如期完成；抓好工程施工和生产计划,做好各项计划的协调、平衡、检查和督促工作；抓好工程现场机械、设备、材料等管理；抓好安全生产和文明施工管理,确保安全文明生产；抓好职工的思想政治工作,完成上级交办的各项工作。

(2)技术负责人：组织和协调项目部技术质量工作,下达总公司技术质量监督命令,对工程质量负技术方面责任；负责推进科技进步,采用成熟新工艺、新材料、新技术,保证工程的工期和质量；主持审核施工组织设计,研究和处理施工过程中出现的重大施工技术难题,对重大质量事故提出技术鉴定和处理方案。

(3)项目副经理：主持编制月度计划,要求做到全面、准确、及时,并负责检查落实；切实抓好工程质量、工程进度、施工现场管理,确保工程达到规定的目标；切实抓好现场机械设备安全生产和文明施工管理工作；抓好工程核算和成本分析工作；办好项目经理交办的各项工程任务。

(4)施工组：熟悉施工图纸,了解工作章程,按图施工,按章工作,抓好进度、质量、安全；编排分段、分组进度计划；在工程师指导下,具体处理工程进行中的问题；负责工程技术交底,填写工程变更设计联系单,记好施工日记；协调各工种交叉施工,填写物料需求计划；会同工程师、质检员,及时做好工序的自检工作；完成项目经理、工程师交办的各项工作。

(5)质量组：在项目总工程师和项目经理领导下,认真做好质量管理工作中的组织协调、检查落实工作；负责工程的质量管理工作,认真做好每道工序的质量检查和技术资料验收,及时办理好技术资料签证手续；及时做好材料的试验、级配及试压件的制作、保养和送检工作；配合质检部门做好质量检查工作；完成项目经理和项目总工程师交办的各项工作。

(6)材料组：根据生产计划和生产实际情况,及时编制机械设备需用计划,做好机械设备的进退场工作,确保工程正常施工；周密安排、调用机械设备,提高设备利用率；根据施工进度和生产计划,编制材料需用计划,做好落实工作；办理好各类材料的验收工作,材料领用符合手续；办理好各类材料的运输工作,做到进场及时,堆放合理,多余材料清理迅速。

(7)安全组：全面负责管理施工现场的安全文明生产,按照"五同时"要求配合施工技术负责人抓好工地安全文明生产;严格按规范检查施工现场的电器线路设置、安装工作,确保安全用电;认真检查施工现场平面布置是否符合安全生产要求;做好施工现场的防火安全工作,认真检查民工工棚灭火设备;做好施工现场安全检查工作,发现隐患及时纠正,做好记录;做好施工现场的交通通道管理;做好工地安全宣传工作及安全路标、路牌、安全标志制作;抓好工地安全月活动,提高现场管理人员及民工的安全意识。

(8) 资料组:负责工程图纸、建设单位来文、监理来文、施工项目部文档、工程材料质量保证资料、施工技术资料、竣工验收资料等汇总与整理归档工作。

五、施工现场平面布置

1. 平面布置原则及依据

(1) 根据该工程施工工期长、专业多、要求高的特点,在土建主体结构尚未全部结束时,在具备一定安装条件的地方,提前开始安排安装施工,实行立体交叉施工,并集中力量保重点。安装高峰期在人力、物力、机具上给予充分保证,项目管理部应协助施工队伍组织好施工工作,搞好各方面的协调配合。

(2) 按工程特点及施工顺序组织分段施工,综合安排以确保安装进度。

(3) 组织配合施工,穿插作业,重点部位抢工,组织内部各工种之间平行流水作业,以使土建、安装、装饰及内部各工种之间互创施工条件,保证工程总体进度。

(4) 运用先进的施工方法和施工机具,提高机械化作业水平;垂直吊装尽量采用机械吊装,以提高工效。

2. 总平面布置及说明

本工程现场为三个长方形(见图 2.24),即 A,B,C 区。为便于管理,工程生活区、办公区、生产设施区均设在现场并分开布置。

消火栓和消防器材按安全生产的规定在场区分散布置,临时管道延伸至施工和生活各主要用水点。

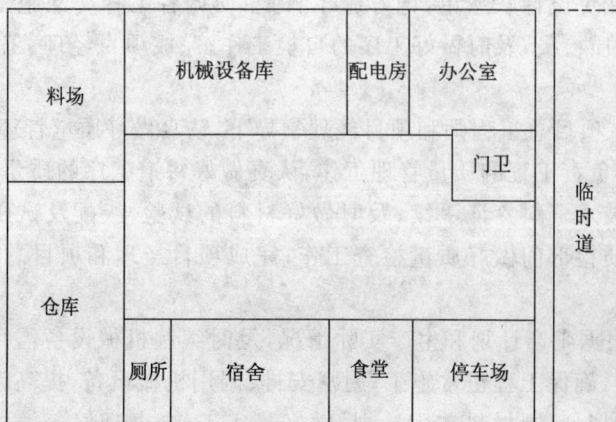

图 2.24　施工现场总平面布置图

3. 施工临时用水、用电及排水布置

临时用电从现场总配电箱用专用电缆穿钢管直埋或架空引入专用分配电箱和开关

箱,分别将动力和照明线路引至井架、钢筋棚、木工房、办公和生活区等用电点。临时用电均三相五线制,采用三级配电二级保护。场区用电线路均做安全防护。

临时用水为环形管网,使各部位均能满足使用。

施工用水、施工用电的计算及生活、生产设施详见施工准备部分的现场准备内容。

六、劳动力计划

各工种及劳动力数量:根据施工工期和计划合理安排配备(见表 2.17)。

表 2.17　劳动力计划表

工种、级别	按工程施工日期进展情况(2012 年 12 月 1 日至 2012 年 5 月 30 日)											
	12 月		1 月		2 月		3 月		4 月		5 月	
	13—15	16—31	1—15	16—31	1—15	16—29	1—15	16—31	1—15	16—30	1—15	16—30
壮工	15	25	25	25	25	25	25	25	25	25	25	25
瓦工	20	30	30	30	30	30	30	30	30	30	30	25
水电工	2	5	5	5	5	5	5	5	5	5	5	5
木工	5	5	5	5	5	5	5	5	5	5	5	5
钢筋工	3	3	3	3	3	3	3	3	3	3	3	3
绿化工	10	40	40	30	20	20	10	20	20	20	20	20
草坪工	5	20	30	10	10	10	10	10	10	10	10	5
养护工	/	10	15	15	15	15	15	15	15	15	15	15
后勤	10	10	15	15	15	15	15	15	15	15	15	15

注:上表是按 8 小时/工编制。

应根据职工素质及工作态度进行综合考评,及时调整作业人员,健全和充实施工组织机构,进行特殊工种技术培训,对进场的每位职工进行上岗培训和安全教育,经考核合格后方可按证挂牌上岗,以确保工程质量和工程施工安全,为创标准化文明工地达标提供保证。

七、施工机械设备配置

施工机械设备型号规格、产地、功率、状况及自有或租赁情况:略。

八、施工方案及技术措施

施工的准备工作应包括以下几个方面:① 认真组织学习设计图纸和设计技术资料,学习本工程招标文件及监理程序,熟悉合同文件和技术规范;② 现场核对设计资料,对地形地貌、地质水文状况等进行全面的调查;③ 做好现场布置及临时设施的敷设;④ 在施工范围内进行场地清理,破除旧路面并外运渣土。

根据本工程特点和工期要求,先清场并平整场地,施工中遵循先地下后地上,先水电埋管后土建施工,先结构(基层)后铺装的原则组织施工,绿化和硬质铺装在避免相互影响的前提下穿插施工,加快进度。

1. 施工测量和放线

(1)平面放线。根据甲方提供的坐标标准控制点和总平面图,用经纬仪确定施工现场施工时的控制桩,并在施工现场放出 20 m×20 m 的方格网,广场、园路、构筑物等用经纬仪标出圆心、边角控制点,再用钢尺、细线放出边线;如园路不规则,可将边线或设计地形等高线与方格网的交点标到地面并打桩,然后用石灰连线放出边线。

(2)竖向控制。本工程景观效果层次多,标高复杂,根据业主提供的标高控制点,用水准仪准确引测至施工地点,并用红油漆标于固定建筑物上或打控制桩,作为各层标高的引测依据。平整地形时,地形高差不大的,可用竹竿作标高桩,在桩上把每层标高标好,不同层用不同颜色标志,以便识别,再根据设计要求回填土方、整理地形。景观水池、小品、广场、园路等严格按图纸设计要求,并做好高程测设原始记录,同时做好对施工队的技术交底工作。

2. 土方工程

根据本工程目前情况及设计图纸标高,土方工程主要包括绿化地的原地砼破除,不良土方换土开挖及换填以广场铺装基层回填至设计标高,绿化部分种植土回填等。

由于挖方不深,可作一层直接开挖。机械挖方要预留 15~20 cm 厚土层做人工清底。施工时视具体地下水情况,确定开挖时是否需挖排水沟,但基坑成形后在坑底应设积水井,用水泵抽排积水。

挖出的土方经疏松后如果土质好,可以运至绿地用以堆丘,但堆放土方不能超量。如果土质不好,则运至指定地点。

挖方应注意以下事项:

(1)土方开挖时,应防止附近构筑物、道路、管线等发生下沉和变形。必要时应与设计单位、建筑单位协商采取保护措施。

(2)土方工程施工应进行土方工程计算,按照土方运距最短,运程合理和各个工程的施工顺序做好调配,预留好堆土丘用的土方,减少重复搬运。

(3)平整地面的表面坡度应符合设计要求,如设计无要求时,一般应向排水沟方向做成不小于 0.2%的坡度。平整后的场地表面应逐点检查,检查点的间距不宜大于 20 m。

(4)土方工程施工中,应经常测量和校核平面位置、水平标高和边坡坡度等,平面控制木桩和水准点也应分期复测和检查。

(5)夜间施工时,应合理安排施工项目,防止挖方超挖或铺填超厚。施工场地应根据需要安设照明设施,在危险地段应设明显标志。

(6)避免雨天开挖,如因工程需要必须在雨天开挖,则工作面不宜过大,应分段逐片完成。

(7)土方开挖宜从上到下分层分段依次进行,同时做成一定的坡势,以利泄水,不得在影响边坡稳定的范围内积水。

3. 地下铺设管线

镀锌管材：管材、管件及配件符合设计要求，进场必须经验收合格后，方可施工。管道应慢慢落到沟底，每根管需对准中心线，接口的转角符合设计规范要求。

接口处理：镀锌钢管采用套丝机套丝以提高工作效率，套丝后用刷子刷油漆两遍，安装时要求管槽平整，不允许有架空管道现象，接头连接时用麻丝缠好丝口，防止漏水。

可分段或整个系统安装完毕后进行冲洗，冲洗前先拆除管道已安装的水表（短管代替），并隔断与其他正常供水管线的联系，冲洗时用高速水流冲洗管道，直至所排出的水无杂质。

UPVC 管粘接符合下述规定：操作时远离火源，防止管道受机械损伤；承插口处做预处理，粘接剂涂抹应均匀，先涂承口后涂插口；应在 20 s 内完成粘接，若粘胶干涸应在清理表面后重做；插接过程中可稍做旋转，粘接完毕应将多余粘胶擦净；粘接好的接头应避免受力，环境温度高于 10℃ 时，静置固化 2 min 后方可安装；所有穿池壁和池底的管道均应考虑设柔性防水套管，过路管均应加钢管护套。

管道压力试验：管道安装后应进行水压试验，试验压力不应小于 0.6 MPa，按操作规程稳压并不允许有泄漏。

回填：要求回填土过筛，不允许含有有机物或大石块等，分层填土，人工夯实。在回填至管顶上 50 cm 后，可用打夯机夯实，每层虚铺厚度控制在 15～20 cm，检查井周围并用人工夯实（木夯）。

4. 水景水池施工

(1) 施工工艺：

准备工作→定点放样→挖土方→垫层→水泥砂浆找平层→底板→池壁→防水工程卷铺→面层铺装→试水→收尾。

(2) 模板工程：

① 底板支模：外侧模采用砖胎模，每隔 3 m 砌一砖墩，以增加稳定性，砂浆内粉刷。

② 水池壁、柱等支模：均采用钢模、$\phi 12$ 对穿螺杆间距 600×800 拉结，外侧壁加止水片。

③ 板底预埋钢管位置要正确。对伸入底板内的钢管要加焊止水片，防止该部位渗水，钢管预埋前要按设计要求做好防腐处理。

④ 外池壁支模：采用 20～30 cm 宽的钢模板，每隔 4 块或 3 块镶拼一块 10 cm 的木模，以对穿螺杆固定；每块模板用二道圆弧形钢管固定，再用两根竖向钢管固定，间距 800 mm；外模板再加二道钢丝绳箍，确保不砸模。内支撑用满堂架，加斜支撑，以稳定整个水池的模板系统，保证几何尺寸的准确。

⑤ 预埋件施工：本工程结构预埋管、件数量比较多，且埋件的尺寸、位置、标高等要求较高，因此，在施工中应仔细对照结构及水道专业施工图纸，做到核对无误，不得遗漏。在预埋前，预埋管内外壁均按设计要求做好防腐，并通知安装单位、监理人员一起进行核验，检查工艺要求及图纸位置要求是否相符。

(3) 钢筋工程：

① 本工程钢筋均为现场加工，现场搬运和绑扎均采用人工方式。

② 进场钢筋必须按不同规格、分批堆放整齐,及时抽样,做好原材料复试,严禁使用劣质材料,如沾有污泥、油渍、锈斑等,要予以清除后方可使用。

③ 底板 $\phi16$ 以上钢筋采用对焊,竖向 $\phi14$ 以上粗钢筋采用电渣压力焊,其余采用绑扎搭接。对焊的焊接接头必须抽样复试,合格后方可进行绑扎。

④ 熟悉图纸,加强钢筋翻样工作,对班组认真做好技术交底。

⑤ 底板上下层钢筋之间,设置竖向的 $\phi16@450\times450$ 梅花形布置的 Ω 型撑脚,每平方米设一只,将上下层钢筋间距固定牢,池壁插筋按已弹轴线位置预留,插筋伸到底板筋上固定。

⑥ 池壁钢筋绑扎先竖向筋后水平筋,里外两层钢筋之间,必须增设 $\phi8@\leqslant500\times500$ 梅花形布置的拉结筋,以保证受力筋的正确位置。

⑦ 保护层厚度按设计要求,底板、池壁用水泥垫块控制保护层。

(4)砼工程:

水池砼使用前应做好配合比试验,合格后方可使用。砼浇捣前,要充分做好机械的备用及劳动力的组织工作,备足水泥、砂、石等材料,保持道路通畅,并收集有关气象预测资料,做好防雨措施,保证施工顺利进行。

底板和池壁砼的每次浇捣需配备两个浇捣小组,在砼浇捣前列出详细名单,责任到人。

振捣时要控制振动棒插入深度以及振捣时间,要快插慢拔,不允许通过振动钢筋的方法来使砼振实,振动棒要及时到位,防止出现冷缝。

为保证砼质量特采用以下措施:

① 设计最佳配合比,采用外掺剂,控制坍落度,从而提高砼强度。

② 砼中掺高效减水剂及粉煤灰、UEA 以增加砼密实度,选用合理的浇捣顺序和方法,加强振捣以防漏振造成的蜂窝、孔洞等,交接班用餐时做好交底,加强监督、检查,确保质量。

③ 水池施工中外池壁采用对穿螺杆加焊止水片。钢筋按设计规定留足保护层,不得有负误差。留设保护层应以相同配合比的细石砼或水泥砂浆制成垫块,将网筋垫起。砼除必须满足一般砼强度、整体性和耐久性等要求外,还必须满足抗渗要求,控制砼变形裂缝的发生和发展。为达到以上目的,建议在砼中掺加微膨胀剂 UEA 等,以达到补偿收缩,防止裂缝产生的目的。

底板表面砼浇捣结束,收水后用木抹抹平,铺上湿草包,上面覆盖塑料布,在最初 2～5 天内,砼处于升温阶段,要采用保温措施,减少表面热扩散,防止表面裂缝,塑料布覆盖下草包保持湿润。养护约一周后(根据砼温度测定情况),去掉塑料布浇水养护。

(5)水池抗浮措施:在施工前,每一水池均要进行抗浮计算。在整个施工期间,对基坑的排水不能停要派专人负责监视水位情况,特别是下雨天,要及时增加水泵,加大排水量。排水工作一直要到回填土结束。当遇大雨或其他特殊情况时,如水泵不能及时有效降低积水高度,可将积水往池内排放,以增加水池的抗浮能力。

(6)水池注水试验:当整个池体砼达到设计强度后,应将水池注水至设计水位,并在充满水三昼夜后,再测定水的一昼夜的减少量并进行外观检查,24 h 渗水量不超过 1.2‰(除去蒸发量)。注水方式:每升高 1 m 水位时间不少于 4 h,然后停止 12 h 再补充水。注水试验应在外粉前进行,如有渗漏,采取有效方式修补,再进行外壁防腐及回填土方。

(7) 回填土工程:缩短回填土时间是争取早日完成水池工程,保证其他工作全面铺开的关键。在拆除模板后,应及时做好验收工作,同时抽干积水,检查无渗漏水且外池壁干燥后,即加快外墙防水处理,然后组织回填。回填土要求分层夯实,严格按照施工规范的要求操作。

5. 水体工程

水体是园林中运用广泛的景观之一,包括水池、管道和控制系统。水体工程中的水源取自城市供水系统,水池是积蓄水源的主体,有进出水的管线设施,因此做好水体结构的防水施工是保证施工质量优良的关键所在。施工时应防止水池变形、渗水等。

(1) 防水工程应注意的问题。

① 施工前,按工艺标准及设计要求,编制相应的施工方案;施工期间各工种应相互协调,密切配合;施工完成后,应注意成品保护。

② 防水工程所用的原材料必须符合工艺规定,并具有出厂合格证或检测资料,必要时应予以复验。混凝土及砂浆配合比经试验确定后,不得任意改变。

③ 对有电气设备的水池工程及地下结构,在防水层施工时应将电源临时切断,或采取相应的安全措施。施工照明用电应将电压降至 36 V 以下,使用的电动工具应采取安全措施。

④ 铺贴防水层的基层应干燥、平整,并不得有起砂、空鼓、开裂等现象,阴阳角处应做成圆弧形或钝角。

⑤ 地面或墙面的预埋管件、变形缝等处应进行隐蔽工程检查验收,使其符合设计和施工验收规范要求。

⑥ 外防水内贴法施工时,应在需要铺贴立墙防水层的外侧,按设计要求砌筑永久性保护墙,防水层一侧的立墙面抹 1∶3 水泥砂浆找平层,达到表面干燥后,方可做防水层施工。

⑦ 钢筋混凝土底板下铺贴卷材防水层前,应在垫层上抹好防水水泥砂浆找平层,待干燥后方可进行防水层施工。

(2) 电气系统的安装。

① 配管配线:管内导线的总截面(包括外护层)不应超过管截面面积的 40%。穿线时,在接线盒、配电箱等处按照施工规范预留接线长度,以便接线;导线连接要求接触紧密,接触电阻小,稳定性好;与同长度同截面导线的电阻比应大于 1;接头的机械强度不小于导线机械强度的 80%;接头的绝缘强度应与导线绝缘强度一样;10 mm² 及以下的铜导线接头,可用电烙铁进行锡焊,16 mm² 及以上的铜导线接头,则用烧焊法;锡焊前,接头上均须涂一层无酸焊锡膏或天然松香溶于酒精中的糊状焊液;压线帽连接操作工艺简单,不耗费有色金属,很适合在现场施工。导线端子装接 10 mm² 及以下的单股导线,可直接装接到电气设备的接线端子上,其方法是在导线端部弯一圈,弯圆圈时,线头的弯曲方向与螺栓(或螺母)拧入方向一致;铜端子装接可采用锡焊法或压接法,具体的操作程序与导线的连接相同。

② 配电柜(箱)安装:

柜(箱)到达现场时应与业主、监理共同进行开箱检查、验收。柜(箱)包装及密封应良好,制造厂的技术文件应齐全,型号、规格应符合设计要求,附件备件齐全。主体外观应无损及变形,油漆完好。

先按图纸规定的顺序将柜做好标记,然后放置到安装位置上固定。盘面每米高的垂直度应小于 1.5 mm,相邻两盘顶部的水平偏差应小于 2 mm,柜(箱)安装要求牢固、连接紧密。柜(箱)固定好后,应进行内部清扫,用抹布将各种设备擦干净,柜内不应有杂物。

柜(箱)的电源及母线的连接要按规范及国际通行相位色标表示,保证进线电源的相序正确。检查电气回路、信号回路接线牢固可靠,送电前的绝缘电阻检查应符合有关规定。按前后调的顺序送电,分别模拟试验、连锁、操作继电保护和信号动作,应正确无误,灵活可靠。

安装完毕,应对接地干线和各支线的外露部分,以及电气设备的接地部分进行外观检查,检查电气设备是否按接地的要求有效接地,各接地线的螺钉连接是否接妥,螺钉连接是否使用了弹簧垫圈。接地电阻小于 4 Ω。

6. 喷泉安装

由于喷泉设备的安装需在施工现场进行,且为露天作业,所以管道、电气、水下灯等均应提前预制加工,这是确保工程进度和工程质量的关键。

主要工艺流程:

(1) 预制及加工主要工艺流程:① 预制管道;② 喷头加工;③ 控制设备;④ 配电设备加工装配。

(2) 现场设备安装主要工艺流程:① 管路及设备安装;② 灯光安装;③ 电缆的铺设及防水连接;④ 配电控制设备安装。

(3) 系统安装完成后,进行系统调试。

① 系统调试前准备:清扫水池,并向水池注水至正常水位;清扫机房室内卫生及清除设备外壳和柜(箱)内杂物;对电气设备进行干燥处理;检查系统安装是否完全正确;对电气设备进行单机试运行。

② 系统调试:

打开所有控制阀门,关闭所有排水通道的阀门;检查所有喷嘴是否安装到位,并查看喷嘴有无堵塞等不良状况;按流程图及管道施工图查看管道安装情况,有无脱裂、变形等有可能导致漏水、压力损失的问题。

按电气原理图及电控柜二次接线图仔细查看水泵、水下灯、变频器、程控器接线是否准确无误;在确认水泵有工作水源的情况下,单机手动开启调试(在某一台水泵单机调试时,关闭其他所有用电设备的电源,以免引起连锁破坏)。水泵运转后,根据出水状况查看水泵有无反转、异常噪音等不良状况。

在每台水泵都单机调试过后,将所有水泵一并开启(此时应关闭控制回路,以防意外),查看喷泉的喷水效果。

根据变频器所连水泵电机的参数,对每台变频器进行参数设置,之后对每组变频器及相应水泵进行单组手动调试。然后对所有变频器及相应水泵手动开机,查看喷水效果及各设备运转情况。

将变频器、水泵等全部打到自动控制,让程控器运行,查看整个喷泉的运转情况。

根据喷泉各式喷嘴的喷水高低及效果要求,调整阀门及变频器频率大小,使喷水的形状大小达到设计要求。

根据设计要求及程序,进行最终效果调试,调整相关的时间长度及各喷嘴变换顺序,以使水形及整个喷泉效果达到最佳状态。

7. 铺装及园路工程

(1) 基层处理。

挖土应由边到中,并根据土质情况,预留压实厚度,如遇到障碍物,应采取有效的措施及时处理;整平后压实。

(2) 碎石垫层。

干结碎石基层在施工过程不洒水或少洒水,依靠充分压实和嵌缝料充分嵌挤,使石料间紧密锁结,具有一定的强度,一般厚度为 8～16 cm。

用于基层填筑的碎石,要求大小适中,无风化现象,以确保基层的强度。石块之间要求密实,无松动。预先控制好标高、坡向、厚度,满足设计要求。碎石摊铺应均匀、平整。要求石料强度不低于 8 级,软硬不同的石料不能掺用。碎石最大粒径视厚度而定,一般不宜超过厚度的 0.7 倍,50 mm 以上的大粒料约占 70%～80%,0.5～20 mm 粒料约占 5%～15%,其余为中等粒料。选料时先将大小尺寸大致分开,分层使用。长条、扁片含量不宜超过 20%,否则应就地打碎作嵌缝料用。结构内部空隙内尽量填充粗砂、石灰土等材料(具体数量根据试验确定),数量在 20%～30%。

(3) 砼基层施工。

为保证砼搅拌质量,砼工程应遵循以下原则:

① 测定现场砂、石含水率,根据设计配合比,送有关单位做好砼级配,并按级配挂牌示意;② 每天搅拌第一拌砼时,水泥用量应相对增加;③ 平板振捣器震动均匀,以提高砼的密实度;④ 严格控制砂石料的含泥量,选用良好的骨料,砂选用粗砂,砂含泥量小于 3%,石子不超过 10%;⑤ 减少环境温度差,提高砼抗压强度,浇筑后应覆盖一层草包,在 12 h 后浇水养护以防气温变化的影响,砼养护时间不小于 7 天;⑥ 一般用 M7.5 水泥、白水泥、砂混合浆或 1∶3 白灰砂浆结合层。砂浆摊铺宽度应大于铺装面 5～10 cm,已拌好的砂浆应当日用完(也可用 3～5 cm 粗砂均匀摊铺而成)。

(4) 侧石安装。

在砼垫层上安置侧石,先应检查轴线标高是否符合设计要求并校准。圆弧处可采用 20～40 cm 长度的侧石拼接,以利于圆弧的顺滑。严格控制侧石顶面的标高,接缝处留缝均匀。外侧细石混凝土浇注紧密牢固,嵌缝清晰,侧角均匀美观。侧石基础宜与地床同时填挖碾压,以保证整体的均匀密实性。侧石安装要平稳牢固,其背后应用灰土夯实。

(5) 板材铺装施工。

地面依照设计的图案、纹样、颜色、装饰材料等进行装饰性铺装,其铺装方法参照前面有关内容。铺砌广场砖、花岗岩板材时,灰泥的浓度不可太稀,要调配成半硬的粘稠状态,铺砌时才易压入固定而不致陷下。其次,为使板材排列整齐要利用平准线。于铺设地点四角插好木桩,用绳拉张作为铺设的平准线。除了纵横间隔笔直整齐外,还需要一条高度准绳,以控制砖面高度齐一。为使面层不因下雨积水,要在施工时将路面做出两侧 1.5‰～2‰的斜度。地面铺装应每隔 2 m 设基座,以控制其标高,石材板应根据侧石路标高,做出 3‰纵坡。铺设前,先拉好纵横控制线,并每排拉线。铺设时用橡胶锤敲击至平整,保证施工质量。

片块状材料面层,在面层与基层之间所用的结合层做法有两种:一种是用湿性的水泥砂浆、石灰砂浆或混合砂浆作为材料,另一种是用干性的细砂、石灰粉、灰土(石灰和细土)、水泥粉砂等作为结合材料或垫层材料。

① 湿法铺筑:用厚度为 1.5～2.5 cm 的湿性结合材料,垫在面层混凝土板上面或基层上面作为结合层,然后在其上砌筑面层。砌块之间的结合以及表面抹缝,亦用这些结合材料。

② 干法铺筑:以干性粉沙状材料,作面层砌块的垫层和结合层。铺砌时,先将粉沙材料在基层上平铺一层(用干砂、细土作垫层厚 3～5 cm,用水泥砂、石灰砂、灰土作结合层厚 2.5～3.5 cm),铺好后抹平;然后按照设计的砌块、砖块拼装图案,在垫层上拼砌成面层,并在多处震击,使所有砌块的顶面都保持在一个平面上;再用干燥的细砂、水泥粉、细石灰粉等撒在面层上并扫入砌块缝隙中,使缝隙填满,并后将多余的灰砂清扫干净;最后,砌块下面的垫层材料慢慢硬化,使面层砌块和下面的基层紧密地结合在一起。

(6) 地面镶嵌与拼花。

施工前要根据设计的图样,准备镶嵌地面的铺装材料。设计有精细图形的,先要在细密质地铺装材料上放好大样,再精心雕刻,做好雕刻材料。要精心挑选铺地用石子,挑选出的石子应按照不同颜色、不同大小、不同长扁形状分类堆放,方便铺地拼花时使用。施工时,先要在已做好的基层上,铺垫一层结合材料,厚度一般在 4～7 cm 之间。在铺平的松软垫层上,按照预定的图样开始镶嵌做花或者拼成不同颜色的色块,以填充图形大面。经过进一步修饰和完善,先拉出线条、纹理和图形图案,再用各色卵石、砾石镶嵌纹样,并尽量整平后,就可以定形。定形后的铺地地面,仍要用水泥干砂、石灰干砂撒布其上,并扫入砖石缝隙中填实。最后,用水冲刷或使面层有水流淌。完成后,养护 7～10 天。

用鹅卵石铺设的面层。鹅卵石在组合石块时,要注意石的形状、大小是否协调,特别是在与切石板配置时,相互交错形成的图案要自然。施工时,因石块的大小、高低不完全相同,为使铺出的路面平坦,必须在基层下工夫。先将未干的灰泥填入,再把卵石及切石一一填下,较大的埋入灰泥的部分多些,使面层高度一致。摆完石块后,再在石块之间填入稀灰泥,填充实后就算完成了。卵石排列间隙的线条要呈不规则的形状,千万不要弄成十字形或直线形。此外,卵石的疏密也应保持均衡,不可部分拥挤,部分疏松。

(7) 汀步:本工程的汀步为旱汀步。

旱汀步主要满足造景需要,因此在挑选石块时要求大面平整、大小多变,成品应表现出一种看似随意、实则却颇具匠心的效果。同时埋设要稳固,不得有翘动现象。按要求做好垫层后即可排列面层石料,为保证汀步牢固,石料须入土五分之四而露出五分之一。无论何种材质,最基本的汀步条件是:面要平坦、不滑、不易磨损或断裂,一组汀步的每块石板在形色上要类似,不可差距太大。汀步的尺寸可有直径 30 cm 的小块到直径 50 cm 的大块,厚度都要在 6 cm 以上为佳。铺设汀步时,石块排列的整体美与实用性要兼备。

一般成人的脚步间隔平均是 45～55 cm,石块与石块间的间距则保持在 10 cm 左右。铺设时,先从确定行径开始。在预定铺设的地点来回走几趟,留下足迹,并把足迹重叠最密集的点圈画起来。石板应安放在该位置上,经过这种安排的汀步才是最恰当的。施工的步骤则先行挖土、安置石块、再调整高度及石块间的间距。确定位置后,就可填土,将石块固定,踏在石面上不摇晃。

8. 绿化植物种植施工

(1)测量放样。

工程地形改造需要根据测量来精确定位,项目部测量工程师负责本工程施工测量工作,包括:① 测设点平面的标定,采用经纬仪配合使用钢尺将设计图上各点精确地标定到相应的面上,并做上标记;② 复测工作贯穿于整个工程施工中,不间断复测是放线准确无误的重要保证。

(2)地形整理。

① 地表修整:在基本完成地形测绘后,使用人工或挖机(大规模沉降区)对地形全面修整,并按设计图纸全面检查,如发现位移、不均匀沉降等,应查找原因并做修整,修整采用机械与人工相结合的方法,以最大限度满足设计意图构想。

② 表层种植土的翻松、粉碎与换土:按照种植要求,种植地被植物、小灌木的区域土壤应疏松;对种植乔木区域,如土壤不适合苗木生长,对种植穴进行局部换土处理,种植穴直径较泥球直径大 80 cm,在规定种植穴深度的基础上再向下翻穴底土壤 20 cm。

(3)土壤改良。

在进场前对绿化区域进行分段检测,以判断是否适合植物正常生长,若不适合植物生长,则根据实际情况制订土壤改良计划,以确保苗木生长。结合耕作翻地,施入复合肥,加强土壤肥力,促进植物成活,施用密度为 50 kg/亩。对不宜种植区要求更换 40 cm 种植土,种植土厚度不小于 20 cm。

(4)土方造型。

地形的堆筑应结合场地现状实施,由里向外施工,边造型边平整,边撒边翻松板结土。施工过程中始终把握地形骨架。粗平整时从地形边缘外逐步向中间收拢,边缘略低,中间较高,使整个地形坡面曲线自始至终和缓顺畅,便于排水并符合等高线设计要求。

(5)材料选购、起挖、包装、运输、储存和保护。

① 材料选购:根据招标文件和施工设计图纸的规格要求,选择根系发达、生长健壮、主干不弯曲、树形端正、均匀美观、无病虫害、无机械损伤的苗木。对挑选好的苗木用系绳、挂牌等方式,做出明显标记。

② 起挖:若圃地干旱,则在起苗前 2～3 天灌水,使土壤湿润,以减少起苗时损伤根系。除准备好锋利的苗木起掘工具,还要准备好合适的蒲包、草绳、塑料布等包装材料。苗木起挖前适当修剪部分小枝条,确定起苗方法和带土球大小,尽可能保护树木根系完整,土球用草绳包扎密实,确保土球不松散。

③ 包装运输:苗木规格较大时需用吊车装卸。苗木装卸车时轻提轻放,以防碰伤树根和擦伤树皮。装车时土球在前,树梢向后,土球用东西垫好,不使滚动,树干用软材固

定好,树冠用支架固定,以免土球和侧枝受损或枝干受伤。为提高成活率,应随起随运随栽,当天不能运输的要进行假植和覆盖,以防土球失水。苗木运输前调查好运行线路,确保苗木运输过程中不受任何损伤并及时运到工地。运输过程中,车箱底铺垫 2~3 cm 厚的湿草,外部以篷布盖严,严防苗木根系裸露,遭风吹日晒而脱水。

④ 储存和保护:如苗木不能及时栽种,用遮阴网进行覆盖,不断喷雾保湿。

(6)苗木栽植。

种植前需对树苗进行修剪,以减少树木成活前的蒸腾作用,提高树木的成活率。结合修剪,修除病虫枝、徒长枝、并列枝、内膛枝等,使树形更加优美。

种植时,穴底要填上一层松土,其厚度应使树入穴后其根基稍高于地面。回填土前要注意面向,扶正树干,除去土球包扎再回填泥土,分层捣实。待土填到土球深度的三分之二时,浇足第一次水,待水渗透后继续填土至与地面持平时,再浇第二次水,待不再向下渗透为止。大型乔木在种植的同时用支撑物加以固定,树干与支撑物结合部位要垫软物。种植灌木,要注意种植株距,要疏密均匀,高低一致,修剪平整。大树种植培土前,在土球四周旁加设直径 6 cm 长约 30 cm 塑料网格状的出气筒,既可增加土球的透气性,同时也可作为浇水口,浇水易深入根部。

在种植过程中,若遇气温骤升或大风、大雨等特殊情况,应暂停种植,并采取临时保护措施。

栽植后,应沿栽植槽的外缘做好水穴,高度约为 10~20 cm 左右,以便灌溉,防止水土流失。在三日内再复水一次,复水后若发现泥土下沉应在根际补充栽培土。

在种植之前苗木种植定位和地形整理等准备工作经监理工程师认可后方可进行。

种植植物色块时,应按设计方案按不同品种分别栽植,规格相同但种类不同的植物,确保高度在同一水平面上。种植时应先种植图案轮廓线,后种植内部填充部分,大型花坛应分区、分块种植。面积较大的花坛,可用方格线法,按比例放大到地面。种植方法一般采用"品"字形或三角形种植。种植疏密度和株行距应按设计植式的要求定植。栽后立即复踩实并浇足定根水,第二天再复浇一次透水,并进行整形修剪。色块植物要求图案清晰,线条流畅,高矮整齐,密度一致,体现整体美。

(7)草坪施工方法。

① 坪床处理:清除杂草与杂物。

在清除了杂草、杂物的地面上应初步作一次去高填低的平整,做到土面平滑,无凹凸感,土方细整后铺沙垫层 5~6 cm,压实,同时掺 2~3 cm 厚细砂(细砂中混施基肥),充分浇水沉降,有利于草坪植物的根系发育,也便于播种。

② 排水系统:草坪如果有低凹处易造成积水涝死,故要考虑排水问题,因此最后土地平整时不能仅做成水平面,而应利用缓坡来排水。其最低的一端可设雨水口接纳排出的地面水,并从地下管道排走。

③ 草坪的铺设:按设计要求选择长势强、密度高、无拥抱、无杂草的草源;先把草皮切成平行条状,然后按需要横切成块再铲起(铲草皮时草块的厚度要控制在 3~5 cm);草皮运到场地后,应立即进行均匀铺设,并用 20~100 kg 的圆辊边铺边滚压,使草皮与土壤紧密相结,铺设后立即浇水。灌木、乔木树坑周围满铺草坪和草本植物,做到土不见天。

九、施工质量保证措施

工程质量保证措施：

(1) 在工程施工中，投入充足的人力、财力、物力，强化工期意识，确保工期目标的实现。

(2) 建立健全生产管理制度，一切施工生产活动必须坚持"安全第一，预防为主"的安全生产方针，自始至终将安全生产意识落实到每个施工环节，达到安全标准化工地管理目标。

(3) 强化文明施工意识，严格遵照公司施工现场管理规定，服从业主的文明施工管理，确保达到"安全、文明双标化工地"要求。

(4) 为保证施工质量，在施工现场建立以总工程师为核心的质量管理网络。以优质工程为目标，实行工程质量目标管理，明确各部门的工作岗位职责，落实质量责任制。由质检员具体负责，各分项工程配备具有相当资历的专职质检员，实行全过程监督，并强化质量监控和检测手段。建立有效的质量保证体系，从质量策划，合同评审，材料供应和采购把关，施工过程控制，检测和试验设备的控制，文件和资料管理，质量记录控制到各种培训等要素着手，在整个施工过程中形成一个符合标准与规范的质量保证体系。

① 各级施工质量管理人员认真学习合同文件、技术规范和监理规程，落实各项管理制度，严格按程序施工，按设计图纸、质量标准及监理工程师指令进行施工。各施工班组以自检为主，落实自检、互检、交接检测的"三检制"。开展"三工序"(查上工序、保证本工序、服务下工序)活动，强化质量意识，做到"人人关心质量，人人搞好质量"，分项工程质量不优良不交验。

② 坚持谁施工谁负责的原则，制订各部门、岗位质量责任制，使责任到人。企业一把手是工程质量的第一责任者，生产、技术、管理人员，在各自的职责范围承担质量责任，并把质量作为业绩评比时一项重要考核指标。

③ 加强对各级施工管理人员和质检人员的培训学习工作，除平时自学外，经理部要针对施工实际情况，定期进行分层次的集中培训学习，进一步提高业务素质，把好质量关，以一流质量创一流牌子。

④ 建立以总工程师为主的技术系统质量保证体系。以总工程师、施工技术员、施工管理部直到施工班组的各级技术负责人，从技术上对质量负责，从施工方案、技术措施上确保达到质量标准，并积极采用和推广先进的施工工艺和科技成果，提高产品质量。分部、分项工程开工前由施工技术员负责，进行分层次的书面技术交底、交施工方案、交施工工艺设计意图、交质量标准、交安全措施，做到施工程序化、技术标准化、质量规范化，使每个施工人员做到目标明确，心中有数。

十、工程交验后服务措施

(1) 工程回访：在工程交付使用一年内和保修期满前，征求业主意见，及时解决合理问题，并做出回访记录；或采用函寄质量信访单，在业主提出要求的情况下可组织人员前往回访,做出记录。

(2)工程服务及保修:工程交付使用后凡在主管部门规定或合同约定的保修期内,属施工质量问题的进行维修。凡在保修期外的工程维修,应根据实际情况与业主协商,落实维修费用,进行维修。因使用不当造成的质量问题,应主动向业主说明,双方协商一致后进行维修。修缮工作完毕后,经质检人员复查合格的,维修人员请业主在维修通知单上签署意见后,报公司质量安全处备案。

建筑工程临时用电方案

一、工程概况

(1) 工程名称:某国际花园 15♯楼;工程建筑面积约 5 165.4 m²,建筑高度为 41.7 m。

(2) 现场变压器为甲方原有配电间,容量为 400 kW。

(3) 根据施工需要,现场配备的主要机械设备(见表 2.18)。

表 2.18 现场配备的主要机械设备

序号	机械或设备名称	型号规格	数量	额定功率/kW	总功率/kW	生产能力	备注
1	塔吊	QTZ40	1	22.7	22.7		
2	砼搅拌机	JGZR350	1	7.5	7.5	350L	
3	砂浆搅拌机	LHJ-200	1	3	3	200L	
4	钢筋弯曲机	GJ7-40	1	2.8	2.8		
5	钢筋切断机	GJ5-40	1	7	7		
6	闪光对焊机	UN1-100	1	100	100	20~30 次/h	
7	电焊机	BX3-300-2	1	23.4	23.4		
		BX3-120-1	1	9	9		
8	砼振动棒	HZ-50A	4	1.5	6		
9	平板振动器	B-11A	2	1.1	2.2		
10	木工设备	MJ104-1	1	5.5	5.5		

二、总用电量计算

P 为总用电需要容量(kVA),则

$$P = 1.05 \times (K_1 \times \sum P_1/\cos\varphi + K_2 \sum P2 + K_3 \sum P_3 + K_4 \sum P_4)$$

式中,P_1 为电动机额定功率,$\sum P_1 = 56.7$ kW;P_2 为电焊机额定容量,$\sum P_2 = 132.4$ kVA;P_3 为室外照明容量;P_4 为室外照明容量;

$K_1 = 0.5$,$K_2 = 0.6$,$K_3 = 0.8$,$K_4 = 1.0$,$\cos\varphi$ 取 0.75,室内外照明在动力用电量上

增加 10%，则

$$P = 1.05 \times (0.5 \times 56.7/0.75 + 0.6 \times 132.4) \times 1.1$$
$$= 135.41 \text{ kVA}$$

按照允许电流选择电缆：

$$I_线 = P/(1.732 \times U_线 \cos\varphi) = 135.44 \times 1\,000/(1.732 \times 380 \times 0.75) = 274 \text{ A}$$

电缆选用 70 mm² 的铜芯橡皮导线，即总进线电缆采用 3×70+2×50 的橡皮电缆，局部架空，过道路用钢管保护埋地敷设，其余分线路按照此公式选用电缆。

三、供电线路布置及配电箱设置

施工现场临时用电应严格按照《施工现场临时用电安全技术规范》、《建筑安全检查施工标准》(JGJ 59—99)规定以及施工企业对施工现场临时用电的管理要求等执行。

本工程现场的电源线全部采用三相五线制绝缘电线，按照甲方提供电源采用三相五线制绝缘电缆接至现场配电间。再根据施工现场机械设备的布置，各使用点设分配电箱，实行一机一闸一漏一箱，且动力与照明分开。金属配电箱应做接地、接零保护装置等。

1. 配电室

配电室用房必须符合防灰尘、防介质腐蚀、防砸、防火等规定；配电屏周围地面设橡胶绝缘，保证操作维修通道有足够宽度；配置大门标示及用于维修维护的专门标牌；设置专用制度牌。

2. 电缆选择与敷设

主干供电电缆必须选用五芯橡套电缆；大型机械设备选用专用电缆；按甲方选购认定的厂家采购。

主干供电线路埋设深度不得小于 600 mm；架设敷设的主干电缆必须采用吊索与瓷瓶固定的方式；垂直敷设电缆应按规定间隔采取绝缘绑扎固定；沿地面敷设电缆必须覆盖保护，并不得浸水。

3. 配电箱与开关箱

配电箱、开关箱需购买认定厂家的产品，执行地方相关部门配电箱的安装和内部设置规定；各级配电箱所用的电器开关的额定值与动作整定值应相适应；电箱应符合标准规定，箱内必须保持整洁，不得放置杂物；实行三级配电箱供电，即总配电箱—分配电箱(含移动配电箱)—开关箱；动力用电与照明用电分箱供电，或设照明专用线路；塔吊用电从总配电箱直接引出，并设置专用配电箱；消防用电从总控开关上端引出；开关箱内必须保持电器完好，不得有带电体明露。

4. 接零接地与防雷保护

三相五线制供电体系只允许电器设备接保护零线，严禁接地。

在整体供电系统设置重复接地，必须设置在主干供电线路的首末端和在中间选择一点。

保护零线,重复接地必须设置在明显位置。接地线必须是绝缘多股铜芯线。

高大设备、塔吊、高大架子等须设避雷接地装置。塔吊避雷接地装置须单独敷设。

5. 漏电保护

现场供电至少达到两级漏电保护。电焊机单独设漏电开关,手持电动工具、照明电源一侧加装漏电开关。

6. 用电设备

固定式用电设备必须做到"一机一闸一漏一箱";固定式用电设备一次电源线不得超过 5 m;Ⅰ类手持电动工具的外壳必须做接零保护;在潮湿等不利条件下,必须采用 36 V以下低压照明电器。若使用碘钨灯,其安装高度不低于 2.4 m。

四、用电计量

总进线须经电表、电流互感器后进入总开关。

五、安全用电措施

施工现场专职电工负责本工程的临时用电的安装、维修或拆除工程。专职电工须持证上岗。专职电工必须按规定做好电气设施维护与运行工作,并认真做好记录。

施工临时用电系统安装完备后,要做好系统检查验收工作(接地电阻测试记录和漏电保护器实验记录等),并妥善保管资料。

使用设备前必须按规定穿戴和配备好相应的劳动防护用品,并检查电气装置和保护设施是否完好,严禁设备"带病"运转。

停用的电气设备必须拉闸断电,锁好开关箱;每天检查临时用电,检查工作应按分部、分项工程全面进行,对不安全的因素应及时处理,并履行验收签字手续。

施工中做好施工用电安全技术交底工作,并对全体职工进行专项全用电知识宣传和教育,强化安全用电意识,同时项目部将按照企业的相关规定严格进行验收和监督检查,以确保施工中安全用电。

➡ 建筑工程安全施工方案

　　某国际花园 15♯楼建筑面积为 10 165.4 m²,建筑耐火等级为二级,主要结构为框架剪力墙结构,抗震设防烈度为七度,防水等级为二级,建筑层数为 11+1 层。

一、施工安全保证措施

　　结合工程的具体情况,从体系、制度、组织、奖罚等方面规定了具体的土建、安装、临电、临边、脚手架、洞口、塔吊、施工电梯等安全防范措施。

二、安全保证措施

1. 安全保证网络

安全保证网络如图 2.25 所示。

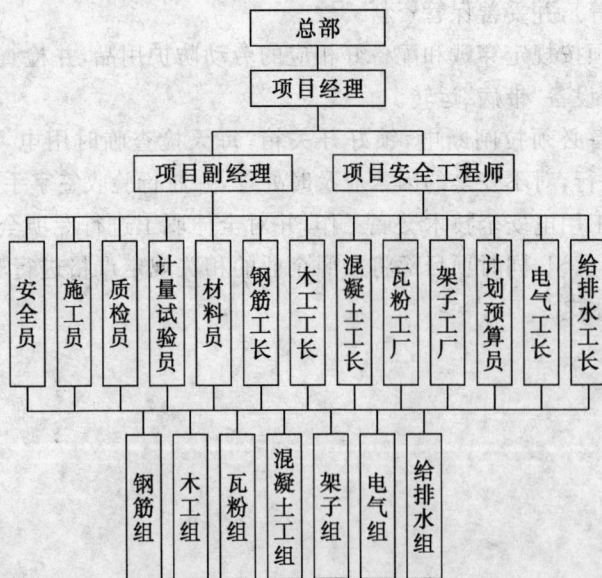

图 2.25　安全保证网络图

2. 安全施工原则

　　本工程所有的施工组织必须在确保安全的前提下进行。因此必须遵守施工安全第一原则、预防为主原则、动态控制原则、全面控制原则,必须切实遵循。

3. 安全目标

(1) 死亡事故为零;

(2) 重伤事故为零;

(3) 项目年负伤频率为 1.5‰;

(4) 无重人机械伤害事故;

(5) 无食物中毒事故;

(6) 无重大火灾事故发生;

(7) 除尘降噪控制达到国家有关标准。

4. 安全管理制度

安全管理制度见表 2.19。

表 2.19　安全管理制度

序次	类别	制度名称
1	岗位管理	安全生产组织制度
2		安全生产责任制度
3		安全生产教育培训制度
4		安全生产岗位认证制度
5		安全生产值班制度
6		特种作业人员和外协力量管理制度
7		安全生产奖罚制度
8	措施管理	安全技术措施的编制和审批制度
9		安全技术措施实施的管理制度
10		安全技术措施的总结和评价制度
11	投入和物资管理	安全设备、设施和措施费用的编制与审批制度
12		劳动保护用品的购入(添置)、发放与管理制度
13		特种劳动防护用品定点使用管理制度
14	日常管理	安全生产检查制度
15		安全生产验收制度
16		安全生产交接班制度
17		安全隐患处理和安全整改工作的备案制度
18		安全和伤亡事故的报告、统计制度
19		安全生产资料归档和管理制度

(1) 安全生产责任制。建立、健全项目各级各部门的安全生产责任制,责任落实到人。各项经济与专业承包必须有明确的安全指标和包括奖惩办法在内的保证措施。

(2) 安全技术交底制。根据安全措施要求和现场实际情况,各级管理人员需亲自逐级进行书面交底。

（3）班前检查制。专职安全员和项目责任工程师必须督促与检查施工，包括对专业分包方安全防护措施的检查。

（4）脚手架、大中型机械设备安装实行验收制。凡不经申报验收的，一律不得投入使用。

（5）每周安全活动制。项目部每周组织全体工人进行安全教育，对上一周安全方面存在的问题进行总结，并对本周的安全重点和注意事项做必要的交底，使广大工人能心中有数，从意识上时刻绷紧安全这根弦。

（6）定期检查与隐患整改制。项目部每周要组织一次安全生产检查，对查出的安全隐患必须制定措施，定时间、定人员整改，并做好安全隐患整改销项记录。

（7）管理人员和特殊作业人员实行年审制。每年由企业统一组织进行。要加强一代施工管理人员的安全考核，增强安全意识，禁止违章指挥。

（8）实行安全生产奖罚制度与事故报告制。

（9）危急情况停工制。一旦出现危及职工生命安全险情，要立即停工，同时即刻报告企业分管领导，及时采取措施排除险情。

（10）持证上岗制。特殊工种必须持有上岗操作证，禁止无证上岗。

三、安全施工组织

根据本工程施工的安全生产原则和安全生产目标，成立项目安全领导小组，由项目经理负责，并指定生产经理具体负责日常安全施工。由生产经理组织学习贯彻执行国家及地方有关安全施工和劳动保护的方针、政策；建立健全安全施工管理制度，检查督促各级切实执行安全施工责任制；组织全体职工的安全教育工作；定期组织召开安全施工会议，经常巡视施工现场，发现隐患，及时解决。全体施工人员必须遵守安全纪律和操作规程，并有权拒绝不安全的施工。

四、安全保证体系

（1）建立完善的安全生产网络体系，保证安全工作的层层落实。

（2）开工前做好各级安全交底工作，学习执行安全施工的各项条例，从思想上和行动上切实重视安全，进入现场的每一个人都自觉遵守安全规章制度。树立"安全为了生产，生产必须安全"，"领导重视安全，生产服从安全，职工关心安全"的良好风气，认真执行"谁主管、谁负责"、"管生产必须管安全"的生产原则。

（3）设立现场专职安全员，认真负责地把好安全关，做好日常安全检查督促工作，及时发现和清除事故隐患，记好安全日记，将隐患消灭在萌芽中。

五、项目安全岗位职责

1. 项目经理

(1) 认真贯彻落实国家、政府有关安全生产的方针、政策、法规,及时传达落实中央及地方政府对安全生产的指示或会议精神。

(2) 对项目的安全生产负全面领导责任。

(3) 认真执行企业安全生产管理目标,确保项目安全管理达标。

(4) 负责建立和完善项目安全组织保证体系,并领导其有效运行。

(5) 定期召开项目安全领导小组会议,认真研究与分析当前项目安全生产动态、特点,并对存在的隐患采取有力措施进行整改,以确保安全生产。

(6) 对项目安全防护费用投入进行决策。

(7) 发生因工伤亡事故时,必须做好现场保护与伤员的抢救工作,按规定及时上报,不得隐瞒、虚报和故意拖延不报;积极配合调查并落实防范措施,吸取教训,严防重复性事故发生。

2. 项目安全生产经理

(1) 负责领导项目的施工生产安全管理工作,落实各项安全生产规范、标准和各项安全生产管理工作。

(2) 组织领导工程项目安全生产的宣传教育工作,并制订安全培训实施办法,确定安全生产考核指标,制订实施措施方案并负责组织实施,负责甲方指定分包各类人员的安全教育、培训和考核审查的组织领导工作。

(3) 组织项目工程师开展施工全过程的安全监督与控制。

(4) 定期组织项目安全大检查,对检查出的安全隐患定措施、定人员限期整改;组织责任工程师认真贯彻落实施工组织设计所规定的安全技术措施及冬雨季施工安全技术措施。

(5) 负责因工伤亡事故现场的保护、伤员抢救及事故调查、报告与处理。

(6) 定期召开安全生产管理会议,就当前安全生产动态进行分析,对存在的安全隐患采取有力措施责成相关人员(项目工程师、安全员及劳务队伍行政与安全负责人)整改。

3. 项目工程师

(1) 主持编制项目施工组织设计及安全技术方案。

(2) 主持施工组织设计及安全技术方案交底。

(3) 对修改或变更的施工组织设计及安全技术方案进行重新审批与把关。

(4) 主持编制冬雨季施工安全技术方案。

(5) 参与制订重大安全隐患整改方案并指导实施。

(6) 参与施工现场的设备、脚手架、防护设施等验收,参与现场的组织的定期检查。

(7) 参与因工伤亡或重大安全责任事故的调查、分析与处理。

4. 项目安全工程师

(1) 主持制订并审核重大安全隐患整改方案并指导实施。

（2）主持设备的项目部验收。严格控制不符合标准要求的防护设备投入使用；使用中的设备要组织定期检查，发现问题及时处理。

（3）负责组织对项目整体防护设施及重点防护设施进行验收。

（4）负责安全生产定期检查，对施工中存在的事故隐患和不安全因素从技术上提出整改意见和消除办法。

（5）负责各项安全方案和大型机械、设备的安装与拆除，脚手架搭拆的申报工作。

（6）负责因工伤亡或重大安全责任事故的调查、分析与处理。

5. 预算员

（1）及时签订安全管理合同或安全管理责任划分意向书。

（2）在经济合同中应分清安全防护费用的划分范围。

（3）在每月工程款结算单中扣除由于违章而被处罚的罚款。

（4）组织材料负责人做好安全防护材料设备的供应工作，按规定采购合格的劳动保护用品。

6. 安全员

（1）在项目经理的直接领导下履行项目安全生产工作的管理与监督职责。

（2）宣传贯彻安全生产方针政策、规章制度，推动项目安全组织保证体系的运行。

（3）对项目各项安全生产管理制度的贯彻与落实情况进行检查与具体指导；及时发现薄弱环节或失控部位，及时提出整改意见（或整改指令书），并跟踪复查。

（4）组织人员开展安全监督与检查工作。

（5）查处违章指挥、违章操作、违反劳动纪律的行为和人员，对重大事故隐患采取有效的控制措施，必要时可采取局部停产的非常措施。

（6）实施项目安全生产管理评价，促进项目实现安全管理达标。

（7）参加项目定期组织的安全生产大检查，并督促责任工程师对检查出的问题限期整改。

（8）每周召开安全例会。

（9）每月召开一次安全讲评会，分析与总结本月安全生产情况。

（10）参与安全事故的调查与处理。

（11）协助项目人事部门对进场的劳务队伍完成三级安全教育，并负责办理与发放操作人员上岗证。

（12）每月底要对本月安全生产动态、存在问题及解决办法以书面形式上报项目部和公司总部；每年度要对本年的安全生产动态进行详细总结。

7. 施工员

（1）认真执行上级有关安全生产的规定，对所管辖班组及甲方指定分包的安全生产负直接领导责任。

（2）认真监督执行安全技术措施及安全操作规程，针对生产任务特点，向班组（包括甲方指定分包）进行书面安全技术交底，履行签字手续，并经常检查规程、措施、交底要求的执行情况，随时纠正违章作业。

（3）负责组织落实所管辖施工队伍的三级教育、常规教育、季节转换及针对施工各阶段特点等所进行的各种形式的安全教育,负责组织落实所管辖施工队伍特种作业人员的安全培训工作和持证上岗的管理工作。

(4)经常检查所管辖班组(包括甲方指定分包)的作业环境、设备和安全防护设施的安全状况,发现问题及时解决。对重点特殊部位的施工,必须检查作业人员及各种设备安全防护设施的技术状况是否符合安全标准要求,认真做好书面安全技术交底,落实安全技术措施,并监督执行,做到不违章指挥。

(5)负责组织落实所管辖班组(包括甲方指定分包)开展各项安全活动,学习安全操作规程,接受安全管理机构或人员的安全监督检查,及时解决其提出的不安全问题。

(6)对工程项目中应用的新材料、新工艺、新技术严格执行申报、审批制度,发现不安全问题,及时停止施工,并上报领导或有关部门。

(7)发生因工伤亡及未遂事故必须停止施工,保护现场,立即上报。对重大伤亡和重大未遂事故,必须查明事故发生原因,落实整改措施。经上级有关部门验收合格后方准恢复施工,不得擅自撤除现场保护设施、强行复工。

8.专业施工队负责人

(1)认真执行安全生产的各项法规、规定、规章制度及安全操作规程,合理安排组织施工人员上岗作业,对进场人员在施工生产中的安全和健康负责。

(2)严格履行各项劳务用工手续,必须持有劳动部门核发的安全生产资格审查认可证,特种作业人员必须有劳动部门颁发的特种人员操作证,做到持证进场、持证上岗,做好进场人员的岗位安全培训、教育工作,经常组织学习安全操作规程,监督进场人员遵守安全管理规定,做到不违章指挥,制止违章作业。

(3)必须保持进场人员的相对稳定,人员变更须事先向用工单位有关部门申报、批准,新进场人员必须按规定办理各种手续,并经入场和上岗安全教育后方准上岗。

(4)组织进场人员开展各项安全生产活动,根据上级的交底向进场施工班组进行详细的书面交底,针对当天施工任务、作业环境等情况做好班前安全讲话,施工中发现安全问题及时解决。

(5)定期和不定期组织检查进场施工的作业现场安全生产状况,发现不安全因素及时整改,发现重大事故隐患应立即停止施工,并上报有关领导,严禁冒险蛮干。

(6)发生因工伤亡或重大未遂事故,组织保护事故现场,做好伤者抢救工作和防范措施,并立即上报,不准隐瞒、拖延。

9.工人

(1)认真学习、严格执行本工种的安全操作规程,遵守安全生产各项规章制度。

(2)积极参加各项安全生产活动,认真执行安全技术交底规定,不违章作业,不违反劳动纪律,虚心服从安全生产管理人员的监督、指导。

(3)发扬团结协作精神,在安全生产方面做到互相监督,维护一切安全设施、设备,做到正确使用,不准随意拆改,对新工人发挥传、帮、带的精神。

(4)对不安全的作业要求提出意见,有权拒绝违章指令。

(5)发生因工伤亡事故时,要保护好事故现场并立即上报。

(6)在作业时要做到"眼观六面、安全定位、措施得当、安全操作"。

六、安全生产教育管理

（1）新工人进场必须经过三级安全教育和安全培训，并经考试合格才能上岗操作。对改变工种的，须进行4小时教育后才能上岗。

（2）对从事特殊作业的电气焊工及架子工、起重机械操作工等都必须经专门安全技术培训，并取得市级操作证方准独立作业。

（3）对项目全体职工要进行经常性安全生产和安全法规教育，坚持每周一的安全例会，坚持班前讲话，坚持开展季节性教育。

（4）对现场施工新工艺、新技术的推广中可能存在的不安全因素等情况，及时进行安全教育。

（5）对职工坚持进行劳动保护。

（6）在改变安全操作规程、节假日和季节转换时都要进行安全教育，时间不少于2小时。

（7）加强对现场安全教育和培训的考核工作，对安全教育活动（教育内容、时间、授课人及成绩）进行登记。

日常安全生产教育管理如图2.26所示。

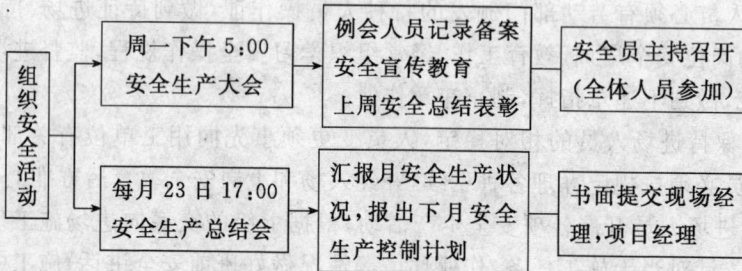

图2.26　安全生产教育管理日常活动

七、遵章守纪管理

为认真贯彻"安全第一，生产第二"的方针，严格安全管理，强化安全纪律，防止发生事故，搞好安全生产。

（1）现场严禁赤脚、穿拖鞋，严禁酒后上岗作业，严禁穿带钉或易滑的鞋和高跟鞋作业。

（2）进入现场必须戴好安全帽，系好安全带，注意防止脱落。

（3）严禁在施工现场禁烟区吸烟，动火必须开动火证。

（4）工作时要思想集中，坚守岗位，遵守劳动纪律，严禁非本工作岗位人员进行本岗作业。

（5）职工必须严格执行操作规程，不得违章作业，不得冒险蛮干；对各种防护装置、设施和标志，不得随意拆改。

（6）对现场任何人必须执行工地的有关规定，对违章指挥和违章作业者按现场奖罚条例处罚。

八、安全生产措施

（1）编制有重大危险源工程的专项施工方案，必要时，聘请相关专家对专项方案进行评审；施工企业内部组织专项施工方案的审批论证；按规定程序向有关各方申报专项施工方案；按照得到批准的专项方案认真组织实施；确保安全重点、要点的各项措施到位。

（2）脚手架安全防护措施：

① 本工程脚手架采用的钢管、扣件的质量应符合规范的要求，不准使用锈蚀、弯瘪、有裂缝的钢管。

② 脚手架整体承受部位回填土应分层夯实，宽度不小于 2 m 并采取排水措施；工程脚手架底部应垫 5 mm 厚的垫木，并绑扎扫地杆。

③ 结构脚手架立杆纵距不得大于 1.5 m，大横杆间距不得大于 1.2 m，小横杆间距不得大于 1 m；脚手架小横杆里端距墙不得大于 10 cm，外端挑出应大于 15 cm。

装修脚手架立杆间距不得大于 1.5 m，大横杆间距不得大于 1.8 m，小横杆间距不得大于 1.5 m。

④ 脚手架必须按楼层拉接牢固，拉接点垂直距离不得超过 4 m，水平距离不得超过 6 m，拉接采用短钢管预埋和架体钢管扣件连接的硬拉接的方法。

⑤ 脚手架的操作面必须满铺脚手板，板同外墙面之间的距离不得大于 20 cm，不得有空隙、探头板和飞跳板，脚手架下层兜设水平网。操作面外侧设两道护身栏和一道挡脚板，护身栏高度应为 1 m，立面满挂绿色密目安全网，下口封严。

⑥ 脚手架设剪刀撑，斜撑搭接长度不小于 0.6 m，且不少于 3 个扣件紧固。

⑦ 脚手架应按施工进度分部、分段进行验收，并填写书面验收报告；各种脚手架应在验收合格后挂牌使用。

（3）"三宝、四口"安全防护措施。

"三宝"安全防护措施：

① 安全帽：安全帽必须经有关部门检查合格后方能使用；正确使用安全帽并扣好帽带；不得抛扔或坐垫安全帽；不得使用缺衬、缺带或破损的安全帽。

② 安全带：安全带必须经有关部门检测合格后方能使用；安全带使用两年后，必须按规定抽检一次，对抽检不合格的，必须更换安全绳后方准使用；安全带应高挂低用，不准将绳打结使用；安全带上的各种部件不得任意拆除，更换新绳时要注意加绳套。

③ 安全网：随外脚手架逐层设立全封闭密目网，立网高出施工层 1 m 以上，网间接缝严密。

"四口"安全防护措施：

① 预留洞口：1.5 m×1.5 m 以下的洞口，应预埋通长钢筋网并加固定盖板；1.5 m× 1.5 m 以上的孔洞，四周必须设两道护身栏杆，中间支挂水平安全网。

② 楼梯口：楼梯断边设临时防护栏杆，护身栏用钢筋下脚料焊接组成，护身栏高度不小于 1 m，并牢固可靠。

③ 通道口:工程通道处搭设护头棚,防止发生施工物体意外坠落时穿越防护密目网伤人。

④ 电梯井口设防护栏杆或固定栅门,电梯井内每隔两层并最多隔 10 m 设一道安全网。

(4) 临时用电安全防护措施:

① 现场配电室必须由两名临电工负责看管与维修,配电室必须保持干燥。

② 现场电缆应按施工组织设计要求进行暗敷设,埋深不得少于 80 cm;建立对现场的线路、设施的定期检查制度,并将检查结果记录存档。

③ 配电系统必须实行三级配电管理制度,各类配电箱的配置及标识必须符合规定要求。

④ 配电系统采用三相五线制的接零保护系统,各种电力设备和电动施工机械的外壳、机座和底架按规定采取可靠的接零或接地保护;设两级漏电保护装置,脚手架要按规定安装避雷装置。

⑤ 手持电动工具的电源线、插头完好,且必须同三级配电箱配合使用,要做到一机一闸,工具的外绝缘应完好无损,维修和保管由专人负责。

⑥ 在一般场所使用的 220 V 照明线路,必须按规定进行灯具的布线,地下室和潮湿环境的照明必须采用 36 V 低压照明,电源线使用橡套电缆线,低压变压器应有防潮防雨措施。

⑦ 电焊机应单独设立开关,其外壳接零或接地保护,一次线长度小于 5 m,二次线长度小于 30 m,并安装防护罩,设置地点应防潮、防雨、防雷击。

(5)各型机械安全防护措施:

① 大型机械的安装拆卸必须事前申报,经批准后方可实施;安装合格后,须向安全管理部门申报安全检查与验收,获得批准许可手续后方可投入使用。

② 大型机械必须由专业人员负责进行定期检修、保养,包括较长时间的停工后的复工前检修与保养;大型机械的易损部件,包括钢丝绳,必须及时或定期更换。

③ 各种小型、手动机械设备的安全防护装置、设施必须齐全,严禁带"病"作业和非专业人员自行修理。

④ 钢筋拉直时卡头要卡牢,地锚要稳固,钢筋沿线的 2 m 宽区域内禁止人员通行;使用切断机断料时不能超过机械的负载能力,在活动刀片前进时禁止送料,手与刀口的距离不得小于 15 cm;上机弯曲钢筋时,应有专人扶住并站于弯曲方向的外面,调整弯曲时防止碰撞人、物。

⑤ 木工作业时压刨送料和接料均不准戴手套,并应站在机床的一侧,材料走横或卡住时应停机,降低台面拨正;送料时手指必须离开滚筒 20 cm 以外,接料时必须待料走出台面;圆盘踞的锯片不得有裂口,螺丝应上紧,操作时应带防护镜,站在锯片一侧,禁止站在锯片线上,手臂不得跨越锯片。

⑥ 2 台以上打夯机同时作业时,左右间距不得小于 5m,前后间距不得小于 10m;不得单人拖线操作,必须有专人递送线,且应戴绝缘手套、穿绝缘胶鞋;转弯操作不得用力过猛,严禁急转弯;在室内作业时,严防夯板和偏心块打在墙壁上。

(6) 防火安全措施:

① 设专职消防安全检查员,建立安全消防保卫制度。

② 现场配备足够的消防灭火器材,且消防安全通道必须保持畅通,不得挤占。

③ 明确划定用火和禁火区域;消火栓周围不得堆积材料。

④ 动火作业履行审批制度,动火操作人员持动火证上岗,并有专人看护。

⑤ 焊接废渣应收到专备的集料桶中,焊接区域下方不许堆放易燃物品;派专人巡视焊接部位的防火情况,并作好施工安全记录。

⑥ 焊工在工作前要到管理部门开引火证,然后才能施焊;焊接前应检查、清理作业范围的易燃易爆物品;设专人看火,配带消防器材;看火人不能擅自离岗,以免发生火灾事故。

⑦ 易燃易爆物品(如氧气、乙炔、稀料、汽油、油漆等)应存放到工地指定地点,由专人管理;易燃、易爆等危险品存放地点设有消防设施及警告标志。

(7) 交叉作业安全防护措施:

① 外脚手架全部采用双排钢管脚手架,满挂绿色密目安全网。

② 各工种进行上下立体交叉作业时,不得在同一垂直方向上操作;下层操作必须在上层高度确定的可能坠落半径范围以外,不能满足时,设置硬隔离安全防护层。

③ 模板、脚手架等拆除时,应由专业人员进行操作,下方不得有其他人员,并设专人看护。

④ 梁、板、柱模施工时,在拼装、拆模、吊运各阶段严格按照安全技术规定执行。

(8) 冬、雨、暑季施工安全防护措施:

① 制订冬季施工的规范与规程并组织有关人员学习,逐级向下进行安全交底;密切注意气象动态,并设专人负责与气象部门联系,以防寒流袭击和极端低温的影响;冬季施工做到防冻、防滑、防中毒、防坍塌、防火,必须做到"安全第一、预防为主"。

② 雨季施工时,要经常检查搭设的各种架子是否有变形现象,发现问题及时处理;在雨季前后要对各种机械进行防雨遥测检查,对水电设备必须加防雨棚,以免漏水而损坏设备,闸箱要检查漏电保护是否灵敏和有效;认真做好雨水"挡"、"排"工作,现场不积水,发现问题及时调整;现场要配备排水泵,并对现场的各种防雨材料、防雨措施进行及时检查;对雨季施工的各个工种的人员,要进行书面安全交底。

③ 暑季施工时由专人接收天气预报及时公布;配备必要的防暑降温的用品,如清凉油、人丹等,并保证茶水供应;调整作息时间,利用早晚凉爽时间工作,尽量避开中午高温时间;暑季加强对施工人员的安全知识教育,进行书面安全交底,并配备中暑急救药品,创造防暑降温条件,防止人员中暑;防止夏季食物中毒和流行病,发现苗头及时采取措施。

(9) 个人安全防护措施:

进入施工现场的各类人员必须戴好安全帽;高空作业人员必须佩带安全带,安全带要扣挂在牢固处;各工种人员要佩戴相应的劳动防护用品方可作业;从事有毒有害作业人员,包括井下、深基坑内作业可能遇到有毒有害气体的作业人员,必须戴防护面罩;气焊作业人员操作时必须戴护目镜,电焊作业人员操作时必须戴防护面罩及绝缘手套。

创建文明工地方案

一、创文明工地宗旨

展示人文卓越的企业形象,塑造崇高诚信的企业精神,服务于项目建设实践。

二、创文明工地内容

(1)施工出地面后,结构主体统一用绿色密目网全封闭围挡。

(2)保证现场临建的标准统一:对现场现有房屋按公司统一标准进行粉刷整修;办公室、会议室配置按公司 CI 要求统一配置。

(3)保证员工着装的统一:项目管理人员按公司统一配发的工作服、安全帽整齐着装;各分包队伍按公司要求统一着装;项目现场全体人员由项目部统一配发胸牌,按标准佩带。保证现场人员生活、工作行为的文明,执行公司 CI 行为分册的有关要求。

(4)保证现场各办公室、会议室门牌及各类指示性、警示性标牌的统一。

(5)本工程现场办公室门内、场地内待建临时围墙内侧,需并排放置放大的业主要求与公司质量方针标牌、文明施工标牌。

(6)保证行政办公用品及对外交流的统一:统一使用公司统一印制的信纸、信封、便笺、请柬、传真纸及其模板,统一使用公司定做订购的礼仪用品、会议桌、复印机、传真机。保证现场各类施工机械、设施的规范统一。

三、重大节日布置

遇重大节日时,为了配合整体工程的整体形象,工程自始至终用密目安全网围挡。国庆节时对所有围墙进一步统一检修、翻新,净化所有密目网。现场围墙上端与主体顶部采取竖插彩旗的方式欢庆节日。

四、文明施工与环境保护

严格地执行政府有关规定,对各有关部门下达的各项指令、通知、要求必须及时贯彻落实,并将落实情况汇报给有关部门。

(1)文明施工管理措施。

① 将整个施工现场及临时道路进行硬化处理,以防止尘土、泥浆被带到场外。

② 散装运输物资时,运输车厢须封闭,避免遗撒。

③ 各种不洁车辆开离现场之前,须对车身进行冲洗。

④ 施工现场不设垃圾堆放点,施工和生活垃圾日产日清,定时清运。

⑤ 宿舍的用电事先敷设好,工人入住后不得私拉乱接电线,并且每个职工都必须遵守各项管理制度。

⑥ 设置专职保洁人员,保持现场和宿舍干净清洁。

⑦ 对生活区内的食堂、卫生设施、排水沟及阴暗潮湿地带,予以定期投药、消毒,以防蚊蝇、鼠害滋生。

（2）环境保护措施。

① 防施工噪音污染。在施工组织上将混凝土浇筑时间调整在白天进行,尽量减少混凝土浇筑时间和次数,以降低施工噪音。晚间施工时不使用电锯、切割机等噪音大的机械设备。

② 防灰尘的污染。施工中产生的垃圾应集中用井架运至地面,不得从楼层直接抛下,以免产生大量灰尘;对现场临时道路进行硬化处理,以防止尘土、泥浆被带到场外;对开离现场的运输和施工机械及时进行清理冲洗,以免将现场的泥土带出而影响市政道路的清洁;设专人进行现场内及周边道路的清扫、洒水工作,防止灰尘飞扬,保护周边空气清洁。

③ 防止建筑垃圾和生活垃圾的污染。现场产生的建筑集中堆放以便进行清运,所产生的污水特别是搅拌机排出的污水必须经过沉淀池沉淀后方可排入市政管网;生活垃圾不得随意乱丢乱扔,应由保洁员清扫集中后定时进行清运,厕所设化粪池。

第三篇 规划篇

　　建设工程监理规划是建设监理的重要规范性文件,是项目监理工作的主要依据。它既忠实概括了建设工程的特征、概况,又明确了工程工期、质量、造价,更对实现工程工期、质量、造价目标所采取的监督管理方法、措施及监督重点进行了全面的规划。因此,监理规划是项目监理工作的纲领性文件。

　　监理规划固然因工程规模、工程类别的不同而不同,但就总体而言大致可分为两大类:一类是依单位工程的分部项进行编写的,我们称之为"分部项监理规划",一般中小型工程或者以若干单体建筑为单位的大型住宅小区建设项目的监理规划多以此种类型编写;另一类是依专业分类编写的,我们称之为"专业工程监理规划",多在特大型建设项目、专业性较强的特种建设项目或较为复杂的大中型建筑工程项目中采用。但"分部项监理规划"是"专业工程监理规划"的基础,任何专业工程监理规划都应按各自不同的分部项逐一编写。

　　本篇选编的不同类型的"监理规划"及"监理实施细则",对现场监理具有一定实用性,可供借鉴和参考。

住宅工程监理规划

一、工程概况

某国际花园三期工程含 13♯,14♯,16♯,17♯,19♯—1、—2、—3 楼,及 2♯,10♯—1、—2 车库。

1. 概况

13♯楼共 11 层,面积 8 826.30 m²;14♯楼共 11 层,面积 7 681.42 m²;16♯楼共 5 层,面积6 185m²;17♯楼共 11 层,面积 13 107 m²;10♯—1 车库与 19♯—1、—2 楼为 2 层、局部 4 层,面积 10 622 m²(车库 5 151 m²,商店 5 471 m²);10♯—2 车库与 19♯—3 楼为 2 层、局部 4 层,面积 10 622 m²(车库 5 151 m²,商店 5 471 m²);2♯车库一层,面积 2 000 m²。总建筑面积为 59 043.72 m²。

13♯楼,16♯楼,19♯—1、—2、—3 楼,10♯—1、—2 车库,17♯楼±0.0 相当于绝对标高 12.6 m,14♯楼±0.0 相当于绝对标高 20.4 m。

结构设计使用年限:50 年。

建筑耐火等级:13♯,14♯,17♯,16♯楼为二级,19♯—1、—2、—3 楼及 2♯、10♯—1、—2 车库为一级。

主要结构类型:13♯,14♯,16♯,17♯楼为框架剪力墙结构,19♯—1、—2、—3 楼为框架结构,2♯、10♯—1、—2 车库为框架结构。

抗震设防烈度:七度。

结构抗震等级:抗震墙为二级,框架为三级。

防水等级:二级。

施工总包单位:××建设(南京)有限公司,××建设集团公司分包 13♯、14♯楼,及 10♯—2 车库与 19♯—3 楼(2 层、局部 4 层),面积共 27 129.72 m²;某公司分包 17♯楼及 10♯—1 车库与 19♯—1、—2 楼(2 层、局部 4 层),面积共 23 729 m²。

2. 砼的环境类别

±0.0 以下为二级,±0.0 以上为一级。

3. 工程基础型式

13♯楼,19♯—1、—2、—3 楼,10♯—1、—2 车库独立承台基础;基础持力层:5—2号中风化岩层,垫层为 100 mm 厚 C15 素砼,基础砼为 C30、S6 抗渗砼;14♯楼为条形基础,垫层为 100 mm 厚 C15 素砼,基础砼为 C30、S6 抗渗砼;±0.0 以下砌体采用 MU10、KP1 多孔砖灌浆、M10 水泥砂浆砌筑;基础、地梁、±0.0 以下柱等非防水构件的纵向受力钢筋保护层厚度 4 cm;16♯楼基础、地梁砼 C30;17♯楼基础 C30。

4. 主体

13♯楼、19♯－1、－2、－3 楼、10♯－1、－2 车库:楼板、梁、柱、抗震墙砼为 C30,车库顶部、住宅顶部现浇板、框架梁为 C30,S6 抗渗混凝土;14♯楼:楼板、梁、抗震墙砼为 C30,住宅顶部砼为 C30,S6 抗渗混凝土;17♯楼梁板、柱、墙 17.8 m 标高以下 C40,17.8 m 以上 C30;16♯楼梁板柱 C30;构造柱、圈梁、过梁、管井封板等构件的砼强度等级为 C25。

13♯,14♯,16♯,17♯,19♯－1、－2、－3 楼:地面、楼面分别为水泥地坪、混凝土地面;顶棚为混合砂浆粉刷、乳胶漆刷白;厨房、卫生间的内墙面贴 20 cm×30 cm 面砖;卧室、门厅、住宅公共部分为混合砂浆粉刷;住宅卧室、起居室混合砂浆粉刷;楼梯间地面为水泥砂浆地面、抛光砖地面,油性水泥漆踢脚,墙面和顶面为油性漆,塑料扶手、金属栏杆。

外墙为 200 mm 厚混凝土空心砖墙体,内墙为 200 mm、100 mm 厚加气混凝土砌块。外墙采用非承重 MU10 混凝土空心砖,M7.5 混合砂浆砌筑,@500 设 2φ6 拉结筋伸入墙内不应小于墙长的 1/5 及 700 mm,填充墙超过 4 m,应在墙高中部(或者门窗洞口顶部)设置与柱连接的通长钢筋砼拉梁。电梯井道混凝土空心砖,M7.5 混合砂浆砌筑,@500 设 2φ6 拉结筋通长设置,圈梁竖向间距小于 2 m。

内隔墙均采用 100 mm、200 mm 厚加气砼砌块,M7.5 混合砂浆砌筑,砖墙长大于 5 m 或大于两倍层高时每隔 2.5 m 左右设一构造柱;墙高大于 4 m 时,须在墙半高处设一道圈梁(结合门窗洞口过梁),悬挑部分外围墙及砌体女儿墙每隔 5 m 设一构造柱,并有可靠的压顶。

屋面:防水保温上人屋面 10 mm 厚水泥砂浆,贴 200 mm×200 mm 止滑地砖,30 mm 厚 1:3 水泥砂浆压光,50 mm 厚 C20 细石砼内配 φ4@150 防水层,表面刷一道水泥浆,膨胀珍珠岩找坡层最薄处 70 mm,三元乙丙防水卷材,35 mm 厚挤塑聚苯板,20 mm 厚 1:3 水泥砂浆找平层,现浇钢筋混凝土屋面板。

工程门窗:彩铝＋中空玻璃,管道井为木制防火门(梯间)。

外墙面:面砖墙面,外墙涂料墙面和天然石材贴面。

建筑保温:外墙面 20 mm 厚挤塑保温板,屋面保温为 35 mm 厚挤塑保温板。10♯－1、－2 车库及 19♯－1、－2、－3 楼屋面保温为 40 mm 厚挤塑保温板。

5. 水电安装

该住宅水电设计意识超前,如消防、空调冷媒水管、室外排水全部要求暗敷;电话、电视、宽带网、报警自救、电视监控、对讲门铃、窗禁、室外景观、照明、标牌等全部一步到位;开关、插座根据房屋家具布置安装到位。管线暗敷工作量大,水电采暖与土建交叉多,施工监理难度较大。水电材料设备均为指定品牌、指定生产厂家,价格包死。

(1)电系统:住宅的电气设计,包括住宅楼单体内的供电、配电、照明、防雷与接地,消防控制系统,电话系统,有线电视系统,对讲系统,照明等级;电梯应急照明为二级负荷,其余为三级负荷;电源引自小区变配电所,进线方式为电缆埋地敷设至单元总配电箱。

楼内配电压为 380/220 V,三相四线制,接地形式采用双电源供电 TNC-S 系统,进户处做重复接地,二级负荷采用双源供电,并自动切换。干线电源沿金属线槽敷设至管井内桥架。电气管线 SC,PVC 管沿地板、顶板、顶棚或墙内暗敷。

(2)防雷接地:本系统属三类防雷建筑物,在屋顶装设放电避雷针一根。沿女儿墙凸出屋面的楼梯间,电梯和水箱间的屋顶四周用 25×4 镀锌扁钢做成接闪器暗敷,与屋面 20×20 的钢筋网络可靠连接,利用构造柱内 2 根主筋(9 处)作为避雷引下线,与基础内接地装置焊接,接地电阻小于 1 Ω,在距地面 0.5 m 处,用 40×4 扁钢做接地测试点,为防侧击雷,第 10、11 层用 25×4 扁钢做均压环,建筑物的金属门窗均可靠接地,卫生间做等电位连接。所有的表箱、金属管道均需与总电位点可靠连接。

(3)消防系统:楼内设消火栓按钮及控制箱,控制回路(24VDC)引线至小区消防水泵控制箱。

(4)弱电系统:电话、有线电视、宽带网来自小区相应的控制箱,经桥架分别到各用户。

(5)给排水系统:该期工程建筑多为 11+1 层住宅,建筑高度 34.00 m,属二类高层建筑。生活给水管、热水管、回水管均采用 PP-R 管及管件,承插热熔连接。排水管采用 U-PVC 管及消音管件,弹性橡胶密封圈接口。消火栓系统采用镀锌钢管,螺纹,法兰接口。给水管明装,支管全部沿墙或沿地坪暗敷。冷热水管工作压力 0.55 MPa,试验压力 1.0MPa。U-PVC 管穿基础处设刚性防水套管,穿楼板处均设阻火圈,管井内热水管及热水回水管采用橡塑海绵保温,厚 30 mm。

(6)消防供水系统 DN100 镀锌钢管,15#楼室内公共部位设置消火栓 12 只。消防水池 240 m³,屋顶消防水箱 18 m³,工作压力 0.58 MPa,试验压力 1.0 MPa。热水由小区变频调速供水装置供给,采用全循环方式,10 层以上冷水给水每户单独采用微型泵加压。

(7)排水采用雨污分流,洗浴水经中水处理后用于绿化、洗车,其余污水经化粪池处理后排至市政管网。

排水坡度为 2.6%,排水做闭水试验和通球试验。设计图中的标高,给水管为管中,排水管为管底。管道避让原则:小管让大管,有压管让无压管,一般管让高温管,给水管让空调、通风管,并和电气管道合理协调。

(8)油漆:镀锌钢管刷红丹防锈漆 2 遍,管道支架刷红丹防锈漆 2 遍。

(9)保温:低温管 DN15-DN25,管离心玻璃棉包管外,保护层铝箔;高温管 DN15-DN25,阻燃橡管套厚 15 mm。水系统最高点设置放气阀,低点设置泄水阀。

6. 投资估算

暂估工程总造价为人民币 6 500 万元。

二、项目控制目标

1. 质量控制目标

质量控制目标是确保工程合格。

2. 总工期控制目标

以业主与承包商、供货商签订的各类合同所确定的合同工期为控制目标。协助业主预防和排除对业主方工作造成进度影响的因素和隐患。在遵循质量第一原则的前提下，尽可能缩短总工期。

3. 总投资控制目标

以业主与各承包商签订的施工承包合同所确定的合同价为基础，减少工程变更，协助业主控制和压缩总投资额。

三、项目监理范围和内容

1. 服务范围

（1）建设阶段的服务内容：施工及保修阶段监理。

（2）服务涵盖的工程内容：土建及安装工程。

（3）管理服务范围：以质量控制为主要任务，控制形象进度，协助业主作投资控制，协调工程进度，协调合同管理，负责信息管理。

2. 施工阶段监理

（1）协助业主编制各类招标文件，协助业主考察审定投标单位。

（2）协助业主与中标单位商签订合同协议书。

（3）协助业主审查承建单位选择的分包单位。

（4）协助业主与承建单位编写开工申请报告。

（5）协助业主审查、评选装饰设计方案，验收装饰设计文件。选择装饰设计和装饰施工单位，预审装饰工程概算和预算。

（6）组织设计交底和施工图会审，提供监理审图意见。

（7）审查施工单位的施工组织设计和施工技术方案，提出修改意见。

（8）协助业主组织建筑构配件、设备及材料物资供应的招投标工作。

（9）预审施工单位提交的甲供材料、设备、器材供应计划，以及提供甲供材料、构配件和设备的供货计划建议。

（10）监督、检查施工技术措施和承建单位质量保证体系及安全防护措施的落实。

（11）主持协调设计变更和工程变更事宜，预审施工单位提出的工程变更预算。

（12）监督管理工程施工合同的履行；调解合同双方的争议，处理索赔事项。

（13）监督、见证、抽查工程材料、构配件和设备的规格和质量。

（14）监督、签认工序质量，组织分部、分项工程验收，隐蔽工程验收和中间验收。

（15）核查完成的合格工程量，协助业主预审甲方分包工程结算。

（16）报告形象进度，为业主支付工程款提供参考，根据质量、进度状况向业主提请中断或减缓支付的建议。

（17）督促施工单位做好沉降观测，整理观测资料。

（18）提交"项目建设周报"，"监理月报"，提交监理小结和监理总结。

（19）组织竣工预验收，参加竣工验收，协调竣工交接。

（20）提交完整的归档资料。根据业主委托，协助准备竣工结算相关资料。

3. 业主委托的其他任务

接受业主委托的竣工决算预审任务和业主委托的其他任务。

4. 建设监理依据

建设监理主要依据:《中华人民共和国建筑法》,《建筑工程质量管理条例》,建设部和省以及地市有关建设监理规定,业主提交的与承建商、供货商签订的合同及协议,业主提交的本工程项目施工图纸及说明;房屋建筑部分强制性条文,国家和省、市现行建筑工程质量评定标准及施工验收规范,省现行预算定额,取费标准及有关建设管理法规条例,业主与监理单位签订的建设监理合同等。

四、监理机构组成

项目管理的机构与管理模式如图 3.1 所示。

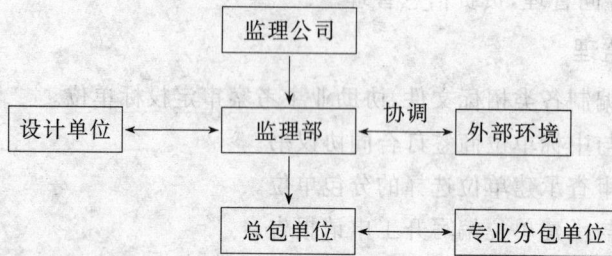

图 3.1 项目管理模式

五、土建监理

1. 土建项目监理要点

(1)掌握工程计划:

要求施工单位根据合同要求提出具体的工程进度计划,监理对该计划是否满足合同要求的竣工日期进行审查,提出具体的意见。

如执行过程中发现不能完成工程计划,应及时分析原因,向总监汇报,督促施工单位及时调整计划和采取纠正措施,以保证工程进度能按期竣工。

(2)控制工程进度:

现场监理应建立工程监理日志制度,详细记录工程进度与质量情况以及设计修改,现场协调处理施工过程中的各类问题。

组织主持施工单位、业主代表参加的定期工程例会以及各类工程专题会议,听取工程施工中出现的问题汇报,对有关质量和进度问题提出监理的具体要求,以及对施工单位提交的报告提出具体的意见。

督促施工单位提交进度报表,交各专业监理审查认定;土建监理汇总后由总监理工程师签发监理月报,报公司并业主。

2. 审查施工组织设计

(1) 对施工单位正式开工前报送的施工组织设计进行初审,并提出书面审查意见,一并报总监审查。

(2) 将各专业审议后的结果汇总报总监审查后,以书面形式答复施工单位。

(3) 工程如遇特殊情况,施工单位提出调整施工方案,专业监理工程师负责审查后,报总监理工程师批准施工。

3. 工程质量控制

(1) 监理人员应认真学习施工图纸以及业主提供的各种有关资料,明确设计要求,审查图纸有无差错和表达不清楚的地方,并做好图纸会审工作。

(2) 督促施工单位施工必须按设计图纸、操作规程、验收标准进行。监理人员要及时到现场检查施工情况,了解施工质量和质量保证技术措施的落实情况,并做好检查记录。如发现问题,及时通知施工单位进行整改。

(3) 对施工单位进行的定位放线、施工放线,监理根据甲方以及图纸要求进行认真复核。验线时,一要检查定位依据的正确性和定位条件的几何尺寸,再检查建筑物矩形控制网、建筑物四廊尺寸以及轴线间距;二要检查各轴线,特别是主轴线的控制桩(引桩)桩位是否准确和稳定。验线合格后签证认可。规划红线还需城市规划部门验线,验线合格,方可破土动工。

(4) 正式施工前对施工单位进场的机械设备认真检查,检查其是否满足工程质量、进度要求,机械性能是否正常及校验是否合格。

(5) 施工单位在开挖前必须提供基坑开挖施工方案,报监理进行审查认可后方能进行基坑开挖。

① 在承台基坑开挖时,应对其进行观测控制,防止突发性破坏对桩身质量造成影响。

② 控制挖土顺序。挖土是一个卸载过程,也是对基坑周边土体的扰动过程,有顺序的扰动不致使土体整体失稳。

③ 要做好信息化施工,并采取适当的应急措施,以防万一。

4. 施工阶段质量控制分段

工程施工是使业主及工程设计意图最终实现并形成工程实体的阶段,也是最终形成工程产品质量、项目使用价值的重要阶段。因此,施工阶段的质量控制不但是施工监理重要的核心内容,也是工程项目质量控制的重点。施工全过程的控制是一个系统的过程,可分为事前控制、事中控制、事后控制。

(1) 事前控制包括:施工准备质量控制;图纸会审及技术交底;审查开工申请。

(2) 事中控制包括:施工过程质量控制;中间产品质量控制;分部、分项工程质量评定;设计变更与图纸修改的审查。

(3) 事后控制包括:竣工质量检验;工程质量评定;工程质量文件审核与建档。

5. 监理质量控制的主要手段

(1) 测量。监理工程师利用测量手段,在工程开工前核查工程的定位放线;在施工过程中控制工程的轴线和高程;在工程完工验收时,测量各部位的几何尺寸、高度等。

（2）试验。监理工程师对项目或材料的质量评价必须在通过试验取得数据结论后进行。

（3）旁站监理。监理人员在施工期间进行跟踪监理。监理方式有检查、复验、抽检取样、旁站等。对关键分项施工（如砼浇筑），必须实行全过程旁站监理。发现问题应及时责令承包商予以纠正，以减少质量缺陷，保证工程的质量和进度。

（4）严格执行监理程序。未经总监理工程师批准的开工申请项目不能开工；没有总监理工程师的付款审批，不得支付工程款。

（5）指令性文件。监理工程师对任何事项发出的书面指示，承包商必须严格遵守与执行。

6. 质量控制要点

质量控制点的对象涉及面广，但不论是结构部位、影响质量的关键工序、操作施工顺序，还是技术参数、材料机械、自然条件、施工环境等，均可作为质量控制点来控制。在选择工程质量控制点时，应选择质量保证难度大、对工程影响大或产生质量问题时危害大的对象。例如：① 施工过程中的关键工序或环节以及隐蔽工程；② 施工中的薄弱环节或质量不稳定的工序、部位或对象（如游泳池的防渗漏施工）；③ 对后续工程施工或后续工序安全有重大影响的工序、部位或对象（如预应力结构中的预应力筋质量、模板的支撑与固定等）；④ 采用新技术、新工艺、新材料的部位或环节；⑤ 施工上无足够把握的、施工条件困难的或技术难度大的工序或环节（如复杂曲线模板放线等）。

工程质量控制点的选择设置如表 3.1 所示。

表 3.1　工程质量控制点的设置

分项工程	质量控制点
地基、基础、深基坑开挖	标准轴线桩、水平桩、龙门板、定位轴线、标高 基坑尺寸、标高、土质、地基与地质报告的比较，基础垫层标高、基础位置、尺寸、标高、预留孔洞、预埋件的位置、规格、数量、基础墙、皮数杆及标高
砌体	砌体轴线、皮杆数、砂浆配合比、预留孔洞、预埋件位置及数量、砌块排列
模板	钢管排架支座、刚度和稳定性、间距、模板位置、尺寸、标高、预埋件位置、预留洞孔尺寸位置、模板强度及稳定性、模板内部清理及湿润情况、拆模时间
钢筋砼	水泥品种、标号、砂石质量、砼配合比、外加剂比例、砼振捣、钢筋品种、规格、尺寸、搭接长度、钢筋焊接、预留洞、孔及预埋件规格、数量、尺寸、位置，预制构件吊装或脱模强度、支撑长度、焊接长度
吊装	吊装设备起重能力、吊具、索具等
焊接	焊接条件、焊接工艺
建筑保温	保温材料、隐蔽固包
建筑防水	基层处理、防水材料、防水施工、蓄水试验
建筑装修	按工程具体作品情况制定具体措施
安装工程	预埋（面）位置、尺寸，功能检测与试验

7. 模板质量控制

本工程为桩基(已经施工完成),施工单位应按基坑开挖方案进行施工,挖至设计标高后及时组织验槽,并办理验收手续(桩基检测已完成,桩验收已通过)。

模板的材料可选用钢模、胶合板,模板支架应选用钢管,如采用木材时,材质不宜低于三等材。

模板及其支撑首先必须保证工程结构和构件各部分形状尺寸和相互位置正确,符合设计图纸要求;其次是必须经过科学计算,保证有足够的承载能力、刚度和稳定性,能可靠地承受砼自重以及新浇砼对模板的侧压力、施工过程中所产生的荷载,还要便于钢筋绑扎,满足砼浇筑、养护、拆模等要求。

模板表面要涂好隔离剂,不宜使用油质类等影响或妨碍装饰工程施工的隔离剂,严禁隔离剂玷污钢筋以及砼施工缝接头位置。模板隔离剂应事先涂好,严禁在绑扎钢筋时或钢筋扎好后刷隔离剂,以免玷污钢筋。

必要时立模,设置临时固定支撑以防偏位或倾覆。

本工程为框架剪力墙结构,主体 11～12 层,现浇结构要分层立模,支撑立杆要求铺设垫板;下层现浇板应具有承受上层荷载的承载能力或加设支撑,对本工程中的框架梁应保证主杆的刚度和稳定,以及能承受上层框架梁施工时的荷载和梁、钢筋的自重;对于后浇带应严格按图施工,保证后浇带的设置。

对模板工程除以上要求外,还要做下列检查:

① 模板接缝不能超大(1.5～2.5 mm),超出要求时要做贴缝处理,防止漏浆,梁、柱件各抽查 10%,且不能少于 3 件。对剪力墙模板要全部检查,用观察和楔形塞尺检查。

② 对模板隔离剂要在立模前事先刷好,不得漏刷。

③ 模板立好后对模板的平整度、柱模垂直度、梁柱截面、标高尺寸、轴线位置以及预埋件位置进行实测检查。

梁、柱墙板现浇结构模板检查方法见表 3.2。

表 3.2　梁、柱墙板现浇结构模板检查方法

项目	允许偏差/mm	检查方法
轴线位置	5	尺量检查
标高(底模上表面)	±5	用水准仪或控制线尺量检查
截面尺寸(梁、柱、基础)	-4,-5,±10	尺量检查
层高垂直度	6	用 2 m 托线板检查
相邻两板表面高差	2	用尺量检查
表面平整度(2 m 长度)	5	用 2 m 靠尺和楔形塞尺检查
预埋件中心线位置	3	拉线和尺量检查
预留孔、预埋管中心线位置	3	拉线和尺量检查

现浇结构拆模要符合图纸设计要求。如设计无具体要求,应满足下列要求方可拆模:

① 首先要满足设计要求并且要隔层拆模;

② 侧模:在砼强度能保证其表面以及棱角不受损坏的条件下方可拆除,一般不少于3天;

③ 底模拆除前砼强度应达到所需的指标(见表3.3)。

表 3.3　拆模前砼强度的要求指标

结构类型	结构跨度/m	按设计的砼标准值的百分率/%
板	≤2	50
	2~8	75
	>8	100
梁	≤8	75
	>8	100
悬臂构件	≤2	75
	>2	100

8. 钢筋工程的质量控制

(1) 本工程钢筋的品种和质量以及焊条的牌号性能,均必须符合设计要求和现行有关国家标准的规定;

进入工地现场使用的钢筋应具备出厂质量证明书或试验报告单。钢筋表面或每捆(盘)均应有标志,进场钢筋的检查包括查对标志和外观检查,并按现行国家有关标准的规定,抽取试样做力学性能试验,合格后方可使用。进口钢材要做化学分析试验,合格后才能使用。

钢材力学性能验收批、取样数量及方法见表3.4。

表 3.4　钢材力学性能验收批、取样数量及方法

钢筋品种	验收批重量/t	取样数量	取样方法
热轧带肋钢筋	60	抗伸:500 mm 两根 冷弯:300 mm 两根	任取两根,每根端头截取 500 mm 后,各取一根作为拉伸和冷弯试件
热轧光圆钢筋	60		
低碳钢热轧圆盘条	60	抗伸:500 mm 一根 冷弯:300 mm 一根	任取两盘,端头截取 500 mm 后,一盘各取一根作为拉伸和冷弯试件,另一盘取一根作为冷弯试件

注:① 钢材应按批进行检查和验收,每批应由同一牌号、同一炉号、同一规格、同一交货状态的钢材组成;②如有试验不合格,应取双倍数量的试件重新试验,如合格则可以使用,不合格则该批钢材不能使用,并做好记录及时退场重新进材;③ 本工程中现浇板设计选用低合金变形钢筋,它是一种新热轧钢筋,其质量要求符合 Q/320500SG5602－1988 企业标准,应按企业标准的规定抽取试件做力学性能试验,合格后方可使用。

钢筋加工过程中如发现脆断、焊接性能不良、力学性能显著不正常等现象,应停止使用,通知供货单位和厂家处理(生产厂家在累计产量达到 20 000 t 之前,应坚持逐盘检验,不得采用分批抽样检验方法)。

（2）钢筋焊接接头机械性能试验结果必须符合国家现行标准《钢筋焊接及验收规程》和《钢筋焊接接头试验方法》的有关规定，焊接试验报告必须合格方可使用：

电弧焊：以 300 个接头为一批，现场条件下，每一至二层楼以 300 个同接头形式，同钢筋形式级别的接头作为一批，不足 300 个仍为一批，从每批中随机切取 3 个接头进行拉伸试验。

闪光对焊：在同一台班内，由同一焊工完成的 300 个同级别、同直径钢筋焊接接头应作为一批。当同一台班内焊接的接头数量级较少时，可在同一周之内累计计算，累计不足 300 个接头应按一批计算，每批接头中随机切取 6 个试件，其中 3 个做拉伸试验，3 个做弯曲试验。拉伸试件长 500 mm，冷弯试件长 300 mm，接头位于试件中央。

（3）钢筋绑扎前应对已成形钢筋进行检查，形状、尺寸必须符合设计要求，钢筋的弯钩应符合抗震要求，包括弯钩的弯曲直径及弯钩平直度，箍筋弯钩角度应为 135°。

（4）钢筋捆扎前应核对成品钢筋的规格、直径、形状、尺寸和数量，准确无误方可进行绑扎。绑扎形式复杂的结构部位时，应事先考虑好钢筋穿插就位顺序及模板等其他专业的配合次序，以减少绑扎困难。

（5）梁纵向受力钢筋采用双层排列时，钢筋之间应垫直径 25 mm 的短钢筋，以保持其钢筋排距的正确。上部双层时，要将第二排钢筋固定在箍筋的弯钩位置以确保钢筋位置的正确。

（6）柱、梁箍筋应与主筋垂直，箍筋接头应错开在四角纵向钢筋上，箍筋转角与纵向钢筋的交叉点均应扎牢，保证纵筋到边到角。

（7）板、次梁与主梁交叉位置，板筋在上，次梁钢筋居中，主梁钢筋在下，主筋两端的搁置长度保持均匀一致，框架梁钢筋应放在柱的纵向钢筋内侧，同时注意梁顶钢筋净距不能小于 30 mm，以便砼浇筑。

（8）剪力墙钢筋一定要按 96G101 图集施工，特别是拉结筋，通常的 S 钩一定要拉在外侧主筋上。剪力墙的预留洞四周的加筋不能少于被洞口所切断的钢筋。

（9）钢筋绑扎好，由施工人员自检合格后报监理验收，此时监理要对钢筋进行全面检查并做好以下记录：

① 检查钢筋规格、品种、尺寸是否符合设计图纸要求；② 检查钢筋搭接位置、搭接长度是否符合规范要求及设计图纸要求；③ 检查钢筋锚固长度是否符合规范、设计图纸以及构造规定；④ 检查梁板柱受力钢筋的保护层厚度是否满足要求，板负筋的小撑脚是否到位；⑤ 检查钢筋焊接接头的位置是否按要求错开，在任一焊接头中心至长度为钢筋直径的 35 倍且不小于 500 mm 的范围内，同一根钢筋不得有两处接头，接头占钢筋面积百分比，受拉区不宜超过 50%，受压区不限制；⑥ 有抗震要求的受力钢筋应优先采用焊接或机械连接，钢筋接头不宜设置在梁端、柱端的箍筋加密区范围内，当采用焊接时，焊工必须有上岗证，并在规定的范围内进行操作。

所有检查工作完成后做好隐蔽工程记录签证，并要求保护好成品，不允许人员在钢筋上行走，以免钢筋错位变形，监理签字批准同意下道工序施工的报验单。表 3.5 为焊接接头尺寸允许的偏差和检查方法。表 3.6 为钢筋安装允许偏差。

表 3.5 焊接接头尺寸允许偏差和检查方法

项 目	电 焊	闪光对焊	气压焊	检查方法
接头弯折处	4	4	4	尺量检查
接头轴线偏移	0.1d 且不大于 3 mm	0.1d 且不大于 2 mm	0.15d 且不大于 4 mm	用刻槽直尺检查
焊缝厚度	$-0.05d$	无横向裂纹和烧伤、焊包均匀	$>1.4d$	尺量检查、观察、小锤、放大镜
焊缝宽度	$-0.1d$		$>1.4d$	
焊缝长度	$-0.5d$		$>1.2d$	

注:d 为钢筋直径,mm。

表 3.6 钢筋安装允许偏差

项 目		允许偏差/mm	备 注
骨架宽度和高度		±5	尺量检查
骨架的长度		±10	
受力钢筋	间距	±10	尺量中间各一点,取其最大值
	横距	±5	
箍筋、构造筋		绑扎±20	尺量连续三档,取其最大值
钢筋弯起位置		20	尺量检查
受力钢筋保护		基础±10,梁、柱±5,板±3	尺量检查

9. 砼工程质量控制

本工程设计所用砼承台、基础梁、水箱为 C30 砼,抗渗等级为 S8,主体柱梁板砼为一到四层 C35、四层以上 C30,过梁构造柱砼等级为 C20。

(1) 砼配制所采用的水泥、碎石、砂子和水等原材料必须进行检查,砼配合比必须到有资质的实验室进行试配,由实验室出具正式的砼配合比通知单,施工时应严格按配合比通知单的比例进行配料。

(2) 配制砼所用的水泥一般采用普通硅酸盐水泥。水泥进场必须有出厂合格证或出厂试验报告,并对其品种、标号、包装和出厂日期进行检查验收。

(3) 进场水泥必须现场随机取样送检,取样必须在同一编号水泥的不同部位处等量采集,取样点至少在 20 点以上。取样水泥经充分混匀后,用防潮容器包装,质量不少于 12 kg;水泥试验要求进行安定性和强度检测,当对水泥质量有怀疑或水泥出厂超过 3 个月时,应进行检查并按试验结果使用。

(4) 拌制砼所用的粗、细骨料应符合国家现行有关标准规定。粗骨料最大粒径不得超过结构截面最小尺寸的 1/4,且不得超过钢筋间距最小净距的 3/4;现浇板最大粒径不超过板厚的 1/2,且不超过 40 mm。由于本次砼为商品砼泵送,粗骨料的粒径除需满足以上要求外,还必须适合砼泵机的输送要求,以防止堵管,影响砼浇筑质量。

(5) 中粗砂进场必须抽样试验,每 200～300 m³ 抽样一次,每次不少于 10 kg,主要检查含泥量、泥块含量和筛分析等。

(6) 骨料应按品种、规格分别堆放,不得混杂。骨料中严禁混入煅烧过的白云石或石灰块。

(7) 拌制砼用水应采用无腐蚀性水,本工程采用自来水。

(8) 由于使用砼泵送技术,所以砼要适当掺入缓凝剂、减水剂等外加剂,所掺入的外加剂必须有质量证明书以及检测报告。

(9) 以上各种材料的取样必须在有监理见证的情况下方能有效,必须执行省市建设主管部门要求的材料取样的监理见证制度。

(10) 砼拌制时应首先按砼配比通知单的比例,以水泥用量为基础,将每盘料所需的砂、石、外加剂、水重量计算好,机前挂牌。每车原材料均在配料器上称重(每车过磅计量),由记磅员记录每车重量,确保原材料配比正确。砼原材料每盘称量的偏差不得超过允许偏差(见表 3.7),外加剂的掺入量按外加剂使用说明施工。

表 3.7 砼原材料配比允许偏差

材料名称	允许偏差/%
水泥	±2
砂、碎石	±3
水	±2

(11) 雨天施工时因砂石中含水量增大,水的用量适当减少,需加大对砼坍落度抽测的频率。对原材料过磅的计量进行不定时的抽查,防止磅秤计量出现偏差而影响砼的质量。砼坍落度应符合配合比通知单中的要求,确保水灰比的正确。每一工作班至少抽查两次,坍落度偏差不得超过±10 mm。

(12) 砼搅拌时间不能太短,特别是掺有外加剂时,要保证各原材料、外加剂充分均匀,砼搅拌最短时间不少于180 s(强制式搅拌机可短一些)。

(13) 砼从出料口到浇筑地点必须符合浇筑时规定的坍落度要求。砼在搅拌好后,应在缓凝时间之内完成浇筑,缓凝时间视采用的缓凝剂不同有所区别,一般5~8 h。

(14) 在浇筑砼之前,对模板、支架、钢筋、预埋件和预留孔进行最后一次检查,并做好记录,出具同意施工单位砼施工的申请。

(15) 在砼柱、剪力墙等竖向结构施工时应先接浆50~100 mm厚,接浆应同砼内砂浆成分一致。

(16) 砼应连续浇筑,当必须间歇时应留施工缝。施工缝的留置应在砼浇筑之前确定。施工缝应留置在结构受剪力较小且便于施工的部位。柱子宜留在基础顶面大梁下面,单向板应留在平行于板的短边的任何位置,有主、次梁的楼板应顺着次梁方向浇筑,施工缝应留在次梁跨度的1/3长度范围内。

(17) 在施工缝处继续施工时,应待已浇筑砼有一定的强度后方可施工。如砼已硬化,应将砼表面清理干净并用水湿润,但不应有积水。在浇筑砼前应先接浆,施工缝处砼应仔细捣实,使新旧砼紧密结合。在施工缝位置振捣砼时,严禁在钢筋上振动,防止原浇筑好的砼受到振动被破坏。

(18) 砼浇筑过程中应随机取样做砼试压块,砼试样应在砼浇筑点随机抽取,每 100 m³取样不得少于 1 次,每一工作班一次,每一现浇层必须至少一次,每次取样应至少 留置一组试件(标养),至于现场同条件养护试件的留置组数,可根据实际需要确定。抗 渗砼的取样在连续浇筑砼量 500 m³以下时,应留置两组(12 块),每增加 250~500 m³砼 应增加留置两组(12 块)。如使用材料、配合比或施工方法有变化时,均应在浇筑地点制 作,留置两组试块:一组(6 块)进行标养,另一组(6 块)与现场同条件养护,养护期不得少 于 28 天。

(19) 试件制作用人工插捣,分两层装入试模,每层模厚度大致相等。插捣用的钢棒 长 600 mm,直径为 16 mm,端部应磨圆。插捣应从边缘向中心均匀进行。插捣底层时, 捣棒应达到试模表面;插捣上层时,捣棒应穿入下层深度约 20~30 mm。插捣时保持钢 棒垂直,不得倾斜,同时还得用抹刀沿试模内侧插入几次。每层插捣次数不少于 15 次, 插捣完后应将表面抹平。

(20) 砼浇筑完毕后,在一定的时间内要浇水养护,养护时间不得少于 7 天,浇水次数 应能保持砼表面处于湿润状态,养护用水应同砼拌制用水。

(21) 在已浇筑的砼强度未达到 1.2 N/mm²之前,不得上人或安装支架等。

(22) 砼拆模后,应检查砼表面情况是否有蜂窝、孔洞、露筋、夹渣等。检查所有的砼 表面:梁柱上的蜂窝面积不大于 1 000 cm²,板上面积不大于 2 000 cm²,为合格;梁柱上的 蜂窝面积不大于 200 cm²,板上面积不大于 400 cm²,为优良。检查方法:以尺量外露石子 面积和深度。

砼如有孔洞,则梁柱上的孔洞面积不大于 40 cm²,板上孔洞面积不大于 100 cm²为合 格,无孔为优良。检查方法:凿开孔洞周围松动石子,尺量孔洞面积及深度。

每个检查位置任何一根主筋外露长度均不应超差:梁柱不大于 10 cm,板不大于 20 cm 为合格,无露筋为优良。检查方法:尺量钢筋外露长度。

(23) 现浇砼结构构件尺寸允许偏差和检验方法见表 3.8。

表 3.8 砼结构构件允许偏差和检验方法

项 目		允许偏差/mm	检 查 方 法
轴线位移	基础	15	尺量
	柱、墙、梁	5	尺量
标高	层高	±5	水准仪
	全高	±30	水准仪
柱、墙垂直度	层高	5	经纬仪或靠尺
	全高	高度的 1/1 000 且≤30	经纬仪
截面尺寸	柱、墙、梁	±5	尺量
表面平整度		8	2 m 靠尺和塞尺

(24) 如发现有重大影响砼结构性能的缺陷,必须要求施工单位提交事故报告,会同 设计、业主等有关单位研究处理。对一般蜂窝、露筋等小问题,则要求监理人员查看后做

好记录,施工单位用高标号水泥砂浆修补好即可。在涂抹砂浆之前,应清理好基层并用水湿润,必要时凿去部分不实砼用细石砼填实,并仔细捣实抹平,细石砼必须比原砼强度等级提高一级。

10. 框架填充墙的质量控制

本工程设计±0.000 以下用 MU10.0 粘土标准砖,M5 水泥砂浆砌筑;±0.000 以上所有内墙用加气砼砌体,砌块容重不大于 6 kN/m³,采用 M5 混合砂浆;外墙为粘土空心砖,容重不大于 11 kN/m³,砂浆等级采用 M10 混合砂浆。当墙长大于 5 m 及墙高大于 4 m 时,须在墙中设构造柱及钢筋砼带,具体情况请按"苏 G9409 图集"的规定施工。所有构造除按设计说明及按苏 G9409 图集施工外,所有柱子与墙连接处均设拉结钢筋:空心砖墙@500 mm,空心砌块@400 mm,伸出外皮 1 000 mm,两端加弯钩。

先按设计图纸中砌筑砂浆要求,请有资质的实验室配制砂浆,并出具砂浆配合比通知单,施工时严格按配比通知单要求操作,不得任意增减原材料。

在填充墙砌筑过程中,应对砌筑用砂浆进行随机抽样,做抗压强度试块,每一楼层至少抽一组试块(每组 6 块)。如砂浆标号变更应及时做试压块。砂浆试块取样时应在使用地点砂浆中取,至少从三个不同部位取,所取试样的数量应多于试验用料的 1~2 倍,取样后应尽快做成试块。试块制作应用无底试模成型,将无底试模放在预先铺好吸水性能较好的普通粘土上;试模内事先洗刷薄层机油,向试模内一次注满砂浆,用捣棒均匀由外向里按螺旋方向捣 25 次;待砂浆有一定的强度约 30 分钟后将试块顶抹平、放好,注意保养;两天后拆模并编号,继续养护至 28 天后送实验室试压。

工程中所用红砖加气砼砌块必须有出厂合格证,到达现场后应进行抽样检测。红砖在一致条件下生产的 3.5 万块为一验收批,普通砖一般试验取样数量为 15 块,并切成相等的两块。取样方法:对进场红砖随机抽取所需数量,对外观质量和尺寸偏差合格的样品进行强度检测;空心砌块等非烧结普通砖,在一致条件下生产的 3~5 万块为一个验收批,取样方式同红砖。

在填充墙砌筑前,应先按图纸中的尺寸进行皮数、排数的计算。门、窗洞口位置标高应标注在皮数杆上,对砌块一定要试排。砌时应尽量采用主规格、底面朝上砌筑,从转角或定位处开始向一侧进行。内外墙同时砌筑,纵横墙交错搭接,要求孔错缝搭砌,个别不能对孔时允许错孔砌筑,但搭接长度不小于 9 cm。原则上不得留有直槎,必须留直槎时应设置拉结筋。构造柱的截面尺寸一定要留够,并要按照要求设置马牙槎,马牙槎应先退后进。

砌块的水平灰缝应平直,按净面积计算的砂浆饱满度不低于 80%;竖向灰缝隙应采用加浆方法,使其砂浆饱满,严禁用水冲浆灌缝,不得出现瞎缝、透明缝,竖缝的砂浆饱满度不宜低于 80%。水平灰缝厚度和竖向灰缝宽度为 10 mm,但不应小于 8 mm,也不应大于 12 mm。砌筑时的一次铺灰长度不宜超过主规格块体的长度。砌块移动或被撞动时应重新铺砌。

预制过梁板安装,应做浆垫平,墙上预留的孔洞、管道、沟槽和预埋件,应在砌墙时预留和预埋,不得在砌筑的墙上随意打凿。对墙上的各种孔洞、脚手眼,应采用不低于 C15 细石砼填实。常温条件下,砼块墙体的日砌筑高度宜控制在 1.5 m 或一步架高度内。

填充墙砌至接近梁、板底时,应留一定空隙,在抹灰前采用侧砖、立砖或砌块斜砌挤紧,其倾斜宜为 60°左右,砌筑砂浆应饱满,砌块填充墙墙底部应砌普通砖或多孔砖,其高度不宜小于 200 mm。

对墙体进行检查应特别注意:接搓处灰浆饱满,灰缝平直,预留的拉结筋是否按要求设置,长度是否满足要求,留置间距偏差不超过 1 皮,构造柱留位要正确。

对墙体要按建筑工程质量检验评定标准进行检查,并详细记录、汇总,具体要求见表 3.9。

表 3.9 墙体砌筑质量检验要求

项目	允许偏差/mm	检查方法
轴线位移	10	尺量
垂直度	5	2 m 靠尺
表面平整	10	靠尺与塞尺
水平灰缝平直度	10	尺量
水平灰缝厚度	−5～10	尺量
垂直缝宽度	−5～10	尺量

11. 楼(地)面质量控制

本工程的楼、地面,除楼梯间为业主分包进行装修外,其余均为毛坯交付。

(1)对进场的地砖进行抽样检测,随机抽取 10 箱,每箱抽 4～5 块,共计 40 块,进行弯曲强度、耐急冷急热、吸水率、抗冻性试验。对地砖的外观必须检查尺寸是否正确,表面是否平整,是否有翘曲,颜色是否一致,同一色号的色差是否明显等。

(2)地砖铺设时应严格按图纸中指定的图集施工,把地砖事先按房间大小试排好。找平层为 20 mm 厚水泥砂浆找平层,在铺设找平层前应将下一层表面清理干净。现浇板或砼表面应预先湿润,刷素水泥砂浆一道,其水灰比为 0.4～0.5,并应随刷随铺。在卫生间有管道及地漏位置,铺设找平层前应对主管或套管和地漏位置进行密封处理,并应在管四周留出深 8～10 mm 的沟槽,用胶泥等防水材料填实,并做 24 h 蓄水试验,蓄水深度宜为 20～30 mm,无渗漏方可进行下道工序施工,并做好记录。

(3)结合层地面为 10 mm 厚 1∶2 平硬性水泥砂浆结合层,楼面为 1∶1 水泥细砂结合层,还可以用地砖专用粘结剂等新材料,但必须有质保资料及检测报告,配制砂浆的水泥应采用普通硅酸盐水泥,其标号不宜低于 425 号。

(4)地砖铺设前应浸水湿润后阴干待用,铺贴时采用干硬性水泥砂浆,地砖应紧密,砂浆坚实饱满,严格控制标高(找平层时控制好)。地砖缝隙宽度不宜大于 1 mm,干水泥擦缝。铺贴时应分段按顺序铺贴,按标准拉线镶贴,并做好各道工序检查和验收工作。地砖铺贴应在 24 h 内进行擦缝,擦缝应采用同品种、同标号、同颜色水泥,随做随清理水泥,并做好养护和保护工作,不得随意上人走动。

(5)地砖检查验收时,应注意检查两块相邻地砖高低差,允许 1 mm 偏差(用尺量和楔形塞尺检查);地砖接缝直线度允许 3 mm 偏差(拉 5 m 线检查);表面平整度允许 2 mm

偏差(用 2 m 直尺和楔形塞尺检查);检查对面层结合层粘结是否牢固、有无空鼓(用响鼓锤轻击和观察检查),在施工过程中随时检查结合层找平层。

(6) 结合层与板材应分段同时铺砌。铺完第一块后,再由中间向两侧和后退方向顺序铺砌。铺砌时,板材要四角同时下落,对齐缝格铺平整,线路顺直,镶嵌正确,并用橡皮锤敲实,如发现空隙,应及时将板块掀起加浆、减浆或理缝。铺好一排,应用拉通线检查一次平整度。

(7) 铺完 24 h,用素水泥浆灌缝 2/3 高,再用同色水泥浆擦缝,并用干锯屑将板块擦亮,铺上湿锯屑覆盖并养护,3 天内禁止上人走动。

地面使用前扫除锯屑(结合层的水泥砂浆强度达到要求后),用磨石机压麻布袋擦去表面灰尘、污物,再稍揩一遍蜡,擦亮到出现反光为止(光滑、洁亮)。

(8) 水泥砂浆面层厚度不应小于 20 mm,水泥砂浆的体积比宜为 1:2(水泥:砂),其稠度不应大于 35 mm,强度不应小于 M15。

水泥砂浆面层采用的水泥宜为硅酸盐水泥,其标号应不小于 425 号,并严禁混用不同品种、不同标号的水泥,采用的砂浆应为中粗砂,其含泥量应不大于 3%。

水泥砂浆应搅拌均匀,施工时应随铺随拍实,抹平工作应在水泥初凝前完成;压光工作应在水泥终凝前完成。

(9) 水泥砂浆面层内埋设管线原则上是不可以的,但当无法解决而线管埋设必须在面层时,应按设计要求防止面层开裂,处理后方可施工。

水泥砂浆面层、表面不应有裂纹、脱皮、麻面和起砂等现象,表面平整度用 2 m 直尺检查时允许偏差 4 mm。

六、门窗工程质量控制

本工程门、窗主要采用塑钢门窗。

(1) 塑钢型材以及各种配件质量均应符合设计要求、国家规范及行业标准。不得使用不合格产品。塑钢门窗选用的零附件及固定件,除不锈钢外,均应做防腐处理,一般可采用沥青防腐漆涂满或镀锌处理。

塑钢门窗装入洞口应横平竖直,外框与洞口应用弹性连接件连接牢固,不得将处框直接埋入墙体。外框与墙体间的缝隙填塞,应用发泡剂填堵后进行粉刷,缝隙外表面留 5~8 mm 深的槽口,填塞密封材料。

窗框固定铁件除在四周离边角 180 mm 处设一点外,一般间距 400~500 mm 设一固定铁件,锚固铁卡一般用膨胀螺栓固定于墙上,实际施工一般采用铁钉固定,锚固铁卡两端均须伸出框外(厚度不小于 1.5 mm 的镀锌铁片)。

塑钢门窗安装前,应先检查有无弯曲变形,如有变形立即更换,不得使用。安装时注意门窗的开启方向及安装孔的方位,窗要上下对齐、高低一致、整齐。

安装塑钢门窗时不得用金属锤敲击,防止击伤或变形,外框四周要灌密实并封胶。不应将水泥砂浆直接粘到塑钢型材上,一旦发现不能用金属物刮落,可用水或中性清洗剂洗干净。待工程竣工时剥去塑钢型材上的保护胶带纸。

(2) 塑钢门窗上的玻璃裁割尺寸应符合现行国家标准,符合对玻璃之间配合尺寸的规定。玻璃宜集中裁割,边缘不得有缺口和斜曲,裁割时应比实际尺寸长宽各缩小一个裁口宽度的 1/4。

玻璃安装后,应对玻璃、塑钢框、扇同时进行清洁工作,但是禁用酸性洗涤剂或研磨去污粉清洗,以免刮伤玻璃或破坏塑钢型材的表面。

(3)塑钢窗质量检查要求高度与宽度偏差允许 ±1.0～3.5 mm。窗平面不得翘曲或扭曲变形,窗的各处缝隙宽度允许偏差 ±1.0 mm。型材表面平整光滑、无碰伤、无斑点。窗用附件安装位置正确、齐全、牢固,具有足够的强度。开启无噪音,不得有阻滞、回弹等缺陷。

密封条与玻璃、玻璃槽口的接触应紧密、平整,不得在玻璃槽口外面用橡胶垫镶嵌玻璃。橡胶垫应与裁口、玻璃及压条紧贴。密封膏与玻璃、玻璃槽口的边缘应粘贴牢固,接缝齐平。竣工时玻璃表面应洁净,不得留有油灰、浆水、密封膏、涂料等斑污。

七、装饰工程质量控制

本工程装饰设计主要采用混合砂浆刷白内墙,电梯间贴瓷砖至吊顶,天棚板底为平顶、硅酸钙板。

(1)抹灰时要严格按设计要求施工,首先保证砂浆的配合比要正确,稠度适合方可进行抹灰。

抹灰工程的施工顺序应事先制定好,一般顺序为先室外后室内,先上面后下面,先天棚、墙面后地面。

对墙面、柱子应检查平整度、垂直度情况,并用与抹灰层相同的砂浆设置标志或标筋。对不同基体的墙面(砖砌体、砼体、砌块墙等)进行湿润处理,对门窗位置是否正确、与墙体连接是否牢固进行检查,门框边缝先用水泥砂浆分层填实,靠窗边采用发泡剂填实。检查门头高低是否符合室内水平控制标高线要求,水电线管、配电箱是否安装完毕、是否符合标高要求、有试压要求的管道试压是否合格等。

室内墙面、柱面、门窗洞口的阳角,应用 1：2 水泥砂浆做好护角,每侧宽度不应小于 50 mm,外墙脚手洞口必须堵实并做好记录。

对砼制品胀模较大位置进行处理时,不得将主筋凿成外露。如确实胀模较严重,则施工单位必须提交处理方案,报监理审批后方可进行处理。一般小的胀模凿平后,用 1：3 水泥砂浆补齐、表面拉毛。

各种墙上的线盒、箱体要安装到位并用高标号水泥砂浆修补密实,过大空隙必须采用细石砼灌实。

不同基层材料的墙体与砼柱梁相交处钉钢丝网,每边不少于 200 mm 宽。

抹灰用砂必须过筛,石灰膏熟化时间不小于 3 天,防止爆灰。

本工程抹灰按照高级抹灰的标准进行操作和验收,严格要求阴、阳角找方。室内外抹灰、打底时应分层操作,每次 7～8 mm,前一次凝结后,抹第二层搓平;最后抹面或贴釉面砖。刷水泥漆墙面应待面层干后方可进行。

对砼基层的处理:为防止砼表面光滑粉刷空鼓,在抹灰前先用砼界面剂处理(JCTA 高强粘结剂),随即用底糙砂浆覆盖,时间不超过 30 分钟。

（2）墙面砖施工时，应事先对墙砖进行试排，调整好后进行弹线，一定要操作技术好的工人贴，不得有空鼓，镶贴平整，接缝宽度要均匀一致。室外突出的檐口、腰线等部位必须做滴水线。

对进到现场的墙面砖材料要按规定进行抽样送检，合格后方可进行施工。面砖表面应光滑，质地坚固，尺寸、色泽一致，不得有暗痕和裂纹，吸水率不得大于 10％。

面砖的允许偏差：立面垂直度室内 2 mm，室外 3 mm，用 2 m 托线板检查；表面平整度 2 mm，用 2 m 靠尺和楔形塞尺检查；阳角方正 2 mm，接缝平直 3 mm，接缝高低室内 0.5 mm，室外 1 mm，用直尺和楔形塞尺检查；接缝宽度 ±0.5 mm，用尺检查。

（3）粉刷面层主要控制垂直度、平整度、无空鼓、开裂，阴阳角方正、垂直，洞口、线盒处方正且在同一水平线上。质量验收标准见表 3.10。

表 3.10 面层装饰质量验收标准

序号	分项工程名称		验收标准
1	墙面粉刷	垂直度	≤1 mm
		平整度	≤1 mm
		阴阳角	≤2 mm
2	瓷砖	垂直度	≤1 mm
		平整度	≤1 mm
3	面砖	垂直度	≤1 mm
		平整度	方正，≤2 mm
4	花岗岩墙面	垂直度	≤1 mm
		平整度	≤1 mm
		拼缝顺直	

（4）装饰工程质量控制重点。

① 门窗侧边、墙面开裂、空鼓原因及处理方法：

门窗框周边缝隙填实不严，由于门窗开关和振动，在框周边产生空鼓、裂缝。门窗框缝隙应有专门人员进行分层填实。

基层清理不干净或处理不当，墙壁面浇水不透。抹灰后砂浆中的水分会很快被基层吸收，因此应认真清理，提前浇水。

基层偏差过大，一次抹灰过厚，干缩率较大。应分层填实，每层厚度控制在 7～9 mm 以内。

配制砂浆不当或使用超过时间。应根据不同基层配制所需砂浆，从砂浆配制好到使用完不得超过 2 h，同时对配制砂浆的操作人员及所用原材料加强管理。

② 抹灰起泡、有抹痕的原因及处理方法：

抹完面层后，砂浆还没有收水就压光或压光次数太多，因而出现起泡，所以一定要在适当的时间进行收光，找一些有经验的技术好的操作工人进行收光；

抹面层灰时，底灰过分干燥，没有一定湿润度，砂浆的水分很快被底灰吸收，来不及收光出现抹痕，所以在抹灰前一定要检查基体的湿润情况，符合要求后才能进行下道工序施工。

③ 阴、阳角方正，为了能使阴角方正要严格按照操作程序施工，在操作前先对饼筋进行检查，施工时随时检查、纠正。

④ 为防止地面空鼓，一是先要将砌墙的落地砂浆清理干净，二是找平时要分层，不能一次抹得太厚，贴地砖前要对底糙进行检查，不空鼓时才能贴地砖。

⑤ 为防止屋面积水，对找坡层一定要认真处理。首先按图纸的要求做好屋面坡度的控制线，三条纵线（中间最高处和二侧最低处）。在施工找坡层时，随时用控制线进行检查、校正找坡层的平整度和坡度。

⑥ 为防止塑钢窗边渗水，在塑钢窗框安装好后，应对窗边缝隙认真分层填实，并派专人负责检查（主要是用鼓锤敲击）。

⑦ 为防止主立管位置渗漏，在卫生间地面施工前，应对主立管位置进行处理并做 24 h 蓄水试验，在无渗漏情况下才能进行地面做品的施工；卫生间倒泛水，主要是对地面找平找坡未控制好，卫生间施工时，要对操作人员认真交底，加大检查频率以及力度，不符合要求的坚决要求返工。

⑧ 屋面渗漏主要是防水层的施工质量问题以及对成品的保护不够。首先屋面防水施工要由专业防水队伍来施工，对防水材料质量要严格控制，对施工搭接位置要认真处理，以及对上墙的翻边要处理到位。防水层做好后不得在防水层上进行堆放或搬运其他材料等。

⑨ 外墙面渗漏主要原因是脚手洞以及墙体灰缝不饱满。本工程中采用双排脚手架，脚手洞很少，仅有少量连接位置有洞，但螺栓洞较多，在粉刷前对脚手洞、螺栓洞进行逐个填实。外墙面括糙时，最好是掺加防水剂、砼与其他材料。连墙件位置用钢丝网补强再粉刷，防止开裂、渗水。

⑩ 给水、采暖、热水供应系统的防止渗漏工作主要由安装监理负责检查，主要方式是试压、通球等。

⑪ 门前台阶、散水等施工时不得与主体建筑相连，中间要留有 20 mm 的缝断开，并用沥青砂浆或沥青木丝填缝；散水坡要不大于 6 000 mm，转角处设分格缝断开，并用沥青砂浆等材料填缝。

八、屋面工程质量控制

本工程屋面做品为高分子改性沥青卷材（E）防水屋面，工程质量要求参照苏 J9501—18/7 的规定执行。

（1）屋面防水施工必须由专业防水施工队伍施工。

（2）防水卷材必须有质保书、合格证，并要由质量检测部门检测合格后，方能使用。

（3）水泥砂浆找平层施工前，基层应清理干净，找平层施工应将砂浆揉压出浆，做到平整坚实，用 2 m 直尺检查。与女儿墙连接处转角做成钝角或圆弧形，圆弧半径为 10～15 cm。为防止找平层开裂，宜每 6 m 纵横设置 20 mm 宽分格缝，表面平整度允许偏差为 5 mm。

（4）聚氯乙烯卷材施工时要注意接头位置的处理。粘接的质量问题会导致防水层的渗漏，所以一定要加强接头处理的质量管理。操作一定要按要求的程序进行操作，包括粘接剂的涂刷及粘接的时间长短的控制，搭接的长度大于 100 mm。

（5）卷材防水做好后要进行 24 h 注水试验，检查有无渗漏现象并做好记录。如有渗漏应及时分析原因并进行整改，直至无渗漏现象方可进行卜一道工序。

九、安装专业质量控制

安装专业质量控制要点如下：

（1）实行全过程跟踪监理：开工前审查开工报告、施工技术措施；参与技术交底、图纸会审；材料、半成品质量要检验；工序质量要复检；分部、分项隐蔽工程要验收。

（2）实行全方位监理：督查到岗人员资质及组成；督查机械设备配置及状况；督查材料、半成品的准备和复检；督查施工技术措施的落实；协助调整作业环境。

（3）逐层督查预留孔洞、预埋件的统计、制作及埋设，及时进行隐蔽验收，确保孔洞和埋件数量、位置、大小、做品准确无误。督查预防砼或砂浆进入埋管的措施落实。

检查卫生洁具的预留孔位，应根据产品说明并与实物对照，校验施工单位提交的大样。

拆模后，及时查验预留孔、埋设件。

（4）检查管材及其配件应具有出厂合格证、质保书和复检报告。其规格、质量、数量和外观均应符合设计要求，不合格者不予认可安装。

（5）检查管道支架的制作、安装是否按所指定标准图集制作，安装位置是否准确、平顺、牢固，间距是否合理，坡度是否准确，防腐处理是否到位等。

（6）检查镀锌管丝接的丝牙规格、丝接质量、密封工艺等。

钢管焊接、安装质量控制点：坡口、管口清理、焊接工艺、焊条、焊缝、焊工上岗证等。

管道敷设避让原则：小管让大管，支管让主管，有压让无压，常温让高、低温。

（7）给水管道试压标准：生活给水系统、消防给水系统大于等于 1.0 MPa；凡隐蔽管道必须先试压合格，经监理验收合格后方可隐蔽，按有关技术操作规程执行。

管道冲洗：用系统中水泵对各自系统分别进行冲洗，排出水与进水浊度相同为合格，冲洗水压保证出水口水压达到 0.1 MPa 为宜。

（8）卫生洁具及安装的质量控制重点：器具及配件的规格、质量、外观，安装牢固，固定件质量及其做品，成排器具的排列，成品保护。

（9）管道防腐和保温的质量控制重点：做品是否符合设计和规范要求，管道及支架安装前是否经清理并进行底层防腐。未经水压试验和防腐质量验收，不得进行管道保温作业。

（10）督查排水立管与排出管的连接处是否配置了 2 个 45°度弯头，上水立管与横管的连接处是否配置可拆卸件，楼层间是否设置阻火圈。

（11）支管与干管的连接限制：严禁在管道对接缝处、弯曲部位和支吊架处焊接，连接点距对焊接口、起弯点和支架边缘应大于 5 cm。

十、施工安全防护措施以及文明施工监理

（1）施工安全监理目标：消灭施工重大事故，杜绝监理责任事故。

（2）安全监理工作原则：以人为本、预防为主的原则，善于发现、及时严处的原则，常抓不懈、动态监管的原则，监理人人有责、主动参与原则，严格执行强制标准的原则。

（3）安全监理工作内容：

① 初查与复查施工单位"安全生产许可证"及其附件、安全生产责任制及规章制度、安全操作规程、安全组织机构、人员及其岗位证书、特种作业人员资格证书、从业人员保险单、进场全员安全培训记录、安全防护器材与设施、生产设备合格证和安装验收许可证、应急预案和应急措施、总分包安全协议书。

② 审查施工组织设计的编审程序、安全内容的针对性和完整性。

③ 审查具重大危险源施工专项方案：土方开挖工程施工方案、深基坑支护与降水工程施工方案、大型模板工程与支撑系统搭设拆除方案、起重吊装机械安装拆除方案、脚手架搭设拆除方案、施工临时用电方案。

④ 每月定期安全大检查并记录；每日现场巡视，发现安全隐患及时严处、复查，并记入监理日记；每次开工程例会与专题会同时部署安全工作；每季度开安全生产形势分析会。

⑤ 安全监理资料整理并汇总归档。

（4）安全监理分工：

① 总监安全监理职责：组织安全形势分析与评估，提出对监理和施工单位安全工作新的更高要求；终审施工组织设计；终审重大危险性施工专项方案；终审对违章违法施工行为的处罚；终审监理发现的重大安全隐患的处理。

② 现场监理安全监理职责：初查与定期复查施工单位和分包单位的"安全生产许可证"及其附件，并与现场实况比对；审查施工组织设计的编审程序，安全内容的针对性、完整性；审查具重大危险源施工的专项方案的可靠性；每日现场巡视发现安全隐患，及时严处与复查，并记入监理日记；每月定期安全大检查并记录；安全监理资料整理并汇总归档。

十一、做好资料文件归档工作

（1）及时签收检查记录，收集整理所有原材料及砼、砂浆等材料的检测报告，汇总有关问题的处理，做好书面记录。

（2）写好分部工程的监理小结，真实反映工程的进度质量、安全、签证、协调工作等情况。

（3）竣工后及时将资料整理、装订，转交给相关单位备案。

十二、组织分部分项工程验收

基础结构工程完成、回填土之前应对基础进行分部验收,验收通过后,基础土方方可回填土。

对主体工程初验合格后,由总监理工程师在相应的分项分部工程验收报告单上签字认可,然后组织业主、设计单位、施工单位等进行验收,并通知质检部门参加。

工程竣工验收程序如图 3.2 所示。

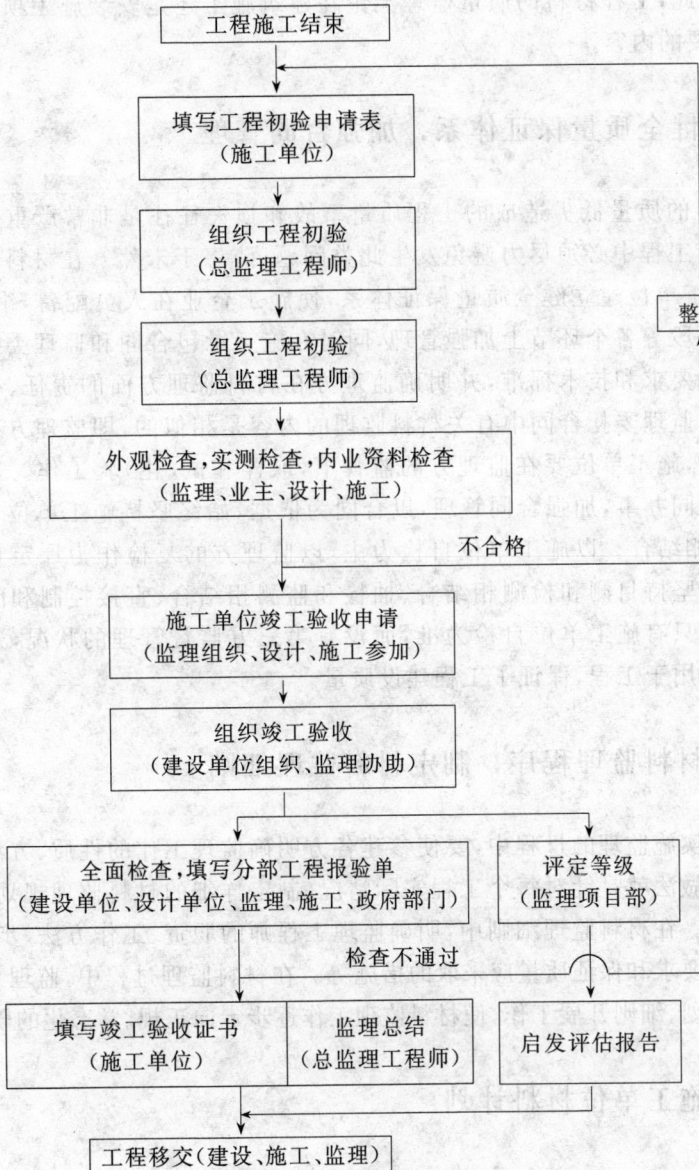

图 3.2　工程竣工验收程序

工程材料监理细则

工程材料的质量直接影响着整个建筑物质量等级、结构安全、外部造型和建成后的使用功能等。因此，工程材料的质量监理无论在建筑施工还是安装施工项目监理工作中，都是至关重要的内容。

一、建立健全质量保证体系，加强合同管理

由工程材料的质量低劣造成的工程质量事故和损失往往是非常严重并难以弥补和修复的，因此，工程中必须尽力避免发生此类问题，防患于未然。在材料的质量监理中，首先要求施工单位建立健全质量保证体系，使施工企业在人员配备、组织管理、检测程序、方法、手段等各个环节上加强管理，同时在施工承包合同和监理委托合同中明确对材料的质量要求和技术标准，并明确监理方在材料监理方面的责任、权限以及建设单位的要求。监理委托合同中有关材料监理的内容是相似的，即监理方有权对材料进行必要的抽检，施工单位要在监理方的监督下，取样和试（化）验工作。在项目实施过程中严格按合同办事，加强合同管理，以合同为依据，始终坚持施工单位自检和监理方独立抽、复检相结合。以施工单位自检为主，以监理方的复检作为评定自检结果的标准。同时还应坚持目测和检测相结合、抽检和监测相结合、直接控制和间接控制相结合。改变过去只有施工单位自检为准，而没有第三方监督管理的状况，这样可以防止不合格的材料用于工程，保证了工程建设质量。

二、明确材料监理程序，制定材料监理细则

在工程项目实施监理的过程中，要使参建各方明确监理工作的性质、方法以及监理工作程序。具体做法就是针对每个工程实际情况，制定详细的材料监理规划和细则，明确材料监理程序。在材料监理细则中，明确监理工程师的职责、工作方法、步骤、手段以及对材料的质量要求和保证质量应采取的措施等。在材料监理过程中，监理工程师应严格按材料监理规划、细则开展工作，使材料监理工作逐步走向正规、常态化的轨道。

三、审核施工单位材料计划

监理工程师进场后，首先了解施工单位的材料总体计划，并审核其是否满足施工总进度的要求，对发现的问题提出改进建议，使材料总体计划与施工进度相一致。在此基础上，每月25日前，施工单位应向监理方提交下月的材料进场计划，包括进货品种、数

量、生产厂家等，材料监理工程师根据工程月进度计划予以审核，使材料进场计划符合工程进度要求。

四、材料采购的质量监理

建筑材料市场鱼目混杂，真假难辨，钢材、水泥、装修材料尤为严重，这既给现场材料监理加大了难度，又增添了工作量。因此，凡是对计划进场的材料，监理方都要会同施工单位对其生产厂家资质及质量保证措施予以审核，并对订购的产品样品要求其提供质保书，根据质保书所列项目对其样品质量进行再检验。样品不符合规范、标准的，不予同意采购其产品，将采购合同签订工作中止在当事双方签约前。

五、进场材料的质量监理

要加强现场原材料的试（化）验工作。例如：对工程中使用的钢筋、水泥要求有出厂合格证、检测报告、质保书，砂石、砖等要具有材质试验报告单，施工用水要有水质化验报告等，以掌握其技术参数资料。同时在委托监理合同中明确规定：为提高进场材料的试（化）验数据的可靠性、准确性，确保工程质量，甲方同意监理方独立对国家建设部颁发的《建筑安装工程质量检验评定标准》中明确规定的质量保证内容进行必要的抽查检验。施工单位的检验工作可在监理方指定的具有省一级实验资质的实验室中进行（主管部门有更高要求的，按主管部门要求），也可在监理方监督下由施工方在有临时资质的现场实验室中进行，监理方负责审核，以确认施工单位提供的试（化）验报告。

监理方应与施工单位同步进行材料的取样和试（化）验工作，当监理方提供的检验结果与施工单位的试验结果不相一致时，以监理方所提供的检验结果为准。监理方在对现场材料的质量监理中，应严格按照材料质量监控流程，严格按照国家规范、标准、设计文件、合同及材料监理细则办事。

六、几种主要材料的质量监理

1. 钢筋、水泥

鉴于施工单位难以做到大批量进货，针对来料的多源头、多渠道的实际情形，施工单位应对进场的每批钢筋、水泥分批、分品种堆放及贮存，并及时提供出厂合格证。在此基础上，对每批钢筋均要求做机械性能试验，特殊部位所用钢筋或进口钢筋要另做化学成分分析试验。水泥要求做强度、安定性等试验，并进行现场监督取样。未经检验的材料，不允许用于工程；质量达不到要求的材料，及时清退出场，并及时签证记录。

2. 钢筋焊接制品

绝大多数进场钢筋均要进行现场加工后方可用于工程，如钢筋焊接、成型、张拉等。现仅以钢筋对焊为例谈谈焊接制品的质量监理。钢筋验收合格后，监理方可通知施工单位进行加工。在施工之前，要求施工单位提供其内部质量保证体系、技术措施交底、质量监控程序等,监理方进行审核,并要求施焊人员必须具有焊工上岗证,杜绝无证人员上岗施焊。对待有焊接操作上岗证的人员,要求对不同品种、不同焊接工艺的钢筋接头,先做焊接试件,试件经检验合格,方可施焊。

对焊接成品的质量检查是监理工作的重点,除施焊前对试件进行合格试验之外,对成品的质量监理要按监理方确认的监控程序进行。具体做法是:目测和检测相结合,首先从外观上,对如轴线位移、弯折角度、裂纹凹坑、烧伤等进行检查;随后做随机抽样。每200根接头取一组样品进行试验,并且始终坚持抽测时间与材料加工进度基本吻合。发现不合格焊接头即退回施工单位,并要求其分析原因、改进技术措施、重新焊接,使之全部达到规范、标准的要求,并严格按《建筑安装工程质量检验评定标准》进行验收。

3. 混凝土

混凝土是工程中使用最普遍的加工材料,它的质量不仅涉及各种原材料的质量,而且影响建筑物的工程质量。影响混凝土的因素很多,诸如各种组成材料的计量、配合比、搅拌、运输、振捣、养护等一系列环节,均是影响混凝土质量的重要因素。因此,材料监理的一大内容便是对混凝土的质量监理。在混凝土的质量监理中,必须以水泥、砂、石、水、外加剂等均满足质量要求为前提。先审核混凝土的配合比是否正确,用于计量的各种表具、量具等是否俱全;搅拌时间是否适中,运输中是否发生离析,振捣、养护、试块留置等各环节是否有施工人员专管;对于大体积混凝土、重要结构必须采用自动计量设备或采用商品混凝土,并严格按照监理方提出的质量监控图进行。哪一道工序不符合规范及标准要求,立即通知施工单位质检人员组织整改,严加管理。如某大厦二期工程的浇筑底板混凝土项目,监理人员在连续浇筑几十个小时的过程中跟班蹲点,对后台上料、搅拌、出料质量、振捣以及混凝土试块留置等均有专人管理;工地现场实行旁站监理。根据砂子、石子的含水率变化,随时调整搅拌用水量,并随时检测计量设备的计量准确度,发现偏差,立即通知施工单位加以整改。

七、实验室资质检查

材料的试(化)验可在监理方监督下由施工单位在现场(若现场有实验室)进行,也可以在监理方监督下现场取样,由监理方认可的具规定检测资质的单位进行试验。

监理方审核通过的检验单位要具有省一级试验资质的检测单位。对乙方现场实验室同样要审核其临时资质和所用器具的准确可靠度。上述单位只有在监理审核其符合要求后方可开展检测工作。因此,在施工开始之前,材料监理人员应当与施工单位一起事先与专业检测单位和混凝土公司取得联系,并要求其指导试块的制作。在做抗渗、抗压试验时,应在监理方的直接监督下进行。

住宅工程土建专业监理实施细则

一、工程概况

某国际花园 1♯楼为精装修公寓楼,总建筑面积为 10 165.4 m²,结构设计使用年限为 50 年,建筑耐火等级为二级,主要结构类型为剪力墙,抗震设防烈度为七度,防水等级二级,建筑层数为 10 层+1 层。

本工程一层为店铺:地面为水泥砂浆;墙面为水泥砂浆;卫生间墙面为 20 cm×30 cm 瓷砖;走道吊顶为防水矽酸钙板吊顶;室外走道及踏步为花岗石;花台贴面砖;商铺大门为塑钢卷帘门;卫生间门为塑钢门;南面窗为铝窗+普通玻璃。

本工程二层~十层+阁楼层:南面进大厅门为不锈钢+钢化玻璃;客厅、餐厅、通道:楼面为抛光面砖 60 cm×60 cm,实木踢脚,乳胶漆墙面,乳胶漆顶,抛光地砖(除主卧室外);卧室:实木踢脚线,乳胶漆墙面,乳胶漆+木压顶线,地面木质企口地板(主卧室);厨房:地面 60 cm×60 cm 雾面抛光砖,墙面 20 cm×30 cm(花砖点缀)面砖到吊顶,洗理台墙面 60 cm×60 cm 抛光砖;卫生间:地面为天然石材(主卧室),地面为 20 cm×20 cm 止滑地砖(不包括主卧室卫生间),墙面 20 cm×30 cm(花砖点缀)面砖到吊顶,门为塑钢门,防水矽酸钙板吊顶,塑钢艺术门;阳台:地面 20 cm×20 cm 止滑地砖(亦用于露台),栏杆为热镀锌方管烤漆栏杆(亦用于露台),矽酸钙板吊顶,墙面为油性漆,门为铝门+中空玻璃;楼梯间:地面为水泥砂浆地面,油性水泥漆踢脚,墙面和顶面为油性漆,塑料扶手、油漆方管栏杆。

本工程二层大厅+电梯间:地面天然石材(拼花)60 cm×60 cm,窗铝窗+普通玻璃,踢脚为抛光砖(磨圆角),墙面 60 cm×60 cm 抛光砖到顶,立体艺术板吊顶,电梯墙正面抛光砖,亮高釉门套;三层以上电梯间:地面抛光砖 60 cm×60 cm,正墙面抛光砖 60 cm×60 cm 到顶,墙面 20 cm×30 cm 面砖贴到 1.6 m 高,木压条收边,其余为乳胶漆,亮高釉门套,窗铝窗+普通玻璃。

本工程门窗:铝门窗+中空玻璃,管道井为木制防火门(梯间),硫化铜门+防盗门(分户大门),实心艺术木门+门套(户内门)。

外墙为 240,200,300 mm 厚 KM1 和 KP1 空心砖墙体,内墙为 200,100 mm 厚加气混凝土砌块。

外墙面:面砖墙面和外墙涂料墙面和天然石材贴面,其中面砖墙面和外墙涂料墙面有 30mm 厚保温砂浆。

屋面:防水保温上人屋面 20 cm×20 cm 止滑地砖,40 mm 厚 C20(商品砼)细石砼内配 $\phi4@150$ 防水层,20 mm 厚 1:3 水泥砂浆找平层,30 mm 厚挤塑聚苯乙烯保温板,20 mm 厚 1:3 水泥砂浆找平层(掺 VCⅡ型微晶水泥防水层)。

外墙伸缩缝做法详见苏 J9509－6/46,屋面伸缩缝做法详见苏 J9503－4/14(取消油毡)。

砼的环境类别:±0.000 以下为二级,±0.000 以上为一级。

结构抗震等级:抗震墙为二级,框架为三级。

基础型式:条形基础(局部整板基础),基础持力层:2 号土层,垫层为 100 mm 厚 C15 素砼,条形基础和整板为 C35,±0.000 以下砌体采用 MU10、240 标准砖、M5 水泥砂浆砌筑,基础、地梁、±0.000 以下柱等非防水构件的纵向受力钢筋保护层厚度≥4 cm。

主体:一层:楼板、梁、柱、抗震墙 C35,二层至三层:楼板、梁为 C30,柱、抗震墙为 C35,四层至顶层:楼板、梁、柱、抗震墙 C30。

构造柱、圈梁、过梁、管井封板等构件的砼强度等级为 C20。

外墙采用非承重 MU10 KM1 型多孔砖,M5 混合砂浆砌筑,@500 设 2ϕ6 拉结筋伸入墙内不应小于墙长的 1/5 及 700 mm,7 层以上沿墙体通长设置。电梯井道 MU10 KM1 型多孔砖,M5 混合砂浆砌筑,@500 设 2ϕ6 拉结筋通长设置,圈梁竖向间距<2 m。

内隔墙均采用 100、200 mm 厚加气砼砌块,M5 混合砂浆砌筑,砖墙长大于 5 m 或大于两倍层高时,每隔 2.5 m 左右设一构造柱;墙高大于 4 m 时,须在墙半高处设圈梁一道(结合门窗洞口过梁),悬挑部分外围墙及砌体女儿墙每隔 5 m 设一构造柱,并有可靠的压顶。

施工合同总包价为人民币为 14 522 446 万元。

二、项目控制目标

1. 质量控制目标

质量控制目标——合格。

2. 总工期控制目标

以业主与承包商签订的各类合同所确定的合同工期 270 天(日历天)工期为控制目标(本公司进驻本项目后,实际已延误工期约 50 天)。协助业主预防和排除业主方工作造成影响进度的因素和隐患。在遵循质量第一的原则前提下,尽可能赶回原监理期间延误的工期,力争实现合同总工期。

3. 总进度控制目标

(1) 控制目标:2003 年 6 月 6 日开工,2004 年 3 月 15 日竣工。

(2) 工期编排依据施工图编制,以土建工程为主轴,水电及设备安装交叉穿插施工。

(3) 开工前后,应结合本工程施工合同的签订,施工招标和施工组织设计的审定,在保证总工期的前提下,工程进度计划一并做相应的调整。

(4) 施工总包单位依据"合同"工期编制施工总进度计划,确定阶段计划和各专业进度计划最早、最迟时间,为监理进度提供分段控制目标。

4. 总投资控制目标

以业主与各承包商签订的施工承包合同所确定的合同价为基础,减少工程变更,协助业主压缩控制总投资额。

三、项目监理范围和内容

同"住宅工程土建专业监理实施细则"对应内容。略

四、项目监理分部项规划

(1) 地基与基础工程:土方开挖、基础 C15 砼垫层、底板和基础梁钢筋、模板、砼、±0.000柱和剪力墙钢筋、模板、砼;基础墙砌筑和粉刷、回填土等。

(2) 主体工程:一层～十层钢筋、模板、砼、墙体等分项(每层 A,B 两段施工,A 为 1～30 轴,B 为 31～46 轴)。

(3) 屋面分部:阁楼钢筋、模板、砼等分项。

(4) 楼地面工程:楼地面找平层、面层等分项。

(5) 门窗工程:门窗制作、门窗框安装、门窗扇安装、玻璃安装等分项。

(6) 装饰工程:室内外粉刷层和面层,外墙涂料和天然石材以及外墙面砖,室内装修等分项。

五、设计变更的控制

(1) 加强施工技术方案审核,避免施工单位因施工工艺、材料、设备等问题产生的变更。

(2) 慎重对待工程变更和设计修改,变更前要做技术经济分析。

(3) 确需设计变更时,应严格执行设计变更作业流程。

六、质量控制

1. 项目质量控制目标

项目质量控制目标为合格。

2. 项目质量控制目标分解

表 3.11 为项目质量控制目标分解表。

表 3.11　目标分解表

序号	子项目名称	质量要求	目标要求
1	基础工程	合格	所有分项工程必须符合 GB 50202—2002
2	砼工程	合格	所有分项工程必须符合 GB 50204—2002
3	砌体工程	合格	所有分项工程必须符合 GB 50203—2002
4	地下防水工程	合格	所有分项工程必须符合 GB 50208—2002

序号	子项目名称	质量要求	目标要求
5	屋面工程	合格	所有分项工程必须符合 GB 50207—2002
6	建筑地面工程	合格	所有分项工程必须符合 GB 50209—2002
7	建筑装饰装修工程	合格	所有分项工程必须符合 GB 502010—2001
8	建筑材料构、配件设备、器材	合格	建筑材料必须按相应检验评定标准中保证项目规定核验，监理部必做抽检；建筑配件必须符合相关验评标准或供货合同规定的标准

3. 质量控制原则

（1）建设项目总体质量目标与形成质量的过程息息相关，施工阶段是项目质量的实际形成阶段。影响项目质量的因素众多，实施全方位的系统控制，即对参与施工人员素质、工程原材料、所用的施工机械、采用的施工方法、生产技术、劳动和管理环境等实行全方位质量控制。

（2）项目建设是一个系统过程，实施全过程的系统控制，即实施从对投入原材料的质量控制开始，直到完成工程的质量检验。

（3）全过程的系统控制应重点突出事前控制和事中控制措施。

（4）主动与政府职能部门和质监站协调步骤，争取指导、理解和支持。

（5）工程质量应以事实和国家标准为依据，热情帮助，诚恳劝导，严格监督，促使各承包合同各分项质量等级的实现。

（6）对于桩基、大体积混凝土、地下室防水混凝土以及若干重要分项工程及设备、管线安装实行旁站监理，一般分项工程实行跟踪监理。

4. 质量控制内容

质量控制内容为施工图所含各个分项、分部工程的全过程，所含分项质量检验评定内容见《分项工程质量检验评定表》。

5. 质量控制的组织制度措施

（1）以各专业监理工程师为主，负责本专业施工、质量。

（2）严格执行省建设主管部门《关于加强工程建设监理、确保工程质量的通知》规定："在项目实施过程中，未经监理人员签字认可，建筑材料、构配件和设备不得在工程上使用或安装，不得进入下道工序施工，不得拨付工程进度款，不得进行竣工验收"，"对于不符合质量要求的建筑材料、构配件和设备，监理人员有权责令清退出场"。

（3）严格执行省建设主管部门关于质量检验和分项工程检验评定统一程序，统一表式。

（4）配备专职见证员，坚持见证员见证送样检测制度。

（5）在施工单位按规范规定检验数的基础上，进行独立的抽样检测试验，抽检数一般为规定数的30%，必要时适当增加。建筑材料、构配件和设备抽检不合格的，抽检费用由承建方承担。

（6）建筑材料、构配件和设备检验和测试单位，应为业主和监理共同认可的具有合法资质的单位。

（7）进场设备会同供应商、安装单位根据订货清单开箱验收，检查必备的出厂合格证、质保书，并应在安装前进行测验。

（8）把好分包单位资质审查关，杜绝任何形式的转包行为。一经发现转包行为，应立即责令退场，或汇报建设行政部门，依法处理。

（9）协助业主事前考察总、分单位资质等级和实际业绩，并责令其向市建设行政部门办理手续。

6. 质量的事前控制

（1）在审查施工组织设计时，应把施工单位质量保证体系的完善情况作为重点之一；总监理工程师协调总抓质量工作，自始至终要求施工单位质量保证体系在人、材料器材、机械设备、工艺方法、施工环境中的贯彻落实，以及检查总、分包单位主要技术负责人是否在位在岗。

（2）组织设计交底，施工图会审，核对设计文件的完整性、一致性，消除碰、漏、错；提供套用图纸编目；全体监理人员必须熟读设计图纸，提交各自审查记录和设备、构配件表。

（3）协助施工单位做好现场定位轴线及高程标桩的测设。

（4）审核材料、半成品的出厂证明和质保证书，实行必要的抽样复试；装饰材料、五金灯具、卫生洁具等会同业主审查样品，留样核查。

（5）施工现场使用的衡器、量具、计量装置设备应有技术合格证，使用前应进行校验、校正。

（6）分项工程施工前将各分项工程的质量标准、检验评定方法和监理质量控制要点和控制措施上墙；明确工序检验的控制点、见证点和停止点。

（7）主动向质监部分汇报质量控制工作状况，争取支持和帮助。

7. 主要施工工艺过程质量控制

施工工艺过程质量控制要点见表 3.12。

表 3.12　施工工艺过程质量控制要点

工程项目	质量控制要点	控制手段
基础工程	＊位置、轴线及高度 ＊外形尺寸 ＊与柱连接钢筋型号、直径、数量 ＊混凝土的强度 ＊地下管线预留孔道及预埋（包括防雷、接地） ＊墙基防水砂浆、防水性能、标高、厚度、防水材料的密实度	测量 量测 现场检查 审核试配报告、现场制作试件 现场检查、量测 试验、测量、量测检查
现浇 RC 框架	＊轴线、高层及垂直度 ＊断面尺寸 ＊钢筋：直径、数量、位置、搭接长度、锚固长度 ＊预埋铁件（网架及幕墙联结）型号位置、数量、锚固长度 ＊施工缝和后浇带处理 ＊混凝土的配合比、坍落度、强度	测量 量测 现场检查、量测 现场检查、量测 旁站 现场制作试块、审核试验报告

工程项目	质量控制要点	控制手段
砌筑工程	* 轴线及高度 * 砌承重墙的砂浆强度等级（原材料及配合比） * 灰缝、错缝、拉接筋 * 内三度外三度 * 门窗孔及预留洞位置 * 预埋件及埋设管线	测量 砂浆配合比试验 旁站 试验、巡视、抽查 量测 现场检查、量测
铝合金门窗、防火门、防盗门等	* 位置、尺寸、规格、质量 * 嵌填、定位、安装、开启、关闭、锁扣、橡皮条、玻璃胶、防脱落装置 * 气密性、水密性	审查质保书、检查、量测 量测检查 试验
室内初装修	* 材料配合比 * 室内抹灰厚度、平整度、垂直度 * 室内地坪厚度、平整度	试验 要求做样板间 要求做样板间
高级装饰工程	* 装潢设计图纸及施工方案 * 装潢材质、规格、数量 * 骨架位置、安装 * 饰面板材表面、接缝、几何尺寸 * 油漆工程：木纹、光亮	审查并要求做样板间 质保审查、检查保护措施 观察、量测 观察、量测 观察
楼(地)面屋面工程	* 找平层：厚度、坡度、平整度、防裂度 * 挤塑聚苯乙烯保温板 * 细石砼刚性防水：厚度、坡度、平整度 * 止滑地砖	观察、量测 观察、量测

8. 监理工作流程

为了确保质量控制的有序与有效,质量控制的组织措施必不可少。本工程施工监理执行以下流程：

(1)承建方工程联系流程：

总包单位→监理→业主或设计单位回复→监理→总包单位。

(2)变更通知流程：

① 技术变更流程：要求变更方→监理→设计单位回复→监理→要求变更方执行。

② 业主变更流程：业主→监理→承建方执行。

(3)工程质量保证资料报审流程：

承建方→总包方→监理认可回复→总包方→承建方作业。

(4)材料取样或设备报验流程：

承建方→总包方→监理见证监督→总包方送指定检测(试验)单位→总包方将结果报监理→监理认可→总包方→承建方。

(5)工序质量报验流程：

承建方自检合格→总包方复查认可→监理认可→总包方→

承建方进入下道工序施工。

(6)隐蔽工程、分部工程及正式竣工验收流程。

承建方自检合格→总包方复查认可→监理、设计单位、单位业主认可→
监理通知进行下步施工或验收。

（7）监理通知、指示、指令流程：

监理 → 总包方 → 承建方 →总包方回复 →监理认可。

9．质量的事中控制

（1）参与专业施工技术交底，指导并审查钢筋翻样，及时办理分项工程和工序交接验收，做好分项工程质量评定。

（2）在各分项工程质量评定基础上，及时做好分部工程质量评定，协助施工单位做好分部施工小结。

（3）按程序办理变更手续，及时排除图纸中问题。

（4）行使质量监督权，包括必要时下达停工令。出现下述情况之一者，监理工程师有权指令施工单位立即停工整改：

① 未经检验即进行下一道工序作业；

② 工程质量下降，经指出后未采取有效改正措施，或是采取了一定措施但效果不好，继续作业；

③ 擅自使用未经认可或未经批准的材料；

④ 擅自变更设计图纸及其要求；

⑤ 没有可靠的质量保证措施便贸然施工，已出现质量下降征兆。

对桩基、箱基、大体积混凝土、防水工程、重要设备、管线安装实行旁站监理，一般工序实行跟踪检查和工序验收相结合的方式实行监理。现场常驻人员在工程材料、构件、设备到场时，做到随到随组织检验。

对施工工艺、工序、材料、设备及各类中间验收中发现的质量问题、技术签证，必须以检测数据和实物为依据，按监理员→监理工程师的顺序逐级签证。

10．质量的事后控制

（1）完善质量报表、质量事故的报告制度。

（2）按分项工程质量标准和检验评定方法，组织各项（预）验收试验。

（3）协助并督促施工单位整理工程技术文件资料并编目建档，编制完整的竣工图。

（4）做好总结工作，及时提交地基基础工程、主体工程、装饰工程、单位竣工工程监理总结。

（5）工程进展过程进行录像，工程竣工后除提交一份完整的监理归档资料外，提供整个工程进展过程的录像带。

七、信息和档案管理

（1）监理部配有专职信息和档案资料管理员，专事资料文件传输、整理、编目、归档。

（2）监理部配有专用计算机及打印机、照相机专门用于本工程实录资料，整理文档。

（3）建立合同台账、工程款支付台账、材料台账、设备台账，工程资料台账、月报台账、建立收文簿、发文簿、会议签到簿。

（4）建立健全工程例会和监理部办公会制、会议纪要制和编制工程大事记。

（5）运用 Windows 98 中 Office 2000,自编的"监理文档处理系统",自动处理各类台账及文档。

（6）监理部进场后,编制信息档案管理细则,实行文档资料统一编码的原则。严格信息档案管理资料员职责及"工程例会纪要"等收发文制度。

八、项目监理制度

1．工程例会制

（1）工程例会作为工程建设内部协调手段,原则上每周召开一次;必要时可由业主、设计、施工单位或监理单位提请召开。

（2）工程例会由项目总监主持,邀请业主、设计、施工单位、有关分包单位项目负责人和监理人员参加。

（3）"工程例会纪要"记录会议议题和决定,是施工合同的补充部分,由监理部负责整理并签发、存档。

2．内部及外部协调

（1）监理、承包商、分包商、设计和检测单位之间的内部协调,应坚持"守法、诚信、公平、科学"的原则,做到以事实和数据为依据,热情帮助,以理服人。

（2）对待业主和建设主管部门,应主动汇报,征得支持和理解,对于他们的指令和意见应积极配合执行。

（3）对于外部环境的协调,应积极主动协助业主做好工作,并应及时提出建议。

3．监理日记制

监理日记是重要的工程档案资料,每位监理工程师应坚持天天记日记,当日发生的事件应在当日的监理日记中记录,不得后补,监理日记的内容必须真实、准确、完整、封闭。

监理日记按公司统一印制的格式和规定填写,第二天上午一上班应将写好的监理日记放在桌上,供项目总监和信息档案资料管理员收查。

4．监理月报制

（1）监理月报每月一次,时间为每月 8 日前发出,按公司统一规定的内容和格式由信息档案资料管理员填写,总监审定。

（2）监理月报一式三份,业主、现场监理部、监理公司各一份。

5．工程大事记制

（1）"工程大事记"由驻现场信息档案资料管理员逐日按公司统一规定的《工程大事记》内容和格式填写。

（2）"工程大事记"于工程竣工后归档。

6．见证取样送检制度

（1）见证员只负责对进入施工现场的批量原材料、构件及成品取样送检,不得到建材市场或商家材料场抽样送检。

（2）取样对象为结构用钢材，焊接件，预拌混凝土，现场搅拌混凝土，砌筑砂浆，防水材料，建筑用砂，碎（卵）石，水泥，砖，回填土方，外加剂，装饰材料，铝合金门窗，玻璃幕墙原材料及拼装板块，给排水管件，卫生、电气、采暖、通风原材料及器件，其他新型建筑材料。

（3）见证员严格按原材料、试件、试块及构件抽样规定取样，抽样数量正确并具有代表批量的真实性。

（4）无取样员旁站见证进行的抽样，一律无效。

（5）见证员应严格按国家施工验收规范执行作业。

7. 安全管理责任制

（1）项目监理负责检查施工单位的安全施工责任制度是否健全、安全管理组织是否落实、安全措施是否可靠、安全活动是否正常；

（2）项目监理负责定期组织检查现场施工安全和文明施工；

（3）项目监理检查批准进场施工设备性能是否符合安全生产要求；

（4）项目监理负责督促处理施工安全事故并提出报告。

九、质量控制要点

1. 钢筋工程质量控制

（1）梁钢筋闪光对焊质量控制点：

① 检查闪光对焊焊工有效上岗证，并试焊合格后才能焊接。

② 对焊前应对钢筋端部 150 mm 范围内铁锈、污物清除干净，端部如有弯曲必须加以调直或切除。

③ 焊接接头外观质量检查：接头处不得有横向裂纹；与电极接触处的钢筋表面不得有明显的烧伤；接头处弯折不得大于 4°。

④ 轴线偏移检查：不大于钢筋直径的 1/10，同时不得大于 2 mm。

⑤ 取样：外观检查合格后才能进行见证取样，每一种规格按 300 个接头为一批，取 6 个试件做拉伸和冷弯试验。

（2）柱、剪力墙竖向钢筋电渣压力焊质量控制点：

① 检查电渣压力焊焊工有效上岗证，并试焊合格后才能焊接。

② 焊剂出厂合格证。

③ 焊接接头外观质量检查：焊接包是否均匀、饱满、光滑，不得有裂纹、塌陷、咬边、夹渣，钢筋表面无明显烧伤等缺陷。

④ 轴线偏移检查：不大于钢筋直径的 1/10，同时不得大于 2 mm；接头处弯折不得大于 4°；敲去渣壳后，凸出钢筋表面的高度应大于或等于 4 mm。

⑤ 取样：外观检查合格后才能进行见证取样，每一种规格按 300 个接头为一批，取 3 个试件做拉伸试验。

（3）钢筋加工制作、绑扎安装质量控制：

① 原材料质量控制主控项目:

钢筋进场使用前,监理必须对进场钢筋厂家是否符合标单要求、质保资料是否齐全进行检查,符合要求后才能下车。按规定对进场的钢筋进行见证取样,试件复试合格后才能进行加工制作。当发现钢筋脆断、焊接性能不良或力学性能显著不正常等现象时,应对该批钢筋进行化学成分检验或其他专项检验。

检验方法:检查产品合格证、出厂检验报告和进场复验报告;检查化学成分等专项报告。

原材料质量控制一般项目:钢筋应平直、无损伤,表面不得有裂纹、油污、颗粒状或片状老锈。

② 钢筋加工主控项目:

受力钢筋的弯钩和弯折应符合规定。HPB235 级钢筋末端应作 180°弯钩,其弯弧内直径不应小于钢筋直径的 2.5 倍,弯钩的弯后平直部分长度不应小于钢筋直径的 3 倍;当设计要求钢筋末端需作 135°弯钩时,HPB335 级、HPB400 级钢筋的弯弧内直径不应小于钢筋直径的 4 倍,弯钩的弯后平直部分长度应符合设计要求;钢筋作不大于 90°弯折时,弯折处的弯弧内直径不应小于钢筋直径的 5 倍。检验方法:钢尺检查。

除焊接封闭环式箍筋外,箍筋的末端应作弯钩,弯钩形式应符合设计要求,当设计无具体要求时,应符合规定:箍筋弯钩的弯弧内直径应不小于受力钢筋直径;箍筋弯钩的弯折角度:对一般结构,不应小于 90°;对有抗震等要求的结构,应为 135°;箍筋弯后平直部分长度:对一般结构,不宜小于箍筋直径的 5 倍;对有抗震等要求的结构,不应小于箍筋直径的 10 倍。检验方法:钢尺检查。

钢筋加工一般项目:钢筋调直宜采用机械方法,也可采用冷拉方法。当采用冷拉方法调直钢筋时,HPB235 级钢筋的冷拉率不宜大于 4‰,HRB335 级、HRB400 级和 RRB400 级钢筋的冷拉率不宜大于 1‰。检验方法:观察、钢尺检查。

钢筋加工的形状、尺寸应符合设计要求,其偏差应符合表 3.13 规定。

表 3.13　钢筋加工的形状尺寸偏差

项目	允许偏差/mm
受力钢筋顺长度方向全长的净尺寸	±10
弯起钢筋的弯折位置	±20

③ 钢筋连接主控项目:

纵向受力钢筋的连接方式应符合设计要求。检验方法:观察。

钢筋机械连接接头、焊接接头试件做力学性能检验,其质量应符合有关规程的规定。检验方法:检查产品合格证、接头力学性能试验报告。

钢筋连接一般项目:

钢筋的接头宜设置在受力较小处。同一纵向受力钢筋不宜设置两个或两个以上接头。接头末端至钢筋弯起点的距离不应小于钢筋直径的 10 倍。检验方法:观察、钢尺检查。

对钢筋机械连接接头、焊接接头的外观进行检查,其质量应符合有关规程的规定。检验方法:观察。

当受力钢筋采用机械连接接头或焊接接头时,设置在同一构件内的接头宜相互错开。

同一构件中相邻纵向受力钢筋的绑扎搭接接头宜相互错开。绑扎搭接接头中钢筋的横向净距不应小于钢筋直径,且不应小于 25 mm。

在梁、柱类构件的纵向受力钢筋搭接长度范围内,应按设计要求配置箍筋。当设计无具体要求时,应符合规定:箍筋直径不应小于搭接钢筋较大直径的 0.25 倍;受拉搭接区段的箍筋间距不应大于搭接钢筋较小直径的 5 倍,且不应大于 100 mm;受压搭接区段的箍筋间距不应大于搭接钢筋较小直径的 10 倍,且不应大于 200 mm;当柱中纵向受力钢筋直径大于 25 mm 时,应在搭接接头两个端面外 100 mm 范围内各设置两个箍筋,其间距宜为 50 mm。检验方法:钢尺检查。

④ 钢筋安装主控项目:

当钢筋的品种、级别或规格需作变更时,应办理设计变更文件;钢筋安装时,受力钢筋的品种、级别、规格和数量必须符合设计要求。检验方法:观察,钢尺检查。

钢筋安装一般项目:纵向受力钢筋的品种、规格、数量、位置等;钢筋连接方式、接头位置、接头数量、接头面积百分比率等;箍筋、横向钢筋的品种、规格、数量、间距等;预埋件的规格、数量、位置等。

钢筋加工制作分项检验评定标准及方法见表 3.14。

表 3.14　检验批分项评定表

项目		允许偏差/mm	检验方法
绑扎钢筋网	长、宽	±10	钢尺检查
	网眼尺寸	±20	钢尺量连续三档,取最大值
绑扎钢筋骨架	长	±10	钢尺检查
	宽、高	±5	钢尺检查
受力钢筋	间距	±10	钢尺量两端,中间各一点,取最大值
	排距	±5	
	保护层厚度　基础	±10	钢尺检查
	保护层厚度　柱、梁	±5	钢尺检查
	保护层厚度　板、墙、壳	±3	钢尺检查
绑扎箍筋、横向钢筋间距		±20	钢尺量连续三档,取最大值
钢筋弯起点位置		20	钢尺检查
预埋件	中心线位置	5	钢尺检查
	水平高差	+3~0	钢尺和塞尺检查

注:① 检查预埋件中心线位置,应沿纵、横两个方向量测,并取其中的较大值。② 表中梁类、板类构件上部纵向受力钢筋的保护层厚度的合格率应达到 90% 以上,且不得有超过表中数值 1.5 倍的尺寸偏差。

2. 模板工程质量控制

(1) 一般规定：

① 模板及其支架应根据工程结构形式、荷载大小、地基土类别、施工设备和材料供应等条件进行设计。模板及其支架应具有足够的承载能力、刚度和稳定性，能可靠地承受浇筑混凝土的重量、侧压力以及施工荷载。

② 在浇筑混凝土之前，应对模板工程进行验收。模板安装和浇筑混凝土时，应对模板及其支架进行观察和维护。发生异常情况时，应按施工技术方案及时进行处理。

③ 模板及其支架拆除的顺序及安全措施应按施工技术方案执行。

(2) 模板安装工程质量控制：

① 主控项目：安装现浇结构的上层模板及其支架时，下层楼板应具有承受上层荷载的承载能力，或加设支架；上、下层支架的立柱应对准，并铺设垫板。检验方法：对照模板设计文件和施工技术方案观察。

在涂刷模板隔离剂时，不得玷污钢筋和混凝土接槎处。检验方法：观察。

② 一般项目：模板安装应满足下列要求：模板的接缝不应漏浆；在浇筑混凝土前，木模板应浇水湿润，但模板内不应有积水；模板与混凝土的接触面应清理干净并涂刷隔离剂，但不得采用影响结构性能或妨碍装饰工程施工的隔离剂；浇筑混凝土前，模板内的杂物应清理干净；对清水混凝土工程及装饰混凝土工程，应使用能达到设计效果的模板。检验方法：观察。

用作模板的地坪、胎模等应平整光洁，不得产生影响结构质量的下沉、裂缝、起砂或起鼓。检验方法：观察。

对跨度不小于 4 m 的现浇钢筋混凝土梁、板，其模板应按设计要求起拱；当设计无具体要求时，起拱高度宜为跨度的 1/1 000～3/1 000。检验方法：水准仪或拉线、钢尺检查。

固定在模板上的预埋件、预留孔和预留洞均不得遗漏，且应安装牢固，其偏差应符合表 3.15 的规定。检验方法：钢尺检查。

表 3.15　预埋件和预留孔洞的允许偏差

项目		允许偏差/mm
预埋钢板中心线位置		3
预埋管、预留孔中心线位置		3
插筋	中心线位置	5
	外露长度	+10～0
预埋螺栓	中心线位置	2
	外露长度	+10～0
预留洞	中心线位置	10
	外露长度	+10～0

注：检查中心线位置时，应沿纵、横两个方向量测，并取其中的较大值。

现浇结构模板安装的偏差应符合表 3.16 的规定。

表 3.16　现浇结构模板安装的允许偏差及检验方法

项目		允许偏差/mm	检验方法
轴线位置		5	钢尺检查
底模上表面标高		±5	水准仪或拉线、钢尺检查
截面内部尺寸	基础	⊥10	钢尺检查
	柱、墙、梁	+4～−5	钢尺检查
层高垂直度	不大于 5 m	6	经纬仪或吊线、钢尺检查
	大于 5 m	8	经纬仪或吊线、钢尺检查
相邻两板表面高低差		2	钢尺检查
表面平整度		5	2 m 靠尺和塞尺检查

注:检查中心线位置时,应沿纵、横两个方向量测,并取其中的较大值。

(3) 模板拆除工程质量控制:

① 主控项目:底模及其支架拆除时的混凝土强度应符合设计要求;当设计无具体要求时,混凝土强度应符合表 3.17 的规定。检查方法:检查同条件养护试件强度试验报告。

表 3.17　底模拆除时的混凝土强度要求

构件类型	构件跨度/m	达到设计的混凝土立方体抗压强度标准值的百分率/%
板	≤2	≥50
	2～8	≥75
	>8	≥100
量、拱、壳	≤8	≥75
	>8	≥100
悬臂构件	—	100

后浇带模板的拆除和支顶应按施工技术方案执行。检验方法:观察。

② 一般项目:侧模拆除时的混凝土强度应能保证其表面及棱角不受损伤。检验方法:观察。

模板拆模时,不应对楼层形成冲击荷载。拆除的模板和支架宜分散堆放并及时清运。检验方法:观察。

3. 砼工程质量控制

本工程主体结构砼采用商品砼,并用泵管运输。监理进场后,对商品砼公司进行考察,原材料质量和计量应基本符合要求。商品砼合格证随进场第一车资料将送至监理审核,符合要求后才能进行砼浇捣。砼浇捣过程中对砼的坍落度进行随机抽查。

(1) 在浇筑之前对模板及支架钢筋预埋件预留洞口进行最后一次检查,并做好记录,出具同意施工单位在砼施工前提交的砼浇筑申请。

(2) 在柱施工时柱根应先接浆 50～100 mm 厚,接浆应同砼内砂浆成分。

（3）砼应连续浇筑，当必须要间歇时应留施工缝，施工缝的留置应在砼浇筑之前确定。针对本工程特点，每层砼施工前应编制相应的施工方案，施工缝留置位置应征得设计单位的认可。

（4）在施工缝处继续施工时，应待已浇砼有一定强度后方可施工，如砼已硬化应将砼表面清理干净并用水湿润，但不要有积水。在浇筑砼前应先接浆，施工缝处砼应细致捣实，使新旧砼紧密接合，在施工缝位置振捣时严禁在钢筋上振动，防止原浇筑好的砼受到振动被破坏。

（5）砼浇筑过程中应随机抽取砼做试压块。每 100 m³ 取样不得少于一次，每工作台班不得少于一次。每一现浇层至少取一次。每次取样至少留置一组试件。试件制作是用人工插捣，分两层装入试模，每层厚度大致相等，插捣用的钢棒长 600 mm，直径为 16 mm，端部应磨圆。插捣应从边缘向中心均匀进行，插捣底层时，捣棒应达到试模底表面，插捣上层时，捣棒应穿入下层深度约 20～30 mm，插捣时保持钢棒垂直，不得倾斜，同时还得用抹刀沿试模内侧插入几次，每层插捣次数不少于 15 次，插捣完后应将表面抹平。

（6）砼浇捣完毕后，应覆盖。如是高温天气则应浇水养护，养护时间不得少于 7 天。浇水次数应能保持砼表面处于湿润状态，养护用水应同砼拌制用水。

（7）在已浇筑的砼强度未达到 1.2 N/mm² 之前，不得上人或安装支架等。

（8）砼拆模后应检查砼表面情况是否有蜂窝、孔洞、露筋、夹渣等。检查所有的砼表面，梁柱上的蜂窝面积不大于 1 000 cm²，板上面积不大于 2 000 cm²，为合格；梁柱上的蜂窝面积不大于 200 cm²，板上面积不大于 400 cm²，为优良。检查方法为尺量外露石子面积及深度。砼如有孔洞，则梁柱上的孔洞面积不大于 40 cm²，板上孔洞面积不大于 100 cm²，为合格，无孔洞为优良。检查方法：凿击孔洞周围松动石子，尺量孔洞面积及深度。每个检查位置任何一根露筋长度：梁柱不大于 10 cm，板筋不大于 20 cm，为合格，无露筋为优良，检查方法为尺量外露钢筋长度。

（9）现浇砼梁柱板结构构件允许偏差和检查方法见表 3.18。

表 3.18　现浇砼构件偏差及检查方法

项目		允许偏差/mm	检查方法
轴线位置	基础	15	尺量
	柱、梁	8	尺量
垂直度	层间	8	用经纬仪或吊线尺量
	全高	$H/1\,000$ 且 $\leqslant 30$	
标高	层高	± 10	用水准仪
	全高	± 30	
截面尺寸		$+8 \sim -5$	尺量
表面平整度		8	用 2 m 靠尺和塞尺检查

（10）如发现有重大影响砼结构性能缺陷，必须会同设计等有关单位研究处理。对一

般蜂窝、露筋要求在监理人员认可后,施工队用 1∶2～2.5 的水泥砂浆抹平,在抹砂浆之前应清理好基层,用水湿润,必要时凿去部分不实砼用细石砼填实,并仔细捣实抹平,细石砼必须比原砼强度等级提高一级。

4. 砌体工程质量控制

(1)先按设计图纸中砌筑砂浆的要求请有资质的实验室试配砂浆,并出具砂浆配比通知单,施工时严格按配比单操作,不得任意增减原材料。

(2)在墙体砌筑过程中应对砌筑砂浆随机抽样,做抗压强度试块,每一层至少抽一组试块(每组 6 块)。如砂浆标号变更应及时做试压块。制作砂浆试块应在使用地点取样,在至少三个不同部位取样,所取样的数量应多于试验用料的 1～2 倍。取好样后尽快做成试块。试块制作应用无底试模,将无底试模放在预先铺好纸的普通粘土砖上,试模内事先涂刷薄层机油。向试模内一次注满砂浆,用捣棒均匀由内向外按螺旋方向插捣 25 次,待砂浆有一定强度后(约 30 分钟)抹平,放好,注意保养,二天后拆模并编号继续养护,至 28 天后送实验室试压。

(3)对工程中所用红砖、多孔砖、砌块等都必须进行抽样试压,抽检数量:普通砖 15 万块、多孔砖等 5 万块为一验收批,抽检数量为一组。

(4)在墙体砌筑前应先按图纸中的尺寸进行皮数、排数计算,对门窗洞口位置标高应标注在皮数杆上,内外墙同时砌筑,纵横墙交叉搭接。原则上不得留直槎,必须留直槎时应设置拉接筋。在构造柱位置构造柱截面尺寸一定要留足并按图集要求设置马牙槎,马牙槎应先退后进。

(5)砌筑时灰缝应横平竖直,水平和垂直缝的宽度应为 8～12 mm,水平灰缝砂浆饱满度不得低于 80%,垂直灰缝不低于 60%,灰缝绝不允许有透光现象,一经发现应当要求立即整改。对墙体检查时应特别注意:接槎处灰缝密实,水平灰缝平直,预留的拉接筋是否按要求设置,长度是否满足要求。

建筑测量放线监理实施细则

　　高层建筑层数多,总高度高,测量放线较为复杂。建筑物构配件的安装位置(标高以及竖向偏差)直接关系到建筑物的安全性能和使用寿命。为此,做好高层建筑测量放线工作是确保高层建筑工程质量的前提。

　　为确保工程质量,防止因测量放线的错误造成工程隐患和损失,对工程测量作业实施必要的监控至关重要。

一、工程概况

　　×××花园11#楼工程,总建筑面积 26 968.33 m²,地上 21～27 层,地下一层。地下建筑面积为 1 115.77 m²,地上建筑面积 25 852.56 m²,总高度 80.4 m(28～30 层待定)。本工程基础形式:人工挖孔桩、阀板+基础梁。桩基础持力层:⑤-2 号中风化细砂岩层,桩身砼为 C40,桩顶标高为 -5.400 m,桩长约为 6.0～14 m(桩身进入持力层深度不小于 0.8 m,抗拔桩进入持力层的深度不小于 1.5 m)。基础砼为 C40、S6 抗渗砼。主要结构类型:框剪结构,1 层～21 层楼板、梁、柱、剪力墙砼为 C40,22 层及以上为 C35,构造柱、圈梁、过梁、管井封板等构件的砼强度等级为 C25。结构设计使用年限:50 年。建筑耐火等级:地下一级、地上一级。抗震设防烈度:七度。防水等级:二级。

二、监理依据

　　(1)监理规划;
　　(2)业主与施工单位签订的施工合同;
　　(3)业主提供的本工程全套施工图纸和设计文件;
　　(4)施工组织设计;
　　(5)设计变更及技术核定单;
　　(6)图纸会审及设计交底;
　　(7)工程测量放线技术规程;
　　(8)建筑变形测量规程。

三、质量控制目标

　　质量控制目标是确保合格。

四、放线、测量质量控制流程

放线工程质量控制流程见图 3.3。

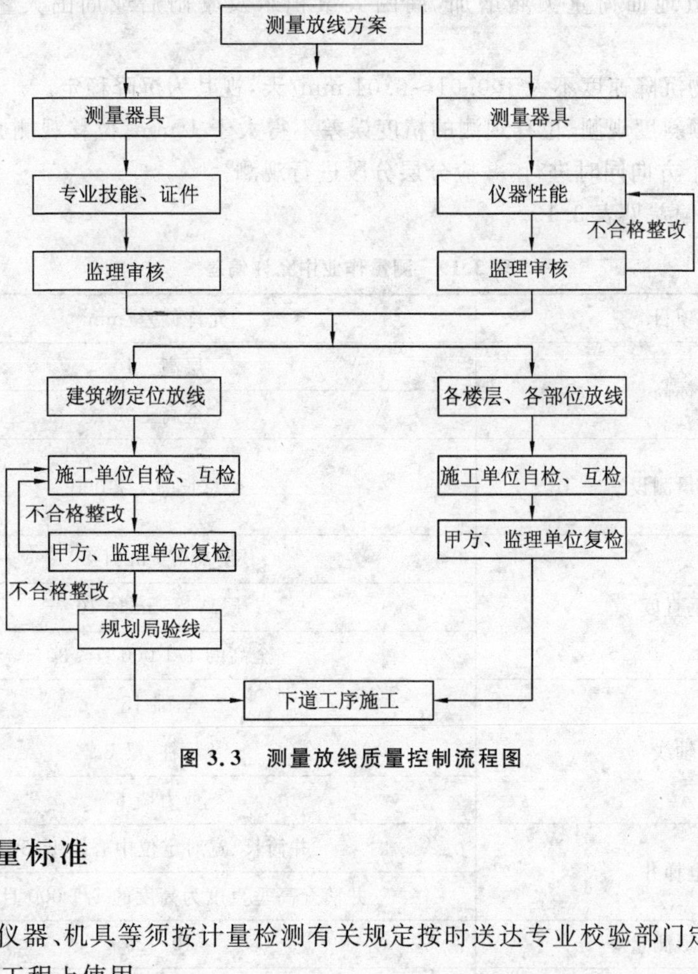

图 3.3　测量放线质量控制流程图

五、质量标准

（1）测量仪器、机具等须按计量检测有关规定按时送达专业校验部门定期校验,校验合格后方可在工程上使用。

（2）同期、同楼层、同次测量作业中必须使用同一套测量仪器,不得中途转换。

（3）专业测量人员必须是固定人员,并负责测量成果的整理和验评。

（4）施测前必须先对施测基准点进行校核。

（5）建筑物定位轴线桩及其控制桩（引桩）、永久性水准点、观测点（转点）必须妥善保护,不能因外界条件的影响而发生变化,在初次施测必须进行二至三次方能确定。

（6）沉降观测必须按设计要求埋设不少于 6 个观测点,观测点埋设的方法和位置必须按规范执行。

（7）沉降观测时间及次数应按设计要求观测:

① 应采用精密水准仪和钢尺对第一观测对象固定测量工具和人员,观测前应严格校验仪器。

② 观测前应随记气象资料,观测次数和时间为:每施工完一层（含地下部分）观测一

217

次;竣工后,第一年不少于 3 次,第二年不少于 2 次,以后每年不少于一次,直至下沉稳定为止;对于突然发生严重裂缝及大量沉降等特殊情况,应增加观测次数。

③ 其他变形观测除应满足以上要求以外,还应满足以下规定:

中途停工,应在停工前及开工后各观测一次,停工期间 2～3 个月观测 1 次;

当基础附近地面荷重突然增加,周围大量积水及暴雨后或周围大量挖方等均应观测。

（8）建筑物沉降速度不大于 0.01～0.04 mm/天,视其为沉降稳定。

（9）主体倾斜度观测、位移观测的精度误差不得大于 1 mm,位移观测必须在建筑物相互垂直的两个方向同时进行,并应分层分段进行观测。

（10）允许偏差见表 3.19。

表 3.19　测量作业中允许偏差

项目	允许偏差/mm
标高	层高±10
	全高±30
尺量测设	＜总长的 1/2 000
垂直度	层高≤5 m 时 8
	层高＞5 m 时 10
	全高的 1/1 000 且≤30
轴线	基础 15
	墙、柱、梁 8
	剪力墙 5
电梯井	井筒长、宽对定位中心线＋250
	井筒全高垂直度为高度的 1/1 000 且≤30
变形测量	10～20
验线结果与原放线结果差	＜1

六、测量工作中的检验项目

测量工作的检测项目内容见表 3.20。

表 3.20　测量工作检验项目

检验项目	检验内容
建筑物定位放线	1. 核查红线图 2. 核查规划局放线报告 3. 轴线核查 4. 轴线桩(引桩)稳固和保护措施 5. 签证资料
永久性水准点建立	1. 水准点建立的依据 2. 水准点准确性 3. 保护措施及签证资料 4. 水准点建立位置
基础测量	1. 测量方案审查 2. 轴线、标高控制点核查 3. 墙、柱插筋位置核查 4. 签证资料
主体测量	1. 轴线、标高控制点核查 2. 尺量测设核查 3. 墙、柱、梁、板轴线、标高核查 4. 测量记录 5. 签证资料
变形测量	1. 观测点的埋设 2. 观测点稳固性和保护措施 3. 观测方案 4. 观测时间、次数 5. 签证资料

七、测量放线施测项目主要监控措施

建筑工程施工的测量工作不仅是工程建设的基础,而且是涉及工程质量的关键。在建筑工程施工过程中,施工单位的测量方案是否合理,测量数据是否准确可靠,测量人员的专业水平如何,都直接影响着工程质量。因此,监理切实做好测量监理工作是施工质量过程控制的一个重要环节。监理工程师必须对工程建设过程中的测量方案进行审查,对测量数据进行复核。由于监理的检查与验收是测量工作的最后一道程序,这就对监理工程师在测量专业方面的知识提出了很高的要求。根据工程特点,要特别编制监控要点,以保证测量监理工作的质量。

1. 施工控制网(建筑方格网)测量的监理工作要点及措施

(1) 施工控制网监理要点。

建筑施工控制测量的首要任务是建立施工测量控制网。一般情况下,在新建的大中型建筑场地上,施工控制网一般布置成正方形或矩形的方格网(称建筑方格网)。若建立方格网有困难,则采用导线网作为施工控制网。建筑施工通常采用建筑坐标系(亦称施工坐标系),其坐标轴与建筑主轴线应一致或平行,以方便定位和施工放样。

（2）监控措施。

监理工程师在审查、复核施工控制网时,应先审查建筑方格网布置情况。

首先,审查建筑方格网的布置是否根据建筑设计总平面图上各建筑物和构筑物的布设,并结合现场的地形情况所拟定。其次,方格网布置时,方格网的主轴线应布设在整个场地的中部,并与总平面上的主要建筑物的基本轴线相平行;方格网的转折角应严格成90度;方格网边长的相对精度应视工程要求,一般定为 1/10 000～1/20 000;控制点用桩的位置应选在不受施工影响并能长期保存处。

重点测设复核建筑方格网的主轴线。主轴线的定位是根据测量控制点来测设的,因此,应将主轴线点的坐标换算成测量坐标,依据附近的测量控制点,通过适当调整测设点的平面位置的方法来定出主轴线,以进行复核、对照。

详细测设复核建筑方格网。在主轴线测定以后,可详细测设复核方格网。

复核方法:根据主轴线 4 个端点交会定出方格 4 个角点(用混凝土桩标定),以上述构成"田"字形的各个格点作为基本点,再以基本点为基础,按角度交会方法或导线测量方法测设复核方格网中所有点(用木桩或混凝土桩标定)。

施工控制网(建筑方格网)是一个建筑工程施工的基准。因此,在审查、复核时,必须事先制定一套完整的测设复核程序,不能简单沿用施工单位布设施工控制网的顺序。只有这样,才能发现施工单位布设施工控制网存在的偏差和错误,并及时纠正。同时,监理工程师要参照《工程测量规范(GB50026-93)》的规定,对施工单位的测量仪器设备的精度情况、测量数据的精度情况进行严格核查,使其符合规范要求。

2. 建筑定位放线和基础施工测量的监理工作要点及措施

（1）监理工作要点:

对于建筑施工测量,首先应进行建筑物轴线测设。一般应根据总平面图上所给出的建筑物位置进行定位,也就是把建筑物的墙轴线交点标定在地面上,然后再根据这些交点进行详细放样。建筑物轴线的测设方法主要有根据规划道路红线测设和根据已有建筑物关系测设二种。

在建筑施工测量中,基础施工测量是一个重要环节,其主要工作包含基槽挖土的放线和抄平、基础施工的放线和抄平。

（2）监理在审查、复核主轴线时,应有针对性地采取下列措施:

① 监理应首先审查核实新建筑物的设计位置规划道路与红线的关系是否得到政府规划部门的批准;检查核实规划部门提供的建筑红线数据、平面控制坐标的准确性;检查总平面图上的坐标数据的准确性。然后,根据规划红线复核施工单位测设的主轴线,并要求施工单位在轴线的延长线上打桩,以便在开挖基槽后作为恢复轴线的依据。

② 根据已有建筑物关系来测设建筑物轴线时,监理首先应检查核实总平面图上新建筑物的设计位置与已有建筑物位置的关系,检查总平面图上的坐标数据的准确性。然后,根据已有的建筑物,采用延长轴线法、直角坐标法、平行线法来复核施工单位测设的主轴线。建筑物的主轴线测好后,监理工程师应进一步详细复核测设建筑物各轴线的交点位置(中心桩),同时应检查复核建筑物轴线间的距离(误差不得超过 1/2 000)。

③ 在工程施工中,控制桩也是向上投测轴线的依据。在基础施测中,监理应要求施

工单位布设的控制桩钉在槽外 2～4 m 的地方。高层建筑物,为了便于向上引点,可设在较远处。如附近有固定建筑物的,最好把轴线投到固定建筑物上。

④ 对于基槽挖土,监理工程师检查的主要内容是控制基槽开挖深度,一般可在基槽挖到一定深度后,用水准仪在基槽(坑)的壁上每隔 2～3 m 和拐角处设置一些水平的小木桩(水平桩的标高误差应控制在 ±10 mm),这些木桩可作为清理槽底和铺设垫层的依据。待土方挖完后,监理再根据控制桩复核基槽宽度和标高,合格后方可允许施工单位进行垫层施工。基础施工在轴线投设时,根据建筑物精度要求,应用经纬仪投点,再按设计尺寸要求进行复核。标高可直接在模板上定出控制线,监理工程师应根据水准点进行复核。

3. 建筑楼层施工测量的监理工作要点及措施

(1) 建筑楼层施工测量的监理工作要点。

对于高层建筑的施工测量,地面施工部分的测量精度要求较高,而高层施工部分场地较小,测量的工作条件受到限制,并且容易受到施工的干扰。

高层建筑的平面控制网布设于筏板层(底层),其形式一般为一个矩形或若干个矩形,且布设于建筑物内部,以便逐层向上投影,控制各层的细部(墙、柱、电梯井筒、楼梯等)施工放样。平面控制点一般在埋设于地坪层地面混凝土上面的一块小铁板上,在其上划十字线,交点上冲一小孔,代表点位中心。

高层建筑的结构细部(外墙、承重墙、立柱、电梯井、梁、楼板、楼梯等及各种预埋件)测设很重要,特别是对于平面复杂的建筑物。

(2) 建筑楼层施工测量的监理措施:

① 监理工程师应着重注意审查施工测量的方法是否有针对性且符合规范的要求,所用的仪器是否合适、匹配。

② 监理工程师在审查、复核时应先检查平面控制点点位的选择是否与建筑物的结构相适应,具体要点为:矩形控制网的各边应与建筑轴线相平行;建筑物内部的细部结构(主要是柱和承重墙)不妨碍控制点之间的通视;在控制点的铅垂方向上应避开各结构层的横梁和楼板中的主钢筋。

然后对平面控制网进行检查、复核并测设,精度控制为:平面控制点之间的距离测量精度不应低于 1/10 000,矩形角度测设的误差不应大于 $\pm10''$。同时,要求施工单位注意在结构和外墙(包括幕墙)施工期间控制点的妥善保护。

③ 监理工程师应重点进行控制的地方有:应先审查施工单位编制的测量方案,再检查其实施情况;同时,监理工程师应通过计算和制定相应监理实施控制细则,再进行复核测设。一般对每层建筑结构细部可根据平面控制点用经纬仪和钢卷尺,用极坐标法、距离会交法、直角坐标法等复核测设其平面位置,根据"一米标高线"用水准仪复核测设其标高。

4. 轴线控制

为准确确定轴线位置,为以上各层轴线投测提供依据,应精确设立轴线控制点。

承台板内墙、柱插筋位置是否正确,直接关系到以上各层施工,是轴线控制的基础,因此必须做到墙、柱插筋定位准确,在承台板上层钢筋绑扎完毕后,即应在上层钢筋网上进行墙、柱定位测量工作,各控制点必须在钢筋网面上做明显标志,对照图纸反复校核,以确保插筋位置准确。

依据工程现场条件,选用内控法进行轴线的竖向投测。施测时应在建筑物的首层测设室内控制网,用垂准线原理进行竖向投测,但要注意在各网点处留置投测窗口,并预先创造良好的通视条件。

利用内控法天顶准直方法施测时,应注意以下问题:

① 将仪器架设在网点上,认真对中、整平;

② 由投测窗口上射激光束(或使用带弯管目镜的经纬仪);

③ 在投测窗口上放置的透明投测板要稳定;

④ 激光束在仪器的反复转动下开始终聚至一点;

⑤ 依据投测的网点弹出纵横 1 000～1 500 mm 长墨线;

⑥ 在投测好的网点上架设仪器,转动角度,校测各网点的准确性。

各网点经检验无误后,即可在楼板上进行墙柱放线,并用墨线弹出各构配件(墙、柱、梁、门窗洞口等)边线及距边线 80～100 mm 的控制线,但要注意该控制线应在模板安装完毕后有迹可循,便于检查。

电梯井竖向控制,亦是按照该施工层轴线控制网进行控制,另外电梯井在首层施工时即应建立对中点位,层层施工时以便进行垂直度控制。

进行室内轻质墙板或砌块墙体施工前,应在各施工层楼面上依据设计图纸弹出墙体边线及洞口边线。

5. 施工过程中的高程控制

在高层建筑施工中,无论是平面控制点的垂直投影,还是高程传递,对所使用的仪器设备均有一定要求,监理工程师应予以控制。垂准仪可以用于各种楼层建筑物的平面控制点的垂直投影,经纬仪(加装直角目镜)用于控制点的垂直投影,一般适用于 10 层以下的建筑物。高程传递一般可采用钢卷尺垂直丈量法和全站仪天顶测距法进行,对于精度要求高的超高层建筑应使用全站仪进行高程传递。各种仪器的使用技术要求应符合《工程测量规范(GB 50026－93)》的规定。

高层标高尺量传递由±0.000 水平线向下或向上量高差时,所用的钢尺应经过检定,量尺时尺身应铅直并用标准拉力,同时要进行尺长和温度修正。

标高施测是一项较复杂、较长期的系统性测量工作,往往因为现场施工或生产及水准点不易建立而引起精度不足,造成错误。为保证建筑全高控制的精度要求,在基础施工时就应准确测设标高,为±0.000 以上标高传递打好基础。为控制±0.000 以下标高,应在基础四周设立固定物件(如钢管),用水准仪在固定物件上测出标高控制点,并用漆线标记,主要用钢尺沿建筑物结构外围传递,至少要尺量三处再确定,钢尺应铅直。将水准仪安置在施工层,校测传递上来的各水平线,其误差不超过 5 mm 即可作为该层标高的依据。将该标高点引测至施工层内固定的钢管、钢筋或特别设置的标高控制杆上,一般每个施工层应设置该施工层及＋500 两处标高控制点,将各控制点用漆线标记,各点误差±5 mm,可作为该层板底、板顶、梁底、墙柱标高检查的控制依据。

高层建筑施工的高程控制网为建筑场地内的一组水准点。室内填充墙施工前,应由测量人员在室内墙上或柱上通过水准点测设"一米标高线"(标高为+1.000 m)或"半米标高线"(标高为+0.500 m),并弹出墨线注明,作为室内填充墙施工时标高控制的依据,也是室内地坪抹灰及装修时掌握标高的依据。监理工程师应首先检查建筑场地内的一组水准点(数量不少于 3 个),然后复核测设"一米标高线"或"半米标高线"是否符合要求。

6. 变形测量监理控制要点

建筑工程施工阶段的变形观测主要是建筑物的沉降观测。建筑物的沉降观测是根据基准点进行的,沉降观测的基准点是 2~3 个埋设于建筑沉降影响范围以外的水准点。基准点与沉降观测点不能相距太远,一般应在 100 m 范围以内,在与城市水准点联测后,获得基准点的高程。两者之间的高差应经常用水准仪测量检核,以确证其高程的稳定性。在需进行沉降观测的建筑物上埋设沉降观测点,观测点一般沿建筑物外围均匀布设,但在荷载有变化的部位、平面形状改变处、沉降缝两侧、有代表性的柱和基础上,应加设沉降观测点。

变形测量监理控制措施:

监理工程师在审查、复核沉降观测时,首先应检查观测点的数量和位置是否能全面反映建筑物的沉降情况;检查观测点是否便于立水准尺进行观测并能够长期保存和不容易受到破坏;检查基准点的布设是否符合规定要求。

然后再审查施工单位沉降观测的实施方案,包括审查所使用的测量设备和测量的精度控制、施工阶段沉降观测的周期和观测时间。对于一般建筑,可在基础完工后或地下室砌完后开始观测;大型或高层建筑,可在基础垫层或基础底部完成后开始观测。观测次数与间隔时间应视地基情况与加荷情况而定,民用建筑可每加高 1~5 层观测一次;工业建筑可按不同施工阶段(如基坑回填、安装柱子和屋架、砌筑墙体、设备安装等)分别进行观测。如建筑物为均匀增高,应至少在荷载增加到 25%,50%,75% 和 100% 的时候各测一次。如遇施工过程中的暂时停工,在停工及重新开工时应各观测一次,另在停工期间,可每隔 2~3 个月观测一次。

最后应对施工单位每次沉降观测的数据进行检查复核并签署监理意见。

在沉降观测中,观测时间、方法和精度要求应严格参照《工程测量规范(GB 50026—93)》、《建筑变形测量规程(JGJ/T 8—97)》的有关条款要求。为了保证水准测量的精度,观测时,视线长度一般不得超过 50 m,前、后视距离要尽量相等。

为保证观测成果的正确性,所有变形观测点均应绘出平面图,并加以编号,以便进行观测、记录和测评。变形观测的观测时间和次数除应满足设计及规范要求外还应根据现场条件及变形发展情况而定。在进行变形观测时,因施工或生产的影响会造成一定的通视困难,对于观测点较多的建筑物在进行观测前,应先到现场规划确定仪器架设的位置和观测线路,以便每次观测都按初测时的位置和线路进行观测,这样不仅加快了施测速度,而且由于线路固定,不盲目架设多次仪器,大大提高了施测精度,但要注意观测必须在测定临时水准点的同时或同一天内观测其他观测点。

7. 其他注意事项

(1) 测量作业中的首次观测成果至关重要,是以后各次施测的依据。如初测精度不足或存在错误,不仅无法弥补,而且还会造成巨大损失及引发施测工作中的矛盾,因此必须提高初测精度。首先应选用精度高的仪器,其次选择良好的施测方法。首测成果要进行两次以上施测方可确定。

(2)为保证测量成果的准确性,还应满足以下要求:

固定仪器、固定测量人员及资料整理人员、固定基点、固定线路、合理选择良好的测量方法,施测时应在成像清晰、稳定条件下进行。

人工挖孔桩工程监理实施细则

一、工程概况

某国际花园 11#楼工程总建筑面积 26 968.33 m²,地上 21～27 层,其中地下一层面积为 1 115.77 m²,地上 25 852.56 m²,总高度 80.4m(28～30 层待定)。

工程±0.000 相当于绝对标高 19.050m。

结构设计使用年限:50 年。

建筑耐火等级:地下一级,地上一级。

主要结构类型:剪力墙结构。

抗震设防烈度:七度。

防水等级:二级。

工程基础型式:人工挖桩筏板基础。基础持力层为 5-2 号中风化岩层,垫层为 150 mm 厚 C15 素砼,基础砼为 C40,S6 抗渗砼。总桩 133 根,桩径分别为 800 mm, 900 mm,1 000 mm。桩长设计要求进入 5-2 中风化细沙岩,桩长 6.0～14.0 m,桩顶标高为-5.4 m～-5.5 m。800 mm 桩的纵向筋为 12 根 $\phi25$,16 根 $\phi25$;900 mm 桩为 10 根 $\phi18$,12 根 $\phi18$;1 000 mm 桩为 14 根 $\phi18$ 的 HPB235 级钢,螺旋筋为圆钢。桩身混凝土 C40、护壁 C40。单桩承载分别为 4 700 kN,6 500 kN,8 000 kN,抗拔桩抗拔承载力为 1 000 kN,1 500 kN。

工程特点:施工将处于雨季和高温季节,工程质量、进度和安全等控制难度较大,需协调的问题较多,情况比较复杂。

工程造价:人民币约 200 万元。

监理范围:工程质量、进度、安全及投资控制。

二、项目控制目标

质量控制目标:合格。

工期控制目标:45 个工作日。2010 年 5 月 28 日开工,2010 年 7 月 13 日竣工。

总安全控制目标:无监理责任事故、无任何安全事故。

总投资控制目标:以业主与各承包商签订的施工承包合同所确定的合同价为基础,减少工程变更,协助业主控制压缩总投资额。

三、项目监理范围和内容

1. 监理服务范围

监理服务范围为施工质量、进度、安全和投资。

2. 监理内容

(1) 协助业主组织设计交底和施工图会审。

(2) 审查施工单位的施工组织设计和施工技术方案,提出修改意见。

(3) 监督、检查施工技术措施和承建单位质量,保证体系及安全防护措施的落实。

(4) 监督管理工程施工合同的履行,调解合同双方的争议,处理索赔事项。

(5) 监督、见证、抽查工程材料、构配件和设备的规格和质量。

(6) 监督、签认工序质量,组织分部、分项工程验收,隐蔽工程验收和中间验收。

(7) 根据形象进度,核查完成的合格工程量,为业主支付工程款提供依据或建议。

(8) 提交监理月报、分部监理小结。

3. 建设监理依据

《中华人民共和国建筑法》;《建筑工程质量管理条例》;《建筑工程安全管理条例》;建设部和省有关建设监理规定;业主提交的与承包商、供货商签订的合同及协议;业主提交的本工程项目批准文件、施工图纸及说明;房屋建筑部分强制性条文;国家和省、市现行建筑工程质量评定标准及施工验收规范;省现行预算定额,取费标准及有关建设管理法规条例;业主与监理单位签订的建设监理合同。

4. 监理机构组成

项目监理的管理模式见图 3.4。

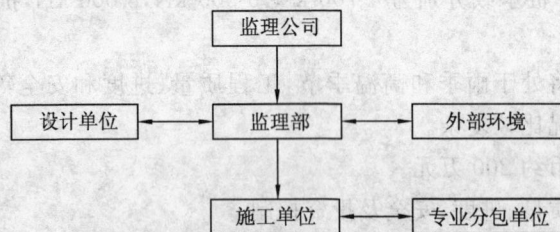

```
                  ┌──────────┐
                  │ 监理公司 │
                  └────┬─────┘
                       │
  ┌──────────┐    ┌────┴─────┐    ┌──────────┐
  │ 设计单位 │────│  监理部  │───→│ 外部环境 │
  └──────────┘    └────┬─────┘    └──────────┘
                       │
                  ┌────┴─────┐    ┌──────────────┐
                  │ 施工单位 │───→│ 专业分包单位 │
                  └──────────┘    └──────────────┘
```

图 3.4　项目监理的管理模式

项目监理部组织机构和人员构成如下:

　　　　　项 目 总 监:×××　高级工程师,国家注册监理工程师

　　　　　专 业 监 理:×××　高级工程师,国家注册监理工程师

　　　　　现 场 监 理:×××　工程师,市监理员

　　　　　　　　　　　×××　助理工程师,市监理员

　　　　　　　　　　　×××　助理工程师,市监理员

　　　　　材料见证员:×××　技术员,市监理员

　　　　　信息管理员:×××　技术员,市监理员

5. 进度控制措施

(1) 复查施工组织设计,调整总进度计划、各专业进度计划与施工方案的协调性、合理性和可行性;

(2) 核查施工单位的材料、设备计划是否满足工程进度的要求;

(3) 加强各方协调工作,每周召开工程例会进行计划协调,检查施工单位进度情况、存在问题及下周的安排,解决施工中需协调配合的问题;

(4) 及时进行工程量验收和有关进度、计量方面的签证,核定完成的工程量作为业主支付进度款的依据,督促业主按合同规定及时向施工单位支付款项;

(5) 每月向业主和公司报告工程进度情况。

6. 质量控制

(1) 项目质量控制原则:

建设项目总体质量目标与形成质量的过程息息相关,施工阶段是项目质量的实际形成阶段。影响项目质量的因素众多,应实施全方位的系统控制,如参与施工人员素质,工程原材料,所用的施工机械,采用的施工方法、生产技术,劳动和管理环境等,均应实行质量控制。

项目建设是一个系统过程,全过程的系统控制从对投入原材料的质量控制开始,直到完成工程的质量检验,应认真执行省建设厅苏建质(1998)第 185 号文件,推行使用《单位工程质量检验评定资料》,逐项落实到每一个工序过程。

全过程的系统控制,应重点突出事前控制和事中控制措施。主动与政府职能部门和质监站协调配合,争取得到指导、理解和支持。

(2) 质量控制内容:

① 认真审查施工单位资质,包括安全施工许可证、企业施工资质证书、工程管理人员职称证书、特殊工种上岗证书等,确保施工与现场管理有可靠的技术与组织保障。

② 严格工程开工审查。在确认进场施工材料、施工设备、施工桩位与放样测量、施工组织设计、施工总进度计划、现场管理人员及施工作业人员、材料复试等均已满足要求的情况下,及时批准开工申请。

③ 明确监理重点:钢材及水泥质量,水泥掺入量与水灰比,桩位与桩深,钢筋笼制作与下放深度,混凝土灌注量等。

④ 严格工序质量控制。严格控制现场施工材料用量和配比,在施工时实行旁站跟踪监理;与此同时,一方面要审查工程材料质量保证资料,另一方面要十分注意每批次进场水泥及各台班混凝土试块的抽样、封样和送检。严禁不同批次的水泥混合使用。

⑤ 严格施工记录等各项资料报验审核。

⑥ 每周召开现场协调会,及时解决施工中遇到的矛盾和问题。

(3) 质量控制的组织制度措施:

① 以专业监理工程师为主负责本专业技术、质量的监理控制。

② 在项目实施过程中,未经监理人员签字认可,建筑材料、构配件和设备不得在工程上使用或安装,不得进入下道工序施工,不得拨付工程进度款,不得进行竣工验收。对于不符合质量要求的建筑材料、构配件和设备,监理人员有权责令清退出场。

③ 严格执行质量检验和分项工程检验评定统一程序,统一表式。

④ 坚持见证员见证复验制度。

⑤ 在施工单位按规范规定取样检验的基础上,必要时监理可独立另行抽样检测试验,抽检数一般为规定数的 30%,必要时适当增加。建筑材料、构配件和设备抽检不合格的,该抽检费用由承建方承担。

⑥ 建筑材料、构配件和设备的检验和测试单位,应是业主和监理共同认可的具有法定资质的单位。

(4) 质量的事前控制:

① 在复查施工组织设计时,应把施工单位质量保证体系的完善作为重点之一;总监理工程师协调总抓质量工作,自始至终监督施工单位质量保证体系在人员、材料、机械设备、工艺方法、施工环境中的贯彻落实,检查总包单位主要技术负责人是否到位执岗。

② 监理人员必须熟读设计图纸。

③ 监督并协助施工单位做好现场定位轴线及高程标桩的测设。

④ 审核材料的出厂证明、质保证书,实行必要的抽样复试。

⑤ 施工现场使用的衡器、量具、计量装置设备应有技术合格证,使用前应进行校验、校正。

⑥ 要求施工单位在分项工程施工前将各分项工程的质量标准、检验评定方法、监理质量控制要点和控制措施向作业人员进行交底;明确工序检验的控制点、见证点和停止点。

(5) 为了确保质量控制的有序与有效,质量控制的组织措施必不可少。工程施工监理通常执行以下流程:

① 承建方工程联系流程:

承建方→监理→业主或设计单位回复→监理→总包单位。

② 技术变更流程:要求变更方→监理→设计单位回复→监理→要求变更方执行。

业主变更流程:业主→监理→承建方执行。

③ 工程质量保证资料报审流程:

承建方→监理认可回复→总包方→承建方作业。

④ 材料取样或设备报验流程:

承建方→监理见证监督→承建方送指定检测(试验)单位→

承建方将结果报监理→监理认可→承建方。

⑤ 工序质量报验流程:

承建方自检合格→监理认可→承建方进入下道工序施工。

⑥ 隐蔽工程、分部工程及正式竣工验收流程:

承建方自检合格→监理、设计单位、单位业主认可→

监理通知进行下步施工或验收→正式进行竣工验收。

⑦ 监理通知、指示、指令流程:

监理 → 承建方 →总包方回复 →监理认可。

(6) 工程质量控制点的选择对象是那些质量保证难度大、对工程影响大或者是产生质量问题时危害大的对象,例如,桩基施工过程中的关键工序或环节以及隐蔽工程;施工中的薄弱环节或质量不稳定的工序、部位或对象;对后续工程施工或后续工序安全有重大影响的工序、部位或对象;采用新技术、新工艺、新材料的部位或环节;施工上无足够把握的、施工条件困难的或技术难度大的工序或环节。

人工挖孔桩基工程质量控制点的设置见表 3.21。

表 3.21　人工挖孔桩基工程质量控制点

分项工程	工 程 质 量 控 制 点
工程测量定位	坐标定位、标准轴线、桩位轴线、桩顶标高
桩孔开挖	桩位编号、桩孔尺寸、桩底标高、持力层认定、孔底基岩与地质报告的比较
混凝土护壁	砼质量、护壁厚度、钢筋规格数量与摆放位置
桩混凝土	钢筋加工、钢筋笼摆放位置、混凝土配合比、混凝土合格证、混凝土坍落度、混凝土试块留置、混凝土灌注量、混凝土浇筑、混凝土桩顶标高
试桩	试桩方案、桩位选择

(7) 发生下列情况之一时,监理有权向施工单位下达停工令。

① 使用未经报验认可的材料;

② 未经报验即进入下道工序施工;

③ 虽然已经报验,但监理并未认可即进入下道工序施工;

④ 应整改而未经整改即进入下道工序施工;

⑤ 虽经整改而未经监理认可即进入下道工序施工;

⑥ 经监理认定的转包;

⑦ 未经监理认可擅自更换项目经理、项目技术负责人或主要施工骨干;

⑧ 现场监理认为必须停工的其他严重违章违规或危及安全且不听从劝告的作业和行为等。

(8) 工程检查验收评定验收标准:

①《工程测量规范》;

②《建筑施工高处作业安全技术规范》;

③《建筑机械使用安全安全技术规范》;

④《施工现场临时用电安全技术规范》;

⑤《现行建筑材料规范大全》;

⑥《地基与基础工程施工与验收规范》;

⑦《混凝土结构工程施工与验收规范》;

⑧《建筑工程质量检验评定标准》。

7. 安全监理

安全监理工作的流程:发现问题→提出意见→问题整改→督促落实。

(1) 安全监理工作控制要点:

① 督促承建商贯彻"安全第一,预防为主"的方针,建立健全安全生产责任制和安全生产组织保证体系,确保安全生产无事故。

② 督促承建商建立和完善安全生产责任制度、管理制度、教育制度及有关安全生产

的管理规章和安全操作规程,实行专业管理和群众管理相结合的监督检查管理制度。

③ 检查现场安全生产责任制和有效的奖罚办法,责任是否落实到人,各项分包合同或协议是否签订安全生产协议书。

④ 检查新工人岗前培训。新工人必须接受三级安全教育,提高安全意识,自觉遵守各项规章制度及安全技术操作规程,考试合格后才能上岗,书面记录须受教育者本人签名确认。工人换岗时,应进行新工种的安全技术培训和安全教育。

⑤ 检查安全交底。各分部分项工程施工作业前必须作全面、具体、有针对性的安全技术书面交底,交底双方履行签字手续。

⑥ 审核承建商的安全专项方案。安全专项方案包括临时施工用电、支模、物料提升机、施工机具等专项施工安全方案,项目技术负责人编制、项目负责人审查后,由公司总工程师批准签字盖章,经总监批准后有效。

⑦ 在安全控制中应重点控制"人的不安全行为"和"物的不安全状态",而又应以人为安全控制的核心。因此,要督促承建商做到:成立安全文明生产领导小组,并落实责任人;对施工现场人员要求进行文明施工、安全操作的教育;进入现场的所有人员必须戴安全帽。

⑧ 检查特种作业人员持证上岗情况。从事电工、电焊(气焊)工等特种作业人员必须经市级以上劳动部门的培训,经考试合格,领取特种作业操作证书,方可上岗作业;挖桩、卷扬机、搅拌机等机械操作人员也应培训,经考核合格,方可上岗操作。

(2) 安全检查。

建立健全安全检查制度,检查要有重点、有标准、有要求,并作书面记录,履行签字手续。对查出的事故隐患,要建立登记、复查、销项制度,制订相应的整改计划,定人、定时间、定措施,对重大事故隐患应签发限期整改通知书。施工前必须查清地下管线分布情况,包括自来水管、排水管、高压电缆、燃气管、军用通信线缆等,开挖过程中谨防地下不明有毒或可燃气体。现场必须及时采取有效应对措施。否则,监理有权责令停工整顿。

① 施工用电。

施工用电应按照专项方案进行架设。夜间施工危险或潮湿场所应具有适度照明。挖桩孔内照明必须为安全电压。高低压线路下方不得搭设作业棚、生活设施和堆放建筑材料等。与 10 kV 及以上的高架线最小水平距离不得小于 2 m,否则必须采用防护措施,设置防护屏、围护片等进行全封闭,并悬挂醒目的警示牌。

室外施工用电线路用绝缘电线沿墙或在专用电线杆架空敷设"三相五线"制,固定在绝缘子上,严禁随地拖;配电箱、开关箱的进出线必须使用橡胶绝缘电缆,严禁使用花线或塑料护套线,电线必须符合有关质量要求。手持照明灯具,除采用安全电压外,其金属外壳应接零保护,单相回路内的照明开关箱必须装设漏电保护器。

配电箱及开关箱采用铁质材料制作,导线从下底面进线和出线,并有防水弯,底面与地面垂直距离应控制在 1.3～1.5 m 之内,门锁齐全,有防雨措施,下班时断电锁门。配电箱及开关箱内装设触漏电保护器,做到三级保护,末端触电保护器工作电流不大于 30 mA。金属外壳应接地或接零保护,熔断丝严禁用铜丝或其他金属代替。实行一机一闸一保护,各类电器接触装置灵敏可靠,绝缘良好,无积灰、杂物。接地体使用 L50×5 角钢或 2.5 m 长 φ50 钢管,不得使用螺纹钢,接地电阻值满足规定要求。电杆转角杆、终端杆及总配电箱处必须设重复接地,接地电阻值不大于 10 Ω。

② 电焊机、潜水泵等其他机具。

搭设防雨操作棚,排水畅通;提升机开关、制动器灵敏有效;钢丝绳、防护罩及挂钩可靠。桩孔上方要定人、定机,操作人员严禁脱岗。经常对机械进行维护、保养,保持机身清洁。电焊机配线不得乱拉乱搭,焊把、把线绝缘良好。

乙炔瓶距明火距离不小于 10 m,与氧气瓶距离不小于 5 m,有回火防止器,有保险链、防爆膜,保险装置灵敏,使用合理,气瓶应有明显色标和防震圈,严禁在露天曝晒,皮管接头用扎箍扎牢,严禁使用浮动式等旧式乙炔发生器。

潜水泵电源应完好无损,设置单独触保器,重点加以管理,及时排除桩底积水。

钢筋机械(切断机、调直机、弯曲机、冷拔丝机、点对焊机等)做好保护接地或接零,并装设触漏电保护器,传动部分要有防护罩。机械运转中严禁用手直接清除刀口、压滚、插头等附近的钢筋断头和杂物。钢筋工棚内的电线不得随意拖拉,应固定悬空挂设。

③ 防护棚:建筑物出入口、通道口、临边施工区域、对人或物构成威胁的地方以及机械设备等必须搭设防护棚,棚宽大于通道口、外挑不少于 3 m,棚顶应满铺脚手片或木板,必要时铺设双层,两侧必须封严。

④ 井口看护:挖桩施工过程中,除井口外安排专人看护并设立警示标志外,严禁 1 人下井作业、井口无人看守。下班前必须将所有井口覆盖,防止坠入。

(3) 事故处理:

现场发生一般事故应按有关文件执行。发生重伤、死亡事故,必须立即通报,并认真保护好事故现场,不得隐瞒、虚报或拖延不报,在 24 小时内上报主管单位和上级有关部门。事故调查按国务院 75 号令《企业职工伤亡事故报告和处理规定》执行,按照发生事故"三不放过"的原则,进行认真调查研究、分析和处理,并及时结案。

(4) 安全监理工作的方法及措施:

根据《建筑施工安全检查标准》JGJ59—99、《建设工程安全生产管理条例》开展安全监理工作,严格执行《国家卫生城市标准》及省市有关文件搞好文明施工。

① 现场监理将采取安装验收和使用过程中定期检查相结合的方式,加强对施工现场的安全管理,并着重加强对高处作业防护、脚手架、物料提升机、基坑支护、模板工程、施工机具等机械、设备的安全监督。若发现隐患,应督促有关人员限期解决,对违章指挥、违章作业,应立即制止。

② 在现场巡视、旁站监理中发现施工中的不安全因素,要求采取有效的安全技术措施,改善劳动条件,消除不安全因素,预防工伤事故的发生,做好安全控制监督检查工作,及时参与组织安全事故调查分析的处理。

③ 现场施工用电严格遵照《施工现场临时用电安全技术规范》的有关规定及要求进行检查。

④ 随时取得气象预报资料,根据气象预报,提前做好防风、防雨措施,并合理安排现场施工生产。夏季做好防暑降温工作,常备消暑物品。

8. 文明施工控制

施工现场应当达到环境美化,场布合理,施工有序等文明施工标准。

(1) 监理工作控制要点。

① 施工现场必须在明显处设置"五牌一图"和其他标牌。

② 工程场布图标明：工程建筑方位，生产、生活设施，各类材料堆场和机械设备设置区域，围墙、大门、进出通道、水电走向等。按施工的三个阶段(基础、主体、装饰)及时调整场布图。

③ 工程概况牌示意图标明：工程项目名称，建设、设计、施工、质量监理、质量监督、安全监督单位名称，工程层数、面积、总高度，开竣工日期，施工许可证批准文号和项目部主要管理人员名单。

④ 现场张挂"十项安全技术措施"、"安全生产六大纪律"、"十个不准"、"起重机械十个不准吊"、"机械操作规程牌"、"安全生产责任制"等标牌，以及有关安全生产、文明施工的宣传标语牌。

(2) 施工围墙、道路、场地的设置。

① 施工现场周边设 2.5 m 高围墙，围拦应严密，不缺档，内外刷白，书写标语，禁止非施工人员进入工地，占道必须经有关部门审批，并办好手续。

② 进出大门通道必须畅通，有回车余地。大门应坚固、美观，大门内外有 30 m² 以上的砼硬地面。工地出入口 100 m 内无建筑垃圾，50 m 内无建筑污染。

③ 现场内道路畅通、平整、整洁，无坑洼积水，重要部位地坪砼硬化。

④ 工地排放废污水必须向有关部门办理排污许可证。

⑤ 作好安全保卫工作，按有关规定配备门卫值班人员，落实防偷防盗措施，办理治安许可证手续。

(3) 临设工程的设置。

① 应按经审批同意的施工总平面布置图设置值班室、办公室等临时设施，采用活动房，内外墙刷白，符合卫生、通风、照明等环境规定，并制定卫生制度，落实专人清扫，保持卫生清洁，防止四害孳生。

② 食堂、宿舍、厕所、浴室等生活设施搭设在生活区。食堂必须卫生清洁，符合食堂卫生各项要求，炊事人员应持健康证、着白装上岗，食堂应设置冰柜，做到生熟贮藏分开。

③ 宿舍采用活动宿舍房，宿舍床铺搭设统一、整齐，采用统一的被褥、床铺。生活区设浴室，不准在露天场地洗澡，不乱倒污物和便溺。

④ 厕所应符合有关卫生防疫要求，厕所内外墙刷白，设冲洗设施，落实专人清扫冲洗，定期喷洒消毒药水。高层施工楼层也设符合卫生防疫要求的便溺设施，保持施工现场的作业环境卫生。

⑤ 施工现场设茶水供应处，茶水桶应卫生清洁，经常消毒，防止疾病传染，并配备药箱和常用急救药物。

(4) 环境保护。施工作业现场采用各种有效措施，努力降低噪声和粉尘；车辆进出，做到不抛洒、不滴漏，严禁污染道路；夜间砼浇筑作业应符合环保规定，办理夜间施工许可证，并向工地周边居民公告，取得谅解。

(5) 现场堆放。按施工总平面图合理布局堆放各类大宗材料、成品、半成品和机具设备等，并按不同规格、品种堆放整齐，标牌分类标识。

(6) 班组管理。现场人员按规定登记造册，外来劳务人员的身份证、劳务证、计划生育证和暂住证必须齐全有效,经有关部门培训教育才能上岗作业,应及时掌握人员变动情况,并做好调整手续,及时注销进出人员;要求每次工作完毕及时清点下井作业人员。遵守劳动纪律,杜绝"黄、赌、毒"情况发生,确保劳务人员足够睡眠和下井人员健康。

9. 合同管理

(1) 所有事项的处理,均以合同文件为依据。

(2) 公正、合理地维护业主和承包商双方的合法权益。

(3) 处理合同事项,注重证据,收集资料,凭数据说话。

10. 信息和档案管理

(1) 监理部配有专职信息和档案管理员,专事资料文件传输、整理、编目归档。

(2) 建立"合同台账"、"工程款支付台账"、"材料台账"、"设备台账"、"工程资料台账"、"月报台账",设立"收文簿"、"发文簿"、"会议签到簿"。

(3) 建立健全"工程例会"和"监理部办公会"制,做好"会议纪要"和编制"工程大事记"。

(4) 利用 OFFICE 做好"监理文档处理系统",自动处理各类台账及文档。运用PROJECT 项目管理系统软件,编制工程进度及投资计划跟踪图表,达到动态控制、工期优化、资源优化的目的。

四、项目监理工作制度

1. 项目负责制

(1) 项目部代表公司全面履行建设监理合同。

(2) 公司授予项目部监理一定的工作权限。

(3) 监理工程师行使合同赋予监理单位的权限。

(4) 按照工程建设监理规定,工程师在授权范围内有发布有关指令,签认所监理的工程项目有关款项的支付凭证。

(5) 监理工程师有权建议撤换不合格的工程建设分包单位和项目负责人及有关人员。

(6) 专业监理工程师编写专业监理实施细则。

(7) 项目监理工程师应根据项目工程性质、规模和监理合同,界断实际监理活动范围。

(8) 遇到下列事项,监理人员在征得项目总监理工程师确认前,不得以任何理由擅自行动:① 施工阶段监理过程中,涉及桩基设计或施工方案的争议或变更;② 涉及桩底基岩的争议;③ 成孔验收中,桩径、垂直度、桩底扩大头尺寸、扩壁等的争议。

(9) 总监授权现场及专业监理工程师(员),遇重大质量或安全隐患,可能发生重大质量或安全事故时,应立即采取各种必要措施(包括下达停工令),通知施工单位立即采取有效对策,制止和防范不测情况的发生。

2. 工程例会制

工程例会,作为工程建设内部协调手段,原则上每周召开一次;必要时可由业主、设计单位、施工单位或监理单位提请临时召开。

工程例会由项目总监主持,邀请业主、设计单位、施工单位、项目负责人和现场监理人员参加。

工程例会纪要是施工合同的补充部分,由监理部负责整理并签发、存档。

3. 内部及外部协调

监理对承包商、分包商、设计和检测单位之间的内部协调,应坚持"守法、诚信、公平、科学"的原则,做到以事实和检测数据为依据。

对待业主和建设主管部门,应主动汇报,征得理解和支持,对于他们的指令和意见应积极配合执行。

对于外部环境的协调,应积极主动协助业主做好工作,并及时提出建议。

4. 监理日记制

监理日记是重要的工程档案资料,每位监理工程师应坚持天天记日记。当日发生的事故,应在当日的监理日记中记录,不得后补。监理日记的内容必须真实、准确、完整、封闭。

监理日记按统一印制的格式和规定填写,次日上班应将写好的监理日记放在桌上,供项目总监和信息档案资料员统计、查阅、签认。

5. 监理月报制

监理月报每月一次,每月1日发出,按统一规定的内容和格式由信息档案资料员填写,总监审定。监理月报一式三份,业主、现场监理部、公司各一份。

6. 取样送检制度

(1) 见证员只负责对进入施工现场的批量原材料、构件及成品取样送检,不得到建材市场或商家抽样送检。

取样对象包括结构用钢材、焊接件、混凝土、砌筑砂浆、建筑用砂、碎(卵)石、水泥等。

(2) 见证员严格按原材料、试件、试块及构件抽样规定取样,要求抽样数量正确并具有代表批量的真实性。无取样员旁站见证进行的抽样,一律无效。见证员应严格按国家施工验收规范执行作业。

7. 监理部会议制

为总结协调监理工作、拟订工作计划,应建立监理部会议制。监理部会议由项目总监主持,全体监理人员参加。监理部会议记录应作为工程档案留存。

8. 监理人员守则和工作纪律

监理人员职业道德守则:

(1) 按照"守法、诚信、公正、科学"的准则执业。

(2) 执行有关工程建设的法律、法规、规范、标准和制度,履行监理合同规定的义务和职责。

(3) 在任何时候,维护公司的尊严和名誉。

(4) 努力学习专业技术和建设监理知识,不断提高业务能力和监理水平。

(5) 在任何时候均为委托人的合法权益行使职责,正直地进行服务。

（6）不在工程承包商和材料设备供应单位兼职。

（7）不为所监理项目指定承建商、建筑构配件、设备、材料和施工方法。

（8）不收受被监理单位的任何礼金。

（9）不泄露所监理的工程各方认为需要保密的事项。

监理人员工作纪律：

（1）遵守国家的法律和政府的有关条例、规定和办法，遵守公司制度。

（2）认真履行监理合同所承诺的义务和责任。

（3）坚持公正的立场，公平地处理有关各方的争议。

（4）坚持科学的态度和实事求是的原则，在与被监理单位存在争议时，应以试验结果、数据和事实为根据，从工程建设效益出发，实事求是地排除争议。

（5）热情帮助被监理者完成其担负的建设任务。

（6）不擅自接受业主额外的津贴，不接受被监理单位的任何津贴或能导致判断不公的报酬。

➡ 砼工程施工监理实施细则

本细则仅适用于房屋建筑工程中的一般砼工程。桩基砼工程和有特殊专业要求的砼工程的监理实施细则应视具体工程另行修改补充。

一、砼工程的施工前准备

根据现场条件、工程特点、标书要求和文件规定,确定砼采用商品砼或现场搅拌砼。

(1)当采用商品砼时,施工单位应及时与商品砼供应商签订供应合同,合同应包括商品砼的技术要求和质量要求,供应量和时间,运输方式、地点、速度以及合同条款本身要求双方的权利、义务、责任。

(2)当采用现场搅拌砼时,施工单位应根据设计图纸要求提前做材料试验,选择砼配合比。砼配合比中碎石级配应根据设计构件的情况进行选择,断面小或配筋较多的柱、梁、剪力墙,应选择粒径级配小一些的配合比;砼配合比中水灰比也应根据构件的情况进行选择,薄板或大体积砼应采用水灰比小的配合比,以减少砼收缩。配合比委托时,施工单位应明示。砼的配合比仅适用于同牌号的水泥,不同牌号、不同品种或同牌号超过水泥出厂日期3个月的,配合比应重做。

(3)砼工程施工前应先向监理工程师申报材料、方案、质量保证措施。砼施工方案应包括砼施工方法、砼浇筑顺序、施工缝留设等;质量保证措施应包括砼强度、砼密实度、板厚度控制和停水、停电的应急措施。

(4)砼施工前应对钢筋进行隐蔽验收,隐蔽验收时应先铺好路架,提倡路架环形回路铺设,未做隐蔽验收不允许砼施工。

(5)施工前应做内部施工技术和安全交底。

二、商品砼进场验收和现场砼搅拌

(1)商品砼进场时应提供合格证和砼配合比转抄件及砼配合比试验的强度报告,作为商品砼的完整质保资料。施工单位对进场砼除按合同要求验收外,每工作班应做不少于两组坍落度实验,每 $100 \ m^3$ 砼至少做一组砼试块,作为校核进场砼质量的依据和为施工内部资料。

(2)现场砼搅拌前,应视砂、石含水率变化情况,将设计配合比调整为施工配合比,经施工技术负责人核定的施工配合比应挂牌在搅拌机周围醒目位置。

现场搅拌应严格按重量配比。砂石应车车过磅,过磅应有专人监督。砼搅拌应每班做不少于两组坍落度实验,以校核水灰比。

砼搅拌时间应不少于 90 秒。

（3）砼试块每 100 盘制作不少于一组；不足 100 盘的按分项项次不少于一组制作试块，试块制作时应科学，随机取样不允许另外加工。试块的正常偏差应控制在高半级强度等级范围，砼试块应泡水养护或埋砂浇水养护，并按时送检。

三、砼浇筑

1. 条形基础的垫层和地梁砼浇筑

（1）垫层砼浇筑时不允许对地基土产生扰动，基槽不允许有积水。垫层砼除要求振捣要密实外，同时也要求垫层施工达到找平基底的效果。

（2）地梁砼浇筑时，同样不允许有积水或其他异物。地梁浇筑在无特殊情况或设计无特别要求时，原则上应连续浇筑。浇筑时可单方向推进，也可以两端并拢，严禁分段浇筑。

（3）地梁高度超过 50 cm 以上时应分层浇筑。分层厚度以不超振捣棒有效工作半径为宜，相邻两层错开长度不应超过 2 m，两层浇筑时间不应超过砼初凝时间。

（4）地梁与放大脚若需两次分开浇筑，应征得设计方认可。地梁放大脚若采用斜度应建议设计改为台阶状，以确保砼振捣密实。

（5）当地梁浇筑遇特殊情况需留设临时施工缝时，应留设于地梁跨中 1/3 范围，高度小于 50 cm 的地梁施工缝应留设垂直缝，大于 50 cm 的地梁施工缝可留台阶缝，并同时报专业监理工程师备案。

（6）地梁砼浇筑应特别注意胀收模和轴线偏移，在砼终凝前可进行梁面找平，以减少砖基础施工前的找平工序。

2. 柱砼浇筑

（1）柱砼浇筑时，应先清理柱头杂物，并用细石砼或用高标号减半石砼浇筑过渡层，过渡层应控制在 5 cm 左右。柱的一次下料量应根据振捣棒有效半径和柱截面进行计算，严禁下满料后再振捣。

（2）小截面柱或配筋率较高的柱的砼振捣可采用以振捣棒为主，钢钎为辅的振捣方法。钢钎只做引料用，不应作为振捣工具。

（3）柱的施工缝可设于梁下 10 cm 处，砼振捣密实后可在浮浆上洒上碎石作为施工缝结合层。待砼终凝后虚铺一些清砂，以养护结合层。

3. 剪力墙砼浇筑

（1）剪力墙在砼浇筑时，施工缝的处理同样要求浇筑过渡层，并分层浇筑，其分层要求与地梁分层浇筑相同。

（2）剪力墙施工缝应留设水平缝，当有防水或抗渗要求时，施工缝应留凸缝、台阶缝或平缝加止水带。采用什么缝应报设计认可。

4. 梁板砼浇筑

（1）梁板砼浇筑采用塔吊作为砼水平和垂直运输时，板面只搭设一个活动操作台作为二次堆料之用即可。当采用井架作为垂直运输，手推车作为水平运输时，应搭设路架，路架搭设应能保证不压钢筋，又能满足车来回行走的要求。路架要铺设到位，梁板砼浇筑应采用"后退法"，严禁采用"前进法"或路架不到位的变相"前进打法"，严禁载车砼在刚浇筑的砼上行走。

（2）板厚控制除按常规方法弹线在四周模板上或模板上钉标高钉，还应设活动浮标。未有板厚控制措施的不允许浇筑砼。

（3）梁板砼浇筑过程应特别注意梁、柱交接处核心筋的砼密实和四周梁边砼的密实。浇筑时同样以振捣棒振捣为主，辅助其他工具来确保砼密实。

（4）柱头处在振捣密实后，可在柱头范围加洒碎石作为柱施工缝的结合层。终凝后同样洒砂养护。

（5）梁板砼浇筑过程中，对路架和井架操作台收口位置应特别注意砼掉渣的清理和板筋的就位，并确保这些位置的砼密实。

（6）梯板施工缝在砼浇筑时应做特别处理，严禁有夹渣。板式楼梯施工缝应留设于梯板负弯矩筋端头的台阶，施工缝应垂直于斜板。梁式楼梯的施工缝应留设于斜梁跨中1/3范围，施工缝面同样应垂直于斜梁。

（7）屋面板砼浇筑时，原则上不能留设施工缝。屋面板砼配合比控制得好，浇筑得密实，是屋面板自防水能力的保证，因此应特别加以重视。尽管斜屋面板坡度较大，但同样要求机械振捣。

四、砼养护

砼构件的浇水养护应不少于 7 天，砼板浇筑完再养护一天后才能上荷载进行下道工序施工。严禁砼浇筑完的第二天就上荷载施工。

五、砼构件缺陷的处理

砼构件拆模后应先进行自检评定。砼构件出现缺陷，不管大小均不能私自隐蔽，应自检并标出缺陷的部位，将缺陷深度、范围报专业监理工程师备案。属质量事故的，按质量事故程序处理；属一般缺陷的，由施工单位提出处理意见，报监理工程师认可，即可隐蔽。未备案，施工单位私自隐蔽，按违章处理，监理工程师有权要求重新剥落进行复检，责任由施工单位负责。

六、材料的使用

砼工程所用的水泥、底材、外加剂的质量控制，均按工程原材料、成品、半成品的监理实施细则执行。

住宅基础分部工程质量监理实施细则

一、工程概况和工程特点

某项目 A 区工程为钢筋混凝土三层框架结构,总建筑面积 90 000 m²。基础形式为柱下桩基承台梁,混凝土强度等级为 C30,承台底标高－2.300,桩基采用 250×250 的预制钢筋混凝土方桩。现场三通一平及桩基工程已完成,正在进行井点降水。工程承包单位已进场,施工前期准备工作已完成,工程实施条件基本具备。

二、监理工作的控制要点及目标

1. 施工前准备

(1) 原材料、半成品的质量控制。

建筑混凝土结构工程,所用材料的材质直接影响混凝土结构的强度、刚度及安全性能。必须充分了解所用材料的技术性能,才能做到物尽其用,确保建筑混凝土结构设计性能。混凝土结构工程的材料质量,必须符合国家现行的技术标准。

在原材料的质量控制中,考虑到承包单位及本工程砂石材料供货方式为一次取样,分批进料,为避免出现混乱或质量下降,需重点做好砂石的样品留置对比。陆续进场的砂石材料均需与样品对比,质量相符,方可进场,有疑问的重新抽样送检,不合格的不准进场,不许使用。

原材料、半成品的质量控制见表 3.22。

表 3.22 原材料、半成品的质量控制

编号	材料名称	检查内容	质量控制方法	报送资料
1	钢材	品种、规格、形状、代用变更通知。	抽取试样方法:① 外观检查;② 审查合格证及化验报告;③ 按规定抽样试验。	① 材料、设备报验单 A—8;② 出厂证明(合格证);③ 钢筋力学性能工艺性能检验报告。
2	水泥	品种、标号、包装或散装仓、出厂日期。	抽取试样方法:① 审查合格证及化验报告;② 按规定抽样试验。	① 材料、设备报验单 A—8;② 水泥出厂合格证;③ 水泥物理性能检验报告。

续表

编号	材料名称	检查内容	质量控制方法	报送资料
3	砂石	砂：产地、级配、含泥量、有害物质含量；石：产地、级配含泥量、针片状含量。	抽取试样方法：审查检验报告。	① 材料、设备报验单 A—8；② 砂检验报告；③ 碎石检验报告。
4	混凝土	强度等级、配合比（水灰比、外加剂）坍落度、和易性、初终凝时间、抗渗指标。	混凝土试件取样：① 审查配比通知单；② 检查试块留置情况。	① 材料、设备报验单 A—8；② 混凝土施工申请表A—10。

（2）施工机械设备的选型。

对施工机械设备的控制重点放在起重机械和混凝土施工机械上，要求做到选型恰当，性能良好，数量备足，使用可靠。

2. 施工过程质量控制

（1）建筑施工测量监理工作要点。

对于建筑施工测量，首先是建筑物轴线测设，一般应根据总平面图上所给出的建筑物设计位置进行定位，也就是把建筑物的轴线交点标定在地面上，然后再根据这些交点进行详细放样。建筑物轴线的测设主要有根据规划道路红线测设建筑物轴线的方法。监理工程师在审查、复核主轴线时，应有针对性地采取措施。

根据规划道路红线测设建筑物轴线。首先，审查核实新建筑物的设计位置与红线关系是否得到政府规划部门的批准；检查核实规划部门提供的建筑红线数据、平面控制坐标的准确性；检查设计总平面图坐标数据的准确性。然后，根据规划红线复核施工单位测设的主轴线，并要求施工单位在轴线的延长线上打制桩，以便在开挖基槽后作为恢复轴线的依据。

建筑物的主轴线测好后，监理工程师应进一步详细复核测设建筑物各轴线的交点位置（中心桩），测设时，应检查复核房屋轴线距离（误差不得超过 1/2000）。

控制桩是向上投测轴线的依据，监理工程师应要求施工单位布设的控制桩钉在槽外 2～4 m 的地方。为了便于向上引点，可设在较远的地方。

建筑施工测量中，基础施工测量是一个重要环节，主要工作有基槽挖土的放线和抄平、基础施工的放线和抄平。对于基槽挖土，监理工程师检查的主要内容是控制基槽开挖深度。一般可在基槽挖到一定深度后，用水准仪在壁上每隔 2～3 m 和拐角处设置一些水平的小木桩（水平桩：标高误差控制±10 mm），这些木桩可作为清理槽底和铺设垫层的依据。待土方挖完后，再根据控制桩复核基槽宽度和标高，合格后，可允许施工单位进行垫层施工。基础施工在轴线投设时，因 A 区面积较大，精度要求较高，应用经纬仪投点，再按设计尺寸要求进行复核，标高可直接在模板定出标高控制线，监理工程师应根据水准点进行复核。

（2）钢筋工程监理工作要点。

① 钢筋加工：

审核钢筋翻样图纸及加工料单，其加工的形状、尺寸应符合设计要求，不得随意代用。监理人员应经常到必须是硬化的钢筋加工场地检查成型钢筋的品种、规格、形状、尺寸和表面锈蚀、清洁情况,发现问题及时通知施工单位改正。钢筋加工尺寸的偏差限值见表 3.23。

表 3.23　钢筋加工尺寸的偏差限值

项　　目	偏差限值/mm	检查方法
受力钢筋顺长度方向全长的净尺寸	±10	用尺量测
弯起钢筋的弯折位置	±20	用尺量测
箍筋内净尺寸	±5	用尺量测

② 钢筋焊接接头的质量控制:

设计要求基础梁内主筋必须通长,不能采用冷接接头。在施工现场,采用焊接接头的形式较多,应按国家现行标准《钢筋焊接及验收规程》(JGJ18)的规定抽取焊接接头试件做力学性能检验,并按规定进行外观检查,其质量应符合有关规程的规定。

材料质量:焊接钢筋,其性能应符合《钢筋混凝土用热轧带肋钢筋》的规定;焊条、焊剂应有产品合格证。钢筋焊接前,必须根据施工条件进行试焊,合格后方可施焊。焊工必须有焊工考试合格证,并在规定的范围内进行焊接操作。

闪光对焊接操作要点:焊接参数,调伸长度、闪光速度、顶锻留量、顶锻速度、顶锻压力、变压器级次、预热时间参数以及一、二烧化留量等,应根据不同工艺合理选择;夹紧钢筋,均匀加热,保证钢筋端面凸出部分相接触,焊缝和钢筋轴线相垂直,接头处的钢筋轴线偏移不大于 $0.1d$,且不大于 2 mm;烧化过程应稳、强烈、防止焊缝金属化,与电极接触处钢筋表面,对于Ⅰ、Ⅱ级钢筋不得有明显烧伤;顶锻应在有足够大的压力下快速完成,保证焊口闭合良好,接头处产生适当的镦精变形;接头处不得有横向裂纹。

电弧焊有四种形式:帮条焊、搭接焊、坡口焊和熔槽帮条焊。

焊接地线应与钢筋接触良好,防止因起弧而烧伤钢筋。焊接带有钢板或帮条的接头,引弧在钢板或帮条上进行,搭接钢筋引弧在一端开始,收弧在端头上,不得随意引弧,防止烧伤主筋。根据钢筋级别、直径接头形式和焊接位置,选择适宜的焊条型号、直径和焊接电流,保证焊缝与钢筋熔合良好,焊缝表面应平整,弧坑应填满,不应有较大凹陷,焊瘤、接头处不应有裂缝。搭接焊的预弯和搭接,应保证两根钢筋在同一直线上,焊缝长度不小于搭接长度。接头处钢筋轴线的偏移不得超过 $0.1d$ 或 3 mm,接头弯折不得超过 4°。

③ 钢筋安装:

钢筋安装时,施工人员必须熟悉施工图纸,合理安排钢筋安装进度和施工顺序,检查钢筋品种、级别、规格、数量是否符合设计要求。

钢筋应绑扎牢固,防止钢筋移位。板和墙的钢筋网,除靠近外围两行钢筋的相交点全部扎牢外,中间部分交叉点可间隔交错扎牢,但必须保证受力钢筋不产生位置偏移;双向受力的钢筋,必须全部扎牢。梁和柱的箍筋,除设计有特殊要求外,应与受力钢筋垂直设置;箍筋弯钩叠合处,应沿受力钢筋方向错开设置。在柱中竖向钢筋搭接时,角部钢筋的弯钩平面与模板面的夹角,对矩形柱应为 45°,对多边形柱应为模板内角的平分角;对圆形柱钢筋的弯钩平面应与模板的切平面垂直;中间钢筋的弯钩平面应与模板面垂直;当采用插入式振捣器浇筑小型截面柱时,弯钩平面与模板面的夹角不得小于15°。对于面积大的竖向钢筋网,可采用钢筋斜向拉结加固;各交叉点的绑扎扣应变换方向绑扎。剪力墙体中配置双层钢筋时,可采用S钩等细钢筋撑件加以固定。梁和柱的箍筋,应按事先画线确定的位置,将各箍弯钩处,沿受力钢筋方向错开放置。绑扎扣应变换方向绑扎,以防钢筋骨架斜向一方。根据钢筋的直径、间距,均匀、适量、可靠地垫好混凝土保护层垫块,绑在钢筋骨架外侧;当梁中配有两排钢筋时,可采用短钢筋作为垫筋垫在下排钢筋上。受力钢筋的混凝土保护层厚度,应符合设计要求。基础内的柱子插筋,其箍筋应比柱的箍筋小一个箍筋直径,以便连接。绑扎钢筋时应注意剪力墙按二级、柱按三级设置抗震构造钢筋,并注意约束边构件与构造边构件的区分。

④ 在浇筑混凝土之前,应进行钢筋隐蔽工程验收。钢筋隐蔽工程验收的内容包括纵向受力钢筋的品种、规格、数量、位置等;钢筋的连接方式、接头位置、接头数量、接头面积百分率等;箍筋、横向钢筋的品种、规格、数量、间距等;构造钢筋的品种、规格、数量、位置等。钢筋安装位置和检查方法见表3.24。

表 3.24　钢筋安装位置和检查方法

项目	允许偏差/mm	检查方法
绑扎钢筋网	长±10	钢尺检查
网眼尺寸	±20	钢尺量连续三档,取最大值
绑扎钢筋骨架	长±10,宽高±5	钢尺检查
受力钢筋间距	±10	钢尺量两端、中间各一点,取最大值排距±5
保护层厚度	±10	钢尺检查
柱、梁	±5	钢尺检查
板、墙	±3	钢尺检查
绑扎	箍筋、横向钢筋间距±20	钢尺量连续三档,取最大值
钢筋弯起点位置	20	钢尺检查

(3) 在浇筑混凝土前,应对模板工程进行验收。

① 控制模板安装偏差:

模板轴线放线后,应有专人进行技术复核,无误后方可安装模板。模板安装的根部及顶部应设标高标记,并设限位措施,确保标高尺寸准确。支模时应拉水平通线,设竖向垂直度控制线,确保横平竖直,位置正确。

梁模板上口应设临时撑头,侧模下口应贴紧底模或墙面,斜撑与上口钉牢,保持上口呈直线;深梁应根据梁的高度及核算的荷载及侧压力适当加设横档。模板厚度应一致,搁栅面应平整,搁栅木料要有足够的强度和刚度。±0.00以下剪力墙模板的墙螺栓直径、间距和垫块规格应符合设计要求。

② 控制模板变形:

严格控制木模板含水率,制作时拼缝要严密,木模板安装周期不宜过长,浇混凝土前模板应提前浇水湿润,使其胀开密缝。

现浇结构模板安装的偏差应符合表 3.25 的规定。

表 3.25　现浇结构模板安装的允许偏差及检验方法

项　目	允许偏差/mm	检验方法
轴线位置	5	钢尺检查
底模上表面标高	±5	水准仪或拉线、钢尺检查
截面内部尺寸	基础±10	钢尺检查
柱、墙、梁	-5~+4	钢尺检查

(4) 混凝土施工质量控制包括混凝土原材料计量,混凝土拌和物的搅拌、运输、浇筑和养护工序的控制。

① 混凝土原材料的计量:

在拌制混凝土每一工作班正式称量前,应先检查原材料质量,必须使用合格材料;各种衡器应定期校核,每次使用前进行零点校核,保持计量准确。施工中应经常定期测定骨料的含水率,雨天施工含水率有显著变化时,应增加测定系数,依据测试结果及时调整配合比中的用水量和骨料用量。水泥、砂、石子、粉煤灰掺和料等干料的配合比,应采用重量法计量,严禁采用容积法;水是在搅拌机上配置的水箱或定量水表上按体积计量的。原材料每盘称量的允许偏差见表 3.26。

表 3.26　原材料每盘称量的允许偏差

材料名称	水泥、混合材料	水、外加剂	粗、细骨料
允许偏差	±2%	±2%	±3%

② 混凝土的运输、浇筑的质量控制:

混凝土浇筑前应对模板、支架、钢筋和预埋件的质量、数量、位置等逐一检查,并做好记录,符合要求后方能浇筑混凝土;将模板内的杂物和钢筋上的油污等清理干净,模板的缝隙、孔洞应堵严,并浇水湿润。

泵送混凝土操作注意要点:混凝土在泵送以前,应先开机用水润湿整个管道,而后投水泥浆或水泥砂浆,使管壁处于充分润滑状态,再正式泵送混凝土。泵送开始时要注意观察混凝土泵的液压表和各部位工作状态,一般在泵的出口处,最易发生堵塞现象。如遇堵塞,应将泵机立即反转,使泵出口处堵塞分离的混凝土能回到料斗内,将它搅拌后再进行泵送。必须保证混凝土泵能连续工作,尽可能避免或减少泵送时中途停歇。如混凝土供应不上,宁可减低压送速度,以保持泵送连续进行。在压送混凝土时,应注意不要把料斗内剩余的混凝土降低到 20 cm 以下。如果剩料过少,不但会使输送量减少,而且易吸空气,造成堵塞。

往地下或基坑输送混凝土时,由于混凝土在倾斜的下行管道中容易离析造成堵塞,而压送中断时管内又会混有空气,对压送不利,此应采取如下措施:a. 当管道的倾角在 4°以内时,输送管里的混凝土一般不会出现自重流淌,可与水平管道同样对待。b. 当管道的倾角在 4°~7°时,管道内的混凝土会在自重下移动,造成石子与砂浆的分离,堵塞管道。

为此应在下行倾斜管道前端设置一段水平配管,长度要相当于 5 倍的落差,以减少混凝土产生离析的机会。c. 当管道的倾角超过 7° 时,为防止砼的自重流动,一般应尽量避免做成这种角度的管道,但在不得已使用时,除在斜管下端设置水平管外,还应在下行管上部另装一个排气阀,在开始泵送后按需要随时排气。

在高温施工条件下,要在水平输送管上覆盖两层湿草袋,以防直接日照,并注意每隔一定的时间洒水湿润。这样能使管道中的砼不至于吸收大量热量失水而导致管道堵塞。采用振捣器捣实混凝土时,每一点的振捣应使混凝土表面呈现浮浆和不再下沉为止。当采用插入式振捣器时,捣实普通混凝土的移动间距,不宜大于振捣器作用半径的 1.5 倍;捣实轻骨料混凝土的移动间距,不宜大于其作用半径;振捣器与模板的距离,不应大于其作用半径的 0.5 倍,并应避免碰撞钢筋、模板、芯管、吊环、预埋件或空心胶囊等;振捣器插入下层混凝土内的深度应不小于 50 mm。当采用表面振动器时,其移动间距应保证振动器的平板能覆盖已振实部分的边缘。混凝土后浇带的留置位置应按设计要求确定。后浇带混凝土浇筑应在原砼浇筑两个月后进行。

③ 混凝土的养护:

混凝土浇筑完毕后,应按施工技术方案及时采取有效的养护措施,并应符合下列规定:应在浇筑完毕后的 12 h 以内对混凝土加以覆盖并保湿养护;混凝土浇水养护的时间不得少于 7 d;浇水次数应能保持混凝土处于湿润状态,混凝土养护用水应与拌制用水相同;采用塑料布覆盖养护的混凝土,其敞露的全部表面应覆盖严密,并保持塑料布内有凝结水。

3. 监理工作的目标

监理工作的目标为施工工期、质量符合合同要求。

三、监理工作的方法及措施

1. 监理工作的方法

(1)审查承包单位的管理组织机构和现场质量管理制度,协助其完善质量保证体系。重点是检查考察技术管理人员是否定员、定岗、定职,经验和水平是否胜任,质量管理制度是否健全,技术交底制度、自检与质检制度是否落实,要求承办单位做到开工有报告,施工有措施,技术有交底,定位有复查,材料有试验报告,隐蔽工程有记录,工序完成有自检、专检,交工有资料。

(2)审查施工组织设计和施工方案:重点是施工程序、施工方法、质量保证措施和安全措施,要求做到技术可行,工艺合理,方法正确,措施有力。

(3)对施工人员进行核查和考察:要求施工人员经过质量及安全教育,具有一定的技术素质和质量意识,从事技术工种的人员应经过考核,有资质证书或上岗证。

(4)及时签发监理通知书、监理备忘录和停工令。对出现的质量问题、事故苗头,经监理现场口头提示未采取措施或措施不力的,以及未经监理质量签证即擅自进入下道工序的,监理工程师可发给书面通知书,限期无条件整改。必要时,发监理备忘录。对施工中存在严重弄虚作假情况的或对已有质量问题未能采取有力措施控制的,可以报请总监理工程师由业主批准后下达停工令。对错误没有足够认识、对质量问题没有有效措施的不得复工。

2．监理工作的措施

（1）投资控制。

组织措施：监理组织内部完善职责分工及有关制度，落实投资控制的责任。

技术措施：及时审核施工组织设计和施工方案，合理支付施工措施费，以及按合同组织施工，避免不必要的赶工费。

经济措施：及时进行计划费用的分析比较。

合同措施：按合同条款支付工程款，全面履约，减少对方提出索赔的条件和机会，正确处理索赔等。

（2）质量控制。

组织措施：建立健全监理组织，完善职责分工及有关制度，落实质量控制的责任。

技术措施：严格事前、事中和事后质量控制措施。

经济措施和合同措施：严格质量检验和验收，不符合合同规定质量要求的拒付工程款。

（3）进度控制。

组织措施：落实进度控制的责任，建立进度控制协调制度。

技术措施：建立施工作业计划体系；增加同进作业的施工面；采用高效能的施工机械设备；采用新工艺、新技术，缩短工艺过程间和工艺间的技术间歇时间。

经济措施和合同措施：对于承包方的原因拖延工期者进行必要的经济处罚。按合同要求及时协调有关各方的过度，以确保项目形象进度的要求。

砌体工程施工监理细则

本细则中的砌体是指按砖混结构施工的实心粘土砖砌体和按框架结构施工的空心粘土砖,或 120 mm 墙以下非承重粘土实心砖砌体及水泥预制块非承重墙砌体。

一、砖混结构中的砌体工程

1. 砌体砌筑前准备

(1) 对已施工的基础梁面和板面先进行轴线放样和标高测量,对基础梁轴线偏心或板四周轴线偏心可能产生砌筑探头砖的应先进行处理补齐,梁面与板面找平根据需要找平厚度,当厚度小于 2 cm 时,采用水泥砂浆找平,当厚度大于 2 cm 时应采用细石砼找平,严禁边砌筑边找平。

(2) 根据砖的实际厚度和层高及砂浆允许厚度先确定单皮砖,以确定皮数杆十皮砖厚度,皮数杆刻度线应同时标注抗震拉结筋间距线。考虑皮数杆十皮砖厚度尽可能少变化,应采用同厂家的粘土砖。一般灰缝厚度在 8~12 mm 之间。

(3) 砌体砌筑所有的粘土砂浆或石灰膏混合砂浆,在拌和前应先设置化膏池,对所拌和的粘土和石灰先进行化膏,禁止粘土和石灰未化膏就直接拌和使用。

(4) 砌体砌筑前应根据平面图所示的窗间墙和转角墙的不同尺寸,确定不同长度抗震拉结筋,拉结筋统一要求做成 U 型筋,弯钩方向应与 U 面垂直(即安装后弯钩向下),抗震拉结筋在安装前应按不同长度尺寸分别挂在需要安装部位的构造柱钢筋上。

(5) 鉴于目前砖拱和钢筋砖过梁的施工较费工且质量难以保证,因此,工程监理通常要求统一采用预制的钢筋砼过梁。钢筋砼过梁的配筋和尺寸均按图集执行,并于砌体砌筑前预制好。

(6) 木门窗安装固定所用的木砖均采用标准砖尺寸,并应考虑固定钉打入方向与木纹方向垂直。铝合金门窗固定点除砼柱、梁外,砌体范围要求采用标准砖尺寸的素砼预制块,并按图集要求的固定点数量预先制好,在砌体砌筑前分发至各操作岗位。

2. 砌体砌筑

(1) 砌体砌筑前要求提前对砖进行浇水湿润,保证砖湿润面积在 15% 左右(检查时截断整砖,看边缘吸水深度,当吸水深度大于 1 cm 时,即视为符合要求),夏季施工还应定时补充浇水,严禁干砖上墙。

(2) 砌体砌筑采用"三一"方法,每层前四皮砖均应先摆砖(竖缝模数有出入或短样摆砖有困难时,允许调大构造柱断面尺寸),切实控制好十字角、丁字角、240 mm 墙与120 mm 墙交接的组砌方法。所有转角不允许出现正面通缝、包心通缝和 25 头。

（3）砌体组砌时应立皮数杆并皮皮拉线，第一皮砖和最后一皮砖及窗台最后一皮砖应为丁砖，当最后一皮砖未恰好是丁皮位置，应改最后三顺一丁为二顺一丁或一顺一丁进行调整。

（4）第一皮砂浆和墙顶找平砂浆以及橱、卫50线内的砌体砂浆均要求采用同标号的水泥砂浆砌筑，以确保砌体与砼面胶结良好，加强橱、卫墙体防水能力。

（5）砌体砌筑过程碎砖应控制使用，小于半砖的碎砖不允许使用，大于半砖的碎砖可使用于中顺皮和丁皮砖位置（墙顶皮除外）。丁皮位置应两块整砖夹一块碎砖，中顺皮可在背面墙位置一块整砖夹一块碎砖。严禁碎砖集中使用。

（6）抗震拉结筋安装时应入墙1 000 mm，入构造柱35D（D为拉结筋直径），不足1 m的窗间墙或转角墙拉结筋在考虑保护层后按实际长度放置，拉结筋入构造柱弯钩应向下，拉结筋按每8皮标准砖（或5皮多孔砖）间距设置一道（正偏差允许一皮）。

（7）所有门洞过梁或临时洞口过梁一律采用预制砼过梁，临时洞口还应预留拉结筋（间距500 mm，入墙500 mm以上）。

（8）木门窗木砖按两头400 mm位置设置第一块后，中间再设置一块，窗高在1 200 mm以内可设置2块木砖，预埋的木砖应做防腐处理。铝合金门窗固定点按两头第四皮设置第一块预制块后，中间应每间隔7皮砖设置一块预制块（400～500 mm设一块）。

（9）砌体砌筑顺序应先转角后直墙，同时砌筑先后不应超过4皮砖，砌筑时铺浆不超过操作工人的手臂长，不能同时砌筑而需留槎时，应留置于转角500 mm以外，并留斜槎，非承重120 mm墙需留直槎时，应留在直墙上，并设置拉结筋，严禁承重墙留直槎。

（10）砖混结构的板式楼梯应先浇筑砼后再砌筑平台以上的砖墙，二次砌筑砖墙应先平台找平，对齐灰缝后再二次砌筑，砌体留槎同样要求留斜槎，并加设拉结筋。

（11）构造柱断面要求留马牙槎，墙体留设马牙槎应先退后进，进退上下应对齐，实际操作时，为了确保构造柱断面，墙体应各退1 cm。

（12）砌体砌筑过程砂浆应随用随拌，混合砂浆和水泥砂浆应分开拌和，不允许一机多用，砌体砌筑时应用挤压法施工，以确保砂浆饱满度。砂浆饱满度应在80%以上。

（13）砌体砌筑后除按要求墙垂直、正面墙平整外，背面墙也要力争平整和灰缝均匀，以提高墙体观感效果。

（14）需在构造柱或墙上预留拉结筋作为阳台或出墙构件的拉结之用时，应预埋，不得后补。

（15）砌体砌筑应控制每天的砌筑高度，以确保砌体的稳定（每天砌筑高度不应超过1.8 m）。

（16）窗间墙在370 mm以上难以按三顺一丁砌筑时，可按一顺一丁砌筑，370 mm以内组砌方法可不作要求，但应对砂浆强度和拉结筋进行加强。

3. 砌筑中间验收

（1）提倡砌体挂牌操作方法，每位操作工人在自己砌筑的砌体上挂上自己的名牌，供验收对照。

（2）砌筑过程专业监理工程师将进行中间抽查、检测、确定样板，组织观摩和评比。

（3）为便于内装打底，主体结构验收可报请质量监督站进行验收，监督站也可委托现场监理进行验收，主体验收时设计应参加。

4．砌体材料

砌体材料的监理按建筑工程原材料、成品、半成品监理实施细则执行。

二、框架结构中的砌体工程

1．砌体砌筑前准备

（1）砌体砌筑前同样应先对已完成的梁板面进行轴线放样和找平，找平要求同砖混结构。

（2）砼柱预埋的拉结筋原则上应一次到位，个别漏埋的应先补上，砌体砌筑前应先调直，设弯钩，并报请拉拔试验合格后，经监理验收认可。

（3）过梁、木砖、铝合金固定点做法同砖混结构，木砖与铝合金固定尺寸按空心砖和18砖模数设置。

（4）砂浆要求同砖混结构，粘土及石灰均应设化膏池。

2．砌体砌筑

（1）填充墙砌筑时，底三皮和上三皮砖要求采用实心砖砌筑，窗台或洞口边缘也应砌筑实心砖，非120 mm墙的空心砖填充墙与120 mm墙实心砖交接时，填充墙在交接的370 mm范围内也应砌实心砖。

（2）第一皮砂浆和最后一皮砂浆以及橱、卫、180 mm以内砌筑砂浆以及与砼柱、墙交接的竖向灰缝均要求采用水泥砂浆砌筑。

（3）填充墙最顶一皮砖应采用斜砌，斜角为75°，并应采用"挤、推"方法砌筑，顶皮砖砌筑时也可以在砌筑7 d后再砌筑，以减少墙体收缩出现裂缝。

（4）砌体过梁、木砖、铝合金门窗固定点的安装方法同于砖混结构，但木砖和铝合金固定点间距应在规范要求范围内结合空心砖模数确定。

（5）墙体拉结筋预埋间距应考虑到填充墙的模数，严禁预埋错位后再急弯就位，在设计认可条件下，拉结筋建议采用带肋冷轧钢筋，以克服预埋后圆钢端头调弯钩的困难。

（6）穿墙水电管道或箱槽，在砌体砌筑过程应先预留或砌筑时直接走空心同时预埋，无法直接预埋或预留需打槽的应采用切割法开槽，严禁直接敲打。

（7）填充墙空心砖砌筑时对灰缝、平整度、垂直度的要求与砖混结构相同，在无施工困难的情况下，空心砖宜竖砌。

（8）在设计许可条件下，考虑到外围护墙体的防水问题，除在装饰装修外墙打底采用防水砂浆加强外，外围护墙体也可采用实心砖砌筑。

3．砌体的中间验收

砌体的中间验收要求同砖混结构。

4．砌体材料的监理

砌体材料的监理按工程原材料、成品、半成品监理实施细则执行。

住宅工程防水施工监理细则

一、工程概况

项目名称：某国际花园 7,10,12#楼。概况略。

二、监理工作依据

(1) 法律、法规：《中华人民共和国建筑法》、《建设工程质量管理条例》、《建设工程监理规范》(GB 50319—2000)、《工程建设标准强制性条文》(房屋建筑部分)以及建设部和省市各级工程建设行政主管部门有关建设监理规定及《住宅工程质量通病防治要求》。

(2) 本工程有关合同。

(3) 业主与监理单位签订的《建设工程委托监理合同》；业主提交的与承建商签订的《建设工程施工合同》及协议。

(4) 设计图纸。

三、监理工作目标

防水控制目标：单位工程屋面，厨房卫生间、晾衣间的楼地面，花池，卫生间浴房墙面等防水无渗漏。

四、监理工作内容

(1) 审查施工单位提交的防水施工方案。

(2) 认真做好所有防水原材料进场验收工作，确保材料符合设计图纸或者规范要求。

(3) 认真做好隐蔽工程和工序质量的验收，上道工序不合格时，不允许进入下道工序施工。

五、监理控制要点

1. 屋面防水监理控制要点

(1) 监理工程师应按下列要求审核承包单位报送的拟进场的防水工程材料及其质量

证明资料,具体如下:① 质量证明资料(如防水材料质保书、说明书、型式检验报告、复验报告,应提供配合比通知单)是否合格、齐全,是否与设计和产品标准的要求相符。产品说明书和产品标识上注明的性能指标是否符合防水标准。② 是否使用国家明令禁止、淘汰的材料。③ 按照委托监理合同约定及防水标准有关规定的比例,进行平行检验或见证取样、送样检测。对未经监理人员验收或验收不合格的防水材料、构配件、设备,不得在工程上使用;对国家明令禁止、淘汰的材料,监理人员不得签认,并应签发监理工程师通知单,书面通知承包单位限期将不合格的材料撤出现场。

(2)对承包单位报送的防水隐蔽工程、检验批和分项工程质量验评资料进行审核,符合要求后予以签认。

(3)检查方法:对照设计文件要求,观察屋面管道和防水构造是否满足设计要求及规范要求;屋面分块蓄水 24 h 后目测观察检查户内顶棚,蓄水深度不能低于 20 mm。

(4)检查数量:顶层住宅逐户全数检查。

2.外窗防水监理控制要点

(1)门窗安装前进行三项性能的见证取样检测,委托有资质的检测机构进行检验。

(2)门窗洞口应干净、干燥,框与墙体间隙打发泡剂,发泡剂应连续施工、一次性成形,充填饱满,溢出门窗框外的发泡剂应在结膜前塞入缝隙内防止发泡剂外膜破损。

(3)门窗框外侧应留 5 mm 宽的打胶口,外墙面层粉刷时,贴塑料条做槽口。

(4)打胶面应干净、干燥后打密封胶,并采用中性耐候硅酮密封胶,严禁在涂层上打密封胶。

外窗防水监理检验方法:① 建筑外墙金属窗现场抽样送检;② 淋水观察检查:采用人工淋水试验,每 3~4 层(有挑檐的每一层)设置一条横向淋水带,淋水时间不少于 1 h,然后进户目测观察检查。对户内外门、窗有渗漏水、渗湿、印水现象的部位做醒目标记,查明渗漏原因,并将检查情况做详细书面记录。

外窗防水监理检查数量:① 建筑外墙金属窗现场的抽样数量按现行国家验收规范复验要求进行抽样复检;② 人工淋水逐户全数检查。

外窗防水监理质量要求:① 建筑外墙金属窗应经备案的检测单位对气密性和水密性现场抽验合格;② 门窗框与墙体之间应采用耐候密封胶密封,密封胶表面应光滑、顺直、无裂缝;③ 外窗及周边不应有渗漏。

3.厨房间、卫生间、晾衣间楼地面防水监理控制要点

(1)检查方法:① 防水地面施工完毕(含室内立管穿过楼面板处经吊模浇筑细石防水混凝土)后,必须进行 24 h 的蓄水试验,蓄水高度为 20~30 mm。② 防水墙面施工完毕后,必须进行人工淋水试验,淋水时间不少于 1 h,然后目测观察检查,发现有邻室墙面渗漏水、渗湿、印水现象的部位做醒目标记,并将检查情况做详细书面记录。③ 卫生间浴房墙面防水高度必须做到 1.8 m。④ 厨房间、卫生间、晾衣间的管道井必须设置止水坎。

(2)检查数量:逐户全数检查。

4.外墙防水监理控制要点

(1)外墙粉刷面层必须铺设钢丝网。

(2)外墙粉刷使用含泥量低于 2‰、细度模量不小于 2.5 的中粗砂,不准使用石粉、混合粉。

（3）抹灰工程不准使用过期水泥，水泥必须有有效出厂合格证并经取样复试合格。

（4）外墙洞眼按规范留置，采用半砖、防水砂浆二次堵砌表面采用1∶3防水砂浆粉严，孔洞堵塞由专人负责，并及时办理隐蔽验收手续。

（5）外墙粉刷基层采用界面剂抹砂浆进行毛化处理，并进行喷水养护。

（6）窗台、窗楣、雨篷、腰线和挑檐等处粉刷的排水坡度不小于2%，滴水线粉刷要密实、顺直，不得出现爬水和排水不畅的现象。

（7）10，12♯楼东、西单元北卧室空调冷凝水管侧的外墙槽部位必须做淋水试验。

住宅建筑安装专业监理实施细则

一、工程概况及水电安装特征和技术要求

某国际花园二期工程 7♯楼地上为 11+1 层,地下为一层(包括 5♯车库),建筑面积为 9 719.36 m²。钢筋砼短支剪力墙结构,精装修。

该住宅开发商为台商,所有图纸为台湾施工图纸,经江苏工民建筑设计院转化,水电设计功能齐全,超前意识强,如地热采暖集中热水供应,消防(地下室及车库自动喷淋)空调冷媒水管,室外排水全部要求暗敷。电气系统设计超前,电话、电视、宽带网、报警自救、电视监控、对讲门铃、窗禁、室外景观、照明、广告牌全部一步到位,开关、插座根据房屋家具布置准备到位,管线暗敷工作量大,水电采暖、土建设计矛盾多,施工监理技术难度大。

进场材料为指定生产厂家的指定品牌。

(1)电系统:住宅的电气设计,包括住宅楼单体内的供电、配电、照明、防雷与接地,消防控制系统,电话系统,有线电视系统,安装对讲系统,照明等级;电梯应急照明为二级负荷,其余为三级负荷,电源引自小区变配电所,进线方式为电缆埋地敷设至单元总配电箱。

楼内配电压为 380/220V,三相四线制,接地型式采用双电源,供电 TNC-S 系统,进户处做重复接地,二级负荷采用双源供电,并自动切换,干线电源沿金属线槽敷设至管井内桥架。电气管线 SC、PVC 管沿地板、顶板、顶棚或墙内暗敷。

(2)防雷接地:本系统属三类防雷建筑物,在屋顶装设放电避雷针一根(高 5m)。沿女儿墙凸出屋面的楼梯间,电梯和水箱间的屋顶四周用 25×4 镀锌扁钢做成接闪器暗敷与屋面 20 m×20 m 的钢筋网络可靠连接,利用构造柱内 2 根主筋(13 处、9 处)作避雷引下线,与基础内接地装置焊接,接地电阻小于 1 Ω,在距地面 0.5 m 处,用 40×4 扁钢作接地测试点,为防侧击雷,从第三层起每二层用 25×4 扁钢做均压环,建筑物的金属门窗均可靠接地,卫生间做等电位连接。所有的表箱、金属管道均需与总电位点可靠连接。

(3)消防系统:楼内设消火栓按钮及控制箱,控制回路(24V DC)引线至小区消防水泵控制箱。

(4)电话、电视、宽带网来自小区相应的控制箱,经桥架分别到各用户。

(5)水系统:该建筑为 11+1 层住宅,建筑高度 41.7 m,属二类高层建筑。生活给水管、热水管、回水管均采用 PP-R 管及管件,承插热熔连接;排水管采用 UPVC 管及消音管件,弹性橡胶密封圈接口;消火栓系统采用镀锌钢管、螺丝、法兰接口;给水管明装,支管全部沿墙或沿地坪暗敷;冷热水管工作压力 0.55 MPa,试验压力 1.0 MPa;UPVC 管

穿基础处设刚性防水套管,穿楼板处均设阻火圈;管井内热水管及热水回水管采用橡塑海绵保温,厚 30 mm。

消防水系统 DN100 镀锌钢管,室内消火栓 34 只。地下室及车库设置自动喷淋,喷水强度 6L/(m² · min),作用面积 160 m²。消防水池 240 m³,屋顶消防水箱 18 m³,工作压力 0.58 MPa,试验压 1.0 MPa。7#楼的生活用水箱 7.5 m³×2,3 层设减压阀,热水由小区变频调速供水装置供给,采用全循环方式,10 层以上冷水给水每户单独采用微型泵加压。

(6) 排水采用污废分流,洗脸、洗浴水经中水处理后用于绿化、洗车。其余污水经化粪池处理后排至市政管网。

排水坡度为 2.6‰,排水做闭水试验和通球试验。图中标高,给水管为管中,排水管为管底;管道避让原则:小管让大管,有压管让无压管,一般管让高低温管,水管让空调、通风管,并和电气管道合理协调。

(7) 采暖、通风、空调:采用集中采暖,根据设计要求,地下室不采暖,1~12 层内餐厅、客厅、卧室、书房及卫生间为地采暖。采暖方式为低温热水地板辐射供暖,采暖热媒为 45 ℃~55 ℃。热水由小区内换热站经室外管网供给。各房间温度控制设计选用有线温度控制器,安装位置按房间照明开关并排设置。集分水器处电气设置电源座,分户热计量每户采暖热耗量采用热表计量,热表设在各户暖通管井内。每户入口设调节锁闭阀,采暖主立管采用镀锌钢管,长式边接。各户支管至集/分水器和启发式有内供暖管采用交联聚乙烯塑料管(PE—X),外径 20 mm,阀门采用铜质球阀,支管均采用暗敷设在本层地板下。固定塑料管,用扎带将塑料管绑扎在铺设于绝热层表面的钢丝网上,固定间距 500 mm。

(8) 油漆:镀锌管刷红丹防秀漆两遍,管道支架刷红丹漆两遍。

(9) 保温:DN15—DN25,离心玻璃棉管壳,保护层铝箔玻璃钢,DN15—DN25 阻燃橡管套厚 15 mm,水系统最高点设置放气阀,低点设置泄水阀。

(10) 空调系统:48 户共装单冷空调器 192 台,全部要求室外机暗装,主机和室内机连接电线、冷凝水、冷煤气管全部走暗管。

二、监理工作依据

(1) 本项目完整的施工图及有关技术说明。

(2) 工程招标、投标文件,建设工程施工合同及附件,业主与监理单位间的委托监理合同。

(3) 给排水工程项目的图纸会审纪要及变更通知。

(4) 建筑工程施工安装及验收规范,建筑安装工程质量评定标准。本监理细则编制所参考的相关资料如下:

①《建设监理概论》,地震出版社,1993 年。

②《建筑工程全面质量管理》,中国建筑工业出版社,1984 年。

③《建筑安装全面质量管理》,冶金工业出版社。

④《建筑安装工程质量检验评定标准》(合订本),中国建筑工业出版社,1988 年。

⑤《建筑安装工程质量检验评定统一标准》(GBJ 302—88)。

⑥《采暖与卫生工程施工及验收规范》(GBJ 242—82)。

⑦ 江苏省地方标准《建筑安装工程技术操作规程》(DB32/TPCJG)。

⑧《机械设备安装工程施工验收规范》(TJ 231)。

三、监理目标

(1) 质量控制目标:符合建筑行业质量协会水电安装分项"优良"标准。

(2) 造价控制目标:控制在中标价以内(工程变更除外)。

(3) 进度控制目标:加强同土建专业的配合,不拖后腿,不影响土建的施工,保证项目总工期的实现。

四、监理工作内容

(1) 检查水电安装分包单位资质证书、法人代表资质证书、技术负责人资质证书、检查分包合同或分包协议书。

(2) 检查施工人员上岗证和技术等级证书(电工、水工、电焊工)。

(3) 检查水电安装施工组织设计及施工方案。

(4) 检查施工设备等硬件质量。

(5) 监督并协助施工单位建立健全质量保证体系。

(6) 审查施工进场材料(水电安装)必须"三证"齐全,并按规定抽样复查。

(7) 检查施工环境与安全技术防护措施。

(8) 核定和会签实际变更及转发施工单位。

(9) 办理隐蔽工程的签证。

(10) 组织工程质量事故的分析和处理。

(11) 帮助施工单位解决技术困难,协调各专业、各工种间的配合。

(12) 认定工程质量、进度,并控制投资。

(13) 监督、配合水电安装专业的各项试验和调试。

(14) 督促、检查施工单位及时整理各种文件、试验记录、验收资料,组织分项工程验收。

(15) 负责初验,提出监理验收整改意见,参加竣工验收交接。

五、工程监理程序

工程监理程序见图 3.5。

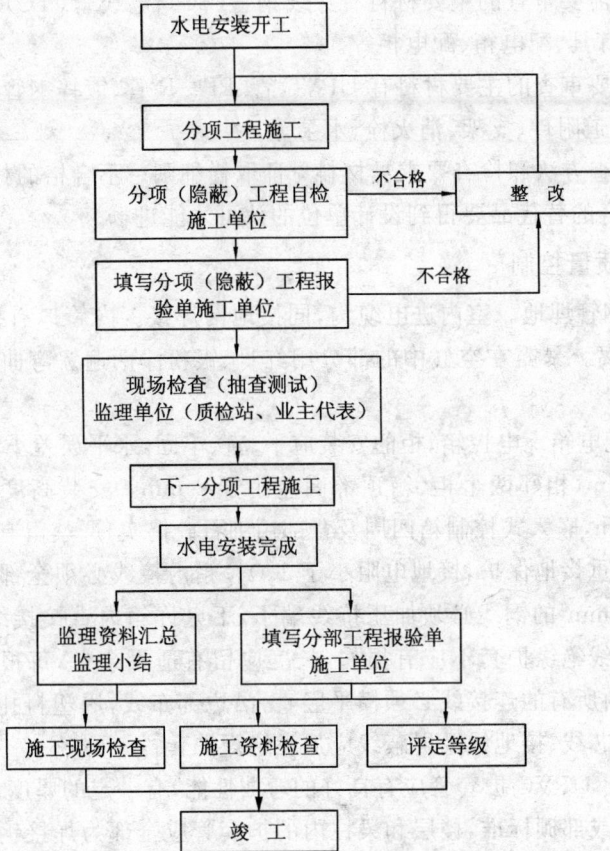

图 3.5 工程监理程序

六、关键质量控制点

1. 人的控制

主要是分包单位资质审查:

(1) 审查分包单位提交的资质证书、法人代表及技术负责人资质证书、分包合同或分包协议书。

(2) 检查施工人员上岗证、技术等级证书(电工、水工、电焊工)。

(3) 检查施工组织设计及施工方案。

(4) 如有资质不符的施工企业,汇报业主,建议取消其分包资格,如有不合格的施工人员,禁止其入场施工。

2. 材料的控制

主要包括进场材料、设备、配件的审查:

(1) 水电安装材料、设备、配件进场必须"三证"(产品合格证、质量保证书、产品出厂检验报告)齐全,各项指标应符合国家或部颁质量标准,规格、型号必须符合图纸设计,符合合同规定的品牌及生产厂家的要求,并按照有关规定进行抽验。

（2）电气安装需要审查的主要材料有穿线钢管（SC）、电线管（TC）、UPVC 管、电缆、电线、插座、开关、灯具、配电箱、配电柜等。

（3）水安装需要审查的主要材料有 UPVC 管、PP－R 管、镀锌钢管、阀门、法兰、卫生器具、管道配件、管道附件、支架、消火栓、水泵等。

（4）详细的检查方法和检查要求见材料见证取样细则。不合格的材料坚决不允许进场，规格型号不符合的替代品要得到设计单位的认可才能进场。

3．电气施工质量控制

（1）进线管、钢管埋地。室内进电缆沟，同接地网焊接。内管口有护管套、外管口有防水弯，水柏油防腐。暴露在空气中的部分用红丹、银粉漆两遍。弯曲半径大于 6D 时，严禁焊接直角弯。

（2）配电柜、配电箱。电控箱、柜的安装应平、直、牢固，水平误差小于 1 mm/m，垂直误差小于 1.5 mm/m，相邻两个柜、箱顶部高差小于 2 mm。安装高度符合设计图纸要求，偏差小于 10 mm，嵌入式控制箱四周及背部用细石砼捣实，严禁留有空洞。

电控箱应有双重接地保护，接地电阻小于 1 Ω。箱内接线必须全部上端子排（N、PE 排分开）。大于 10 mm² 的铜线必须加压接线端子，不允许箱内直接接线，箱内的线路不应有中间接头。导线绝缘护套不应有损伤，长度应留有适量余量，每根接线端子最多允许接两根芯线，箱内所有的连接线必须横平竖直，沿边部布线，用塑料扎线捆扎牢固。剥去外部护套的绝缘芯线、接地线及屏蔽线应加设绝缘护套。

（3）保护套管。UPVC 护套管应有良好的弯曲性能，有一定的厚度及强度，阻燃性等指标均应达到国家或部颁标准，楼层和梁柱内的护套管应全部为焊接钢管。保护管弯曲半径大于 6D，不能有破裂、起皱、孔洞，接头胶接牢固。直管长度大于 30 m 或弯曲角度大于 270°，应加接接线盒。按照设计要求选择管径，沿墙、沿地、沿顶棚暗敷，埋设在梁柱内部或双层钢筋网的中部，不允许埋没在钢筋的上部。保护管要有一定的水泥保护层，严禁靠模底、模边敷设，以防止拆模后裸露在外。敷设好的护套管要捆扎牢靠，焊接钢管要焊接牢固，并可靠接地；要加强护管，防止被水泥楼板压扁，防止浇筑砼时振捣破裂或是被砖块、模板压断。工作结束要清理现场，将散落在楼板梁柱内的废管、杂物清理干净。

（4）管内穿线。电缆电线应全部穿保护管暗敷，穿线前应清理保护管（吹气），不能损伤导线。

保护管内不允许有接头。电线的弯曲半径应大于外径的 3 倍。电线的连接应在接线盒、灯头盒、插座盒内，严禁将接头直接埋入混凝土或墙体粉刷层内。电线的颜色：零线为蓝色；地线（保护地）为双色线；火线为红、黄、绿色。为了避免混淆，不宜用黑色作为火线。火线与火线、零线、接地保护线，零线与保护地线之间的绝缘应大于 0.5 Ω。

（5）开关、插座盒、面板。开关、插座安装要平、直、牢。四周及背面不允许有孔洞，面板要紧贴墙面，和导线保护管的连接要有锁口固定，安装设计符合设计要求，同一房间高度差小于 5 mm，并排安装插座、开关顶部高度误差小于 2 mm。开关盒距门边、墙边150～180 mm，装在便于操作处。

（6）灯具。吊灯具安装要求平、直、牢固。圆木、先令、吊具配件齐全、完整。吊线长度适中,并且捆扎固定好。

吸顶灯具要安装牢固。圆木、先令配件齐全,灯具灯泡要正。圆木同顶、墙、柱抹灰要饱满、平整。接头应在接线盒内或先令内,不允许将线头直接埋在墙中。吊扇吊具要牢靠、安全,吊扇连接要接入瓷夹头内。

(7) 电话、电视、宽带网。电话线、电视、宽带网由小区控制箱接入7♯楼各家各户。

(8) 接地极。接地极应按设计要求将 40×4 扁钢,三面焊接(4 根主筋)。焊缝要求饱满、平滑,不得有夹渣、漏焊。从接地网上引 40×4 镀锌扁铁到配电柜,配电控制箱同外壳焊接,并且同时用大于 $16\ mm^2$ 的铜线同控制箱外表的接地极可靠连接(双重接地),再用 $10\ mm^2$ 铜线可靠连接到各配电箱的接地极,要求接地电阻小于 $1\ \Omega$。距地 $0.5\ m$ 处焊接接地测试点,嵌入墙体内,用接线盒封好。

(9) 构造柱内的主钢筋应同连接梁中的钢筋以及层顶避雷针可靠地焊接,确保接地电阻小于 $10\ \Omega$。

(10) 均压环。沿三层以上每二层做均压环,所有金属门窗均需要与均压环可靠焊接。防雷网通过引下线同所有的构造主筋可靠焊接。接地电阻小于 $10\ \Omega$。焊接部分刷防护漆。

4. 电气系统测试、检查

建筑电气安装工程保证资料核查要求:① 主要电气设备材料合格证;② 电气设备试验、调整记录;③ 绝缘、接地电阻测试记录;④ 材料进场申报单;⑤ 隐蔽工程验收记录;⑥ 竣工图。

具体的检查、测试项目如下:

① 配电控制箱:检查刀开关,空气自动开关是否灵活,分断是否安全可靠;

② 检查接地线是否双重接地。检查内部连线是否规范,检查水平度、垂直度、安装位置偏差;

③ 插座:检查是否符合设计要求,安装平、直、牢固,逐个试验左零右相以及接地是否牢靠;

④ 开关:检查安装位置,试验开关的开启是否灵活以及可靠性、平直度、牢固度;

⑤ 灯具:逐个试灯,看有无闪烁现象,检查安装是否牢靠;

⑥ 接地极电阻测试:用接地电阻测试仪在接地测试点、计量箱外壳、户控箱外壳测试,电阻应小于 $1\ \Omega$;测试时应综合考虑土质、季节等综合因素,认真做好记录;

⑦ 防雷网接地电阻测试方法:用接地电阻测试仪在屋顶的前沿、后沿、屋脊 3 条防雷网,每条 3 个点,至少 9 个点分别测试并记录,要求阻值小于 $10\ \Omega$;

⑧ 绝缘电阻测试:用 $500\ V$ 兆欧表分别测试火线与火线,火线与零线,火线与接地线,零线与接地线之间的绝缘电阻,应大于 $0.5\ M\Omega$;要求断开外线开关,连接室内户箱全部开关、插座测量;不应该仅测试几根进户线。

七、工程质量控制流程

1. 给排水安装工程质量程序控制流程图

(1) 安装前质量控制流程。

安装前质量控制流程如图 3.6 所示。

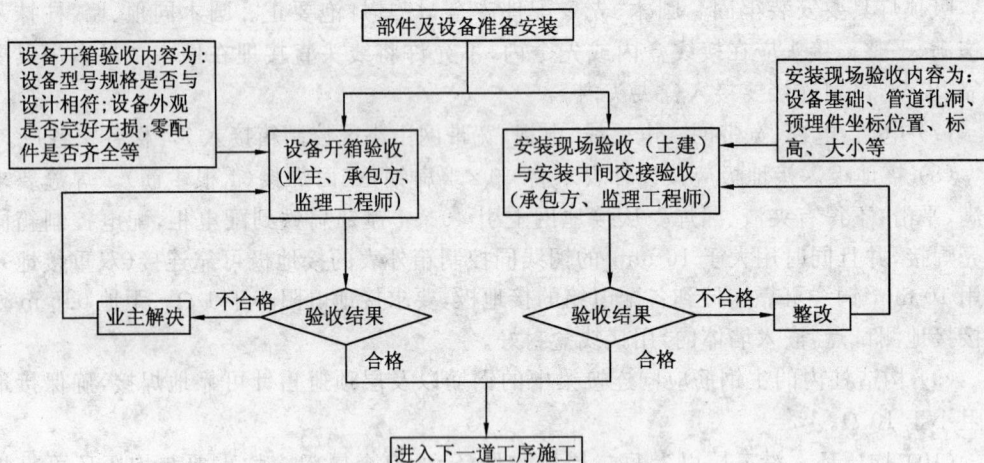

图 3.6　安装前质量控制流程

（2）设备安装质量控制流程。

设备安装质量控制流程如图 3.7 所示。

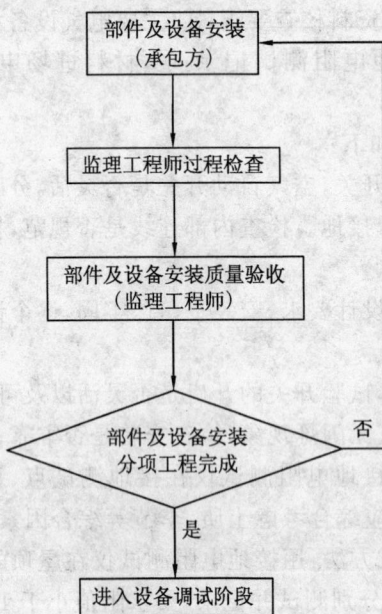

图 3.7　设备安装质量控制流程

（3）隐蔽工程质量控制程序。

隐蔽工程质量控制程序如图 3.8 所示。

图 3.8 隐蔽工程质量控制程序

2. 监理实施工作程序

监理实施工作程序如图3.9所示。

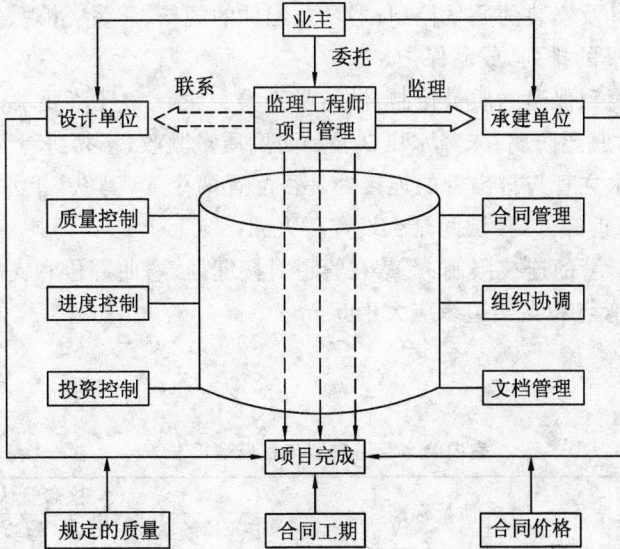

图 3.9 监理实施工作程序图

八、 工程质量控制要点

（1）实行全过程跟踪监理：开工前审查开工报告、施工技术措施；参与技术交底、图纸会审;材料、半成品质量要检验;工序质量要复检;分部、分项隐蔽工程要验收。

(2)实行全方位监理:督查到岗人员资质、组成;督查机械设备配置及状况;督查材料、半成品的准备和复检;督查施工技术措施的落实;协助调整作业环境。

(3)分层督查预留孔洞、预埋件的统计、制作,协调使其及时埋设,及时做隐蔽验收。确保孔洞和埋件数量、位置、大小、做品准确无误。督查预防砼或砂浆进入埋管的措施落实。

(4)卫生洁具的预留孔位应根据产品说明并与实物对照,校对施工单位提交的大样。

(5)拆模后及时查验预留孔、埋设件。

(6)检查管材及其配件是否具有出厂质保书和复检报告,其规格、质量、数量和外观均应符合设计要求,不合格者不予签证安装。

(7)管道支架的制作、安装质量控制点:是否按指定标准图集制作,安装位置是否准确、平顺、牢固,间距是否合理,坡度是否准确,防腐处理是否到位等。

(8)镀锌管丝接质量控制点:丝牙规格、质量,丝接质量,密封工艺等。

(9)钢管焊接、安装质量控制点:坡口、管口清理,焊接工艺,焊条,焊缝,焊工上岗证等。

(10)管道敷设避让原则:小管让大管,支管让主管,有压让无压,常温让高、低温。

(11)给水管道试压质量控制(试压标准):生活给水系统,消防给水系统不小于1.0 MPa;凡隐蔽管道必须先试压合格,经监理签证后方可隐蔽,按省有关技术操作规程执行。

(12)管道冲洗质量控制:用系统中水泵对各自系统分别进行冲洗,排出水与进水浊度相同为合格,冲洗水压保证出水口水压达到0.1 MPa为宜。

(13)卫生洁具及安装的质量控制:器具及配件的规格、质量、外观、安装,固定件质量及其做品,成排器具的排列,成品保护。

(14)管道防腐和保温的质量控制:做品是否符合设计和规范要求,管道及支架安装前是否经清理并做底层防腐;未经水压试验和防腐质量验收,不得进行管道保温作业。

(15)督查排水立管与排出管的连接处是否配置两个45°弯头,上水立管与横管的连接处是否配置有可拆卸件,楼层间是否设置阻火圈。

(16)支管与干管的连接限制:严禁在管道对接缝处、弯曲部位和支吊架处焊接,连接点距对焊接口、起弯点和支架边缘应大于5 cm。

附件

室内给水管道安装工程监理汇总表

项目类别		项目	质量标准	检验及认可		
				检验方法	检验频率	认可程序
保证项目	1	水压试验	隐蔽管道和给水、消防系统的水压试验结果,必须符合设计要求和施工规范规定	检查系统或分区(断)试验记录	按系数全数检查	承包人自检合格后,报专业监理工程师复检认可
	2	管道铺设	管道及管道支座(墩)严禁铺设在冻土和未经处理的松土上	观察检查或检查隐蔽工程记录		
	3	系统吹洗	给水系统竣工后或交付使用前必须进行吹洗	检查吹洗记录		

续表

项目类别	项目		质量标准	检验及认可		认可程序
				检验方法	检验频率	
基本项目	1	坡度	合格:坡度的正负偏差不超过设计要求坡度值的1/3 优良:坡度符合设计要求	用水准仪(水平尺)拉线和尺量检查或检查隐蔽工程记录	按系统内直线管段长度每50 m抽查两段,不足50 m不少于一段;有分隔墙建筑,以隔墙为分段数,抽查5%,但不少于5段	
	2	钢管螺纹连接	合格:管螺纹加工精度符合国标《管螺纹》(GB3289.1~3289.39-82)规定,螺纹清洁、规整,断丝或缺丝不大于螺纹全扣数的10%;连接牢固,管螺纹外部有外露螺纹,镀锌钢管无焊接口。 优良:在合格基础上,螺纹无断丝;镀锌钢管和管件的镀锌层无破损,螺纹露出部分防腐良好,接口处无露油麻等缺陷	观察和解体检查	不少于10个接口	
		钢管卡箍连接	合格:符合国标	管口应平整,无缝隙	不少于10个接口	
		PP-R管熔接	合格:符合国标	管材管件连接应清洁、干燥	不少于10个接口	
	3	管道支(吊、托)架及管座(墩)安装	合格:构造正确,埋设平整牢固 优良:在合格基础上,排列整齐,支架与管子接触紧密	观察或用手扳动检查	各抽查5%,且均不少于5件	
	4	阀门安装	合格:型号、规格、耐压强度和严密性试验结果,符合设计要求和施工规范规定,位置、进出口方向正确;连接牢固紧密。 优良:在合格基础上,启闭灵活,朝向合理,表面洁净	用手扳动检查和检查出厂合格证、试验单	按不同规格型号抽查全数的5%,且不少于10个	
	5	埋地管道防腐层	合格:材质和结构符合设计要求和施工规范规定,卷材与管道以及各层卷材间粘贴牢固。 优良:在合格基础上,表面平整,无皱褶、空鼓、滑移或封口不严等缺陷	观察或切开防腐层检查	每20 m抽查一处,且不少于5处	
	6	管道、箱类和金属支架涂漆	合格:油漆种类和涂刷遍数符合设计要求,附着良好,无脱皮、起泡和漏涂。 优良:在合格基础上,漆膜厚度均匀,色泽一致,无流淌及污染现象	观察检查	各不少于5处	

管道附件及卫生器具给水配件安装工程质量监理汇总表

项目类别	项目		质量标准	检验及认可		
				检验方法	检验频率	认可程序
保证项目	1	自动喷洒	其喷头布置、间距和方向必须符合设计要求和施工规范规定	观察、对照图纸及规范检查	全数检查	承包人自检合格后,报专业监理工程师复检认可
基本项目	1	水表	合格:表外壳距墙表面净距离为10～30 mm,水表进水口中心距地面高度偏差不大于20 mm。 优良:在合格基础上,安装平正,水表进水口中心距地面高度偏差小于10 mm	观察和尺量检查	抽查10%,且不少于5个	
	2	箱式消火栓	合格:栓口朝外,阀门距地面、箱壁的尺寸符合施工规范规定。 优良:在合格基础上,水龙带与消火栓和快速接头的绑扎紧密并卷折,挂在托盘或支架上		系统的总组数少于5组全检,大于5组抽查50%,且不少于5组	
	3	卫生器具给水配件	合格:镀铬件完好无损伤,接口严密,启闭部件灵活。 优良:在合格基础上,安装端正,表面洁净,无外露油麻	观察和启闭检查	各抽查10%,但不少于5断	

室内给水管道附属设备安装工程监理汇总表

项目类别	项目		质量标准	检验及认可		
				检验方法	检验频率	认可程序
保证项目	1	水泵安装	水泵就位前的基础混凝土强度、坐标、标高、尺寸和螺栓孔位置必须符合设计要求和施工规范规定	检查交接记录或数据,根据设计图纸对照检查	全数检查	承包人自检合格后,报专业监理工程师复检认可
	2	水泵试运转	轴承温升必须符合施工规范规定	检查温升测试记录		
	3	水箱试验	敞口水箱的满水试验和密闭水箱的水压试验必须符合设计要求和施工规范规定	检查灌水和测试记录		
基本项目	1	水箱支架或底座安装	合格:尺寸及位置符合设计要求;埋设平整牢固。 优良:在合格基础上,水箱与支架(座)接触紧密	观察、对照设计图纸,对照检查		

室内排水管道安装工程监理汇总表

项目类别	项目		质量标准	检验及认可		认可程序
				检验方法	检验频率	
保证项目	1	灌水试验	隐蔽的排水管道和雨水管道的灌水试验结果,必须符合设计要求和施工规范规定	检查区段灌水试验记录	全数检查	承包人自检合格后,报专业监理工程师复检认可
	2	管道坡度	必须符合设计要求和施工规范规定	检查隐蔽工程记录或用水准仪(水平尺)拉线和尺量检查	按系统内直线管断长度每 30 m 抽查两段,不足 30 m 不少于一段	
	3	管道铺设	管道及管道支座(墩)严禁铺设在冻土和未经处理的松土上	观察检查或检查隐蔽工程记录	全数检查	
	4	排水塑料管	必须按设计要求设伸缩节;如设计无要求,伸缩节按不大于 4 m 设置	观察和尺量检查	不少于 5 个伸缩节区间	
	5	通水试验	排水系统竣工后的通水试验结果,必须符合设计要求和施工规范规定	通水检查或检查通水试验记录	全数检查	
基本项目	1	承插和套箍接口(金属和非金属管道)	合格:接口结构和所用的填料必须符合设计要求和施工规范规定;捻口密实、饱满;填料凹入承口边缘不大于 5 mm,且无抹口。优良:在合格基础上,环缝间隙均匀,灰口平整、光滑,养护良好	用尺量并用锤轻击检查	不少于 10 个接口	
	2	管道支架及管座(墩)	合格:构造正确,埋设平整牢固。优良:在合格基础上,排列整齐,支架与管子接触紧密	观察或用手扳动检查	各抽查 5%,且均不少于 5 件(个)	
	3	管道、箱类和金属支架涂漆	合格:油漆种类和涂刷遍数符合设计要求,附着良好,无脱皮、起泡和漏涂。优良:在合格基础上,漆膜厚度均匀,色泽一致,无流淌及污染现象	观察检查	各不少于 5 处	

卫生器具安装工程监理汇总表

项目类别	项目		质量标准	检验及认可		认可程序
				检验方法	检验频率	
保证项目	1	卫生器具排水口连接	卫生器具排水的排出口与排水管承口的连接处必须严密不漏	通水检查	各抽查10%,且均不少于5个接口	承包人自检合格后,报专业监理工程师复检认可
	2	器具排水管径和坡度	卫生器具排水管径和最小坡度必须符合设计要求和施工规范规定	观察或尺量检查	各抽查10%,且均不少于5处	
基本项目	1	卫生器具	合格:木砖和支、托架防腐良好,埋设平整牢固,器具放置平稳。 优良:在合格基础上,器具表面洁净,支架与器具接触紧密	观察或尺量检查	各抽查10%,且均不少于5个	
	2	地漏	合格:平正、牢固、低于排水表面,无渗漏。 优良:在合格基础上,安装端正,接触紧密	观察或手扳动检查	各抽查10%,且均不少于5组	

建筑消防工程监理细则

一、总 则

（1）为加强消防工程施工安装质量管理，规范消防工程施工安装单位质量管理行为，提高消防工程施工安装质量，根据有关消防法规、技术标准，制定消防工程施工安装质量管理要点。

（2）消防工程质量管理应贯彻"百年大计、质量第一"的方针，执行有关消防法规和技术标准。

（3）消防工程质量管理应当遵循相关质量管理标准，建立完善的质量管理体系，编制规范化的体系文件，强化质量控制、技术管理及工程保修等重点环节的管理，保证工程质量。

二、监理组织与内容

1. 监理机构和职责

消防工程施工监理实行企业和项目部二级质量管理。

施工方对工程质量负全责，负责制订企业质量方针、目标，对重大质量工作进行决策，组织编制、批准发布质量手册，建立健全企业质量体系。

项目监理部负责对施工方质量体系及其具体实施进行控制。

2. 质量检验

消防工程应实行三级质量检验制度：施工方自检，监理复检，消防主管部门最终检验。

施工班组在施工中，进行自检，质检员进行专职复检，项目经理部负责项目的最终检验。

工程进行检验后都要如实记录并报企业质保部进行复查，不合格的应责令返工直至合格。

最终检验合格后，出具书面申请竣工验收报告，连同有关资料提交建设单位，凭公安消防机构验收合格的法律文书方可办理移交使用手续。

3. 质量事故处理

制定质量事故标准，建立质量事故处理机制。质量事故一般分为一般事故和重大事故，一般事故可由项目经理部负责处理，重大事故应由监理参加、设计和建设单位组织处理。

4. 质量否决权

施工监理对消防工程安装资质、项目部组成人员、特殊工种人员进行核查,并视审查结果决定是否批准。不允许工序不合格者流到下一工序,更不允许检验不合格工程交付验收。

施工过程中如发现设备、材料、设施、设计等问题,应责成施工方对质量问题认真整改,经复查合格并签字认可后方可继续施工。

三、监理控制方法

1. 施工质量控制流程

施工监理质量控制流程主要包括下列阶段:前期准备、现场施工审批、隐蔽工程验收、检验与试验、系统调试、工程验收。

各系统施工质量控制流程详见附件1。

2. 设备、材料质量管理

建立设备材料采购供应制度,明确专人负责。对无生产许可证、无检测报告、无使用说明书、无合格证、无商标的设备材料严禁采购或使用。设备材料进场时应当场进行检查,并如实填写检查记录,不符合有关要求的不得进场安装。特别是建设单位提供的设备材料,如不符合产品质量要求,监理有权拒绝接受。

3. 质量管理资料

按统一质量记录表如实填写。质量管理资料不全的消防工程,不得交付验收。消防工程施工安装质量记录详见附件2。

4. 档案管理

消防工程应逐个建立工程竣工资料档案。

四、消防工程质量跟踪服务

(1)消防工程实行质量保修。工程竣工验收时必须同时提交质量保修书,质量保修书中应明确保修范围、保修期限和保修责任。

(2)消防工程的保修期限一般为2年。保修期自竣工验收合格之日起计算。

(3)消防工程在保修期和保修范围内发生质量问题时,施工单位应当履行保修义务。

(4)保修期满后,可按有关规定签订消防设施维护保养协议(合同)。

(5)消防工程实行质量回访制度。工程交付后,应逐个建立工程保修档案,保修期内应定期组织回访,并如实填写工程质量回访记录表。

附件 1 各系统施工质量控制流程

火灾自动报警系统施工质量控制流程

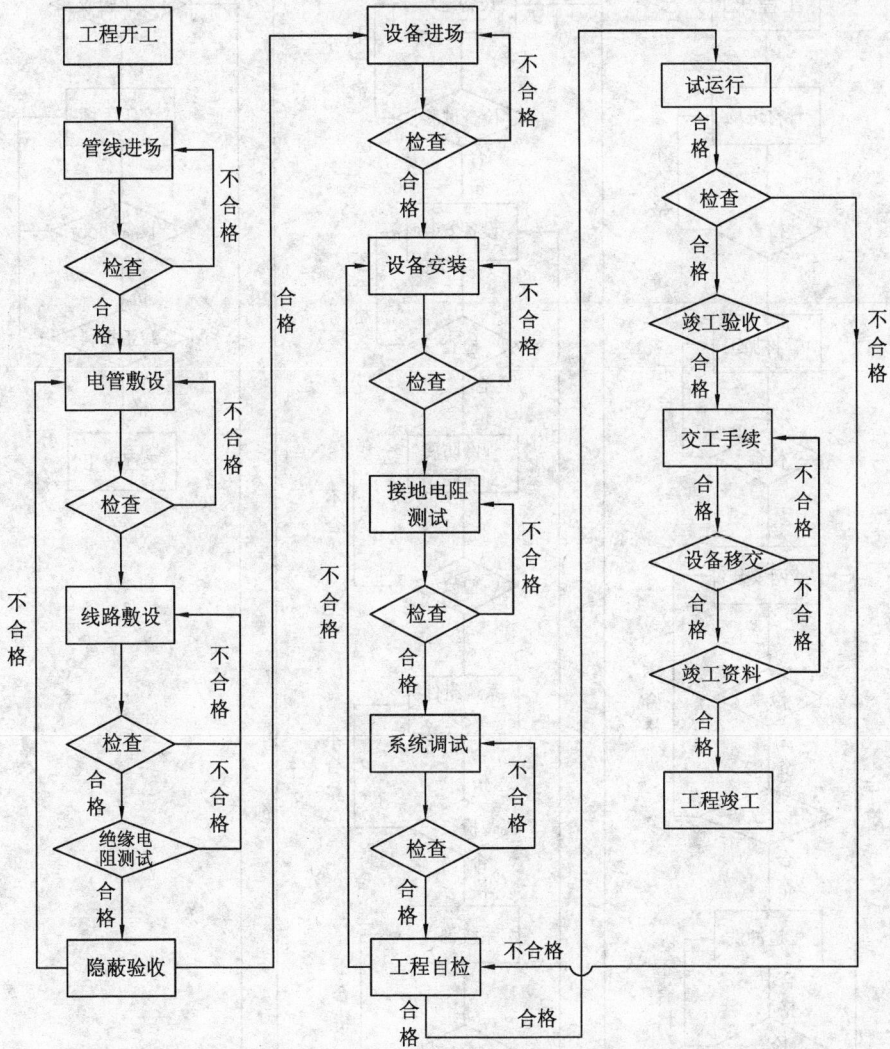

```
┌────────┐              ┌────────┐              ┌────────┐
│ 工程开工 │              │ 设备进场 │              │ 试运行  │
└───┬────┘              └───┬────┘   不合格      └───┬────┘
    │                      │          │             │ 合格
┌───┴────┐              ┌───┴────┐     │         ┌───┴────┐
│ 管线进场 │   不合格      ╱ 检查 ╲────┘        ╱ 检查 ╲────┐
└───┬────┘     │         ╲      ╱              ╲      ╱  不合格
    │          │           │ 合格                │ 合格     │
  ╱ 检查 ╲──────┘         ┌─┴──────┐           ┌─┴──────┐  │
  ╲      ╱   合格         │ 设备安装 │  不合格    ╱ 竣工验收╲  │
    │ 合格               └───┬────┘    │       ╲      ╱  │
┌───┴────┐                  │         │         │ 合格     │
│ 电管敷设 │   不合格        ╱ 检查 ╲────┘       ┌─┴──────┐  │
└───┬────┘     │           ╲      ╱            │ 交工手续│  │
    │          │             │ 合格          └───┬────┘ │
  ╱ 检查 ╲──────┘         ┌───┴────┐             │ 合格   │
  ╲      ╱               │ 接地电阻 │  不合格     ┌─┴──────┐│
    │ 合格               │  测试  │    │        ╱ 设备移交╲ │
┌───┴────┐              └───┬────┘    │        ╲      ╱  │
│ 线路敷设 │   不合格         │          │          │ 合格    │
└───┬────┘     │           ╱ 检查 ╲────┘       ┌───┴────┐│
    │          │           ╲      ╱            │ 竣工资料││
  ╱ 检查 ╲──────┘             │ 合格          └───┬────┘│
  ╲      ╱  不合格         ┌───┴────┐             │ 合格  │
    │ 合格               │ 系统调试 │  不合格    ┌───┴────┐│
  ╱绝缘电╲               └───┬────┘    │       │ 工程竣工││
  ╲阻测试╱                  │          │       └────────┘
    │ 合格               ╱ 检查 ╲────┘
┌───┴────┐              ╲      ╱
│ 隐蔽验收 │                │ 合格
└────────┘              ┌───┴────┐
                        │ 工程自检 │
                        └────────┘
```

水、泡沫灭火系统施工质量控制流程

工程开工 → 管材进场 → 检查（不合格 → 管材进场） → 管材加工 → 检查（不合格 → 管材加工） → 管网安装 → 检查 → 合格 → 压力试验（不合格 → 管网安装） → 合格 → 管道冲洗 → 检查（不合格 → 管道冲洗） → 合格 → 隐蔽工程验收 → 合格

设备进场 → 检查试验（不合格 → 设备进场） → 合格 → 设备安装 → 检查（不合格 → 设备安装） → 合格 → 管网防腐保温 → 检查（不合格 → 管网防腐保温） → 系统组件安装 → 合格 → 检查（不合格 → 系统组件安装） → 合格 → 系统调试 → 检查（不合格 → 系统调试） → 合格 → 工程自检 → 合格/不合格

竣工验收 → 合格 → 交工手续 → 设备移交 → 合格 → 竣工资料 → 合格 → 工程竣工

气体灭火系统施工质量控制流程

```
工程开工
   │
   ▼
管材进场 ◄──────── 不合格
   │
   ▼
检查 ─── 合格 ─── 不合格
   │
   ▼
管材加工 ◄──────── 不合格
   │
   ▼
检查 ─── 合格 ─── 不合格
   │
   ▼
管道安装 ◄──────── 不合格
   │
   ▼
检查 ─── 合格 ─── 不合格
   │
   ▼
试验 ─── 合格
   │
   ▼
管道防腐 ◄─── 合格
   │
   ▼
检查
   │
   ▼
管道组件安装 ◄──── ①
```

```
检查 ──────── ① ② 不合格 / 不合格
   │ 合格
   ▼
隐蔽工程验收 ──── 合格
   │ 合格
   ▼
设备进场 ◄──── 不合格
   │
   ▼
检查试验 ◄──── 合格
   │ 合格
   ▼
设备安装 ◄──── 不合格
   │
   ▼
检查 ─── 合格 ─── 不合格
   │
   ▼
系统调试 ◄──── 不合格
   │
   ▼
检查 ─── 合格 ─── 不合格
   │
   ▼
工程自检 ◄──── 不合格
   │ 合格
   ▼
竣工验收 ──── 合格
```

```
交工手续 ◄──── 不合格
   │
   ▼
设备移交 ─── 合格 ─── 不合格
   │
   ▼
竣工资料 ─── 合格
   │
   ▼
工程竣工
```

防(排)烟系统施工质量控制流程

```
工程开工                    设备进场 ←── 不合格
   ↓                          ↓
管材进场 ←── 不合格         检查试验
   ↓                        合格
  检查                        ↓
   ↓ 合格                   瓶组安装 ←── 不合格        交工手续 ←── 不合格
管材加工 ←── 不合格           ↓                          ↓            ── 不合格
   ↓                        检查                       设备移交
  检查                        ↓ 合格                    合格
   ↓                       管网防腐 ←── 不合格            ↓
管网安装 ←── 不合格           ↓                        竣工资料 ←── 不合格
   ↓                        检查                        合格
  检查 ── 不合格              ↓ 合格                      ↓
   ↓ 合格                   系统调试 ←── 不合格         工程竣工
 压力试验 ── 不合格           ↓
   ↓                        检查
管道清洗 ←── 不合格           ↓ 合格
(吹扫)                     工程自检 ←── 不合格
   ↓                        ↓ 合格
  检查 ── 不合格            竣工验收
   ↓ 合格
隐蔽工程 ── 合格
 验收
```

防(排)烟系统施工质量控制流程

附件 2

消防工程安装施工质量记录

施工单位：_____

审　　核：_____

批　　准：_____

日　　期：_____

项目经理部组成人员名册

姓　　名	职　　务	职　　称	备　　注

说明：任命文件附后。

建筑网架结构专业监理实施细则

一、工程概况

某体育馆屋面檐高 22.369 m,最高点标高 30.584 m,南北间跨度 75.454 m,东西向最大跨度 99.54 m,设计防火等级二级,钢网架耐火时间 1 h,钢管柱耐火时间 2.5 h。

(1) 工程内容:球面形屋盖,波形彩钢瓦屋面,50 mm 厚袋装超细玻璃棉保温,有肋钻孔吸音铝板,檩条分主、次,钢板天沟。网架下平面设有通往各处的马道,四角设有钢管砼组合柱。

(2) 结构类型:球面形球节点全钢网架结构,钢管砼组合柱。

(3) 工程质量等级:优良。

(4) 工程特点:网架跨度大,不仅制作、预拼装、现场安装难度大,安装精度要求也较高;钢管砼组合柱施工在本地区尚属新内容。

二、钢网架结构质量控制要点

根据本工程特点,设置如下施工监理要点:

(1) 专业施工准备;

(2) 专业施工放样;

(3) 材料质量验收;

(4) 预埋件制作质量验收;

(5) 预埋件施工及中间交接;

(6) 钢结构构件制作检查验收;

(7) 焊接质量检查验收;

(8) 钢结构安装质量检查验收;

(9) 普通涂装和防火涂料质量验收;

(10) 屋面质量检查验收;

(11) 质量保证资料检查验收。

三、钢网架结构拼装工程质量控制

1. 拼装质量保证措施

(1) 钢材的品种、型号、规格及质量应符合设计要求和国家现行有关标准的规定。检查钢材质量证明书及复试报告。钢材规格用钢尺或卡尺检查。

（2）焊接球、螺栓球以及高强螺栓、锥头、封板、套筒和杆件等的规格、品种和质量应符合设计要求和国家现行有关标准规定。检查质量证明书、出厂合格证和试验报告。

（3）对焊接节点按设计采用的钢管与球焊接成试件，进行单向轴心受拉和受压的承载力试验。螺栓球节点对成品球最大螺栓孔的螺纹进行抗拉强度试验。

（4）由于施工周期问题，焊接球拼装前应除锈并涂刷可焊性防锈涂料。

（5）网架结构拼装时不得强制变形。

2．拼装质量验收标准

拼装后焊接球、螺栓球及杆件外观质量标准：球表面局部凹凸不大于 1.0 mm，表面油污、飞溅物等清理干净。用弧形套模、塞尺和观察检查。

3．允许偏差

允许偏差应符合 GB 50221—95 相关规定。

四、钢网架结构安装工程质量控制

1．安装质量保证措施

（1）节点配件和杆件应符合设计要求和国家现行标准规定。配件和杆件的变形必须矫正。观察和检查质量证明书、出厂合格证。

（2）基轴线位置、柱顶面标高和砼强度必须符合设计要求和国家现行标准规定。检查复测记录和试验报告。

2．安装质量验收标准

网架结构节点及杆件外观质量标准：表面干净，无焊疤、泥沙、污垢。

3．网架结构屋面工程完成后的挠度值

测点的挠度平均值应小于设计值的 1.12 倍；测量下弦中央点及各向下弦跨度四等分点处。

4．允许偏差和检测方法

网架结构安装的允许偏差和检测方法参照 GB 50221—95 相关规定执行。

五、钢网架结构防火涂料涂装工程质量控制

1．防火涂装工程质量保证措施

（1）钢网架防火涂料的品种和技术性能应符合耐火 1 h 的设计要求，并经过国家检测机构检测符合国家现行有关标准的规定。检查生产许可证、质量证明书、检测报告及抽验报告。

（2）钢管柱防火涂料的品种和技术性能应符合耐火 2.5 h 的设计要求，并经过检测机构检测符合国家现行有关标准的规定。检查生产许可证、质量证明书、检测报告及抽

检报告。

（3）钢结构防火涂料涂装工程应由经批准的专业施工单位负责施工。检查批准文件、企业资质证书原件。

（4）防火涂料涂装的基层应无油污、灰尘和泥沙等污垢。

（5）防火涂料涂层不得误涂、漏涂，涂层应无脱层和空鼓。

（6）薄型防火涂料的涂层厚度应符合设计和产品说明书要求。检测方法参照《钢结构防火涂料应用技术规程》。

2. 防火涂料质量验收标准

（1）防火涂料涂层的外观质量标准：涂层应颜色均匀，轮廓清晰，接槎平整，无凹陷，粘接牢固，无粉化松散和浮浆，乳突已剔除。

（2）防火涂料涂层表面应无明显裂纹。

（3）厚涂型防火涂料涂层的厚度应符合设计要求。检测方法参照《钢结构防火涂料应用技术规程》。

3. 允许偏差与检测方法

厚涂型防火涂料涂层表面平整度的允许偏差和检测方法应符合 GB 50221—95 相关规定。

➡ 轻钢结构建筑工程监理实施细则

一、概　述

总建筑面积:约 111 682 m²;占地面积:31 216 m²;建筑层数:单层厂房共 25 980 m²、研发楼 12 层共 70 000 m²、其他建筑 15 600 m²、地下车库 14 530 m²;防水等级:屋面为Ⅲ级;抗震设防:类别为丙类、7 度抗震设计,钢筋混凝土排架抗震等级为 3 级;建筑耐火等级:2 级;建筑耐久年限:2 级 50 年;生产类别:戊类;安全等级:2 级;建筑高度:12.80 m;设计单位:某建筑设计咨询有限公司;建筑安装工程单位:土建为某建设有限公司、钢构施工未定;工程监理单位:南京钟山工程建设咨询有限公司。

建筑、结构、设备特征如下:

(1) 主要结构:钢筋混凝土柱、钢结构屋面、砖砌围护墙的排架结构。

(2) 地基与基础工程:C25 钢筋混凝土独立基础,防潮层 20 mm 厚、采用 1:2 水泥砂浆掺 3%防水剂。

(3) 砌体工程:±0.0 以下为 Mu10 的 KP1 多孔砖、M7.5 水泥砂浆砌筑,±0.0 以上为 Mu10 的 KP1 多孔砖、M7.5 混合砂浆砌筑。

(4) 钢结构:钢板为 Q235-B 合格板材。梁上下翼缘板和腹板用加弧对焊,焊缝质量为 2 级。焊接用 E43 焊条。梁柱连接用 10.9 级高强螺栓,檩条连接为普通螺栓。

(5) 涂装工程:钢构除锈后刷富锌环氧底漆二遍,防火漆为防火极限 1.5 h。

(6) 屋面工程:屋面外板用彩钢板(镀锌层量 180 g/m²)、Z 型冷弯薄型钢檩条。

(7) 给排水系统:生活污水采用有伸顶通气立管的单排水系统。雨水为虹吸式不锈钢雨水斗,管材为 HDPE。室内排水管为双壁波纹 UPVC 管,给水为 PP-R 管。消防管为热镀锌钢管。消火栓给水系统室外流量 20 L/s,室内流量为 10L/s,火灾延时 2 h。

(8) 电气系统包括供配电、室内照明及配电、通讯、防雷与接地系统。本供配电为 3 类负荷,电源引自本建筑内配电所,供电压 220 V/380 V。防雷按 3 类建筑物设计,避雷带为 φ10 镀锌圆钢。利用柱内主筋引下,基础内主筋焊接成闭合回路为电阻不大于 1 Ω 接地装置。

二、项目监理控制目标

质量控制目标为合格。

总工期控制目标:以业主与承包商、供货商签订的各类合同所确定的合同工期为控制目标。

总投资控制目标:以业主与承包商签订的施工承包合同所确定的合同价为基础,减少工程变更,协助业主压缩控制总投资额。

安全监理控制目标:无重大施工事故,杜绝监理责任事故。

三、服务范围

(1) 建设阶段的服务内容:施工阶段及保修阶段监理。

(2) 服务涵盖的工程内容:地基基础、主体、装饰工程。

(3) 管理服务范围:以质量控制为主要任务,控制形象进度,协助业主进行投资控制,协调工程进度和合同管理,负责信息管理。

四、施工阶段监理内容

组织设计交底和施工图会审,审查施工单位的施工组织设计和施工技术方案,提出修改意见;监督、检查施工技术措施和承建单位质量保证体系及安全防护措施的落实;监督管理工程施工合同的履行,调解合同双方的争议,处理索赔事项;监督、见证、抽查工程材料、构配件和设备的规格和质量;监督、签认工序质量;组织分部、分项工程验收,隐蔽工程验收和中间验收;组织竣工预验收,参加竣工验收,协调竣工交接;接受业主委托的其他任务。

五、监理机构

略。

六、建设监理依据

(1)《中华人民共和国建筑法》;

(2)《建筑工程质量管理条例》;

(3) 建设部和省市有关建设监理规定;

(4) 业主提交的与承建商、供货商签订的合同及协议;

(5) 业主提交的本工程项目施工图纸及说明;

(6) 房屋建筑部分强制性条文;

(7) 国家和省市现行建筑工程质量评定标准及施工验收规范;

(8) 省现行预算定额,取费标准及有关建设管理法规条例;

(9) 业主与监理单位签订的建设监理合同。

七、投资控制

1. 总投资的跟踪控制

(1) 协助业主使造价得到有效控制。

(2) 会同承建商一起理顺各分部工程分项价款,作为控制的子目标。

(3) 根据工程进度计划,协助业主拟订季度资金使用计划。

(4) 认真核实实物工程量,协助业主审核拨付进度款。

2. 投资控制的组织措施

(1) 协助业主进行全过程工程造价控制。

(2) 总监理工程师负责审核有关造价事宜及涉及甲、乙双方权益的技术经济签认手续。

八、设计变更的控制

(1) 加强施工技术方案审核,避免施工单位由于施工工艺、材料、设备等问题产生的变更。

(2) 慎重对待工程变更和设计修改,变更前要责成甲、乙双方进行必要的技术经济分析并签证。

(3) 设计变更作业程序,见监理工作流程。

九、加强工程进度计划控制,避免施工单位不必要的索赔

(1) 与设计单位密切配合,及时发送修改图。

(2) 做好土建、安装及其他外部环境的协调、配合工作。

(3) 做好监理日志、工程大事记、进度计划审批、工期延长审批工作。一旦发生索赔事件,要有充分的文字依据,足以按"有理、有据、有度"公平合理的原则处理索赔事件。

十、工程款支付

(1) 核实工程量,进行实物量确认,及时对已完工程进行计量验收,审核施工单位提交的阶段工作量,协助业主按时办理支付进度款。

(2) 协助承建单位按合理工期组织施工;审查工程款支付,坚持按合同条款办事,防止过早、过量的现金支付。严格按"工程款支付程序"办事。

十一、费用索赔的控制

1. 索赔受理的条件

(1) 因建设单位不能完全履行合同义务,致使承包单位遭受损失的费用索赔;

（2）索赔事件发生后，承包单位在合同规定的时限内，向总监提交了书面费用索赔意向报告，以及索赔事件的详细资料和证明材料；

（3）索赔事件终止后，承包单位在合同规定的时限内，向总监提交了正式的费用索赔申报表。

2. 费用索赔的控制原则

（1）有理性原则：符合合同规定，符合程序和时限规定，申请方确实遭受了损失，理由充分。

（2）有据性原则：费用索赔申请资料真实、齐全，满足评审的需要，申请的合同依据正确。

（3）有度性原则：索赔金额的计算原则与方法恰当，单价合理，与监理所掌握的资料一致。

十二、进度控制

1. 进度控制目标

（1）控制目标：2006 年 9 月 6 日开工，2006 年 12 月 6 日竣工。

（2）工期编排依据施工图编制，以土建、钢构工程为主轴，安装交叉穿插安排。监理部进场后，立即编制进度实施控制计划。

（3）施工单位依据施工合同工期编制施工总进度计划确定的阶段计划，为监理进度分段控制目标。

2. 进度控制的措施

（1）审查施工组织设计和进度计划与施工方案的协调性、合理性和可行性；

（2）核查施工单位的材料、设备计划是否满足工程进度的要求；

（3）协助施工单位进行计划协调工作，每周工程例会协调计划工作，通报各施工单位进度情况、存在的问题及下周的安排，解决施工中的相互协调配合问题；

（4）当出现工期延误时，要求施工单位采取有效措施加快施工进度，监理工程师给予其技术上的支持和帮助。

十三、质量控制

1. 项目质量控制目标

项目质量控制目标为优良。

2. 项目质量控制要点

根据本工程特点，设置如下施工监理要点：

（1）专业施工准备；

（2）专业施工放样；

（3）材料质量验收；

（4）预埋件制作质量验收；

（5）预埋件施工及中间交接；

（6）钢结构构件制作检查验收；

（7）拼装焊接质量检查验收；

（8）钢结构安装质量检查验收；

（9）普通涂装和防火涂料质量验收；

（10）屋面质量检查验收；

（11）质量保证资料检查验收。

3. 轻钢结构安装工程质量控制

轻钢结构工程安装质量保证措施：轴线位置、柱顶面标高和砼强度必须符合设计要求和国家现行标准规定。检查复测记录和试验报告。

轻钢结构工程安装质量验收（外观质量）：表面干净，无焊疤、泥沙、污垢，屋面工程完成后的挠度、钢构垂直度合格，连接牢固，防火涂料涂装工程质量合格等。

4. 质量控制方法及措施

（1）质量的事前控制：

① 在审查施工组织设计时，把施工单位质量保证体系的完善作为重点之一；自始至终对施工单位质量保证体系，及其施工人员、材料、机械设备、工艺方法、施工环境进行严密监控，包括分包单位主要技术负责人是否到位到职。

② 组织设计交底、施工图会审，核对设计文件的完整性、一致性，消除碰、漏、错；熟读设计图纸，提交审查记录和设备、构配件表。

③ 协助施工单位做好现场定位轴线及高程标桩的测设。

④ 审核材料出厂证明、质保证书，实行必要的抽样复试。

⑤ 施工现场使用的衡器、量具、计量装置设备应有技术合格证，使用前应进行校验、校正。

⑥ 分项工程施工前明确各分项工程的质量标准、检测评定方法和监理质量控制要点和控制措施并上墙；明确工序检测的控制点、见证点和停止点。

⑦ 主动向总监汇报质量控制工作状况。

（2）质量的事中控制：

① 参与工种技术交底，指导并审查放样，及时办理分项工程和工序交接验收，做好分项工程质量评定，鼓励提高工艺水平。

② 在各分项工程质量评定基础上，及时做好分部工程质量评定，协助施工单位总结经验，促其提高质量控制管理水平。

③ 按程序办理变更手续，及时排除图纸中的问题。

④ 行使质量监督权，下达停工令。当出现下述情况之一时，按授权指令施工单位立即停工整改：未经检测即进行下一道工序作业；工程质量下降经指出后，未采取有效改正措施，或采取了一定措施，而效果不好，继续作业；擅自采用未经认可或批准的材料；擅自变更设计图纸的要求；没有可靠的质量保证措施贸然施工，已出现质量下降征兆。

⑤ 对混凝土浇筑、钢结构吊装等关键环节施工实行旁站监理，一般工序实行跟踪检

查和工序验收、抽检相结合的方式实行监理。

（3）质量的事后控制：

① 完善质量报表、质量事故的报告制度，每月向监理部报告项目进度计划报表。

② 按分项工程质量标准和检测评定方法，组织各项预验收试验。

③ 协助并督促施工单位整理工程技术文件资料并编目建档，编制完整的竣工图。

④ 做好总结工作，及时提交专业施工监理小结。

（4）工程质量事故的处理：

凡可能发生严重影响使用功能或工程结构安全的质量隐患，或造成永久性质量缺陷的一般质量事故，均应向总监理工程师及时报告，并协助有关部门调查处理。

（5）质量控制的组织措施：

① 总监理工程师协调总领，各专业监理工程师负责本专业技术、质量、签证、安全；分工明确，监督有序。

② 严格执行"在项目实施过程中，未经监理人员签字认可，建筑材料、构配件和设备不得在工程上使用或安装，不得进入下道工序施工，不得拨付工程进度款，不得进行竣工验收"的规定。对于不符合质量要求的建筑材料、构配件和设备，监理人员有权责令清退出场。

③ 严格执行质量检测和分项工程检测评定统一标准和统一表式。

④ 配备见证员，坚持见证员见证报验制度。

⑤ 在施工单位按规范规定检测的基础上，进行独立的抽样检测试验，关系到强度、耐压、稳定、安全的材料，进行必要的复检试验。建筑材料、构配件和设备检测不合格的，检测费用由供货者承担。

⑥ 建筑材料、构配件和设备检测、测试单位，应具有合法资质。

⑦ 进场设备会同供应商、安装单位根据订货清单开箱验收，检查必备的质保书，并应进行安装前测验。

⑧ 把好分包单位资质审查关。杜绝任何形式的转包行为，一经发现转包行为，应立即汇报建设行政部门，依法处理。

（6）主要施工工艺过程质量控制见表 3.27。

表 3.27　主要施工工艺过程质量控制

序号	工程项目	质量控制要点	控制手段
1	钢构制作安装	① 施工方案 ② 钢材的品种、型号、规格及质量 ③ 钢构件规格、品种和质量 ④ 钢构焊接节点 ⑤ 钢构拼装	审查 检查、试验、审查质保书 检查、试验、审查质保书 检查、试验、审查质保书 检查、试验、审查质保书
2	钢构安装	① 施工方案 ② 安装质量检查、验收	观察和检查拼装记录
3	钢构涂装		检查、试验、审查质保书

续表

序号	工程项目	质量控制要点	控制手段
4	屋面工程	① 钻孔的位置及数量(钻孔率20%) ② 铺袋装超细玻璃棉的平整均匀 ③ 波纹钢板的搭接位置及长度	观察、量测 观察、检查 观察、检查
5	其他安装工程	防雷接地	观察、量测

(7) 根据本工程特点,设置以下施工监理要点:① 施工准备;② 施工测量;③ 开工审批;④ 材料质量验收;⑤ 基础施工验收;⑥ 预制、预埋件质量验收;⑦ 设备进场验收;⑧ 隐蔽工程及中间交接验收;⑨ 钢结构构件制作及安装验收;⑩ 焊接焊缝质量验收;⑪ 土建工程质量隐蔽验收与交接;⑫ 防雷接地安装质量验收;⑬ 除锈及油漆质量验收;⑭ 屋面质量验收等。

(8) 当发生下列情况之一时,监理有权向施工单位下达停工通知:

① 使用未经报验认可的材料;

② 未经报验即进入下道工序施工;

③ 虽然已经报验,但监理并未认可即进入下道工序施工;

④ 应整改而未经整改即进入下道工序施工;

⑤ 虽经整改而未经监理认可即进入下道工序施工;

⑥ 未经监理认可的转分包;

⑦ 未经监理认可擅自更换项目经理、项目技术负责人或主要施工骨干;

⑧ 现场监理认为必须停工的其他严重违章违规,或危及安全且不听从劝告的作业和行为等。

十四、安全监理

1. 安全监理工作原则

以人为本、预防为主的原则,善于发现、及时严处的原则,常抓不懈、动态监管的原则,监理人人有责、主动参与的原则,严格执行强制标准的原则。

2. 安全监理工作内容

(1) 初查与复查施工单位"安全生产许可证"及其附件,安全生产责任制及规章制度,安全操作规程,安全组织机构、人员及其岗位证书,特种作业人员资格证书,从业人员保险单,进场全员安全培训记录,安全防护器材与设施、生产设备合格证和安装验收许可证,应急预案和应急措施,总分包安全协议书。

(2) 审查施工组织设计(方案)的编审程序、安全内容的针对性和完善性。

(3) 审查具重大危险性施工专项方案。

(4) 定期安全大检查并记录。

(5) 每日现场巡视发现安全隐患与及时严处、复查,并记入监理日记。

(6) 每次工程例会与专题会同时部署安全工作。

(7) 安全监理资料整理并汇总归档。

➡ 住宅工程质量通病防治监理实施细则

一、工程概况

项目名称:某国际花园15#楼。详情略。

二、监理工作依据

(1) 法律、法规:《中华人民共和国建筑法》、《建设工程质量管理条例》、《建设工程监理规范》(GB 50319—2000)、《工程建设标准强制性条文》(房屋建筑部分),以及建设部和省市各级工程建设行政主管部门有关建设监理规定、市住宅工程质量通病防治导则。

(2) 有关合同:业主与监理单位签订的工程建设监理合同;业主提交的与承建商签订的建设工程施工合同及协议等。

(3) 设计图纸。

三、监理工作目标

质量通病控制目标:单位工程墙体、钢筋砼、楼地面、外墙、门窗、屋面质量以及室内标高和几何尺寸等均符合质量通病防治导则的要求。

四、监理工作内容

(1) 审查施工单位提交的《住宅工程质量通病防治方案和施工措施》,提出具体要求后报建设单位批准。

(2) 认真做好所有的原材料及构配件进场验收工作,确保材料符合设计图纸或者规范要求。

(3) 认真做好隐蔽工程和工序质量的验收,上道工序不合格时,不允许进入下道工序施工。

(4) 配备常规的便携式检测仪器,加强对工程质量的平行检测,发现问题及时处理。

(5) 工程完工后,应认真填写《住宅工程质量通病防治工作评估报告》。

五、监理控制要点

1. 墙体裂缝防治监理控制要点

（1）要求施工单位砌筑砂浆采用中粗砂，且严禁使用山砂和混合粉。

（2）要求施工单位使用的蒸压灰砂砖、粉煤灰砖、加气混凝土砌块的出釜停放期宜为45 d（不应小于 28 d），上墙含水率宜为 5%～8%。混凝土小型空心砌块的龄期不应小于28 d，并不得在饱和水状态下施工。

（3）砌体工程的顶层和底层应设置通长现浇钢筋混凝土梁，高度不宜小于120 mm，纵筋不少于 4ϕ10，箍筋 ϕ6@200；在窗台标高处应设置通长现浇钢筋混凝土板带；房屋两端顶层砌体沿高度方向应设置间隔不大于 1.3 m 的现浇钢筋混凝土板带。板带的混凝土强度等级不应小于 C20，纵向配筋不宜少于 3ϕ8。

（4）混凝土小型空心砌块、蒸压加气混凝土砌块等轻质墙体，应增设间距不大于 3 m的构造柱，每层墙高的中部增设厚度为 120 mm、与墙体同宽的混凝土腰梁，砌体无约束的端部必须增设构造柱，预留的门窗洞口应采取钢筋混凝土框加强。

（5）要求施工单位主体结构完成至机房层时，才能从一层开始进行内粉刷，以保证砌体不少于 30 d 后进行粉刷。

（6）要求施工单位填充墙砌至梁底、板底时，留有一定的空隙，填充墙砌筑完毕后间隔 15 d，再将其补砌挤紧。补砌时，对双侧竖缝用高标号水泥砂浆嵌填密实。

（7）长度大于 40 m 的房屋，要求施工单位严格按照设计留设变形缝。

（8）要求施工单位在混凝土与砌筑墙体的交界处，采用钢丝网抹灰加强进行处理，加强带与各基体的搭接宽度不小于 150 mm。

（9）主体与阳台栏板之间的拉结筋必须预埋。

（10）要求施工单位顶层圈梁高度不宜超过 240 mm，顶层砌筑砂浆按照设计要求施工且强度等级不低于 M7.5 的砂浆。

（11）灰砂砖、粉煤灰砖、蒸压加气混凝土砌块宜采用专用砌筑砂浆砌筑。

（12）顶层框架填充墙不宜采用灰砂砖、粉煤灰砖、混凝土空心砌块、蒸压加气混凝土砌块等材料。当采用上述材料时，墙面应采取满铺钢丝网粉刷等必要的措施。

（13）砌体结构坡屋顶卧梁下口的砌体应砌成踏步形。

（14）框架柱间填充墙拉结筋应满足砖模数要求，不得折弯压入砖缝。

（15）采用粉煤灰砖、轻骨料混凝土小型空心砌块等的填充墙与框架柱交接处，应用15 mm×15 mm 木条预先留缝，在加贴网片前浇水湿润，再用 1∶3 水泥砂浆嵌实。

2. 钢筋混凝土现浇板裂缝防治监理控制要点

（1）要求施工单位现浇板的混凝土采用中粗砂，含泥量控制在 5% 内。

（2）要求施工单位将±0.00 以下的预拌混凝土含砂率控制在 40% 以内，每立方米粗骨料的用量不得少于 1 000 kg，粉煤灰的掺量不大于 15%。商品混凝土进场后，检查其坍落度，不得大于 150 mm。与施工单位质检员一起进行进场检查，不符合要求的一律不准进行浇灌。

（3）要求施工单位严格控制现浇板的厚度和钢筋保护层的厚度,阳台、雨篷等悬挑现浇板负弯矩筋下,设置间距不大于 300 mm 的钢筋保护层垫块,现浇板主筋设置间距不大于 800 mm 的钢筋保护层垫块,分布筋采用不大于 800 mm 的蹬筋以保证位置。浇筑时,派人看护钢筋,以保证其钢筋位置不位移。

（4）要求施工单位在屋面及建筑物两端的单元中的现浇板设置双层双向钢筋,外墙转角及楼梯转角处,均设置放射筋。钢筋数量均为 $7\phi10$,长度大于板跨的 1/3,且不少于 1.5 m。

（5）要求施工单位现浇板中的线管必须布置在钢筋网片之上（双层双向配筋时,布置在下层钢筋之上）,交叉布线处应采用线盒,线管的直径应小于 1/3 楼板厚度,沿预埋管线方向应增设 6@150、宽度不小于 450 mm 的钢筋网带。严禁水管水平埋设在现浇板中。

（6）要求施工单位浇筑现浇板时,要在砼初凝前进行二次振捣,在终凝前进行二次压抹。

（7）要求施工单位浇筑现浇板后,12 h 为进行覆盖和浇水养护,7 d 内正常浇水养护。

（8）要求施工单位现浇板养护期间,砼强度小于 1.2 MPa 时,不进行后续施工,砼强度小于 10 MPa 时,不得在现浇板上吊运、堆放。

（9）要求施工单位采用免粉刷天花的现浇板板底模板必须保证平整,不漏浆。

（10）要求施工单位安装模板必须经过计算,满足强度要求,保证其刚度和稳定性,并配备足够数量的模板,保证按规定要求拆模。

（11）外墙转角处构造柱的截面积不宜大于 240 mm×240 mm,与楼板同时浇筑的外墙圈梁,其截面高度应不大于 300 mm。

（12）要求施工单位施工缝的位置和处理、砼浇筑,严格按照设计要求和施工技术方案执行。

3. 楼地面渗漏防治监理控制要点

（1）厨房、卫生间的楼板周边除门洞处,向上做一道高度不小于 200 mm 的砼翻边,此部分混凝土与楼板一同浇筑;地面标高比室内其他房间低 20 mm。

（2）上下水管等预留洞口位置要正确,洞口形状为上大下小。

（3）管道安装前,楼板板厚范围内上下水管的光滑外壁先做毛化处理,再均匀涂上一层 401 塑料胶,然后用筛洗的中粗砂喷洒均匀。

（4）现浇板预留洞口堵塞前,将洞口清洗干净、毛化处理、涂刷加胶水泥作粘结层。洞口堵塞分两次浇筑,先用掺入抗裂防渗剂的微膨化细石混凝土浇筑至楼板厚度 2/3 处,待混凝土凝固后进行 4 h 蓄水试验,无渗漏后,用掺入抗裂防渗剂的水泥砂浆堵塞。管道安装后应在洞口处进行 24 h 的蓄水试验。

（5）防水层施工前应先将楼板四周清理干净,阴角处粉成小圆弧。防水层的泛水高度不得小于 300 mm。

（6）地面找平层向地漏放坡 1‰～1.5‰,地漏口要比相邻地面低 5 mm。

（7）防水地面施工完毕后,必须进行 24 h 的蓄水试验,蓄水高度为 20～30 mm。

（8）烟道根部向上 300 mm 的范围内宜采用聚合物防水砂浆粉刷或采用柔性防水层。

（9）卫生间墙面防水砂浆进行不少于 2 次的刮糙。

4. **外墙渗漏防治监理控制要点**

(1) 外墙粉刷面层掺聚丙烯抗裂纤维。

(2) 外墙涂料在使用前,应进行抽样检测。

(3) 外墙粉刷使用含泥量低于2‰、细度模量不小于2.5的中粗砂。不准使用石粉、混合粉。

(4) 抹灰工程不准使用过期水泥,必须使用有出厂合格证并经过复试合格的水泥。

(5) 外墙洞眼按规范留置,采用半砖、防水砂浆二次堵砌表面采用1：3防水浆粉严,孔洞堵塞由专人负责,并及时办理隐蔽验收手续。

(6) 外墙粉刷基层采用界面剂抹砂浆进行毛化处理,并进行喷水养护。

(7) 两种不同基体交接处的处理应符合墙体防裂措施的要求。

(8) 粉刷前清除墙面污物,并提前1 d浇水湿润。

(9) 外粉刷必须设置分格缝。

(10) 外墙抹灰分层进行,每层厚度控制在6～10 mm,外墙粉刷各层接缝位置错开。

(11) 外墙面砖嵌缝必须用勾缝条抽压浆至密实。

(12) 窗台、窗楣、雨篷、腰线和挑檐等处粉刷的排水坡度不小于2%。滴水线粉刷要密实、顺直,不得出现爬水和排水不畅的现象。

(13) 粘贴面砖的外墙面用防水砂浆刮糙时,门窗洞口四周墙面刮糙底层与面层必须位置错开。

5. **门窗渗漏防治监理控制要点**

(1) 门窗各项指标必须符合相关规范规定,性能等级划分必须符合 GB/T7106 (7107,7108)—2002 的规定。

(2) 门窗型材必须进行抗风压变形验算,拼樘料与门窗框之间的拼接为插接,插接深度不得小于10 mm。

(3) 门窗拼樘必须满足规范要求,并作防腐处理。

(4) 门窗安装前进行3项性能的见证取样检测,安装完毕后委托具备资质的检测机构进行检测。

(5) 门窗框安装固定线对预留墙洞尺寸进行复核,用防水砂浆刮糙处理,然后实施外框固定。固定后的外框墙体应根据饰面材料确定间隙。

(6) 门窗安装采用镀锌铁片连接固定,镀锌铁片厚度不小于1.5 mm,固定点间距:转角处180 mm,框边处不大于500 mm。严禁用长脚膨胀螺栓穿透型材固定门窗框。

(7) 门窗洞口应干净、干燥并打发泡剂,发泡剂应连续施工、一次性成形,充填饱满,溢出门窗框外的发泡剂应在结膜前塞入缝隙内、防止发泡剂外膜破损。

(8) 门窗框外侧应留5 mm宽的打槽口,外墙面层粉刷时贴塑料条做槽口。

(9) 打胶面干净干燥后打密封胶,并采用中性耐候硅酮密封胶,严禁在涂料面层上打密封胶。

6. **屋面渗漏防治监理控制要点**

(1) 屋面工程施工前,编制详细的施工方案,经监理审查确认后方可组织施工。

(2) 柔性材料防水层的保护层宜采用撒布材料或浅色涂料。当采用刚性保护层时,必须符合细石混凝土防水层的要求。

（3）女儿墙、高低跨、上人孔、变形缝和出屋面管道、井（烟）道等节点应设计防渗构造详图；变形缝宜优先采用现浇钢筋混凝土盖板的做法，其强度等级不得低于 C30。

（4）伸出屋面烟道周边同屋面结构一起整浇一道钢筋混凝土防水圈。

（5）在屋面各道防水层施工时，伸出屋面管道、烟道及高出屋面的结构处均用柔性防水涂料做泛水，其高度为 300 mm。

（6）混凝土浇捣时，先铺 2/3 厚度的混凝土并摊平，再放置钢筋网片，钢筋网片采用焊接成型的网片；后铺 1/3 的混凝土，振捣并碾压密实，收水后分两次压光。

（7）膨胀珍珠岩类及其他块状、散状屋面保温层必须设置隔气层和排气系统。排气道应纵横交错、畅通，其间距应根据保温层厚度确定，最大不宜超过 3 m；排气口应设置在不易被损坏和进水的位置。

（8）分隔缝上下贯通，缝内将水泥砂浆清除干净，在分隔缝周边缝隙干净干燥后，用与密封材料匹配的基层处理剂粉刷，等其表面干燥后立即嵌填防水油膏，分隔缝上部粘贴宽度不小于 200 mm 的卷材保护层。

（9）屋面混凝土浇筑完毕后，洒水养护 15 d。

（10）屋面防水层施工完毕后，进行蓄水和淋水试验。

7. 室内标高和几何尺寸监理控制要点

（1）要求施工单位专人进行测量，测量仪器定期校验。及时抽验施工单位测量记录。

（2）要求施工单位主体施工阶段及时弹出标高和轴线的控制线，准确测量、认真记录，并确保现场控制线标识清楚。

（3）要求施工单位严格控制现浇板厚度，在混凝土浇筑前做好现浇板厚度的控制标识，每 2 m² 设置一处。

（4）要求施工单位装修阶段严格按所弹出的标高和轴线施工，发现超标时及时处理。

（5）要求施工单位按检测批进行建筑物室内标高、轴线、楼板厚度的测量，每 3 层为一个检测批。测量后认真填写"建筑物室内标高、轴线、楼板厚度测量记录"并报监理复测验收。

（6）监理对室内标高、轴线位置、几何尺寸不定期进行平行检测，发现问题及时书面通知施工方整改处理。

六、 做好内业资料有关文件及归档工作

及时签好通病防治检查记录，收集整理墙体、钢筋砼、楼地面、外墙、门窗、屋面以及室内标高和几何尺寸等通病防治验收资料以及有关问题的处理解决办法，做好书面记录。竣工时将资料整理归档，汇入竣工资料。

七、 组织住宅工程质量通病防治专项验收

由总监理工程师组织业主、设计单位、施工单位等部门对通病防治进行专项验收，并在相应的工程通病防治验收资料上签字认可，填写住宅工程质量通病防治工作评估报告。

道路及桥梁工程监理实施细则

一、总　则

1. 工程概况

建设工程名称:某道路及桥梁工程。

建设工程地点:略。

(1) 建设规模及工程特点:

某路全长 2 333.067 m,某南路全长 2 571.916 m,道路等级为城市主干道,设计车速为 40 km/h,水泥混凝土路面,路面使用年限 30 年,以 100 kN 的单轴荷载为标准荷载。本工程规划横断面为总宽 50 m,具体分布为:砼快车道宽度为 21 m;两侧绿化分隔带宽度各为 3.5 m;两侧砼慢车道宽度各为 3 m;两侧绿化带宽度各为 8 m;为三块板形式。建设内容包括道路、排水、过路涵管、照明、桥梁等;交叉口过渡段马路用砼预制砖。

(2) 路基:由于本路沿线大部分为农田,农田段应首先清除地表耕植土 20 cm。经征求业主意见,考虑到填方路段的填料缺土,回填用土在 14 m 以外 50 m 征地范围以内取土。路基填筑分层摊铺、分层碾压,每一水平层均采用同类填料,土质较差的细粒土可填于路堤底部;路基的压实要求见图纸第 2 页。逐层向上填筑,每填一层,需做压实度检测,达到要求后再填筑上一层,每层压实厚度不大于 25 cm。

(3) 路面结构组成:

水泥砼面层:24 cm 厚 C30 砼;

沥青下封层:1 cm 厚乳化沥青;

下基层:20 cm 厚二灰碎石;

底基层:20 cm 厚 12％石灰土。

(4) 建设工程设计单位及施工单位名称:略。

(5) 委托监理范围:路基土方、路面工程、桥梁工程、雨水过路涵管等工程设计图纸所含全部内容的施工及保修阶段全过程监理。

2. 监理工作依据

(1) 设计施工图及设计变更通知单、勘察资料。

(2) 国家颁布有关技术标准及现行施工验收规范、质量评定标准:

①《建设工程监理规范》(GB 50319—2000);

②《城市道路路基工程施工及验收规范》(CJJ 44—91);

③《公路路面基层施工技术规范》(JTJ 034—2000);

④《水泥混凝土路面施工及验收规范》(GBJ 97—87);

⑤《公路工程质量检测评定标准》(JTG F80/1—2004);

⑥《市政排水工程质量检测评定标准》(CJJ 3—90);

⑦《给排水管道工程施工及验收规范》(GB 50268—97);

⑧《混凝土强度检测评定标准》(GBJ 107—87)。

(3) 业主的指令、文件及决定。

(4) 本工程有关会议的决定、纪要、通知等。

(5) 监理合同及施工合同。

3. 质量监理规定

(1) 质量监理程序。

① 监理程序按工序、分部或分项的单位工程进行;本工程分部(项)按 CJJ 1—90 和 CJJ 3—90 划分。

② 工程的各工序施工应在监理工程师验收后进行。施工单位必须配备专职质检员,每道工序完成后,由承包人自检,填写工序报验单,报监理工程师检查验收合格签字后,方可进行下道工序施工。业主明确规定的重要工序和原材料的检测还必须经业主方相关专业负责人检查签证后,才能进行下道工序。

③ 工程部位的各种工序完成后由监理工程师进行分项工程检查验收。

④ 单位工程的各部位完成后,由监理工程师组织进行分部工程检查验收。

⑤ 单位工程施工前,应由承包人向监理工程师提交书面的单位或分项工程开工报审表,审查合格后,经总监批准开工。

⑥ 在施工中,如出现质量和安全问题必须停工时,由总监理工程师签发书面暂时停工指令;承包方在停工整改完成后向监理工程师提出复工申请(书面),经监理工程师复查合格后,由总监理工程师签发书面复工指令,方可继续施工。为了保证工程质量,出现下述情况时,监理工程师应指令施工单位停工整改:上道工序未经检即进行下道工序作业者;工程质量下降,经指出后未采取有效改正措施,或虽有改正措施,但效果不佳;擅自采用未经认可批准的工程材料;擅自变更设计图纸的要求;无可靠的质量及安全保证措施,贸然施工,并已出现质量下降征兆或安全隐患。

(2) 施工阶段的监理工作流程具体见后图。

(3) 工地记录及书面资料。

① 承包人应每日填写当日的施工日志,如实记录当日施工活动情况。

② 测量放线资料,包括增设水准点及水准点复核、导线及中线放线测量记录。

③ 承包方绘制的各项施工方案图,应在用于施工前报请监理工程师审查,审查批准后方可用于施工。

④ 如工作需要,承包方需八小时工作时间外加班,事前必须报告监理工程师。如夜间施工,必须有足够夜间照明等安全保障措施,否则,监理有权拒绝批准加班。

(4) 材料检测。

① 每批进入工地的建筑材料、预制构件、半成品(包括钢材、水泥、砂、石、管材等)必须经监理工程师到场查看验收,必要时通知监理到厂家进行实地考察了解、验收出厂产

品质量。每批进场材料必须按规定进行抽样试验；必要时试样送到经业主委托的中心试验室进行检测。试验结果出来后，由承包方填写建筑材料报审表，报请监理工程师审查，经总监理工程师签字后，方可使用。

② 砼、砂浆及其他辅助材料的配合比，必须送业主认可的中心试验室试配，强度试验资料及配合比必须在施工前报监理工程师审查并签字后，方可用于施工。

（5）工程变更处理。凡涉及额外增加工程量的，可按以下方式处理：

首先，提出书面变更申请单（表监 A−10），经监理、业主相关人员一起到现场确认并签字同意后，报设计单位出具变更通知单。如需设计、质监站、地勘单位确认的必须通知相关人员到场确认，设计变更通知单经业主审定同意后，施工单位方可执行。不需出具设计变更通知单的（如现场用工及零工程量签证）必须事先经监理、业主签字并现场确认后方可实施。

额外增加工程量的计量必须会同监理、业主相关人员到现场确认后方可计量，否则不予计量。

（6）当工程出现质量事故或严重缺陷时，应妥善处理。

① 应提供可靠完整的实测资料和数据。

② 总监理工程师召集业主代表、设计代表及承包方参加会议，研究处理办法并形成纪要。

③ 当工程在施工过程中出现上述质量问题时，总监理工程师应签发暂停施工令，承包人按指令执行并按整改纪要进行整改。

④ 整改合格后，由监管组织、设计、业主、承包方代表进行验收，认可后方可继续下步施工。

⑤ 工程出现以上问题后，承包人应填写事故报告单，由总监理工程师审查签字后，存档备查。

（7）实验室选定。

委托某市建设质量监督中心实验室承担本工程检测、材料试验工作，施工方需向监理上报该实验室资质证书复印件。

4. 质量控制措施

（1）工程质量的事前控制（施工准备阶段）。

① 参与业主主持的施工图设计交底，了解设计全部内容，向设计方提出监理的合理意见和建议。

② 参加业主主持的监理工作交底会议，明确业主、承包人和监理方的权、责关系，介绍本工程的监理工作实施办法。

③ 现场放线定位及高程标桩的测设、验收。

④ 批准承包人提供的各项试验报告，如砼配合比、回填土密实度等。

⑤ 工程原材料、预制构件、半成品的质量控制：审核工程原材料、预制构件、半成品的出厂证明、技术合格证或质量保证书；工程材料、制品使用前进行抽检或试验；采用新材料、新技术应事前检查技术鉴定文件。

⑥ 施工机械的质量控制：检查直接与工程质量有关的施工机械的技术性能，如土方

施工机械、混凝土搅拌机、振动器、吊装机械等,以保证施工质量及安全;检查施工中使用的衡器、量具等计量装置的技术合格证,正式使用前应进行校检或校正。

⑦ 审查施工单位提交的施工组织设计或施工方案,保证工程质量有可靠的技术和组织措施。

⑧ 改善生产、环境的措施:督促施工单位完善质量保证工作体系;主动与业主和质监站联系,汇报工程监理情况,争取他们的支持和帮助;审核施工单位关于工程材料、成品的保护措施和方法;审核施工单位试验条件;完善质量报表、质量事故的报告制度。

(2) 事中控制。

① 针对本工程项目,制订施工工艺过程的质量控制要点、控制手段。

② 工序交接检查:坚持上道工序不经检测不准进行下道工序施工的原则。

③ 隐蔽工程检查验收:隐蔽工程应经监理人员检查合格签字后才能隐蔽。必要时,应请业主代表、质监站监督工程师等检查认可。

④ 建立监理日志,应逐日记录工程质量动态情况及影响因素,监理旁站记录施工方必须当日签字确认。

⑤ 主持或参加现场工程质量协调会。

(3) 事后控制。

① 分部(项)工程竣工验收:凡分部(项)工程完工后,施工单位初检合格,向监理工程师提交工程质量报验单,监理工程师进行验收并签署意见,关键工序或部位的检查验收,应有业主代表、质监站监督工程师或设计单位工程设计人员参加。

② 项目竣工验收:工程项目竣工后,施工单位提交工程技术资料、质量签证文件、施工总结、竣工图等,由监理方验收认可后,呈报业主组织竣工验收。

5. 工程进度控制

(1) 进度的事前控制。

根据施工合同规定的工期,认真审核施工方每月提交的施工进度计划,施工进度计划必须在每月 25 日前提交监理方审查;监理方审查施工月进度计划后提出需进行调整的,24 小时内施工方必须完成并重做,以便报于业主审核。

(2) 进度的事中控制。

① 审核施工方在开工前提交总体施工进度计划、总说明及各种详细计划和变更计划。

② 审批施工方根据总体施工进度计划编制周进度计划、月进度计划。

③ 施工进度检查:审核施工方每月提交的工程进度报告,形象进度、实物工程与工作量指标完成是否一致,计划进度与实际进度的偏离情况,并通知施工方采取必要的措施调整施工进度,使实际施工进度符合施工合同的要求。

④ 实行工程动态管理:当实际进度与计划进度发生偏离时,在分析产生原因的基础上,责成施工方提出进度调整的措施和方案,必要时调整计划目标。

⑤ 定期向业主报告工程进度情况。

(3) 进度的事后控制。

① 延误工期责任分析。

② 受理工期延长申请延误索赔。

6. 工程投资控制

（1）投资的事前控制。

① 配合业主审查施工单位编制的投标报价书和工程量清单、工程概要汇总是否合理，并根据施工合同的有关条款、合同价款及施工图对工程项目造价目标进行风险分析，制订防范对策。

② 对项目总投资进行分析、分解；分析合同价构成因素，明确工程费用最易突破的部分和环节，从而明确投资控制的重点。

③ 配合业主认真审查施工单位的施工组织设计和施工方案，避免不必要的技术措施费开支；工程变更、设计修改要慎重，事前要进行必要的审批。

（2）投资的事中控制。

① 在监理过程中，严格执行现场计量签证制度，对符合合同约定的实际完成工程量与业主现场代表一起及时测量，验收签证；认真核对其工程量，做到不超验、不漏验，保证批准付款的各分部分项工程质量合格，数量准确。

② 未经监理人员签证的工程量、不符合施工承包合同规定的工程量，以及不符合质量控制标准的分部分项工程在未经返工处理达标前，监理方将拒绝计量和签认相关部分的工程款支付申请。

③ 凡涉及工程变更方的签证，均由总监理工程师（包括总监代表）签字后才能生效。

④ 审查承包单位报送的工程付款申请，工程月投资完成月报在每月 20 日前应提交监理方审核（业主对提交时间有要求时按业主要求）。

⑤ 建立月完成工程量统计台账，控制索赔诱因，协助建设单位审核索赔金额。

（3）投资的事后控制。

工程竣工后，应及时审核承包单位报送的竣工结算文件，提出审核意见，并与业主、承包单位协调一致后，由总监理工程师签发工程竣工结算款支付证书。

二、原材料检测及试验

1. 原材料质量的检测频率

（1）水泥：以一次进场的同一批号产品（一批总量袋装不得超过 200 t，散装不得超过 500 t），随机地在 20 袋中各采等量水泥混拌均匀后，从中称取不少于 20 kg 水泥作为这一批的试样进行复试，做胶砂强度（28 d）、安定性、凝结时间、细度等项目试验，不合格的不能使用。在正常保管情况下，每三个月检查一次，对质量有怀疑时，应随时检查。

（2）土：每 5 000 m³ 或土质变化时抽取一组，按《公路土工试验规程》（JT 051−93）进行颗粒分析，检测含水量与密实度、液限和塑限、有机质含量，进行承载比试验（CBR）、击实试验和固结试验。

（3）粗集料：进场的同料源每 200～500 m³ 为一批，至少取一次样，做筛分试验、含泥量试验、针片状试验和压碎指标值试验。

（4）细集料：对进场的同料源、同开采的，每 200 m³ 为一批，每一批至少取样一次，做筛分、视密度容重、含泥量试验。

（5）外掺剂：使用前每种外掺剂均应作复检试验。

（6）水：水的化学分析应按《公路工程水质分析操作规程》（JTJ 056－84）进行，饮用水可以不进行试验。

（7）压实度：填方路基每 1 000 m² 每压实层测 1 组 3 点，不足 1 000 m² 时也应检测 3 点，结构物周围的回填每 50 m² 每压实层时至少检测一点，排水管道沟槽回填两井之间每压实层测一组 2 点。

2．钢筋检测

（1）对进场的每批（20 t）钢筋，每个品种至少检测一组，重要受力部位的主钢筋，应增加检测一组。

（2）碳素结构钢：每批同截面尺寸同一炉号，取样检测 1 组。

3．混合料质量的检测频率

（1）二灰碎石：每 1 000 m² 抽样 1 组，检查水泥含量、含水量、压实度，每 2 000 m² 增加强度检测 1 组。

（2）砂砾：同水泥稳定层。

4．混凝土质量检测频率

（1）混凝土组成材料的质量和用量检测，每一工作班不少于 1 次。

（2）混凝土搅拌时间检测，每一工作班不少于 1 次。

（3）混凝土拌和物坍落度检测，每一工作班不少于 1 次。

（4）混凝土强度检测试样应在混凝土浇筑地随机抽取，取样频率应符合以下规定：每一工作班拌制的同配合比混凝土不足 100 盘时，其取样次数不得少于 1 次；每次取样两组，一组按标准条件养护，另一组与砼结构构件同条件养护，每组 3 个试件，有抗渗抗冻要求的混凝土还应增取两组。

5．砌筑砂浆质量检测频率

（1）同一强度等级，同一配合比，同种原材料 250 m³ 砌体为一取样单位。

（2）每一取样单位留置标准养护试块不少于两组（每组 6 块）。

（3）每一取样单位还应制作同条件养护试块不少于一组（每组 6 块）。

三、工序报验、测量及其资料

1．工序划分及报验

（1）工序按 CJJ 1—90 和 CJJ 3—90 标准要求进行划分并报验。

（2）回填土施工：每层自检合格后必须通知监理工程师到场检查验收，每一层进行书面报验。

（3）工序及回填土报验应按有关主管部门文件要求填写报验申请表，在监理工程师签认后方可进行下道工序或上层回填工作。申请表附件栏内应按监理及有关各方要求注明质量证明文件名称及编号。报验时必须将附件与该表一并提交，以便及时签证，否则,造成资料延误责任由施工方自负,且后续工序不得展开。

(4)报验时间:由于工程工期紧,任务重,施工难度较大,故对施工方在工序及报验时间上作特别要求,报验时间应适当超前。

2．测量

(1)施工前施工单位应有专职测量人员做好测量工作,其内容包括导线、中线、水准点复测,横断面检查与补测,增设水准点等;施测时必须通知专业监理工程师到场,特别是表土清理前和清理后的标高及横断面测量必须通知专业监理工程师,施测后做好原始记录并及时报专业监理工程师签字确认。

(2)当原测交桩的中线主要控制由导线控制时,施工单位必须根据设计资料、交桩资料认真做好导线复测工作,并通知专业监理工程师到场检查验收,由施工单位有关人员整理资料交监理及有关方确认。

(3)如涉及与投标时原设计发生变化的工程量测量工作,在通知监理的同时,还应通知业主有关人员,一同进行测量或确认,施测后三方一同签认原始记录并以此作为计量依据。

(4)导线测设应采用红外测距仪或其他的能满足测量精度的仪器,仪器在使用前必须进行检测并经专业监理工程师确认。

(5)测量精度应满足 GJJ 1—90 标准第八章和 GJJ 3—90 标准第六章要求。

(6)测量报验:在施工方根据设计图纸、交桩资料进行内业计算和外业测量后,填写施工测量放线报审表,表中附件栏内应注明附件名称及编号(附件包括测量放线记录和测量复核记录),报监理工程师审查。

3．施工资料

(1)资料表格应符合省交通主管部门有关文件及相关方面的要求。

(2)资料填写应符合省建设监理协会编发的《江苏省建设工程施工阶段监理工作用表填写指南》的要求。

(3)资料提交时间:工序资料(包括测量资料)应在工序验收前提交,原材料报验资料应在原材料投入使用前 24 小时内提交,其他验收资料(包括计量资料)应在验收前 24 小时内提交,竣工验收资料提交时间距正式验收日不得少于 72 小时。

四、排水工程

(1)钢筋砼预制雨、污水管的验收应符合预制钢筋砼圆管验收的有关规定。

(2)开挖断面尺寸必须满足设计及有关要求,同时应按规定的坡比放坡或采取支挡措施,确保施工安全。

(3)沟槽开挖:

① 开挖断面形式一定要按批准的施工方案进行。如有更改,必须申报监理及业主,经批准后方可施工。

② 沟槽开挖时严禁超挖,如有超挖必须用砂夹石进行回填并夯实,且压实度应达到95％以上。

③ 当地下水位较高时，应采取的相应措施进行降水及排水，槽底不得受水浸泡。

④ 如沟槽开挖后，槽底原状土质不能满足设计要求需要换土时，应及时通知监理，并会同业主、设计方一起研究方案，待方案批准后方可进行施工。

⑤ 挖出土应堆放在槽口边 0.8 m 以外，堆土高度不宜超过 1.5 m。

⑥ 沟槽开挖严格按设计要求、有关规范及《江苏省市政工程计价定额》(SGD 3—2000)有关规定执行。

(4) 沟槽的验收：

① 如遇膨胀土地带，沟槽开挖见底不宜暴露时间过长，应尽快平基，以保持管道基础下原状膨胀土含水量不变。

② 沟槽开挖结束后，由施工方进行自检，按 CJJ 3—90 中的表 3.1.3 要求填好自检表，通知监理及相关方到场进行验槽，合格签字后方可进行下一工序施工。

(5) 平基、管座的施工允许偏差应符合 CJJ 3—90 表 3.2.1 要求。

① 立模：必须安装模板，严禁以土代模施工；模板必须安装牢固，不得有松动、跑模、下沉等现象；模内必须洁净无杂物；经旁站监理工程师检查合格后方可浇筑砼。

② 砼施工的监理：

承包人所用的每批水泥都应向监理工程师提交质保资料，包括水泥厂家、品种、标号、数量、28 天强度及厂家对该批水泥的分析检测资料。

细集料进场的砂要求质地坚硬，颗粒洁净，耐久性好，不包含有机物和其他有害物质，细度模数应满足配合比对材质的要求，含泥量不能超标。

粗集料应采用坚硬的卵石或碎石，并采用连续级配，其级配曲线应在允许范围之内，含泥量、压碎值、针片状含量等均应符合规范要求，且平基最大粒径应满足配比要求。

拌和用水最好能用可饮用的自来水，亦可用通过水质鉴定的其他符合砼拌和用水标准的水。

③ 接口抹带：抹带砂浆必须按设计和施工配合比进行配制，要拌和均匀；大于 D700 的管子管内应抹内带（业主有特殊要求时按业主要求执行），内带应与管内壁顺接；抹带接口表面应平整密实，不得有间断或裂缝、空鼓，钢丝网的位置一定要准确，不得紧贴管壁。抹带完毕后应注意进行养护；柔性接口的施工必须符合 GB 50268—97 规范及相关技术操作规程的规定。

④ 验收：承包方在自检合格的基础上，报请监理工程师进行验收，监理工程师签字后方可进行下一工序。

⑤ 检查井应达到的质量要求：井壁必须互相垂直，砌体不得有通缝，必须保证灰浆饱满，灰缝平直，抹面压光，不得有空鼓、裂缝等现象；井内流槽应平顺，踏步应安装牢固，位置准确，不得有建筑垃圾等杂物。

检查井井身尺寸允许偏差：长度（宽度）±20 mm，直径±20 mm。井盖与路面高程允许偏差：非路面部分±20 mm，路面±5 mm。井底高程允许偏差：直径 $D \leqslant 1\,000$ mm 时，±10 mm；$D > 1\,000$ mm 时，±15 mm。

⑥ 半成品的质量要求：井框、井盖必须完整无损，且要配套，必须有生产厂家按国家标准或经批准的企业标准检测的出厂合格证，每套必须做好记录，安装平稳，踏步应有强度资料，几何尺寸应符合设计要求；砖应有出厂证明及强度报告；砌筑砂浆应有配合比及

强度试验报告。

⑦ 检查井砌筑:井基砼应在安管前与平(枕)基一次性浇筑;预留支管应与井同时施工,不得将检查井砌筑完后再打洞预留支管;砌筑用砖必须先洒水湿润。

⑧ 沟槽回填:回填工作必须在砼强度达到 75％以上,经监理工程师同意后方可进行;填料采用当地的天然砂砾,回填前应将所用回填材料送中心实验室做标准击实及土质分析试验,并报监理工程师审查。回填必须分层夯实,每层松铺厚度不宜大于 20 cm;当采用小型夯具时,松铺厚度不宜大于 15 cm,并应充分压(夯)实,管道两侧对称同步进行填土,直至管顶;管道两侧腋下和涵洞顶部的回填压实标准要求同路基,并按 CJJ 3－90 表 3.3.2 进行自检,自检合格后,书面报验。监理工程师应到现场检查压实试验结果,确认回填质量是否达到设计要求。未经监理工程师允许,不得进行下一层回填。

五、路基工程

路基工程施工监理流程见图 3.10。

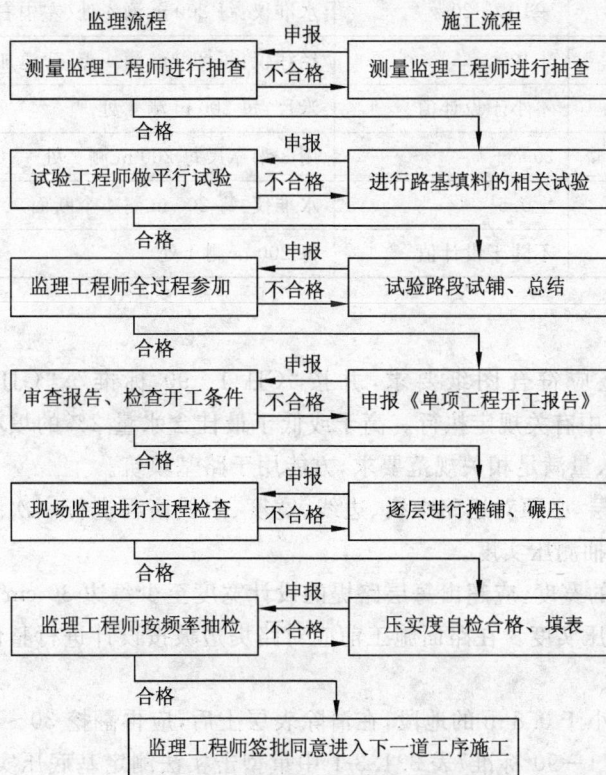

图 3.10　路基工程施工监理流程

1. 一般规定

(1)复核承包人的放样资料,复测中线桩位置和高程,复核承包人因施工需要增补的水准点和控制点。

(2)检查承包人开工准备情况,包括承包人的人员到场情况(测量人员、试验人员、资料人员等),质量保证体系的建立,机械、材料试验及设备进场和调试情况。监理工程师应检查所有开工准备工作,满足开工条件并经总监理工程师审核同意后,方可批准开工。

(3)要求承包人对所有永久性标桩,包括导线桩、水准基点、三角网点、桥涵结构物的控制点以及放样和检测工程所必需的标桩,建立易识别的标志并认真加以保护。在工程竣工验收前,如有永久性标桩发生损坏或移位,承包人应重新恢复这些标桩并报管理复验。

(4)路基达到路槽标高后,应按设计及相关规范要求,对路线中心线、高程、纵坡、平整度进行一次验收,检测合格才允许下道工序施工,检测内容如表3.28所示。

表3.28 土方路基工程质量标准

项次	检测项目	
	规定值或允许偏差	检查方法和频率
① 压实度	按设计要求	用灌砂法检查,每200 m每压实层测4处
② 弯沉	不大于设计值	按中心试验室要求
③ 纵断面高程/mm	+10,-20	水准仪:每200 m测4处(左中右各1点)
④ 中线偏位/mm	±100	经纬仪:每200 m测4点,弯道加HY、YH两点
⑤ 宽度/cm	不小于设计值	米尺:每200 m测4处
⑥ 平整度/mm	20	用3米靠尺每200 m测2处*10尺
⑦ 横坡/%	±0.5	水准仪:每200 m测4个断面
⑧ 边坡	不陡于设计值	每200 m测4处

2. 路基填方

(1)填方用土应符合图纸要求,并按"CJJ 1—90标准"、"GJJ 3—90标准"和"CJJ 44—91规范"中有关规定执行。高于或低于最佳含水量2%的填料,应采取相应措施处理,直到其含水量满足相关规范要求,方能用于路基填筑。

(2)每填筑3层,必须对道路中线、边线、宽度、中线高程进行一次测量放线,同时必须请指定的实验室抽测压实度。

(3)每层填料的宽度,应超出每层路堤的设计宽度至少每边30 cm,以保证完工后的路堤边缘有足够的压实度。在路面施工前应对路堤边坡按设计进行整修,并将多余的土方清除。

(4)填方高度小于0.8 m的地段,在清除表层土后,应再翻挖30~40 cm找平碾压,其压实度应按"CJJ 1—90标准"表3.1.3-1中重型击实法测定基底压实度。如果不符合路堤填方压实度要求,应采取翻挖压实或其他措施进行加强处理,直到达到设计及相关要求为止。

(5)路堤经过水田、池塘或洼地时,应先挖沟排水疏干,挖除淤泥及腐殖根茎后,再换填砂砾,以确保路堤有足够的稳定性。具体处理措施必须经设计人员、业主研究决定。

(6)道路填方的填料,应分层平行摊铺,每层松铺厚度应根据现场压实试验确定,一般最大松铺厚度不得大于25 cm,最小松铺厚度不得小于10 cm。中途长期停工时,路堤表层及边坡应加以整理,不能有积水的地方;路堤表层含水量接近正常时,方可继续填筑。

(7) 路堤基底及路堤每层填土未经监理工程师检查验收合格并签认报验资料,不得进行上一层的填土施工。

(8) 路基填料摊铺后,应尽快压实到设计规定的压实度,相应的压实度按"CJJ 1—90标准"中重型击实法测定:

① 在路基填筑前,填方材料应每 5 000 m³ 以及在土质变化时取样一次,进行颗粒分析,液限、塑限、有机质含量和击实试验。进行击实试验时,用重型击实法确定土的最大干密度和最佳含水量。

② 用于路基填方的各种主要填料,承包人应在开工前,结合施工路段选择面积约为 150 m² 的试验场地进行现场压实试验,确定填方材料的压实方法。试验时记录压实设备的类型、最佳组合方式、碾压遍数及碾压速度、工序,每层材料的松铺厚度,材料的含水量等。试验结果经监理工程师批准后,即可作为该种填料施工时使用的依据。试验结束后,如压实度达到要求,该试验场地可作为路基的一部分,否则,承包人应将其恢复原状。

(9) 两段路基新老填土的结合部和构筑物台背填土的结合部(特别是半挖半填、新填土与老土结合部)是路基填土工程中的关键部位。填土时应在原填土端部挖出 1～2 m 宽的台阶并检测其密实度,达到设计要求时方可填筑。台阶高度不得大于分层厚度。不可将薄层新填土粘填在老土层上;淋湿土在雨后必须翻晾后才能重新摊铺碾压。

(10) 对于高填方路堤,为保路基边坡稳定,除应按设计要求放坡和分层填筑压实外,最好在 6 m,12 m 高的位置设置 1～2 m 宽的平台,及时进行边坡护理,以保证施工安全及边坡稳定。

(11) 地面横坡为 1:5～1:2.5 时,原地面应挖成台阶,宽度不少于 1 m;地面横坡陡于 1:2.5 时,应作特殊处理,防止路堤基底滑动。常用的处理措施有:

① 经验算下滑力不大时,先清除基底表面的薄层松散土,再挖宽 1～2 m 台阶,但坡脚附近的台阶宜宽一些,通常为 2～3 m。

② 经验算下滑力较大或边坡下部填土层太薄时,先将基底分段挖成不陡于 1:2.5 的缓坡,再在缓坡上挖宽 1～2 m 的台阶,最下一级台阶亦宽一些。

③ 若坡脚附近的地面横坡比较平缓时,可在坡脚处作土质护堤或干砌石垛护堤护堤最好用渗水性土填筑,用与路堤相同的土填筑亦可。

(12) 若填方分几个作业段施工或相邻之间的施工匀接处不在同一时间填筑,则先填地段应按 1:1 坡度分层留台阶。若两个段同时填筑,则应分层相互交叠衔接,其搭接长度不小于 2 m,台阶高度不得大于分层厚度。

3. 挖方路基

(1) 路基挖土必须按设计断面自上而下开挖,不得乱挖、超挖,严禁掏洞取土。

(2) 弃土应及时清运,不得乱堆乱放。

(3) 地下水位较高或土质湿软地段的路基压实度达不到规定时,用晾晒、换土处理,设置临时排水设施。

(4) 开挖至路基顶面时,应注意预留碾压沉降高度。

4. 结构物的开挖与回填

结构物包括桥涵、挡土墙、圆管涵等构造物。开挖前应先用人工挖探坑、沟,以便摸清地下管线位置;发现地下管线后,应及时报有关方来现场进行处理,不得随意将其损坏;如有不能拆除的地下管线,施工完毕后应将其详细情况记入隐蔽资料,以便日后查询。

(1)基底处理。

① 岩层基底:未风化岩石基底,应将岩石上松碎石块、淤泥等清除干净;如果岩石倾斜,应将岩石凿平成 1~2 m 宽的台阶。风化岩石层基底,经有关方验槽合格后,应将基坑迅速填满,封闭岩层。对泥岩基底,施工中要求地下水位必须低于基坑底高程 30 cm 以下,且基坑必须预留 30 cm 厚保护层,由人工清基。基底应缩短暴露时间,并用一层水泥砂浆封闭岩层。

② 土层基底:碎石类或砂类土基底,其承重面应修理平整,先铺一层稠水泥浆再造基底。

粘性土层和不均匀土层基底,应提出处理措施,报设计批准并由业主审定同意后才能施工。

(2)基底检测。

① 基底土质及地质情况在基础施工前必须经监理工程师检查验收,如有超挖,应采用砂砾石回填并夯实,砂砾级配应符合规范要求,压实度大于 96%;基底平面位置、尺寸大小、基底标高的检测要求见表 3.29。

表 3.29　基底尺寸检测要求

检查项目	允许偏差或允许值	检查频率
中线平面偏位	+100 mm	不少于 3 点
基底标高	−20~0 mm	不少于 5 点
平面尺寸(长、宽)	0~25 mm	各边边长

② 结构物周围回填,均应分层压实,分层检查,检查频率每 50 m² 检测 3 点,不足 50 m² 时至少检测 3 点,每点都应合格。每层松铺厚度不宜超过 25 cm。涵洞两侧填土与压实、桥台背后与锥坡的填土与压实应对称或同步进行。

③ 各种填土的压实应采用小型的手扶振动夯或手扶振动压路机,但涵顶填土 50 cm 内应采用轻型静碾式压路机压实,以达到规定的压实度。

六、路面及附属构筑物

路面工程监理与施工流程见图 3.11。

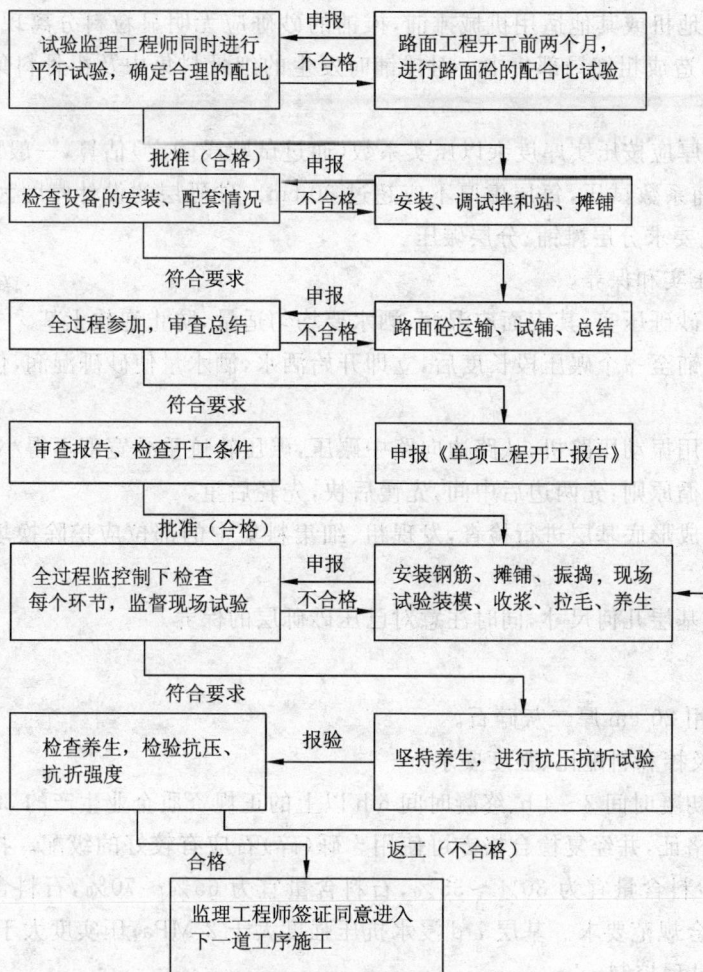

```
┌──────────────────────────┐  申报   ┌──────────────────────────┐
│ 试验监理工程师同时进行      │◄───────│ 路面工程开工前两个月，      │
│ 平行试验，确定合理的配比    │ 不合格 │ 进行路面砼的配合比试验      │
└──────────────────────────┘────────►└──────────────────────────┘
        │批准（合格）          申报
        ▼
┌──────────────────────────┐  申报   ┌──────────────────────────┐
│ 检查设备的安装、配套情况    │◄───────│ 安装、调试拌和站、摊铺      │
└──────────────────────────┘ 不合格 └──────────────────────────┘
        │符合要求              申报
        ▼
┌──────────────────────────┐  申报   ┌──────────────────────────┐
│ 全过程参加，审查总结        │◄───────│ 路面砼运输、试铺、总结      │
└──────────────────────────┘ 不合格 └──────────────────────────┘
        │符合要求
        ▼
┌──────────────────────────┐         ┌──────────────────────────┐
│ 审查报告、检查开工条件      │         │ 申报《单项工程开工报告》    │
└──────────────────────────┘         └──────────────────────────┘
        │批准（合格）          申报
        ▼
┌──────────────────────────┐  申报   ┌──────────────────────────┐
│ 全过程监控制下检查          │◄───────│ 安装钢筋、摊铺、振捣，现场  │
│ 每个环节，监督现场试验      │ 不合格 │ 试验装模、收浆、拉毛、养生  │
└──────────────────────────┘         └──────────────────────────┘
        │符合要求
        ▼
┌──────────────────────────┐  报验   ┌──────────────────────────┐
│ 检查养生，检验抗压、        │◄───────│ 坚持养生，进行抗压抗折试验  │
│ 抗折强度                    │         └──────────────────────────┘
└──────────────────────────┘
        │合格          返工（不合格）
        ▼
┌──────────────────────────┐
│ 监理工程师签证同意进入      │
│ 下一道工序施工              │
└──────────────────────────┘
```

图 3.11　路面工程监理与施工流程图

1. 底基层

下基层为 20 cm 厚 12%二灰土，其施工工艺如下。

（1）施工前准备。

① 首先对路基进行复验、量测，质量不符合路基技术要求之处整修到规定要求，并应检查路基排水设施。

② 检查修整运输道路；补钉遗失或松动的测桩；埋设指示桩，用红漆标出基层边缘的高程。

③ 进行培土围边，以节约砂砾材料。

（2）材料要求：天然砂砾的砾石含量应大于 50%，不得使用粘土含量大的砾石土。液限应小于 28，塑限指数小于 9，砾石最大粒径小于 5.3 cm，压实度大于 96%。

（3）摊铺。

① 路基质量复验合格后，应及时运料摊铺。运到工地的砂砾、粒料级配分布粗细均匀。

② 运料及摊铺应先远后近循序进行，所需材料按预先计算量分段、分堆放在路基上。

③ 采用平地机或其他适用机械摊铺，摊铺的砂砾应无明显粒料分离现象，严禁用四齿耙拉平料堆，造成粗细局部集中。对摊铺时发生的细骨料集中及粗骨料集中情况应及时处理。

④ 摊铺虚厚应按压实厚度乘以压实系数（通过试验段确定）估算，一般可先用 1.2～1.3 之间的松铺系数试压，每层虚厚不应超过 30 cm。砂砾层的设计厚度为 30 cm，分两层施工，按规范要求分层摊铺、分层碾压。

（4）洒水压实和保养。

① 为利于砂砾压实，其表面应湿润，洒水要均匀适量，防止泡软土基。

② 砂砾摊铺至一个碾压段长度后，立即开始洒水，洒水量使砂砾湿润，但不得使路基积水。

③ 碾压采用振动压路机，从路边向路中碾压，碾压轮迹重叠宽度不得小于 30cm。

④ 碾压遵循原则：先两边后中间，先慢后快，先轻后重。

⑤ 对碾压成形底基层进行检查，发现粗、细集料集中的部位应挖除换填合格材料重新碾压成形。

⑥ 检测底基层几何尺寸，同时注意对已压砂砾层的保养。

2．基层

上基层采用 20 cm 厚二灰碎石。

（1）材料及拌和料配比、强度要求。

水泥选用初凝时间 3～4 h、终凝时间 6 h 以上的正规资质企业生产的 325 级水泥，水泥应有出厂合格证，并经复检合格方可使用。砾（碎）石应有较好的级配。拌和料配比应准确，集料中砂料含量宜为 30％～35％，石料含量宜为 65％～70％，石料含泥量应小于 2％，级配应符合规范要求。基层 7 d 浸水抗压强度大于 2 MPa；压实度大于 97％。

（2）施工过程控制。

① 拌和站集中拌和，拌和设备必须能够准确控制各种材料的数量，保证配料精确，拌和均匀，拌和含水量应较最佳含水量大 0.5％～1％，以补充水分蒸发。

② 连续摊铺的长度不宜过长，一般情况下，每一流水作业段长以 200 m 为宜。注意各工序衔接，摊铺机行进过程中尽量减少停机次数，摊铺时间间隔不得超过 2 h，超过 2 h 应及时整平、碾压，设工作缝（横接缝）。

③ 碾压面控制好含水量，及时碾压，控制在水泥凝结的有效时间内，碾压密实，无轮迹，表面水泥出浆为止。严禁压路机在已成形或正在碾压的路面上调头、急刹车。

④ 接缝。直茬相接，在接缝处用方木或钢模作挡边，挡边厚与结构层设计厚度相同。继续摊铺前，对已摊铺好的水泥稳定层端部切除 500 mm，切除部位必须平直。

⑤ 及时养护和封闭交通，洒水量不能太多而冲走水泥浆。宜采用湿法养生，养生 7 d 强度合格后方可施工面层，测量布网确定各控制点，注意纵横坡度必须与路面一致。

基层完工后，测量人员必须进行全线的竣工测量，并应在竣工图中标明，报监理工程师检查验收，其各项指标应满足设计及规范要求。

3．水泥混凝土路面面层

（1）砼浇筑前准备工作。

① 水泥混凝土路面面层为 24 cm、C35 混凝土,施工质量要求应满足设计及规范 JT-GF 402—2003。

② 审核使用材料及水泥混凝土的试验报告等。

③ 混凝土路面浇筑前,应对模板、传力杆、拉杆的加工制作质量进行逐一检查。模板应具有足够的刚度。模板的高度、顶面平整度、沿长度方向的顺直度,以及传力杆、胀缝板、拉杆的制作质量应符合规定。加工精度不合格的模板、传力杆、拉杆均不得在施工中使用。

④ 检查已验收的基层及路牙、雨水井、窨井等附属构筑物是否符合水泥砼路面铺筑要求。

⑤ 检查施工机械,如混凝土搅拌机、振动器及振动梁等机械的功能、试运转情况。

⑥ 检查面层施工作业条件是否已全部具备和落实。

⑦ 检查在施工过程中的各种测桩是否齐全,检查板面角隅钢筋和胀缝钢筋位置摆放是否正确,控制边线路面高程及平整度。

(2)砼施工的质量控制。

① 砼材料的质量控制:

进场水泥应有产品合格证及化验单,对品种、标号、包装、数量、出厂日期等进行检查验收;不同标号、厂牌、品种、出厂日期的水泥,不得混合堆放,严禁混合使用;出厂日期超过 3 个月或受潮的水泥,必须经过试验,按其试验结果决定正常使用或降级使用;已经结块变质的水泥不得使用。

碎石应质地坚硬,并符合规定级配,最大粒径不应超过 40 mm,碎石强度采用压碎指标值试验确定,含泥量小于 1%。

采用洁净、坚硬、符合规定级配、细度模数在 2.5 以上的粗、中砂,含泥量不得大于 3%。

拌制砼用水应符合饮用水标准。

② 砼配合比控制:

进行砼配合比设计,保证砼的设计强度、耐磨、耐久和砼的和易性要求,水灰比不应大于 0.50;为了方便施工,要求过磅,并将重量比换成体积比;检查砼的拌制,检查原材料称量及水量控制是否准确,加料顺序及搅拌时间是否符合规范要求。现场若使用 ZJC350 搅拌机,要求搅拌时间不少于 90 s,量测坍落度一个班组不少于 2 次。

③ 砼浇筑的质量控制:

砼摊铺前,对模板平面位置、高程、润滑、支撑稳定情况和基层的平整、润湿情况,以及钢筋的位置和传力杆装置等进行全面检查,如不符合要求应及时纠正。模板必须支立牢固,不得倾斜、漏浆。伸缩缝必须垂直,缝内不得有杂物。伸缩缝必须全部贯通,传力杆必须与缝面垂直。在模板工程以及砼浇筑准备水电等验收合格后,监理工程师才能签署浇筑令。砼摊铺振捣时,采用平板振捣器纵横交错全面振捣,模板边采用插入式与平板式配合振捣,辅以人工找平;振动梁整平后,用铁滚筒进一步整平;抹面后,砼面板应平整、密实,沿横坡方向拉毛或压槽,拉毛、压槽深度为 1~2 mm。

砼浇筑过程中监理工程师应旁站,对砼浇筑质量实施动态监理,并现场取样制作试块。

④ 砼路面浇筑后的工作：

砼路面浇筑完毕，应及时养护。根据施工工地情况及天气条件，采用草袋或铺砂、洒水保持潮湿状态进行养护。及时做好切缝工作，根据砼终凝后的强度，确定切缝时间。切缝直线段应线直，曲线段应弯顺，不得夹缝，灌缝不得漏缝。砼养护期未满，禁止车辆通行。

根据试块强度判定砼是否达到实际拆模要求的强度；拆模后，检查其偏差是否超过规范要求；当发现砼有蜂窝、麻面甚至孔洞时，承包人要做好详细记录，监理工程师检查后，承包人根据缺陷程度进行修整。对于影响结构性能的缺陷，必须会同设计单位共同处理。

4. 人行道及附属工程

人行道路面层为 6 cm 厚连锁型路面砖(亦称荷兰砖)，路面砖平均抗压强度不小30 MPa，单块不得小于 25 MPa。人行道上同时设按设计图置铺设盲道砖。侧石用 C30 水泥混凝土预制。基层为 10 cm 厚 C15 混凝土。

对于街坊支路或出入口，采用通道式道口，道口均采用混凝土浇筑，其路面结构及技术要求同车行道路面；三面坡式坡道部分侧石下卧，形成的三面坡需顺畅。

人行道及附属工程的施工与检查验收，必须满足设计及相关规范要求。

七、桥梁工程

K0+038 桥梁，上部采用单跨 16 m 预应力砼简支板梁，桥跨中心与河道斜交，下部结构采用钢筋砼实体台身，灌注桩基础，桥面总宽 15 m，全长 16 m，桥纵坡参照道路纵坡，纵坡度为 0.2%，车行道 1.5%，栏杆基础梁不设坡，无通航要求，桥面中心标高3.586 m，支座采用普通圆板橡胶支座。

1. 钻孔灌注桩基础施工监理要点

(1) 钻孔准备：本工程中孔桥墩桩位于深水区内，须对施工平台的搭设质量进行严格的控制，平台须牢固稳定，能承受工作时所有静、动荷载，平台的设计与施工必须符合 JTJ 041—2000 的有关规定。

边墩桩和桥台桩可采用挖坑埋设法，护筒底部和四周所填粘质土必须分层夯实。中孔墩桩须设置水域护筒，水域护筒的设置监理应严格控制平面位置、垂直度，确保两节护筒的连接质量。

钻机就位后应检查粘土准备、泥浆制作、系统连接及设备运行等情况，同时检查钻头直径与钻杆长度、钻机平台水平度等，一切准备工作就绪后，可批准其开钻申请。

(2) 钻孔施工：在钻进过程中，监理人员应随时检查钻进情况，检查钻孔记录表，并定时测定泥浆比重与粘滞度、砂率等，检查钻渣并了解土层情况，同时督促施工单位进行自检。钻孔到预定高程后开始清孔，监理人员应对泥浆指标进行检测，这些指标为：相对密度 1.03～1.10，粘滞度 17～20 Pa·s，含砂率<2%。如不符合要求，则应继续清孔。

(3) 灌注砼：监理应事前检查钢筋笼制作是否达到技术要求，检查水下砼连续灌注是否有保障措施；否则不予批准砼浇筑申请。灌注砼顶面高出理论截面不小于 500 mm，以保证截切面以下的砼都具有足够的强度。

2. 连续预应力箱梁施工监理要点

（1）预应力空心板梁施工质量控制。

本工程所用钢绞线、锚具质量应作为监理工作的重点控制对象。

钢绞线进场时必须具有质量证明书，确保其达到和超过设计规定的技术条件及现行标准（GB 5224—85）的规定。钢绞线进场后分批验收，检查有无损伤、锈蚀和油污，允许有轻微浮锈，但不得有肉眼可见麻坑。钢绞线应逐盘进行机械性能检测，确保其性能符合标准。

钢绞线切割下料必须使用砂轮切割机，切口两端应用 20 号镀锌钢丝绑扎，以免切割后松散，编束时要理顺钢绞线，绑扎间距 2～3 m，钢束两端 2 m，区间距为 50 cm，然后按设计图顺号挂牌编号。在施工过程中，严禁电焊火花碰到钢束。

根据设计要求采用 $\phi70$ mm，$\phi90$ mm 波纹管，波纹管必须绞结密实，无缝隙孔洞，在搬运过程中不能损坏。

锚具、夹具和连接器进场时，除应按出厂合格证和质量证明书核查其锚固性能类别、型号、规格和数量外，监理人员还应对其外观、硬度、静载锚固性能试验合格证进行检查验收。

（2）施工过程的质量控制。

波纹管接头应用套接，接头数应保持最少，且每一接头都应封闭。管道应按其正确位置牢固地支承于钢筋骨架上，波纹管的安装必须严格控制管道安装坐标及管道间距。

经监理工程师验收合格后可进行砼的浇筑。砼的浇筑方向：跨中墩（台）因梁体砼数量较大，可采取斜向分段、水平分层的方法连续浇筑，应投入足够的设备和人员，尽量缩短施工时间，并掺用缓凝剂；由于本工程箱梁高度较低，箱梁砼应尽可能一次浇筑完成，如因施工需要也可分两次浇筑完成，分次浇筑时宜先底板及腹板根部，其次腹板，最后浇顶板及翼板。振捣方法宜采用插入式振捣器。对于钢筋密集区的砼，可在 3 cm 的振捣棒上焊一小钢片进行振捣，先张预制板橡胶芯模两侧的砼应同时对称浇筑，同时振捣，后张预制板锚下砼必须振实。严格执行砼施工钢筋砼操作规程，振动器不得碰波纹管。

按照设计要求砼达到张拉强度方可张拉，张拉按设计规定分批对称进行。张拉前必须进行各孔阻测定，监理应按设计要求审核张拉控制力。张拉前应检查调试张拉设备，将每端钢绞线各股按顺序穿入锚环各孔。监理组应重点旁站检查施工单位将工作锚装入垫板定位圈内，并紧贴锚垫板，插入夹片，用锤打紧。安装限位板时钢绞线从限位穿过进入千斤顶，安装千斤顶前，要求千斤顶轴线与钢绞轴线重合，最后安装工具锚。

初加载为张拉力的 $10\%\sim30\%\sigma_k$，回油，画线作标记（伸长量计算起点）为 L_0，继续张拉至控制拉力，箱梁两端同时分级加载即升压轮流进行，每级加载为张拉力的 20%，使张拉力逐步达到设计张拉吨位，测量伸长 L_1，此时油泵继续开动维持压力不变，静止 5 min；两端同时顶压，顶销后，油泵回零，测回缩量，夹片外露量在卸顶后测量。

张拉达到设计值后，钢绞线的伸长与计算值的误差应在 $\pm6\%$ 以内，以满足张拉吨位和伸长值双控要求。滑丝断束要求：断束中不超过一根，同一截面不超过钢丝总数的 1%，每束滑丝不超过该束伸长值的 2%。

压浆应在张拉结束后不超过 24 h 进行，采用 40# 水泥砂浆对预应力管道进行灌浆。压浆水泥用 525# 普通硅酸盐水泥，水灰比不大于 0.4，水泥必须过筛（40～80 目），水泥浆应有足够流动性(可掺缓凝减水剂)。

八、质量控制要点及质量通病防范

(1)质量控制要点如表 3.30 所示。

表 3.30　质量控制要点

工作项目	质控要点	控制手段
开槽	1. 施工放样的准确性 2. 施工排水的合理性 3. 支撑布置及稳定性 4. 基槽平面尺寸、标高及地基条件 5. 沟槽排水边沟设置及严禁带水作业	1. 检查、测量 2. 检查 3. 检查 4. 目测、检查 5. 目测、检查
管道敷设	1. 管基砼质量、几何尺寸 2. 排管中心位置、高程及坡度 3. 管道接口质量	1. 检查、试验 2. 检查、测量 3. 闭水试验
沟槽回填	1. 回填、夯实分层和对称性 2. 填土密实度	1. 检查 2. 取样试验
排水工程其他	1. 构筑物位置、高程及砌筑质量 2. 构筑物周边填土压实及工程处理	1. 检查、测量 2. 检查、取样试验
路基	1. 土质及含水量 2. 中线位置、标高及横断面图式 3. 地面水排水设施 4. 压实方法及质量	1. 检查 2. 量测、测量 3. 检查 4. 目测、测弯沉值
砂砾石底基层	1. 一定的级配 2. 碎石最大粒径＜6 cm	1. 目测 2. 目测、检查
二灰碎石	1. 摊铺及拌和 2. 压实方法及质量 3. 高程、横断面图式、平整度及厚度	1. 检查、试验 2. 目测、测弯沉值 3. 检查、测量
砼路面	砼拌制	检查、试验
道路工程挡土及护面墙	1. 基底承载力 2. 墙后填料 3. 墙身强度≥70％回填墙背 4. 泄水孔 5. 沉降缝	1. 检查、试验 2. 检查 3. 检查、试验 4. 目测、检查 5. 目测、检查
其他	1. 人行道、侧石及绿化 2. 残疾人通道 3. 道路两侧排水边沟设置	1. 检查 2. 检查 3. 检查
基槽开挖	1. 施工排水的合理性 2. 施工放样的准确性 3. 支撑布置及稳定性 4. 基槽几何尺寸、标高及地基条件 5. 地基承载力	1. 检查 2. 检查、测量 3. 检查 4. 检查、测量 5. 验槽、试验

续表

工作项目	质控要点	控制手段
砼基础及涵(桥)身	1. 立模、高程及几何尺寸 2. 拌和砼的材料计量及质量 3. 前台、后台施工人员设备配置 4. 绑扎钢筋的型号、尺寸、数量及布筋位置是否正确、砼保护层厚度 5. 砼浇筑	1. 检查、测量 2. 检查、试验 3. 检查 4. 检查、测量 5. 旁站
小桥涵桥、涵面	1. 胀缩缝位置是否正确 2. 中线位置、标高及纵横断面排水是否与设计一致 3. 切缝及养护	1. 检查 2. 检查、测量 3. 检查

（2）施工中常见的质量问题及预防措施如表 3.31 所示。

表 3.31　常见质量问题及预防措施

项目	质量问题	措施
管材质量	1. 配筋不够 2. 几何尺寸误差超标 3. 搬运中破损	1. 考察生产厂家,查看有关技术文件资料,选择信誉好、质量好的厂家 2. 强度实行抽样检查 3. 对进场管件严格全面检查,不合格产品不准使用
接头抹带	1. 抹灰不饱满、不密实、有裂缝空鼓现象 2. 抹灰宽度、厚度不够 3. 接头处不凿毛、冲洗 4. 未加钢丝网	1. 加强检查,不合格的坚决返工 2. 旁站监理
回填土	胸腔部分、检查井周围及支管进入主管部位等回填不密实	1. 人工夯实 2. 回填土土质符合要求 3. 分层夯实,达到密实度要求 4. 按规定的频率检测 5. 旁站监理
排水工程	管道基础带水作业	1. 加强施工排水,不准带水施工 2. 加强对操作工人的质量意识教育 3. 旁站监理
预制构件安装	井座、井盖、雨水篦安装位置不正确	1. 严格检查进场预制构件的几何尺寸 2. 施工时注意安装高程控制 3. 井盖和雨水篦要配套安放,不要放错

九、安全、文明施工

1. 按照合同,对施工安全及文明施工进行监督管理

（1）检查督促施工单位建立健全安全管理体系和安全管理制度,督促施工单位认真执行国家及省市有关部门颁布的安全生产法规。

（2）审查批准施工单位对工程施工中的安全问题制订的安全技术措施和防护措施。

（3）对施工生产及安全设施进行经常性的检查监督，对违反安全生产规定的情况及时指令整改。

（4）检查施工单位在劳动保护及环境保护方面是否符合相关规定和国家标准。

（5）定期组织安全生产检查活动。

（6）参加对安全事故进行的调查分析，审查施工单位的安全事故报告及安全报表，监督施工单位对安全事故的处理。

（7）按照业主、安全管理部门的规定和要求，定期或不定期向业主、安全管理部门提供相关资料和文件，定期（每月）向业主单位报告安全生产情况，并按规定编制监理工程项目的安全统计报表，对重大安全事故的处理必须及时向业主单位报告。

2．对承包单位和施工现场的安全文明施工管理

（1）审核安全文明施工管理组织体系。

① 审核承包单位的安全文明施工管理组织体系的合理性、严密性、可操作性，以及人员的配备情况，对存在问题及时向承包单位提出，要求改进。

② 审查安全员的专业上岗资质、年检情况，不符合规定的应立即调换，安全员必须专职。

③ 审查承包单位是否建立了安全文明施工管理责任制度，如安全生产责任、管理、检查控制、教育、例会、统计分析与报告制度等。

（2）检查人员健康、衣着标识等。

① 要求承包单位各类人员佩戴不同颜色的安全帽及胸卡，以利识别。

② 对高空作业及其他特殊作业人员要求承包单位提供作业人员有效健康证明，不符合要求者，不得从事特殊作业。

③ 督促承包单位建立施工现场人员出入管理制度，监督检查登记管理台账。

（3）检查施工材料、机具管理。

要求承包单位严格按经审批认可的施工现场平面布置图指定位置规范堆放机具和材料。各种施工材料、机具应尽量远离操作区域，并不宜堆放过高，防止倒塌下落伤人，严禁乱堆、乱放、混放。

（4）检查现场环境保护管理情况。

① 审核总平面图布置图，督促承包单位对施工区域实行封闭管理，现场出入口设置门卫管理，建立健全出入管理制度。

② 审查承包单位施工现场的"五牌一图"，要求图牌规格统一，字迹端正，表达明确；督促检查施工方在主要施工部位、作业点、危险区、道口等处都必须设置安全警示语或安全警示牌。

③ 督促检查承包单位在施工现场设置的工地食堂、厕所、浴室、保健室、茶水亭、吸烟休息区等，建立治安、消防、卫生管理制度。

④ 督促检查承包单位在施工区、办公区、生活区和主要施工道路设置交通指示牌。

⑤ 督促承包单位保持施工现场道路畅通、平坦、整洁，不乱堆乱放，无散落物，无大面积积水。

⑥ 督促检查施工现场内排水沟、排水井及沉淀池应派专人定期进行疏通清理，保持

畅通,建筑垃圾集中堆放、联系环卫部门定期清运。

⑦ 督促承包单位在车辆出入口大门处设置车辆冲洗设施,泥浆车、土方车、混凝土搅拌车出场必须冲洗,保证道路清洁。

⑧ 督促承包单位搞好周围环境卫生,做到无污水外溢,围墙外无渣土、无材料、无垃圾堆放。

⑨ 督促检查承包单位落实施工现场操作规范,做到随作随清,物尽其用。

⑩ 督促承包单位对施工现场运送的各种材料、垃圾、渣土采取必要的遮盖措施,防止尘土、物品飞扬或洒落。

⑪ 督促承包单位做好施工现场噪声控制管理工作(特别是夜间施工),防止噪声影响邻近居民正常休息,噪声较大的施工机具尽量安排在白天或室内(罩内)工作。

(5)检查施工临时用电、消防安全管理情况。

① 督促承包单位编制施工用电方案,并有可靠的安全技术措施,方案经审批同意后才能实施。

② 严格要求承包单位的施工用电采用三相五线制,配电箱设置总开关,同时做到一机一漏电保护器,接地可靠,接地线截面积符合要求。

③ 检查承包单位电气操作人员的上岗资质,无证者不得操作电气设施。

④ 督促承包单位按规范设置配电箱,施工电源线不得随意拖在地上或浸在水中,电源线中间一般不得有接头(若有必须进行绝缘防水处理)。

⑤ 监督承包单位在施工现场配备足够的消防灭火器材,并由专职安全人员统一维护、管理并定期更新,保证设施完整,临警可用,并做好书面记录。

⑥ 承包单位的电焊工在动用明火时随身携带"二证"(电焊工操作证、动火许可证),并有消防灭火器、职责交底书,监理人员应随时抽检。

⑦ 检查专职安全人员的上岗资质证书,不符合要求者不得上岗。

(6)检查产品保护、安全防卫管理。

① 督促承包单位做好施工安全防卫工作,落实安全防卫措施。高空作业必须具备"三保"防护:登高爬梯必须有防滑措施,有专人在地面保护,人字梯须有拉索。

② 审查进场的施工机械设备检查合格证及安全防护装置;所有施工机械设备的操作人员必须经过专门培训,特殊机械设备的操作人员必须具有上岗资质证书。

③ 经常组织承包单位开展以安全防卫、防火、防触电、防爆、防盗为中心的安全检查,发现隐患及时采取措施,堵塞漏洞。

④ 督促承包单位加强对分包队伍的管理,要求其经常地进行法制、规章制度教育、安全操作规程教育。

⑤ 督促检查现场施工人员的安全防护措施,一旦发现个人安全防护用品缺损或佩戴不当,应要求立即改正。

⑥ 对于已施工完成的工程产品,要求承包单位在落实做好对自身施工产品保护的同时,做好对他人施工产品的保护,防止相互损坏。

⑦ 要求承包单位根据施工图,阶段性划分施工区域工作界面,保证合理的施工空间,及时调整和减少交叉施工作业面,尽量避免交叉施工对施工成品的损伤、破坏及相互影响。

⑧ 监督承包单位制订夜间值班巡检责任制,发现施工成品的保护状况及存在的问题,及时采取相应措施加以处理。

(7) 审查季节性施工措施。

① 检查承包单位提供的季节性施工技术、管理、防护、安全措施,监督防护材料、物品及设施的落实储备。

② 雨季施工时要求承包单位对施工现场中不可受雨水冲刷、浸泡的材料、设备、机械、电气设施等加以覆盖或隔离保护,对道路、脚手架等采取防滑措施。

③ 夏季施工要求承包单位设置遮阳棚、茶水亭及防暑降温设施,配备防暑降温药品,供应合适饮食。合理调整工作时间,避开高温时段。

④ 冬季施工要求承包单位落实好防冻保温措施,做好五防工作,即防火、防冻、防风、防滑、防煤气中毒。

(8) 审查特殊气候应急保障措施。

① 要求承包单位制订特殊气候条件下的工程应急防护措施,必要时成立防汛领导小组,配备必要的应急保障设施。落实指挥、值班人员及抢险队伍。

② 督促承包单位在现场配备充足的抽水设备,加强现场排水沟、集水井的检查疏通工作,保证现场排水系统的畅通无阻。

③ 加强检查现场施工照明、防护设施及各类机械设备的安全防护措施,发现问题及时通知承包单位整改。

④ 要求承包单位对施工机具、室外施工装备、用电设施、脚手架、活动房等进行防台风加固。不能进行高空作业时,要求暂停室外的高空作业。

⑤ 雷雨天气时停止高空露天操作,防止雷击伤人。注意收听天气预报,密切注意风、雨的动向,督促承包单位及时做好相关防护工作。

⑥ 其他未尽事宜按相关规范要求执行。

十、监理工作流程

(1) 施工准备阶段监理控制流程见图 3.12。

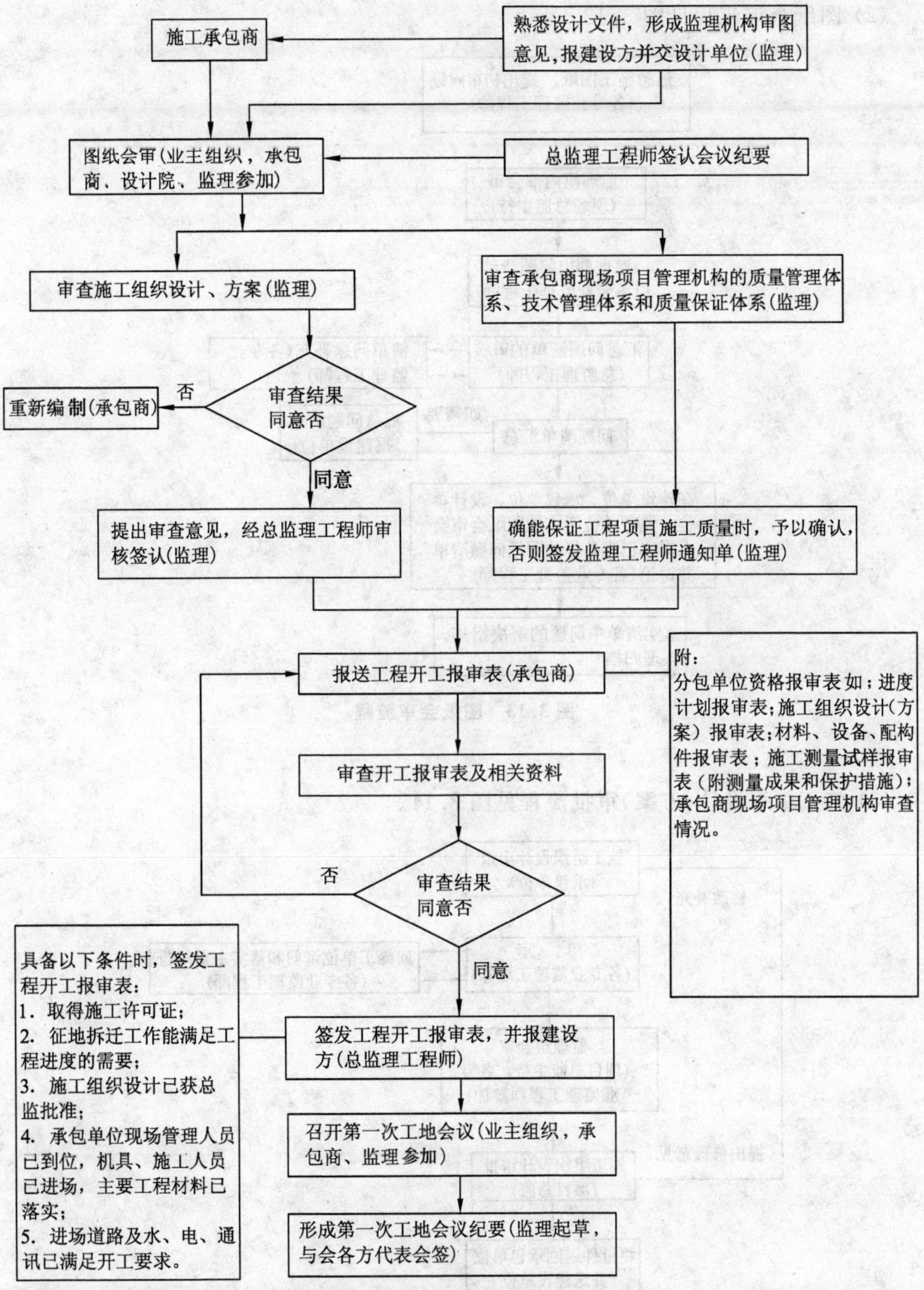

```
                                    ┌─────────────────────────────┐
                         ┌──────────┤熟悉设计文件,形成监理机构审图│
              ┌──────────┤施工承包商│意见,报建设方并交设计单位(监理)│
              │          └──────────┘└─────────────────────────────┘
              │               ↑
              ↓               │
┌──────────────────────┐  ┌──────────────────────┐
│图纸会审(业主组织,承包│←─┤总监理工程师签认会议纪要│
│商、设计院、监理参加)  │  └──────────────────────┘
└──────────────────────┘
       │
   ┌───┴────────────────────────────────┐
   ↓                                    ↓
┌──────────────────────┐  ┌──────────────────────────────┐
│审查施工组织设计、方案 │  │审查承包商现场项目管理机构的质量│
│(监理)                │  │管理体系、技术管理体系和质量保证│
└──────────────────────┘  │体系(监理)                    │
       │                  └──────────────────────────────┘
       ↓                              │
┌─────────────┐    ◇审查结果◇         │
│重新编制(承包│←否─◇同意否◇          │
│商)          │    ◇      ◇          │
└─────────────┘       │同意            │
                      ↓                ↓
       ┌──────────────────────┐  ┌──────────────────────────────┐
       │提出审查意见,经总监理工│  │确能保证工程项目施工质量时,予以│
       │程师审核签认(监理)    │  │确认,否则签发监理工程师通知单  │
       └──────────────────────┘  │(监理)                        │
                 │                └──────────────────────────────┘
                 │                        │
                 └────────────┬───────────┘
                              ↓
              ┌──────────────────────┐
          ┌──→│报送工程开工报审表(承包商)│
          │   └──────────────────────┘
          │              ↓
          │   ┌──────────────────────┐
          │   │审查开工报审表及相关资料│
          │   └──────────────────────┘
          │              ↓
          │        ◇审查结果◇
          └────否──◇同意否◇
                    ◇      ◇
                       │同意
                       ↓
       ┌──────────────────────┐
       │签发工程开工报审表,并报建设│
       │方(总监理工程师)        │
       └──────────────────────┘
                 ↓
       ┌──────────────────────┐
       │召开第一次工地会议(业主组织,承│
       │包商、监理参加)          │
       └──────────────────────┘
                 ↓
       ┌──────────────────────┐
       │形成第一次工地会议纪要(监理起草,│
       │与会各方代表会签)        │
       └──────────────────────┘
```

附:
分包单位资格报审表如;进度计划报审表;施工组织设计(方案)报审表;材料、设备、配构件报审表;施工测量试样报审表(附测量成果和保护措施);承包商现场项目管理机构审查情况。

具备以下条件时,签发工程开工报审表:
1. 取得施工许可证;
2. 征地拆迁工作能满足工程进度的需要;
3. 施工组织设计已获总监批准;
4. 承包单位现场管理人员已到位,机具、施工人员已进场,主要工程材料已落实;
5. 进场道路及水、电、通讯已满足开工要求。

图 3.12 施工准备阶段监理控制流程

（2）图纸会审流程见图 3.13。

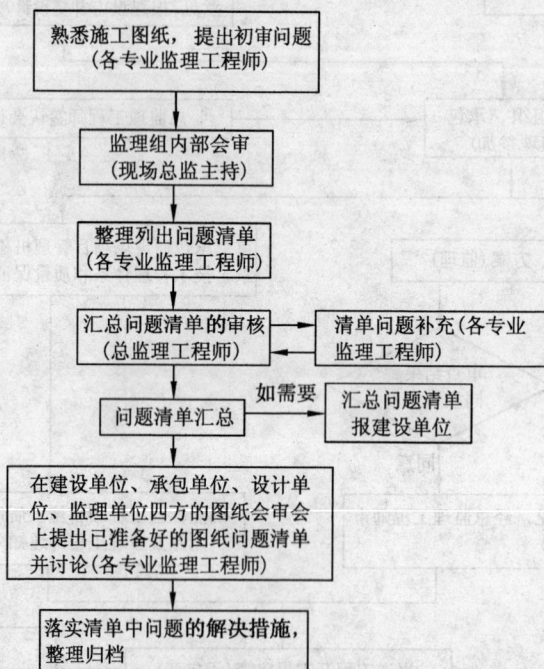

```
熟悉施工图纸，提出初审问题
（各专业监理工程师）
        ↓
监理组内部会审
（现场总监主持）
        ↓
整理列出问题清单
（各专业监理工程师）
        ↓
汇总问题清单的审核  →  清单问题补充（各专业
（总监理工程师）         监理工程师）
        ↓
问题清单汇总  ── 如需要 →  汇总问题清单
                          报建设单位
        ↓
在建设单位、承包单位、设计单
位、监理单位四方的图纸会审会
上提出已准备好的图纸问题清单
并讨论（各专业监理工程师）
        ↓
落实清单中问题的解决措施，
整理归档
```

图 3.13　图纸会审流程

（3）施工组织设计（方案）审批流程见图 3.14。

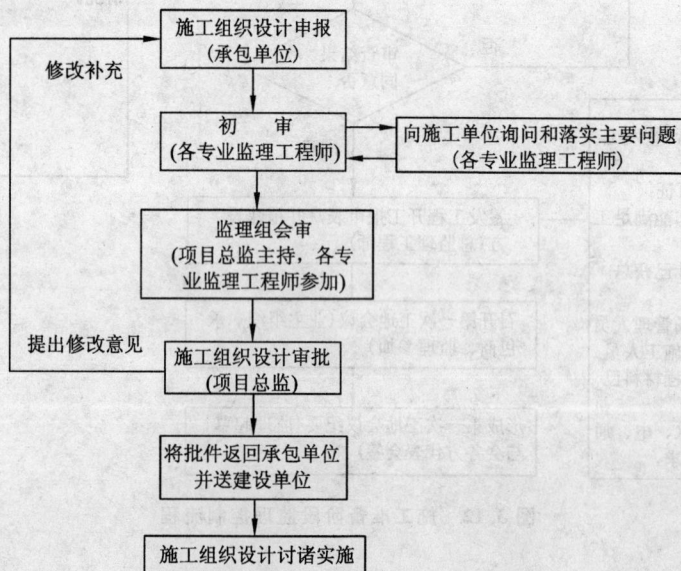

```
        施工组织设计申报
          （承包单位）
修改补充        ↓
        初　　　审  →  向施工单位询问和落实主要问题
      （各专业监理工程师）    （各专业监理工程师）
              ↓
        监理组会审
      （项目总监主持，各专
       业监理工程师参加）
提出修改意见      ↓
        施工组织设计审批
          （项目总监）
              ↓
        将批件返回承包单位
          并送建设单位
              ↓
       施工组织设计讨诸实施
```

图 3.14　施工组织设计（方案）审批流程

（4）分包单位资质审查流程见图 3.15。

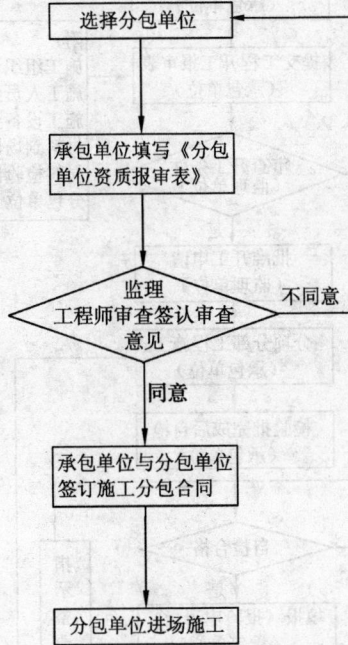

图 3.15　分包单位的资质审查流程

（5）施工阶段工程质量控制工作流程见图 3.16 和图 3.17。

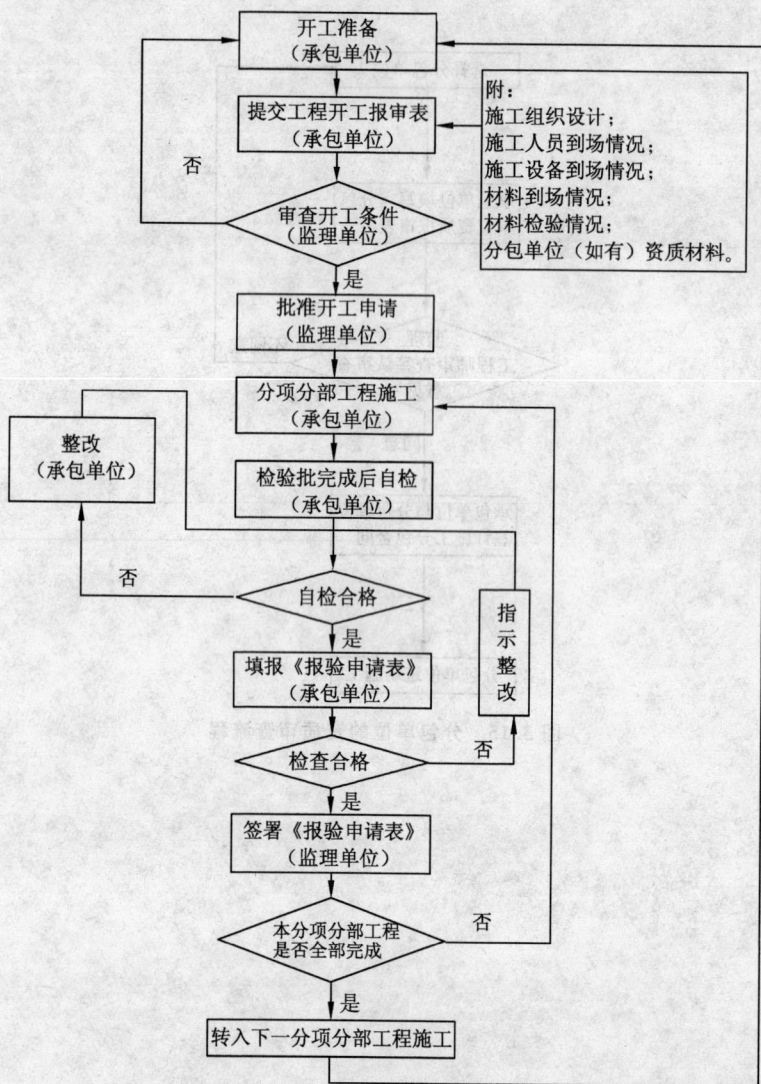

图 3.16 施工阶段工程质量控制工作流程（一）

填写《报验申请表》
（承包单位）

审查分项分部工程质量，
现场检查质量文件
（监理单位）

整改
（承包单位）

否

审查合格

是

签署《报验申请表》
予以确认验收
（监理单位）

本单位工程的各分项
分部工程均完成

否

是

进行内部竣工预验
（承包单位）

竣工验收文件资料准备
（承包单位）

指示整改

申请工程竣工验收
（承包单位）

补充再准备

审核竣工验收申请
（监理单位）

否

现场检查
合格

文件资料是
符合要求

否

是

是

签署工程竣工验收申请
（监理单位）

组织工程验收
（建设单位）

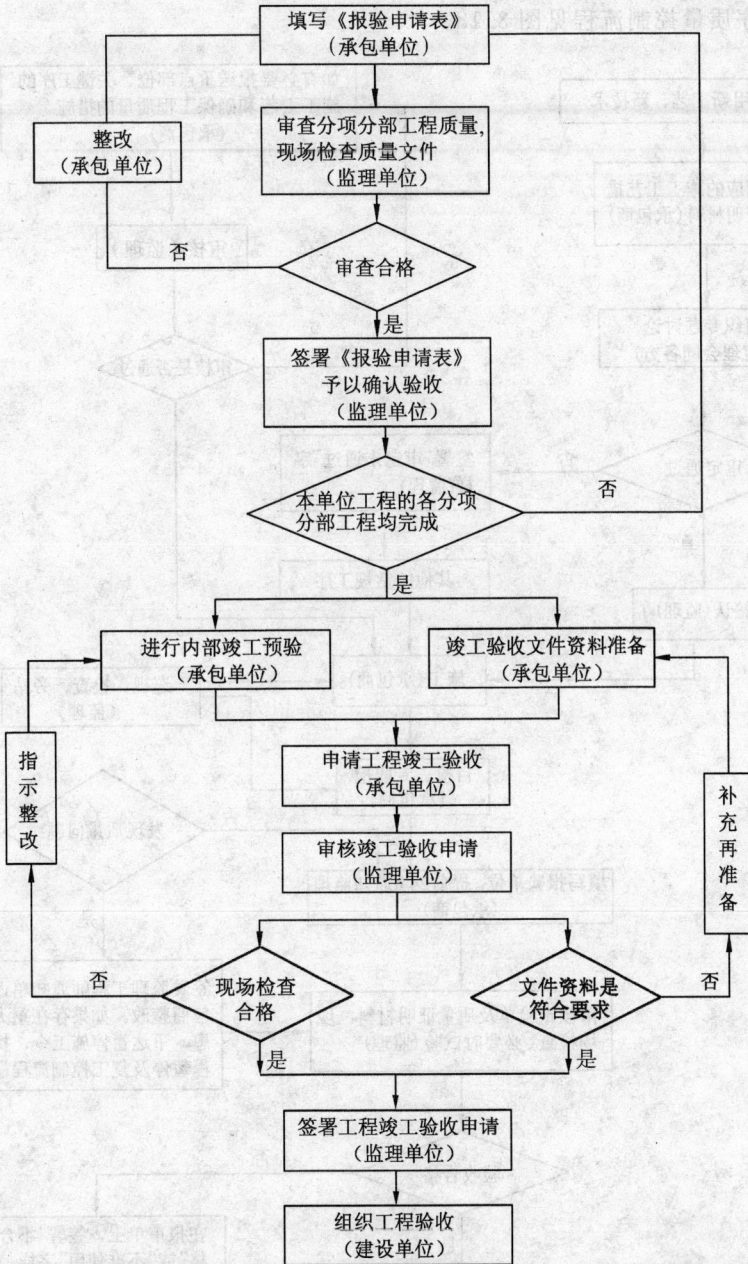

图 3.17　施工阶段工程质量控制工作流程（二）

（6）工序质量控制流程见图 3.18。

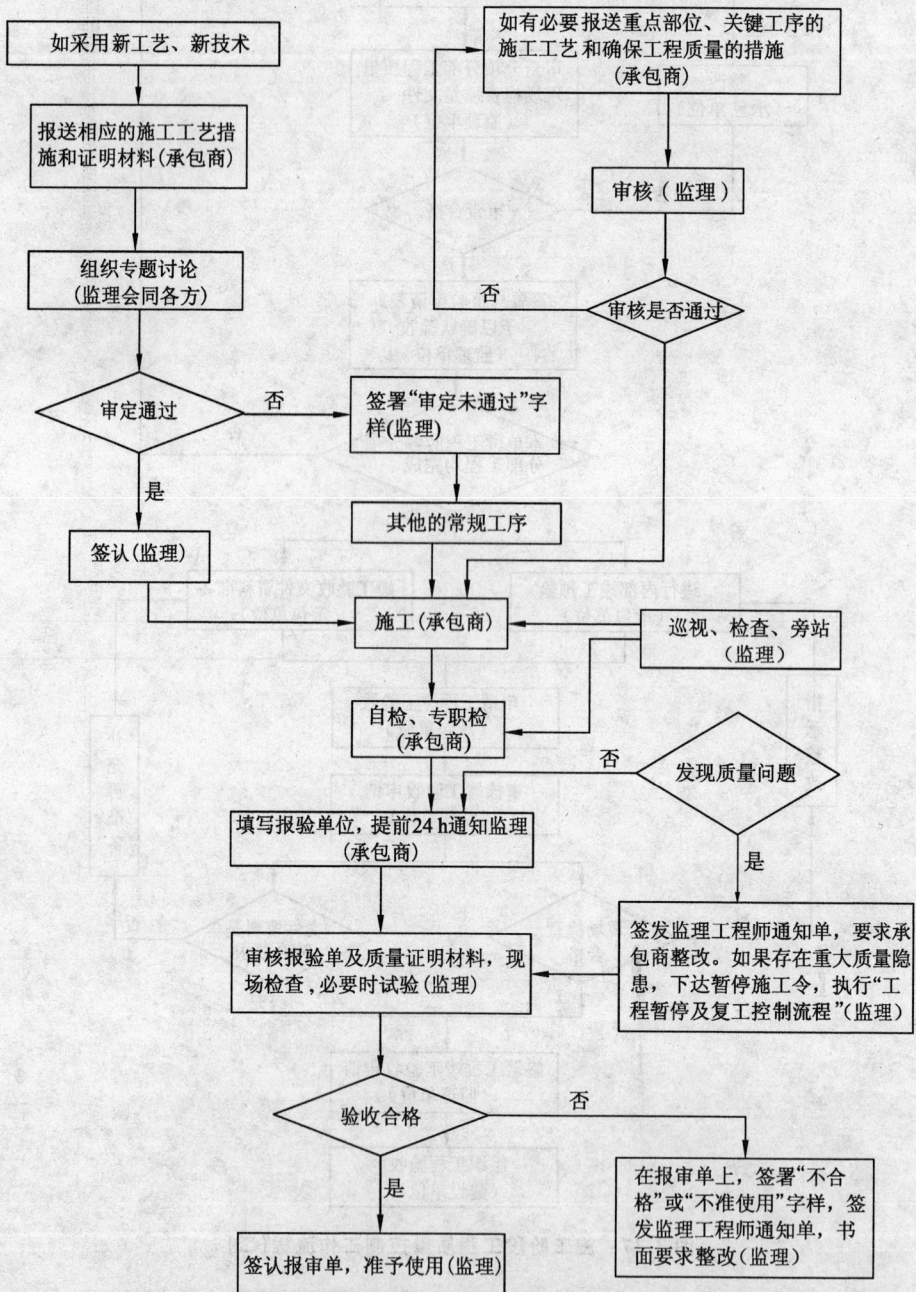

图 3.18 工序质量控制流程

（7）隐蔽工程质量控制流程见图 3.19。

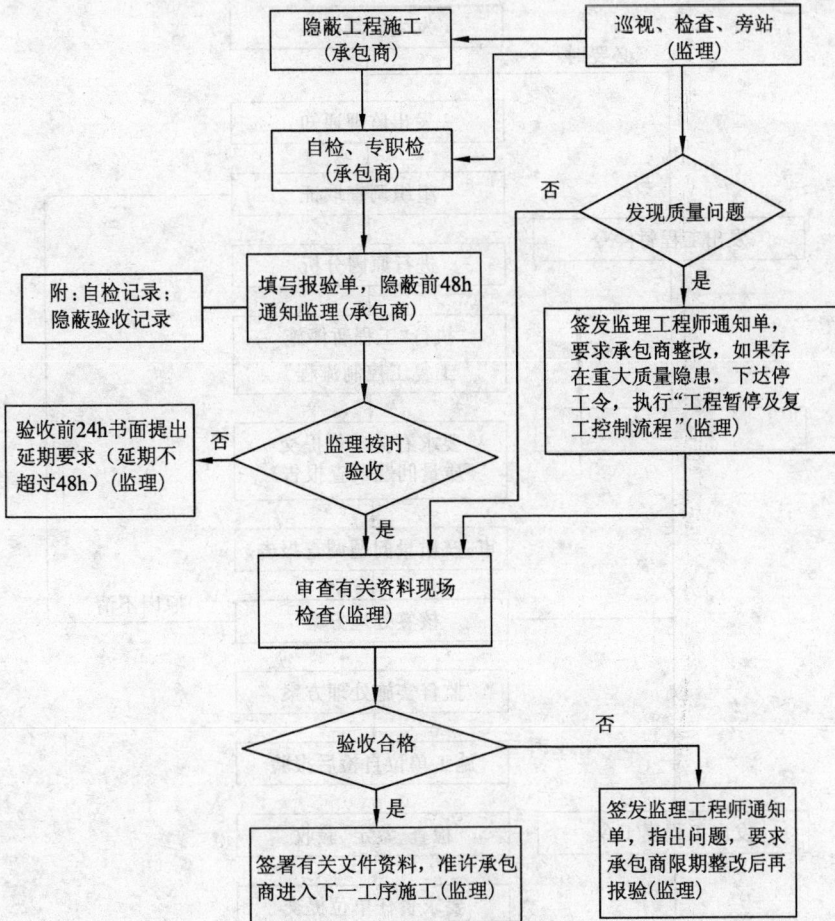

图 3.19　隐蔽工程质量控制流程

（8）工程质量问题处理程序流程见图 3.20。

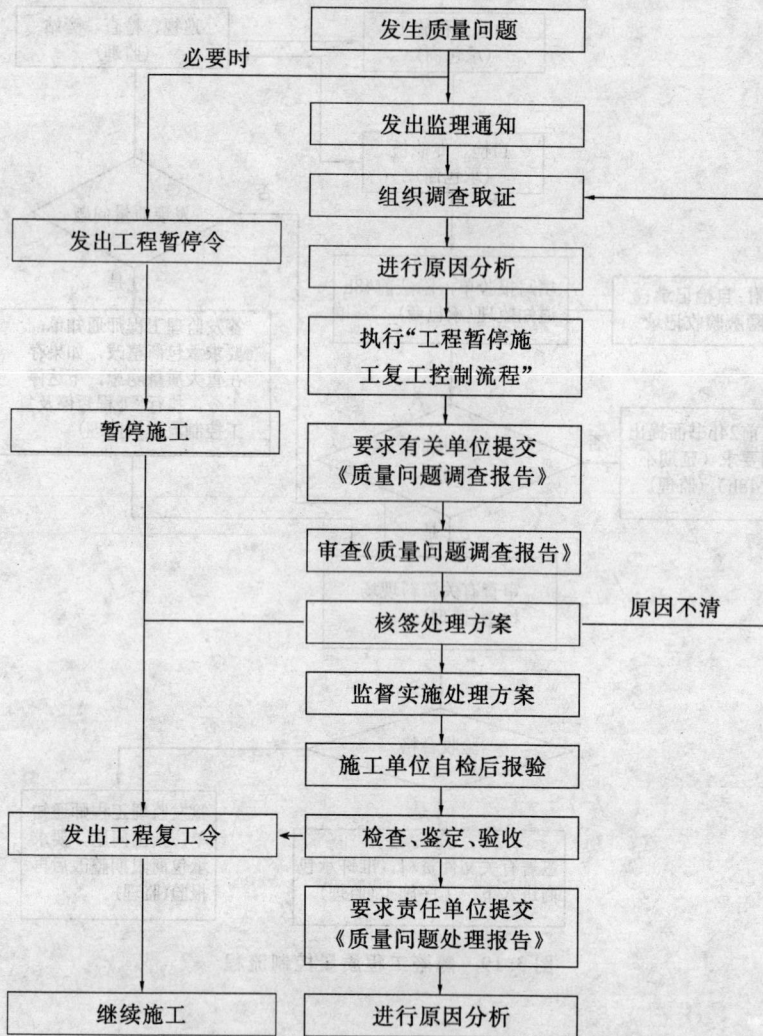

```
                                    ┌──────────────────┐
                                    │   发生质量问题    │
                                    └────────┬─────────┘
          必要时                             │
    ┌───────────────────────────┐           │
    │                           │  ┌──────────────────┐
    │                           │  │   发出监理通知    │
    │                           │  └────────┬─────────┘
    │                           │           │
    │                           │  ┌──────────────────┐◄──────────┐
    │                           │  │   组织调查取证    │           │
┌──────────────────┐           │  └────────┬─────────┘           │
│  发出工程暂停令   │           │           │                     │
└────────┬─────────┘           │  ┌──────────────────┐           │
         │                     │  │   进行原因分析    │           │
         │                     │  └────────┬─────────┘           │
         │                     │           │                     │
         │                     │  ┌──────────────────┐           │
         │                     │  │ 执行"工程暂停施   │           │
         │                     │  │ 工复工控制流程"   │           │
         │                     │  └────────┬─────────┘           │
┌──────────────────┐           │           │                     │
│   暂停施工        │           │  ┌──────────────────┐           │
└────────┬─────────┘           │  │ 要求有关单位提交  │           │
         │                     │  │《质量问题调查报告》│          │
         │                     │  └────────┬─────────┘           │
         │                     │           │                     │
         │                     │  ┌──────────────────┐           │
         │                     │  │审查《质量问题调查报告》│       │
         │                     │  └────────┬─────────┘           │
         │                     │           │              原因不清 │
         │                     └─►┌──────────────────┐───────────┘
         │                        │   核签处理方案    │
         │                        └────────┬─────────┘
         │                                 │
         │                        ┌──────────────────┐
         │                        │  监督实施处理方案 │
         │                        └────────┬─────────┘
         │                                 │
         │                        ┌──────────────────┐
         │                        │ 施工单位自检后报验│
         │                        └────────┬─────────┘
         │                                 │
┌──────────────────┐◄───────────  ┌──────────────────┐
│  发出工程复工令   │              │  检查、鉴定、验收 │
└────────┬─────────┘              └────────┬─────────┘
         │                                 │
         │                        ┌──────────────────┐
         │                        │ 要求责任单位提交  │
         │                        │《质量问题处理报告》│
         │                        └────────┬─────────┘
         │                                 │
┌──────────────────┐              ┌──────────────────┐
│   继续施工        │              │   进行原因分析    │
└──────────────────┘              └──────────────────┘
```

图 3.20　工程质量问题处理程序流程

（9）质量事故处理流程见图 3.21。

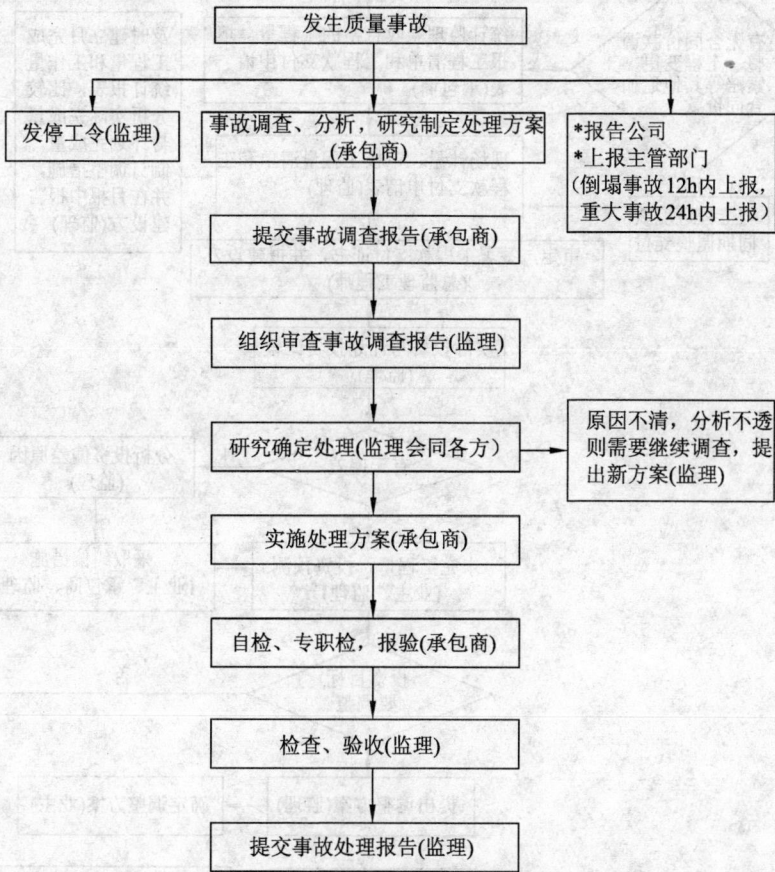

图 3.21 质量事故处理流程

（10）工程投资控制流程见图 3.22。

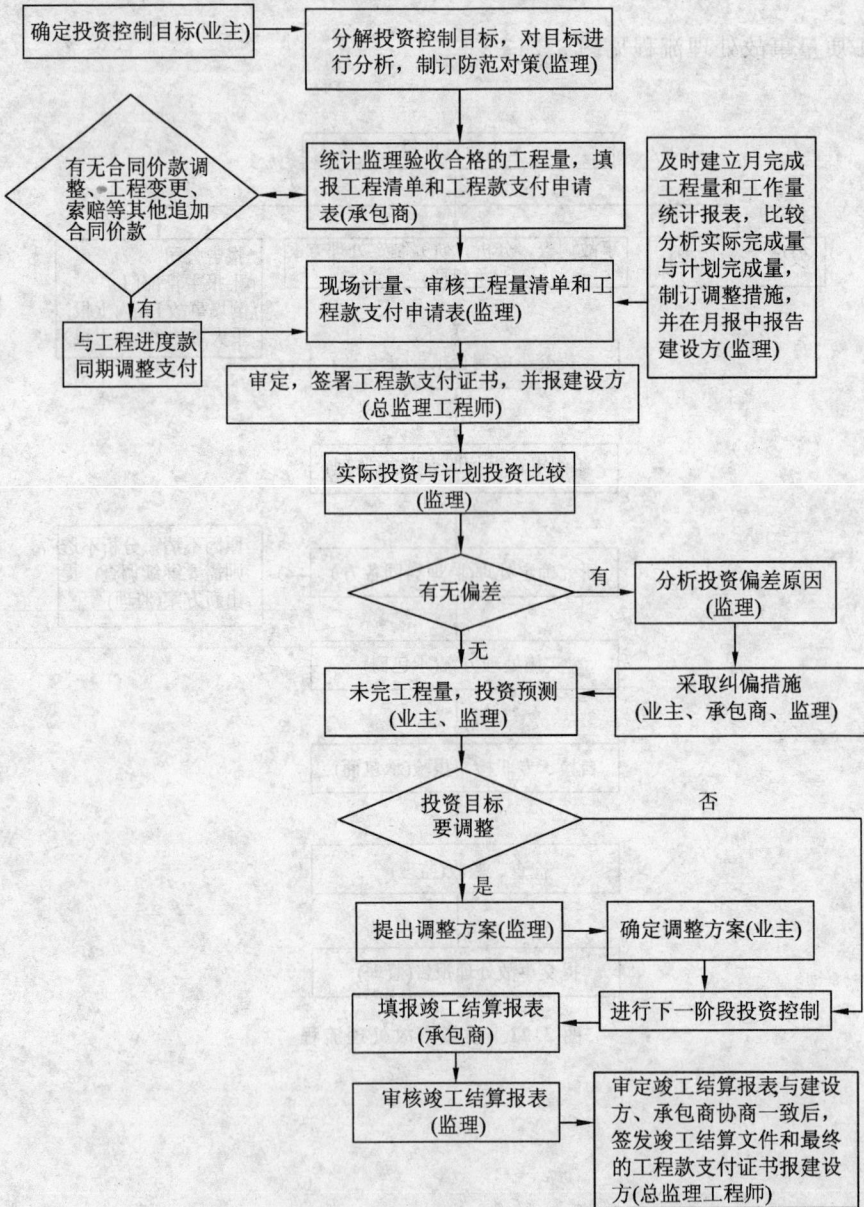

图 3.22 工程投资控制流程

(11) 月工程款支付监理审核签认流程见图 3.23。

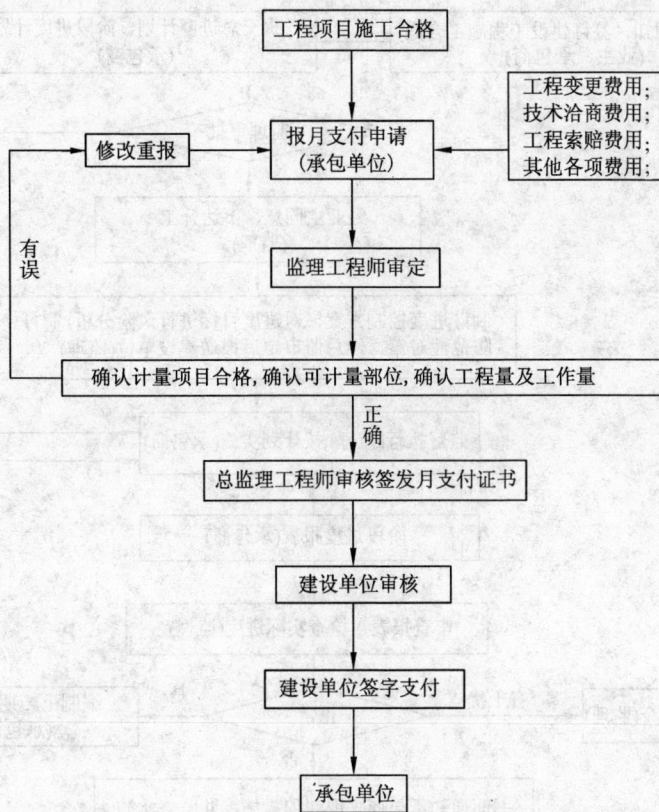

```
                    ┌──────────────────┐
                    │  工程项目施工合格  │
                    └────────┬─────────┘
                             │                   ┌──────────────┐
                             ▼                   │ 工程变更费用; │
  ┌────────┐      ┌──────────────────┐           │ 技术洽商费用; │
  │修改重报 │─────▶│   报月支付申请    │◀──────────│ 工程索赔费用; │
  └────────┘      │   (承包单位)      │           │ 其他各项费用; │
      ▲           └────────┬─────────┘           └──────────────┘
      │                    │
   有 │                    ▼
   误 │           ┌──────────────────┐
      │           │   监理工程师审定   │
      │           └────────┬─────────┘
      │                    │
  ┌───┴───────────────────────────────────────────────────┐
  │ 确认计量项目合格,确认可计量部位,确认工程量及工作量       │
  └───────────────────────┬───────────────────────────────┘
                          │ 正
                          │ 确
                          ▼
                 ┌─────────────────────────┐
                 │ 总监理工程师审核签发月支付证书 │
                 └────────────┬────────────┘
                              │
                              ▼
                     ┌──────────────┐
                     │  建设单位审核  │
                     └──────┬───────┘
                            │
                            ▼
                    ┌────────────────┐
                    │  建设单位签字支付 │
                    └────────┬───────┘
                             │
                             ▼
                       ┌──────────┐
                       │  承包单位 │
                       └──────────┘
```

图 3.23 月工程款支付监理审核签认流程

（12）施工阶段进度控制工作流程见图 3.24。

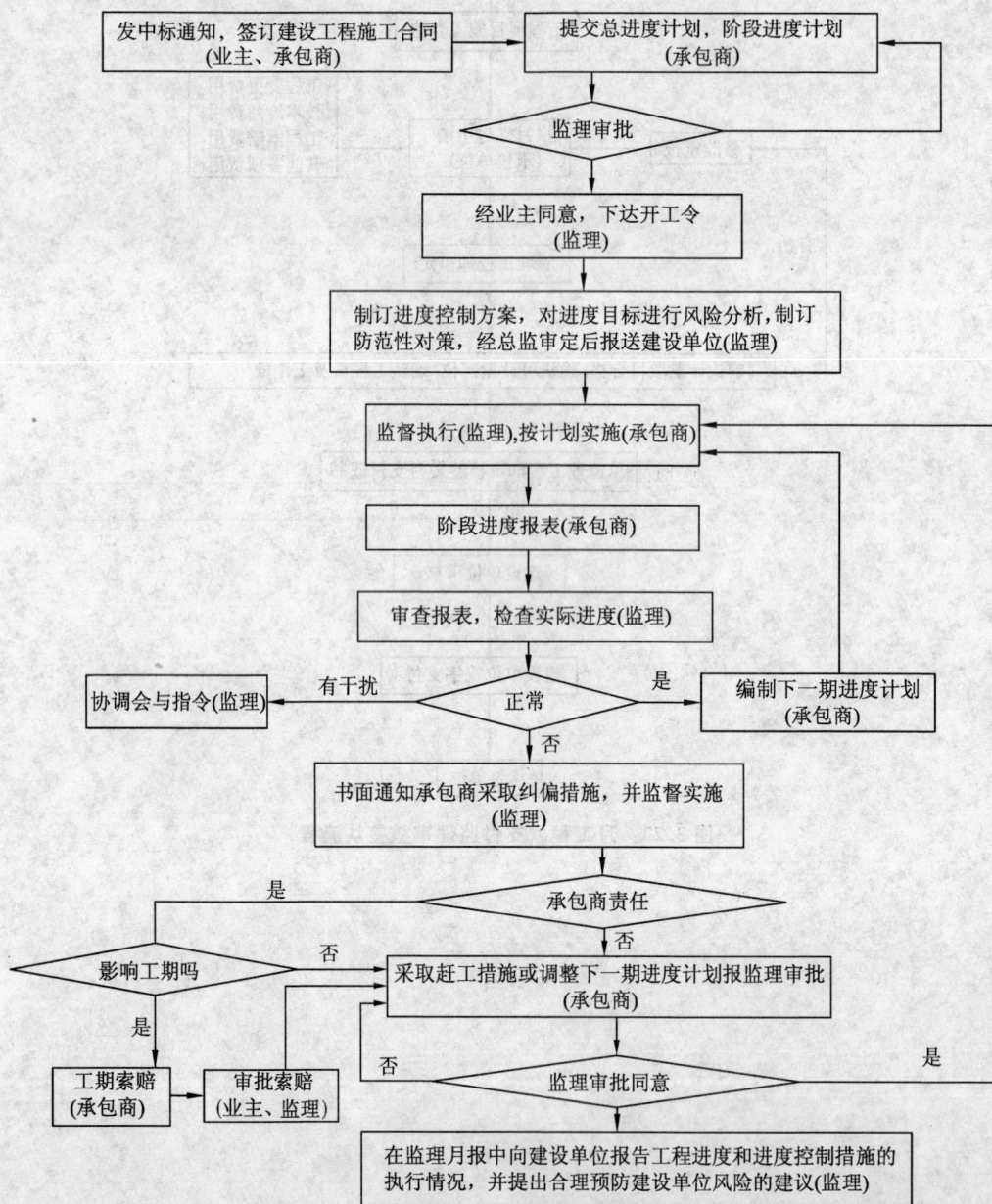

图 3.24　施工进度控制流程

建设工程旁站监理方案

1．编制依据

（1）《中华人民共和国建筑法》、《建筑工程管理条例》、《中华人民共和国合同法》、《房屋建筑工程施工旁站监理管理办法（试行）》。

（2）技术标准、规范、规程。

（3）本工程的建设工程监理合同、施工合同。

（4）本工程的地质勘察资料、经批准的设计文件（图纸、设计说明、设计指定的标准图集、设计交底会议纪要、设计变更文件、经确认的工程变更文件等）。

（5）监理规划、监理实施细则、施工组织设计等。

2．概述

本工程旁站工作非常艰巨，中间重要验收、监督施工过程比较多。为加强对本工程施工过程中关键部位、关键工序实施全过程旁站监理的管理，确保施工质量满足设计、规范的要求并使业主满意，特制订本旁站监理方案。工程概况：略。

3．旁站监理工作内容

工程施工旁站监理（以下简称旁站监理），是指监理人员在工程施工阶段，对关键部位、关键工序的施工质量实施全过程现场跟班的监督活动（见表3.32）。

表 3.32　旁站监理工作内容

旁站监理的范围		旁站监理的内容
基础工程	基础承台、阀板	1．是否按照技术标准、规范、规程和批准的设计文件组织设计施工； 2．是否使用合格的材料、构配件和设备； 3．施工单位有关现场人员、质检人员是否在岗； 4．施工操作人员的技术水平是否满足施工工艺要求，特殊操作人员是否持证上岗； 5．施工环境是否对工程质量产生不利影响； 6．施工过程中出现的较大质量问题或质量隐患，旁站人员采用照相手段予以记录。
	土方回填	
结构工程	混凝土施工	
隐蔽工程的隐蔽过程		全过程跟踪监督
建筑材料的见证取样		全过程跟踪监督
新技术、新工艺、新材料、新设备试验过程		全过程跟踪监督
监理合同规定的其他应旁站部位和工序		从其规定
定位放线、沉降观测		旁站监理人员参与施工单位共同测量

4．旁站监理人员的组成

略。

5．旁站监理人员的主要职责

（1）检查施工单位现场质检人员到岗、特殊工种人员持证上岗以及施工机械、建筑材料的准备情况；

（2）跟班监督过程中要检查关键部位、关键工序的施工过程中执行施工方案以及工程建设强制性标准情况；

（3）核查进场建筑材料、建筑构配件、设备和商品砼的质量检测报告，检查设备、仪表的开箱过程和质量保证资料等，现场见证取样，对材料进行检测或委托具有相应检测资质单位进行材料复检和试验；

（4）旁站监理人员要做好旁站监理过程的记录和监理日记，并保存好监理旁站原始资料。

6．旁站监理的程序和方式

（1）按旁站监理方案中的要求，施工单位在需要实施旁站监理的关键部位、关键工序施工前 24 h，应书面通知现场项目监理机构。项目部按施工部位、施工内容安排合适的监理人员实施旁站监理。

（2）对旁站监理人员进行旁站技术交底，配备旁站监理仪器设备。

（3）对施工单位人员、机械、材料、施工方案、安全措施及上一道工序质量报验等进行检查。

（4）具备旁站条件时，旁站监理人员按照旁站监理的内容实施旁站监理工作，并做好旁站监理记录。

（5）旁站监理过程中，旁站监理人员发现施工质量和质量隐患时，应及时处理。

（6）旁站结束后，旁站监理人员在旁站记录上签字。

（7）旁站监理采用现场监督、检查等方式。

7．旁站监理工作制度

（1）旁站监理人员应当认真履行自己的职责，对需要实施旁站监理的关键部位、关键工序在施工现场跟班监督，及时发现和处理旁站监理过程中出现的质量问题，并如实准确地做好旁站监理记录。凡旁站监理人员和施工单位的现场质量检查员未在旁站监理记录上签字的，不得进行下道工序施工。

（2）旁站监理人员实施旁站监理时，发现施工单位有违反工程建设强制性标准行为的，有权责令施工单位立即整改；发现其施工活动可能或者已经危及工程质量的，应及时向监理工程师或总监理工程师报告，由总监理工程师下达局部暂停施工指令或者采取适当的应急措施。

（3）旁站监理日记是监理工程师或者总监理工程师依法行使有关签字权的重要依据。对于需要旁站监理的关键部位、关键工序施工，凡没有实施旁站监理或者没有旁站监理记录的，监理工程师或者总监理工程师不得在相应文件上签字。在工程竣工验收后，旁站监理记录应存档备查。

8. 隐蔽工程旁站监理计划

隐蔽工程旁站监理计划见表 3.33。

表 3.33　隐蔽工程旁站监理计划

序号	隐蔽工程旁站监理	旁站监理人员
1	地基验槽	专业监理工程师
2	垫层砼	监理员
3	底板砼浇筑	监理员、专业监理工程师
4	地下负一层～屋面砼浇筑	监理员、专业监理工程师
5	各层填充墙砌筑、构造柱砼浇筑	监理员、专业监理工程师
6	防水施工全过程	专业监理工程师

9. 建筑材料见证及功能性检测旁站监理计划

建筑材料见证及功能性检测旁站监理计划见表 3.34。

表 3.34　建筑材料见证及功能性检测旁站监理计划

序号	工作名称		见证人员
1	安全性检测	42.5级复合硅酸盐水泥	监理员、专业管理工程师
2		$\phi 6.5 \sim \phi 25$ 钢筋	监理员、专业管理工程师
3		中砂、粗砂、石子	专业监理工程师
4		加气混凝土砌块	监理员
5		砂浆试块、砼试块	专业监理工程师
6		回填土环刀试验	监理员
7		防水材料	专业监理工程师
8		内外墙涂料	专业监理工程师
9		PVC管材	监理员
1	功能性检测	屋面淋水试验	专业监理工程师、总监理工程师
2		地下室防水效果检查	专业监理工程师、总监理工程师
3		卫生间蓄水试验	专业监理工程师、总监理工程师
4		建筑物垂直度、标高、全高测量	监理员、专业监理工程师
5		窗功能检测	专业监理工程师、总监理工程师
6		建筑物沉降观测	监理员、专业监理工程师

➡️ 建筑节能工程监理实施细则

一、工程概况

某国际花园三期工程包括:13#楼,11F,建筑面积 8 826 m²;14#楼,11F,建筑面积
11 942 m²;16#楼,5F,缓建;17#楼,11F,建筑面积 13 107 m²;19#－1 楼,2F,建筑面积
2 419 m²;19#－2 楼,4F,建筑面积 3 052 m²;19#－3 楼,4F,建筑面积 1 584 m²;2#库
楼,1B,建筑面积 1 468 m²;10#－1 库楼,2B,建筑面积 5 151 m²;10#－2 车库,2B,建筑
面积 5 688 m²。总建筑面积:53 237 m²。

结构设计使用年限:50 年。

建筑耐火等级:二级。

主要结构类型:框架剪力墙。

抗震设防烈度:七度。

防水等级:二级。

二、监理依据

(1)《夏热冬冷地区居住建筑节能设计标准》(JGJ 134—2001);

(2)《公共建筑节能设计标准》(GB 50189—2005);

(3)《膨胀聚苯板薄抹灰外墙外保温系统》(JG 149—2003);

(4)《胶粉聚苯颗粒外墙外保温系统》(JG 158—2004);

(5)《外墙外保温工程技术规程》(JGJ 144—2004);

(6)省《民用建筑节能工程施工质量验收规程》;

(7)省《民用建筑节能工程现场热工性能检测标准》;

(8)省《水泥基复合保温砂浆建筑保温系统技术规程》;

(9)建设部《民用建筑节能管理规定》、《关于新建居住建筑严格执行节能标准的通
知》、《关于认真做好〈公共建筑节能设计标准〉宣贯、实施及监督工作的通知》。

三、建筑节能专业工程的特点

按照有关建筑节能的国家、行业和地方标准,可以对建筑物结构维护采取隔热保温
措施,选用节能型用能系统(指与建筑物同步设计、同步安装的用能设备和设施),利用可
再生能源(如太阳能、风能、水能、地热),保证建筑物(城镇公共建筑、居住建筑)使用功能

和室内环境质量,切实降低建筑能源消耗,更加合理、有效地利用能源。建筑围护结构指建筑物及房间各面的围挡物,如墙体、屋顶、地面等。其中直接与外界空气环境接触的围护结构称为外围护结构,如外墙、外窗、屋顶等;内围护结构不与外界环境接触,如内墙、楼地面等。

提高建筑围护结构保温隔热性能的方法主要有:

(1)尽量减少建筑物的体形系数。体形系数是建筑物的表面积和体积之比,表面积大,则耗能高。

(2)选择适当的窗墙面积比,采用传热系数小的窗户,如中空玻璃塑料窗、断热桥的铝合金中空窗,解决好东西向外窗的遮阳问题等。节能建筑不宜设置凸窗和转角窗。

(3)尽量减小屋面和外墙的传热系数,增强屋面和外墙的保温隔热性能。如武汉地区夏季屋顶水平面上的日太阳总辐射照度是北向墙面上的 2.97 倍,南向墙面上的 2.59 倍,东、西向墙面上的 1.96 倍,屋面是提高顶层房间室内热环境的重点部位。外墙采取合理的外保温体系,既可有效地提高保温隔热性能,同时还可以解决外墙常见的开裂、渗水等现象。通过对大量建筑的计算分析,目前大多数建筑都要采取外保温才能达到节能标准的要求。通过采用浅色饰面面层材料反射阳光,也可从一定程度上增强外墙和屋面夏季隔热能力。

四、建筑节能监理工作的流程

施工工艺:挂控制线→局部修补找平→配制聚合物抹面浆料→贴网格布附加层→抹底层抹面浆料→贴压网格布。

(1)由于保温板紧贴大模板,受混凝土的挤压,当模板拆除后应力释放,保温板反弹,造成表面凹凸不平。在面层施工前应对其找平,对凸处进行打磨,凹处用聚苯颗粒浆料填补。对板面拼缝处的灰浆应设专人进行剔凿,用聚苯颗粒浆料进行修补,严禁使用普通砂浆。

(2)在门窗洞口四周和阴阳角部位增设加强网,首层墙面要满铺一层加强网(宜设其他面层防护措施)。

(3)铺贴网格布应压于胶结层内,表面防裂砂浆应 100% 满刮网格布,但严禁过厚,以隐显网格为准,最大限度发挥网格布抵抗因温度而产生应力的作用,如防裂砂浆过厚,网格布不能很好发挥作用,易造成面层裂缝。

(4)聚苯板在门窗悬顶处应整体铺贴,严禁拼缝,在门窗洞口 45°处加贴附加网,附加网尺寸不小于 400 mm×200 mm,加强网应设于大面积网格布下面。

五、控制要点及目标

1.保温材料质量控制

审核承包单位报送的拟进场的建筑节能工程材料、构配件、设备报审表(包括墙体材料、保温材料、门窗部品、采暖空调系统、照明设备等)及其质量证明资料,具体如下:

(1) 外墙保温系统各组成材料应提供产品合格证、出厂检测报告(有限期为两年的型式检测和出厂检测)和现场抽样送检复试报告。保温系统各常用材料主要性能指标应符合《住宅建筑节能工程施工质量验收规程》(DGJ 08—113—2005)附录 E 的规定。进场复检报告抽样数量要求如下:

① 膨胀聚苯板(EPS)、挤塑聚苯板(XPS)、聚氨酯硬泡体每 5 000 m² 为一批;

② 胶粉聚苯颗粒保浆料(外保温)每 10 t 为一批;

③ 网格布每 7 000 m 为一批;

④ 外保温系统的界面剂(界面砂浆)、胶粘剂、抹面砂(胶)浆、抗裂砂浆、增强抗裂腻子均为同一厂家生产的同一品种、同一批的产品,至少抽样一次;铆固件(外保温)每个基层一组,每组为 3 件,做拉拔强度试验;

⑤ 内保温系统的粘结石膏、粉刷石膏砂浆、耐水腻子均为同一厂家生产的同一品种、同一批的产品,至少抽样一次;

(2) 外墙外保温工程应具备下列有效期为两年的型式检测报告:① 外墙外保温系统的耐候性检测;② 采用胶粉 EPS 颗粒保温浆料外墙外保温系统的抗拉强度检测;③ EPS 板现浇混凝土外墙外保温系统的现场粘结强度检测;④ 外保温系统其他型式检测项目参见《外墙外保温工程技术规程》(JGJ144—2004)第 4.0.6 条。

(3) 外墙外保温工程下列项目应进行现场抽样送检:① EPS 板薄抹灰外墙外保温系统的基层与胶粘剂拉伸粘结强度检测。粘结强度不应低于 0.3 MPa,并且粘结界面脱开面积不应大于 50%;② 胶粉 EPS 颗粒保温浆料外墙外保温系统的保温层硬化后,应现场取样做胶粉 EPS 颗粒保温浆料干密度检测。干密度不应大于 250 kg/m³,并且不应小于 180 kg/m³。现场检测保温层厚度应符合设计要求,不得有负偏差。

2. 工程实体质量控制

(1) 除采用现浇混凝土外墙外保温系统外,外保温工程施工前,外门窗洞口应通过验收,洞口尺寸、位置应符合设计要求和质量要求,门窗框或辅框应安装完毕。伸出墙面的消防梯、落水管、各种进户管线和空调器孔等预埋件、连接件应安装完毕,并按外保温系统厚度留出间隙。

(2) EPS 板薄抹灰系统的基层表面应清洁,无油污、脱模剂等妨碍粘结的附着物。凸起、空鼓和疏松部位应剔除并找平。找平层应与墙体粘结牢固,不得有脱层、空鼓、裂缝,面层不得有粉化、起皮、爆灰等现象。

(3) 胶粉 EPS 颗粒保温浆料外墙外保温系统的基层表面应清洁,无油污和脱模剂等妨碍粘结的附着物,空鼓、疏松部位应剔除。

(4) 保温层施工前,应对基层的质量进行验收。

(5) 网格布不得直接铺在保温层表面,不得干搭接,网格布应压贴密实,不应有空鼓、皱褶、翘曲、外露等现象。

(6) 外保温工程施工期间以及完工后 24 h 内,基层及环境空气温度不应低于 5 ℃。夏季应避免阳光暴晒,在 5 级以上大风天气和雨天不得施工。

(7) 外保温工程宜设置抗裂分隔缝。现浇混凝土外墙外保温系统还宜按墙面积(30 m²)设置垂直抗裂分隔缝。

(8) EPS板薄抹灰外墙外保温系统:建筑物高度在20 m以上时,在受负风压作用较大部位宜采用锚接辅助固定;粘贴EPS板时,应将胶粘剂涂在EPS板背面,涂胶粘剂面积不得小于EPS板面积的40%;板材应按顺砌方式粘贴,竖缝应逐行错缝,粘贴应牢固,不得有松动和空鼓;墙角处应交错互锁,门窗洞口四角处板材不得拼接,应采用整块板切割成型,板材接缝应离开角部距离至少200 mm。

(9) 胶粉EPS颗粒保温浆料:保温层设计厚度不宜超过100 mm;施工时应分次抹灰,每遍间隔时间应大于24 h,每遍厚度不宜超过20 mm,第一遍抹灰应压实,最后一遍应找平,并用大杠搓平。

(10) EPS板现浇混凝土外墙外保温系统:板材两面必须预喷刷界面砂浆;板材高度宜为建筑物层高,宽度宜为1.2 m,每平方米应设2~3个锚接点。

(11) EPS钢丝网架板现浇混凝土外墙外保温系统及机械固定EPS钢丝网架板外墙外保温系统监督要点参见《外墙外保温工程技术规程》(JGJ144—2004)第6.4和6.5条有关规定。

3. 对质量问题的处理

对建筑节能施工过程中出现的质量问题,应及时下达监理工程师通知单,要求承包单位整改,并检查整改结果。

六、建筑节能监理工作的方法及措施

1. 施工准备阶段的监理工作

(1) 工程施工前,总监理工程师组织监理人员熟悉设计文件、国家和省市有关建筑节能法规文件、与本工程相关的建筑节能强制性标准,并参加施工图会审和设计交底。

(2) 审查建筑节能设计图纸是否经过施工图设计审查单位审查合格。未经审查或审查不符合强制性建筑节能标准的施工图不得使用。

(3) 建筑节能设计交底。项目监理人员参加由建设单位组织的建筑节能设计技术交底会,总监理工程师对建筑节能设计技术交底会议纪要进行签认,并对图纸中存在的问题通过建设单位向设计单位提出书面意见和建议。

(4) 建筑节能工程开工前,总监理工程师应组织专业监理工程师审查承包单位报送建筑节能专项施工方案和技术措施,提出审查意见,同时编写建筑节能管理实施细则。

2. 施工阶段的监理工作

(1) 监理工程师应按下列要求审核承包单位报送的拟进场的建筑节能工程材料、构配件、设备报审表(包括墙体材料、保温材料、门窗部品、采暖空调系统、照明设备等)及其质量证明资料,具体如下:

① 质量证明资料(保温系统和组成材料质保书、说明书、型式检测报告、复验报告,如现场搅拌的粘结胶浆、抹面胶浆等,应提供配合比通知单)是否合格、齐全,是否与设计和产品标准的要求相符。产品说明书和产品标识上注明的性能指标是否符合建筑节能标准。

② 是否使用国家明令禁止、淘汰的材料、构配件、设备。

③ 有无建筑材料备案证明及相应验证资料。

④ 按照委托监理合同约定及建筑节能标准有关规定的比例,进行平行检测或见证取样、送样检测。未经监理人员验收或验收不合格的建筑节能工程材料、构配件、设备,不得在工程上使用或安装;国家明令禁止、淘汰的材料、构配件、设备,监理人员不得签认,并应签发监理工程师通知单,书面通知承包单位限期将不合格的建筑节能工程材料、构配件、设备撤出现场。

(2) 当承包单位采用建筑节能新材料、新工艺、新技术、新设备时,应要求承包单位报送相应的施工工艺措施和证明材料,组织专题论证,经审定后予以签认。

(3) 督促检查承包单位按照建筑节能设计文件和施工方案进行施工。总监理工程师审查建设单位或施工承包单位提出的工程变更,发现有违反建筑节能标准的,应提出书面意见并加以制止。

(4) 对建筑节能施工过程进行巡视检查。对建筑节能施工中墙体、屋面等隐蔽工程的隐蔽过程、下道工序施工完成后难以检查的重点部位,进行旁站或现场检查,符合要求的予以签认。对未经监理人员验收或验收不合格的工序,监理人员不得签认,承包单位不得进行下一道工序的施工。

(5) 对承包单位报送的建筑节能隐蔽工程、检测批和分项工程质量验评资料进行审核,符合要求后予以签认。对承包单位报送的建筑节能分部工程和单位工程质量验评资料进行审核和现场检查,应审核和检查建筑节能施工质量验评资料是否齐全,符合要求后予以签认。

(6) 对建筑节能施工过程中出现的质量问题,应及时下达监理工程师通知单,要求承包单位整改,并检查整改结果。

3. 竣工验收阶段的监理工作

(1) 参与建设单位委托建筑节能测评单位进行的建筑节能能效测评。

(2) 审查承包单位报送的建筑节能工程竣工资料。

(3) 组织对包括建筑节能工程在内的预验收,对预验收中存在的问题,督促承包单位进行整改,整改完毕后签署建筑节能工程竣工报验单。

(4) 出具监理质量评估报告。工程监理单位在监理质量评估报告中必须明确说明执行建筑节能标准和设计要求的情况。

(5) 签署建筑节能实施情况意见。工程监理单位在《建筑节能备案登记表》上签署对建筑节能实施情况的意见,并加盖监理单位印章。

4. 保温墙体面层裂纹的防治

外保温墙体产生裂缝的主要原因有以下几点:

① 保温层和饰面层温差、干缩变形。

② 玻纤网格布抗拉强度不够或玻纤网格布耐碱度保持率低。

③ 玻纤网格布所处的构造位置有误。

④ 保温面层腻子强度过高。

⑤ 聚合物水泥砂浆柔性强度不相适应。

⑥ 腻子、涂料选用不当。

　　针对上述问题,应当选用符合要求的材料,在施工过程中,安排专人对关键部位和关键工序进行验收,并遵循"柔性渐变抗裂技术"路线,即保温体系各构造层的柔韧变形量高于内层的变形量,其弹性模量变化指标相匹配,逐层渐变,满足允许变形与限制变形相统　的原则,随时分解和消除温度应力。

住宅楼装修工程监理实施细则

一、概　况

某小区住宅楼,建筑面积:27 581 mm²;建筑类别:四级,使用年限为 50～100 年;耐火等级:二级;抗震设防:设防烈度为 7 度,抗震等级为 7 级。

二、装饰设计

地面:一般地面 20 mm 厚 1∶2 水泥砂浆压实抹光,60 mm 厚 C15 混凝土,100 mm 厚碎石夯实,素土夯实。

台阶:一般台阶 12 mm 厚 1∶2.5 水泥砂浆压实抹光,刷素水泥浆一道,70 mm 厚 C15 混凝土(1 ％外坡),200 mm 厚碎石灌 M2.5 混合砂浆,素土夯实。

楼面:10 mm 厚 1∶2 水泥砂浆压实抹光,15 mm 厚 1∶3 水泥砂浆找平层,现浇钢筋混凝土屋面板。

外墙面:外墙涂料,8 mm 厚 1∶2.5 水泥砂浆抹面(水泥掺 5％特密斯防水剂),20 mm厚 JNS 保温砂浆打底。三层以下青灰色饰面。

内墙面:一般房间内墙涂料,10 mm 厚 1∶2 水泥砂浆抹面,15 mm 厚 1∶3∶9 水泥石灰砂浆打底;厨房、卫生间 10 mm 厚 1∶2 水泥砂浆抹面,15 mm 厚 1∶3 水泥砂浆打底。

散水:20 mm 厚 1∶2 水泥砂浆压实抹光,60 mm 厚 C15 混凝土(散水 4 ％外坡),素土夯实。

门窗:木板门、防盗铁门、90 系列塑钢门、90 系列塑钢窗(附遮阳百叶窗),楼梯平台窗和联户阳台中间窗为彩色铝合金窗和百叶窗。

护栏和扶手:楼梯木扶手,阳台铸铁栏杆,空调外机搁置平台铁艺栏杆。

涂饰:木扶手刷一底二遍栗色调和漆;铁栏杆刷防锈漆一遍银粉漆两遍。

三、设计待定问题

(1) 连户阳台中间空调平台做品,内外墙涂料品种和饰面做品。

(2) 遮阳百叶窗和铝合金百叶窗的规格、品种、数量,门窗固定方式(规范强制性条文5.1.11 条)或门窗框加强措施;

(3) 铸铁栏杆做品和预埋件大样,阁楼(自理)栏杆预埋件详图。

（4）不同材料基体交接处抹灰的加强措施。

（5）防水隔离层做品。

工程所含子分部及其分项工程见表 3.35。

表 3.35 工程所含子分部及其分项工程

子分部工程名称		分项工程名称
抹灰工程		一般抹灰
门窗工程		木门窗制作与安装、金属门窗与安装、塑料门窗安装、特种门安装、门窗玻璃安装
饰面板（砖）工程		饰面砖粘贴工程
细部工程		护栏和扶手制作与安装、花饰制作与安装
涂饰工程		水性涂料涂饰、溶剂型涂料涂饰
地面工程	整体面层	基层—基土、碎石垫层、找平层、隔离层，水泥砂浆面层

注：基土（素土）、垫层、找平层、隔离层和填充层均属于基层分项工程。

本工程的执行标准：抹灰工程、门窗工程、细部工程和涂饰工程执行《建筑装饰装修工程质量验收规范》（GB 50210—2002），地面工程执行《建筑地面工程施工质量验收规范》（GB 50209—2010）。

四、监理措施

1．装饰装修分部工程质量事前控制

（1）熟悉施工图纸，参与设计交底和施工图会审，通过会审力求解决设计待定问题，完善装饰装修工程构造设计详图；

（2）督促施工单位编制装饰装修工程施工方案或技术措施，审查合格后予以签认；

（3）督促施工单位落实施工前的技术交底，并作记录；

（4）材料进场时，应对照实物核查产品合格证和性能检测报告，检查材料的品种、规格、性能等是否符合设计要求，地面工程所用的防水材料，应在正式供货前申报批准；

（5）不合格的材料严禁使用，并及时通知供货（使用）单位限期退场；

（6）装饰装修工程应分层施工，应在基体或基层的质量验收合格并做记录后，方可进行上一层施工；基体或基层下（内）的沟槽、暗管完工后，应做隐蔽记录，与相关专业分部（如管道安装）进行交接验收；

（7）装饰装修工程施工实行巡视检查，进行平行抽检，并做检测记录，督促施工单位自检；

（8）外墙面施工采用保温措施，具有防水要求的地面基层和防水隔离层施工实行旁站监理，及时指正不合理操作。

2．装饰装修分部工程质量事中控制

（1）地面子分部。

基层分项:基土(素土)、垫层、找平层、隔离层和填充层均属于基层分项工程。

① 基层施工前,应督促施工单位清理下层表面,铺筑混凝土基层下层表面应湿润;

② 混凝土散水、明沟,应设置伸缩缝,其间距不大于 10 m,转角处做 45°缝;室内地面的混凝土基层应设置伸缩缝,纵向伸缩缝间距不大于 6 m,横向伸缩缝间距不大于 12 m;

③ 有防水要求的建筑地面工程,铺设前必须对立管、套管和地漏与楼板节点之间进行密封处理;排水坡度应符合设计要求;铺设防水隔离层时,在穿过楼板面的管道周围,防水措施应向上铺涂并超过套管的上口,在靠近墙面处应高出地面 200～300 mm,在阴阳角和管道根部应增加附加隔离层;应在面层施工前进行局部蓄水试验,检测防渗漏效果;

④ 建筑地面的沉降缝、伸缩缝、防震缝应与结构相应缝的位置一致,且应贯通建筑地面的各构造层。

面层分项:楼、地面的面层施工,应在其他室内装饰施工完成后进行。

① 铺设整体面层前,水泥类基层的抗压强度不得小于 1.2 MPa,表面应粗糙、洁净、湿润且不得有积水;

② 整体面层施工后,养护时间不应少于 7 d,抗压强度达到 5 MPa 后,方准上去行走,抗压强度达到设计强度后方可正常使用,对于楼梯踏步面层施工,应从清理基层到养护期结束,进行局部封闭作业;

③ 水泥类整体面层不宜留施工缝,面层的抹平操作应在水泥初凝前完成,压光操作应在水泥终凝前完成;

④ 地面面层与变形缝、管沟、孔洞、检查井等邻接处,均应设置镶边,镶边构件应在面层铺设前装设。

(2) 抹灰子分部。

① 管道、设备等安装和调试应在装饰装修工程施工前完成。

② 严禁不经穿管直接埋设电线。

③ 抹灰总厚度大于或等于 35 mm 时,不同材料基层交接处应采取加强措施。

④ 外墙抹灰施工前的工作:通高吊线和通长拉线核对门窗洞口尺寸和窗台线标高,并修补整齐;检查门窗框和护栏等是否都已安装;将墙上的施工洞孔堵实严密。

⑤ 石灰膏的熟化期不应少于 15 d,磨细石灰粉的熟化期不应少于 3 d。

⑥ 墙、柱面和门窗洞口的阳角应采用 1:2 水泥砂浆做暗护角,其高度不应低于 2 m,每侧宽度不应小于 50 mm。

⑦ 抹灰层在凝结前应防止快干、水冲、撞击、振动和受冻,在凝结后应防止玷污和损坏,水泥砂浆抹灰应在湿润条件下养护。

(3) 门窗子分部。

① 门窗安装前应对门窗洞口尺寸和窗台标高进行检查,外窗洞口应上下对齐,做通高吊线检查纠偏。

② 埋入砌体或混凝土中的木砖应进行防腐处理。

③ 特种门、本工程防盗门需要提供门及其附件的生产许可文件。

④ 建筑外门窗的安装必须牢固。在墙体上安装门窗严禁用射钉固定。

⑤ 门窗工程的隐蔽验收包括:预埋件和锚固件的验收、隐蔽部位的防腐和嵌填处理。

⑥ 门窗工程施工时应对人造板的甲醛含量,金属和塑料外窗的抗风压、气密性和防雨水渗漏性能进行复检。

(4) 饰面(砖)子分部。

① 外墙饰面砖施工前,应在相同基层上做样板件,并对样板件饰面砖的粘结强度按技术标准的规定进行检测。

② 在处理抗震缝、伸缩缝、沉降缝等部位时,应保证缝的使用功能和饰面的完整性。

③ 饰面砖工程的材料复验包括:粘结用水泥的凝结时间、安定性和抗压强度,外墙陶瓷面砖的吸水率和抗冻性。

④ 饰面砖工程的隐蔽验收包括:预埋件、连接节点和防水层。

(5) 涂饰子分部。

① 涂饰工程的混凝土或抹灰基层在涂刷涂料前应涂刷抗碱密封底漆。

② 涂饰工程的混凝土或抹灰基层在涂刷溶剂型涂料时,含水率不得大于 8%;涂刷乳液型涂料时,含水率不得大于 10%;木材基层的含水率不得大于 12%。

③ 基层腻子应平整、坚实、牢固,无粉化、起皮和裂缝;厨房和卫生间必须做耐水腻子。

④ 水性涂料施工的环境温度应在 5 ℃~35 ℃之间。

(6) 细部子分部。

① 隐蔽验收的内容包括:预埋件、护栏或扶手与预埋件的连接。

② 每个检测批的护栏和扶手都应做全数检查。

五、装饰装修分部工程验收

1. 地面子分部工程验收

(1) 分项工程验收。

① 检测批和抽检数量:基层(各构造层)和面层应以每一层次或每层施工段(或变形缝)作为检测批;每个检测批应按基层(各构造层)和各类面层所划分的自然间(或标准间)检测,每检测批抽查不少于 3 间,不足 3 间应全数检查;走廊、过道应以 10 延长米为一间,空旷房间(按单跨计)、礼堂、门厅以两个轴线为一间;有防水要求的地面,每检测批抽查不少于 4 间,不足 4 间应全数检查。

② 检测合格条件:主控项目必须分别达到地面规范(GB 50209—2002)或装饰装修规范(GB 50210—2002)的规定;一般项目 80% 以上的检查点分别达到地面规范(GB 50209—2002)或装饰装修规范(GB 50210—2002)的规定,其他检查点不得有影响使用功能和装饰效果的缺陷,且最大偏差不得超过允许偏差的 1.5 倍。

(2) 隐蔽验收内容:基层各构造层的隐蔽。

(3) 蓄水试验:有防水要求的建筑,地面的基层和面层应采用泼水和蓄水的方法进行防水试验,蓄水时间不得少于 24 h。

(4) 地面子分部工程质量验收文件和记录内容:

① 有关地面工程的设计图纸和变更文件;

② 原材料的出厂检测报告、质量合格证、材料进场见证取样试验报告；

③ 水泥砂浆、混凝土试件强度等级试验报告、有关基层密实度检测报告；

④ 各类建筑地面施工质量控制文件(施工质量控制文件应为施工技术方案、质量保证措施、技术交底记录、施工记录等)；

⑤ 各构造层隐蔽验收及其他验收文件。

混凝土和水泥砂浆试件取样数量,每层(或检测批)应不少于一组。当每层建筑面积大于 1 000 m^2 时,每增加 1 000 m^2 应增加一组,小于 1 000 m^2 按 1 000 m^2 计算。

(5) 地面子分部工程质量验收安全和功能检查：

① 有防水要求的地面蓄水试验记录和抽查复验认定；

② 板块和竹、木面层的天然石材、胶粘剂、沥青胶结料和涂料的证明资料。

(6) 地面子分部工程质量验收观感检查：

① 变形缝的位置和宽度以及填缝质量应符合规定；

② 室内地面按各子分部工程经抽查分别作出评定；

③ 楼梯、踏步等经抽查分别作出评定。

2.其他(地面以外)子分部工程验收

(1) 分项工程验收。

① 分项工程检测批和抽检数量详见各子分部质量验收标准中条款。

② 检测批合格标准：抽查样本均应符合规范中主控项目的规定；抽查样本的 80% 以上应符合规范中一般项目的规定。其余样本不得有影响使用功能或明显影响装饰效果的缺陷,其中允许偏差项目最大偏差不得超过规范允许偏差的 1.5 倍。

(2) 必要的检测和隐蔽验收内容见表 3.36。

表 3.36　必要的检测和隐蔽验收内容

子分部名称	隐蔽验收内容	必要的检测
抹灰工程	① 抹灰总厚度大于或等于 35 mm 时的加强措施； ② 不同材料基体交接处的加强措施。	水泥的凝结时间和安定性复验
门窗工程	① 预埋件和锚固件； ② 隐蔽部位的防腐、嵌固处理。	① 人造木板的甲醛含量的复验； ② 外墙金属和塑料窗的抗风压、空气渗透和雨水渗漏性能。
饰面板(砖)工程	① 预埋件(或后置埋件)； ② 连接节点； ③ 防水层。	① 室内用花岗石的放射线； ② 粘结用水泥的凝结时间、安定性和抗压强度； ③ 外墙陶瓷面砖的吸水率； ④ 外墙陶瓷面砖的抗冻性。
涂饰工程	—	—
细部工程	① 预埋件(或后置埋件)； ② 护栏与预埋件的连接节点。	人造木板的甲醛含量的复验

(3) 工程验收文件和记录内容。

① 抹灰工程验收文件和记录内容：施工图、设计说明、设计变更；材料的产品合格证

书、性能检测报告、进场验收记录和复验报告;隐蔽工程验收记录;施工记录。

② 门窗工程验收文件和记录内容:施工图、设计说明、设计变更;材料的产品合格证书、性能检测报告、进场验收记录和复验报告;特种门及其附件的生产许可文件;隐蔽工程验收记录;施工记录。

③ 饰面板(砖)工程验收文件和记录内容:施工图、设计说明、设计变更;材料的产品合格证书、性能检测报告、进场验收记录和复验报告;后置埋件的现场拉拔检测报告;隐蔽工程验收记录;施工记录。

④ 涂饰工程验收文件和记录内容:施工图、设计说明、设计变更;材料的产品合格证书、性能检测报告、进场验收记录和复验报告;施工记录。

⑤ 细部工程验收文件和记录内容:施工图、设计说明、设计变更;材料的产品合格证书、性能检测报告、进场验收记录和复验报告;隐蔽工程验收记录;施工记录。

六、装饰装修工程质量验收标准

1. 相关强制性条文

(1)《建筑装饰装修工程质量验收规范》(GB 50210—2002)的相关条文。

① 建筑装饰装修工程必须进行设计,并出具完整的施工图设计文件。

② 建筑装饰装修工程设计必须保证建筑物的结构安全和主要使用功能。当涉及主体和承重结构改动或增加荷载时,必须由原结构设计单位或具备相应资质的设计单位核查有关原始资料,对既有建筑结构的安全性进行核验、确认。

③ 建筑装饰装修工程所用材料应符合国家有关建筑装饰装修材料有害物质限量标准的规定。

④ 建筑装饰装修工程所使用的材料应按设计要求进行防火、防腐和防虫处理。

⑤ 建筑装饰装修工程施工中,严禁违反设计文件擅自改动建筑主体、承重结构或主要使用功能;严禁未经设计确认和有关部门批准擅自拆改水、暖、电、燃气、通讯等配套设施。

⑥ 施工单位应遵守有关环境保护的法律法规,并应采取有效措施控制施工现场的各种粉尘、废气、废弃物、噪声、振动等对周围环境造成污染和危害。

⑦ 外墙和顶棚的抹灰层与基层之间及各抹灰层之间必须粘结牢固。

⑧ 建筑外门窗的安装必须牢固。在砌体上安装门窗时严禁用射钉固定。

⑨ 饰面砖粘贴必须牢固。检测方法:检查样板件粘结强度检测报告和施工记录。

⑩ 护栏高度、栏杆间距、安装位置必须符合设计要求。护栏安装必须牢固。检测方法:观察;尺量检查;手扳检查。

(2)《建筑地面工程施工质量验收规范》(GB 50209—2002)的相关条文。

① 建筑地面工程采用的材料应按设计要求和本规范的规定选用,并应符合国家标准的规定;进场材料应有中文质量合格证明文件、规格、型号及性能检测报告,对重要材料应有复验报告。

② 厕浴间和有防滑要求的建筑地面的板块材料应符合设计要求。

③ 厕浴间、厨房和有排水(或其他液体)要求的建筑地面面层与相连接各类面层的标

高差应符合设计要求。

④ 有防水要求的建筑地面工程,铺设前必须对立管、套管和地漏与楼板节点之间进行密封处理;排水坡度应符合设计要求。

⑤ 厕浴间和有防水要求的建筑地面必须设置防水隔离层。楼层结构必须采用现浇混凝土或整块预制混凝土板,混凝土强度等级不应小于 C20;楼板四周除门洞外,应做混凝土翻边,其高度不应小于 120mm。施工时结构层标高和预留孔洞位置应准确,严禁乱凿洞。检测方法:观察和钢尺检查。

⑥ 防水隔离层严禁渗漏,坡向应正确、排水畅通。检测方法:观察检查和蓄水、泼水检测或坡度尺检查及检查检测记录。

2. 一般抹灰工程质量验收标准

石灰砂浆、水泥砂浆、水泥混合砂浆、聚合物水泥砂浆、麻刀灰、纸筋石灰、石膏灰等抹灰分为普通抹灰和高级抹灰,当设计无要求时,按普通抹灰验收。

质量验收标准(GB 50210—2002)见表 3.37。

表 3.37　抹灰质量验收标准

项	序	检查项目	质量要求	检测方法
主控项目	1	基层	抹灰前基层表面的尘土、污垢、油渍等应清除干净,并应洒水润湿	检查施工记录
	2	所用材料	品种和性能应符合设计要求。水泥的凝结时间和安定性复验应合格。砂浆的配合比应符合设计要求	检查产品合格证书、进场验收记录、复验报告和施工记录
	3	施工作业和加强措施	应分层施工。当抹灰总厚度大于或等于 35mm 时,应采取加强措施。不同材料基体交接处表面的抹灰,应采取防止开裂的加强措施,当采用加强网时,加强网和各基体的搭接宽度不应小于 100mm	检查隐蔽工程验收记录和施工记录
	4	内在质量和外观质量	抹灰层与基层之间及各抹灰层之间必须粘接牢固,抹灰层应无脱层、空鼓,面层应无爆灰和裂缝	观察;用小锤轻击检查;检查施工记录
一般项目	1	表面质量	表面应光滑、洁净、接槎平整,分隔缝清晰	观察;手摸检查
	2	细部构造	护角、孔洞、槽、盒周围的抹灰应表面应整齐、光滑;管道后面的抹灰表面应平整	观察
	3	厚度和层次	总厚度应符合设计要求;水泥砂浆不得抹在石灰砂浆层上;罩面石膏灰不得抹在水泥砂浆层上	检查施工记录
	4	分隔缝	分隔缝的设置应符合设计要求,宽度和深度应均匀,表面应光滑,棱角应整齐	观察;尺量检查
	5	滴水线(槽)	有排水要求的部位应做滴水线(槽)。滴水线(槽)应整齐顺直,滴水线应内高外低,滴水槽的宽度和深度均不应小于 10mm	观察;尺量检查
	6	允许偏差	按表 3.38 执行	

一般抹灰的允许偏差和检测方法(GB 20210)见表 3.38。

表 3.38 一般抹灰允许偏差及检测方法

项次	项目	允许偏差/mm		检测方法
		普通抹灰	高级抹灰	
1	立面垂直度	4	3	用 2 m 垂直检测尺检查
2	表面平整度	4	3	用 2 m 靠尺和塞尺检查
3	阴阳角方正	4	3	用直角检测尺检查
4	分隔条(缝)直线度	4	3	拉 5 m 线,不足 5 m 拉通线,用钢尺检查
5	墙裙、勒脚上口直线度	4	3	拉 5 m 线,不足 5 m 拉通线,用钢尺检查

一般抹灰检测批检查数量:

① 检测批:

室外:在相同材料、工艺和施工条件下,以每 500~1 000 m² 为一批,不足 500 m² 也应划分为一批;室内:在相同材料、工艺和施工条件下,每 50 个自然间(大面积房间和走廊按抹灰面积 30 m² 为一间)为一批,不足 50 间也应划分为一批。

② 检查数量:

室外:每个检测批每 100 m² 应至少抽查一处,每处不得小于 10 m²;室内:每个检测批应至少抽查 10%,且不得少于 3 间。

3. 门窗子分部工程质量验收标准

(1) 木门窗制作与安装

① 质量验收标准(GB 50210—2002)见表 3.39。

表 3.39 木门窗制作与安装质量标准

项	序	检查项目	质量要求	检测方法
主控项目	1	原材料	木材的品种、材质等级、规格、尺寸、框扇的线型及人造木板的甲醛含量应符合设计要求。设计未作规定时,应符合本规范附录 A 的规定	观察;检查材料进场验收记录和复验报告
	2	木材含水率	应采用烘干木材,含水率应符合《建筑木门、木窗》(JG/T122)的规定	检查材料进场验收记录
	3	材料处理	木门窗的防火、防腐、防虫处理应符合设计要求	观察;检查材料进场验收记录
	4	木节限制	木门窗的结合处和安装配件处不得有木节或已填补的木节。允许限值以内的死节和直径较大的虫眼应用同材质木塞加胶填补。对于清漆制品木塞的木纹和色泽应与制品一致	观察
	5	榫连接	门窗框和厚度大于 50mm 的门窗扇应用双榫连接。榫槽应采用胶料严密嵌合,并应用胶楔加紧	观察;手扳检查
	6	人造板门	胶合板门、纤维板门和模压门不得脱胶。胶合板不得刨透表层单板,不得有戗槎。胶合板、纤维板门边框和横楞应在同一平面上。面层、边框及横楞应加压胶结。横楞和上、下冒头应各钻两个以上的透气孔,透气孔应通畅	观察

续表

项	序	检查项目	质量要求	检测方法
主控项目	7	整体质量	木门窗的品种、类型、规格、开启方向、安装位置及连接方式应符合设计要求	观察；尺量检查；检查成品门的成品合格证书
	8	门窗框安装	必须牢固。预埋木砖的防腐处理、木门窗框固定点的数量、位置及固定方法应符合设计要求	观察；手扳检查；检查隐蔽工程验收记录和施工记录
	9	门窗扇安装	必须安装牢固，并应开关灵活，关闭严密，无倒翘	观察；开启和关闭检查；手扳检查
	10	门窗配件	型号、规格、数量应符合设计要求，安装牢固，位置正确	观察；开启和关闭检查；手扳检查
一般项目	1	外观质量	木门窗表面应洁净，不得有刨痕、锤印	观察
	2	割角、拼缝和裁口	木门窗的割角、拼缝应严密平整。门窗框、扇裁口应顺直，刨面应平整	观察
	3	槽、孔加工	木门窗上的槽、孔应边缘整齐，无毛刺	观察
	4	门窗框安装	门窗框与墙体间缝隙的填嵌材料应符合设计要求，填嵌应饱满	轻敲门窗框检查；检查隐蔽工程验收记录和施工记录。
	5	细部构造	木门窗批水、盖口条、压缝条、密封条的安装应顺直，与门窗结合应牢固、严密	观察；手扳检查
	6	制作偏差	应符合表3.40的规定	
	7	安装偏差	应符合表3.41的规定	

② 木门窗制作的允许偏差和检测方法（GB 50210—2002）见表 3.40。

表 3.40　木门窗制作允许偏差

项次	项目	构件名称	允许偏差/mm 普通	允许偏差/mm 高级	检测方法
1	翘曲	框	3	2	将框、扇平放在检查平台上，用塞尺检查
		扇	2	2	
2	对角线长度	框、扇	3	2	用钢尺检查，框量裁口里角，扇量外角
3	表面平整度	扇	2	2	用1m靠尺和塞尺检查
4	高度、宽度	框	0；−2	0；−1	用钢尺检查，框量裁口里角，扇量外角
		扇	+2；0	+1；0	
5	裁口、线条结合处高低差	框、扇	1	0.5	用钢直尺和塞尺检查
6	相邻棂子两端间距	扇	2	1	用钢直尺检查

③ 木门窗安装的留缝限值、允许偏差和检测方法（GB 50210—2002）见表 3.41。

表 3.41　木门窗安装的限值与偏差

项次	项目		留缝限值/mm		允许偏差/mm		检测方法
			普通	高级	普通	高级	
1	门窗槽口对角线长度		—	—	3	2	用钢尺检查
2	门窗框的正、侧面垂直度		—	—	2	1	用 1m 垂直检测尺检查
3	框与扇、扇与扇接缝高低差		—	—	2	1	用钢尺和塞尺检查
4	门窗扇对口缝		1～2.5	1.5～2	—	—	用塞尺检查
5	工业厂房双扇大门对口缝		2～5		—	—	
6	门窗扇与上框间留缝		1～2	1～1.5	—	—	
7	门窗扇与侧框间留缝		1～2.5	1～1.5	—	—	
8	窗扇与下框间留缝		2～3	2～2.5	—	—	
9	门扇与下框间留缝		3～5	3～4	—	—	
10	双层门窗内外框间距		—	—	4	3	用钢尺检查
11	无下框时门扇与地面间留缝	外门	4～7	5～6	—	—	用塞尺检查
		内门	5～8	6～7	—	—	
		卫生间门	8～12	8～10	—	—	
		厂房大门	10～20	—	—	—	

④ 木门窗制作与安装检测批及检测数量。

同一品种、类型和规格的木门窗,每 100 樘为一批,不足 100 樘也应划为一批。每个检测批至少抽查 3 樘。

(2) 金属门窗安装工程。

① 质量验收标准(GB 50210—2002)见表 3.42。

表 3.42　金属门窗质量要求

项	序	检查项目	质量要求	检测方法
主控项目	1	成品门窗	金属门窗的品种、类型、规格、尺寸、性能、开启方向、安装位置、连接方式及铝合金门窗的型材壁厚应符合设计要求。金属门窗的防腐处理及填嵌、密封处理应符合设计要求	观察;尺量检查;检查产品合格证书、性能检测报告、进场验收记录和复验报告;检查隐蔽工程验收记录
	2	门窗框安装	金属门窗框和副框的安装必须牢固。预埋件的数量、位置、埋设方式、与框的连接方式必须符合设计要求	手扳检查;检查隐蔽工程验收记录
	3	门窗扇安装	金属门窗扇安装必须牢固,并应开关灵活、关闭严密,无倒翘。推拉门窗扇必须有防脱落措施	观察;开启和关闭检查;手扳检查
	4	门窗配件	金属门窗配件的型号、规格、数量应符合设计要求,安装应牢固,位置应正确,功能应满足使用要求	观察;开启和关闭检查;手扳检查

项	序	检查项目	质量要求	检测方法
一般项目	1	外观质量	金属门窗表面应洁净、平整、光滑、色泽一致,无锈蚀。大面应无划痕、碰伤。漆膜或保护层应连续	观察
	2	推拉门窗扇	铝合金推拉门窗扇开关力应不大于 100 N	用弹簧秤检查
	3	门窗框勾缝	金属门窗框与墙体之间的缝隙应填嵌饱满,并采用密封胶密封。密封胶表面应光滑、顺直,无裂纹	观察;轻敲门窗框检查;检查隐蔽工程验收记录
	4	门窗扇密封	金属门窗扇的橡胶密封条或毛毡密封条应安装完好,不得脱槽	观察;开启关闭检查
	5	排水孔	有排水孔的金属门窗,排水孔应畅通,位置和数量应符合设计要求	观察
	6	铝合金门窗安装的允许偏差和检测方法,应符合表3.43的规定		

② 铝合金门窗安装的允许偏差和检测方法(GB 50210—2002)见表3.43。

表 3.43　铝合金门窗安装允许偏差

项次	项目		允许偏差/mm	检测方法
1	门窗槽口宽度、高度	≤1500 mm	1.5	用钢尺检查
		>1500 mm	2	用钢尺检查
2	门窗槽口对角线长度	≤2000 mm	3	用钢尺检查
		>2000 mm	4	用钢尺检查
3	门窗框的正、侧面垂直度		2.5	用垂直检测尺检查
4	门窗横框的水平度		2	用1m水平尺和塞尺检查
5	门窗横框标高		5	用钢尺检查
6	门窗竖向偏离中心		5	用钢尺检查
7	双层门窗内外框间距		4	用钢尺检查
8	推拉门窗扇与框搭接量		1.5	用钢直尺检查

③ 金属门窗安装检测批及检测数量:

同一品种、类型的门窗每 100 樘划分为一个检测批,不足 100 樘也应划分为一个检测批。每个检测批应至少抽查5%,并不得少于3樘。

(3) 塑料门窗安装工程。

① 质量验收标准(GB 50210—2002)见表3.44。

表 3.44　塑料门窗的质量验收标准

项	序	检查项目	质量要求	检测方法
主控项目	1	成品门窗	品种、类型、规格、尺寸、开启方向、安装位置、连接方式及填嵌密封处理应符合设计要求,内衬增强型钢的壁厚及设置应符合国家现行产品标准的质量要求	观察;尺量检查;检查产品合格证书、性能检测报告、进场验收记录和复验报告;检查隐蔽工程验收记录

项	序	检查项目	质量要求	检测方法
主控项目	2	门窗框安装	门窗框、副框和扇的安装必须牢固。固定片或膨胀螺栓的数量与位置应正确,连接方式应符合设计要求。固定点应距窗角、中横框、中竖框150~200 mm,固定点间距应不大于600 mm	观察;手扳检查;检查隐蔽工程验收记录
	3	内衬增强型钢	门窗拼樘料内衬增强型钢的规格、壁厚必须符合设计要求,型钢应与型材内腔紧密吻合,其两端必须与洞口固定牢固。窗框必须与拼樘料连接紧密,固定点间距应不大于600 mm	观察;手扳检查;尺量检查;检查进场验收记录
	4	门窗扇安装	门窗扇应开关灵活、关闭严密,无倒翘。推拉门窗扇必须有防脱落措施	观察;开启和关闭检查;手扳检查
	5	门窗配件	门窗配件的型号、规格、数量应符合设计要求,安装应牢固,位置正确,功能应满足使用要求	观察;开启和关闭检查;手扳检查
	6	门窗框密封	门窗框与墙体之间的缝隙应采用闭孔弹性材料填嵌饱满,表面应采用密封胶密封。密封胶应粘接牢固,表面应光滑、顺直,无裂纹	观察;检查隐蔽工程验收记录
一般项目	1	外观质量	门窗表面应洁净、平整、光滑,大面应无划痕、碰伤	观察
	2	门窗扇密封	门窗扇的密封条不得脱槽。旋转窗间隙应基本均匀	观察;开启和关闭检查
	3	门窗扇开关力	1. 平开门窗扇平铰链的开关力应不大于80 N;滑撑铰链的开关力应不大于80 N,并不小于30 N; 2. 推拉门窗扇的开关力应不大于100 N	观察;用弹簧秤检查
	4	玻璃密封	玻璃密封条与玻璃及玻璃槽口的连接应平整,不得卷边、脱槽	观察
	5	排水孔	排水孔应畅通,位置和数量应符合设计要求	观察
	6	塑料门窗安装的允许偏差和检测方法,应符合表3.45的规定		

② 塑料门窗安装的允许偏差和检测方法(GB 50210—2002)见表3.45。

表3.45 塑料门窗的允许偏差

项次	项目		允许偏差/mm	检测方法
1	门窗槽口宽度、高度	≤1500 mm	2	用钢尺检查
		>1500 mm	3	用钢尺检查
2	门窗槽口对角线长度	≤2000 mm	3	用钢尺检查
		>2000 mm	4.5	用钢尺检查
3	门窗框的正、侧面垂直度		3	用1 m垂直检测尺检查
4	门窗横框的水平度		3	用1 m水平尺和塞尺检查
5	门窗横框标高		5	用钢尺检查
6	门窗竖向偏离中心		5	用钢尺检查
7	双层门窗内外框间距		4	用钢尺检查

续表

项次	项目	允许偏差/mm	检测方法
8	同樘平开门窗相邻扇高度差	2	用钢尺检查
9	平开门窗铰链部位配合间隙	$+2,-1$	用钢尺检查
10	推拉门窗扇与框搭接量	$+1.5,-2.5$	用钢直尺检查
11	推拉门窗扇与竖框平行度	2	用1m水平尺和塞尺检查

③ 塑料门窗安装的检测批及检测数量：

同一品种、类型的门窗每100樘划分为一个检测批，不足100樘也应划分为一个检测批。每个检测批应至少抽查5%，并不得少于3樘。

（4）特种门安装工程。

① 防火门、防盗门、自动门、全玻门、旋转门、金属卷帘门等均为特种门，其质量验收标准（GB 50210—2002）见表3.46。

表3.46 特种门安装制作质量要求

项	序	检查项目	质量要求	检测方法
主控项目	1	质量、性能	特种门的质量和各项性能应符合设计要求	检查生产许可证、产品合格证书和性能检测报告
	2	成品门	品种、类型、规格、尺寸、开启方向、安装位置及防腐处理应符合设计要求	观察；尺量检查；检查进场验收记录和检查隐蔽工程验收记录
	3	装置	机械装置、自动装置或智能化装置的功能应符合设计要求和有关标准的规定	启动装置观察
	4	安装	门的安装必须牢固。预埋件的数量与位置、埋设方式、与框的连接方式必须符合设计要求	观察；手扳检查；检查隐蔽工程验收记录
	5	配件	配件应齐全，位置应正确，安装应牢固，功能应满足使用要求和特种门的各项性能要求	观察；手扳检查；检查开启关闭检查；检查产品合格证书、性能检测报告和进场验收记录
一般项目	1	表面装饰	应符合设计要求	观察
	2	外观质量	表面应洁净、无划痕、碰伤	观察

② 特种门安装的检测批及检测数量：

同一品种、类型的门每100樘划分为一个检测批，不足100樘也应划分为一个检测批。每个检测批应至少抽查10%，并不得少于6樘。

（5）门窗玻璃安装工程质量验收标准（GB 50210—2002）见表3.47。

表3.47 门窗玻璃安装质量要求

项	序	检查项目	质量要求	检测方法
主控项目	1	玻璃	品种、规格、尺寸、色彩、图案和涂膜朝向应符合设计要求。单块面积大于$1.5m^2$时，应使用安全玻璃	观察；检查产品合格证书、性能检测报告和进场验收记录

项	序	检查项目	质量要求	检测方法
主控项目	2	制作	玻璃裁割尺寸应正确。安装后应牢固,不得有裂纹、损伤和松动	观察;轻敲检查
	3	安装方法	应符合设计要求。固定玻璃的钉子或钢丝卡的数量、规格应保证玻璃安装牢固	观察;检查施工记录
	4	木压条	镶钉木压条接触玻璃处,应与裁口边缘平齐。木压条应互相紧密连接,并与裁口边缘紧贴,割角应整齐	观察
	5	密封条密封胶	密封条与玻璃、玻璃槽口的接触应紧密、平整。密封胶与玻璃、玻璃槽口的边缘应连接牢固、接缝平齐	观察
	6	压条	带密封条的玻璃压条,其密封条必须与玻璃全部贴紧,压条与型材之间应无明显缝隙,压条接缝应不大于 0.5 mm	观察;尺量检查
一般项目	1	外观质量	玻璃表面应洁净,不得有腻子、密封胶、涂料等污渍。中空玻璃内外表面均应洁净,玻璃中空层内不得有灰尘和水蒸气	观察
	2	安装方式	玻璃不应直接接触型材。单面镀膜玻璃的镀膜层及磨砂玻璃的磨砂层应朝向室内。中空玻璃的单面镀膜玻璃应在最外层,镀膜层应朝向室内	观察
	3	腻子粘固	腻子应填抹饱满。粘结要牢固;腻子边缘与裁口应平齐。固定玻璃的卡子不应在腻子表面显露	观察

门窗玻璃安装的检测批及检测数量:同一品种、类型的门窗玻璃每 100 樘划分为一个检测批,不足 100 樘也应划分为一个检测批;每个检测批应至少抽查 5%,并不得少于 3 樘。

4. 饰面板(砖)子分部工程质量验收标准

(1) 质量验收标准(GB 50210—2002)见表 3.48。

表 3.48 饰面板(砖)质量要求

项	序	检查项目	质量要求	检测方法
主控项目	1	饰面砖	品种、规格、图案、颜色和性能应符合设计要求	观察;检查产品合格证书、进场验收记录、性能检测报告和复验报告
	2	材料和工艺	找平、防水、粘结和勾缝材料及施工方法应符合设计要求及国家现行产品标准和工程技术标准的规定	检查产品合格证书、复验报告和隐蔽工程验收记录
	3	强制性条文	饰面砖粘贴必须牢固	检查样板件粘结强度检测报告和施工记录
	4	空鼓和裂缝	满粘法施工的饰面砖工程应无空鼓、裂缝	观察;用小锤轻击检查

项	序	检查项目	质量要求	检测方法
一般项目	1	饰面砖质量	表面应平整、洁净、色泽一致，无裂纹和缺损	观察
	2	搭接方式	阴阳角处搭接方式、非整砖所有部位应符合设计要求	观察
	3	细部构造	墙面突出物周围的饰面砖应整砖套割吻合，边缘整齐。墙裙、贴脸突出墙面的厚度应一致	观察；尺量检查
	4	外观质量	接缝平直、光滑，填嵌应连续、密实；宽度和深度应符合设计要求	观察；尺量检查
	5	滴水线（槽）	滴水线（槽）应顺直，流水坡向正确，坡度应符合设计要求	观察；用水平尺检查
	6	饰面砖粘贴的允许偏差和检测方法应符合表 3.49 的规定		

（2）饰面砖粘贴的允许偏差和检测方法见表 3.49。

表 3.49　饰面砖粘贴允许偏差

项次	项目	允许偏差/mm		检测方法
		外墙面砖	内墙面砖	
1	立面垂直度	3	2	用 2 m 垂直检测尺检查
2	表面平整度	4	3	用 2 m 靠尺和塞尺检查
3	阴阳角方正	3	3	用直角检测尺检查
4	接缝直线度	3	2	拉 5 m 线，不足 5 m 拉通线，用钢直尺检查
5	接缝高低差	1	0.5	用钢直尺和塞尺检查
6	接缝宽度	1	1	用钢直尺检查

（3）饰面砖粘贴的检测批及检测数量：

① 相同材料、工艺和施工条件的室内饰面板（砖）工程每 50 间（大房间和走廊按施工面积 30 m² 为一间）应划分为一个检测批，不足 50 间也应划分为一个检测批；

② 相同材料、工艺和施工条件的室外饰面板（砖）工程每 500～1000 m² 应划分为一个检测批，不足 500m² 也应划分为一个检测批；

③ 室内每个检测批应至少抽查 10%，并不得少于 3 间；不足 3 间全数检查；

④ 室外每个检测批每 100 m² 应至少抽查一处，每处不得少于 10 m²。

5. 涂饰子分部工程质量验收标准

（1）水性涂料涂饰工程。

① 水性涂料包括乳液型涂料、无机涂料、水溶性涂料等。水性涂料涂饰工程质量验收标准（GB 50210—2002）见表 3.50。

表 3.50　水性涂料涂饰质量要求

项	序	检查项目	质量要求	检测方法
主控项目	1	涂料	品种、型号和性能应符合设计要求	观察；检查产品合格证书、性能检测报告和进场验收记录
	2	颜色和图案	应符合设计要求	观察
	3	涂布质量	均匀、粘结牢固，不得漏涂、透底、起皮和掉粉	观察；手摸检查
	4	基层处理	① 新建：混凝土或抹灰基层应先涂刷抗碱封闭底漆； ② 旧墙：应先清除疏松旧装饰层，并涂刷界面剂； ③ 对溶剂型涂料，基层含水率不得大于 8%；对乳液型不得大于 10%；木材基层的含水率不得大于 12%	观察；手摸检查；检查施工记录
一般项目	1	薄涂料的涂饰质量和检测方法应符合表 3.51 的规定		
	2	厚涂料的涂饰质量和检测方法应符合表 3.52 的规定		
	3	复层涂料的涂饰质量和检测方法应符合表 3.53 的规定		
	4	涂层界面	涂层与其他装修材料和设备衔接处应吻合，界面应清晰	观察

② 薄涂料的涂饰质量和检测方法（GB 50210—2002）见表 3.51。

表 3.51 薄涂料涂饰质量及检测方法

项次	项目	普通涂饰	高级涂饰	检测方法
1	颜色	均匀一致	均匀一致	观察
2	泛碱、咬色	允许少量轻微	不允许	
3	流坠、疙瘩	允许少量轻微	不允许	
4	砂眼、刷纹 装饰线、分色线	允许少量轻微砂眼，刷纹通顺	无砂眼，无刷纹	
5	直线度允许偏差	2	1	拉 5m 线，不足 5m 拉通线，用钢直尺检查

③ 厚涂料的涂饰质量和检测方法（GB 50210—2002）见表 3.52。

表 3.52　厚涂料涂饰质量要求

项次	项目	普通涂饰	高级涂饰	检测方法
1	颜色	均匀一致	均匀一致	观察
2	泛碱、咬色	允许少量轻微	不允许	
3	点状分布	—	疏密均匀	

④ 复层涂料的涂饰质量检测和方法（GB 50210—2002）见表 3.53。

表 3.53　复层涂料涂饰质量要求

项次	项目	质量要求	检测方法
1	颜色	均匀一致	观察
2	泛碱、咬色	不允许	
3	喷点疏密程度	均匀,不允许连片	

⑤ 涂饰工程检测批及检测数量：

在室外涂饰工程中,每栋楼的同类涂料涂饰的墙面每 500～1000 m² 应划分为一个检测批,不足 500 m² 也应划分为一个检测批;室内涂饰工程中,同类涂料涂饰的墙面每 50 间(大房间和走廊按施工面积 30 m² 为一间)应划分为一个检测批,不足 50 间也应划分为一个检测批;室外每个检测批每 100 m² 应至少抽查一处,每处不得少于 10 m²;室内每个检测批应至少抽查 10%,并不得少于 3 间;不足 3 间全数检查。

(2)溶剂型涂料涂饰工程质量验收标准。

溶剂型涂料包括丙烯酸酯涂料、聚氨酯丙烯酸涂料、有机硅丙烯酸涂料等。

① 溶剂型涂料涂饰工程质量验收标准(GB 50210—2002)见表 3.54。

表 3.54　溶剂型涂料工程质量要求

项	序	检查项目	质量要求	检测方法
主控项目	1	涂料	品种、型号和性能应符合设计要求	检查产品合格证书、性能检测报告和进场验收记录
	2	颜色和图案	颜色、光泽、图案应符合设计要求	观察
	3	涂布质量	涂饰均匀、粘结牢固,不得漏涂、透底、起皮和反锈	观察;手摸检查
	4	基层处理	① 新建:混凝土或抹灰基层应先涂刷抗碱封闭底漆; ② 旧墙:应先清除疏松旧装饰层,并涂刷界面剂; ③ 对溶剂型涂料,基层含水率不得大于 8%;对乳液型不得大于 10%;木材基层的含水率不得大于 12%	观察;手摸检查;检查施工记录
一般项目	1	色漆的涂饰质量和检测方法应符合表 3.55 的规定		
	2	清漆的涂饰质量和检测方法应符合表 3.56 的规定		
	3	涂层界面	涂层与其他装修材料和设备衔接处应吻合,界面应清晰	观察

② 色漆的涂饰质量和检测方法(GB 50210—2002)见表 3.55。

表 3.55　色漆的涂饰质量要求

项次	项目	普通涂饰	高级涂饰	检测方法
1	颜色	均匀一致	均匀一致	观察
2	光泽、光滑	光泽基本均匀,光滑无挡手感	光泽均匀一致,光滑	观察;手摸检查
3	刷纹	刷纹通顺	无刷纹	观察
4	裹棱、流坠、皱皮	明显处不允许	不允许	观察
5	装饰线、分色线直线度允许偏差	2	1	拉 5m 线,不足 5m 拉通线,用钢直尺检查

注:无光泽漆不检查光泽。

③ 清漆的涂饰质量和检测方法(GB 50210—2002)见表 3.56。

表 3.56　清漆涂饰质量要求

项次	项目	普通涂饰	高级涂饰	检测方法
1	颜色	基本一致	均匀一致	观察
2	木纹	棕眼刷平、木纹清楚	棕眼刷平、木纹清楚	观察
3	光泽、光滑	光泽基本均匀,光滑无挡手感	光泽均匀一致,光滑	观察;手摸检查
4	刷纹	无刷纹	无刷纹	观察
5	裹棱、流坠、皱皮	明显处不允许	不允许	观察

④ 溶剂型涂料的检测批及检测数量同水性涂料。

6. 细部(护栏和扶手)子工程质量验收标准

(1) 护栏和扶手制作与安装质量验收标准(GB 50210—2002)见表 3.57。

表 3.57　护栏(扶手)制作安装质量要求

项	序	检查项目	质量要求	检测方法
主控项目	1	材料	材质、规格、数量和木材、塑料的燃烧性能等级应符合设计要求	观察;检查产品合格证书、进场验收记录和性能检测报告
	2	造型	造型、尺寸和安装位置应符合设计要求	观察;尺量检查;手扳检查
	3	预埋件	数量、规格、位置及其连接节点应符合设计要求	
	4	强制性条文	护栏高度、栏杆间距、安装位置必须符合设计要求。护栏安装必须牢固	
	5	玻璃护栏	玻璃应采用厚度不小于 12 mm 的钢化玻璃或钢化夹层玻璃。当护栏一侧距楼地面高度为 5 m 及以上时,应使用钢化夹层玻璃	观察;尺量检查;检查产品合格证书和进场验收记录
一般项目	1	转角、接缝	转角弧度应符合设计要求,接缝应严密,表面应光滑,色泽应一致,不得有裂缝、翘曲及损坏	观察;手摸检查
	2	护栏和扶手安装的允许偏差和检测方法应符合表 3.58 的规定		

（2）护栏和扶手安装的允许偏差和检测方法（GB 50210—2002）见表 3.58。

表 3.58 护栏（扶手）安装允许偏差

项次	项目	允许偏差/mm	检测方法
1	护栏垂直度	3	用 1 m 垂直检测尺检查
2	护栏间距	3	用钢尺检查
3	扶手直线度	4	拉通线，用钢直尺检查
4	扶手高度	3	用钢尺检查

（3）护栏和扶手分项工程检测批及检测数量：

① 同类制品每 50 间（处）划分为一个检测批，不足 50 间（处）也应划分为一个检测批；

② 每处楼梯应划分为一个检测批；

③ 每个检测批应至少抽查 3 间（处），不足 3 间（处）应全数检查。

7．地面子分部工程质量验收标准

（1）基土工程质量验收标准（GB 50209—2002）见表 3.59。

表 3.59 基土工程质量要求

项	序	检查项目	质量要求	检测方法
主控项目	1	填土土性	严禁用淤泥、腐殖土、冻土、耕植土、膨胀土和含有机质大于 8% 的土作为填土	观察检查和检查土质记录
	2	密实度	基土应均匀密实，压实系数应符合设计要求。设计无要求时，不应小于 0.90	观察检查和检查试验记录
一般项目	1	基土表面的允许偏差和检测方法应符合表 3.64 的规定		

（2）碎石和碎砖水泥混凝土垫层质量验收标准（GB 50209—2002）见表 3.60。

表 3.60 碎石水泥混凝土垫层质量要求

项	序	检查项目	质量要求	检测方法
主控项目	1	碎石质量	碎石的强度应均匀，最大粒径不应大于垫层厚度的 2/3	观察检查和检查材质合格证明文件及检测报告
	2	密实度	碎石垫层的密实度应符合设计要求	观察检查和检查试验记录
一般项目	1	碎石垫层表面的允许偏差和检测方法应符合表 3.64 的规定		

（3）水泥混凝土垫层质量要求（GB 50209—2002）见表 3.61。

表 3.61　水泥混凝土垫层质量要求

项	序	检查项目	质量要求	检测方法
主控项目	1	骨料质量	粗骨料最大粒径不应大于垫层厚度的 2/3;含泥量不应大于 2%;砂为中粗砂,含泥量不应大于 3%	观察检查和检查材质合格证明文件及检测报告
	2	混凝土强度等级	应符合设计要求,且不应小于 C10。	观察检查和检查配合比通知单及检测报告
一般项目	1	水泥混凝土垫层表面的允许偏差和检测方法应符合表 3.64 的规定。		

（4）找平层质量验收标准（GB 50209—2002）见表 3.62。

表 3.62　找平层的质量要求

项	序	检查项目	质量要求	检测方法
主控项目	1	骨料质量	粗骨料最大粒径不应大于垫层厚度的 2/3;含泥量不应大于 2%;砂为中粗砂,含泥量不应大于 3%	观察检查和检查材质合格证明文件及检测报告
	2	配合比和强度等级	水泥砂浆体积比或水泥混凝土强度等级应符合设计要求,且水泥砂浆体积比不应小于 1∶3（或相应的强度等级）;水泥混凝土强度等级不应小于 C15	观察检查和检查配合比通知单及检测报告
	3	防水处理	有防水要求的建筑地面工程的立管、套管、地漏处严禁渗漏,坡向正确、无积水	观察检查和蓄水、泼水检测及坡度尺检查
一般项目	1	找平层与其下一层结合牢固,不得有空鼓		用小锤轻击检查
	2	表面质量	找平层应密实,不得有起砂、蜂窝和裂缝等缺陷	观察检查
	3	找平层的表面允许偏差和检测方法应符合表 3.64 的规定。		

（5）隔离层质量验收标准（GB 50209—2002）见表 3.63。

表 3.63　隔离层质量要求

项	序	检查项目	质量要求	检测方法
主控项目	1	材料质量	必须符合设计要求和国家产品标准的规定	观察检查和检查材质合格证明文件、检测报告
	2	强制性条文	厕浴间和有防水要求的建筑地面必须设置防水隔离层。楼层结构必须采用现浇混凝土或整块预制混凝土板,混凝土强度等级不应小于 C20;楼板四周除门洞外,应做混凝土翻边,其高度不应小于 120 mm。施工时结构层标高和预留孔洞位置应准确,严禁乱凿洞	观察和用钢尺检查
	3	防水性能和强度等级	水泥防水隔离层的防水性能和强度等级必须符合设计要求	观察检查和检查检测报告
	4	强制性条文	防水隔离层严禁渗漏,坡向应正确、排水畅通	观察检查和蓄水、泼水检测及坡度尺检查及检查检测记录

续表

项	序	检查项目	质量要求	检测方法
一般项目	1	隔离层厚度	应符合设计要求	观察检查和用钢尺检查
	2	外观质量	与下一层的粘结应牢固,不得有空鼓;防水涂层应平整、均匀,无脱皮、起壳、裂缝鼓泡等缺陷	用小锤轻击检查和观察检查
	3	隔离层表面的允许偏差和检测方法应符合表 3.64 的规定。		

（6）基层表面允许偏差和检测方法（GB 50209—2002）见表 3.64。

表 3.64　基层表面允许的偏差

项次	项目	允许偏差/mm					检测方法
		基土	垫层		找平层	隔离层	
		土	碎石垫层	混凝土垫层	水泥砂浆	防水隔离层	
1	表面平整度	15	15	10	5	3	用 2m 靠尺和塞尺检查
2	标高	0,—50	20	10	8	4	用水准仪检查
3	坡度	不大于房间尺寸的 2/1000,且不大于 30					用坡度尺检查
4	厚度	在个别地方不大于设计厚度的 1/10					用钢尺检查

（7）水泥混凝土面层质量验收标准（GB 50209—2002）见表 3.65。

表 3.65　砼面层质量要求及检测方法

项	序	检查项目	质量要求	检测方法
主控项目	1	材料质量	粗骨料粒径不应大于面层厚度的 2/3,细石混凝土面层采用的石子粒径不应大于 15 mm	观察检查和检查材质合格证明文件及检测报告
	2	配合比强度等级	应符合设计要求,且强度等级不应小于 C20;垫层兼面层的强度等级不应小 C15	检查配合比通知单和检测报告
	3	粘结质量	面层与下一层的粘结应牢固,无空鼓、裂纹	用小锤轻击检查
一般项目	1	表面质量	面层表面不应有裂纹、脱皮、麻面、起砂等缺陷	观察检查
	2	表面坡度	面层表面的坡度应符合设计要求,不得有倒泛水和积水现象	观察和用泼水或坡度尺检查
	3	水泥砂浆踢脚线	踢脚线与墙面应紧密结合,高度一致,出墙厚度均匀	用小锤轻击、钢尺和观察检查
	4	楼梯踏步	宽度、高度应符合设计要求。相邻踏步高差不应大于 10 mm,每踏步两端宽度差不应大于 10 mm,旋转楼梯每踏步两端宽度差不应大于 5 mm。踏步齿角应整齐,防滑条应顺直	观察和用钢尺检查
	5	水泥混凝土面的允许偏差和检测方法应符合表 3.67 的规定		

（8）水泥砂浆面层质量验收标准（GB 50209—2002）见表 3.66。

表 3.66 水泥砂浆面层质量要求

项	序	检查项目	质量要求	检测方法
主控项目	1	材料质量	水泥采用硅酸盐水泥，其强度等级不应小于 32.5，不同品种、不同强度等级的水泥严禁混用；砂应为中粗砂，当采用石屑时，其粒径应为 1～5 mm，且含泥量不应大于 3%	观察检查和检查材质合格证明文件及检测报告
	2	配合比强度等级	水泥砂浆面层的体积比（强度等级）必须符合设计要求，且体积比应为 1：2，强度等级不应小于 M15	检查配合比通知单和检测报告
	3	粘结质量	面层与下一层的粘结应牢固，无空鼓、裂纹	用小锤轻击检查
一般项目	1	表面坡度	面层表面坡度应符合设计要求，不得有倒泛水和积水现象	观察和用泼水或坡度尺检查
	2	外观质量	面层表面应洁净，无裂纹、脱皮、麻面、起砂等缺陷	观察检查
	3	踢脚线	踢脚线与墙面应紧密结合，高度一致，出墙厚度均匀	用小锤轻击、钢尺和观察检查
	4	楼梯踏步	宽度、高度应符合设计要求。相邻踏步高差不应大于 10 mm，每踏步两端宽度差不应大于 10 mm，旋转楼梯每踏步两端宽度差不应大于 5 mm。踏步齿角应整齐，防滑条应顺直	观察检查和钢尺检查
	5	水泥砂浆面的允许偏差和检测方法应符合表 3.67 的规定		

（9）整体面层允许偏差和检测方法（GB 50209—2002）见表 3.67。

表 3.67 整体面层允许偏差

项次	项目	允许偏差/mm						检测方法
		水泥混凝土面层	水泥砂浆面层	普通水磨石面层	高级水磨石面层	水泥铁屑面层	防渗混凝土和不发火防爆面层	
1	表面平整度	5	4	3	2	4	5	用 2m 靠尺和塞尺检查
2	踢脚线上口平直	4	4	3	3	4	4	用 5m 拉线和钢尺检查
3	缝格平直	3	3	3	2	3	3	

附录

木门窗用木材的质量要求（GB 50210—2002）

木材缺陷		门窗扇的立挺冒头、中冒头	窗棂、压条门窗及气窗的线脚、通风窗立挺	门芯板	门窗框
活节	不计个数,直径/mm	<15	<15	≤15	<15
	计算个数,直径/mm	≤材宽的1/3	≤材宽的1/3	≤30	≤材宽的1/3
	任一延长米个数	≤3	≤2	≤3	≤5
死节		允许,计入活节总数	不允许		允许,计入活节总数
髓心		不露出表面的允许	不允许		不露出表面的允许
裂缝		深度及长度≤厚度及材长1/5	不允许	允许可见裂缝	深度及长度≤厚度及材长1/4
裂纹的斜率/%		≤7	≤5	不限	≤12
油眼		非正面允许			
其他		允许浪形纹理、圆形纹理、偏心及化学变色			

装饰装修工程施工环境温度

子分部工程名称	分项工程工序作业内容	环境温度
地面工程	采用掺有水泥、石灰的拌和料铺设;沥青胶结料铺设时	不应低于5℃
	采用有机胶粘剂粘贴时	不应低于10℃
	采用砂、石料铺设时	不应低于0℃
地面工程以外的室内外装饰装修工程的施工环境温度不应低于5℃;当必须在低于5℃气温下施工时,应采取有效措施,以保证工程质量		

地面基层常见质量问题和控制及处理方法

常见问题	原因分析	控制及处理方法
基土沉陷	① 对填土土质要求控制不严,用淤泥、腐殖土、耕植土作为填料; ② 对填土前清底工作控制不严,积水未排除、橡皮土未及时处理; ③ 填土时每层虚铺厚度过厚,夯实遍数不够; ④ 没有全部夯实,特别是室内的四周边夯击不实,容易产生不均匀沉陷	① 回填土土质要求应严格控制,不得采用淤泥、腐殖土等; ② 认真控制土的含水量在最优范围内,严格按规定分层回填夯实,并抽样检测密实度,使之符合质量要求; ③ 如混凝土垫层、找平层尚未破坏,可填入碎石,用灰浆泵,压入水泥砂浆填灌密实;如果混凝土垫层、找平层已裂缝破坏,则应视情况局部或全部返工
找平层空鼓、裂缝	① 基土表面有积灰等杂物未清理干净; ② 基层表面光滑,未做錾毛处理; ③ 铺设时未刷一道0.4～0.5的水泥接浆; ④ 暴晒条件下施工,未养护好	对空鼓及裂缝应予翻修,局部翻修应将空鼓部分凿去,四周凿成方块或圆形,并凿进结合良好处30～50 mm,边缘应凿成斜坡形,底层表面应适当凿毛,凿好后将修补周围100 mm范围内清理干净。修补前1～2d用清水冲洗,使其充分湿润。修补时先在底面及四周刷水灰比为0.4～0.5的素水泥浆一遍,然后用与面层相同的拌和物填补,如原有面层较厚,修补时应分层进行,每层厚度不宜大于20 mm,终凝后应立即用湿砂或湿草袋等覆盖养护

铝合金门窗安装常见质量问题和控制及处理方法

常见问题	原因分析	控制及处理方法
窗槛渗水	① 下槛与墙体间缝填嵌不严密； ② 制作时窗两个下角拼缝不严,有空隙	外框与墙体的缝隙填塞应按设计要求处理,如设计无要求,应采用矿棉条或玻璃毡条分层填塞,缝隙外表面留 5～8 mm 深的槽口,用建筑油膏密封,窗下角拼缝亦应用建筑油膏补实
门窗表面污染	安装过程中产品保护不当	① 门窗框应用不干胶或塑料薄膜包裹好； ② 已污染表面应认真清理,如门、窗框表面氧化膜层已被腐蚀、擦伤,应同色重新喷补,其氧化膜厚度应不小于 10 μm

➡ 住宅工程实体质量平行检测监理实施细则

一、工程概况

略。

二、平行检测的内容

（1）原材料进场平行检测：

① 钢筋进场外观检测；② 模板试拼装及周转检测；③ 砖（砌块）外观检测；④ 混凝土坍落度检测。

（2）实体平行检测：

① 混凝土强度回弹检测；② 钢筋保护层检测；③ 现浇混凝土构件尺寸检查；④ 轴线、层高检测；⑤ 天棚、地坪水平检测。

三、平行检测监理要点

1. 落实平行检测计划

（1）要求施工单位根据省市建设主管部门有关规定编制具体平行检测计划，监理对该计划是否满足要求进行审查，提出具体的意见，并根据施工单位编制的平行检测计划编制监理平行检测计划。

（2）如发现执行过程中施工单位不能按该计划进行自检时，应督促施工单位及时调整计划和采取措施，以保证能按期自检。

（3）对施工单位上报的自检记录、工序报验及时按计划组织展开平行检测工作。

2. 平行检测控制质量要点

（1）现场监理应建立工程平行检测制度，成立以监理工程师为主的平行检测小组进行现场平行检测，并详细记录平行检测中的数据，及时整理、汇总检测数据。

（2）整理数据后发现原材料平行检测结果与施工单位自检数据有较大偏差时，及时向总监理工程师汇报，在总监理工程师指导下组织施工单位、监理人员共同重新检测或委托有资质的检测单位进行检测，找出原因后，进行重新自检和平行检测。

（3）原材料平行检测为施工单位和监理共同进行现场外观检查，检查合格后方可见证取样；实体平行检测是在施工单位自检合格后实施，平行检测应有一半数量是复核施工单位自检的数据。

四、平行检测用表及要点

平行检测用表(见表 3.68 至表 3.79)及平行检测的要点如下。

表 3.68 建筑结构工程原材料及实体检测要求

检查项目		检查检测数量		检查方法	检查用表	不合格处理方法
		施工自查	监理平行检测			
原材料	钢筋	按进场批次。		施工、监理共同目测和钢尺量测检查	表 3.69	原材料平行检测不合格的应加倍进行检测,加倍检测仍不合格的应做退货处理,不得用于工程
	模板	按同期进场、同品种、同一规格、同一工程为一批进行验收;清理保养每周转一次应验收一次			表 3.70	
	砖(砌块)	每日进场的同厂家、同品种、同规格为一批,每批抽 20 块进行外观质量检测			表 3.71	
	坍落度	每车检测一次	每十车检测一次	用坍落度检测器和钢尺量测检查	表 3.72	
实体检测	回弹检测	——	每一楼层同一类型构件各不少于 2 个	回弹仪检测	表 3.73	混凝土强度回弹平行检测不合格的应委托有资质的检测单位进行检测。检测结果仍不合格的按质量问题处理
	钢筋保护层	每层梁、板构件不少于 10 个,其中悬挑等主要受力构件所占的比例不宜小于 50%	每层不少于 2 个	非破损法、局部破损法	表 3.74	实体平行检测不合格的应对同一楼层同一类型构件加倍进行检测,加倍检测仍不合格的,按质量问题处理
	构件尺寸	每一楼层同一类型构件不少于 10 个	每一楼层同一类型构件不少于 2 个	钢尺量测	表 3.76	
	轴线	全数检测	每一楼层不少于 10 条	钢尺或红外线测距仪量测	表 3.77	平行检测不合格的,按质量问题处理
	层高		每一楼层不少于 10 个自然间			
	天棚地坪	1 户不少于 1 个自然间	每一楼层不少于 6 个自然间	2 m 水平尺	表 3.78	平行检测不合格的,按质量问题处理

说明:① 实体平行检测是在施工单位自检合格后实施,平行检测应有一半数量复核施工单位自检的数据;

② 实体平行检测结果与施工单位自检数据有较大偏差时,应共同重新检测或委托有资质的检测单位进行检测,找出原因后,对相应楼层重新进行自检和平行检测;

③ 混凝土强度回弹平行检测结果低于设计值 1 个等级或钢筋保护层、构件尺寸、轴

线、层高平行检测数据超过规范允许偏差 1.5 倍(钢结构为 1.2 倍)时,判定为平行检测不合格。

表 3.69　钢筋进场外观检测(报验)记录

工程名称：　　　　　　　　　　　　　　　　　　　　　　　　　　　　编号：

序号	钢筋型号	生产厂家	进场时间	数量/t	炉批号	直径偏差/mm	外观质量					外加工进场抽检情况	检查结论
							锈蚀(颗粒状、片状)	裂纹	油污	平直	损伤		

检测结论

施工单位检查人：　　　　　　　　　　　　　　监理机构检测人：
质检员：　　　　　　　　　　　　　　　　　　监理工程师：
　　　　　　　　　　　　　　　　　　　　　　年　月　日

平行检测要点：

① 施工单位的专职质检员、材料员与监理机构的监理工程师、监理员一起进行检测。

② 直径偏差允许值：交货为 A 级小于 0.3 mm,交货为 B 级小于 0.4 mm,偏差超过允许值的应退货或降级使用。

③ 外观质量：钢筋应平直、无损伤,钢筋表面不得有裂纹、起皮、油污、颗粒状或片状老锈等,并在相应栏内填"有"或"无",平直栏直接填"平直"或"弯曲"。

④ 产品标牌上的标识炉批号应与质量保证书上一致,并做好记录。当不一致时,应查明材料来源,否则应退货。

⑤ 当钢筋表面存在裂纹、起皮、损伤、不平直时应退货;存在油污应清理干净;存在颗粒状或片状老锈应除尽,若影响截面尺寸,应降级处理。

⑥ 外观检查合格后,应及时见证取样送有资质的检测机构进行复试,复试合格后方可使用。

表 3.70　模板试拼装及周转检测(报验)记录

工程名称:　　　　　　　　　　　　　　　　　　　　编号:

模板类型	□大模　　□拼装 □钢模　　□木模 □底模　　□侧模			模板厚度/mm	钢模	
					木模	
					其他	
试拼装	检查时间	尺寸及编号	起皮脱胶	边角缺损	脱模剂	平整度及拼缝
序号						
保养更换记录(块)	项目	检测层次及部位				
	起皮					
	脱胶					
	边角缺损					
	平整度					
	接缝					
	翘曲					
	脱模剂					
	清理数量					
	整修数量					
	更换数量					

检测结论:

施工单位检查人:　　　　　　　　　　　　　　监理机构检测人:
质检员:　　　　　　　　　　　　　　　　　　监理工程师:
　　　　　　　　　　　　　　　　　　　　　　年　月　日

平行检测要点:

① 木模的拼装和保养更换的验收由施工单位的质量员、技术员(施工员)和监理机构的专业监理工程师、监理员一起进行,并以每一流水施工段为一个检测批。

② 木模板材厚度不得出现负偏差,起皮和脱胶的应更换。

③ 模板每周转一次应对保养更换情况进行检查记录,在本表相应栏内填"块数"。

④ 脱模剂应有出厂合格证,不得使用废机油等污染性强的替代产品,并在相应栏内填涂刷了隔离剂的模板"块数"。

表 3.71　砖(砌块)外观检测(报验)记录

工程名称：　　　　　　　　　　　　　　　　　　　　　　　　　　　　　　编号：

砖(砌块)品种			规格		数量	
进场时间			合格证		准用证	
检测项目		标准要求	检查方法		检查记录	
砖 (砌块)	几何尺寸	偏差：±2 mm	采用砖用卡尺或尺量检查。精度 0.5～1 mm			
	缺棱掉角	个数不多于 1 处、尺寸不得大于 20 mm	尺量检查缺损的投影尺寸			
	裂纹长度	大面上宽度方向不大于 30 mm，长度方向不大于 50 mm	尺量检查裂纹的长度			

检测结论：

施工单位检查人：　　　　　　　　　　　　　　　　　　监理机构检测人：
质检员：　　　　　　　　　　　　　　　　　　　　　　监理工程师：
　　　　　　　　　　　　　　　　　　　　　　　　　　　　　年　月　日

平行检测要点：

① 每日进场(同一生产厂、同品种、同规格)的砖(砌块)为一检查批,由施工单位的材料员、质量员和监理单位的专业监理工程师、监理员等一起随机抽取 20 块砖(砌块)对几何尺寸、外观质量等进行检查验收。

② 当检查有 4 块砖(砌块)存在不合格指标时,应双倍取样,仍有 8 块及以上的砖(砌块)存在不合格指标时,判定该批砖(砌块)为不合格,应退货。

③ 每一次采购进场的同一生产厂、同品种、同规格的砖(砌块)应至少提供一份合格证或新产品准用证(或相关文件),并将证件编号填写在本表相应栏内。

④ 外观检测合格后,应按相关规范和标准的要求将取样送有资质的检测机构进行检测,合格后方可使用。

表 3.72　混凝土坍落度检测记录

工程名称：　　　　　　　　　　　　　　　　　　　　　　　　　编号：

混凝土浇筑部位						浇筑方量/m³		
商品混凝土厂家						总车次		
合格证明书编号			配合比坍落度值			外加剂名称		
序号	车牌号	检测时间 （年月日时分）	施工自检		平行检测			检查意见
			坍落度/cm	检查人	坍落度/cm	检查人		
检查结论： 质检员： 　　　　　　　　　　　　　　　　　　　　　　监理工程师： 　　　　　　　　　　　　　　　　　　　　　　　年　月　日								

平行检测要点：

① 检测方法：用坍落度检测器和钢尺量测检查。

② 检测数量：施工单位应对每车预拌混凝土坍落度进行检查，监理单位至少每 10 车进行一次平行检测。

③ 施工单位自检的，监理人员可不签字，监理平行检测的，施工单位人员也不用签字，但平行检测应由监理独立完成。

表 3.73 混凝土强度回弹平行检测记录

工程名称：　　　　　　　　　　　　　　　　　　　　　　　　　　　　　　编号：

结构类型	□砌体承重　□混凝土结构	结构层数		地上___层　地下___层	混凝土类型		□自拌　□泵送	形象进度		仪器型号

检测构件及部位 / 检测部位	构件类型	强度设计等级	龄期（天）	测区编号	回弹值 Ri															测区平均值	测量角度	浇筑面	碳化深度/mm	强度换算值	泵送修正值	修正后值	强度值/MPa
					1	2	3	4	5	6	7	8	9	10	11	12	13	14	15	16		水平 向上 向下	侧面 顶面 底面	$L1=$ $L2=$ $L3=$ $Lm=$				最小值 $f_{cu,min}^c$： 平均值 mf_{cu}^c： 标准差 sf_{cu}^c： 推定值 $f_{cu,e}$：
																						水平 向上 向下	侧面 顶面 底面	$L1=$ $L2=$ $L3=$ $Lm=$				最小值 $f_{cu,min}^c$： 平均值 mf_{cu}^c： 标准差 sf_{cu}^c： 推定值 $f_{cu,e}$：

平行检测意见：

□所检测构件强度检测结果符合要求。

□所检测构件中，　　　　　　检测结果不符合要求。

□　　　　　　　　　　　　　　　　　　　　　　　　　　　　　　　　　。

检测人员：　　　　　　　　　　　　　　　监理工程师：

　　　　　　　　　　　　　　　　　　　　　　　　　　　　　年　月　日

平行检测要点：

①检测部位一栏要注明检测的楼层和轴线。

②监理人员在同养试块试压达到龄期后独立完成检测，并及时填写本表。

③检测数量为每一楼层同一类型构件各不少于2个。

④长度大于3m的构件，每一试件的测区数应不少于10个。

表 3.74　钢筋保护层厚度检测记录

工程名称：　　　　　　　　　□施工自检□平行检测　　　　　　　编号：

施工单位				监理单位				
结构层次			建筑面积/m²			形象进度		
检测方法	□无损法		□局部破损法	检测仪器		钢筋扫描仪型号：		
构件名称	层次	轴线部位	目测有无露筋	实测值				是否平行检测

结论：
　　实测梁____个构件____点,合格____点,最大偏差值____;
　　实测板____个构件____点,合格____点,最大偏差值____;
　　共____个构件____点,合格____点,合格率为____％;
处理意见：所抽测构件钢筋保护层抽测结果
　　□符合要求;
　　□不符合要求,需_____。

抽测人：

　　　　年　月　日

质检员：　　　　　　　　　监理工程师：

平行检测要点：

① 混凝土结构钢筋保护层厚度检测数量:自检为每层梁、板不少于 10 个构件,其中悬挑构件等主要受力构件所占比例不宜小于 50％;监理平行检测为每层不少于 2 个构件,其中一个构件为复核施工单位的自检。

② 混凝土结构钢筋保护层厚度检测前,应全面进行外观检查,对出现漏筋和锈斑的构件进行详细记录,并分类抽取有代表性的构件进行检测。

③ 对选定的梁类构件,应对梁底全部纵向受力钢筋的保护层厚度进行检测;对选定的板类构件,应抽取不少于 6 根纵向受力钢筋的保护层厚度进行检测。对每根钢筋,应在有代表性的部位测量 1 点。

④ 纵向受力钢筋保护层厚度允许偏差:梁类构件为 -7~10 mm,板类构件为 -5~8 mm。对于超过允许偏差的点应在实测值中圈出;不合格点的最大偏差均不应大于规定允许偏差的 1.5 倍。

⑤ 当检测的合格率为 90％ 及以上、且最大偏差不超过允许偏差的 1.5 倍时判为合格;当合格率小于 90％ 但大于 80％ 时,可再抽取相同数量构件检测,按两次抽样总和计算合格率为 90％ 以上时,仍判为合格;对于检测不合格的应请有资质的检测机构进行检测鉴定。

⑥ 施工单位自检的,监理人员可不签字;监理平行检测的,施工单位人员也不用签字,但平行检测应由监理独立完成。

⑦ 纵向受力钢筋的混凝土保护层最小厚度见表3.75。

表 3.75　纵向受力钢筋的混凝土保护层最小厚度　　　　　　　　　　mm

环境和条件	板、墙			梁			柱		
	≤C20	C25～C45	≥C50	≤C20	C25～C45	≥C50	≤C20	C25～C45	≥C50
室内正常环境	20	15	15	30	25	25	30	30	30
室内潮湿或最大环境	—	20	20	—	30	30	—	30	30
基础　有垫层	40						—		
无垫层	70						—		

表 3.76　现浇混凝土构件尺寸检测记录

工程名称:　　　　　　　　□施工自检　□平行检测　　　　　　编号:

结构类型	□砌体承重 □混凝土结构		结构层数	地上____层 地下____层	混凝土类型	□自拌 □泵送		形象进度	
检测构件及部位			设计值长×宽/mm	允许偏差/mm	测点值/mm					检测结果				是否平行检测

检测意见:
　　□所检测构件尺寸检测结果符合要求。
　　□所检测构件中,_____检测结果不合格,应对同一楼层同一类型构件加倍进行检测。
　　□经加倍检测,_____检测结果仍不合格,应按质量问题处理。
　　□_____。
　　检查人员:_____　年　月　日

质检员		监理工程师	

平行检测要点：

① 本表检测由施工单位、监理单位在现浇混凝土构件拆模后及时完成。

② 检测数量不少于规定数：施工单位每一楼层同一类型构件不少于 10 个，监理单位每一楼层同一类型构件不少于 2 个。

③ 检测方法：用钢尺量测。

④ 柱和梁的尺寸应注明"宽×高"，如"400×600"。

⑤ 每一根梁、柱检测两端和中部共三个点；每一块墙、板检测四个角和中间共五个点。

⑥ 施工单位自检的，监理人员可不签字；监理平行检测的，施工单位人员也不用签字，但平行检测应由监理独立完成。

表 3.77　轴线、层高检测记录

工程名称：　　　　　　□施工自检　　□平行检测　　　　　　　编号：

结构类型	□砌体承重 □混凝土结构		结构层数	地上____层 地下____层	混凝土类型		□自拌 □泵送	形象进度			
检测构件及部位					测点值/mm					检测结果			是否平行检测
检测项目	楼层	轴线部位	设计值/mm	允许偏差/mm	H1(L1)	H2(L2)	H3	H4	H5	测点数	合格点数	合格率/%	最大偏差	
轴线				±8			\ \ \ ...							
层高				±10										

检测意见：

□所检测的轴线、层高检测结果符合要求。

□所检测的轴线、层高中，＿＿＿＿＿＿＿＿＿检测结果不合格，应对同一楼层同一类型构件加倍进行检测。

□经加倍检测，＿＿＿＿＿＿＿＿＿检测结果仍不合格，应按质量问题处理。

□＿＿＿＿＿＿＿＿＿＿＿＿＿＿＿＿＿＿＿。

检测人员：　　　　　　　　　　　　　　　　　　　年　月　日

质检员		监理工程师	
建设单位代表			

平行检测要点:

① 轴线、层高检测由施工单位、监理单位在现浇混凝土构件拆模后及时完成。

② 检测数量不少于规定数:施工单位全数检测;监理单位每一楼层轴线检测不少于10条,层高(结构净高)检测不少于10个自然间。

③ 检测方法:轴线用钢尺量测轴线控制线两端;层高用红外线测距仪在每个自然间四个角的附近及中心位置测量轴线、层高结构净高尺寸测量示意图见表 3.78 内示图。

④ 施工单位自检的,监理人员可不签字;监理平行检测的,施工单位人员也不用签字,但平行检测应由监理独立完成。

表 3.78　天棚、地坪水平检测记录

工程名称:　　　　　　　　　　监理平行检测　　　　　　　　　　编号:

结构类型	□砌体承重 □混凝土结构		结构层数	地上＿＿层 地下＿＿层		混凝土类型	□自拌 □泵送	形象进度			
检测构件及部位			设计值/mm	允许偏差/mm	测点值/mm					检测结果				是否平行检测

检测户号	天棚楼层	室内部位	设计值/mm	允许偏差/mm	H1	H2	H3	H4	H5	测点数	合格点数	合格率/%	最大偏差	是否平行检测
天棚				±10										
地坪				±10										

检测意见:
□所检测的天棚、地坪检测结果符合要求。
□所检测的天棚、地坪检测结果不合格,应对同一楼层同一类型构件加倍进行检测。
□经加倍检测,所检测的天棚、地坪检测结果仍不合格,应按质量问题处理。
□　　　　　　　　　　　　　　　　。

检测人员:　　　　　　　　　　　　年　月　日

质检员		监理工程师	
建设单位代表			

表 3.79 建筑结构工程平行检测、隐蔽验收汇总表

工程名称：　　　　　　　　　　　　　　　　　　　　　　　　监督注册号：

地下结构层次			地上结构层次				建筑面积/m²	
项目名称、内容			检测检查总量		发现问题数量	问题检测记录编号	处理方法	备注
			进场批次					
平行检测	原材料	钢筋	次	次	次		加倍检测　次 退　货　次	
		模板	进场　次	次	次		加倍检测　次 退　货　次	
			周转　次				整　改　次	
		砖（砌块）	次	次	次		加倍检测　次 退　货　次	
		坍落度	车	车	车		退　货　次	
	实体检测	回弹检测	总计：　个 柱：　个 梁：　个		个		委托检测　个	不合格构件 数量：　个
		钢筋保护层	总计：　个 板：　个 梁：　个		个		加倍检测　次	不合格构件 数量：　个
		构件尺寸	总计：　个 板：　个 梁：　个 柱：　个		个		加倍检测　次	不合格构件 数量：　个
		轴线	条		条		重新检测　次	不合格轴线 数量：　条
		层高	间		间		重新检测　次	不合格房间 数量：　间
隐蔽验收	流水段层次、范围							
	项目		累计一次验收		通过	二次验收，通过率%		备注
	基坑		次		次	次；		
	模板		次		次	次；		
	钢筋		次		次	次；		
	混凝土		次		次	次；		
	砌体		次		次	次；		
施工单位（总包）： 项目经理： 　　　　　（公章） 　　　年　月　日			监理单位： 总监理工程师： 　　　　　（公章） 　　　年　月　日				建设单位： 项目负责人： 　　　　　（公章） 　　　年　月　日	

平行检测：

① 按《关于加强建筑结构工程施工质量管理的若干规定》（简称《规定》）要求，在建筑结构工程完工后、主体分部工程验收前结合过程检查记录（建筑结构工程涉及的各项隐

蔽验收记录中应包含《规定》中的相关技术措施),对照上表选取相应检查项目进行审查(同时应注明过程检查的时间段)。每个内容检查后应明确审查意见:"符合要求"或"不符合要求"(写明存在问题),并明确检查结论。

② 建筑结构工程隐蔽验收原则上每层进行一次,当采用流水施工方案时应分段验收,并应在表中注明划分流水段的层次及相应轴线范围。

③ 建筑主体结构中基坑、钢筋、混凝土、模板、砌体工程等隐蔽验收应包含《规定》的相关内容。

五、平行检测监理计划

平行检测监理计划见表 3.80。

表 3.80 平行检测监理计划

项目		平行检测次数	
原材料	钢筋+外加工	按进场批次+外加工次数	
	砖(砌体)	按进场批次	
	模板	每层一次	计 32 次
	混凝土(坍落度)	每十车一次(每层三次)	计 90 次
实体检测	混凝土回弹	每层一次(墙、板、梁、悬挑)	计 33 次
	保护层	每层一次(墙、板、梁、悬挑)	计 33 次
	构件尺寸	每层一次(墙、板、梁、悬挑)	计 33 次
	轴线、层高	每层一次(每次不少于 3 个自然间)	计 33 次
	天棚、地坪	每层一次(每次不少于 3 个自然间)	计 33 次

六、项目部为平行检测配备的仪器一览表

略。

水厂给排水工程监理实施细则

一、总 则

本细则适用于有关监理人员实施给排水施工监理,细则中各条款为给排水专业施工监理常用条款,未涉及的其他内容及与国家现行标准、规范、规程不符的地方,以国家现行标准、规范、规程为准。

给排水专业监理人员介入项目、进驻现场后,参照本细则展开现场施工监理工作。

本细则根据以下有关规范、规程与标准制定:

① 《GB 5236—98 钢管焊缝检测》;

② 《SYJ 4047—90 埋地钢质管道环氧煤沥表面防腐层施工及验收规范》;

③ 《CECS 41—92 建筑给水硬聚氯乙烯管道设计与施工验收规程》;

④ 《CVA 2.7—92 阀门的检测和试验》,《GB13927—92 工业用阀门的压力试验》;

⑤ 《中国给水排水标准图集》;

⑥ 《GB 50235—97 工业管道工程施工及验收规范》;

⑦ 《GB 21020—80 钢管验收、包装、标志及质量证明书的一般规定》;

⑧ 《SYJ 28—87 埋地钢质管道环氧煤沥青防腐层技术标准》;

⑨ 《GB 3091—93 低压流体输送用焊接钢管》;

⑩ 《GB 8923—88 涂装前钢材表面锈蚀等级和除锈等级》;

⑪ 《JB 1152—81 超声波探伤质量标准》;

⑫ 《GB 3328—87 焊缝射线探伤质量标准》;

⑬ 《GB 9711—88 螺旋缝埋弧焊钢管》;

⑭ 《GB 986—80 埋弧焊焊接接头的基本形式与尺寸》;

⑮ 《GB 986—88 埋弧焊坡口的基本形式和尺寸》;

⑯ 《GB 985—80 手工电弧焊焊接接头的基本形式与尺寸》;

⑰ 《GB J242—82 采暖与卫生工程施工及验收规范》;

⑱ 《GB J302—88 建筑采暖卫生与电气工程质量检测评定标准》;

⑲ 《DB 32/305—99 建筑安装工程施工技术操作规程(第十二册)》;

⑳ 《CJJ—90 市政排水管渠工程质量检测评定标准》;

㉑ 《DB 32/T394—2000 塑料螺旋管道工程技术规范》;

㉒ 《GB 50242—2002 建筑给水排水及采暖工程施工质量验收规范》。

二、施工单位资质与组织设计（方案）审查

给排水专业监理人员进驻施工现场后，须参加对施工单位资质与施工组织设计的审查。

（1）对施工承包单位、分包单位的资质审查着重以下内容：

① 总承包合同、分包合同；

② 总承包、分包范围与其企业资质等级是否相符，了解相关工程实绩、特殊专业是否有专业施工资质，如压力容器专业施工许可证，消防专业施工与调试许可证等；

③ 主要管理人员的资质与业绩，特殊工种操作人员上岗证（如焊工等）。

（2）对施工单位提交的施工方案着重审查以下内容：

① 施工组织设计在总体上对现场施工的人力和物力，技术和组织，时间和空间，环境和场地等方面，是否做出了相对的合理安排，是否能达到指导现场施工的重要作用；

② 施工组织设计中对有关施工的流向和顺序的安排是否正确，主要施工过程中有无正确的施工方法；

③ 施工组织设计中有无应用流水作业原理和网络计划技术编制的施工进度计划安排，以及合理的人力、物力的配备计划安排；

④ 对重要的分项工程，应编制有相应的施工方案，如滤池工艺施工调试，加氯系统工艺施工调试，场区生产管线给水管线制安、防腐、试压，水泵等设备安装调试；

⑤ 施工组织设计中的主要施工技术及组织措施；

⑥ 施工组织设计中对保证工程质量是否建有相应的质量保证体系；

⑦ 对施工中可能遇到的常见工程质量通病，如管道渗漏或堵塞、阀门失灵、排水管倒坡等，是否有相应的技术与质量预控措施。

三、材料、设备进场核验

对施工单位提交的有关材料、设备供应计划进行审核，审查其规格、型号及技术要求是否与设计相符，进场时间与工程进度计划是否相符。

凡进场的主要材料、设备必须在进场核验时，由甲、乙双方负责供货一方向监理提交符合要求的质保书、合格证、生产许可证以及有关安装调试和使用说明书等技术资料，并由施工单位检测合格后，填写报验申请单，报监理核验。

监理接到设备进场、材料报验单后，先核对质保文件是否有效，是否符合要求，规格、参数是否与设计相符，并按如下方法核验。

设备：主要检查外观是否完好无损，辅助设备、附件是否与开箱单相符。

阀门：所有阀门进场后须由施工单位按规范规定做耐压强度试验和严密性试验。规格大于等于DN100的阀门每只都做试验，小于DN100的阀门取20％抽样试验，一种规格的同一批量中如有不合格者，则该批阀门须每只都做试验。

消防器材：所有消防器材除检查质量是否符合要求外，还应核查其是否是消防部门认可的产品。

按核查标准对主要材料（如钢管、铸铁管、UPVC、ABS等材料）进行常规性检查。

(1) 钢管。

对大口径场外制作防腐钢管,在其内外防腐之前,必须报监理核验,核验后方可进行内外防腐。制作完成后,进场再报监理复验。

钢管制作质量要求:

① 材料选用 Q235A 镇静钢,T422 焊条;

② 钢管外圆周长允许公差不应超过±5 mm;

③ 钢管制作的椭圆度(最大与最小外径之差)应小于 $0.003D$;

④ 钢管端部垂直度偏差不得大于 2 mm,并根据不同的板厚切割相应的坡口;

⑤ 每根卷管应保证准直,其偏差每米不应超过 1 mm;

⑥ 所有钢管焊缝均应进行外观检查,应无裂纹、烧穿及未熔合等焊接缺陷,允许局部咬边不大于 0.5 mm,其长度总和不大于焊缝总长的 10%;

⑦ 焊缝外观检查合格后,都需进行煤油渗透试验,煤油涂抹应在焊接完全冷却后及白粉干燥后进行,检查持续时间一般不小于 15～30 min,以白粉上没有油渍为合格;

⑧ 每小节卷管允许有二道纵向焊缝,相邻纵缝沿壁弧长的间距应不小于 500 mm。环缝对接时,相邻二管段的纵缝应互相错开,其间距应不小于 100 mm;

⑨ 钢管焊缝采用双面埋弧焊,除进行煤油渗透试验外,还应对 1‰管道纵缝与环缝分别进行无损探伤,探伤标准按《焊缝射线探伤质量标准》(GB 3328-87)或《超声波探伤质量标准》(JB 1152-81)执行,对未焊透或密集性气孔需及时处理。

钢管内外防腐技术质量要求:

① 钢材表面除锈等级为 St2 级,使表面无可见的油脂和污垢,且没有附着不牢的氧化皮、铁锈、涂层和附着物;

② 在喷涂前,根据有关说明书,严格控制湿度和温度及配合比,并在使用时搅拌均匀;

③ 在上一次喷涂未干透前不得进入下一道工序;

④ 防腐涂层完成后须经测厚仪及电火花检漏仪检测,检测电压为 2 500 V,每平方米只允许有 3 个电火花为合格。

(2) 铸铁管。

铸铁管材质应为铁素体基体的球墨铸铁,承插口密封工作面不得有连续的轴向沟纹,管内外表面应光洁,并无铁锈和杂物。

允许偏差:承口深度偏差为±5 mm;管体壁厚负偏差为$(1.3+0.001)D$,承口壁厚偏差为$(1.3\pm0.001)D$,法兰盘厚度偏差为$\pm(2+0.05A)$mm;管道口径不大于 200 mm 时标准重量允许偏差-8%,管道口径大于 200 mm 时标准重量允许偏差-5%。

力学及工艺性能应符合表 3.81 和 3.82 的要求。

表 3.81 球铁管道力学性能要求

管道口径/mm	抗拉强度/Pa	屈服强度/Pa	伸长率/%
100～1 000	420	300	10
1 200	按 GB228 规定	按 GB231 规定	7

表 3.82　球铁管道的工艺性能要求

管道口径/mm	试验压力/Pa				
	K8	K9	K10	K12	最高试验压力
≤30	4	5			10
350～600	3.2	4	5	7.2	8
700～1 000	2.5	3.2	4	6	6
1 200	1.8	2.5	3.2	4	4

当达到规定压力时,稳压时间不小于 10s,应无渗漏现象。

防腐:管体外表面应涂沥青,管内表面应涂水泥砂浆衬里,防腐后管内外表面应光洁,涂层均匀,粘附牢固。

管子接口的橡胶圈的物理机械性能符合 JC114－76,JC197～198－76 要求。

(3) UPVC、ABS 管。

① 管材和管件外观质量:

给水系统所选用的管材管件,应具备产品质量合格证和卫生检测部门的卫生许可证;

给水管材上应有永久性标志:公称外径、公称压力、生产厂名及商标、生产标准、生产时间;

管件上应有永久性标志:规格、公称压力、商标,包装上应标有批号、数量、生产日期和检测代号;

管材和管件颜色一致,无色泽不均;

管材管件内外壁应光滑、平整、无气泡、裂口、裂纹、脱皮、严重的冷斑及明显的痕纹、凹陷;

管材轴向不得有异向弯曲,其直线度偏差应小于 1%,管材端口必须平整,垂直于轴线;

管件应完整,无缺损、变形,合模缝、端口应平整无开裂,橡胶圈还应标明相配套的管材规格和生产厂家。

② 管材和管件物理力学性能应符合 CECS41－92 规定。

③ 管材在同一截面的壁厚偏差不得超过 14%,管材的外径、壁厚及其公差应符合 CECS41－92 的规定。

④ 胶粘剂必须有产品名称、生产厂名、商标、生产日期、有效使用期限,出厂合格证和使用说明书;用于给水系统时,还应有卫生检测部门的卫生许可证;胶粘剂应呈自由流动状态,不得为凝胶体,在未搅拌情况下,不得有分层现象和析出物出现;胶粘剂中不得有团块、不溶颗粒其他影响胶粘剂粘接强度的杂质;胶粘剂中不得含有毒和利于微生物生长的物质,不得对饮用水的味嗅及水质有任何影响。

⑤ 贮运:UPVC、ABS 管应放在通风良好,温度不超过 40℃库房或简易棚内,不得露天存放,距热源远于 1m;胶合剂、清洁剂应置于阴凉、通风良好的场所,远离火源、静电及孩童。

四、管道预留预埋验收

(1) 钢筋砼中的有关给排水预留孔洞及预埋管件等在隐蔽之前(壁柱合模前,梁板浇砼前)均须办理隐蔽工程验收手续。

(2) 验收程序为先施工班组自检,再由施工单位质检员检测,合格后报监理工程师核验并附自检记录,监理核验合格签字认可后方可封模。

(3) 监理工程师除主要核对规格尺寸、轴线及标高是否符合设计与规范要求外,还须注意以下几点:

① 当遇有工艺图与土建图矛盾时,应由设计方确认后处理;

② 预留预埋时应尽量不断或少断钢筋,并在预留预埋完成后按规定设置加强筋,预留预埋时不得切断梁、柱主筋,如发生矛盾应提请设计方协调处理;

③ 预埋管的固定须稳固可靠,且不影响土建支模和砼浇筑;

④ 穿越有防水要求的构筑物时应用防水钢套管(在钢套管外壁焊接防水环),防水套管在预埋前应检查其加工预制是否符合设计要求或施工安装图册要求;

⑤ 对于排水等有严格坡度要求的管线套管预埋时,应严格控制标高、满足设计坡度要求;

⑥ 凡土建分包预留孔洞、预埋件,土建与安装专业人员中间交验并经监理见证后方许进入下道工序;

⑦ 对于大口径管道预埋套管应先在侧面模板上画出定位线,报监理初验,套管安装定位后报监理复核。

五、管道安装检查及验收

监理应经常到管道安装现场巡视检查,了解工程进度、检查安装质量情况。在巡视中重点检查以下几方面内容:

(1) 管道的材质、接口型式以及各种附件,是否均符合设计与规范要求;

(2) 管道的支、吊架的型式、间距、数量、材质及制作安装质量固定方式、外观是否符合设计的规范要求;

(3) 管道安装时不得乱敲乱凿,破坏土建结构,如必须在钢筋砼上开槽、凿洞,须与土建专业协商,必要时请设计方解决;

(4) 施工中应有防止杂物落入管内的相应措施;

(5) 各种管道配件使用应符合设计及施工规范的规定(如排水系统中 45°弯头与 90°门弯及顺水三通的使用,水泵吸水管偏心大小头的使用等);

(6) 室外管道的沟槽地基及管道基础、垫层等应符合设计与施工规范要求;

(7) 安装管道应符合技术要求。

1. 钢管安装

(1) 钢管组装对接时,须将管端 100 mm 内油污、泥土、浮锈等清除干净;

（2）对接管段的纵向焊缝不得设在管子水平直径和垂直直径的四个端点处，同时纵缝错开布置距离不小于 100 mm，焊缝宜设在钢管上部，便于养护检修；

（3）钢管安装后，管口椭圆度应不大于 0.005D；

（4）现场组装焊接后，除煤油渗透试验外，再进行环缝无损探伤抽检。

2．室外陆地埋管安装

（1）施工工艺流程：测量定位、打桩放线→开挖沟槽与工作坑及排水管道基础施工→下管、下管管道对口→校直、稳管，排水管校坡→接口安装施工→管道试压、试水→回填管沟→给水管冲洗消毒。

（2）督促施工单位按上述工艺流程有序进行施工和管理。

（3）开挖沟槽应确保槽底土层自然结构不被破坏、严禁超挖，如沟底土质松散或遇有块石障碍，应按施工规范要求进行适当处理，经监理认可后，方可继续施工。

（4）在地下水位较高、雨季或冬季安装管道，应根据实际情况采取降水、排水或防冻等措施。

（5）有防腐要求的管道，防腐层检查验收必须合格。

（6）接口安装完毕检查是否采取措施加强养护，排水承插管道的承口是否与水流方向相反。

（7）给水管道水压试验前，施工方应编写试压方案，试压所用压力表应经校验，水压试验应经监理认可，并按施工规范要求分层夯实。

（8）排水管道闭水试验合格后及时回填管沟，严禁晾沟，管顶上部 500 mm 以内不得加填直径大于 100 mm 的石块和冻土块，回填土应按施工规范要求分层夯实。

（9）进口标高应与地坪或路面施工配合，符合施工规范要求，排水检查井需按规范要求做流槽。

（10）技术要求：

① 沟槽内焊接钢管应采用人工电弧焊，并应符合 GBJ 236—82，GBJ 235—82 要求；

② 管道安装应平直，无突起、实弯现象，沿直线安装时，承接口间的纵向间隙不小于 5.0 mm，沿曲线安装时相对转角不小于 1°；

③ 管道安装质量允许偏差：平面坐标±50 mm，管道内底高程±20 mm，相邻管节内底槽口为±3 mm，水平管道直线度 15 mm/10 m，垂直管道垂直度 2/1000 且不大于 10 mm。

3．室内给水管道安装

（1）管道安装施工工艺流程：

配合土建预留预埋→管位确定→管道连接→干、支管安装→阀件安装管道试压→防腐、刷漆和保温→系统冲洗和消毒。

（2）督促施工单位按上述工艺流程有序进行施工和管理。

（3）对管线比较复杂的工程，应在图纸会审时，注意解决图纸上的矛盾，并督促施工单位各工种之间加强协调配合，及时解决施工中出现的问题。

（4）对给水管道安装过程中易出现的套丝、填料、垫片、焊接等方面的质量通病，应督促施工单位及时采取必要预防措施。

（5）安装质量要求：平面坐标允许偏差±10 mm；标高允许偏差+5 mm；水平管道直线度允许偏差 10mm/10 m；立管垂直度允许偏差 2.2mm/m、10.0mm/全长。

4. 室内排水管道安装

（1）管道施工工艺流程。

① ±0.00 以下排水管道施工工艺流程：

配合土建预留预埋→管道定位→开挖管沟→沟槽处理→管道对口、校直、校坡→接口施工→灌水试验→加填管沟。

② ±0.00 以上排水管道施工工艺流程：

配合土建预留预埋→管道定位、放样→预制管段→立管安装→横支管安装→通球、通水试验（隐蔽管作灌水试验）→系统通水试验→管道刷漆。

督促施工单位按上述工艺流程有序进行施工和管理。埋地和暗装管道的坡度检查和灌水试验，必须在隐蔽前进行，并办理验收手续。排水横管施工时坡度不得小于最小坡度要求，管件应尽可能选用阻力小、水力条件好的顺水三通、四通、45°弯等。雨水管道不得与生活污水管道相连接，雨水漏斗连接管应固定在屋面承重结构上。

（2）管道安装验收。

管道安装完毕后，应分系统、分区段进行分项工程的验收，其内容按施工验收规范及质量检测标准进行，其程序应为施工单位班组自检并经专职质检员检测合格后，方可报监理工程师核验，并附自检记录，监理核验时重点注意以下几方面：

① 各种管道试验应在管道安装已经检查验收符合要求后再进行；

② 各种管道的水压、灌水、通水、通球等试验应按设计要求进行，设计无明确要求按施工规范进行；

③ 所有隐蔽管道（如墙内、吊顶内、埋地、防腐、保温等）的水压、灌水试验和验收须在隐蔽之前进行，未经验收不得隐蔽；

④ 管道试验时，要有相应的防止漏水污损各种成品的有关措施。

5. 管道的水压试验

（1）管道试压一般分单项试压和系统试压两种：单项试压是在干管敷设完后或隐蔽部位的管道安装完毕后，按设计和规范要求进行水压试验；系统试压是在全部干、立、支管安装完毕后，按设计或规范要求进行水压试验。

（2）系统试压前，应做好试压前的有关各项准备工作，对系统做一次检查，暂拆去与试压无关的阀件、仪表，用堵件封堵预留口和隔离与试压无关的设备，调整好管路中各处阀门开关状态并考虑好系统排气和泄水。

（3）试泵连接宜放在管道系统最低点，或室外管道入口处。系统试压时，压力表应设两个，一个在泵出水阀后作测定试验压力用，另一个安装于系统末端或顶部，作核对试验压力用，压力表应经校验合格，精度不低于1.5级，刻度值适宜。

（4）管道试压时，当压力达到试验压力时，停止加压，检查全部系统。渗漏处做好标记，并在修理后重新进水试压和复查。如管道不漏或压力降在允许范围内，并持续到规定时间，视为试验合格。施工方试验后应及时填写试压记录，并报监理签字认可。

（5）各种管道的试验压力规定如下：水厂生产管道的试验压力为 0.5 MPa；给水管道

的试验压力为 0.8 MPa；加药管道的试验压力为 0.5 MPa。

（6）任何情况不允许发生可见渗漏，但对于各种管道连接形式，允许损失率如表3.83。

表 3.83　管压允许损失率

管道类型	允许损失率
钢管	公称内径每 10 mm 管子，每 100 m 及每 30 m 水压下，每 24 h 的渗漏，焊接管段为0.1，具有 10% 以上法兰接头机械联轴节或其他柔性接头的管段为 0.2
球墨铸铁管	$QL<Q(N,d,p)$，QL 为每小时渗漏升数，N 为试验段的接头数，d 为管径，p 为试验压力

（7）管道试压合格结束后，应对系统作妥善恢复，拆除试压泵和水源及无关临时管件，冬季应把系统内存水泄尽，以防冻坏管道和设备。

6．灌水试验

（1）室外重力管道的试验压力为管道最高点加 2 m，24 h 内每 100 m 管道的渗漏量不得超过 0.4 L。

（2）室内排水管道埋地及吊顶、管井内隐蔽工程在封闭及回土前，都应进行灌水试验，内排水雨水管安装完毕亦应做灌水试验。

（3）灌水试验前应将各预留口堵严，在系统最高点留出灌水口，楼层吊顶内管道灌水试验时应在下一层立管检查口处用橡皮球塞或充气胶囊堵严，由该预留口处做灌水试验。

（4）试验时，由灌水口将水灌满，按设计或规范要求的规定时间对管道系统的管材及接口进行检查，如有渗漏现象应及时修理，重新进行灌水试验，直至无渗漏现象后视为试验合格。施工方试验时应及时填写试验记录，并报监理验收签字。

7．管道系统冲洗和消毒

（1）管道系统冲洗应在管道试压合格后、调试运行前进行，冲洗前应做好相关准备工作和检查，并暂时拆去阻碍水流通过的相关阀件、仪表等。

（2）管道冲洗进出水口位置应选择适当，确保管道系统内杂物冲洗干净，排水应接至排水井或沟内。

（3）冲洗时，以系统内可能达到最大压力和流量进行，直到出口处水色、透明度与入口处目测一致为合格。各种管道经冲洗合格后，应恢复至管道系统原状态。

（4）冲洗后，管线中应注满水，并投入一定数量的消毒剂，使 24 h 后管中游离氯含量在 30 mg/L 以上；24 h 后排空管道，重新注入饮用自来水冲洗，直至余氯含量小于1 mg/L为止。

六、管道附件安装检查与验收

管道系统中的各种阀门、流量计、伸缩节、消火栓管道附件安装完毕后，应按班组自检、专职质检员检测、监理检测的顺序进行分项验收。监理重点检查型号、规格、安装方式是否符合设计及规范要求，操作是否方便，外观是否整洁平整，附件严密性应在管道系统试验之前检测是否符合要求。

技术要求如下：

① 管件在安装前必须按要求清除内部杂物,阀门应作解体检查,清洗;

② 连接不同直径的管道应采用异径管或渐缩管,垂直管道变径时,宜采用同心渐缩管;

③ 成排管道的排列管子、管件、阀门应排列整齐,横平竖直、间距均匀;

④ 阀门应在关闭状态下,按正确方向安装紧固严密,阀杆应与管道中心线垂直;

⑤ 阀门安装后,应检查密封填料,其压盖螺栓应留有足够的调整余量;

⑥ 阀门的传动装置和操作机构应进行调整,开度指示准确,限位开关动作正确、及时;

⑦ 水平方向安装的管件,应在其底部砌砖墩支撑,不得以管道承重。

七、设备的安装检查与验收

1. 水泵、气压罐

(1) 水泵、气压罐等设备安装施工工艺流程:

基础验收→设备验收→水泵、气压罐等设备解体清洗→水泵、电机、气压罐等设备就位找正→水泵联轴调整→灌浆固定、校正→单机试运转→系统运转。

应督促施工单位按上述工艺流程有序进行施工。

设备砼基础施工时应加强与土建专业的配合,在监理见证下进行中间交接检查。主要复核设备基础的标高、位置及预埋孔洞数量与大小是否与设计图纸相符,基础砼强度是否符合要求。

设备的就位吊装应有施工方案,并经监理审查批准。

设备安装完毕后应填写设备安装记录。

(2) 施工单位班组自检、专职质检员检测合格后,报监理核验,并附安装记录,监理核验的重点是轴线,标高、水平与垂直度,底脚螺栓与垫块,二次灌浆,各种附件的连接安装以及水泵联轴器间隙,同心度等是否符合设计与施工规范要求。

(3) 各种设备在安装验收通过后方可进行单机试车。单机试车由施工单位负责(由厂家负责安装的由厂家进行),并应通知监理和甲方代表参加。试车前应做好各项检查和准备工作,试车按施工规范要求进行。试车结束后,由施工单位填写试车记录,报监理审验认可。

(4) 水泵安装一般规定。

水泵就位前应做下列复查:基础的尺寸、位置、标高应符合设计要求;设备不应有缺件、损坏和锈蚀等情况,管口保护物和堵盖应完好;盘车应灵活,无阻滞、卡住现象,无异常声音。出厂时已装配调试完善的部分不应随意拆卸。确需拆卸时,应会同有关部门研究后进行,拆卸和复装应按设备技术文件规定进行。

水泵的找平应符合要求:潜水泵的纵、横向不水平度不应超过 0.1/1000;测量时,应以加工面为基准;小型整体安装的泵,不应有明显的偏斜。

泵的找正应符合下列要求：

① 主动轴与从动轴以联轴节连接时，两轴的不同轴度、两半联轴节端面间的间隙应符合设备技术文件的规定；如设备技术文件无规定时，应符合 TJ231－75 中第四章第三节规定；

② 原动机与泵（或变速器）连接前，应先单独试验原动机的转向，确认无误后再连接；

③ 主动轴与从动轴找正、连接后，应盘车检查是否灵活；

④ 泵与管路连接后，应复校找正，如由于与管路连接而不正常时，应调整管路；

⑤ 水泵与电动机水平度允差＜0.1 mm／m，垂直度允差＜0.1 mm／m；

⑥ 泵体出水口法兰与出水管中心线允差＜5 mm；

⑦ 泵体进水口法兰与进水管中心线允差＜5 mm；

⑧ 泵轴与传动轴同心度允差＜0.03 mm／m；

⑨ 电动机机座与泵轴（或传动轴）同心度允差＜0.1 mm／m；

⑩ 叶片外缘与壳体径向间隙允差（半径方向）为不大于规定的侧间隙之和的 40％；

⑪ 泵座、进水口、导叶座、出水口、弯管和过墙管等法兰连接部件的相互连接应紧密无隙；

⑫ 填料箱与泵轴间隙在圆周方向应均匀，并压入按样本规定其类型和尺寸的填料；

⑬ 油箱内应注入规定的润滑油到标定油位。

2. 离心泵安装

离心泵的安装除应按水泵安装的一般规定执行外，尚应符合以下要求。

(1) 找平应以水平中开面、轴的外伸部分、底座的水平加工面为基准进行测量。

(2) 密封环处的轴向间隙应大于泵的轴向窜动量，并不小于 0.5～1.0 mm（小泵取小值）。

(3) 泵和电机直接连接的联轴器同轴度允许偏差径向位移为 0.1 mm，两半联轴节端面一周最大和最小间隙差不得大于 0.3 mm。

(4) 中间传动轴应用百分表进行测量调整，同轴度允许偏差应小于 $0.03L/1000$（L 为中间传动轴长度）。

(5) 与泵分层安装的电机座水平度允许偏差为 0.1/1000。

(6) 泵与管道的各连接处应保持良好的气密性，进水管不得漏气，法兰间的纸垫两面必须涂黄油。

八、系统联动试车

(1) 系统联动试车应在系统内所有设备安装验收和单机试车合格，以及系统内所有管线安装、试验验收合格后进行。

(2) 系统联动试车由建设单位组织，施工单位和监理参加，并视情况通知设备生产厂家和设计单位参加。

(3) 系统联动试车前应编制试车验收大纲，明确试车要求，检测项目以及时间、步骤、人员分工等；试车结束后，施工方应整理出试车记录，各参加单位代表签字。

九、 竣工及竣工图纸审查

（1）单位工程的竣工验收应在分项、分部工程验收合格后进行，由建设单位组织施工、设计、监理和有关单位联合验收，并应做好记录、签署文件、立卷归档。

（2）工程竣工验收时，应具有下列完整、经监理审查合格的资料：

① 施工图、竣工图及设计变更文件；

② 设备、制品和主要材料的合格证或试验记录；

③ 隐蔽工程验收记录和中间试验记录及工程质量事故处理报告；

④ 设备试运转记录；

⑤ 系统试压、冲洗、调试和联动试验记录；

⑥ 分项、分部和单位工程质量检测记录；

⑦ 系统调试报告。

（3）工程竣工后，监理按施工验收规范规定和有关城建档案管理要求，督促施工单位提交全套单位工程设计资料按程序备案，直至获准认可，并向建设单位转交备案合格通知手续，以便其申办产权登记。

水厂建筑电气工程监理实施细则

一、总　则

本细则用以指导自来水厂电气工程的质量控制,细则中各条款为工程验收时需掌握的主要条款,对未涉及的内容及与国家标准、规范、规程不符之处,以国家标准、规范、规程为准。

本细则编制依据:

(1)《电气装置安装工程施工及验收规范》(GBJ 232—82);

(2)《建筑电气安装工程质量检测评定标准》(GBJ 303—88);

(3)《建筑安装工程施工技术操作规程(第十四分册电气工程)》(DB 32/TP(JG)018—92);

(4)《民用建筑电气技术设计规程》(JGJ 16—92);

(5)《火灾自动报警系统设计规范》(GBJ 116—88)。

二、施工单位资质与施工组织设计审查

(1)总对承包、分包单位的资质审查包含以下内容:

① 总承包合同与分包合同;

② 承包范围、性质是否与资质等级相符:包括允许施工的电压等级、范围以及特殊专业施工资质证明(如消防、闭路电视、监控摄像、通讯等专用施工资质证明或行业主管部门的有关批文);

③ 特殊工种上岗证(如高、低压安装电工、电焊工等);

④ 主要管理人员的学历、职称、业绩以及单位的工程业绩、劳动力、机具及检测仪表等是否适应工程需要;

⑤ 外地施工单位需提交进入工程所在地的资质检测证明。

(2)施工组织设计审查内容如下:

① 施工组织设计中,有无可靠的组织与技术措施,有无完整的质保体系,施工程序、施工方法是否切实可行;

② 利用横道图、网络图编制的施工进度是否可行;

③ 对重要的分项工程、重要的施工工序、技术关键,是否专门编制详细的施工方案。如成套配电柜、控制柜等的安装、调试,高层建筑的防雷接地安装、测试,送配电调试,消防报警与联动调试等。

三、材料、设备进场核验

(1) 凡进场的主要材料、设备必须在进场报验时，向监理提交符合要求的质保书、合格证、生产许可证等，同时提交与本批次进场的设备、材料的品牌、型号、规格、数量、使用部位、时间相符的报验单。

(2) 核验内容如下：

① 进场的材料设备品牌、型号、规格、数量、使用部位、技术要求等是否与设计要求、使用部位、进度计划相符。

② 设备、材料外观是否完好无损（如高、低压瓷瓶，绝缘套管有无明显裂纹），主要材料应进行一些常规性检查（如铜导线、电缆的截面、绝缘是否满足设计与产品要求，钢材、管材的壁厚、镀锌外观、弯曲变形、裂缝、砂眼等是否符合要求）。重要电气材料需作电气性能（耐压、绝缘等）测试。

③ 辅助设备、附件是否与开箱单相符。

④ 特定的专业产品是否有职能部门的许可证（如消防产品、监控摄像产品、电力计量产品等）。

(3) 核验后，监理进行取样、封样，在设备、材料报验单和选试申请单签字。

四、隐蔽验收

1. 验收主要项目

(1) 埋入地下及钢筋砼中的预埋管、箱、盒、接地极、防雷带、防雷引下线、直埋电缆等在隐蔽前（壁、柱为合模前，梁、板为浇筑前，地下为回填土前）均需办理隐蔽工程验收手续。

(2) 吊顶内的各种线管、盒、箱与电缆沟内的电缆及其他隐蔽后仍可复查的电气工程隐蔽前均需检查验收。

2. 验收程序

隐蔽项目验收流程如下：

施工班组自检→施工单位质检员检测→填报验收单（项目负责人及质检员签字）→监理工程师核验，验收合格后签字认可方可隐蔽。

3. 验收内容

监理工程师主要根据图纸核对被隐蔽部位安装敷设的电气材料和设备的品牌、型号是否与相验及送试样品相符，数量、规格、尺寸、轴线、标高是否符合设计，检查施工质量是否符合施工验收规范要求。

4. 注意事项

(1) 预埋管、箱、盒的验收：

核对走向以设计回路走向为宜，重点注意管与管，管与盒、箱的连接质量。为了保证土建的质量,必须搞好配合工作,预留、预埋时不得切断梁、柱、板的主筋,不可避免时应征得土建同意,并采取补救加强措施。楼板中电管不应在砼保护层中敷设,过梁管要从梁下走,交叉管尽量避免或减少。

(2) 防雷接地隐蔽验收:

目前民用高层建筑大都采用防雷接地与保护接地共用接地的设计,对接地电阻要求很严,所以对防雷的接地施工与验收应特别重视。验收时应根据图纸、规范,检查接地系统的底板钢筋与桩基钢筋及作引下线的柱子主筋焊接是否符合要求,合格后应作一次接地电阻测试,达不到要求应采取补救措施。待施工到±0平面再测一次接地电阻。另外对防雷引下线的连接、防侧雷的避雷带、均压带、钢门窗接地等的隐蔽验收,应严格把关,设计明确的按设计验收,设计不明确的按规范验收。

(3) 进线电缆的验收:

进线电缆主要有变电所进线电缆、闭路电视电缆、电话电缆等,上述电缆多为沿地暗敷直埋电缆。主要验收电缆走向及预埋深度、盖板、填砂层等是否符合设计与规范要求,对进入建筑物的预埋套管必须按防水要求进行验收。

五、分项工程验收

监理工程师除做好隐蔽验收工作外,还应经常深入现场巡视检查,做好各个分项工程的验收。

1. 电缆线路工程

(1) 高压电缆施工完毕后必须作耐压试验,监理现场检查或审查测试报告,通电前应加做绝缘测试。

(2) 低压电缆施工完毕后,须作绝缘测试,通电前必须再重新测试,确认合格后方可通电。监理以现场检查为主,也可检查测试报告。

(3) 电缆终端头、中间头制作应严格按操作规程进行,中间头设置位置应安全、可靠、合理,监理应经常巡视检查,重点位置跟班检查。

(4) 直埋电缆,重点检查走向、路径、埋深及施工质量是否符合设计与规范要求,标志牌设置是否准确、可靠,进出建筑物是否留有余量等。

(5) 沿沟敷设的电缆,主要检查托架制作、安装是否符合设计与规范要求,电缆上下排列顺序,标志牌等是否符合规范要求。

(6) 电缆桥架安装应横平竖直,接地可靠,符合设计与产品技术要求。桥架进线、出线配管应精心制作,确保与桥架密合、美观,开孔应用开孔机操作,严禁气割。

2. 配管及管内穿线工程

(1) 钢管的连接应严格执行规范要求:薄壁钢管严禁熔焊连接,厚壁钢管可采用套管熔焊连接或丝扣连接,非熔焊连接的钢管均需焊跨接线,管、盒连接处也应焊跨接线。

(2) 管子弯曲半径,弯扁度及明配管支承距离均应符合规范要求。

(3) 除埋入砼内的钢管外壁不作防腐处理外,其余地方敷设的钢管均需作防腐处理。

(4) 验收管径大小时,应着重注意穿管根数是否与管径大小适应。

（5）吊顶内线管应按明敷要求验收，应单独设置吊筋，做到横平竖直，美观牢靠。照明管宜采用钢管，严禁用塑料波纹管。消防管须采用钢管，外刷防火涂料，连接采用金属软管与金属接头。

（6）穿线前应检查管口有无毛刺，管内有无积水、杂物等，待一切处理完毕后，方可穿线。穿线接头不得放在管内，应安排在接线盒、灯头盒等处，接头做法应符合操作规程要求，管口护口应齐全。

（7）穿线后及通电前须作绝缘电阻测试，导线间及导线对地电阻应不小于 0.5MΩ。

3. 硬母线安装工程

（1）母线连接应作为验收重点，母线之间采用搭接时，应采用 0.05×10 mm 塞尺检查，线接触的塞不进去，面接触的接触面宽 56 mm 及以下时，塞入深度不大于 4 mm，接触面宽 63 mm 及以上时，塞入深度不大于 6 mm。对于变压器、配电柜进出母线的检查尤应注意。

（2）不同金属的母线搭接接触面的处理（如铜、铝过渡板等）应符合规范要求。

（3）母线绝缘子、套管等应符合要求，高压瓷件严禁有裂纹、缺损和彩釉损坏等缺陷，其耐压试验必须符合规范规定。

（4）插接母线槽安装前应做绝缘测试，其绝缘电阻值应达到厂标要求或试验报告数据，否则应进行干燥处理直至调换。母线槽之间母线搭接要求参照硬母线验收标准。母线槽安装完毕后，应作绝缘测试，照明线路不得小于 0.5 MΩ，动力线路不得小于 1 MΩ，否则不得送电。母线槽的安装验收重点在总电源处、大电源处，如变压器、进线柜、出线柜。

4. 成套配电柜(盘)及动力开关柜安装工程

（1）首先对基础型钢的安装验收严格把关，顶部、侧面平直度应符合规范要求。若为土建预埋，应交代安装验收要求，验收标准不变。柜盘安装后，其盘面平整度，盘顶平直度及盘间接缝应符合规范、标准要求。监理在目测的基础上，使用测量工具抽查。

（2）柜(盘)的试验调整结果必须符合施工规范与设计。要求调试时应切断所有负荷，根据图纸逐一调整，试验，检查动作顺序、动作时间等是否符合要求。监理人员应在现场逐台核验。

（3）柜(盘)与基础型钢应连接紧密，固定牢固，接地可靠，柜(盘)间接缝平直。

5. 电气照明器具及其配电箱(盘)安装工程

（1）总配电箱至各分配电箱、分配电箱各回路的导线间、导线至地的绝缘电阻必须符合要求。监理应现场监测或实测。

（2）检查插座、开关、灯具等标高是否符合要求，监理应在核实数量与观察检查的基础上，采用直尺、水准仪等抽查。

（3）开关是否断相线，插座零、相、地接线是否正确，监理应用电笔、专用检测插头等工具核验。

（4）检查开关接通、断开位置是否统一，动作是否可靠。

（5）检查成排灯具中心线、间隔距离、标高是否符合要求，排列是否整齐、美观。检查方法是在目测的基础上，用尺测量。

6. 避雷针(网)及接地装置安装工程

(1) 检查电气设备、器具及可拆卸的其他非带电的金属部件,接地的分支线是否直接与接地线相连,严禁串联连接。

(2) 安装完毕后,应检查或实测电气设备、器具等接地是否可靠,接地电阻是否符合要求。对于高层建筑的上部接地测量(如上部配电箱外壳、避雷带、接地门窗等)可采用间接方法测量判定,如用接地引下线,接地块与设备之间串接低压灯泡,接通电源后根据亮度判别。

(3) 利用目测、直尺检查避雷针(网)及其支持件规格、位置是否正确,防腐是否符合要求。

(4) 利用建筑物基础接地时,按前述隐蔽工程验收要求检查,设置人工接地时,需检查埋深(顶部距地不小于 0.6 m)、焊接、防腐等是否符合要求。

六、电气调试

1. 送配电调试

(1) 高压送配电调试在供电部门检查、批准、监督下进行,由施工方与接收方共同执行,条件成熟时可向接收方交接,监理工程师应参加调试与监督交接。

(2) 低压送配电调试,由建设单位组织,接收方、监理及施工单位、生产厂家参加。

① 送电前应由操作人员填写操作票,由监理与建设单位审查通过后方可操作。

② 送电前必须对各回路绝缘重新测试,测试合格并签字通过后方可送电。

③ 送电前不仅要求变电所各配电柜开关位置正确,而且要求各分配箱开关全部在断开位置。开关断开顺序由最后一级开始,逐级向前断开,送电时开关合上顺序由最前一级开始,逐级向后合上。

④ 远距离送配电调试必须配有对讲机等通讯工具,以便保持联系。

2. 照明系统调试

(1) 送电前应测试各回路绝缘电阻是否符合规范要求。

(2) 试亮顺序应按照设计回路逐个进行,以便检查各个回路空气开关、跷板开关的控制的灯具是否与设计相符。

(3) 事故照明试亮时应对双电源供电分别试验,检查双电源切换是否可靠。应急灯具试亮时,不仅要检查工作电源供电时的亮度,更主要的应检查充放电时间、放电时亮度等是否符合产品设计要求。

3. 设备单机与联动调试

(1) 调试前应做好各项准备工作,主要有各回路绝缘电阻测试,各控制柜(盘)的调整、试验必须达到设计规范要求。正式调试前还应准备好检测仪表与记录表格等。

(2) 单机试车由施工单位负责进行,通知生产厂、甲方、监理代表参加。试车时应做好有关记录,如启动电流、工作电流、工作电压以及各个动作时间等,试车完毕后填写正式记录报监理审查归档。

（3）在单机试车成功的基础上，仍由施工单位负责将有关各机组按工艺要求进行联动调试，如制冷系统（含制冷机组、冷却机组、冷却塔风机等）、供热系统（含锅炉及有关各种设备）等。主要检查电气动作顺序、时间能否满足工艺要求。

4. 系统调试

整个系统调试应由建设单位组织，施工、监理、设计、生产厂各方参加。试车前电气施工方应编制试验大纲，明确要求、检测项目及时间、步骤、人员分工等。调试结束后应整理调试记录，由参加代表签字归档。对于有特殊要求，须专业归口主管单位验收的项目，如消防联动、电梯、监控摄像等需报归口单位审查验收方可生效。

七、弱电系统的验收

弱电系统内容（如建筑智能化系统等），主要掌握下列原则进行检查与验收：

（1）把好施工单位资质审查关，审查专业施工资质证书与安装人员上岗证是否符合要求。

（2）电缆、电线、预埋管等参照前述的强电规范验收。

（3）有行业归口的应经专业归口部门验收。如消防报警部分的验收以公安消防部门为准，监控摄像、卫星电视等以公安部门验收为准等。

（4）监理对有行业归口的验收，应按照监理合同，参照设计、图纸、产品说明书等做好预验工作，为正式验收做好准备。

（5）对无行业归口的弱电系统（如共用天线、厅堂音响等）可参照设计图纸、产品说明书等进行验收，并以视听效果作为验收重要依据。对智能建筑中的自动化系统（建筑物自动化 BA 系统，通讯自动化 CA 系统，办公自动化 OA 系统）、综合布线 PDS 系统等，主要依照设计、产品说明书、施工承包合同等会同其他安装专业部门共同验收。

八、竣工图及竣工资料验收

电气安装工程竣工后，监理工程师应根据设计变更及实际施工情况审查施工单位上报的竣工图、建筑电气分部竣工资料，负责电气专业的分部分项工程质量评定。

水厂机械设备工程监理实施细则

针对某水厂工程机械设备的专业特点,为确保机械设备的施工质量,特制定本监理细则,旨在指导水厂机械设备专业施工监理日常工作,并及时督促承包商予以认真配合和贯彻执行。本细则中未涉及的其他内容及与国家现行标准、规范、规程不符之处,以国家标准、规范、规程为准。

一、机械设备工程的特点

本工程设备安装质量的好坏直接关系到本工程生产能力的形成、生产效益的发挥。本工程机械设备主要有离心泵、空压机(储气罐)、鼓风机和桥式吸泥机若干台套。

二、机械设备工程的监理流程

(1) 施工单位开工前应向监理提交以下必要的资料以供审查:

① 安装机械设备施工企业资质等级证书及其复印件;

② 企业法人营业执照及其复印件;

③ 管理人员资格证书和特殊工种人员上岗证及其复印件;

④ 检测仪器、工具的核定证书及其复印件;

⑤ 专项施工方案;

⑥ 图纸会审纪要、技术核定单、材料代用文件等;

⑦ 办理安装、质检等手续;

⑧ 开工报告及其他有关资料等。

(2) 检查施工质保体系、安保体系组织机构落实情况;施工质保体系、安保体系的主要规章制度。

(3) 监理验收程序。

① 进场材料与设备的检查及报验手续:

材料、设备进场后,无论进货渠道如何,均应首先由施工单位进行自检,自检内容包括检查产品品牌、出厂合格证、质量保证书和试验检测报告等质保资料以及产品生产、销售许可证等,并进行目测和必要的测量测试。对进口的材料或设备还需查验进出口商检部门的检测报告,自检不合格的产品,施工单位应拒收、不准用。

施工单位自检合格后,应以书面形式(省统一表格 A3:2)报监理验收。材料与设备的质保资料、进出口商检证明、生产销售许可证复印件、施工单位的目测及测试数据等交监理检测,并以复印件形式附在 A3:2 表格后备存。

监理在对资料、实物进行核对和必要的检查后,作出同意使用或不同意使用的答复,未经同意使用的材料、设备一律不得用于本工程,亦不得存放于现场,必须在通知期限内撤离现场。

② 施工中工序检查验收程序:

施工单位首先自检,包括班组长自、互检(下道工序检查上道工序)和专职质检员检测(分包单位先检测,总包单位后检测);施工单位自检合格后,应填写验收签证单和质量检查评定表,并以书面形式(省统一表格 A3∶3)报监理验收,施工单位自检资料附在表格 A3∶3 后面。施工单位自检不合格,自行整改返工。

监理验收。监理工程师收到施工单位的书面报验单 A3∶3 经审核无误后,一般情况下应尽快进行现场验收,原则上不超过 24 小时;监理验收合格签字后,施工单位才能进入下道工序施工;验收不合格,监理在验收单上写明整改要求;施工单位必须进行整改或返工;整改或返工完成后,再进行以上自检程序;自检合格后监理工程师一般可在 24 小时内再行复验,影响工期由施工单位负责。如复验仍未通过,应对责任人进行教育或处罚,施工单位没有自检或无自检记录,监理工程师可拒绝验收。

监理工程师在施工过程中发现问题并提出口头指令,施工单位应及时纠正,如不及时纠正,在验收时发现则必须返工,影响工期由施工单位自负。

为加强对工程质量的预控和工程验收的计划性,施工单位可根据每周进度计划排出相应的专项工程报验计划并报送监理。凡列入计划的验收,监理将优先保证,如遇特殊情况,需要监理在正常工作或非节假日时间内验收,否则必须提前一天通知现场总监,方可安排验收。

施工单位施工中发现不合理、不完善或无法实施的等情况,应以书面形式反映存在的问题及修改意见报送监理和业主,通过正式渠道申请解决办法,需要变更的以设计单位与业主单位的变更执行,否则施工单位应按图纸施工。

③ 竣工预验收和竣工资料审查:

监理负责工程的竣工预验收工作,施工单位应做好预验收的充分准备,并对验收中暴露的质量问题,及时完成整改。

工程完成后,施工单位要提交完整的竣工资料,主要包括:施工总结、竣工报告、竣工图、各类中间试验及交接记录,设备试运行记录,系统冲洗、调试及联动试验记录,各分项、分部工程质量评定资料等,所有竣工资料应经监理确认。

(4)监理工作流程图见图 3.25。

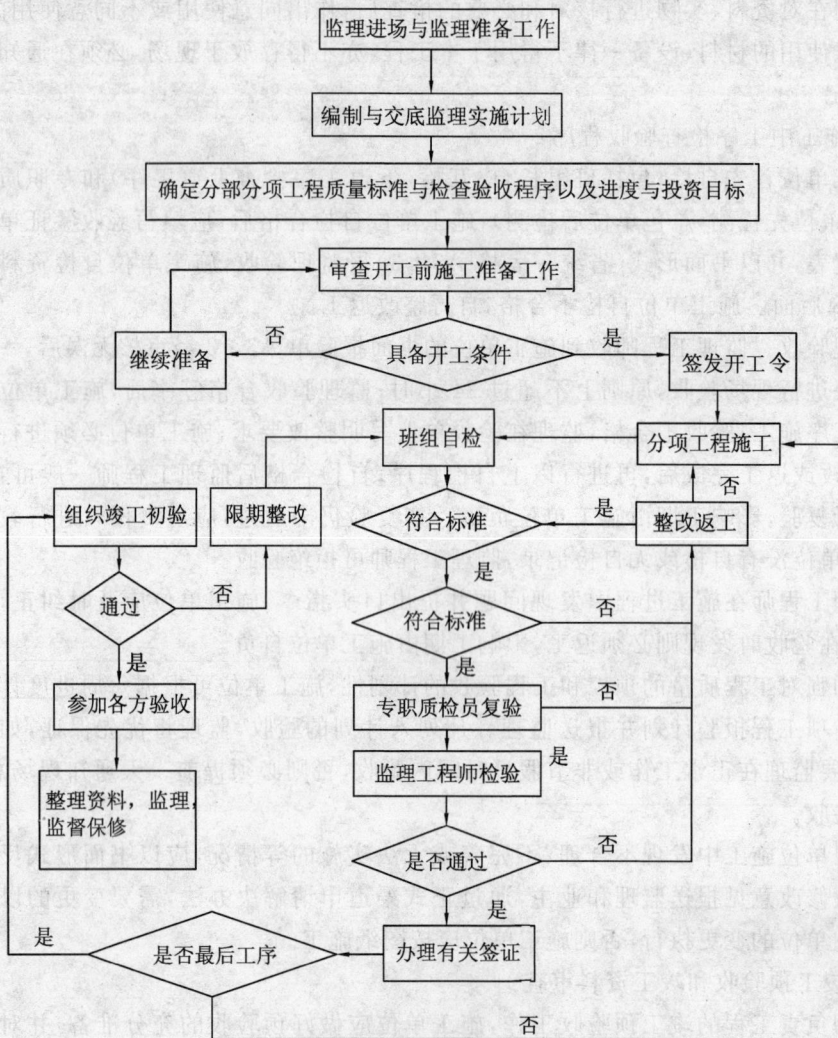

图 3.25 监理工作流程图

三、机械设备工程的监理控制要点和目标值

1. 监理依据

(1) 设备安装工程施工及验收规范(工程建设规范汇编 9);

(2) 江苏省建筑安装工程施工技术操作规程:焊接工程(第十七分册)DB32/309—1999,设备安装工程(第二十分册)DB32/312—1999;

(3) 工程质量检测评定标准(工程建设规范汇编 14);

(4) 安装工程设计图纸;

(5) 工程建设施工合同。

2. 设备安装监理程序

(1) 水泵安装。

本工程有潜水泵、立式离心泵总计达 20 台套,是设备安装工程的关键设备,也是监理质量控制的重点。

水泵基础的尺寸、位置、标高要符合设计要求,严格按施工规范验收,水泵基础标高还要与进出水预埋套管进行复核。

设备开箱检查,主要检查水泵不应有缺件、损坏和锈蚀,管口保护物和堵盖应完好;盘车应灵活,无阻滞、卡住现象,无异常声音。

泵的找平应符合下列要求:立式泵的纵横向不水平度不应超过 0.1/1000;测量时应以加工面为基准。小型整体安装的泵,不应有明显的偏斜。

泵的找正应符合下列要求:

① 如果选用的泵、电机在泵出厂时就连接好,技术规定没有清洗要求,此类泵直接安装。

② 如果泵与电机是拆开,需现场安装,主动轴与从动轴用联轴节连接,轴端的间隙、连接的同轴度是监理控制的关键。一般根据资料规定的参数安装验收,如设备技术文件无规定时,应符合设备安装规范中的《通用规定》验收,并签验收单验收。

③ 原动机与泵连接前,应先单独试验原动机的转向,确认无误后再连接。

④ 主动轴与从动轴找正连接后,应盘车检查是否灵活。

⑤ 泵与管路连接后,一般会造成同轴度偏差增加,应复核校正情况,如由于与管路连接而不正常时,应及时调整管路。

⑥ 管路与泵连接后,不应再在其上进行焊接和气割。如需焊接或气割时,应拆下管路或采取必要的措施,以防止焊渣进泵内和损坏泵的零件。

⑦ 相互连接的法兰端面或螺纹轴心线应平行、对中,不应借法兰螺栓或管接头强行连接。

⑧ 水泵试运行后,因管路阀门法兰各连接处,特别是松套节处由于水泵工作吸水端没有压力,而出水端压力很大,特别是卧式泵会造成水泵产生位移,电机与泵同轴度达不到要求(一般都超过规范)所以必须进行最终找正复验,调整位移,这是经验总结。

泵在试运转前作一次仔细检查,原动机转向应符合泵的转向、泵及电机的地脚螺栓不应松动;各部位润滑油要符合设备技术要求;安全保护装置应灵敏可靠;泵启动前,泵的出入口阀门应处于下列开启位置:入口阀门全开;出口阀门、离心泵全闭;其余泵全开(混流泵真空引水时,出口阀全闭)。

泵的试运转应在各独立的附属系统试运转正常后进行,泵的启动和停止应按设备技术文件的规定进行。

泵在设计负荷下连续运转不应少于 2 小时,并应符合以下要求:附属设备运转正常,压力、流量、温度和其他要求应符合设备技术文件的规定;运转中不应有不正常的声音;各静密封部位不应泄漏;各紧固件部位不应松动;滚动轴承的温度不应高于 75℃;滑动轴承的温度不应高于 70℃;特殊轴承的温度应符合设备技术文件的规定;原动机的功率或电动机的电流不应超过额定值;泵的安全,保护装置应灵敏可靠;振动应符合设备技术文件的规定。其他特殊要求应符合设备技术文件的规定。

试运转符合要求后,监理工程师在单机试运转验收单签字验收。

联动试运转可分手动、自动,要分别试验。手动是在各个单体控制柜操作,自动是在集控室集中控制。此项工作承包商应报一个详细的调试方案，一步步来实施。联动试运转合格，监理工程师签字验收。

(2) 电动葫芦安装。

① 电动葫芦安装：电动葫芦开箱检查，要设备供货商提供产品合格证，复核性能参数；检查电动葫芦车轮的凸缘内侧与工字钢轨道翼缘间的间隙应为 3～5 mm；进行电动葫芦额定负荷试验时，检查制动时间内的下滑距离应符合下式要求：

$$s \leqslant v/100$$

式中：s 为下滑距离，m；v 为起升速度，m/min。

② 起重机应分别进行无负荷、静负荷和动负荷试运转。此项工作要有当地劳动局专职测试机构测试，测试合格，取得使用合格证后才能使用。

试运转前应切断全部电源，进行连接部位紧固检查，钢丝绳绳端固定牢固检查，电气绝缘电阻，接线是否正确检查等。

无负荷试运转：操纵机构操作的方向应与起重机各机构的运动方向一致；分别开动各机构的电动机，各机构应正常运转，限位开关和其安全保护装置的动作应准确可靠，大、小车运行时不应卡轨运转；吊钩下降到最低位置时卷筒上的钢丝绳不应少于 5 圈；用电缆导电时，收缆和放缆速度应与运行机构的速度相协调。

静负荷试运转：起重机应停在厂房的柱子处，应逐渐增加负荷作几次起升试验，然后起升额定负荷，在桥架全长上来回运行，卸去负荷；应将小车停在桥架中部或悬臂端，起升 1.25 倍的额定负荷，离地面约 100 mm，停留 10 分钟，然后卸去负荷，将小车开到跨端或支腿处，检查桥架的永久变形；反复三次后，测量主梁和实际上拱度或翘度；将小车停在桥架中部或悬臂端，起升额定负荷测量下挠度。应为 $L/600$（L—跨度）。

动负荷试运转：在 1.1 倍额定负荷下同时启动，起升与运行机构反复运转，累计启动试验时间不应少于 10 分钟，各机构动作应灵敏、平稳、可靠，性能满足便用要求，限位开关和保护连锁装置的作用应可靠准确。

(3) 桥式吸泥机安装。

监理工作流程：熟悉图纸资料 →轨道安装验收→设备到场验收→设备安装验收→设备试运行验收→设备运行竣工验收。

首先要设备供应商提供产品生产许可证、出厂合格证。由于是非标产品，要提交产品验收标准，安装使用说明书、操作维修手册。监理工程师审核。

轨道安装验收，由于吸泥机行程较长，根据吸泥机的跨距(16.8)米，进行跨距测量验收，轨道固定连接验收，水平度高差验收。轨道材料质保书审核。

设备到现场验收，外观检查，主要参数跨距复检(控制部分电气操纵检查验收)。

根据资料，进行设备安装验收，行走轮与轨道两侧间距，吸泥口与预沉池底板距离，排泥管道连接及电气、电缆的安全可靠检查验收。

设备试运行验收：首先检查虹吸能否成功，需多少时间，运行是否同步、平稳(一般较难同步，会造成磨损钢轨及滚轮)，根据设计的不同的工况(如全程吸泥)，进全行程或退 1/2 行程；检查自动控制效果，检查两端限位开关灵敏度，安全可靠性(按自动，手动工况分别检查)。

根据吸泥机自动、手动所有操作进行正式运行。预沉池开始进混水后进行正式运行,要求进行 24～72 小时连续运行考核,达到要求签联动试车合格证书,可以竣工交付使用。

(4) 鼓风机、空压机、多级离心风机安装。

① 空压机风机开箱要组织检查,并应符合下列要求:根据设备装箱清单核对型号、规格、技术参数是否符合设计要求,资料是否齐全;核对叶轮、机壳和其他部位的主要安装尺寸是否与设计相符(如地脚孔中心距、进排气口法兰孔径和方位及中心距、轴的中心标高等);叶轮旋转方向应符合设备技术文件的规定;进、排气口应有盖板严密遮盖,防止尘土和杂物进入;检查风机外露部分各加工面的防锈情况。

② 鼓风机如果需要清洗,拆卸和装配应符合下列要求:清洗齿轮箱及齿轮;检查转子和机壳内部;清洗润滑系统使其畅通、清洁。

③ 转子与转子间(包括正反两个方向)、转子与机壳间、轮子与墙板间的间隙均应符合设备技术文件的规定。

④ 风机应用成对斜垫铁找平,轴的纵向不水平度不应超过 0.2/1000。

⑤ 空压机,直联机组找平时,纵向用水平仪在轴上测量,不水平度不应超过 0.03/1000;横向用水平仪在机壳中分面上测量,不水平度不应超过 0.1/1000。

⑥ 空压机整体机组安装时,按机组大小选用成对斜垫铁,对转速超过 3000 转/分的机组,各块垫铁之间、垫铁与基础底座之间的接触面积均不应小于接合面的 70%,局部间隙不应大于 0.05 mm,并要办理垫铁验收单,监理工程师签字认可。

⑦ 风机、空压机试运转应分两步进行:第一步机械性能试运转;第二步为设计负荷试运转。

试运转前要检查润滑油的型号、加注管路连接、阀门启闭、地脚螺栓固定、电气仪表等情况,逐一仔细检查,确认没有问题,可以试运转。

⑧ 风机、空压机在额定转速下试运转时,应根据使用上的特点,按设备技术文件确定所需的时间进行。无规定时,一般可按下列规定进行:鼓风机在实际工作压力下,不应少于 4 小时;空压机最小负荷下(即机械运转)不应少于 8 小时,设计负荷下连续运转不应少于 24 小时。试运转时,要详细做好记录,根据设备试运转资料要求,逐项做好记录认真填写(如转速、功率、运转时间、压力、噪音、轴温等)。

(5) 化学药剂加注设备系统的安装。

本工程化学药剂加注设备系统为加氯设备系统。加氯是国外进口的成套设备,安装及验收要根据技术资料要求进行检查验收。而其他加药设备主要是搅拌器,加注泵、储料斗及电控箱等组成。

加药管道进场材料质量检测,连接检查,试压检查验收。管道试压是监理控制的关键工序。加药设备外观检查、性能复核,特别是加注泵的流量、压力必须满足设计要求。检查加药系统计量的正确性、自动的可靠性、使用的安全性。根据技术文件逐一检查验收。

加氯的控制应与漏氯检测仪联动,监理工程师检查验收。

(6) 设备安装监理验收表格目录:

① 开工报告;② 图纸会审记录;③ 工程质量安全技术交底记录;④ 设备选型报审表;⑤ 设备开箱记录;⑥ 设备移交清单;⑦ 设备基础验收记录;⑧ 设备安装垫铁隐蔽工

程记录;⑨ 设备拆洗和装配记录;⑩ 设备安装记录;⑪ 单机试运转记录;⑫ 中间交接证书;⑬ 联动试运转记录;⑭ 试车合格证书;⑮ 分项工程质量评定表;⑯ 分部工程质量评定表;⑰ 竣工报告;⑱ 交工验收证书。

四、监理工作的方法和措施

机械设备监理应以工程的安全性为首要任务,必须确保系统设施的安全,其次是保证系统的使用功能与运行可靠性,为此机械设备监理人员应根据工程进展的各个阶段确定质量控制的重点。

水厂机械设备监理一般分为施工、单机调试、联动调试三个阶段。

(1) 机械设备的施工阶段。监理工作的重点是协助业主选用确定合适的机械设备专业工程承包商和对工程进行"三控二管一协调",在注重施工质量控制的同时,抓好进度控制和造价控制,本阶段监理主要应着重以下几方面:

① 据工程项目的设计,协助业主选择好合适的机械设备专业工程承包商。当前,有的承包商只具有某一子项或某几子项的资质和经验,有的仅仅是供货商和代销商,并不能满足工程的全部要求。在审查专业承包商资质证件的同时,还要审查项目负责人的资质证书,必要时对该承包商,该项目负责人的已完项目进行考察,考察的重点是专业承包商的技术实力、质保体系、服务体系。

② 织技术、质量交底。有时当由专业承包商负责深化设计,出施工图时,应要求承包商必须具备相应的设计资格,施工图纸要求内容齐全,手续完备,图纸应有图签和相关人员签名,加盖工程所在地区设计出图专业章;专业工程设计单位应与土建设计单位沟通协调,专业工程设计方案应征得土建设计单位同意。

③ 按图施工,按规范施工。机械设备监理应认真组织有关方面进行图纸会审,审核其施工图和施工预算,将工程可能出现的问题尽可能在工程前期予以解决,避免或较少错漏碰撞的现象,对施工单位提交的施工方案,施工技术措施中存在的问题,要以书面形式提出,并要求施工单位修改后再报,对施工单位的技术保证体系和质量保证体系,要求制度、人员、措施三到位。

④ 严格施工材料、器材、零配件等的审核报验手续,对各种类型的原材料、设备均需认真查验"二证",并进行现场目测和必要的测量测试,严禁不合格品,用于本工程。

⑤ 加强对施工过程各工序的检查验收,特别应注意预留预埋与定位放线等质量控制点的核验。

(2) 单机调试和联动调试阶段,监理人员应共同参与单机调试和联动调试。工作的重点为检查机械设备的性能参数是否符合设计要求和有关技术文件要求或施工验收规范要求;检查系统的可行性和可操作性以及可扩展行和可维护性,在各子系统调试通过的基础上,要特别注意系统调试的集合性。监理在调试验收时,在注重定性指标验收的同时,更要注重定量指标的验收,各重要部分的主要技术参数进行测试,并对数据详细记录。对于起重设备特殊设备应由专职机构测试检查。

(3) 在机械设备安装专业监理过程中,要注意严格控制工程变更,为了对工程造价进行控制,防止机械设备专业系统突破概预算目标,必须从严控制,尽量避免或较少工程变更的次数和范围。对所有工程变更(包括设计变更和业主变更),监理要从技术可行性和经济合理性等方面进行分析,及时提出监理意见供设计或业主参考。

(4) 在机械设备安装专业监理过程中,要注意各专业之间的协调,机械设备专业工程土建专业关系密切。监理要抓好机械设备专业承包商和土建承包商及其他有关单位的协调配合工作,机械设备安装专业承包商,要对土建和其他安装单位的施工的预留孔的规格、位置和数量进行核对。

暖通空调工程监理实施细则

一、工程概况

（1）本工程是某大学教学大楼，由下列三个子单位工程组成。

教学楼 1：建筑面积 23 845 m²，总高度 30.9 m。地下一层为车库、通风机房；地上部分根据层数不同分为东部、中部、西部三部分，其中，东部 4 层、中部 8 层（局部 9 层为电梯机房）、西部 6 层（其功能主要为教室）。教学楼部分有窗井的地下室采用自然排烟，无窗井的地下室采用机械排烟系统；地上部分均不设空调系统；仅 11—17 层设有排风系统。

教学楼 2：建筑面积 11 159 m²，建筑物共 12 层，总高度为 46.2 m。空调水系统为变流量系统，风机盘管及空气处理机组设恒温器和电动二通阀，根据室温来控制水流量。水系统主管为同程式，所有房间采用风机盘管加新风系统。空调系统冷热源由楼顶的三台热泵机组集中供给；空调冷热媒的设定参数为：冬季供回水温度为 40～45℃，夏季供回水温度为 7～12℃。夏季空调设计冷负荷为 1 604 kW，冬季空调设计热负荷为 1 005 kW，空调建筑平均冷指标为 145 kW/m²，空调建筑平均热负荷指标为 90 W/m²，单机制冷量为 629 kW，制热量 548 kW，机组输入功率 165 kW。

教学楼 3：建筑面积约为 1 600m²，仅报告厅设中央空调系统，建筑物共两层，总高度为 13.5 m，空调系统为全空气低风速系统，分层设置独立系统。空调冷热源由布置在屋顶的两台风冷冷（热）风机组供给，该机组单机性能为：制冷量 138.4 kW，制热量 152.4 kW，机组输入功率 58.4 kW。每台机组配置 2×15 kW 的电辅助加热器。

空调室内风管采用外贴夹筋铝箔的复合玻纤板制作；空调室外风管及排风风管采用镀锌钢板，并以离心玻璃棉板保温，保温厚度为 30 mm，保温层外应做防潮层再覆以铝箔玻璃钢保护层。

水系统的水管材料当 $DN \leqslant 100$ mm 时，采用镀锌钢管丝接；当 $DN > 100$ mm 时，采用无缝钢管焊接；水管系统中的供回水管及凝结水管应设一定的坡度，以便系统的排水和排气，供回水管坡度 $i = 0.003$；凝结水管坡度 $i \geqslant 1\%$。冷热水供回水管、空调冷凝水管、阀门及其他配件，均须以憎水型离心玻璃棉管壳进行保温，保温厚度：$DN \leqslant 50$ mm 时，厚度 50 mm；$DN > 50$ mm 时，厚度为 60 mm。冷凝水管保温厚度 30 mm。保温层外做防水层，再覆以铝箔玻璃钢保护层。

工程质量要求：合格。

建设工期要求：根据招标文件和建设单位要求，总工期为 270 日历天。

（2）空调主要内容：

① 空调方式：教学楼 3 的报告厅等大空间场所采用空调机组加全空气低速风道送

风、回风系统；教学楼 2 的办公室、会议室、化验室、教室等采用风机盘管加新风的空气—水系统。

② 气流组织形式：全空气系统采用顶部线型散流器送风，顶部集中回风；空气—水系统采用侧送风、下回风。

③ 工程特点：本工程内部设施完备，功能较齐全，安装工程量大，项目、内容多，工艺要求复杂，技术要求较高。本工程图纸设计深度不够，要求施工中根据本工程工艺要求，对设计意图、施工方案进行细化。

④ 通风换气及排风系统概况：所有开水间换气为竖向系统，排气装置为竖向管井；每个卫生间设卫生间通风器一台，由管道引至排风管井中。

⑤ 地下室送、排风系统及排烟系统：本教学楼 1 部分地下室为自行车库，教学楼 2 的地下室为设备用房，分别为变配电房、水泵房、风机房、强（弱）电小间等，分别设独立的机械通风、排烟系统，排风与排烟为合用系统，所有排烟口均受烟感控制，并与送排风机联锁。

二、监理依据

(1)《暖通空调规范》，中国建筑工业出版社，1996 年；

(2)《江苏省建筑安装工程施工技术操作规程》（第十三分册、第十五分册、第十九分册、第二十分册），中国建筑工业出版社，1999 年；

(3)《采暖与卫生工程施工及验收规范》（GBJ 242—82），中国建筑工业出版社，1982 年；

(4)《通风与空调工程施工及验收规范》（GB 50243—97），中国计划出版社，1998 年。

三、监理工作内容

由于形成最终的工程实体质量是一个系统过程，所以施工阶段的质量控制，也是一个由对投入原材料的质量控制开始直到完工的质量检测为全过程的系统过程。另外，工程施工又是一种物质生产活动，所以质量控制的范围，也就应包括影响工程质量的五个主要方面：人、材料、机械、方法和环境。根据工程实体形成的时间阶段，质量控制又分为质量的事前控制、事中控制和事后控制。其中，工作的重点应是质量的事前控制，当然，质量的事中、事后控制也是必不可少的。

1. 质量的事前控制

(1) 监理的技术依据：

① 通风、空调设计图纸及设计说明（要能全面理解设计意图，吃透图纸的意思）；

② 建筑安装工程质量检测评定标准及验收规范；

③ 通风、空调的图纸会审纪要；

④ 按照相应的质量指标及验收标准对主要材料进行监理。

(2) 工程所需原材料、半成品的质量控制：

① 审核通风、空调所用材料,半成品的出厂证明,技术合格证或质量保证书。如制作风管用的镀锌板材厚度应符合表 3.84 的规定。

表 3.84 镀锌板材厚度

风管直径或长边尺寸/mm	矩形风管	
	中压低压系统/mm	高压系统/mm
80~320	0.5	0.8
340~450	0.6	0.8
480~630	0.6	0.8
670~1 000	0.8	0.8
1 120~1 250	1.0	1.0
1 320~2 000	1.0	1.2

注:排烟系统风管钢板厚度可按高压系统的标准执行。

风管的强度及严密性要求应符合设计规定与风管系统的要求。不同系统的风管应符合相应的密封要求,各系统风管单位面积允许漏风量应符合表 3.85 的规定。

表 3.85 风管单位面积允许漏风量

$m^3/(h \cdot m^2)$

工作压力	低压系统	中压系统	高压系统
100	2.11	—	—
200	3.31	—	—
300	4.30	—	—
400	5.19	—	—
500	6.00	2.00	—
600		2.25	—
800	—	2.71	

② 通风、空调所用风口、风阀、防火阀、消声器等零配件需审查样品后才能订货(样品需满足表 3.86 和表 3.87 的要求)。

表 3.86 矩形风口尺寸允许偏差

mm

边长	<300	300~800	>800
允许偏差	0~1	0~2	0~3
对角线长度	<300	300~500	>500
两对角线之差	≤1	≤2	≤3

表 3.87　风口平面允许偏差

表面积/m²	<0.1	0.1~0.3	0.3~0.8
平面允许偏差/mm	1	2	3

多叶调节阀的叶片间距应均匀,关闭时应相互贴合,搭接应一致。大截面的多叶的调节风阀应提高叶片与轴的刚度,并宜实施分组调节。

电动与气动调节阀的执行机构及连动装置的动作应可靠,其调节范围及指示角度应与阀板开启角度相一致。

保温调节风阀的连杆,设置在阀体外侧时,应加设防护罩。

特殊风阀(防火调节阀及排烟阀)的制作应符合下列规定:失火时框架(外壳)、叶片应能防止变形失效,其板材厚度不应小于 2 mm;易熔件应为消防部门认可的标准产品,其熔点温度应符合设计规定。采用双金属片作为执行传感器元件时,其动作温度示应符合设计规定。内置易熔件的阀门,应设便于换易熔件的检查口;风管止回阀在设计风速下应能灵活开启和关闭,关闭时应严密。阀门动作应可靠,关闭时应严密,其允许漏风量分别应符合表 3.88。

表 3.88　防火、排烟阀允许漏风量

阀门类型	两端压差/Pa	允许漏风量/m³/(h·m²)
防火阀	300	≤700
排烟阀	300	≤700
板式排烟口	250	≤150

消声器所选用的材料,应符合设计规定的防火防腐防潮和卫生的要求;消声器的框架应牢固,壳体不得漏风。消声器内共振腔的分隔应符合设计要求,隔板与壁板结合处应紧贴;消声器的孔板应平整,无毛刺,其孔径和孔的排列应符合设计要求;消声器充填的消声材料,应按规定的容重均匀铺放,并应有防止下沉的措施;消声材料的覆面层不得有破损,搭接时应顺气流,且界面不得为毛边;消声器内直接迎风面的布质覆面应有保护措施;消声弯管的平面边长大于 800 mm,应加设导流吸声片。导流吸声片表面应平滑、圆均匀,与弯管连接应紧密牢固,不得有松动现象;消声百叶窗框架应牢固,叶片的片距应均匀,吸声面的方向应符合设计要求。

③ 风管制作要求:当矩形风管边长大于或等于 630 mm 和保温风管边长大于或等于 800 mm,且其管段长度大于 1 200 mm 时,均应采取加固措施。矩形法兰两对角线之差不应大于 3 mm;风管与法兰连接采用翻边时,翻边应平整、宽度应一致,且不应小于 6 mm,并不得有开裂与孔洞。镀锌钢板及含有保护层的钢板,应采用咬接或铆接,风管法兰规格应符合表 3.89。

表 3.89　风管法兰规格

风管长边尺寸/mm	法兰用料规格(角钢)
≤630	25×3
670~1 250	30×4
1 320~2 500	40×4

法兰螺栓及铆钉的间距,低压和中压系统风管应小于或等于 150 mm;高压系统风管应小于或等于 100 mm。矩形法兰的四角处应设螺孔。风管与角钢法兰的连接,管壁厚度小于或等于 1.5 mm 时,可采用翻边铆接,铆接应牢固。

新型风管和配件的制作,所用的合成树脂、玻纤布及填充料,应根据设计要求选用,合成树脂中填充料的含量应符合新型风管制作技术文件的要求;新型风管中玻纤布的含量与规格应符合设计要求,玻纤布应干燥、清洁,不得含蜡。玻纤布的铺置接缝应错开,不应有重叠现象;新型风管和配件的壁厚,应符合表 3.90 的规定;法兰与风管或配件应成一整体,并与风管轴线呈直角,法兰与矩形法兰两对角线的允许偏差应符合表 3.91 的规定。

表 3.90　新型风管与配件的壁厚

mm

矩形风管长边尺寸	壁厚
≤200	2.0～2.5
250～400	2.5～3.2
420～630	3.2～4.0
670～1 000	4.0～4.8
1 060～2 000	4.8～6.2

表 3.91　法兰材料规格

mm

矩形风管长边尺寸	法兰规格(宽×厚)	螺栓规格
≤400	30×4	M8×25
420～1 000	40×6	M8×30
1 060～2 000	50×8	M10×35

风管加固要求与镀锌风管加固要求相同。卫生间排气用的砖、混凝土风道内表面应平整、无裂纹,并不得渗水。

④ 材料进场后还需进行抽样或试验,经监理工程师签字认可后才能使用。

对空调主机等重点设备及其所采用的材料、辅助设备应事先进行考察并进行技术经济分析后再确定,所有设备在安装前按相应技术说明书的要求进行质量检查。

(3) 施工机械的质量控制:施工中使用的电焊机、气割工具、咬口机等直接危及安全质量的施工机械,不符合要求的不得在工程中采用。

(4) 审查施工单位提交的施工组织设计或施工方案:对无具体,可靠技术和组织措施的方案,坚决不许执行;施工组织设计方案必须由监理工程师认可后才能执行。

(5) 改善生产环境、管理环境的措施:

① 协助施工单位完善质量保证工作体系;

② 审核施工单位关于材料、样品试件取样及试验的方法或方案;

③ 审核施工单位制订的成品保护措施和方法;

④ 完善质量报表、质量事故的报告制度等。

2. 质量的事中控制

（1）工序交接检查：

坚持上道工序不经检查验收不准进行下道工序的原则；上道工序完成后先由施工单位自检，专职检，认为合格后通知现场监理工程帅或其代表到现场会同检测，检测合格后签字认可才能进行下道工序。

（2）隐蔽工程检查验收：隐蔽工程完成后，先由施工单位自检，专职检，初检合格后填报隐蔽工程验收通知单，报告现场监理工程师检查验收。

① 风管及部件安装规定：风管及部件穿墙、过楼板或屋面时，应设预留孔洞，尺寸和位置应符合设计要求；风管和空气处理室内，不得敷设电线、电缆以及输送有毒、易燃、易爆气体或液体的管道；风管与配件可拆卸的接口及调节机构，不得装设在墙或楼板内；风管及部件安装前，应清除内外杂物及污物，并保持清洁；风管及部件安装完毕后，应按系统压力等级进行严密性检测，漏风量应符合本细则的具体规定。

② 低压系统的严密性检测宜采用抽检，抽检率为 5％，且抽检不得少于一个系统。在加工工艺及安装操作质量得到保证的前提下，采用漏光法检测。漏光法检测不合格时，应按规定的抽检率，作漏风理测试。

③ 中压系统的严密性检测，应在严格的漏光检测合格条件下，对系统风管漏风量测试实行抽检，抽检率为 20％，且抽检不得少于一个系统。

④ 高压系统应全数进行漏风量测试。

系统风管漏风量测试被抽检系统全数合格。如有不合格时，应加倍抽检直到全数合格。

（3）工程变更的处理：当施工单位书面提出工程变更书后，经专业监理工程师审核并征求业主意见后反馈施工单位。

（4）工程质量事故处理过程如下：先查明质量事故原因，再进行事故责任的分析；督促质量事故整改措施和方案编制；批准处理工程质量事故的技术措施或方案；处理措施效果的复查。

（5）监理工程师有权在以下情况下指令施工单位立即停工：

① 未经检测即进行下一道工序作业者；

② 工程质量下降经指出后，未采取有效措施，或采取了一定措施，而效果不好，继续作业者；

③ 擅自采用未经认可批准的材料；

④ 擅自变更设计图纸的要求；

⑤ 擅自将工程转包；

⑥ 擅自让未经同意的分包单位进场作业者；

⑦ 没有可靠的质保措施进行施工，已出现质量下降征兆者。

➡ 多用途码头水工工程监理实施细则

某多用途码头水工工程造价 4 亿元人民币（暂估），工程规模包括：水工码头 1 320 m，4 个多用途泊位以停靠大型集装箱船为主，兼做重大件、杂货码头，为高桩梁板结构。

一、监理工作目标

略。

二、监理工作依据

(1) 依法签订的监理合同及施工合同；
(2) 本合同约定的其他文件；
(3) 工程设计文件；
(4) 国家、交通部及有关部委颁布的工程技术规范、标准和规程；
(5) 交通部及有关部门的规章；
(6) 国家有关工程建设及工程监理的法律、法规和政策；
(7) 国务院颁布的《建设工程质量管理条例》；
(8)《建设工程监理规范》(GB 50319—2000)；
(9) 交通部《水运工程施工监理规范》(JTJ 216—2000)；
(10) 建设部 2001 年第 86 号令《建设工程监理范围和规范标准规定》；

三、监理机构组织

监理机构组成见图 3.26。

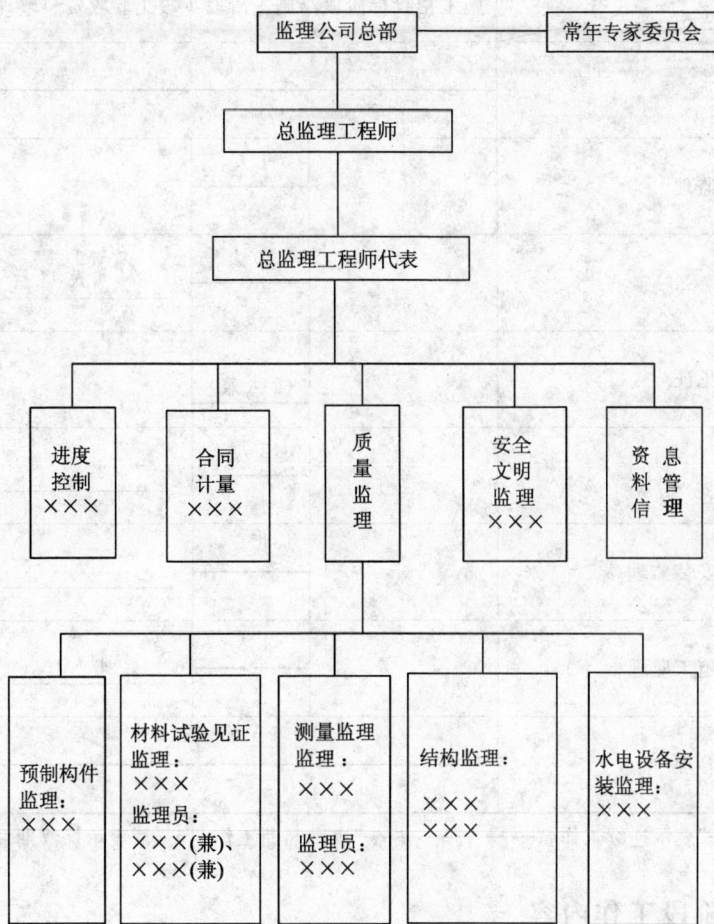

图 3.26 监理机构的组成

项目组人员名单及分工:略。

人员进场计划安排见表 3.92。

表 3.92 人员进场计划

序号	工程阶段 / 专业人员	施工招投标阶段	施工阶段	竣工验收资料整理	保修期
1	总监理工程师		1人		……
2	总监理工程师代表		1人		
3	进度控制		1人(兼)		

序号	工程阶段 专业人员	施工招投标阶段	施工阶段	竣工验收资料整理	保修期
4	合同计量	1人			······
5	预制构件监理		1人		
6	结构监理		10人	4人	······
7	材料试验见证		3人 （2人兼）		
8	测量监理		2人	2人	······
9	水电设备安装监理		1人	1人	······
10	安全文明施工监理		1人	1人	
11	信息资料管理	1人			

说明："——"表示连续工作；"—————————"表示间断工作；"······"表示保修期回访。

四、各阶段工作内容

本工监理工作阶段为程施工招投标阶段、施工阶段、缺陷责任期。

1. 施工招投标阶段

（1）投资控制：

① 协助业主审核和施工图预算；② 协助业主审核招标文件和合同文件中有关投资的条款；③ 协助业主审核、分析各投标单位的投标报价；④ 参与评标及合同谈判。

（2）进度控制：

① 协助业主编制施工总进度规划，并在招标文件中明确工期总目标；② 协助业主审核招标文件和合同文件中有关进度的条款；③ 协助业主审核、分析各投标单位的进度计划；④ 参与评标及合同谈判。

（3）合同管理：

① 协助业主合理划分子项目，明确各子项目的范围；② 协助业主确定项目的合同文本；③ 协助业主拟定各子项目的发包方式；④ 协助业主拟定甲供材料、设备的采购合同文本；⑤ 参与合同谈判工作。

（4）信息管理：

① 协助业主拟定各类招标文件；② 协助业主收集、分类与存档各种招投标过程中信息。

（5）组织与协调：

① 协助业主组织对投标单位的资格预审；② 协助业主组织发放招标文件,组织投标答疑；③ 协助业主组织对投标文件的预审和评标；④ 协助业主组织、协调参与招投标工作的各单位之间的关系；⑤ 协助业主组织各评标会议；⑥ 协助业主向政府主管部门办理各项审批事项；⑦ 参与合同谈判。

2. 施工阶段

（1）协助业主审查投标人项目经理资格；

（2）负责对分包单位资质及其项目经理资格的审查,提出审查意见；

（3）审批投标人提交的开工报告；

（4）审批施工组织设计、技术方案、进度计划；

（5）下达开工令；

（6）审查投标人的材料、设备采购清单（含甲供材料进料计划）；

（7）检查投标人材料、构件、设备的规格和质量（含甲供材料）；

（8）审查和处理工程设计变更（须报甲方同意）；

（9）督促履行承包合同,协调合同条款的变更（须报甲方同意）,调解合同双方的争议；

（10）主持召开每周的工地例会和工程专题会；

（11）动态控制工程进度、工程质量及工程投资；

（12）验收隐蔽工程、分部分项工程；

（13）签署工程款支付证书,受理工程索赔申请；

（14）督促中标人整理合同文件和施工技术档案资料,确保档案及图纸资料与工程实物同步；

（15）审核中标人的竣工资料；

（16）组织工程竣工初验、预验收,提出工程质量评估报告；

（17）组织中间交工验收、协助甲方组织竣工验收；

（18）审核工程竣工结算；

（19）按要求提交完整的的监理竣工资料（具体以监理合同为准）；

（20）主持或参与工程质量事故的调查。

3. 缺陷责任期

在规定的缺陷责任期内,负责检查工程状况,鉴定质量问题施工责任,督促责任单位修理。

码头的缺陷责任期为本工程交工后三年。甲方将以书面形式向承包方发出授权的通知。

五、监理人员岗位职责

1. 总监理工程师岗位职责

(1) 对监理合同的实施负全面责任,并定期向监理单位报告工作;

(2) 明确监理机构职能分工和监理人员的岗位责任;

(3) 主持编写《监理规划》,审批《监理实施细则》;

(4) 审核承包单位的施工组织设计;

(5) 组织监理工作会议,签发监理机构有关文件,下达有关指令;

(6) 参加招标和评标工作;

(7) 审批承包单位申报的有关申请报告和报审表;

(8) 组织编制并签发监理月报;

(9) 组织审查承包单位的交工申请和交工预验收;

(10) 组织实施工程项目保修期的监理工作;

(11) 组织整理工程竣工监理档案资料,对工程项目的质量、进度和费用控制等进行全面总结,并编写监理工作总结报告。

2. 总监理工程师代表岗位职责

(1) 负责总监理工程师指定或交办的监理工作;

(2) 按总监理工程师的授权,行使总监理工程师的部分职责和权力。

3. 专业监理工程师岗位职责

(1) 编制《监理实施细则》;

(2) 组织并指导监理员的工作;

(3) 审核承包单位的施工方案;

(4) 检查承包单位的测量控制网点或测量基线;

(5) 核实工程材料、设备的采购情况,检查进场材料、构配件和设备的质量;

(6) 组织或参加隐蔽工程和分项、分部工程验收;

(7) 检查工程情况,及时发现和处理工程问题;

(8) 进行工程计量;

(9) 检查承包单位的施工资料;

(10) 做好监理日记并定期向总监理工程师提交监理月报和监理工作总结。

4. 监理员岗位职责

(1) 掌握工程施工情况,旁站监察承包单位施工;

(2) 记录工程进度的详细情况及有关情况;

(3) 及时发现和纠正施工中出现的问题;

(4) 做好详细准确的监理日记,及时向专业监理工程师汇报现场的异常情况。

六、 本工程监理巡视制度、监理旁站部位以及相应的检查方法

公司派驻现场的监理对工地现场施工全过程进行定期或不定期的监督、观察和抽检活动。

本工程旁站部位及检查方法如下：

（1）对材料、预制桩及构件中的预应力钢筋品种、规格、型号等监理取样见证人必须亲自参与全过程取样送检；

（2）对预制桩等构件监理必须到预制厂参与测定油泵、锚夹具的性能和质量，并作好旁站记录，每根预应力筋张拉必须符合施工规范的要求；

（3）现场沉桩，做好沉桩旁站记录并严格控制桩位和沉桩标高，达到设计和施工规范的标准；

（4）现场浇筑砼，现场旁站监理人员必须检查砼所用原材料的质量、配合比、称量系统精度、砼搅拌时间、砼的振捣方式是否符合施工规程（如商品砼，应了解商品砼的搅拌运输的全过程，必要时派人员到搅拌站观察搅制、出料、运输到达工地时间的全过程，并做好旁站记录）。

七、监理工作管理制度

项目监理机构每个成员应严格遵守监理守则和有关制度规定。

1. 监理规划和监理实施细则编写制度

（1）监理规划在工程开工前由项目监理组总监理工程师负责编写，报请公司审定，再正式报送业主认可。

（2）监理实施细则由专业监理工程师根据项目内容及监理规划要求分别负责编写，并经总监理工程师审查认可，报公司备案。

（3）监理规划和监理实施细则可参照《监理技术文件编制指导书》编写。

2. 会议制度

（1）每月由总监负责召开一次监理工作内部会议，研究总结当月监理工作情况，布置下月监理工作要求。

（2）总监可根据工作具体情况，召开监理专题会议，研究施工上发生的有关重大问题。

3. 对外行文审批、签发制度

（1）各专业监理需发送监理备忘录、监理整改通知单等，应经总监审核、签字，方为有效。

（2）凡对外行文签发通知、函件，均应在发文簿上登记，并经收件单位有关人员签收。

（3）对外发送或签收的来往函件，有专人登记保管。

4. 监理日记、监理月报和检查验收记录制度

(1) 各专业监理工程师须按规定要求每天记好监理工作日记和现场施工的检查验收记录。

(2) 总监理工程师应对各专业监理工程师所记日记和检查验收记录进行审查,并对有关问题提出处理意见。

(3) 监理工程师根据当月的监理工作情况及各专业监理在日记或记录中所反映的问题,编写监理月报,经由总监审核签字后向业主、公司及有关部门报告。

5. 工作汇报制度

(1) 各专业监理对现场施工的检查验收情况,除每天记好日记和记录外,对有关重要问题或发生紧急情况,应及时向总监汇报。

(2) 总监对现场施工发生的重大问题或紧急情况,除根据具体情况进行必要处理外,必须向业主和公司及时汇报并提出处理意见。

6. 值班制度

(1) 总监应根据工程施工具体情况和要求,指定安排值班监理,日夜三班制作业或节假日施工,项目监理机构均有值班人员跟班进行检查验收工作。

(2) 监理机构值班人员必须遵守值班制度,按规定要求写好值班日记和检查验收记录。

(3) 值班期间如发生重大问题,应及时向总监及有关部门汇报。总监应及时提出处理、解决问题的意见和方法,必要时应至现场了解情况,研究处理有关问题。

7. 受检制度

(1) 项目监理机构应定期接受公司的例行检查,且主动积极地给予配合。

(2) 例行检查,按四阶段进行:① 该项目正式开工前,开工准备工作就绪后;② 基础工程完工后,相关资料按规定及要求准备就绪后,质监站核验前;③ 主体结构封顶后,相关资料按规定及要求准备就绪后,质监站核验前;④ 该项目竣工验收前,相关资料按规定及要求准备就绪后,质监站核验前。

(3) 总监负责且落实上述工作,同时事先通知公司共同确定检查的时间。

(4) 总监负责对上述检查后提出的问题进行整改,整改完成后通知公司,公司视情况进行检查确认。

8. 监理资料管理制度

(1) 总监根据内部分工情况,指定专人集中管理和按专业性质分别负责对各项监理资料进行整理、保管工作。

(2) 监理人员对监理资料,应认真检查资料内容、格式、日期、签字盖章等是否符合规定要求。

(3) 各专业监理需经常检查、督促承包单位应按规定程序、时间提交当月工程质量保证资料。

(4) 工程竣工验收后,监理机构应按合同约定向业主提交相关监理资料,向公司送交项目监理归档资料。

八、监理工作程序及流程

监理工作程序包括如下 10 个工作流程:
① 施工阶段监理工作程序;
② 施工阶段造价控制工作流程;
③ 施工阶段进度控制工作流程;
④ 施工阶段质量控制工作流程;
⑤ 施工阶段安全文明施工控制工作流程;
⑥ 隐蔽工程检测流程;
⑦ 工程款付签流程;
⑧ 材质核验流程;
⑨ 技术核定工作流程;
⑩ 竣工验收流程。
各工作流程的具体方案见图 3.27～图 3.36 所示。

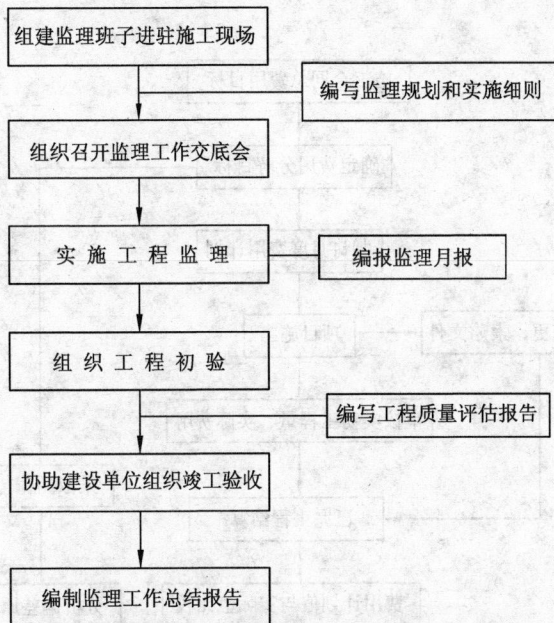

图 3.27 施工阶段的监理程序

分部分项工程完工后

承包单位自检

填写（工程报验单）

承包单位整改

监理工程师质量检查

监理签署（工程报验单）

进行下一道工序

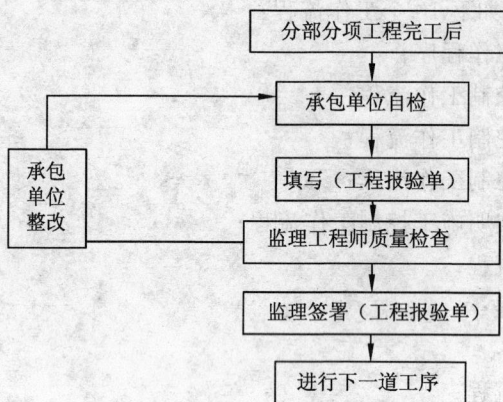

图 3.28　施工阶段质量控制工作流程

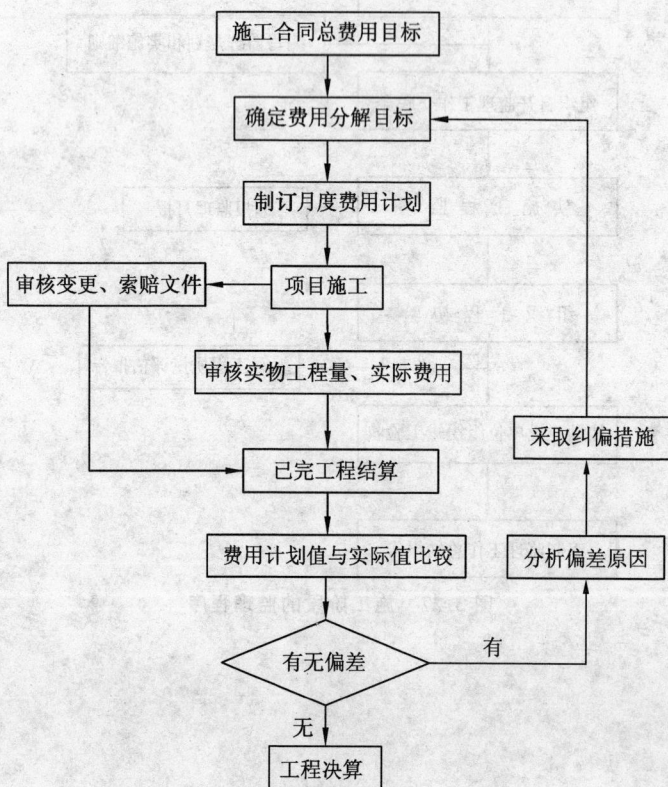

施工合同总费用目标

确定费用分解目标

制订月度费用计划

审核变更、索赔文件 ← 项目施工

审核实物工程量、实际费用

采取纠偏措施

已完工程结算

费用计划值与实际值比较

分析偏差原因

有无偏差

有

无

工程决算

图 3.29　施工阶段造价控制工作流程

```
┌──────────────────┐         申报      ┌──────────┐
│  总承包单位验收、认可  │ ◄─────────────── │  分包方  │
└──────────────────┘                   └──────────┘
         │  ▲ 否
         ▼  │
┌──────────────────┐
│  监理工程师复验签证  │
└──────────────────┘
         │
         ▼
┌──────────────────┐
│     工程隐蔽      │
└──────────────────┘
```

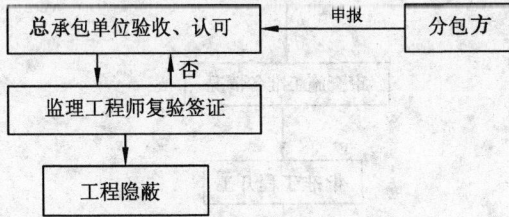

图 3.30　隐蔽工程检测流程

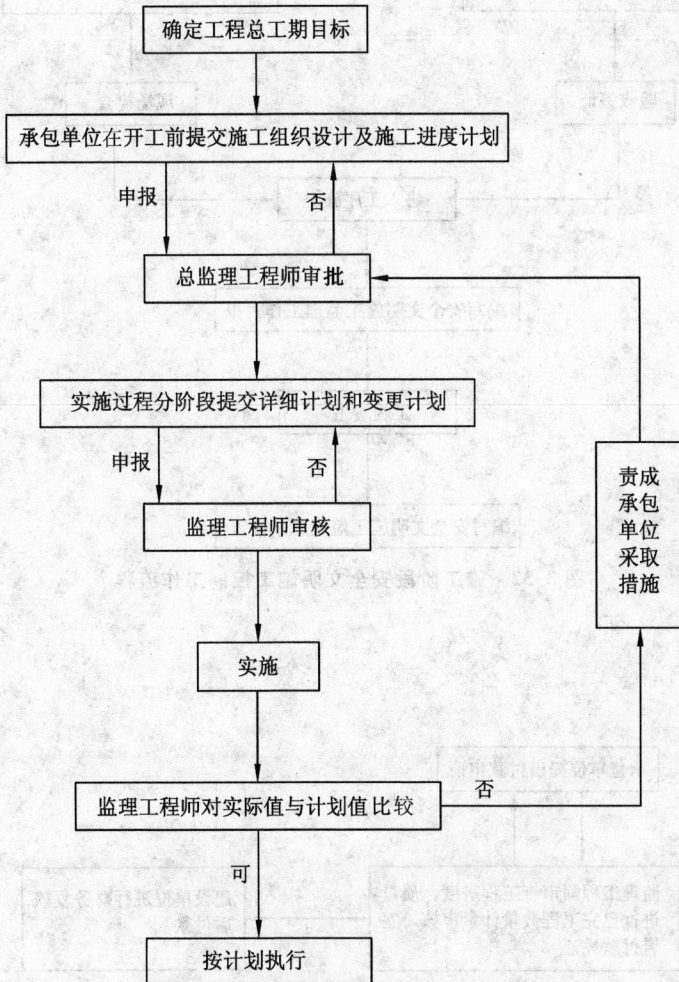

```
              ┌──────────────────┐
              │  确定工程总工期目标  │
              └──────────────────┘
                       │
                       ▼
┌──────────────────────────────────────┐
│  承包单位在开工前提交施工组织设计及施工进度计划  │
└──────────────────────────────────────┘
        │ 申报              ▲ 否
        ▼                   │
      ┌──────────────────┐
      │   总监理工程师审批   │ ◄──────────────────┐
      └──────────────────┘                      │
                 │                               │
                 ▼                               │
┌──────────────────────────────────────┐        │
│   实施过程分阶段提交详细计划和变更计划   │        │
└──────────────────────────────────────┘        │
        │ 申报              ▲ 否                  │
        ▼                   │              ┌──────────┐
      ┌──────────────────┐                 │   责成   │
      │   监理工程师审核    │                 │   承包   │
      └──────────────────┘                 │   单位   │
                 │                          │   采取   │
                 ▼                          │   措施   │
          ┌──────────┐                     └──────────┘
          │   实施    │                          ▲
          └──────────┘                          │
                 │                               │
                 ▼                               │
┌──────────────────────────────┐    否          │
│   监理工程师对实际值与计划值比较   │ ──────────────┘
└──────────────────────────────┘
                 │ 可
                 ▼
          ┌──────────────┐
          │   按计划执行    │
          └──────────────┘
```

图 3.31　施工阶段进度控制工作流程

```
            填报分项工程开工申请单（承包单位）
                         │
                         ▼
               审查施工准备情况
                         │
                         ▼
                 批准工程开工
                         │
          ┌──────────────┴──────────────┐
          ▼                             ▼
  汇总检查工程中每道工序          贯彻落实安全生产法规和安全
  安全文明措施计划                技术操作规程（承包单位）
          │                             │
          ▼                             ▼
      验收签证                       现场检查
          │                             │
          └──────────────┬──────────────┘
                         ▼
                   进入工序施工
                         │
                         ▼
          编写安全文明施工监理工作月报
                         │
                         ▼
                   工程竣工
                         │
                         ▼
          编写安全文明施工监理总结报告
```

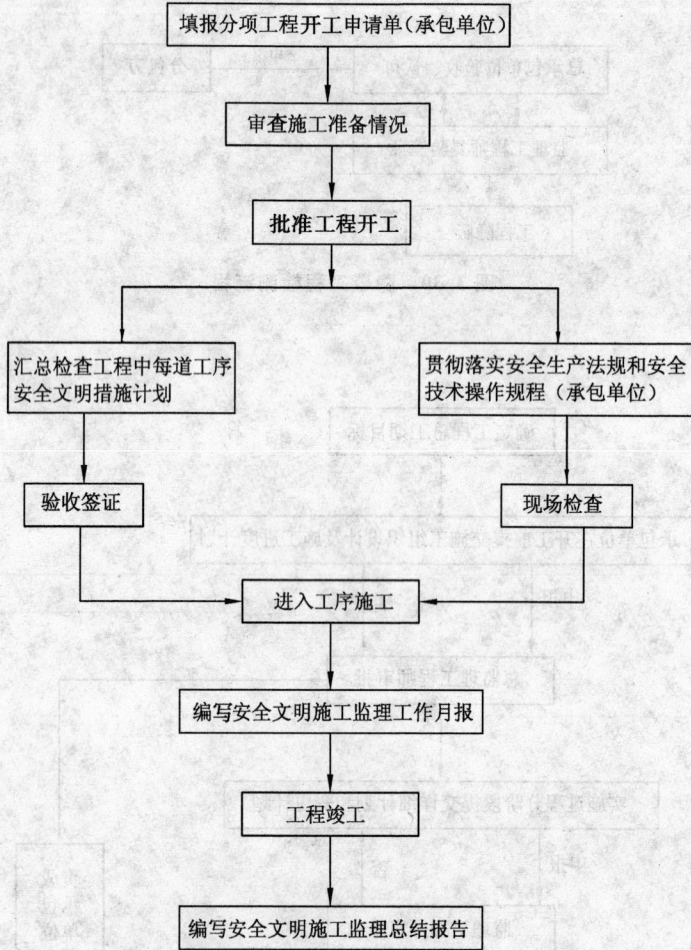

图 3.32　施工阶段安全文明施工控制工作流程

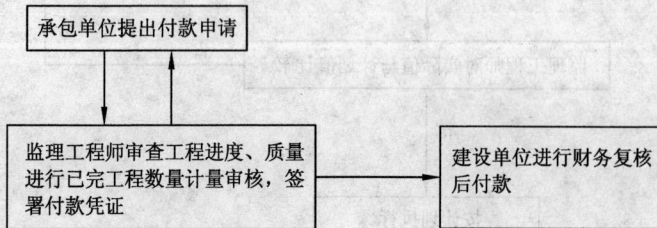

```
            承包单位提出付款申请
               │          ▲
               ▼          │
  监理工程师审查工程进度、质量          建设单位进行财务复核
  进行已完工程数量计量审核，签  ──────  后付款
  署付款凭证
```

图 3.33　工程付款流程

承包单位提出样品和质量资料

监理工程师审查　否

可

承包单位采购

附合格证进场承包单位抽样测试
监理单位按规定抽检

否　对双方数据监理工程师进行核验

可

投入使用

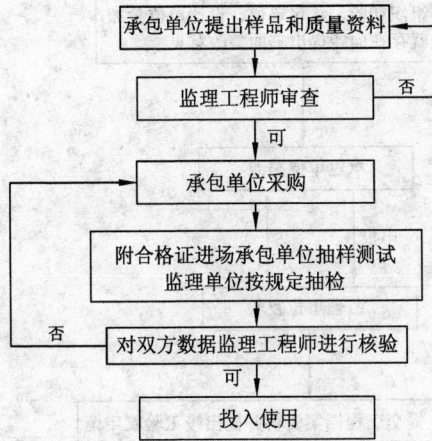

图 3.34　材质核验流程

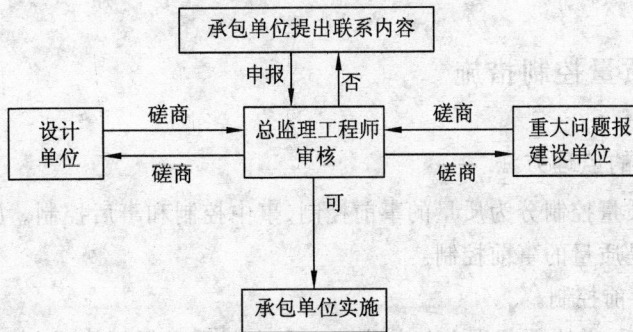

承包单位提出联系内容

申报　否

设计
单位　磋商　总监理工程师
审核　磋商　重大问题报
建设单位

磋商　磋商

可

承包单位实施

图 3.35　技术核定工作流程

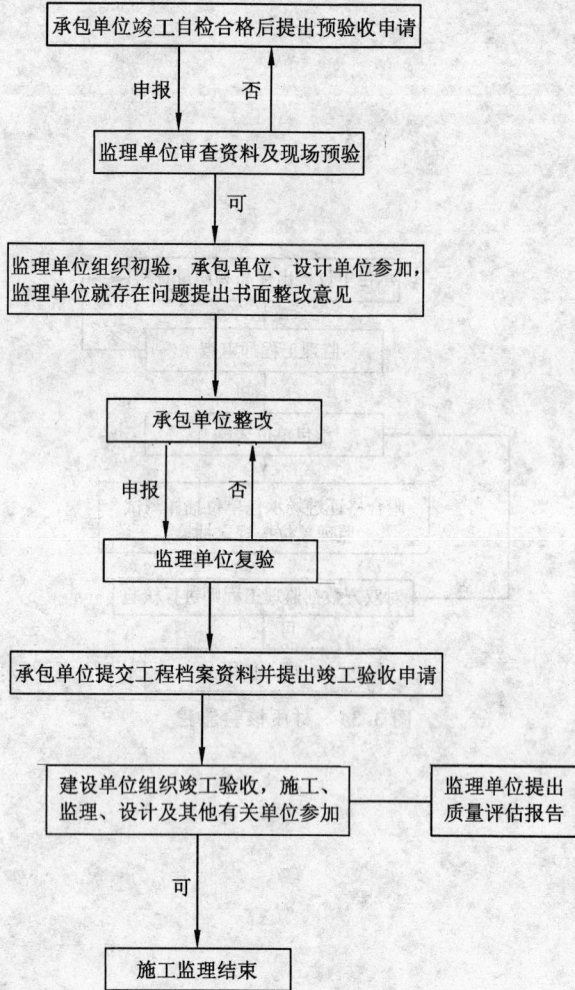

图 3.36　竣工验收流程

九、工程质量控制措施

1. 工程质量的监理方法

施工阶段的质量控制分为质量的事前控制、事中控制和事后控制。施工阶段的质量控制工作的重点是质量的事前控制。

（1）质量的事前控制。

① 监理进场后，首先要督促总包单位建立和完善质量保证体系，审查总包单位的质量管理系统是否完整、有关职能人员的资质，向总包单位提出改进意见，并督促限期改进。

② 参与设计交底工作，发现施工图中的问题，对工程设计和施工提出合理化建议。

③ 掌握和熟悉质量控制的技术依据。监理人员应掌握和熟悉设计图纸和说明书、地质资料、工程质量评定标准及施工验收规范，以设计图纸、设计说明、施工组织设计、专项

施工方案、技术交底及图纸会审等质量控制的技术依据,对工程质量进行监控。

④ 审查施工组织设计及施工方案时,要审查重要工序的冬、雨季及高温天气的施工技术措施,提出改进意见,并在施工时督促落实。

⑤ 督促承包单位完善质量保证体系工作,审核承包单位关于原材料、半成品、设备的质保资料,各种材料试件取样及试验的方法以及成品保护的方法、措施。

⑥ 对现场障碍物的认定和现场定位坐标及高程控制标高的引测和验收。

⑦ 按要求实行自检、监理进行平行检测。

⑧ 检查进场施工设备是否达到施工组织设计规定的性能要求,并对重大设备的安装、拆除方案进行复核,经同意后方准安装。

⑨ 对承包单位在施工过程中可能出现的问题,在例会中预先提出必须注意的技术要点,并督促采取措施。

(2) 质量的事中控制。

① 施工工艺过程质量控制。监理实行巡查、实测实量、旁站、独立平行检测等手段进行监理控制工作。

② 工序交接检查。坚持上道工序未经检查验收不准进行下道工序的原则,上道工序完成后,先由承包单位进行自检、专职检合格后,申报现场监理工程师到现场检测。

③ 隐蔽工程检查验收。隐蔽工程完成后,先由承包单位自检、专职检、初验合格后填报隐蔽工程质量验收报审表,报告现场监理工程师检查验收,并签署意见。

④ 技术核定的处理。承包单位提出技术核定单按处理流程处理。

⑤ 因业主原因提出的变更,当业主要求办理技术核定单时,由总包方负责办理技术核定单。

⑥ 技术核定单必须先经设计单位签章后,由承包单位填写技术核定报审表,报现场监理。

⑦ 工程质量事故处理,包括对质量事故原因、责任的分析、质量事故处理措施的审批,处理效果的检查。

⑧ 行使质量监督权,下达停工命令。为了保证工程质量,出现下述情况之一者,监理工程师在取得业主现场代表同意后有权指令事故单位立即停工整改:

未经检测即进行下一道工序作业者;工程质量下降,经指出后,未采取有效改正措施,或采取了一定措施而效果不好,继续作业者;擅自采用未经认可或批准的材料;擅自变更设计图纸要求者;擅自将工程转包者;擅自让未经同意的分包单位进场作业者;没有可靠的质保措施贸然施工,已出现质量下降征兆者。

⑨ 严格执行单项工程开工报告和复工报告审批制度。凡工程开工及停工后工程复工,均应遵照规定的监理流程实施。

⑩ 质量、技术签证。凡质量、技术问题方面有法律效力的最后签证,只能由项目总监理工程师一人签署。

⑪ 行使质量否决权。凡认定为不合格工程未整改合格的,均不予验收,对工程进度款的支付申请不予签署认可意见。

⑫ 组织现场质量专题协调会。

⑬ 定期向业主报告有关工程质量动态情况。

（3）质量事后控制。

① 分部分项工程完成后,应做好质量的目测、实测工作;发现质量问题,及时发出整改通知单,责成承包单位进行整改。

② 做好竣工验收前的准备工作。

③ 做好资料汇总整理装订工作。

④ 做好收尾和有关竣工资料交接工作。

2．工程质量的监理措施

（1）组织措施。

① 落实监理组内部的质量控制人员,保证各专业的覆盖面,明确各专业的岗位职责,建立信息收集和反馈系统。

② 为项目特聘高层次专家顾问组,遇到疑难可及时提供咨询和帮助。

③ 建立工程质量专题协调机制。

④ 制订项目监理工作制度包括:图纸会审制度、技术交底制度、材料检测制度、隐蔽工程验收制度、工程质量整改制度、设计变更制度、材料代换制度、分部分项工程验收制度、业务学习制度、会议制度等,规范现场管理工作。

（2）技术措施。

① 全面控制影响工程质量的五个主要方面:对参与承包单位人员的质量控制;对工程所用原材料的质量控制;对所用施工机械设备的质量控制;对采用施工方法、检测方法的质量控制;对生产技术环境、劳动环境的质量控制。

② 审核有关技术报告、文件或报表:审核分包单位的技术资质证明文件;审批承包单位提交的施工方案和施工组织设计,确保工程质量有可靠技术措施和施工进度计划,并督促其实施;审核承包单位提交的有关材料、半成品的质量检测报告;审核承包单位提交的反映工序质量动态的统计资料或管理图表;审核设计变更、修改图纸和技术核定书;审核有关工程质量事故处理报告;审核承包单位提交的关于工序交接检查,参加分项分部工程质量验收及竣工初验并督促整改;审核并签署现场有关质量技术签证、文件等。

③ 现场质量监督与检查实行"旁站检查"——项目监理常驻现场,执行质量监督与检查,坚持严格控制、预防为主、跟踪监理、加强验收、严格把关的方法,坚持"工序质量监理确认制"(上道工序未经监理检查、签证认可,不得进行下道工序施工),处理协调好质量、进度、投资三个相互制约目标、实现工程质量目标;必要的抽查试验。

④ 认真编制监理工作规划和监理实施细则,作为监理工作文件,指导监理工作。对每一工序中需要进行控制的重点或关键部位或薄弱环节所设置的控制点,事先分析可能造成质量隐患的原因,针对隐患原因,找出对策,采取措施加以预控。

（3）合同措施:

① 利用合同文件所赋予的权力,督促承包单位严格按图纸和规范完成工程项目。

② 利用合同文件规定可采取的各种手段和措施监督承包单位实施工程。

（4）经济措施:

① 按合同规定的质量要求对承包单位进行项目的检查、计量和签证。

② 根据合同制订奖罚措施,对达不到质量要求的采取相应的处理。

十、关键工程的针对性监理措施

1. 测量工程

（1）搜集工程勘测阶段的测量资料、控制点、地形资料，必要时进行复测，正确建立工程构筑物的点位，开工前，须对勘测数据、资料，认真复验，包括：地形、地物、地貌、现有建筑施工区域内的原有测量控制点（平面系统、高程系统）等。

（2）建立施工控制网点。

控制网点布设时，应充分利用原有勘测阶段的控制点，且要与国家网点和城市网点联测，另外也要考虑工程结构物平面位置，以及工程细部测设（放样）方案（如：沉桩定位工艺方案—前方交会、侧方交会、极坐标定位、全站仪坐标定位、GPS 图形显示定位……）。其次也要充分考虑形变观测（施工期监测、断面法水下地形冲刷检测等），使一套完整的控制网点得到充分利用。该控制网点建立时，应按国家、行业测量规范、规程所规定技术要求去建立与测设。

施工控制点建立过程中，应注意施工测量使用频率，是否要建立测量观测墩、测量观测亭，在施工中也应统一考虑（承包单位在施工组织设计中要反映出来）。

施工控制网点应是平面控制，高程控制一并考虑，根据我们的实践，两者应兼容（既是三角点、导线点，又是水准网点）。

（3）定位、放样测量。

本工程测量定位、放样（包括水域定位、放样）采用以下方法：① 前方交会法（三台经纬仪）；② 测距仪与经纬仪的极坐标法定位，另需一台经纬仪作方向校核；③ 全站仪三维坐标定位法；④ 全自动的 RTK、GPS 沉桩定位法。

2. 预制桩及预制构件工程

（1）检查预制厂的资质、场地、水电、标养室、试验室等是否符合技术规格和是否满足水工工程砼预制件生产。

（2）检查预制厂所使用的原材料是否符合港口工程规范的要求（石子、砂、水泥、钢筋、外加剂），并按规范进行复试。

（3）检查制桩钢模板表面是否干净，脱模剂涂刷是否均匀，不得污染钢筋。

（4）检查空心胶囊是否漏气，定位是否正确，定位环的数量等。

（5）检查预制钢筋张拉全过程是否符合设计和预应力工艺要求。

（6）检查桩顶封头板是否垂直，封堵是否严密。

（7）预埋件、预留孔数量规格是否符合设计要求，安置是否牢固。

（8）钢筋的品种、规格、质量、焊条、焊剂的牌号、性能必须符合设计和规范的要求。

（9）对钢筋及其焊接接头（除外观检查外）尚须按规范规定做力学试验。

（10）钢筋绑扎应牢固，接头的间距应符合施工规范规定。

（11）钢筋保护层垫块的间距和支座方法应保证在砼浇捣时不发生位移和松动。

（12）砼配合比必须符合设计和规范的要求。

（13）浇筑砼的全过程应有旁站监理在场，随时检查坍落度、检查好水灰比，并做好旁站记录。

（14）检查浇捣时的试块和养护是否符合规范规定。

（15）检查桩和构件的起吊和堆放是否满足设计和规范的要求。

3. 桩基工程

（1）审查承包单位的施工组织设计，对桩的运输、堆放、质检、沉桩工艺、沉桩顺序等都要有针对性措施，以确保工程的按期完成。

（2）检查桩的长度、桩身截面积是否符合设计，且桩有无破损。桩的强度、龄期是否达到设计和规范要求。

（3）审核沉桩方案是否合理。桩的堆放位置和方法是否符合方案和规定。检查桩机性能指标是否达到规范要求。

（4）沉桩定位进行全过程旁站监理，并随时检查沉桩记录，下桩锤击，观察桩的垂直度、入土深度、是否溜桩（发现溜桩应立即停锤），观测最后 50 cm 贯入度（或最后 10 击贯入度）是否满足要求，最后对桩顶标高进行复测，做好旁站记录。

（5）根据设计，对沉桩实施大应变测试，确定沉桩方式，桩基承载力等，进行沉桩分析。用小应变测试普查桩的完整性。

（6）当沉桩遇土层异常情况时，应约请勘察、设计、业主等有关单位研究，必要时进行补充钻探，以摸清土层实际情况。

（7）在沉桩过程中要求承包单位观测岸坡及邻近建筑物位移和沉降，并做好记录，及时报监理。如位移和沉降超过正常值，应会同有关单位研究处理。

（8）沉桩控制标准、质量要求等应按现行行业标准《港口工程桩基规范》有关规定执行。

4. 夹桩及桩帽工程

（1）检查承包单位是否及时进行夹桩，并形成纵横向的连接，并保护桩位。

（2）严禁在施工期间船只对桩的碰撞和桩上带缆。

（3）修凿桩顶时不得将桩角劈裂和损坏桩顶，如发现局部损坏必须采取降低标高作包桩处理，严重的应会同设计处理。

（4）检查围囹的布置，模板支立方法是否符合批准的施工组织设计。

（5）检查围囹和底板标高、桩位是否符合设计要求。

（6）对桩帽全数进行隐蔽工程验收。

（7）砼浇筑时，应掌握潮位的时间，防止中途受潮水冲刷影响砼质量。

（8）砼浇筑下料时应均匀，避免一侧偏高造成底板倾斜。

5. 构件安装工程

（1）构件安装准备工作的监理要点：① 审查安装工艺，选用的起重设备，安装顺序是否合理可靠；② 检查安装设备、机具的到位情况是否符合施工组织设计。

（2）预制件的监理要点：

① 检查到现场的预制件、合格证与实物标示是否相符；

② 检查构件在运输过程中是否有堆放不妥，是否有撞角损伤；

③ 检查预制件上的预留孔是否通畅，预埋件、预留钢筋位置是否正确；

④ 检查预制件型号与现场需要安装型号是否匹配；

⑤ 检查预制件的搁置面是否有杂物，如预制板的搁置端下是否有塑料膜、水泥袋纸，外露钢筋的端部木模是否拆除；

⑥ 检查预制梁、靠船构件的端面是否凿毛。

（3）预制件的下卧层层面检查：① 预制件的安装下卧层在安装前要清除杂物、浮浆与松散的砼；② 检查预制件的安装下卧层标高，根据不同标高事先准备好安装使用的垫块（尤其是安装靠船构件）。

（4）预制件定位安装：

① 监理复测预制构件的安装位置线和标高控制点；

② 旁站检查安装前使用的砂浆，要随安随铺；

③ 监理应检查支承结构的可靠性以及周围的钢筋和模板等是否妨碍安装；

④ 当发现露出的钢筋影响安装时，应要求承包单位会同设计单位研究解决；

⑤ 检查安装过程的构件、梁的倾斜，靠船构件的倾斜板的搁置长度，如不符合要求及时调整；

⑥ 安装后不易稳定及可能遭受风浪、水流和船舶碰撞等影响的构件，应在安装后要求承包单位及时采取夹木、加撑、加焊和系缆等加固措施，防止构件倾倒或坠落；

⑦ 用水泥砂浆找平预制构件搁置面时：承包单位不得在砂浆硬化后安装构件；水泥砂浆找平厚度宜取 10～20 mm，如超过 20 mm 应要求承包单位采取措施；监理应检查坐浆是否饱满，以安装后略有余浆挤出缝口为准，缝口处不得有空隙，并在接缝处应用砂浆嵌塞密实及勾缝；

⑧预制构件安装完毕后，监理应核对构件编号，检查安装位置，复核标高。

6. 上部构件现浇砼工程

（1）开工准备工作监理要点：① 审批砼施工方案；② 审查砼拌设备或施工场地、水、电、路、通讯、拌和系统、振捣设备、养护料具；③ 检查试验设施和标准养护室；④ 检查组织体系、管理体系、质保体系、制度、人员到位。

（2）原材料成品、半成品监理要点：原材料是否按原材料成品、半成品监理控制程序进行运作。

（3）模板、钢筋制作监理要点：

① 检查模板制作安装工艺是否与施工组织设计相符；

② 检查模板支立是否牢靠，浇筑砼前的对拉螺栓、围囹螺栓是否重新紧固；

③ 检查模板内是否有杂物，止浆措施是否到位；

④ 检查测量是否放好浇筑面标高的标志；

⑤ 检查钢筋上是否有油污、锈蚀、保护层是否安放妥当；

⑥ 督促承包单位对外露的铁件采取防腐蚀措施。

（4）砼搅拌监理要点：① 审查配合比、材料用量；② 检查搅拌机、性能状态、备料数量；③ 检查搅和系统的计量器具是否符合要求；④ 检查砼熟料运输系统是否处于正常工作状态。

（5）砼浇筑监理要点：

① 旁站检查砼浇筑全过程；

② 检查振捣器操作、振捣时间；

③ 检查浇筑的下料顺序与下料高度、下料厚度；

④ 旁站(见证)试件的制作、养护；

⑤ 监理按规定要求对 R28 试件进行平行抽检试验；

⑥ 对于码头面层全过程跟踪监理；

⑦ 砼面层浇筑前收听天气预报，避开雨天及做好万一有雨的保护措施；

⑧ 检查面层浇筑面的底层湿润情况；

⑨ 检查夜间灯光配置；

⑩ 检查控制抹灰时间，抹面的次数一定要符合批准的施工组织设计；

⑪ 抹面时注意泄水孔周围标高；

⑫ 砼浇筑完毕在抹面时对砼面层标高的控制杆进行复测，检查是否有下沉现象；

⑬ 检查砼养护措施到位、时间及时，且做好警示防护标志；

⑭ 为避免现场浇筑混凝土受沉桩震动的影响，在混凝土强度未达到 5 MPa 前，要求承包单位锤击沉桩处与现场浇筑混凝土之间的距离不得小于 30 m。

(6) 伸缩缝、沉降缝监理要点：① 检查伸缩缝、沉降缝、材料型号、规格是否符合图纸和施工组织设计；② 检查沉降缝位置要上下对齐；③ 伸缩缝加工的外形尺寸是否符合要求。

7. 码头设施及附属工程

(1) 轨道安装：

① 轨道安装前，要检测钢轨及配件的出厂质量证明，符合设计要求和规范规定后才能使用；

② 为保证轨道锚固质量，除应检查轨道螺栓直径、螺栓的埋置深度、中心位置外，还须检查调校螺栓埋设位置正确及配套的胶垫等应符合设计要求；

③ 对轨道垫板要严格按埋置标高、平整度，并确保垫板的密实度；

④ 轨道螺栓要满招拧紧，并要留有一定的外露长度，一般为 2～3 扣，以保证轨道受力充分，螺母不脱扣；

⑤ 钢轨焊接接头，必须经"有资质单位"超声波探伤检测全部合格；

⑥ 钢轨配件(压板底座、平垫圈、螺母、螺栓、压板夹)和胶泥必须符合专业安装技术要求；

⑦ 检测轨道轨顶标高与两侧码头面标高是否符合设计要求。

(2) 系船柱安装：

① 系船柱制作应满足保护系缆绳的要求，系船柱表面质量不得有影响其使用寿命的主要缺陷；

② 系船柱的型号、材质、尺寸应符合设计和规范要求；

③ 系船柱安装质量，包括平面位置、安装方法，应符合设计要求，系船柱用的螺母应满扣拧紧，螺栓外露 2～3 扣，但不高出底板。

(3) 防冲撞设施安装：

① 护舷的预埋定位板、预埋螺栓、护舷的质量和规格必须符合设计要求和有关规定；

② 护舷底盘与码头的接触应紧密，螺母满扣拧紧，螺栓应外露 2～3 扣，螺栓的顶端应缩进护舷，深度符合设计要求；

③ 三鼓一板式的护舷的连接卡具应锁紧；

④ 拱形橡胶护舷质量、性能应满足技术规格中安装质量应符合有关验收规范的标准。

8. 涂装工程

（1）防腐涂料必须采用符合设计和技术规范要求的 LSW2 型海工涂料。

（2）施工工艺流程及参数均应符合技术规范的要求。

（3）在涂装前应检查砼表面是否清除干净，表面平整坚实、干燥。

（4）刷涂和滚涂视施工部分情况选用。

（5）涂装前对涂料按规定的配合比混合，并充分搅拌均匀，待完全熟化后使用。

（6）配和的涂料应遵循现配现用的原则，并在适用期内用完。

（7）涂料过稠可采用专用稀释剂兑稀，加入量应按有关规定。

（8）涂装间隔时间以不粘手为宜（一般为 3 小时以上）。

（9）涂装次数应按技术规范要求连续进行。

（10）涂后 4 天内，不得受暴雨、水流、波浪冲刷或阳光暴晒，不应受到摩擦和碰撞。

（11）现场必须通风良好，操作人员做好防护措施。

（12）涂料堆放和现场，严禁烟火。

9. 引堤工程

（1）审核承包单位对引堤工程的施工方案和施工流程，是否符合按批准的施工组织设计。

（2）复核基面标高和引堤中心轴线。

（3）检查块石大小、床面的沉降观测，做好沉降观测记录。

（4）干砌块石应紧密嵌固，相互错缝，底层空间缝应用片石填密，但不得从坡外用小片石填塞块石缝隙。

（5）堤心石和碎石垫层施工时应采取措施防止被水流、波流冲刷破坏。

（6）引堤路面及挡土墙应在堤身抛石沉降基本稳定并干砌块石护坡基本完成时进行施工，确保砼路面质量。

（7）引堤抛石施工必须在引桥根部基桩沉桩完毕后并加设钢套筒后进行，钢套筒必须牢固固定在基础中。

（8）引堤抛石应分层抛填，桩的两侧应同时进行，防止对桩产生侧向挤压。

（9）对抛石基表面做好防滑割槽处置。

十一、监理平行检测

监理平行检测的内容见表 3.93。

表 3.93　监理平行检测一览表

序号	抽检分项名称	抽验内容	抽检频率
1	基槽及岸坡开挖	岸坡开挖检测土质,断面尺寸长度边线、坡度、标高。超深、超宽位置	与承包单位共同检测
2	方桩	检测预制桩长度、横截面边长,表面平整度,桩尖对纵轴线偏斜,外伸钢筋长度	按检测评定标准抽检
3	预制钢筋砼梁板等构件	预制面板的长、宽、厚,顶面平整度,顶面对角线差,侧面弯曲矢高,预埋件、预留孔位置,预制梁长、宽、高、侧面弯曲矢高,侧面竖向倾斜,端头倾斜,顶部搁置面平整度,外伸钢筋位置和长度,根数,靠船构件,长、宽、高、厚	按检测评定标准抽检
4	水上沉桩	沉桩贯入度、桩尖标高、桩顶平面位置,桩身的垂直度	100%检测
5	构件安装	梁的安装检查轴线位置、搁置长度、竖向倾斜、顶面标高,结构前沿线位置。板的安装、搁置长度、顶面标高、边沿线平直、相邻板顶面高差	安装件在承包单位抽验的基础上抽 10%
6	现浇砼	现浇桩帽的横截面尺寸、搁置面平整度、搁置面标高、侧面竖向倾斜,外伸钢筋位置。现浇梁的轴线位置、长、宽、高、支承面标高、侧面竖向倾斜,预留孔位置,预埋件位置。现浇面层,外沿线顺直、平整度、顶面标高、板块分割线、泛水排水口	在承包单位抽验基础上抽 10%
7	钢轨安装	检测轨道中心线、轨顶标高,同一截面两轨高差,轨道纵向倾斜,轨道接头表面高差,轨道接缝缝隙,护轨槽宽度、深度,护轨槽顶和轨顶高差	在承包单位抽验频率基础上抽 25%
8	护轮槛	检测前沿线顺直、顶面标高、顶面高度、平整度、相邻段表面高差,钢护角对接表面高差,预埋件位置	

十二、工程进度控制措施

1.工程进度的控制方法

施工阶段的进度控制分为进度的事前控制、事中控制和事后控制。施工阶段的进度控制工作的重点是进度的事前控制。

(1)事前进度控制。

① 审批施工进度计划:

承包单位与业主签订施工承包合同确定工程总工期目标后,必须及时向项目监理机构报审施工总进度计划,专业监理工程师应针对工程特点、难度及内外保障条件,审查工程关键线路的正确性、合理性及工期安排的科学性;

监理工程师审查工程进度主要节点安排是否符合业主的总体要求;

监理工程师审查工程进度施工顺序安排是否符合工程常规施工工艺;

若经审查存在问题,项目监理机构应书面提出,要求承包单位重排或调整施工总进度计划。

② 审批承包单位的施工组织设计：

承包单位的工程施工总进度计划经监理、业主审批同意后，必须围绕总进度计划来编制切实可行的施工组织设计，以保证总工期目标的顺利实现；

承包单位的施工组织设计必须经专业监理工程师审批，专业监理工程师着重审查影响工程进度的主要因素，劳动力、施工机具、材料和技术措施的配置能否满足工程需要，是否符合优化组合的原则；

审查承包单位的工程阶段或关键工序的施工方案，制订相应的阶段或工序施工进度计划，此计划为总进度计划的细化或目标分解，必须与总进度计划相吻合。审查施工方案能否在确保工程安全、质量的前提下，通过科学合理的技术措施来缩短施工时间、提高工作效率；

审查承包单位的组织管理体系中施工进度、工程协调管理人员的配备、落实情况。

③ 审核承包单位的施工总平面布置：

施工总平面布置得是否紧凑、合理、科学，直接影响工程的施工进度。监理工程师必须从最大限度地减少材料、设备的场内运输、二次搬运及场内交通矛盾、工作搭接、减少无效工作时间等方面认真审核承包单位的施工总平面布置；

要求承包单位必须根据施工总进度计划通过科学的规划和制订周密详细的具体实施计划，确定主材、机械设备、劳动力的进退场计划，制订出符合实际情况的平面动态管理实施计划；

检查承包单位制订落实施工现场总平面管理控制制度。应根据施工阶段、施工内容和施工特点，合理布置各专业的预制场，减少二次搬运；

督促承包单位做好已进场材料设备和已领材料的堆放，对工程废料进行及时清理、统一堆放，以避免妨碍交通、运输和施工。

④ 审核甲乙供材料、设备采购、供应计划：

督促承包单位根据施工总进度计划，及时编制甲乙供材料设备采购供应计划，初定材料、设备的进场时间；

督促承包单位提前列出甲乙供材料、设备数量清单，拟定产品供货单位；

及时组织业主、设计等有关人员评审确定产品供货单位，督促承包单位及时订货采购，以保证产品按计划供应；

要求承包单位根据工程的实际进展情况，及时调整甲乙供材料设备的采购供应计划，并落实按时交货。

⑤ 审查各项施工准备：

审查施工现场的三通一平工作是否完善，大型临时设施是否齐备或解决；

审查承包单位的测量定位放线依据是否具备，测量控制点是否已交接无误；

审查承包单位的主要管理、技术人员及施工队伍是否已进场并做好准备工作；

审查承包单位工程施工所需的主要原材料、机械、设备是否落实或已进场；

审查承包单位的各项施工条件是否已齐全，督促承包单位熟悉消化施工设计图纸；

审查承包单位的施工质量检测仪器设备是否已配备并通过年检，委托试验测试单位是否已落实；

督促承包单位按计划做好各项技术准备工作，及时完成图纸会审。

（2）事中进度控制。

① 跟踪、检查进度计划的实施过程：

在工程施工的同时，专业监理工程师应随时检查记录施工进展实际情况；

建立计划进度与实际进度的对照系统，每天准确、形象、直观反映实际进度与计划进度的比较值。

② 审批年度、季度、月度进度计划：

要求承包单位对施工总进度计划进行细化，根据工程节点进度控制目标及工程实施阶段，分别编制细化、分解的年度、季度、月度进度计划，并报监理审批；

审查承包单位的施工年度、季度、月度进度计划是否符合工程节点或阶段进度计划实施要求，是否已对总进度计划中的工作内容完全进行分解细化，施工程序是否符合工程阶段性施工的要求；

要求承包单位的施工年度、季度、月度进度计划能及时反映施工中存在的矛盾和问题，及时对前期计划未完成工作在下期工作计划中予以补充、调整，确保下期工作抢回上期工期损失。

③ 审核主要工期控制点的实施情况：

要求承包单位在编制施工进度计划时，列出关键工程的进度控制节点；

监理工程师在日常巡视、检查工作中，重点检查承包单位的主要工期控制节点的施工情况，掌握进度计划的动态实施过程；

及时提醒承包单位主要工期控制点的工程施工实际完成情况，以便承包单位进行施工组织。

④ 统计、标识形象进度完成情况：

监理工程师应及时检查进度计划的实施，并记录实际进度及其相关情况；

项目监理机构应建立工程实际完成进度与总计划进度比较系统，制作工程计划进度与实际完成形象进度对照表，每天反映工程实际施工进展情况；

监理工程师在量化反映工程实际进度的同时，列出计划进度与实际进度的差异，找出影响工程施工进展的各种因素，分析实际进度滞后于计划进度的原因，提出加快施工进度需采取的措施。

⑤ 组织主持工程例会及协调会：

项目监理机构组织主持每周一次工程例会，通过例会由各承包单位通报上周工程计划执行情况及下周工作安排，列出施工中存在的各种需解决问题；监理工程师检查上次例会议定事项的落实情况，分析未完事项的原因；检查分析工程项目进度计划完成情况，提出下一阶段进度工作目标及其落实措施；

项目监理机构根据工程实际需要，不定期地组织主持召开现场施工进度协调会，及时解决各承包单位在施工中产生的矛盾，确定各承包单位的工程施工界面，协调各承包单位之间工作面的提供和交接，明确合理的施工程序，确定产品的保护责任，提出各项施工保障条件，处理保证正常施工的外部关系；

项目监理机构通过工程例会及协调会，理顺各方面的相互关系，协调有关各方的相互施工配合，解决施工中存在的矛盾，指出工程进度存在的问题，分析施工进度滞后的原因，提出调整、促进施工进度的要求；

监理工程师通过工程例会检查设计、施工、业主及材料、设备供应计划之间是否存在矛盾，发现问题，会上协商解决办法和处理问题，会后监督检查实施过程和实施结果；

项目监理机构通过工程例会，反映承包单位对施工承包合同的执行情况，督促承包单位严格依法履行合同承诺。

⑥ 及时签发进度款支付凭证；

监理工程师应及时审查、复核承包单位提交的工程量完成清单，签署质量合格、符合计量要求的实际完成工程量数据；

经造价工程师对监理工程师所签署的可计量工程量依据合同及其他有关规定计价后，总监理工程师及时签署进度工程款支付证书意见，由业主审批后将款项支付给承包单位；

工程投资资金充足，供应及时是保证工程顺利实施的前提，项目监理机构在收到承包单位的工程进度付款申请后，必须优质、高效地完成审批手续，以保证工程建设资金及时、准确到位，满足工程的正常顺利施工。

(3) 事后进度控制。

① 向业主提交进度报告：

项目监理机构在工程实施过程中，通过监理周报、月报、会议纪要、专题报告等形式准确、及时地向业主报告工程施工的实际进度情况，使业主及时掌握工程进展动态；

进度报告分析实际进度与计划进度的差异，提出进度滞后的原因，列出影响工程进度的问题，提出调整、保证工期目标实现的建议和对策。

② 拖延工期原因分析，制订对策：

当实际施工进度发生拖延，监理工程师应认真、仔细、全面地了解、分析进度滞后原因，确定造成进度滞后的责任方；

针对进度滞后原因，要求承包单位从施工技术、施工组织、经济奖惩、合同制约、信息沟通等方面及时采取措施，调整施工进度计划，保证人力、物力、财力按需供应，为工程的顺利实施提供前提保障；

根据施工进度拖延原因，找出相应对策，及时解决工程矛盾，理顺各方工作关系，创造良好的内外部工作环境，督促有关各方及时处理相关问题，要求承包单位采取有效措施追赶。

③ 督促调整进度计划：

当实际施工进度与计划进度有较大差异，导致原进度计划目标不能如期实现，项目监理机构必须要求承包单位修改进度计划，将调整后的进度计划提交监理工程师审批；

将审批后的工程进度调整计划送交业主审核、认可，经业主确认后，督促承包单位按调整的进度计划组织实施，并随时检查、监督实施过程和完成结果，发现问题及时通知承包单位，反馈至业主，分析原因，寻找对策；

根据工程实际施工进度，及时相应地修改和调整项目监理机构的工作计划，保持与承包单位的施工进度计划的一致性，工作同步性、协调性，以保证下一阶段工程施工的顺利进行。同时，要求同步做好项目施工进度控制、监理资料的收集整理。

④ 及时处理工期索赔：

当承包单位提出工程延期申请时，监理工程师应根据施工合同的规定，符合条件时，

应及时予以受理;

项目监理机构应根据施工合同中有关工程延期的约定、工期拖延和影响工期事件的事实和程度、影响工期事件对工期影响的量化程度,确定批准工程延期的时间;

项目监理机构在正式签署工程延期批准时间意见之前,应及时与业主和承包单位进行协商取得一致,确定工程延期具体时间,由总监理工程师签署最终审批意见;

项目监理机构必须将确定的审批意见及时通知承包单位,以便承包单位及时调整施工进度计划,落实各项施工措施。

2.工程进度的控制措施

(1)组织措施:① 落实项目监理中进度控制人员;② 建立进度控制协调制度,即每周例会协调;③ 对影响进度目标实现的因素进行专题分析,责成承包方提出解决办法。

(2)技术措施:

① 分析承包单位提出的进度要求与其配备作业人员、设备之间的矛盾,提出进度监控意见;

② 督促承包单位按计划做好各项技术准备工作,做到技术先行;

③ 采取必要的技术措施,加快施工进度。

(3)协调措施:

① 检查设计、施工及甲供材料、设备进场计划之间的矛盾,协商解决办法,并监控各方计划落实;

② 协调总、分包单位之间的进度要求与作业面方面之间的矛盾,通过监控协调进行有序施工。

(4)合同措施:实行合同管理,在保证质量的前提下督促合同工期的执行。

(5)信息管理措施:

① 通过计划进度与实际进度的动态比较,定期向业主提供进度比较报告,为协调进度提供信息依据;

② 根据收集的材料、设备订货合同,到货计划与实际进度比较,为编制和落实月进度计划,为采取必要措施创造条件。

十三、工程投资控制措施

1.项目监理的组织措施

(1)监理公司在项目管理部中落实投资控制的造价工程师或经济师,分工负责投资控制工作。

(2)编制施工阶段投资控制工作计划和详细的工作流程图。

2.项目监理的资金控制措施

(1)编制本工程资金使用计划,确定、分解本工程资金投资控制目标。

(2)进行工程量精确计算。

(3)复核工程逐月付款账单,签发每月付款签证证书。

(4)在施工过程中进行投资跟踪控制,定期地进行投资实际支出值与进度目标完成值、资金计划目标值的比较;发现偏差,分析产生偏差的原因,采取纠偏措施。

(5) 对工程施工过程中的投资支出作好分析与预测,经常或定期向业主提交项目投资控制及其存的问题的报告。

3. 项目监理的技术措施

(1) 对本工程设计变更进行技术经济比较,严格控制设计变更。

(2) 寻找通过设计挖潜节约投资的可能性。

(3) 审核承包单位编制的施工组织计划,对主要施工方案进行技术经济分析。

(4) 对逐月完成的工程项目,在通过质量控制的基础上,严格进行工程量的计量签证,作为支付月进度款的依据。

(5) 最终审核工程项目结算时,再次精确统计、核实工程量及单价作为结算依据。

4. 项目监理的合同、索赔措施

(1) 做好本工程施工记录,保存各种文件图纸,特别是注有实际施工变更情况的图纸,注意积累原始资料,为正确处理可能发生的索赔提供依据,受理与处理索赔事宜。

(2) 参与合同修改、补充工作,着重考虑它对投资控制的影响。

(3) 对本工程业主签订的所有合同在履行过程中存在的问题进行合同管理和索赔管理。

(4) 对承包单位、供应商的索赔,进行分析研究,并作出正确的反索赔。事先分析对应对方索赔的可能性和提出防御措施。

十四、安全管理措施

1. 组织措施

(1) 落实监理部内的安全文明监理任务和职责分工,建立信息收集、反馈系统。

(2) 建立安全文明施工协调机制(业主、承包单位、监理等的组织体系)和安全文明施工协调工作制度。

(3) 在项目实施过程中,检查和协调有关组织关系,使其适合安全文明控制工作的要求。

2. 技术措施

(1) 安全设施监理——对安全用品、设备、设施进行抽查。

① 审查承包单位组织进入施工现场的主要施工机械、机具和电气设备的安全性能、使用、保养情况,填写机械检测单,确保设备完好,在这基础上定期或不定期对机械进行检查操作运行情况。

② 审查承包单位在施工现场安全防护设施的设置情况和事故易发区域醒目的安全设施和标志是否到位和规范。

(2) 安全技术监理——对施工中采用的安全技术进行监控。

① 在施工开始前,组织或参与设计、承包单位进行设计文件的安全技术措施交底;对施工过程中涉及设计文件规定的施工安全问题,及时组织设计和承包单位进行协调

处理。

② 审查承包方的技术安全措施及安全保证体系,定期或不定期召开安全监理专题会议。

③ 审查工程施工现场的基本安全条件和实际安全状况,以及有关主体交叉作业及危险性大的作业的安全技术措施是否符合技术标准,督促承包单位执行国家规定的劳动保护措施。

④ 检查特殊工种的上岗操作证,严禁无证操作。

⑤ 检查、督促承包单位制订和组织落实专项工程的安全技术措施、卫生管理制度,并向作业人员进行详细交底。

⑥ 审查施工安全管理组织措施和管理人员到位情况。

(3) 安全验收:① 对分项、分部工程的安全计划与安全措施进行严格的检查验收。② 负责对安全活动记录及日常安全会议记录等进行整理归档。

(4) 安全咨询:对典型的安全问题进行必要的技术咨询。

(5) 文明施工监理:① 督促承包单位按规定做好施工区域与非施工区域之间分隔安全距离及围护设置。② 督促承包单位对施工现场的防火措施,明火作业一定要有防火监护人在场,严禁违章操作,野蛮施工。③ 检查督促承包单位建筑垃圾在规定地点堆放。④ 工程竣工后检查督促承包单位在规定期限内完成工程现场清场工作。

3. 合同措施

(1) 利用合同文件所赋予的权力督促承包单位严格执行安全文明施工各项规章制度。

(2) 利用合同文件规定可采取的各种手段和措施监督承包单位确保文明施工工地达标。

4. 经济措施

(1) 按合同规定和业主对本工程建设总体安全文明要求,对承包单位进行工程检查。

(2) 制订安全与文明施工奖罚标准。

十五、环境保护措施

(1) 审查承包单位环境保护计划书、环保设施和责任人。

(2) 核查承包单位在工程现场,包括后勤基地内的大气污染、水污染、噪声的防治措施,严格落实固形废物收集处理、处置措施。

(3) 严格控制污染物的排放,核验施工船舶的污水处理装置与储存器、油水分离器等。设置机舱油污水、生活垃圾收集处理设施。

(4) 督促承包单位在陆域生活、办公区按规定标准及业主规划进行绿化工作。督促承包单位在施工现场设置简易临时厕所,防粪便侵入河体污染河水。

(5) 督促承包单位对生活污水的处理。

① 临时驻地必须建有化粪池或其他能满足使用要求的系统,并予以管理、维护直至合同终止。此化粪池或系统,以用于汇集与处理由临时驻地的住房、办公室及其他建筑

物和流动性设施中排放的污水。

② 污水处理系统的位置、容量与设计均应能够满足正常使用的要求。

③ 每一处临时施工现场均应备有临时污水汇集设施,对拌和场清洗石料的污水应汇集处理回用,不得排出施工现场以外的地方。

(6) 督促承包单位对垃圾的处理。

① 临时驻地产生的一切垃圾必须每天有专人负责清理集中并处理(可与当地部门联系定期运至指定的垃圾处理场),临时施工产生的施工垃圾必须随当日作业班组清理、集中处理,以保证作业现场保持整洁卫生。垃圾管理工作直至工程竣工交验后为止。

② 修建临时工程应尽量减少对原自然环境的损害,在竣工拆除临时工程后,应恢复原来的自然状态。

(7) 监督承包单位控制扬尘。

① 拌和场对可能产生扬尘的细粉拌和作业,应在其作业现场设置喷水装置洒水,以使作业产生的扬尘减至最低程度。

② 运输对易引起扬尘的材料运输,运输车辆应备有帆布、盖套及类似的物品进行遮盖。

(8) 料场对易引起尘害的细粉料堆应采取遮盖或洒水措施。

(9) 检查竣工后的临建工程移交、拆除、搬迁工作,不得有多余的建材和垃圾乱堆乱扔,做到文明施工、文明撤场。

十六、工程合同管理

1. 工程合同管理的工作任务

工程项目合同管理的任务是根据有关法规、政策、运用指导、组织、监督等手段,促使当事人依法签订、履行、变更、解除合同和承担违约责任,制止和查处利用工程合同进行违法活动的行为,保证工程项目建设顺利进行。

2. 工程合同管理方法

(1) 建立健全工程合同管理制度、程序和工作流程,为业主提供合同及其管理方面的咨询意见和信息,代表业主对合同条款进行解释,并做好合同档案的管理和合同分析工作。

(2) 依据工程合同对工程建设的过程和建设者的行为进行有力的控制,督促和监督承包方严格执行和完全履行合同。督促和协调业主全面履行合同规定的义务。保障当事人双方的合法权益。

(3) 严格控制和正确处理合同变更,尽量防止合同争议的出现。若争议情况一旦发生,应及时协调和处理,减少损失,并做好有关索赔的管理工作。

(4) 定期向业主提供工程合同实施报告,为业主提供可靠的、及时的资料、建议和意见,以便业主做出正确的决策。

3. 费用索赔

(1) 项目监理机构处理工程费用索赔应依据下列内容:

① 国家有关的法律、法规和工程项目所在地的地方法规。

② 本工程的施工合同文件。

③ 国家和地方有关的标准、规范和定额。

④ 施工合同履行过程中与索赔事件有关的凭证。

（2）当承包单位提出费用索赔的理由同时满足以下条件时，项目监理机构应予以受理：

① 索赔事件造成了承包单位直接经济损失。

② 索赔事件是由于非承包单位的责任发生的。

③ 承包单位已按照施工合同规定的期限和程序提出费用索赔申请表，并附有索赔凭证材料。

（3）承包单位同业主提出费用索赔，项目监理机构应按下列程序处理：

① 承包单位在施工合同规定的期限内向项目监理机构提交对业主的费用索赔意向通知书。

② 总监理工程师指定专业监理工程师收集与索赔有关的资料。

③ 承包单位在承包合同规定的期限内向项目监理机构提交对业主的费用索赔申请表。

④ 总监理工程师初步审查费用索赔申请表，符合规定的条件时予以受理。

⑤ 总监理工程师进行费用索赔审查，并在初步确定一个额度后，与承包单位和业主进行协商。

⑥ 总监理工程师应在施工合同规定的期限内签署费用索赔审批表，或在施工合同规定的期限内发出要求承包单位提交有关索赔报告的补充资料的通知，待收到承包单位提交的补充资料后进行相关处理。

（4）当承包单位的费用索赔要求与工程延期要求相关联时，总监理工程师在作出批准费用索赔的批准决定时，应与工程延期的批准联系起来，综合作出批准费用索赔和工程延期的决定。

（5）由于承包单位的原因造成业主的额外损失，业主向承包单位提出费用索赔时，总监理工程师在审查索赔报告后，应公正地与业主和承包单位进行协商，并及时作出答复。

4. 争端与仲裁

（1）争端：

① 监理工程师应在收到工程合同当事人争议通知后，按合同规定的期限，完成对争议事件的全面调查与取证。同时对争议做出决定，并将决定书面通知合同双方当事人。

② 监理工程师发出书面通知后，如果业主或承包单位未在合同规定的期限内要求仲裁，其决定为最终决定。

③ 工程合同只要未被放弃或终止，监理工程师就应要求承包单位继续施工。

（2）仲裁：

① 当合同一方提出仲裁要求时，监理工程师应在合同规定的期限内，对争议设法进行调解，同时督促业主和承包单位继续遵守合同，执行监理工程师的决定。

② 在合同规定的仲裁机构进行仲裁调查时，监理工程师应以公正的态度提供证据和作证。

③ 监理工程师应在仲裁后执行裁决。

5. 承包单位违约

(1) 有关规定:

① 当承包单位有下列事实,监理工程师应确认承包单位一般违约:给公共利益带来伤害、妨碍和不良影响;未严格遵守和执行国家及有关部门的政策与法规;由于承包单位的责任,使业主的利益受到损害;不严格执行监理工程师的指示;未按合同规定看管好工程。

② 当承包单位有下列事实时,监理工程师应确认承包单位严重违约:无力偿还债务或陷入破产,或主要财产被接管或主要资产被抵押,或停业整顿等,因而放弃合同;无正当理由不开工或拖延工期;无视监理工程师的警告,一贯公然忽视履行合同规定的责任与义务;未经监理工程师同意随意分包工程,或将整个工程转包出去。

(2) 处理:

① 监理工程师确认承包单位属一般违约后,应采取如下措施:书面通知承包单位在尽可能短的时间同,予以弥补与纠正;提醒承包单位一般违约有可能导致严重违约;上述措施无效时,书面通知业主;确定因承包单位违约对业主造成的费用影响,办理扣除相应费用的证明。

② 监理工程师确认承包单位严重违约,业主已部分或全部中止合同后,应采取如下措施:指示承包单位将其为履行合同而签订的任何协议的利益(如材料和货物的供应服务的提供等)转让给业主;认真调查并充分考虑业主因此受到的直接和间接的费用影响后,办理并签发部分或全部中止合同的支付证明。

6. 分包与指定分包

(1) 分包有关规定:

① 监理工程师应严禁承包单位把大部分工程分包或层层分包;

② 必须经监理工程师批准,并按规定办理工程分包手续的,承包单位才能将批准部分的工程分包出去;

③ 监理工程师对分包工程的批准,不解除总承包单位根据总包合同规定所应承担的任何责任和义务。

(2) 监理部应工程师应从以下主要方面审查承包单位分包工程的申请报告:

① 分包的资格情况及证明。包括企业概况,财务资本情况,参加分包工程人员的资历,施工机械状况等;

② 分包工程项目及内容;

③ 分包工程数量及金额;

④ 分包工程项目所使用的技术规范与验收标准;

⑤ 分包工程的工期;

⑥ 承包单位与分包人的合同责任;

⑦ 分包协议。

监理工程师完成上述审查之后,签发《分包申请报告单》。

(3) 监理工程师应责成和监督承包单位对分包工程进行管理。监理工程师也可以直接到分包工程去检查,发现分包工程的各类问题,应要求承包单位负责处理。

监理工程师应通过《中期支付证书》,由承包单位对分包工程进行支付。

(4)业主指定分包:

① 监理部应落实对指定分包工程的管理;

② 监理工程师应要求指定分包人提交一份证明其资格情况的资料,并要求指定分包人保护和保障承包单位免于承担由于指定分包人的疏忽、违约造成的一切损失;

③ 监理工程师应清楚指定分包工程所使用的技术规范与验收标准;

④ 监理工程师应审查承包单位反对指定分包人的理由,确认反对合理时,建议业主对承包单位的反对予以考虑,反之则应帮助业主说服承包单位接受指定分包人;

⑤ 监理工程师对指定分包人的支付,应根据合同有关规定办理。

十七、信息管理

1. 工程记录

本工程记录分三类:监理记录,工程日报、月报,工程监理报告。

(1)监理记录:① 分项工程批准开工、完成、检查及材料试验结果,隐蔽工程的验收记录;② 工程照片;③ 专项工程开工申请单,审查合格批准的开工申请清单;④ 每周工作计划;⑤ 报验申请单;⑥ 监理工程师下达的指令;⑦ 工程的变更令;⑧ 工地会议纪要。

(2)原始记录:包括承包单位质量检测报告、监理抽检、监理工地试验室的各项试验记录。

2. 工程监理日、月报

每月按时向业主及上级监理部门递交报告主要内容如下:

(1)每日日报:按照监理合同约定按时综合上报。

(2)月报:① 工程描述;② 工程进度、含总体进度及分项进度;③ 工程质量情况及分析;④ 工程支付情况;⑤ 监理人员在岗情况;⑥ 见附录。

3. 工程监理报告

工程结束进行验收时,监理工程师提交工程监理报告,主要内容:工程概况、监理组织机构、工作起止时间、关于工程质量、进度、费用及合同执行情况,分项、分部、单位工程质量评估、工程费用分析,工程存在的问题及处理建议,工程照片。

4. 项目监理档案

档案按行政档案、支付档案、技术档案分别管理。

档案分类细目(略)。

监理用表(以业主要求和建设主管部门规定用表为准)。

加强资料及信息及时传递与反馈。信息传递可以用电话、手机及人工等形式进行,确保工程建设的需要。

十八、组织协调

1. 监理单位与各参与方的关系

（1）监理单位与业主的关系。

业主与监理单位之间依据监理协议构成委托与受委托的关系，监理单位依据协议中业主授予的权限和明确的职责开展工作，业主驻现场代表与监理单位驻现场技术人员，应双方密切配合，为共同任务和目标相互支持。

在项目施工过程中，监理单位驻场工程师应定期向业主报告工程情况，未经业主授权，监理单位无权变更工程承包合同。由于不可预见和不可抗拒的因素，监理单位认为需要变更工程承包合同时，要及时向业主方提出建议，协助业主与工程承包单位变更承包合同。

（2）监理与设计单位之间的关系。

设计单位出具的工程设计文件，是监理的工作依据之一，监理人员在工程监理中应贯彻设计意图。若在审图、阅图或施工过程中，发现图纸有疑问，或者需要变更设计，监理人员应及时向业主提出，由业主向设计单位提出处理。

（3）监理单位与承包单位的关系。

监理单位与总承包单位之间是监理与被监理的关系，也是业务合作关系。总承包单位在施工时，应接受监理单位的监督和检查，并为监理单位开展监理工作提供配合。对于施工分包单位，监理单位则通过总承包单位对分包单位进行间接监理。与分包单位之间有关签证手续则通过相应的合同关系办理。

2. 本工程协调工作要点

（1）主动参与业主与承包单位招投标活动和合同洽谈、签约过程，了解和熟悉甲、乙双方的权力、义务、职责关系，并请业主对参建单位明确监理单位的职责与权力。

（2）坚持程序把关，对承包单位施工方案、进度计划和总包施工的月、旬作业计划，做好审核与协调平衡，做好上下工序交接验收以及产品保护的协议。

（3）对参建承包单位之间要求配合、协助的各种事宜，及时组织相关单位进行协商，按照轻重缓急做出决定，并协调好相关单位之间的经济利益关系。

（4）每周工程例会，对承包单位之间需要协调的问题事前通气，各方进行酝酿协商，并把出现的问题与解决对策书面报告业主。

十九、缺陷责任期的监理方法

（1）监理单位安排监理人员对业主提出的工程质量缺陷进行检查和记录。对承包单位进行修复的工程质量进行验收，合格后予以签认。

（2）监理人应对工程质量缺陷原因进行调查分析并确定责任归属，对非承包单位原因造成的工程质量缺陷，监理人应核实修复工程的费用和签署工程款支付证书，并报业主。

（3）督促承包单位按合同规定完成交工资料。

（4）监理人确认承包单位按合同规定及监理人指示完成全部剩余工程，并对全部剩余工程的质量检查认可，且收到承包单位终止缺陷责任申请后，应成立有监理人、业主参加的缺陷责任期工程检查小组，由检查小组审查终止缺陷责任的申请报告，检查小组就检查工作写出检查报告、报送业主，同时抄送承包单位。

（5）监理人收到检查小组的报告，并确认缺陷责任期工作已达到合同规定标准，应向承包单位签发缺陷责任终止证书，签发日期应以工程通过最终检测的日期为准。

二十、监理工作表式

本工程采用的监理工作表式为《水运工程施工监理规范》(JTJ 216－2000)和业主提供的监理工作表式。具体表式略。

第四篇 实践篇

　　实践是检验真理的唯一标准。实践出真知。但不同的人、不同的心态，自然有不同的实践方式和结果。

　　建设工程监理的工作内容、工作性质和工作成果，决定了建设工程监理的实践过程一定要积极、认真、严肃。对建设工程的进度控制要有明快的节奏感；对建设工程的信息控制要有精益求精的耐心和细心；对建设工程的质量的控制要有强烈的责任心；对建设工程投资的控制要有超然的公平心；对建设工程安全的控制要有毫不懈怠的决心和信心。总而言之，对建设工程的监理工作的认识和态度归根到底体现出的是监理人的事业心。

　　学习、学习、再学习，实践、实践、再实践。这是一个合格、成熟监理人的不二历程。

➡ 体育馆工程监理工作总结

一、工程概况

某大学体育馆为设施齐全的多功能二类体育馆,是以体育活动为主,兼容文艺、集会、展览和训练等功能的 2 层建筑,总建筑面积 13 600 m^2;占地面积 7 200m^2,比赛厅场地 34×48 m,赛场面积 1 600 m^2,比赛厅净高 20 m,观众席 3 000 座,檐高 26.450 m。

(1) 体育馆比赛厅按多功能Ⅰ型标准设计,能适应手球、篮球、排球、羽毛球、网球、乒乓球和体操等项目比赛之需。

(2) 本工程底层包括多功能厅、温水游泳馆、保龄球馆、室内跑道、器械室及变配电房等;二层包括主赛场及看台,练习馆和馆用附属设施用房,二层南北屋面为空调设备场地;三层为看台、回廊等。

(3) 本工程设有二层二站电梯,为贵宾和残疾人专用通道,男女运动员休息室各两个,男女贵宾休息室各一个,另有裁判室、尿检室、血检室、新闻发布中心和会议室。

(4) 地基与基础工程为钢筋砼静压方桩,钢筋砼承台及基础梁;主体工程为三层钢筋砼框架结构;二层部分楼面结构为预应力(无粘接钢绞线和有粘接二次灌浆两种);外墙为粘土多孔砖墙体,内墙为混凝土加气砌块;钢结构网架屋盖,彩钢瓦屋面。

铝合金门窗及幕墙,主赛场铺弹性木地板,练习馆搁栅木地板,附属用房为复合木地板,室内外楼梯为花岗岩,外墙涂料;精装修部分另行设计。

(5) 抗震设计按基本烈度七度设防,基本风压 0.35 kN/m^3,比赛厅标准荷载 4 kN/m^3,小房间标准荷载 2 kN/m^3。

(6) 给水系统包括生活、消防、喷淋和游泳馆水处理系统。设计最高生活用水量为 50 m^3/d,室内消火栓消防水量 15 L/s;室内自动喷水消防水量 26 L/s。屋顶设 18 m^3 屋顶消防水箱。消防系统设自动气缸增压设备各一套,可满足不利点的消防水压。排水系统为雨污分流,日最高排污水量 28 m^3/d,雨水有组织内管外排,采用高档卫生洁具。

(7) 电气系统包括变配电、动力配电、照明、通讯、综合布线、火灾报警与消防控制系统、防雷及接地系统。

(8) 音像和音响系统包括大屏幕显示屏、闭路电视系统、高保真音响。

(9) 中央空调系统包括体育馆的主赛场、练习馆、二层门厅,保龄球馆以及各辅助用房均设有中央空调。估计冷负荷为 2 117 kW(176 万大卡/小时),供回水温设计为 7/12℃(冷水),45/40℃(热水),其冷热源由设在两边屋顶的热泵冷热水机组供应,各主要场馆均设有消防排烟系统和赛场换气系统。

工程造价为人民币 3 400 万元。

工程主要施工过程：2001年初静压桩开始施工，基础施工中成功采用了轻型井点降水技术，确保了工程施工进度和质量；二层赛场楼面板和最大高1.8 m、跨度34.5 m主次梁为预应力，钢屋面6 m方格网架现场散件安装；2002年2月6日主体验收，2003年1月24日全面竣工验收交付使用。施工全过程无任何事故，工程质量被评为江苏省建设工程质量最高奖"扬子杯"奖。

二、工程监理感言

在本工程监理过程中，作为基础和主体施工阶段的项目总监、现场监理，感慨颇多，以下几件重大事项的协调处理可谓记忆犹新。

1. 关于合同争议纠纷的处理

在本工程总包施工合同重要组成部分的招标投标文件中，建设方要求施工方提供适当的优惠作为竞标中标的条件；施工方响应为免费提供二层以上满堂脚手并中标。但钢屋架安装合同中约定：建设单位提供安装作业平台。合同争议的焦点就在于总包合同的"满堂脚手"是否等同建设单位另行发包的专业合同的"作业平台"，其实质问题在于土建的"满堂脚手"是否能满足钢屋架安装的特殊需要。双方及双方的高层均争议不决：乙方要求增加钢屋架安装平台费用200多万元，甲方坚持满堂脚手即安装作业平台而不予追加。

在这种情况下，作为工程总监、现场监理，我组织了多次正式协调，包括分别与双方决策层的协调。但终因双方过分坚持单方面的片面理解而纠缠不定。

我们的意见主要是：两份合同的约定无论在文字上，还是内涵上都是不同的。首先，一个是木瓦工作业，脚手架荷载要求小；一个是钢屋架所有组件拼装，作业平台荷载要求大，两者相差悬殊。其次是搭设方案不同，所需要材料量和人工也大不相同。三是由于上层施工荷载经我方计算已远超出楼面结构设计荷载，所以底层相应部位还必须全部进行加强支撑，也就是说，实际搭设的范围也不同。因此，按钢构厂家要求的作业平台搭设费用应如实追加给搭设方即总包单位，但其原承诺的满堂脚手费用应全部予以抵扣，并且我们建议争议双方共同到建设工程主管部门进行专题请示解决。

后来，连同监理代表在内的工程三方代表共同到省政府建设主管部门进行了汇报。上级职能部门完全支持监理方的意见，工程甲乙双方按临行前各自领导层一致表态的"服从省主管部门意见"最终拍板定论。

监理感言：工程监理坚持科学是监理工作成功之本。唯坚持科学态度、科学精神、科学手段与方法，才能保证工程的进度、质量和安全。

2. 关于工期延迟索赔的处理

由于建设单位和总包单位合同争议长达3个月，钢构厂家工期延迟90天，故向建设单位提出巨额索赔。

根据钢构厂家的申请，我们进行了细致的协调处理。首先是认定索赔方申请的真实性。审核结果无论是从事实还是提出的时间时效性、提供的证据的完整性上，都全部符合双方约定的违约条款的赔偿要求。其次在赔偿损失的核算上，我们纠正了厂家的错误,即不应计入网架杆构件制作、加工、测试、运输和进场时间共 45 天。赔偿损失一下核减了 50％,厂家表示无异义并接受。

接下来,我们对屋架安装工期进行细算:由于前期准备工作好,后期各方配合与协调好,实际进度大为加快。实际安装工期比原厂家计划安装工期大大缩短。这一工期缩短,应视为主要是建设单位增加的投入(如塔吊的超时加班费)、平台的搭设费等。所以最终实际计算的工期损失进一步核减。结果得到赔付双方的一致认同。

监理感言:监理人员在监理工作中,必须坚守客观、公正的原则。没有客观事实,一切无从谈起;离开公正原则,各方合法权益无法保证。

3. 关于 2002 年春节全面加班不放假的协调与控制

由于预定工程竣工交付使用时间和接待国际重要赛事的日期有关,建设单位提出 2002 年春节体育馆工程全面加班。这对视春节为个人和家庭生活重大内容的参建人员,尤其是平日难得回家的农民工而言当然难以接受。节日期间从事高强度以及危险较大的高空安装施工,这对施工单位管理者来说安全隐患增加,因此也顾虑重重。

监理部权衡再三认为,为了确保国际赛事按期进行,以大局为重,支持建设单位的这一要求是监理的义务,应千方百计设法说服各施工单位;同时为实现这一目标,对节日期间每天的作业计划和内容、各工种与专业的配合、所有人员组合与落实、所有相关材料设备的供应和运输保障、各项安全措施、加班酬劳与兑现,甚至所有现场人员的吃喝、节日娱乐活动、节日家属到工地的接待安排等,均组织协调各方一一作出明确具体的安排。

2002 年春节的体育馆工程现场,各项施工紧张而有序,作业人员情绪稳定,精神饱满,节日生活丰富多彩,个人收益实惠及时兑现,没有发生任何意外和事故,圆满完成任务,得到建设方领导的高度评价。

监理感言:工程监理必需牢牢树立为业主服务的观念,真正当好建设单位的参谋和助手。

在体育馆整个工程施工过程中,监理部内部有正常的内部办公会议制度,有健全的收发文制度,有严密的验收制度,有严格的信息资料处理分工制度,有完善的工程技术档案管理制度。监理人员的共同感受是:自古就有"打铁必先自身硬"的说法,这道理实在既简单正确,又并非易事。

住宅工程竣工质量评估报告

一、工程概况

某建设项目为毛坯房,主要结构类型:17♯、19♯－1、－2 楼、10♯－2 车库为框架结构;抗震防裂为 7 度;结构设计使用年限为 50 年;地上建筑层数为 11 层,层高 2.88 m, 10♯－2 车库层高为 5.4 m。总建筑面积为 23 729 m², 其中 17♯楼建筑面积为 13 107 m², 19♯－1 楼建筑面积为 2 419 m², 19♯－2 楼建筑面积为 3 052 m², 10♯－1、－2 车库建筑面积各为 5 151 m²;17♯楼、19♯ －1、－2 楼、10♯－1 车库±0.000 相当于绝对标高 12.600 m;建筑耐火等级:17♯楼为二级, 19♯－1、－2 楼及 10♯－1 车库各为一级。

二、工程各分部做品

1. 砼强度等级

基础砼为 C30、S6 抗渗砼;柱、梁、楼板、底板、内外墙均为 C30;二次结构为 C25。 ±0.000 以下砌体采用 MU10、KP1 多孔砖灌浆、M10 水泥砂浆砌筑;基础、地梁、 ±0.000 以下柱等非防水构件的纵向受力钢筋保护层厚度为 4 cm。

2. 地墙面

17♯、19♯－1、－2 楼、10♯－1 车库:地面、楼面分别为水泥地坪、混凝土地面;顶棚为腻子批白;公共部位地面为水泥砂浆地面、抛光砖地面、黑面砖踢脚,墙面和顶面为油性漆;楼梯间地面为水泥砂浆地面、抛光砖地面、油性水泥漆踢脚,墙面和顶面为油性漆,金属扶手栏杆。

3. 墙体

外墙为 200 mm 厚混凝土空心砖墙体,内墙为 200、100 mm 厚加气混凝土砌块。外墙采用非承重 MU10 混凝土空心砖,M7.5 混合砂浆砌筑,@500 设 2φ6 拉结筋,伸入墙内不应小于墙长的 1/5 或 700 mm,填充墙超过 4 m,应在墙高中部(或者门窗洞口顶部)设置与柱连接的通长钢筋砼拉梁。电梯井道混凝土空心砖,M7.5 混合砂浆砌筑,@500 设 2φ6 拉结筋通长设置,圈梁竖向间距小于 2 m。

内隔墙均采用 100、200 mm 厚加气砼砌块,M7.5 混合砂浆砌筑,砖墙长大于 5 m 或大于两倍层高时每隔 2.5 m 左右设一构造柱;墙高大于 4 m 时,须在墙半高处设圈梁一道(结合门窗洞口过梁),悬挑部分外围墙及砌体女儿墙每隔 5 m 设一构造柱,并有可靠的压顶。

4. 屋面

上人屋面防水保温采用 10 mm 厚水泥砂浆,贴 200×200 mm 止滑地砖,30 mm 厚 1：3 水泥砂浆压光,50 mm 厚 C20 细石砼内配 ϕ4@150 防水层,表面刷水泥浆一道,膨胀珍珠岩找坡层最薄处 70 mm,三元乙丙防水卷材,35 mm 厚挤塑聚苯板,20 mm 厚 1：3 水泥砂浆找平层,现浇钢筋混凝土屋面板。

5. 门窗

彩铝＋中空玻璃铝合金推拉窗采用隔热冷桥静电粉末喷涂 80L88I 系列;平开窗采用 Y55 隔热冷桥系列,材料壁厚 1.4 mm;推拉门采用 89F 隔热冷桥系列材料(壁厚 2 mm)。铝合金门窗单块面积大于 3 ㎡ 的 5＋9＋5A 中空玻璃,采用中空浮法双钢化玻璃;单片大于 1.5 m² 的采用双层钢化(安全)玻璃;外立面窗玻璃粘贴建筑节能遮阳玻璃膜。管道井为木质防火门(包括楼梯间),分户门为甲级防火、乙级防盗门。

6. 外墙面

面砖墙面和局部外墙涂料墙面。

7. 建筑保温

外墙面 20 mm 厚挤塑保温板,屋面保温为 35 mm 厚挤塑保温板。10♯－2 车库及 19♯－3 楼屋面保温为 40 mm 厚挤塑保温板。

8. 水电安装

主要预埋、暗铺设施有给水管、热水管、消防管、排水管、空调冷凝水管、电线套管等。

给水管、热水管压力均为 1.0 MPa,消防管压力 1.4 MPa,均经水压试验,管道系统均已冲洗,排水管已通球通水试验,电气绝缘测试、防雷接地测试、电气保护接地测试、分电箱及等电桥架均逐项测试,全部合格或符合验收要求。

各单元分别配置电梯一台,安装绝缘测试、接地保护和运行调试等已通过专业技术监督部门验收。

三、建设监理依据

《中华人民共和国建筑法》;
《建筑工程质量管理条例》;
建设部和省市有关建设监理规定;
监理规划、监理实施细则;
业主提交的与承建商、供货商签订的合同及协议;
业主提交的本工程项目施工图纸及说明,包括设计变更、施工技术核定单;
经监理审核认可的施工组织设计、施工方案;
房屋建筑部分强制性条文;
国家和省市现行建筑工程质量评定标准及施工验收规范;
省现行预算定额、取费标准及有关建设管理法规条例;
业主与监理单位签订的建设监理合同。

四、监理过程及控制措施

在工程施工监理过程中,主要针对合同管理要求严,质量、安全要求高的特点,认真按国家有关建设工程规定、标准、规范及设计文件、施工与监理合同办事,突出以下几方面的工作:

(1) 认真审阅施工图纸,对施工图中存在的问题或表达不清楚的地方,经设计单位确认或调整后再施工,同时及时做好所有变更手续和变更签证。

(2) 严格按照合同核对施工资质,严格执行上岗人员操作证制度,特殊工种的人员必须持证上岗,要求施工单位必须做到人证一致。

(3) 严格原材料质量控制。凡是本工程使用的建筑材料,无论是甲供材还是乙供材,我们都要求:一要有有效的质保书、合格证或检测、化验报告;二要进行现场检查、复核;三要实行严格的见证取样制度,在监理的见证下送有资质单位进行抽测和复试,合格后方准使用。对部分不符合质量要求的材料或质保资料,我们坚决予以拒受或采取措施进行处理。本工程所用材料质保资料共 374 份,其中 17♯楼 260 份,10♯－1 车库 32 份,19♯－1楼 32 份,19♯－2 楼 50 份,经核查均符合设计、标单和施工质量验收标准等有关要求。

(4) 严格控制砂浆、砼质量,包括砂浆、砼按不同配合比进行计量、搅拌、灌注等。砂浆、砼配合比由检测中心提供,砂浆、砼现场机拌实行配比机前挂牌;水泥、黄砂、外加剂均计量上机,按配合比搅拌。砼、砂浆均见证取样按规定留置共 233 组试块,其中 17♯楼 141 组,10♯－1 车库 42 组,19♯－1、－2 楼 50 组,砂浆、砼试块强度经试压全部合格,综合评定结果符合设计要求。

(5) 坚持各工序跟踪,尤其是重点部位、混凝土浇筑施工坚持旁站监理,对不符合规范要求及验收标准的施工作业及时予以指出,并督促整改。共填写混凝土浇筑施工旁站记录 30 份,其中 17♯楼 17 份,10♯－1 车库 7 份,19♯－1、－2 楼 6 份。对二次结构坚持分层隐蔽验收,凡与设计不符或与验收标准不符的坚决要求施工单位返工。

本工程沉降观测由专业单位承担,沉降观测共计 15 次,累计沉降量符合规定,详见观测报告。

(6) 严把验收质量关,坚持各工序及分项工程质量验收;确保工程结构和使用安全。坚持施工单位各工序先自检后复检再隐蔽:各工序施工完毕后施工单位班组长在自检合格的情况下,项目部技术质量人员复检合格后再将工序质量报验单呈报监理,监理检查验收合格后再进行下道工序施工,同时做好隐蔽验收记录。

(7) 施工技术资料复核。凡已经完成的主体分部各分项工程施工技术资料,包括质保资料和检测资料,都及时进行了复核并予以认可、整理归档。在对进场工程材料进行必要的取样、送试的同时,还对工程进场材料、构件同时进行封样。至工程竣工,对所有新进场材料进行封样留存,便于必要时复试或再次确认。

(8) 确保现场旁站监理事后复查。在施工过程中,遇到浇筑砼时监理人员始终在现场旁站,检查、监督砼的振捣情况,确保无不振、漏振现象;拆模后监理组织复查,确认无蜂窝、麻面现象。

为保证工程质量和进度,本工程中我们发送的施工质量方面的监理联系单6份、质量类监理通知60份、进度类监理通知4份、安全类监理通知52份、停工令2份、备忘录4份。要求施工单位整改回复,监理坚持复查。

(9)定期召开现场工地例会,及时协调处理施工阶段工程中出现的问题,坚持每周开一次例会,后期达到每周开3次碰头会。本工程施工期间共开例会93次,形成例会会议纪要93份。遇到需要及时协调解决的问题及时召开专题会议,本工程施工期间共开专题会20次,形成专题会议纪要20份。及时协调、处理施工中存在的问题和帮助施工单位解决实际施工中的困难;及时解决了工程中出现的质量、进度及安全等问题,保证了工程的顺利完成。

我们根据主管部门规定,坚持监理对工程实体进行平行检测,本工程共形成实体平行检测资料229份,其中模板外观检测26份,砖(砌块)外观检测18份,混凝土坍落度检测29份,混凝土构件保护层厚度检测13份,混凝土构件回弹24份,混凝土构件尺寸检测13份,轴线、层高检测13份,现浇板厚度、开间尺寸13份,砌体实测记录80份。

我们按相关规定及甲乙方公约,对本工程施工安全和文明施工进行了监理。共组织安全与文明施工大检查并形成记录19份(次),发出安全类监理通知52份,停工令2份,备忘录4份。工程自始至终未发生属监理责任的任何重大事故。

五、单位工程质量评估意见

本工程共9个分部,分别为基础、主体、屋面、装饰、给排水、消防、节能、电气、电梯等。地基与基础检查分项工程9项,合格率为100%;主体检查分项工程5项,合格率为100%;屋面检查分项工程4项,合格率为100%;装饰检查分项工程6项,合格率为100%;给排水检查分项工程6项,合格率为100%;消防检查分项工程5项,合格率为100%;节能检查分项工程4项,合格率为100%;建筑电气检查分项工程13项,合格率为100%;电梯安装工程检查分项工程7项,合格率为100%。

根据上级主管部门要求,就分户平面尺寸、层高、板厚、门窗气密性试验和渗漏试验、厨卫间蓄水试验、给水管压力试验、下水管通球试验、电气绝缘与接地测试等进行的功能质量验收结果全部合格;17#楼分户验收共计223户,合格率为100%。

根据监理现场查验、实体检测、资料审核等结果,对照相应的分部、分项工程质量检查评定结果,我们认为本工程质量基本满足设计和施工验收规范、强制性标准要求;需施工方整改、了尾、补齐资料等问题,总包方已按作出的书面承诺执行到位;已成为工程缺陷的问题,施工单位以保修书严格兑现质量保证,做好售后服务。

因此,我们综合评定本工程施工质量等级为合格。

施工安全监理工作总结

某国际花园10号楼于去年1月16日发生塔吊钢丝绳断裂、检修人员坠落死亡事故。我们在认真组织好对本次重大事故的内部调查处理和协助有关安全主管部门对本次事故调查处理的基础上,全面总结事故教训,努力提高监理工作水平,把施工安全监理工作落到实处,坚决杜绝死亡事故,消灭监理责任事故,真正做到防患于未然。

本次事故完全是不该发生的。它不仅给各主管部门造成极大麻烦和负担,给社会带来不稳定因素,对单位造成很不好的负面影响,而且给死者亲属带来巨大的、长期的精神创伤。对此我们深感沉重。主要教训是:

(1)日常对重大设备供应商的监督,有偏重于看结果(合格证、许可证、资格证等)的倾向,有时对"过程"监督不够有力,说明监理工作的深度还不够。

(2)我们对经常性常驻工地作业人员的安全施工技术交底特别重视,对个别临时进场人员还缺乏有效监督,说明监理工作的广度还不够。

(3)尽管有时对施工方的违章行为进行了严肃处理(包括罚款),但没有向有关安全主管部门报告,说明监理工作的力度也不够。

(4)有时施工方对监理的安全监督、处理或处罚有公开的抵触,我们也坚持按相关法规和约定办事,但有时效果不理想,说明监理工作还缺乏可控度。

上半年重点在以下方面狠抓了安全监理工作:

(1)制订了非施工人员进入施工现场安全管理办法;

(2)对本工程全体特殊工种人员进行了岗位证书复查和安全教育;

(3)明确了塔吊安装、提升、检修、拆除的有资格单位;

(4)公示了安全救援应急预案并组织了演练;

(5)强制要求配置了工程项目副经理、专兼职施工安全和施工质量管理人员;

(6)增派了专职安全监理工程师;

(7)复查了10♯、12♯塔吊;

(8)对外脚手架搭设(包括安全网和竹笆片)进行了全面整改;

(9)全面进行施工中的建筑物临边洞口防护的整改;

(10)对所有模板支撑系统搭设整改进行了必要的并强化了专项报验制度;

(11)2007年春节后,对所有施工人员集中进行了全面安全教育和施工技术交底,并已登记造册申报;

(12)强制执行"工程安全文明施工公约",对违章作业、擅自拆除现场安全设施行为进行处罚;

(13)坚持月度安全专项检查制度,实行"先安全后质量、安全质量一起抓"的日巡视检查制度;

（14）坚持要求并督促施工单位约请区职能单位对 10♯楼塔吊复查,坚持要求并督促施工单位尽快了结事故处理程序,包括督促、协调施工单位交纳安全事故罚款。

总之,上半年后期安全形势有了一定程度改进。但是,形势依然相当严峻:普遍存在安全意识薄弱、安全措施脆弱、安全管理软弱、安全制度虚弱的情况;无论是管理层还是一般作业人员,无论是施工的每一天还是项目整个建设期,都随时可能会出现不安全行为和安全隐患。安全监理任务十分艰巨。尽管已远超过监理的权力,我们仍身体力行,尽力而为。

下半年我们的安全监理工作打算如下:

（1）坚持安全监理工作长效化。主要是:安全活动制度化,即施工单位现场每天有安全值日、监理每周有安全考核、每月有安全大检查、每季有安全形势分析会(施工单位三级安全负责人必须参加)。

（2）坚持安全教育常态化。主要是:专业或重要分项工程施工技术交底和安全交底同步,特种作业(外脚手架搭设与拆除、大面积模板排架支撑搭拆、塔吊安装拆除与检修、重大件吊装等)有专人负责现场值守或指挥,新进场人员必须先进行安全知识教育、后进场。

（3）施工单位自查的安全隐患和违章作业或监理发现的安全隐患和违章作业一律公示,并限期整改;整改达标由整改单位负责在限期内公示。如限期内未整改公示,或虽整改公示但有明显弄虚作假和敷衍了事的,监理将立即予以公开警告,同时书面通知施工单位企业负责人。如施工方忽视监理警告仍不在规定期限内认真整改达标的,将公开予以相应的处罚,直到撤换有关责任人、局部停止施工。如施工方继续违章作业,隐患依旧,消极应付,监理将立即向政府主管部门报告,请求强制处理。

总之,我们决心尽最大努力,千方百计把安全监理工作搞好,杜绝伤亡事故,消灭安全监理责任事故,顺利完成项目建设监理任务。

监理日常实务文例 10 篇

一、监理部月度工作计划

2007 年 9 月监理工作要点

类别	要点事项	完成时间	责任人	完成否
进度与分包管理	6♯车库开工审批	15/9		
	10♯楼主体预验收	11/9		
	保温施工审批			
	7♯、12♯楼自上而下每 4 层内外粉刷			
	屋面防水施工申报			
	铝合金门窗安装申报			
质量控制	7、12♯楼主体验收质量整改复查			
	7♯楼户门二次结构施工隐蔽验收			
	5♯库施工监督（模板及支撑方案等）			
	7、10、12♯楼内外粉刷（外墙分层报验、内墙分户报验）	内外墙平行检测		
	样板房铝合金门窗安装及与土建中间交接手续			
	12♯楼建筑保温小样施工与监督			
	屋面及外墙砖拉拔试验与验收	分层报验		
	屋面及室内防水施工质量控制	分层、分户报验		
	安装质量控制与专项试验、验收	业主、物业		
	各分包单位工程材料和内外粉刷材料取样试验与抽查、封样			
投资控制	材料调价协调			
	分项签证审核			
安全监督	外脚手架等安全监督			
	外墙粉刷作业人员安全教育与技术交底名单			
	分包单位安全协议及安全技术交底和人员进场教育名单			
	例行月安全检查			
资料管理	主体验收通过后主体分部和子分部各单位盖章资料回报			
	分包单位申报资料归档			
	分户专项验收资料归档			
	抽检与验收资料归档			

各位现场监理：此要点请各位阅办。执行中如情况变化，需适时进行调整。

××（签名）2007—09—07

二、监理部周工作计划

监理周抽检(测、试)安排表

日期(星期)		抽检(测)项目	牵头人	参加人	完成否
31/12(一)	前	7#楼跃层西单元地暖隐蔽验收			
		10#楼8层卫生间蓄水试验			
	后	12#楼8层卫生间蓄水试验			
		12#楼10层东单元地暖隐蔽验收			
		12#楼1101层地暖隐蔽验收			
1/1(二)	前				
	后	10#楼7层卫生间蓄水试验			
		12#楼7层卫生间蓄水试验			
2/1(三)	前	10#楼外墙面砖、窗框下口复查			
	后	12#楼12层卫生间蓄水试验			
		12#楼外墙面砖、窗框下口复查			
3/1(四)	前	10#楼6层卫生间蓄水试验			
		12#楼6层卫生间蓄水试验			
	后	12#楼10层西单元地暖隐蔽验收			
4/1(五)	前	10#楼5层卫生间蓄水试验			
		12#楼5层卫生间蓄水试验			
	后	12#楼8层卫生间蓄水试验			
		7#楼跃层东单元地暖隐蔽验收			
5/1(六)	前	13#、14#楼图纸会审			
		13#楼验槽			
	后				
6/1(日)	前				
	后				
说明		1. 安排表由牵头监理编排,经总监协调批准执行。 2. 抽检(测、试)小组由2~4人组成。土建分项验收以××为组长,安装分项验收以××为组长。 3. 抽检(测、试)结果合格的,应填写入专用"记录表",全体参加成员应签字。 4. 抽检(测、试)结果不合格的,由牵头监理下发"整改通知单",复查仍由原抽检(测、试)组全体参加并认可。 5. 如该抽检(测、试)涉及相关待交接施工单位的,交接双方均应派专人参加,凡具中间交接条件的应于抽检(测、试)后同时办理交接单并签字。 6. 本表由××负责编印、收存,并通知全体现场监理。			

三、监理部办公会纪要

监理部某次办公会议纪要

1. 年度项目部工作目标

（1）安全无事故；

（2）13♯楼等创省级文明工地、市优质结构工程、金陵杯工程；

（3）7♯楼工程质量100％合格；

（4）按计划完成形象进度和竣工验收；

（5）监理工作制度：

		时间地点	主办人	协办	纪要整理
会议制度	工程例会	每周二			
	专题会	约定			
	总协调会	每季度末			
	月度安全活动	月末			
	监理办公会	月初			
验收制度	工序验收	当日			
	隐蔽验收	当日			
	中间验收交接	完工后			
	分项验收	完工后			
	分部竣工验收	完工后			
资料管理	报验资料办理	8小时内			
	"三单"办理	24小时内			
	平检资料办理	24小时内			
	整复资料办理	24小时内			
	报表	月底			

2. 近期工作

（1）13♯楼等工程：首次例会，开工申报审批，检查验收（建筑定位、测量放样、材料取样复试、验槽、混凝土垫层、基础结构等），开工安全检查（塔吊安装及审验），设计交底，图纸会审等。

（2）7♯楼等：收尾工程监理（外墙装饰、公共部位装修、防水、保温、地坪浇筑、油漆、水电安装、电梯安装等），中间验收（卫生间防水、地暖安装、外墙与墙洞等），安全监督（塔吊、外脚手架拆除等）。

（3）办公室布置。

3. 监理工作要求

（1）尽职尽责：各监理员做好巡查、抽查、取样封样、平行检测、试验，填写好日记、旁站记录、查验记录、材料台账，及时发送"三单"与"回复"及月报。

（2）坚持执行验收标准：即设计图纸与变更、验收规范与强制条文、工程承包合同和供货合同（采购合同）等。

四、工地例会纪要

工地首次例会纪要

2009年7月20日下午2:00在现场工地会议室举行8♯楼工程开工首次例会,会议由总监主持,甲方代表、现场监理人员、施工项目部全体人员参加。会议主要对四期工程施工监理工作进行了交底,具体内容如下:

1. 监理目标

(1) 确保区级安全文明工地,做到无监理责任事故,无重大事故发生;

(2) 工程质量验收批次合格率100%(一次合格率不低于95%),单位工程竣工验收质量合格;

(3) 在满足安全与质量的前提下,千方百计督促与协调施工进度,尽可能实现合同工期。

2. 监理工作交底内容

(1) 安全与文明施工方面:

① 甲方于正式完成法定开工手续后的5天内完成安全文明工地申报;

② 15天内完成安全文明工地初验(含各项软件资料);

③ 每周施工单位自查,并书面报告具体活动情况与结果;

④ 每月监理组织安全文明工地例行检查;

⑤ 每日巡查及工程验收,均实行安全、文明施工与质量查验捆绑,发现问题及时处理。

(2) 施工质量方面:

① 工程材料、构件(设备)报验。

a. 申报时间:工程材料、构件(设备)进场前预报;进场后8小时内(最多不超过12小时)必须申报给监理。

b. 申报资料内容:申报表、合格证、检测报告、必要的生产许可证、乙方自购大宗材料的供货合同、供货方企业资格证书、有特殊要求材料或构件的型式检测报告等。属工程标单注明甲方指定品牌的,必须在签订采购合同前将审定认可的材料或其他制成品样品及其质保资料留存给监理,以便复验。

c. 申报资料有效性规定:原件、附复印件必须是职能单位出具,必须在规定有效期内,必须清晰可辨;全复印件必须加盖生产单位或供货单位公章,必须注明原件存放单位和部门,经办人必须签名;属总包单位申报的必须是一式三份,分包单位申报的必须是一式四份,专业单位申报的必须是一式五份。

d. 见证取样:原材料申报后,监理立即验收(包括生产厂家、日期、批号,材料品种、规格、数量、包装,材料尺寸、观感等);监理验收合格,立即见证取样和封样;监理验收不合格,立即责令退场,并在全部退场后签署不合格材料退场记录,由甲乙方代表和监理签字后监理存档。

e. 封样：封样均由监理登记与保管，所有封样不得中途调换，实际使用材料或构件（含成品）质量必须与封样等同。

f. 复试结果报告规定：凡未经监理见证取样、送试盖章并登记的复试报告一律无效，委托材料检测的必须有正常书面手续并事前将其相关资料报送监理认可，复试报告必须在相应使用部位隐蔽施工前报监理认可；凡弄虚作假提供的材料检测报告、型式检验报告或复试报告，施工单位必须承担全部责任和由此产生的一切经济损失；监理有权按合同相关违约条款对责任人和单位予以追究和处罚，包括强制撤换相关人员。

② 基础与主体结构工序与隐蔽报验。

a. 申报时间：申请验收日期的前一天，最迟不得迟于验收前 4 小时；凡施工单位擅自隐蔽的申报验收一律不予受理；星期六、日不予验收，但基础与主体结构施工阶段因极特殊情况，事前经总监和甲方商定同意、施工单位在星期五上午已向监理申报（包括需夜间施工的许可手续），且监理确认具备验收可能的，则可予以例外安排验收；每天上午8:00前、下午5:00后不验收，尤其是二次复查验收。

b. 申报资料：专项施工方案；基础与主体结构隐蔽验收后的浇筑混凝土的申请，还应同时报送监理混凝土配合比、安全技术交底记录、浇筑混凝土现场负责人和主要工种负责人、配合工种值班人名单。

c. 申报资料有效性规定：申报的现场施工内容确实全部完成，申报验收的部位确实已自验并合格，申报的资料监理审核认为全部符合要求。

d. 施工单位自验规定：施工单位自验合格是监理验收的前提；监理验收如发现申报的内容未完成，申报单位自验徒有虚名，实际不合格率达 20％以上，可中止验收。

e. 监理验收不合格返工规定：

监理验收发现不合格率达 10％以上的，施工单位返工不少于半天；

监理验收发现不合格率达 20％以上的，施工单位返工不少于一天；

监理验收发现不合格率达 30％以上的，可追究施工单位及其责任人的责任，包括罚款。

f. 施工单位参加监理组织验收规定：

监理组织验收，施工单位的项目负责人、施工员、质量检查员、安全员必须参加；如施工方主要负责人擅自缺席，监理可以中止验收；对其他人员擅自缺席，监理可直接处罚。

二次复查验收人员原则上与首次验收人员相同；个别人员因故不能参加，需事前和总监请假，否则监理可中止复查，或对相关缺席人员予以处罚。

③ 其他隐蔽验收。

申报时间、申报资料、申报资料有效性、申报前自验的相关规定同前；施工单位参加监理组织验收规定施工员、质检员必须参加；监理验收不合格返工规定同前；参加二次复查验收人员规定同前。

④ 施工单位配置监理旁站施工工序的现场负责人和值班人员规定：现场负责人必须是项目经理或副经理，值班人员必须是施工员或质检员、安全员，主要工种值班人必须是包工头，配合工种值班人必须是持证人员。

⑤ 重要安全设施与大型机械安装拆除报验时，拆装申请、专项方案、应急预案、现场负责人委托、单位认可的持证上岗人员名单，安全与技术交底记录等，应提前 72 小时报

监理审批认可,并报相关部门备案同意。

⑥ 监理验收组织与流程:基础与主体结构隐蔽验收、功能性试验验收由总监组织;其他工序验收、主体二次结构隐蔽验收、建筑安全性检测等,由专业监理或总监代表组织。

监理验收流程详见另行通知。

(3) 施工进度方面:

① 进度计划报批:开(竣)工计划,周、月进度计划,复工计划等,必须提前 24~72 小时申报给监理;

② 甲方变更延期签证申请:必须在甲方变更通知下达后 3 天内(或变更内容实施前一周)提出并报监理,甲方收到乙方申请 3 天内书面答复并通知监理;

③ 施工方责任延期申请:每月施工单位自行对照总进度计划,并就实际延迟的工期提出申请(包括赶工措施),经监理和甲方确认后实施。但不得将工期延误批准作为索赔的依据。

④ 进度协调会。领导层进度协调会:每季一次,公司总经理或委托的副职参加;施工项目部进度协调会:项目经理等全体(含材料员、安装技术负责人)参加;专业单位间专题进度协调会:项目负责人、施工员参加;开(竣)工会:项目经理等全体项目管理人员,各分包单位项目负责人参加。

3. 各方工作联系方式与规定

(1) 施工单位对监理联系与回复:统一使用书面联系单,项目负责人签字、项目部盖章,报给监理和甲方各一份;除需转甲方的以外,对其他联系单监理在 24 小时内书面回复(节假日顺延)。

(2) 监理对施工单位联系与回复:施工方收到监理联系单,在 24 小时内书面回复。

(3) 监理对施工单位通知与回复:

① 安全与文明施工类:按监理通知限期执行,对施工单位拒不整改的可加倍处罚,对屡教不改者,可强制撤换;

② 施工质量类:按监理通知执行,对施工单位拒不整改的可加倍处罚,对屡教不改者,可强制撤换;

③ 工程量变更签证类:施工单位应在甲方通知下达后 72 小时内申报,监理复核一般在 72 小时(重大复杂变更复核为 7 个工作日)内完成,甲方按施工合同执行;

④ 施工进度调整类:

施工单位总进度计划在期末前一周提出(包括调整申请),月度计划(包括调整计划)在当月 25 日前提出,周进度计划在每周一上午报监理和甲方;

对施工单位总进度计划和月进度计划及其调整计划的答复,经甲方会商后一周内回复;

对施工单位周进度计划及其调整计划的答复,经甲方会商后 48 小时内回复。

(4) 监理对施工单位备忘录:施工单位严重违法违规施工且拒不接受的,监理不予验收;工程竣工时监理不予签字认可该分项或分部的合格,直至经监理接受的、具合法程序的试验、检测、专家论证或设计人特别专项签字同意为止。

今后每周例会定为每周一下午 2:00,望各单位相关人员按时参加,不再另行通知。

五、工地专题会纪要

某工程进度专题分析会纪要

2009 年 3 月 5 日下午 3:00 在施工现场总监办公室,由甲方、土建单位、监理单位项目主要负责人参加,就三期工程进度滞后事宜召开了专题分析会议,会议内容纪要如下。

1. 13#楼项目

(1) 工期滞后与原因分析:13#楼项目至今累计工期已滞后 4 个月左右(按 5 月末竣工统计),会议认为工期滞后的主要原因是:

① 建筑结构较复杂,尤其是 10-2 车库,为二层钢筋混凝土结构,又设置有后浇带,施工耗时较多;项目部为节省周转材料采取先主楼、后车库的作业法,工期延误更为突出;

② 按甲方和《导则》要求增加的二次结构耽误时间将近 1 个半月;

③ 春节复工后雨天较多影响外墙施工约 10 天;

④ 地方政府要求创文明城市,影响施工 10 天;

⑤ 定额工期压缩较多。

(2) 下步抢抓进度关键是:14#楼保温施工及墙面砖施工务必确保工期;车库与屋面防水、卫生间防水必须千方百计穿插施工;13#楼外墙粉刷、保温施工及墙面砖施工加强组织务必保证足够的人力确保工期。

2. 17#楼项目

(1) 工期滞后与原因分析:17#楼项目至今累计工期滞后 3 个半月左右(按 4 月末竣工统计),会议认为工期滞后的主要原因是:

① 主体结构商品混凝土供应不及时,累计影响约半个月;

② 按甲方和《导则》要求,增加的二次结构影响一个半月;

③ 车库土方回填迟延影响 20 天左右;

④ 10-1 车库因甲方反复变更整体使用功能,阻滞现场施工影响累计约 20 天;

⑤ 主体验收原与甲方事前商定分两步进行,但质量监督站根据新规强调只能一次验收,进而影响大概 20 天;

(2) 下步抢抓进度关键是:

抓紧外墙保温施工和贴面施工;确保 4 月中旬外脚手架落地,为室外配套工程开工创造条件;抓紧内粉与了尾工程,确保施工作业质量。

3. 会议要求

(1) 会议明确三期工程公共部位装修由土建负责施工(材料样品已定),各方要尽快报价至甲方,工期顺延时间一并申报;

(2) 会议要求各项目部尽快组织好关键材料采购(如户门、防火门、公共部位地砖);

(3) 施工进度已经严重滞后,会议要求施工项目部高度重视,加强管理和协调力度;对甲方后期变更要求尽可能加以控制,以共同为既定竣工计划的完成而努力。

六、竣工准备会纪要

竣工收尾专题会议纪要

2009 年 11 月 4 日上午,在×××8♯楼现场会议室由总监主持,建设单位与三期工程负责人参加,召开关于三期竣工收尾工程专题协调会,工程部经理及业主代表和工程总监对有关工程进度、施工质量等方面提出了要求,具体纪要如下:

(1)保温节能验收所缺的设计验收记录、节能审查意见书等需甲方提供的节能资料在 11 月 5 日前解决,解决后由土建单位在 8 天内通过节能验收。

(2)建设单位提供天桥挡土墙图集,由 17♯楼土建单位负责施工,今天下午报施工进度计划给监理审核。

(3)专业安装单位对整个消防系统复查一遍。

(4)土建单位完成竣工图后,送一套给监理审查后送两套给甲方。

(5)对消防系统室外与 6♯库连接部分,建设单位应尽快确认施工单位;17♯楼的施工单位今天下午将消防资料移交给 13♯楼安装单位汇总,消防验收由 13♯楼安装单位报验,建设单位组织验收,但两家必须对自己的施工质量负责。

(6)监理单位下发给各土建单位的监理通知,凡未回复的必须尽快回复,土建单位未按时回复的必须做出承诺,若今后这些问题再次出现,必须无条件担责;凡是需要监理提前盖公章的竣工资料各土建单位必须以单位名义写保证书,盖单位公章,保证因此出现任何问题与监理无关,承担全部法律与经济责任。

(7)11 月 6 日天桥管网结束,下周二自来水公司进场施工,10 日内完成。

(8)11 月 20 日自来水送至管井,施工单位自行连接临时水,三栋楼外窗淋水试验同时进行,5 日内结束。

(9)19♯楼商铺门前台阶由建设单位安排其他专业施工单位施工。

(10)室外排水系统必须做通球试验,定于下周三进行,由监理、室内管道安装单位相关人员参加。

(11)南门入口及 14♯西面、南面道路工期 10 天,土方回填时,土建施工方派人监督压实质量。

××建设工程咨询有限公司
某国际花园三期项目监理部
纪要签发人:
2009 年 11 月 4 日

七、监理联系单

监理工程师联系单

工程名称：某国际花园四期工程　　　　　编号：B3 1—20110324

事由	关于外保温材料应更改设计重选	签收人姓名及时间	

致：某房地产有限公司(建设单位)

　　我部 20101122 联系单就 8♯、9♯楼外保温材料耐火性能要求贵公司联系设计单位予以明确,但至今没有回复(见附件)。

　　由贵公司采购并供应到现场的首批 8♯楼外保温板显然与消防主管部门通知要求相悖,应全部退货。

　　根据公消(2011)65 号通知,"民用建筑外保温材料纳入建设工程消防设计审核、消防验收和备案抽查范围"。"凡设有外保温材料的民用建筑,均应将建筑外保温材料的燃烧性能纳入审核和验收内容"。"民用建筑外保温材料采用燃烧性能为 A 级的材料。"

　　根据该通知要求,贵公司 8♯、9♯楼外保温材料应由设计单位更改设计,选用不燃材料,重新报审。

　　现外保温施工在即,如仍不尽快落实更改设计、重选阻燃材料、重新报审,将直接影响四期工程竣工工期。

　　特再次联系(附件共__1__页)

抄报：

项目监理机构(章)：_____

专业监理工程师：_____　　总监理工程师：_____　　日期：_____

注:本联系单分为对建设单位联系单(B31)、对承包单位联系单(B32)、对设计单位联系单(B33)。

八、监理通知单

监理工程师通知单(质量控制 B2 类)

工程名称：某国际花园 7、10、12♯楼及 5、6♯车库　　　　编号：B22—20080804

事由	关于竣工预验收质量问题	签收人姓名及时间	

致：某房地产有限公司
　某建设公司××项目部(总承包单位)
　各相关施工单位

　　经第一次竣工预验收发现的问题表明,我部过去在监理通知、工程例会上提出的必须整改或完成的工程内容,不但有相当部分并未解决,甚至有些较严重的问题依然没有履行整改诺言。为此特再重申通知如下：

1. 凡至今未通过监理专项验收的工程内容和相关单位,必须在 8 月 11 日前全部保质完成,特别是屋面渗漏、外墙渗漏、飘窗上下渗漏、管井渗漏,户门,钢质和木质防火门,阳台与楼梯栏杆,墙地面空鼓裂缝,水电安装(含装修水电安装)等。
2. 上述单位必须在完成上述要求后,以详细记录方式(见附件 1)报告整改部位、整改问题、自检方式和责任人,并以保证书形式(见附件 2)承诺整改质量保证期限、负责人、一切后果与监理无涉并全部自行承担等内容,报请监理和业主验认可。
3. 对凡属应整改问题而瞒报或弄虚作假者,且关系到监理因乙甲双方再三要求尽早将竣工资料报送质鉴站审查所提前签署的竣工验收结论或意见,我部将以施工合同违约欺诈行为予以加重处罚。
4. 凡属业主方应完成的部分也应与上述要求同步完成。

特此通知！

附件共　2　页,请于　2008　年　8　月　10　日前填报回复单(A5)。
抄送：某房地产有限公司

　　　　　　　　　　　　　　　　　　　项目监理机构(章)：＿＿＿＿＿＿＿
专业监理工程师：＿＿＿＿＿＿　　总监理工程师：＿＿＿＿＿＿　　日期：＿＿＿＿＿＿

　　注：本通知单分为进度控制类(B21)、质量控制类(B22)、造价控制类(B23)、安全文明类(B24)、工程变更类(B25)。

附件 1

某国际花园 7、10、12♯楼及 5、6♯车库工程
预验收问题整改复查纪要

　　2008 年 8 月 4 日下午,由总监组织,建设单位代表、土建单位代表及现场监理人员对 7♯、10♯、12♯楼及 5♯、6♯库预验收问题整改进行复查,现将要点纪要如下：

　　(1) 三栋楼飘窗注浆后未抹平批白处理；

　　(2) 三栋楼跃层户内墙面渗水水印未处理；

　　(3) 三栋楼楼内清扫不够,地下室走廊有粪便；

（4）三栋楼户内局部地坪开裂未处理；

（5）三栋楼局部阳台地坪热水管保温棉外露未处理；

（6）三栋楼相当部分进户门、锁开关不灵，有的面漆起皮需更换；

（7）三栋楼部分铝合金窗、阳台门开关不灵，玻璃污染较重，12♯楼阳台推拉门窗框下部变形，部分公共部位小推拉窗窗台少压条；

（8）三栋楼桥架上口未粉平批白；

（9）三栋楼相当部分开关盒四周未掩缝批白；

（10）三栋楼采光井顶部未做防水；

（11）三栋楼楼梯扶手面漆损坏严重；

（12）三栋楼公共部位感应开关、灯具未补装，空鼓地砖未换；

（13）5♯库与7♯楼结合部渗水；

（14）7♯楼西楼梯地下室管井边下口未批白；

（15）7♯楼703南小窗头一边高低明显，1206内墙开裂；

（16）7♯楼西单元机房玻璃损坏；

（17）7♯、12♯楼阳台玻璃损坏；

（18）10♯、12♯楼局部阳台废弃地漏洞未封堵；

（19）5♯、6♯库排水沟盖未装；

（20）5♯、6♯库污水泵未安装；

（21）相当部分排水横管清污不到位；

（22）分户配电箱回路标识编写不规范，断路器元件必须排列整齐；

（23）管道井橡塑保温清污不到位，配电箱、开关、插座面板清污不到位；

（24）5♯、6♯库部分接线盒盖板未安装；

（25）供电部门10♯楼地下室外桥架安装不符合规范要求；

（26）自来水公司连接的10♯楼东单元地下室管井接头部渗水；

（27）5♯、6♯车库上部栏杆未装；

（28）电梯验收合格证未到。

以上问题，各单位务必在27日前整改结束，确保8月28日竣工。

附件2

竣工预验收问题整改质量保证书

_____单位承建的××国际花园7、10♯、12♯楼及5♯、6♯车库项目的工程产生的_____

_____等问题已经全部整改完毕，并承诺：上述问题整改后的质量保证期限为_____年，否则一切后果全部自行承担；凡属应整改问题而瞒报未改或弄虚作假者，且关系到监理因甲乙双方再三要求尽早将竣工资料报送质鉴站审查所提前签署的竣工验收结论或意见，我部将无条件接受监理和建设单位按施工合同违约条款加倍处罚；该一切责任与监理无关。

保　证　人：

项目负责人：

单　位　章：

日　　　期：

九、监理工程师备忘录

监理工程师备忘录

工程名称：某国际花园人防 9♯楼工程　　　　　　　编号：B42—20091214

事由	人防 9♯楼防水卷材保护层备忘	签收人姓名及时间	

致：某房地产有限公司

　　2009 年 11 月 27 日土建单位发出联系单(详见 A10—20091127)：因实际施工和防水质量需要，要求在基础梁板 BAC 防水卷材表面增加 20 mm 厚混凝土保护层。

　　11 月 30 日上午甲方代表在该联系单上签署意见回复：同意加 20 mm 混凝土保护层。

　　11 月 30 日下午甲方代表发联系单(详见 C23—20091130)，明确人防 9♯楼基础梁板 BAC 防水卷材表面不需要做保护层。

　　12 月 1 日四期工程例会监理就此进行协调，甲方代表坚持不做保护层并表明已和设计人员沟通好，施工方如再做保护层则甲方不予认可该工程量(B61—20091201 第十九次工程例会纪要)。

　　12 月 2 日土建单位发出工程签证单(详见签证编号—05)：要求增加因甲方取消保护层而增加基础梁板 20 mm 同基础同标号混凝土。

　　12 月 3 日甲方代表在签证单上回复同意人防 9♯楼基础梁板增加 20 mm 同基础同标号混凝土。

　　12 月 3 日施工单位发出编号—001 技术核定单，第三条要求确认 BAC 防水卷材表面不需要做保护层(当时基础钢筋未绑扎施工)。

　　12 月 11 日我部收到该技术核定单的回复，原第三条被删改为 BAC 防水卷材表面需要做保护层。此时人防 9♯楼基础梁板、墙柱钢筋施工已完成约 80%，再在防水卷材表面做混凝土保护层已无可能。

　　12 月 14 日质量监督站验收人防 9♯楼基础梁板时，对防水层上无混凝土保护层提出质询并不予验收认可。

　　12 月 15 日上午监理收到施工单位工程联系单(200912110)，申诉不做防水层混凝土保护层的依据是甲方联系单 C23—20091130 且收到编号—001 技术核定单回复"BAC 防水卷材表面需要做保护层"时，钢筋绑扎量已基本完成。

　　特此备忘！

抄送：

抄报：

　　　　　　　　　　　　　　　　项目监理机构(章)：＿＿＿＿＿＿＿＿＿＿＿

专业监理工程师：＿＿＿＿＿　　总监理工程师：＿＿＿＿＿＿　　　　日期：＿＿＿＿＿＿

注：1. 本备忘录用于项目监理机构就有关重要建议未被建设单位采纳或监理工程师通知单中的应执行事项承包单位未予执行的最终书面说明，可抄报有关上级主管部门。

　　2. 本备忘录分为对建设单位备忘录(B41)、对承包单位备忘录(B42)、对设计单位备忘录(B43)。

十、工程决算审核会议纪要

某国际花园5♯,4♯楼工程造价决算审议会纪要

2006年10月13日星期五上午,在××房地产有限公司会议室,按双方约定计划时间进行了第一次某国际花园5♯、4♯楼工程决算审议会。参加本次会议的有:××房地产有限公司董事长、工务部经理、工程主任,××建工集团某国际花园项目部经理、技术负责人××(持等同公司授权委托书),××监理公司项目总监××。

本次会议上,双方充分发表了各自对该决算中若干问题的意见,态度诚恳,实事求是,抱有诚意,尽力协商,所以第一次会议取得了较好成果,具体纪要如下:

1. 施工方报送的某国际花园5♯、4♯楼工程决算书绝大部分是符合施工合同文件的,建设单位表示认可并将在具体详细复算的基础上签署正式核定书,以作为双方结算本工程款的依据。

2. 对某国际花园5♯、4♯楼工程决算书中的7项共57条问题(除下条内容外),双方基本达成共识,将由双方具体工作人员进一步细算确定。

3. 关于5♯、4♯楼"钢筋增加"和4♯楼"停工补贴"问题,双方一致认为:互相理解对方的意见,但应在双方合约和合同实施中口头约定的基础上,适当照顾实际情况,协商解决问题。

4. 双方约定本月25日左右就5♯、4♯楼"钢筋增加"和4♯楼"停工补贴"问题进行再次会商,并对除此而外部分的审定数进行确认和办理认可手续。

纪要整理人:
即日

建筑工地安全文明施工公约

　　根据建设部和省市区主管部门有关规定,为做到工地安全施工和文明卫生,经建设单位和各参建单位项目负责人共同商定,制定本公约,以相互监督、共同遵守。

　　(一)总承建商于施工期间应遵守本公司订定之安全卫生工作守则,并和各分包商于正式进场前分别补充签定本公约,报监理和业主备案。

　　(二)施工安全约定:

　　1. 作业人员进出工地或作业期间应正确佩戴合格的安全帽,违者每人罚50元,于当期请款时扣回,不另行通知。

　　2. 所有作业人员严禁在工地酗酒、赌博、斗殴,否则每人罚款500元。

　　3. 作业人员必须身体健康,精神状态正常,患有贫血、高血压、心脏病、恐高症、四肢无力、头晕等疾病,或精神状态失常人员禁止参加作业,否则追究相关班组长责任并罚款500元。

　　4. 非特殊岗位持证人员不得进行该特殊岗位作业,否则一经查出将责令其立即退场,并追究相关班组负责人和专职安全员失职责任,各处以罚款1 000元。

　　5. 施工机械设备、器材、大型设备必须有合格证,必须有报职能单位验收合格方准投入使用的许可证,否则追究项目负责人和专职安全员失职责任,处以罚款1 000元。

　　6. 必要的安全设施不到位即指令作业人员作业的,追究专职安全员和施工员、项目经理责任,并责令停工并罚款5 000元。

　　7. 对监理通知的不安全整改事项,参建单位必须及时整改并报请监理复查,直到认可,否则将责令停工并予以重罚5 000元。

　　8. 分包单位不和总包方签定本公约擅自开工者,将责令停工并处以罚款2 000元。

　　9. 分包单位员工违反下列规定者,总承包商可处如下罚款:

　　(1)违反下列规定者罚款50元:① 进入工地未戴安全帽或规定的安全器具者;② 穿着拖鞋或其他硬质鞋底进入工地者;③ 夏天赤膊作业者;④ 与作业无关之人员和作业人员家属进入作业现场。

　　(2)违反下列规定者罚款100元:① 电器总开关未按规定接线而私自接线者;② 将工具或材料集中超限堆置在脚手架上者;③ 高空作业时任意将物体抛洒者;④ 分承包商本人未戴安全帽者。

　　(3)违反下列规定者罚1 000元或以上:① 使用电器不当造成灾害者;② 因物体坠落而造成伤害者;③ 任意将安全设施拆除,致伤害他人者;④ 以上3项除罚款外,尚须赔偿受害者之损失和医疗费。

　　(三)文明卫生约定:

　　1. 每日收工前应将当日施工处之泥渍、垃圾清理至指定地点弃置,否则以代雇工处理,并在当期请款中以二倍工资扣回。

2. 任何人不得在工地内随意大小便。

3. 任何单位不得将污水任意排放在工地内。

4. 材料随意堆放在工地并影响正常通行、作业或危及安全,除外罚责任单位外可直接处置该材料。

(四)其他:

1. 施工期间,项目负责人、技术负责人及施工员、质检员、安全员、资料员应按时参加协调会议,无故不到者每次罚款 100 元。

2. 处罚通知由监理下发,任何受处罚个人不准与监理纠缠取闹;凡有不同意见者,必须向本人所在单位项目负责人报告,并由单位出据正式书面联系单向监理进行申诉。否则监理可不予处理,情节严重的可加重处罚。建设单位有权监督和有责任配合执行。

3. 所有罚款均用于本工程奖励安全、文明卫生先进个人和单位,其具体评定标准和评比办法另行制订和公布。

建设单位:　　　　　　　　项目代表签名:

参建单位:　　　　　　　　项目经理签名:

监理单位:　　　　　　　　项目总监签名:

时间:　　　　　　　　　　时间:

住宅工程施工监理图片集锦

10-1 车库基础放线

10-1 车库基础垫层

19#-1楼、10#-2车库独立基础模板工程

10#-2车库2B层

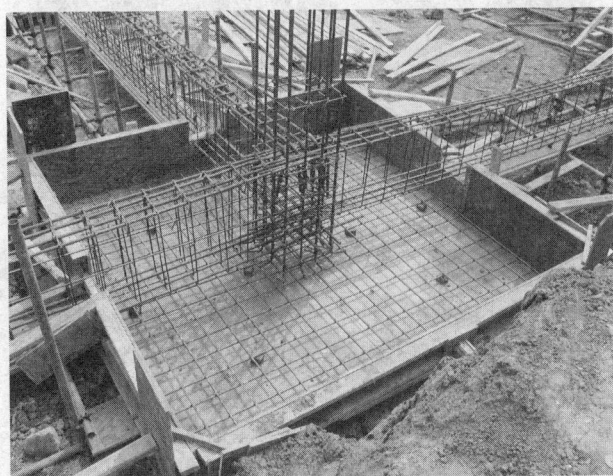

19#-1楼基础承台钢筋模板

10#-2 车库承台基础

19#-1 楼条基施工

10#-1 车库、19#-1 楼基础混凝

14#楼基础施工

14#楼基础隐蔽验收

14#楼 2B 施工

14#楼 1B 柱墙钢筋

17#楼-B4 区 2F 结构隐蔽验收

17#楼-B4 区 2F 结构层隐蔽验收

19# -3 楼 2F 模板工程

13#楼标准层柱筋

17#楼 B 区结构层预埋管线

17#楼 A 区 4F 结构隐蔽验收

14#楼 10F 结构层隐蔽验收

13#楼 11F 结构层隐蔽验收

10#-2 车库底层混凝土结构工程与后浇带

10-2 库底层混凝土结构工程

14#楼基础结构工程

17#楼 B 区砌筑与二次结构施工

19#-2 楼 A 区回填土工程

10#-2 车库回填土工程责令夯实

3 期工程安全与文明施工设施

10♯-2 车库 2F 结构层隐蔽验收

17♯楼砌体工程

13♯楼二次结构工程

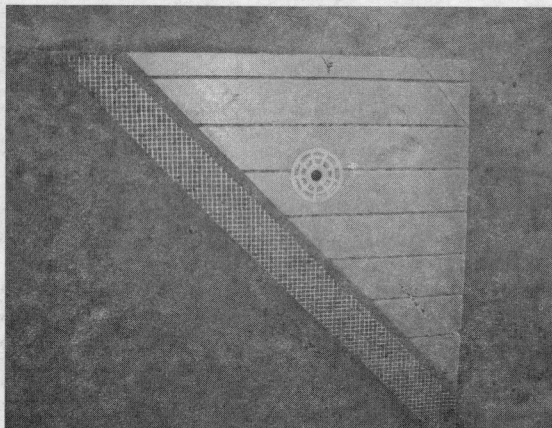

17#楼建筑外保温小样

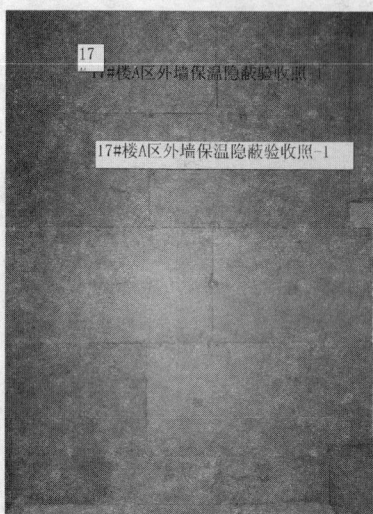

17#楼 A 区外墙保温隐蔽验收照-1

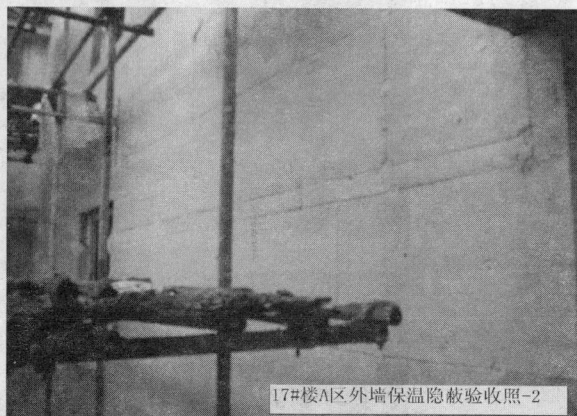

17#楼 A 区外墙保温隐蔽验收照-2

17#楼 A 区外墙保温隐蔽验收照-3

17♯楼 A 区外墙保温隐蔽验收照-4

17♯楼 A 区外墙保温隐蔽验收照-5

17♯楼外保温隐蔽验收

17＃楼屋面保温工程施工

13＃楼屋顶机房保温抹面

17＃楼外保温隐蔽验收

17#楼屋面构架面砖查验　　　　　监理查出 13#楼外墙空鼓

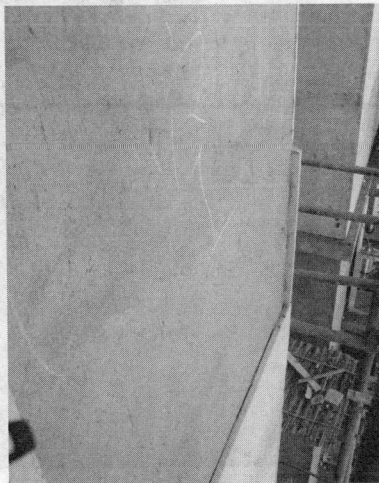

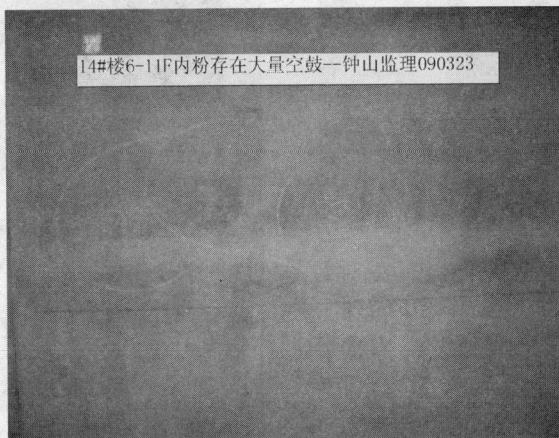

14#楼 6-11F 内粉存在大量空鼓

13#楼卫生间防水工程隐蔽验收

13#楼卫生间防水工程蓄水试验验收

14#楼管道井木质防火门框安装验收

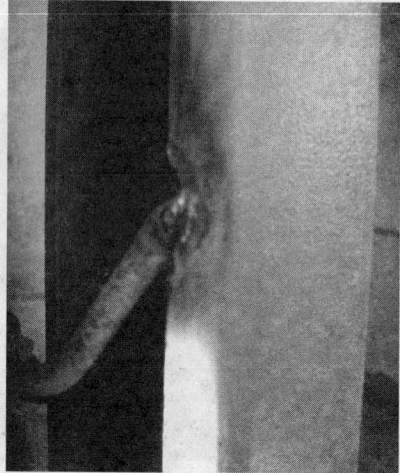

13#楼钢质防火门框安装验收

图左边为14#楼悬挑脚手架、图右边为17#楼落地脚手架

被查处的 13♯楼现场童工

被查处的 13♯楼现场不戴安全帽人员

17♯楼外墙面砖工程

被责令整改的百叶窗安装工程

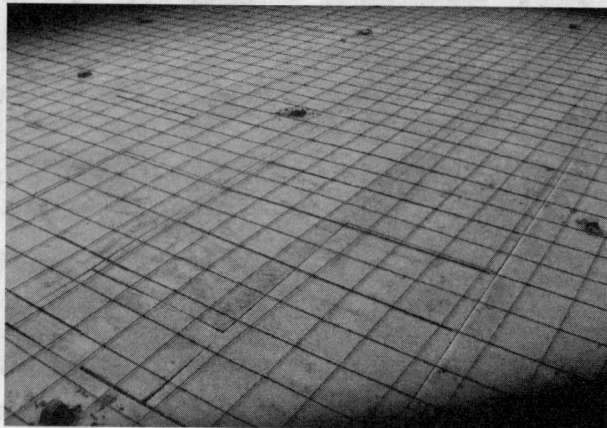

10#-2 车库地面钢筋网工程

10#-1 车库混凝土地面

10#-1 车库通风排烟管道工程

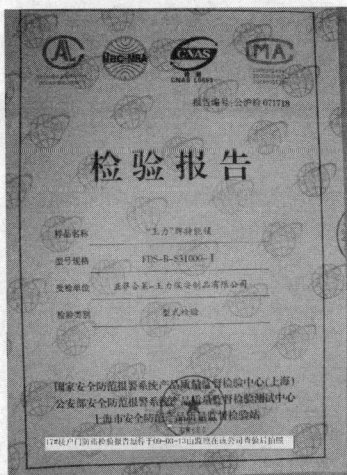

17#楼户门防盗检测报告原件

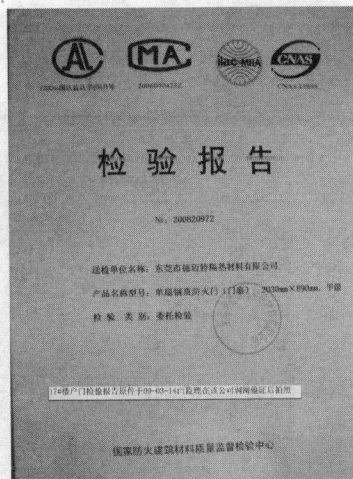

监理在调阅验证17#楼户门检测报告原件后拍照

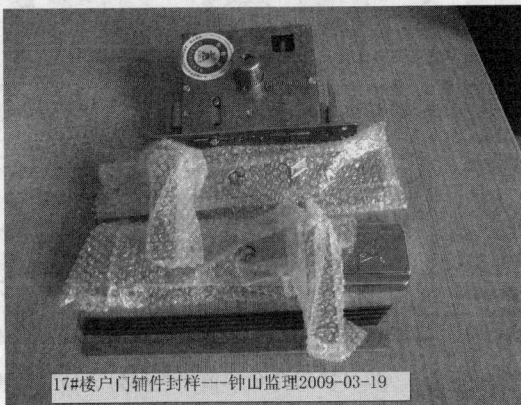

17#楼户门辅件封样---钟山监理2009-03-19

17#楼甲级防火户门型式
检测报告载明辅件合格样品

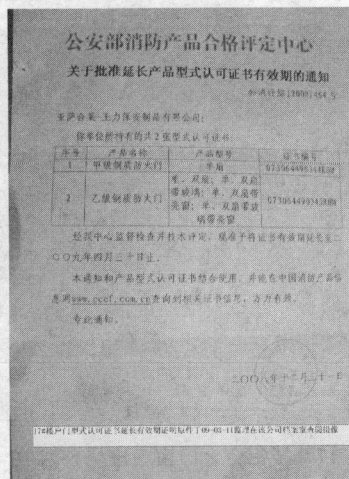

17#楼户门甲级防火型式检测
报告批准延长有效期证明原件

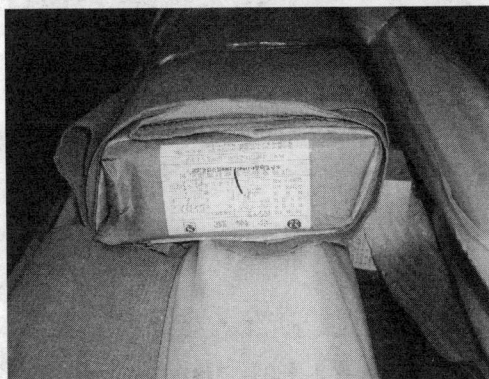

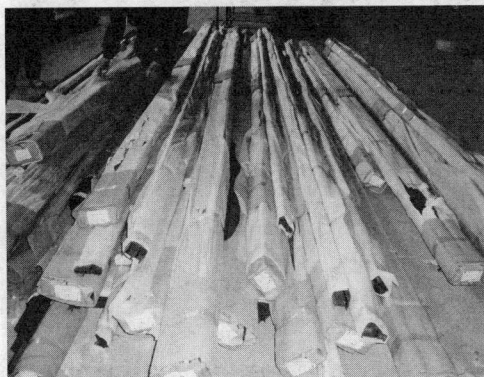

13、14#楼隔热型彩色铝合金型材加工前验收

14♯楼外脚手架及防护系统

17♯楼铝合金门窗扇进场前验收

17♯楼铝合金门窗附件(材)进场前验收

14♯楼进场的建筑外保温板材

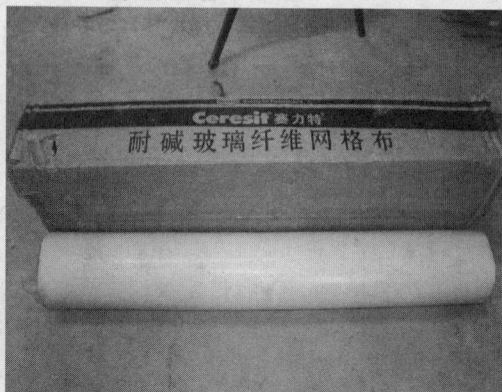

14♯楼建筑外保温用网格布取样验收

17#楼排水管及辅件进场验收

17、13、14#楼防水材进场验收

被监理查出的非核准的建筑外保温板材

被查出的非监理核准的建筑外保温粘结材料

被监理查出并封存的非核准的建筑外保温板材

17＃楼 A 区外墙面砖验收

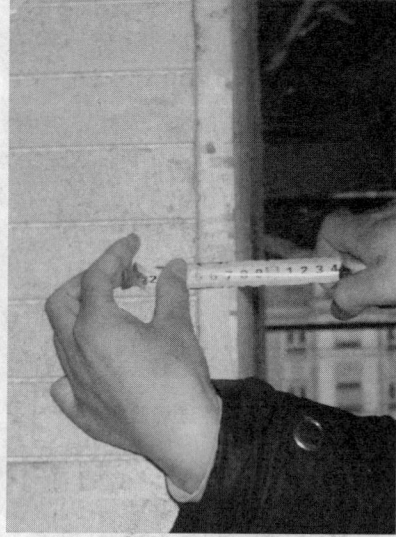

监理现场实测外墙保温板厚度

监理现场实测楼面和天棚水平度

17＃楼外墙清洗

外墙清洗后的 17♯楼

13、14♯楼下沉式卫生间回填轻质材料

附属天桥上部结构施工

制度化的工程例会协调工程各方关系　　　　　　质量监督站初验

14#楼竣工验收

第五篇 视野篇

　　人类进入了社会发展的新纪元，即便是传统的建设业，也面临着技术进步和服务扩展的影响和挑战。监理人应当与时俱进，要站得高、看得远，才能适应和满足事业的需要。所以，拓展视野、创新思路、更新理念，是监理人引领争先的必由之路。本篇内容旨在了解和借鉴国外经验，拓展业务思路，或许能给读者些许启示，也算是"抛砖引玉"。

➡ 某国际花园前期物业管理细则(试行)

第一章 总 则

第一条 根据《中华人民共和国建筑法》、《城市房地产管理法》、《经济合同法》、《全国物业管理条例》等相关法规,制定本管理细则(以下简称细则)。

第二条 细则的宗旨是合理维护开发公司、小业主和物业公司的正当、合法权益,明确各自职责,促进相互理解和配合,共同建设文明和谐小区。

第三条 本公司各部门及员工、委托的物管公司及员工、全体小业主均应自觉遵守本细则的规定。

第二章 商品房销售与交付管理

第四条 商品房销售

1. 商品房销售合同"标的"部分必须与预销售许可证及购房者认购房栋号、单元、楼层、室号相符。

2. 合同"房屋使用功能"部分必须经工程部审查,确保与设计图纸及设计变更相符。

3. 合同"房屋交付时间"部分应为"毛坯房交付以区建设工程质量监督部门验收合格认可后 15 天为准(其中包括业主验房和办理相关交接手续时间)"。

4. 合同"房屋交付标准"、"房屋保修"部分应以施工合同相关内容为准。

5. 合同"房屋自装修规定"部分应为"以建设部《住宅室内装饰装修管理办法》、《南京市房屋安全管理办法》、江宁区《房屋室内装饰装修管理办法》为准"。

6. 合同"物业管理"部分以《全国物业管理条例》、省市区有关规定和本细则为准。

第五条 商品房交付

1. 毛坯房移交物业:经物业专职人员参加的毛坯房竣工验收合格后,凭工程部正式通知与物业公司办理毛坯房移交手续和户门全套钥匙。

2. 毛坯房交付小业主:根据工程部正式竣工验收合格通知,售楼部通知业主在规定期间内与房地产公司结清房款。物业凭业主购房发票和售楼部交房通知安排业主验房和办理房屋交接手续;如业主"逾期不交清房款,应承担房屋代保管费;如不按时前来验房即视同已认可接收"。

业主与房地产公司委托的前期物业管理单位签"房屋交接单"的同时,双方签订"物业管理委托合同"和自装修等各项手续后,即领取其全套门钥匙,同时获得该房所有权和使用权;该物权安全即由业主自己负责。

3. 统一装修户业主接受毛坯房时,业主与装修单位签订装修合同,并将装修房钥匙交给装修方后,该房物业安全即由装修单位负责,直至装修竣工验收合格、装修单位将门钥匙交还业主之日止。

4．凡业主验收毛坯房提出的确属施工质量和质量保修范围内的问题，物业应及时通知工程部责成施工单位前来保修，至业主认可签字接收该房为止。

第三章　前期物业管理

第六条　前期物业管理介入时间以工程部正式通知物业参加的区建设工程质量监督部门验收活动为始。

第七条　前期物业管理工作以物业与工程部签署的毛坯房交接单为准。

第八条　物管部门代表开发公司与业主办理"商品房交接单"时，除书面告知业主房屋功能、使用方法，签订物管委托合同，收取相关费用外，业主应签订装修自律承诺书。

第九条　物管部门应在前期物业管理介入后立即配备该物业各岗位人员，包括保安、清洁卫生、水电工、操作维修人员等，并开始为非住户个人所有的公共区域进行全天候正常物管服务并建立各种信息资料档案。

第四章　物业装修管理

第十条　物管部门应在前期物业管理介入后，首先将建设部《住宅室内装饰装修管理办法》、《南京市房屋安全管理办法》、江宁区《房屋室内装饰装修管理办法》复印公告在移交楼栋底层门厅，直至全楼装修结束。

第十一条　自装修户装修必须于装修人员和材料进场前，向物管申报装修方案、装修期限、每日作业时间、装修单位及人员、公共部位和设施损坏赔偿承诺、装修垃圾堆运承诺、保护环境绿化和装修噪音限制承诺后，才可获得装修许可证和施工人员出入证。

第十二条　物管部门应指派专人负责巡视、监控全栋楼装修动态，及时制止无证开工，对私自改变户内结构、对外门窗与供暖水电智能化的，按违背承诺和国家有关规定认真处理。

第十三条　物管部门应告知装修户：凡违反上述约定的装修户不再享受房屋保修服务；且必须承担由其给四邻造成的损坏的修复、试验和赔偿责任，并报工程部备案。

第十四条　公共部位交接与管理。公共部位、设备、绿化等各项验收合格后，工程部和物业公司分别办理交接手续，包括必要的使用方法、主意事项等说明。物业自接收之日起即负责承担公共部位、设备、绿化等管理、使用和维修保养。物业应制订公共部位、设备、绿化等各项管理、使用和人为损坏的赔偿等制度，并予以公示和监督实行。

第五章　物业保修管理

第十五条　物业保修

（一）住户保修

1．住户报修必须填写物业制定的统一"住户报修单"并署名。

2．物业应审核"住户报修单"的内容，并分别向相关部门转送书面意见：属质量保修（应以商品房销售合同约定为准，但不含属住户原因担责而不应予包修的）且在保修期内的由工程部处理；属非包修范围的一般简修问题为物业免费处理；属使用不当又非一般简修的则根据协议代办维修。

3. 属工程部安排处理的包修按时完成后,包修方必须提供住户和物业签字认可的手续,否则工程部应及时另行安排维修,并书面告知包修失约单位应扣质量保证金额和逾期包修业主提出的合理索赔。

(二)公共部位、附属设备、绿化等包修(养)

1. 公共部位、附属设备、绿化等属包修(养)范围的,按上述确认原则和方法处理。

2. 属非包修范围的,由物业自修或安排协议外修;外修费用应在物业费中开支,必要时可在大修基金中开支。如属人为损坏,应追究其责任,直至诉诸法律处理。

第六章　物业维修管理

第十六条　物业维修管理

1. 物业维修必须建立分户和分部位设备、设施台账,由专人及时完整记录并管理。

2. 物业应适当配置专业技术人员和维修保养工,并组织有计划的培训,逐步完善上岗与考核制度。

3. 物业维修应建立和实行维修验收制度。

第七章　常规物业管理

第十七条　常规物业管理

1. 物业须建立物业尤其是公共部位、附属设备、绿化等台账。

2. 物业须建立物业尤其是公共部位、附属设备、绿化等常态巡视台账,作为编制维修经费的依据。

3. 物业应根据物业尤其是公共部位、附属设备、绿化等实际状况编制年、季、月维修计划、经费计划,并事前、事后公告业主。

第八章　物业管理之管理

第十八条　物业管理之管理

1. 物业企业应制定各种完善的内部管理制度,包括人事、工资、财务、材料采购、物品替换再修、公共用电用水与节约、成本核算、各级各项责任制与奖惩制度等。

2. 物业管理部应有日常物业管理计划,如保安工作、环境卫生与保洁工作、绿化与植被养护工作、各类维修与报修工作、水电热计量工作、大中修计划,内部管理科学化。

3. 物业管理部应订立创一流社区管理规划目标和实施计划。

4. 物业管理部应有计划地组织和引导业主开展各种健康娱乐活动,建设高度和谐的人文小区。

5. 物业管理部应与辖地公安、居民委员会、房管等部门及相关单位(如自来水、排水、环保、热电厂)建立和保持良好关系,以尽力争取方方面面对小区物管的支持和帮助。

第十九条　本细则有效性

1. 本细则经房地产公司与受托物业公司会商后生效。

2. 本细则由房地产公司与物业公司共同按各自规定责任组织实施,房地产公司负责监督执行。

➡ 日本建设业考察（节选）

一、建筑施工标准化

日本建设业从 20 世纪 60 年代开始，以不到 20 年的时间，经历了建材构件生产的工业化、施工机械化、建筑标准化、产品商业化 4 个阶段，完成了住宅建设产业化的进程。这也是行家评估住宅建设产业化的一致标准。

（1）建材构件生产工业化：除了木材、石材、砂仍然依靠采掘自然资源外，其余都靠工业化机器生产，而且木材、石材业已开始用大量新型材料代替，砂子逐步靠碎石加工取代。以往的钢材、水泥的供应被代之以钢材制品、水泥制品的方式生产供应。这些以工业生产方式供应的材料性能、质量得到大幅度改善。建材、构件的规格、品种齐全，使用范围广，使得现场施工的加工量、作业量大大减少。大量新兴复合材料已经批量生产。低层住宅、单元住宅开始以半成品或成品提供，实现现场装配化施工。

（2）施工机械化：随着建筑材料、建筑构件生产的迅速发展，日本建筑施工机械也发生了相应的变化。目前，建筑施工机械化作业率已达 80% 以上。日本建筑施工机械不仅在数量上成倍增加，而且在机械性能、机械功能、机械效能等方面都有不断的改善。各工种专用小型、微型机具已经系列化。

（3）住宅建设的标准化：标准化是产业化的重要尺度，日本住宅建设从建筑结构到建材构件、建筑五金，从施工管理到质量监督验收、工程交付、售后服务等等，都有一套完整的标准、检测手段和监督制度，而且这一切都以法律形式予以认定，使人们自觉遵守，强制执行。

日本房屋建筑标准分为木结构、金属结构和钢骨钢筋砼结构三大系列。木结构都为一、二层单体式居民住宅。金属结构一般多为厂房、仓库、集体宿舍、低级出租房屋。这两大系列在日本已实现工厂化批量生产，现场作业则简化为纯组装。施工速度快、耗工少，无环境污染，造价低，在居民建筑中占有一定的比重，尤其受到自有宅地业主的青睐。钢骨钢筋混凝土结构是现代多层及以上公寓式建筑及公用建筑的主流。

同时值得一提的是，日本建材、构件、五金以及现场施工机械的规格、型号、质量等级、许可标志等，都有明示标签；材料、构件的商品化包装及吊运都达到了规范化要求，半装配式、全装配式施工方式日益增多。房屋建筑几千年来的手工生产方式已经基本消失。

二、日本的施工管理

(1) 施工管理的组织形式。

日本的建设施工管理组织形式是联合总承包的"共同事业体"和联合总分包的专业公司相结合的体制。"共同事业体"对建设甲方负责,专业公司对"共同事业体"负责。由"共同事业体"成员公司派员组成工程事务所,全面负责工程的管理。工程事务所实行所长负责制。各专业公司委派工长,负责工程事务所的指令计划,组织材料、人员、机械进行作业。事务所与各专业公司之间、各专业公司之间、各专业公司内部,完全按总分包、分分包负责制的原则,各尽其责,共同协力。

(2) 施工管理的内容。

日本建设施工管理的原则是:保证质量、严守工期、确保成本、确保安全。

就是说,工程施工必须达到合同商定的质量等级;工程竣工交付时间既不强求提前,也不能延误使用;工程成本不得突破,工程施工不得发生重大机械事故、人身事故等灾害性事故。从上述4项基本原则出发,日本建设施工管理具体为四大管理,即质量管理、工期管理、价格管理和安全管理。每个工地的工程管理牌上,除了价格管理外,上述内容都在显著位置记载着。

(3) 施工管理的法律依据。

日本建设施工管理完全是依法办事,依法管理。经日本国会通过的有《建筑标准法》、《建设业法》、《劳动标准法》、《劳动安全卫生法》、《公害对策基本法》、《噪音限制法》、《振动限制法》、《防止水污染法》以及《废弃物处理及清扫法》。除此以外,还有日本内阁就上述各大法律所相应发布的执行令和建设省颁布的"实施细则"。不言而喻,施工管理的法制化,无论是对建设企业,还是对业主、代理商都提出了极其严格的要求,既规范了施工行为,又为工程综合效益的提高和社会环境效益的改善提供了重要的保证。

三、工程质量管理

日本建设工程质量管理的基本思想是从提高建材构件、建筑五金配件的质量出发,努力改善施工作业质量,坚持工程质量检查验收制度,保证工程质量达标。

正因为这样,日本建设业从1976年起大力推行全面质量管理即TQC。由于TQC的逐步全面推行,建设工程质量管理发生了根本性的变化。

日本建设业 TQC 的核心就是在工程建设的起始至末尾的全过程,不断发现和提示各个环节可能出现的质量问题,并及时制订对策。他们认为,不断揭示质量矛盾,不断解决质量问题,是通向质量目标的唯一桥梁。

日本建设业 TQC 的基本内容主要包括:"三无"、"四 M"、"五 W"、"六 T"。

"三无"即在建设施工的全过程要消灭"三无"——无用作业、无聊作业、无理作业。

"四 M"即在工程质量检查中,要对作业人员的素质、材料构件、五金配件的质量、施工管理机构状况和施工作业方法不断进行检查。

"五 W"即不论在什么时刻作业,不论在什么地点作业,不论是谁作业,不论进行何种作业,不论用什么方法作业,都要确认其正确性和合理性。

"六T"即实施程序:① 发现矛盾点;② 收集有关事例材料;③ 探讨改进方法;④ 制订实施计划;⑤ 反复观察结果,修改完善,直至达到预定目标;⑥ 加以总结,形成制度和规范。

日本建设业 TQC 推行组织:在全国由"日科技连"统一规划,招聘专家组织推行;在各建设企业有 TQC 推行室等专门机构;在各工地、部门以 TQC 小组为基础。各建设业主和建设企业都十分注意 TQC 的推行工作。一般都由企业社长、常务董事担任领导工作,并设立了各级 TQC 评比,每年评定奖励一次。

由于日本建设业成功地全面推行 TQC,工程质量发生了根本性的变化,由消极的"质量保证",转变为积极的、主动的"质量满足"。

四、日本的建设施工安全和文明卫生管理

据日本有关资料统计分析,日本建设施工在土木工程方面的事故比例大致如下:运输车辆翻车事故为 28%,土石方施工机械事故为 24%,塌方事故为 16%,脚手架事故为 13%,吊车事故为 5%,触电事故为 1.5%。

以上数据可以告诉我们,日本建设工程安全防护措施是颇为有效的。这和当前我国建筑施工伤亡三大灾害"物击、坠落、触电"形成鲜明对照。

日本建筑施工的安全措施既有可靠的"硬件",又有系统的"软件"。

所谓"硬件"就是硬在安全措施上。就总体工程的脚手架、安全网、安全通道以及洞口、临边的安全防护措施而言,完全是按规定的标准搭设的。不仅保证安全作业,又满足了临时堆放材料的需求。作业人员的安全用具也是完全符合标准的,如安全帽、安全带、作业鞋等既方便操作,又切实保证了安全防护作用。

所谓"软件"就是安全意识、安全教育、安全制度、安全活动等。"安全第一"的意识是名副其实的,除了安全二字以外,施工现场也好,整个建设业也好,没有任何其他可称为"第一"的东西。这种高度重视的安全意识,上至企业董事长,下至工长、工人;从总包单位到二包、三包单位,无不如此,使人切实感到安全施工意识已经深入人心。

安全教育主要有施工专业人员的系统教育、特殊工种的专门教育、一般作业人员的进场教育。这是任何人必须接受的,绝无例外。施工人员的系统教育合格与否,是根据参加全国统一考试的结果评定等级的。特殊工种专门教育合格者发给资格证书。一般人员接受入场教育则发给入场教育证明。这种教育是严肃认真的,绝不是"走过场",也不是"摆花架子"。

安全制度方面除了安全管理组织以外,主要有企业安全日、全国安全周、工地安全例会制度等。这些制度与其说是制度,不如说是安全习惯更确切。

安全活动活泼多样,很具有吸引力。全国安全周有全国性安全再教育、再检查;企业安全活动日有集会、有总结、有奖励;工地安全活动日,除了每天的班前活动以外,几乎每月还另外集中进行一次。有的开展安全标语有奖征集活动,有的进行月度表彰,更多的是边总结边联欢式的"烧烤大会"。总之寓教于娱乐之中,寓教于种种活动之中。

卫生管理给人的印象相当深刻。每个作业人员必须持有指定的医疗中心的健康证

明,任何现场人员不准带病作业。施工生产完全按进度计划实施,严格控制延时加班和节假日加班,现场饮用水保证符合卫生标准。工地办公室、宿舍、食堂、厕所、浴室等都有相应的卫生管理制度和责任人。施工现场设有烟灰盒和饮料罐等废弃物收集箱等。

在文明施工方面,半成品、成品等各种材料堆放得整整齐齐。笔者所到工地从未见到野蛮作业现象。工地稍有灰尘即进行洒水;施工维护墙外不放一料一木;所有维护墙都是标准规定的金属瓦楞板制作的;围墙外行人交通如常。工程完工,应恢复的自然植被由施工单位自动给予恢复。施工期间可能发生的灰尘污染、噪音污染、下水道污染、建筑废弃物污染都切实降低到了最低限度。

➡ 日本建设工程图片选编

日本东京幕张特大型地下储油罐工程

东京高速湾岸道路鹤见川大桥墩基础大型沉箱

日本横滨市湾岸高速道路大黑码头高架基础工程

日本独创钢骨钢筋混凝土结构

日本大型建筑预制装配结构工程

日本建筑外墙整板预制拼装结构

日本建筑外墙整板预制拼装结构

日本横滨金泽日处理 30 万吨污水场二期工程大型泵站工程